中国学科发展战略

手性物质化学

国家自然科学基金委员会
中国科学院

科学出版社
北京

内 容 简 介

　　手性物质化学是一门研究手性物质的创造、转化、表征、性能等的新兴化学学科。它与生命科学、环境科学、信息科学、材料科学、空间科学等深度交叉融合，在认识自然、诠释生命起源、呵护人类健康、保护环境等方面发挥着越来越重要的作用。本书凝聚了我国数十位化学家的智慧，对手性物质化学的学科地位、对社会的贡献、学科发展水平及趋势等进行了分析并提出了发展建议和对策。

　　本书适合高层次的战略和管理专家、相关领域的高等院校师生、研究机构的研究人员阅读，是科技工作者洞悉学科发展规律、把握前沿领域和重点方向的重要指南，也是科技管理部门重要的决策参考，同时也是社会公众了解手性物质化学学科发展现状及趋势的权威读本。

图书在版编目（CIP）数据

手性物质化学 / 国家自然科学基金委员会，中国科学院编. —北京：科学出版社，2020.7

（中国学科发展战略）

ISBN 978-7-03-064301-8

Ⅰ. ①手⋯　Ⅱ. ①国⋯ ②中⋯　Ⅲ. ①不对称有机合成　Ⅳ. ①O621.3

中国版本图书馆 CIP 数据核字（2020）第 018538 号

丛书策划：侯俊琳　牛　玲
责任编辑：朱萍萍　孙　曼 / 责任校对：贾伟娟
责任印制：李　彤 / 封面设计：黄华斌　陈　敬

科 学 出 版 社 出版
北京东黄城根北街 16 号
邮政编码：100717
http://www.sciencep.com

北京虎彩文化传播有限公司 印刷
科学出版社发行　各地新华书店经销

*

2020 年 7 月第　一　版　　开本：720×1000　1/16
2022 年 1 月第二次印刷　　印张：40 3/4
字数：710 000

定价：298.00 元

（如有印装质量问题，我社负责调换）

中国学科发展战略

联合领导小组

组　　长：侯建国　李静海
副 组 长：秦大河　韩　宇
成　　员：王恩哥　朱道本　陈宜瑜　傅伯杰　李树深
　　　　　杨　卫　高鸿钧　王笃金　苏荣辉　王长锐
　　　　　邹立尧　于　晟　董国轩　陈拥军　冯雪莲
　　　　　姚玉鹏　王岐东　张兆田　杨列勋　孙瑞娟

联合工作组

组　　长：苏荣辉　于　晟
成　　员：龚　旭　孙　粒　高阵雨　李鹏飞　钱莹洁
　　　　　薛　淮　冯　霞　马新勇

中国学科发展战略·手性物质化学

编 委 会

组　　长：周其林

主要成员（按姓名汉语拼音排序）：

蔡松亮	陈应春	崔　勇	邓建平	丁奎岭
董泽元	段春迎	范青华	冯小明	高　昊
龚流柱	何俏军	匡　华	李激扬	刘　文
刘鸣华	刘维屏	刘小华	陆良秋	吕小兵
潘　梅	沈　军	苏成勇	唐智勇	涂永强
宛新华	王　栋	王　鹏	王　震	王海钠
王梅祥	王少华	吴宗铨	肖文精	谢建华
许建和	许鹏飞	杨　波	杨　槐	杨永刚
尤启冬	游书力	余露山	郁惠蕾	袁黎明
岳建民	曾　苏	张　健	张　伟	张　贞
张阿方	章伟光	赵　亮	赵　璐	赵美蓉
周　剑	周其林	周志强	朱狄峰	邹　刚

总　序

白春礼　杨　卫

　　17世纪的科学革命使科学从普适的自然哲学走向分科深入，如今已发展成为一幅由众多彼此独立又相互关联的学科汇就的壮丽画卷。在人类不断深化对自然认识的过程中，学科不仅仅是现代社会中科学知识的组成单元，同时也逐渐成为人类认知活动的组织分工，决定了知识生产的社会形态特征，推动和促进了科学技术和各种学术形态的蓬勃发展。从历史上看，学科的发展体现了知识生产及其传播、传承的过程，学科之间的相互交叉、融合与分化成为科学发展的重要特征。只有了解各学科演变的基本规律，完善学科布局，促进学科协调发展，才能推进科学的整体发展，形成促进前沿科学突破的科研布局和创新环境。

　　我国引入近代科学后几经曲折，及至上世纪初开始逐步同西方科学接轨，建立了以学科教育与学科科研互为支撑的学科体系。新中国建立后，逐步形成完整的学科体系，为国家科学技术进步和经济社会发展提供了大量优秀人才，部分学科已进入世界前列，有的学科取得了令世界瞩目的突出成就。当前，我国正处在从科学大国向科学强国转变的关键时期，经济发展新常态下要求科学技术为国家经济增长提供更强劲的动力，创新成为引领我国经济发展的新引擎。与此同时，改革开放30多年来，特别是21世纪以来，我国迅猛发展的科学事业蓄积了巨大的内能，不仅重大创新成果源源不断产生，而且一些学科正在孕育新的生长点，有可能引领世界学科发展的新方向。因此，开展学科发展战略研究是提高我国自主创新能力、实现我国科学由"跟跑者"向"并行者"和"领跑者"转变的一项基础工程，对于更好把握世界科技创新发展趋势，发挥科技创新在全面创新中的引领作用，具有重要的现实意义。

学科发展战略研究的核心是结合科学技术和经济社会的发展需求，在分析科学前沿发展趋势的基础上，寻找新的学科生长点和方向。在这个过程中，战略科学家的前瞻引领作用十分重要。科学史上这样的例子比比皆是。在 1900 年 8 月巴黎国际数学家代表大会上，德国数学家戴维·希尔伯特发表了题为"数学问题"的著名讲演，他根据过去特别是 19 世纪数学研究的成果和发展趋势，提出了 23 个最重要的数学问题，即"希尔伯特问题"。这些"问题"后来成为许多数学家力图攻克的难关，对现代数学的研究和发展产生了深刻的影响。1959 年 12 月，美国物理学家、诺贝尔奖得主理查德·费曼在加利福尼亚理工学院举行的美国物理学会年会上发表了题为"物质底层大有空间——一张进入物理新领域的请柬"的经典讲话，对后来出现的纳米技术作出了天才的预见。

学科生长点并不完全等同于科学前沿，其产生和形成不仅取决于科学前沿的成果，还决定于社会生产和科学发展的需要。1841年，佩利戈特用钾还原四氯化铀，成功地获得了金属铀，可在很长一段时间并未能发展成为学科生长点。直到 1939 年，哈恩和斯特拉斯曼发现了铀的核裂变现象后，人们认识到它有可能成为巨大的能源，这才形成了以铀为主要对象的核燃料科学的学科生长点。而基本粒子物理学作为一门理论性很强的学科，它的新生长点之所以能不断形成，不仅在于它有揭示物质的深层结构秘密的作用，而且在于其成果有助于认识宇宙的起源和演化。上述事实说明，科学在从理论到应用又从应用到理论的转化过程中，会有新的学科生长点不断地产生和形成。

不同学科交叉集成，特别是理论研究与实验科学相结合，往往也是新的学科生长点的重要来源。新的实验方法和实验手段的发明，大科学装置的建立，如离子加速器、中子反应堆、核磁共振仪等技术方法，都促进了相对独立的新学科的形成。自 20 世纪 80 年代以来，具有费曼 1959 年所预见的性能、微观表征和操纵技术的仪器——扫描隧道显微镜和原子力显微镜终于相继问世，为纳米结构的测量和操纵提供了"眼睛"和"手指"，使得人类能更进一步认识纳米世界，极大地推动了纳米技术的发展。

作为国家科学思想库，中国科学院（以下简称中科院）学部的基本职责和优势是为国家科学选择和优化布局重大科学技术发展方向提供科学依据、发挥学术引领作用，国家自然科学基金委员会（以下简称基金委）则承担着协调学科发展、夯实学科基础、促进学科交叉、加强学科建设的重大责任。继基金委和中科院于2012年成功地联合发布"未来10年中国学科发展战略研究"报告之后，双方签署了共同开展学科发展战略研究的长期合作协议，通过联合开展学科发展战略研究的长效机制，共建共享国家科学思想库的研究咨询能力，切实担当起服务国家科学领域决策咨询的核心作用。

基金委和中科院共同组织的学科发展战略研究既分析相关学科领域的发展趋势与应用前景，又提出与学科发展相关的人才队伍布局、环境条件建设、资助机制创新等方面的政策建议，还针对某一类学科发展所面临的共性政策问题，开展专题学科战略与政策研究。自2012年开始，平均每年部署10项左右学科发展战略研究项目，其中既有传统学科中的新生长点或交叉学科，如物理学中的软凝聚态物理、化学中的能源化学、生物学中生命组学等，也有面向具有重大应用背景的新兴战略研究领域，如再生医学，冰冻圈科学，高功率、高光束质量半导体激光发展战略研究等，还有以具体学科为例开展的关于依托重大科学设施与平台发展的学科政策研究。

学科发展战略研究工作沿袭了由中科院院士牵头的方式，并凝聚相关领域专家学者共同开展研究。他们秉承"知行合一"的理念，将深刻的洞察力和严谨的工作作风结合起来，潜心研究，求真唯实，"知之真切笃实处即是行，行之明觉精察处即是知"。他们精益求精，"止于至善"，"皆当至于至善之地而不迁"，力求尽善尽美，以获取最大的集体智慧。他们在中国基础研究从与发达国家"总量并行"到"贡献并行"再到"源头并行"的升级发展过程中，脚踏实地，拾级而上，纵观全局，极目迥望。他们站在巨人肩上，立于科学前沿，为中国乃至世界的学科发展指出可能的生长点和新方向。

各学科发展战略研究组从学科的科学意义与战略价值、发展规律和研究特点、发展现状与发展态势、未来5～10年学科发展的关键科学问题、发展思路、发展目标和重要研究方向、学科发展的有效资助机制与政策建议等方面进行分析阐述。既强调学科生长点的科学意义，也考虑其重要的社会价值；既着眼于学科生长点的前沿性，也兼顾其可能利用的资源和条件；既立足于国内的现状，又注重基础研究的国际化趋势；既肯定已取得的成绩，又不回避发展中面临的困难和问题。主要研究成果以"国家自然科学基金委员会—中国科学院学科发展战略"丛书的形式，纳入"国家科学思想库—学术引领系列"陆续出版。

基金委和中科院在学科发展战略研究方面的合作是一项长期的任务。在报告付梓之际，我们衷心地感谢为学科发展战略研究付出心血的院士、专家，还要感谢在咨询、审读和支撑方面做出贡献的同志，也要感谢科学出版社在编辑出版工作中付出的辛苦劳动，更要感谢基金委和中科院学科发展战略研究联合工作组各位成员的辛勤工作。我们诚挚希望更多的院士、专家能够加入到学科发展战略研究的行列中来，搭建我国科技规划和科技政策咨询平台，为推动促进我国学科均衡、协调、可持续发展发挥更大的积极作用。

前　言

　　手性物质在自然界中普遍存在，特别是在生命过程中发挥着独特的作用。随着人们对手性物质研究的深入，已形成了一门新兴学科——手性物质化学。手性物质化学是主要研究手性物质的创造、转化、表征、性能等的新兴化学学科，与生命科学、环境科学、信息科学、材料科学、空间科学等深度交叉融合。在自然世界里，许多物质存在一对对映异构体，它们的结构看起来完全相同，但是相互之间不能重叠。由于对映异构体之间的关系如同人的左右手，所以这类物质被称为手性物质。手性是自然界的基本属性，从基本粒子到宇宙尺度都存在手性。组成生命的基本物质，如氨基酸、蛋白质、DNA、糖等，都是手性物质。手性物质的对映异构体常常表现出不同的性质，特别是生物活性。研究手性物质涉及手性物质的合成、手性分子识别与聚集、手性物质的功能、手性起源等重要研究领域，对认识自然、诠释生命起源、呵护人类健康、保护环境等都具有十分重要的作用。根据中国科学院学部和国家自然科学基金委员会的部署，2015 年成立了"中国学科发展战略·手性物质化学"研究项目组。项目组经过三年多的深入分析、反复研讨，最后完成了《中国学科发展战略·手性物质化学》的编写。

　　本书分为绪论、手性物质的合成与构筑、手性物质的分离分析与表征以及手性物质的性能和应用四个方面，共九章。绪论部分介绍了手性物质化学学科的发展历史、研究现状等。手性物质的合成与构筑、手性物质的分离分析与表征及手性物质的性能和应用部分系统全面地梳理了 21 世纪以来手性物质化学学科的发展和国内外科学家特别是中国科学家的贡献，凝练出手性物质化学学科发展的前沿重大科学问题和新的发展趋势。这些对于手性物质化学学科，特别是我国的手性物质化学学科未来的发展具有指导意义。

本书由周其林设计、组织和审定，其编写工作得到了众多化学家的大力支持。参加本书撰写的人员包括：第一章绪论，周其林、谢建华；第二章手性有机分子合成，丁奎岭、许鹏飞、王瑶、许建和、王梅祥、刘文、郁惠蕾、游书力、郑超、刘小华、王震、冯小明、陈应春、龚流柱、肖文精、陆良秋、周剑、岳建民、涂永强、王少华；第三章手性无机材料和杂化材料的构筑，崔勇、李激扬、匡华、苏成勇、潘梅、张健、段春迎、章伟光、蔡松亮；第四章手性高分子合成，宛新华、吴宗铨、吕小兵、张阿方、张伟、董泽元、邹刚、邓建平、沈军；第五章手性物质分离分析，周志强、袁黎明、章伟光、赵亮、王鹏；第六章手性物质表征，刘鸣华、杨永刚、张贞、高昊、王栋；第七章手性药物，曾苏、尤启冬、杨波、何俏军、王海钠、余露山、朱狄峰；第八章手性农药的环境行为与生态安全，刘维屏、赵美蓉、赵璐；第九章手性聚集体材料，刘鸣华、范青华、唐智勇、杨槐。在此，谨对这些学者在本书的撰写过程中表现出的智慧和付出的艰辛表示由衷的感谢。

本书在编写过程中得到了中国科学院学部工作局、国家自然科学基金委员会的指导、帮助和支持，谨致衷心谢意！科学出版社编辑主动热情参与本书的出版工作，朱萍萍等在统稿和编辑过程中付出了辛勤劳动，在此一并致谢！

由于手性物质化学覆盖范围较广，加上篇幅有限，很多重要的研究方向和研究内容未能包含进去。另外，由于作者水平有限，疏漏在所难免，许多分析观点也不一定正确和全面。所有不妥之处，敬请广大专家、读者批评指正。

周其林

2019 年 3 月

摘　要

　　手性是自然界的普遍特征，指物质本身与其镜像不能相互重叠的一种自然现象。自然界往往偏爱一种手性。自人类诞生以来，手性物质就与人的生命和健康等休戚相关。受自然界的启发，人们也希望能像自然界一样精准、高效地合成和创造所需要的手性物质，手性物质化学这门学科也因此而产生。手性物质化学的主要研究内容是手性物质的创造、转化、表征、性能等。手性物质化学的发展已为人类创造了多种多样的手性物质：手性药物，更加精准地呵护人类健康；手性农药，促进粮食增产；手性液晶显示、传感、存储等材料使人类生活更加美好。如今手性物质化学已与生命科学、环境科学、信息科学、材料科学、空间科学等深度交叉融合，在认识自然、诠释生命起源、呵护人类健康、保护环境等方面发挥越来越重要的作用。

　　本书共由分四部分共九章构成。第一部分（第一章）介绍了手性物质化学的定义、内涵、发展历史、当前技术水平和对社会的贡献。第二部分（第二～第四章）对手性物质的合成与应用，手性物质化学的发展趋势进行了介绍。第三部分（第五～第六章）概述了手性物质的分离、分析，手性材料的表征及其发展趋势。第四部分（第七～第九章）对手性物质的性能和应用进行了综述。值得提及的是，本书还着重关注并阐述了我国科学家对手性物质化学的贡献。

　　在手性物质的合成与构筑方面，本书从手性有机化合物不对称合成、手性无机和杂化材料合成和手性高分子合成三个方面介绍了从分子层次到大分子、超分子层次手性物质的合成和构筑。从手性试剂和手性辅基参与的化学计量不对称合成，到酶、过渡金属、路易斯酸以及有机小分子催化的不对称催化合成。在分子层次上，手性物质的创造与转化的手段和方法发展迅猛。化学家们已经用这些方法合成手性药物、手性农药及复杂天然产物分子。这些方法在工业上也得到了应用。绿色化学和可持续发展的需求进一步促进了"光"这一来源广泛的清洁能源在不对称合成中的应用。在光的促进下，结合不对称催化等方法和策略实现了许多手性物质的合成。绝对不对称合成和不对称自催化概念的提出为手性物质的合成提供了新思路，也对探索自然、诠释生命起源起着积极的推动作用。超越分子层次的手性材料（如手性无机和杂化材料）的不对称构筑近年来发展迅速，大量结构新颖的分子筛、介孔硅、多孔碳、无机纳米材料、金属-有机大环、金属-有机笼、金属-有机框架等手性材料被合成出来。由于具有手性"限域"结构等特点，这些材料可以用于不对称催化及手性识别与分离等领域。从发展手性单体，到不对称聚合催化剂、不对称聚合新反应等，手性高分子的合成和构筑方法取得了显著进步。目前已实现许多手性高分子的手性控制合成，并对其反应机理、手性放大和传递的机制、手性结构与功能等有了更深入的认识。

在手性物质的分离分析与表征方面，本书主要介绍了分子层次的手性分离和分析方法、手性分子绝对构型的测定和超分子层次的手性表征等。在过去几十年里，高效液相色谱和气相色谱、超临界流体色谱、毛细管电泳等手性分析方法得到了快速的发展，成为手性物质的检测、质量控制、环境影响和健康安全评价等的常规方法。化学拆分、生物拆分、萃取拆分和膜拆分也取得了长足的进步，并应用到手性药物和手性农药等手性物质的分离领域。手性材料的表征是目前手性物质研究的挑战之一，也吸引了众多科学家的关注。从传统的用 X 射线单晶衍射解析手性分子的绝对构型，发展到用 X 射线磁圆二色谱（XMCD）、旋光色散谱（ORD）、电子圆二色谱（ECD）、振动圆二色谱（VCD）等谱学方法来确定手性分子的绝对构型及光谱性质。针对手性界面，二次谐波-圆二色谱方法（SHG-CD）和二次谐波-线二色谱（SHG-LD）等方法和技术也得到发展。扫描隧道显微镜（STM）、原子力显微镜（AFM）、扫描电子显微镜（SEM）、透射电子显微镜（TEM）等表面分析技术也被用于手性材料形貌的表征等。

在手性物质的性能和应用方面，本书主要介绍了手性药物、手性农药的环境行为及生态安全、手性聚集体材料等。在临床用药中，50%以上是手性药物。手性药物的应用可导致药效的增强、毒副作用的减少，乃至一种具有全新药理作用的药物产生。手性药物在药效学、毒理学和药代动力学等方面存在立体选择性差异，给药途径、年龄和性别差异等也对手性药物的立体选择性产生影响。认识手性药物的立体选择性差异对设计和发展手性药物至关重要。手性农药使用量大、面广，在环境介质中有不同水平的残留，对生态安全和人类健康也有不同的影响。正因如此，近年来手性农药对映异构体的生物效应、毒理及环境行为的研究日益受到重视。一些手性农药的对映异构体活性、在环境中的代谢、降解等差异得到认识。这为准确评价手性农药及其环境安全、健康风险和开发手性农药提供了理论基础。手性聚集体主要是由非共价弱相互作用力形成的复杂、有序且具有特定功能的手性超分子体系。在手性聚集体的形成过程中存在手性传递、放大和记忆、对称性破缺及刺激响应等手性效应。手性聚集体的手性识别、催化及光学开关等功能也得到实现。手性纳米和液晶材料的构筑、光学活性的调控和增强及其应用探索等研究也取得了一定的进展。特别是，手性液晶材料已经在液晶显示上得到了广泛应用。

总之，本书主要从手性物质的合成与构筑，手性物质的分离分析与表征，手性物质的性能和应用三个方面阐述了手性物质化学研究的现状、发展趋势和存在的挑战，分析了我国在手性物质化学研究领域的优势和不足，并提出了相应的发展建议和对策。

Abstract

Chirality widely exists in nature. It refers to a natural phenomenon that a substance does not superimpose with its mirror image. Nature prefers one mirror image of a chiral material over another. Chirality has been closely related to human life and health since the birth of human beings. Inspired by nature, people also hope to synthesize chiral materials as precisely and efficiently as nature, and the subject of chiral material chemistry is thus generated. The main research contents of chiral material chemistry are the creation and transformation of chiral materials, as well as the characterization and properties of chiral materials. The development of chiral material chemistry has led to the syntheses of a variety of chiral materials, such as chiral drugs, chiral pesticides, chiral liquid crystal materials, chiral sensors, which make human life better. Nowadays, chiral material chemistry has been deeply integrated with life science, environmental science, information science, material science and space science, playing an increasingly important role in understanding nature, interpreting the origin of life, protecting human health and environment.

This book comprises four parts, nine chapters. In the first part (chapter 1), the definition and connotation of chiral material chemistry, and its history, level of development, and contribution to the society are introduced. In the second part (chapters 2~4), the systematic and in-depth overviews on the syntheses and applications of chiral material, and development trends of chiral material chemistry are given. In the third part (chapters 5~6), the separation, analysis and characterization of chiral materials are summarized. In the fourth part (chapters 7~9), the performances and applications of selected chiral materials are reviewed. It is worth mentioning that this book emphasizes the contributions of Chinese scientists to the chiral material chemistry.

In the part of synthesis and construction of chiral materials, the book introduces the synthesis and construction of chiral materials from molecular level to macro- and supramolecular levels in three aspects: chiral organic compounds, chiral inorganic and hybrid materials, and chiral polymers. At the molecular level, the asymmetric syntheses with chiral reagents, chiral auxiliaries, enzymes, chiral transition metal catalysts, chiral Lewis acid catalysts, and chiral organic molecule catalysts have been developed rapidly. Some of these reactions, catalysts, and methods have been applied in the production of chiral drugs and chiral pesticides. The need for green and sustainable chemistry promotes the application of "light", a renewable clean energy source, in asymmetric synthesis. Many chiral compounds can now be synthesized by means of light-promoted asymmetric reactions. The absolute asymmetric synthesis and asymmetric autocatalysis are new strategy for the synthesis of chiral materials, and provide an interpretation of the origin of life. The constructions of chiral materials such as chiral inorganic and hybrid materials have been developed rapidly in recent years. A large number of chiral materials with novel structures, such as molecular sieves, mesoporous silicon, porous carbon, inorganic nanometers, metal-organic macrocycles, metal-organic cages, and metal-organic frameworks have been reported. These chiral materials generally possess chiral "size confinement effect", which makes them applicable in the fields of asymmetric catalysis, chiral recognition and chiral separation. From chiral monomers to asymmetric polymerizations, remarkable progress has been made in the construction of chiral polymers. Many chiral polymers have been synthesized. The mechanism of chiral amplification and transmission, and the structure-function relationship of chiral polymers are being gradually understood.

In the part of the separation, analysis and characterization of chiral materials, the book introduces the methods of chiral separation and analysis, the determination of absolute configuration of chiral molecules, and characterization of chiral supramolecules. In the past decades, chiral analytic technologies such as high performance liquid and gas chromatography, supercritical fluid chromatography and capillary electrophoresis developed rapidly and have become routine methods for the detection, quality control, health and environment impact of chiral materials. The chemical separation, biological separation, extraction separation and membrane separation of chiral materials have been developed and applied in the separations of chiral drugs and pesticides. The characterization of chiral materials is one of the most challenges in chiral material chemistry, and attracts increasing attention. In addition to the traditional method for analyzing the absolute configuration of chiral molecules by X-ray single crystal diffraction, many new technologies have been developed for determining the structure and configuration of chiral materials. Among them the X-ray magnetic circular dichroism (XMCD), optical rotatory dispersion(ORD), electron circular dichroism (ECD) and vibration circular dichroism (VCD) are most promising. For determining chiral interfaces, the second harmonic generation circular dichroism (SHG-CD), second harmonic generation linear dichroism (SHG-LD), etc. have been developed. Scanning tunneling microscopy (STM), atomic force microscopy (AFM), scanning electron microscopy (SEM), transmission electron microscopy (TEM) and other surface analysis techniques are also used to characterize the morphological features of chiral materials.

In the part of the performance and application of chiral materials, the book introduces chiral drugs, chiral pesticides and their environmental behaviors and ecological safety. In clinical medicines, more than 50% are chiral compounds. The use of enantiomerically pure form enhances the efficacy and safety, and reduces the side effects of drugs. The enantiomers of chiral drugs differ in pharmacodynamics, toxicology and pharmacokinetics. Thus, understanding these differences is crucial to the design and development of chiral drugs. Chiral pesticides are widely used in agricultural production and plant protections. While the enantiomers of chiral pesticides have different levels of residues in environmental media and different impacts on ecological safety and human health. Therefore, the researches on biological effect, toxicology and environmental behavior of the enantiomers of chiral pesticides have been paid much attention in recent years. The differences in activity, metabolism and degradation of the enantiomers of some chiral pesticides have been recognized, which is important for evaluating their environmental safety and health risk. Chiral aggregates are complex, ordered and functionalized chiral supramolecular systems formed by non-covalent interactions. Chiral effects including chiral transmission, amplification, memory, symmetry breaking and stimulation response occur in the formation of chiral aggregates. The functions of chiral aggregates such as chiral recognition and catalyst, and chiral optical switch have been realized. A remarkable progress has been made in the construction, regulation and enhancement of the optical activity, and the exploration of chiral nanomaterials and chiral liquid crystal materials. Impressively, the chiral liquid crystal materials have been widely used in the field of display.

In summary, this book gives an overview on the history, development, trend and challenges of chiral material chemistry. The main contents include the synthesis, separation, analysis, characterization, property, and application of chiral materials.

目　录

第一章
绪　论

周其林　谢建华

第一节　手性物质化学简介

物质是由大量人类肉眼看不到的分子、原子或离子等构成。合成化学是创造新物质最有力的工具和手段之一，化学家们已经运用这一工具巧妙地通过各种元素的组合创造出了数以千万计的原本自然界不存在的新物质，推动了人类文明的进步和发展。不同物质之间除了在构成成分上不同外，在立体空间，特别是分子层次或纳米尺度的微观立体空间上，也可能存在着差别。有一类物质，它们有两种立体空间结构（称为"对映异构体"，简称对映体），相互之间就如同人的左手和右手一样，看起来完全相同，但是不能重叠，这类物质称为"手性物质"（chiral material 或 chiral substance）。手性物质可以由手性分子构成，也可以由非手性分子构成。

手性物质广泛存在于自然界中，并与我们的生活休戚相关。在漫长的生命形成和演变过程中，手性物质往往只有一种构型受到偏爱。例如，自然界中的糖都是 D 构型，氨基酸都是 L 构型，DNA 的双螺旋结构都是右手螺旋。正因为如此，自人类诞生以来，手性物质就已经融入了我们的生命和生活，影响着我们的健康。今天我们所使用的药物多数是手性药物。此外，手性材料也得到广泛应用。例如，手性液晶材料为我们提供了更加清晰的视屏；手性传感材料、手性仿生材料等为我们带来了许多憧憬。

手性物质的创造与转化，以及手性物质的表征和性能等研究已经形成一门新兴的化学学科——手性物质化学（也称"手性化学"）。手性物质化学往往采用手性原料、手性催化剂等，或者通过不对称反应、不对称催化反应及手性拆分等方法合成和构筑手性物质。在手性物质化学研究中，合成和构筑手性物质是指得到单一对映异构体或者一种对映异构体过量的具有光学活性的手性物质。由此可见，手性物质的合成和构筑除了注重传统合成化学关注的合成效率和选择性（化学选择性、区域选择性、立体选择性等）外，更注重获得单一对映异构体的产物。因此，手性物质的创造难度更大。为了避免"无效"对映异构体的产生，手性物质的合成和构筑更加追求精准和环境友好，它代表了合成化学未来的发展趋势。

经过 100 多年的不懈努力，化学家们已经逐渐了解了手性物质创造的规律。从采用手性源的不对称合成到酶催化不对称合成，从手性有机金属催化不对称合成到手性有机小分子催化不对称合成，化学家们已经发展了许许多多的手性试剂、手性催化剂、不对称合成新反应和新方法，并创造出了许许多多的手性物质，其中包括手性药物、手性农药、手性液晶材料等，极大地推动了手性物质化学的发展。目前，手性物质化学已与生命科学、环境科学、信息科学、材料科学、空间科学等深度交叉融合，并将在认识自然、诠释生命起源、呵护人类健康、保护环境等方面发挥越来越重要的作用。

第二节 手性物质合成与构筑

手性物质合成与构筑是手性物质化学研究的核心内容。在我们发现并认识手性物质时，自然界已经赋予了我们一个丰富多彩的手性物质世界，我们的生命与生活也已经融入手性物质。然而，自然界创造的手性物质是有限的，无法满足人类社会发展的需求。因此，化学家们尝试采用人工合成的方法创造新的手性物质。从 Fischer 首次提出不对称诱导的概念并实现首例手性化合物转化和 Marckwald 首次由非手性化合物产生光学活性化合物的不对称合成，到 Knowles 等首次实现不对称催化氢化反应及其在手性药物生产上的应用，手性物质合成经历了从探索与实践到为人类社会发展服务的飞跃[1]。2001 年诺贝尔化学奖授予在不对称催化研究领域做出卓越贡献的三位科学家，就是对手性物质合成为人类社会做出巨大贡献的高度认可和褒奖。

经过跨世纪的发展，化学家们已经发展出了许许多多的手性物质合成与构筑的新反应、新方法和新技术等。今天我们已经能够摆脱自然的束缚，不再依赖于天然手性化合物即可合成新的手性化合物，而且只用少量手性催化剂就可以实现大量手性化合物的不对称合成。不对称催化合成方法已经成为精准、绿色、高效合成手性物质的必由之路。目前不对称催化合成方法已经在手性物质合成上得到了广泛的应用[2]。例如，铱催化亚胺的不对称催化氢化反应已经应用到手性除草剂"金都尔"的合成，年产量达到2万吨；目前抗菌谱广、抗菌活性强的碳青霉烯类抗生素药物的关键手性中间体β-内酰胺的生产也用到钌催化β-酮酸酯不对称催化氢化反应；从高砂公司发展的铑催化烯丙胺异构化到巴斯夫公司发展的铑催化香叶醛或橙花醛的不对称催化氢化合成L-薄荷醇的生产工艺均离不开不对称催化反应。

不对称催化反应产生手性诱导的关键是手性配体及催化剂。2003年Jacobsen对2002年以前发展的为数众多的手性配体及催化剂进行了评述，共归纳出七种类型的"优势手性配体和催化剂"（privileged chiral ligands and catalyst）[3]。2001年诺贝尔化学奖获得者Noyori发展的具有联萘骨架的BINAP系列手性配体及其催化剂就是其中一例。手性双膦配体BINAP的铑和钌催化剂在烯烃和酮等的不对称催化氢化反应中被证明是高效的手性催化剂。我国化学家发展的手性螺环配体及其催化剂也已被证明对于多种不对称催化反应都有优秀的催化活性和选择性。手性螺环配体和催化剂已被公认是一类优势手性配体和催化剂。例如，手性螺环吡啶胺基膦配体SpiroPAP的铱催化剂在酮的不对称催化氢化反应中获得了优秀的对映选择性和高达450万的转化数（即一个催化剂分子催化转化的底物分子数）[4]，是目前最高效的手性分子催化剂[5]。手性双氮氧配体是我国化学家发展的另一类优势手性配体，它在多种路易斯（Lewis）酸催化的不对称反应中都有很高的催化活性和对映选择性。例如，手性双氮氧配体的镧催化剂在巯基乙酸酯对共轭烯酮的不对称硫杂-Michael加成反应[6]和钪催化剂在吲哚对不饱和α-酮酸酯的不对称Friedel-Crafts反应[7]中都给出了高达1万的转化数。这也是不对称催化碳-杂原子键和碳-碳键形成反应中少见的高转化数。

发展不对称催化新反应可为多样性的手性物质提供合成方法。从1966年Nozaki等实现铜催化的苯乙烯不对称环丙烷化反应以来，不对称催化新反应层出不穷，如著名的Sharpless不对称环氧化反应等。许多不对称催化反应已经在手性药物、农药、香料等手性物质的合成中得到广泛应用[1]。我国化学家在发展不对称催化新反应方面也做出了卓越的贡献。1996年，史一安等发展了以果糖衍生的手性酮催化的烯烃不对称环氧化反应[8]。该反应的催化剂价廉、易得、对映选择性高，被称为史-环氧化反应（Shi epoxidation）。2000年，张绪穆等发展了分子内烯烃与炔烃的环化异构化反应[9]，并采用手性双膦配体的铑催化剂实现了该反应的不对称催化[10]。该反应随后被命名为张-烯炔环化异构化（Zhang enyne cycloisomerization）反应。芳香杂环化合物的不对称催化氢化是不对称催化反应研究领域的一个挑战。周永贵等用手性双膦配体的铱催化剂首次实现了氮杂芳环化合物的高对映选择性不对称催化氢化[11]。通过杂原子-氢键的不对称催化插入反应来合成手性胺、手性醇等无疑是制备这些手性化合物的有效方法，但要获得高对映选择性非常困难。周其林等发展了手性螺环双噁唑啉配体的铜催化剂，实现了 α-重氮酸酯对芳胺的 N—H 键、醇和水的 O—H 键等的高对映选择性插入反应[12]。涂永强等分别用手性磷酸和手性伯胺催化剂实现了不对称半片呐醇重排反应，为手性季碳中心的构筑和手性螺环醚、手性螺环酮的合成提供了高对映选择性的方法[13]。冯小明等以手性氮氧配体的钪配合物为催化剂首次实现了不对称催化 Roskamp 反应[14]。该反应一度曾被认为是很难实现不对称诱导的反应，手性氮氧配体的钪配合物催化剂在该反应中不仅表现了很高的催化活性，还表现出了优秀的对映选择性，目前被称为 Roskamp-Feng 反应。2012 年，游书力等利用铱或钯催化的不对称烯丙基化反应发展了系列不对称去芳构化新反应，为合成含有季碳手性中心的手性螺环化合物等提供了新方法[15]。

提高不对称催化反应的效率和选择性一直是手性物质合成研究的焦点。发展不对称催化合成新概念、新策略和新方法可以有效地提高反应的效率和选择性，从而受到广泛的关注。我国化学家在这方面也取得了重要进展。手性催化剂的固载化是实现手性催化剂的回收再利用、提高催化剂的使用效率的有效策略之一。丁奎岭等利用分子组装的原理，通过自负载的策略发展了可回收利用的自负载手性催化剂。该催化剂在不对称催化氢化反应、氧化反应中表现出很好的催化性能和选择性，多次回收利用后仍然保持高催化活性和对映选择性[16]。范青华等利用树枝状分子负载手性催化剂，也实现了手性催化剂的回收再利用，并且观察到了显著的负载效应[17]。发展具有"协同催化效应"的手性催化剂及催化体系是提高不对称催化反应的效率和选择性的有效途径。唐勇等通过在手性配体和催化剂中引入"边臂"，发展了三齿噁唑啉等手性配体。通过"边臂"对催化剂活性和手性诱导进行调控，提高了多个不对称催化反应的效率和对映选择性[18]。龚流柱等将手性联萘磷酸偶联成手性双磷酸催化剂，通过双手性磷酸的协同催化，有效地提高了 1,3-偶极体与缺电子烯烃的三组分不对称环加成反应的催化活性和对映选择性[19]。丁奎岭等通过双金属协同催化的策略，发展了顺式降冰片烯二羧酸桥连的手性双 Salen 配体及其钛催化剂。这类钛催化剂在醛的不对称氰基化反应中获得了优秀的对映选择性和高达 17.2 万的转化数 [20]。朱守非和周其林等发展了手性磷酸作为质子梭催化剂,通过对金属催化反应中间体的质子转移过程的直接控制,显著提高了 α-重氮化物对杂原子-氢键的不对称插入反应的效率和选择性 [21]。

许多与我们生活密切相关的手性物质(如手性药物)和具有重要生理活性的天然产物分子往往具有复杂的结构,含有多个手性中心,如何对它们进行精准、高效的合成和构筑是合成化学家面临的巨大挑战。过去,手性药物和天然产物合成都采用天然易得的手性原料开始或者以其作为手性辅助基来实现。近年来,采用不对称催化方法对手性药物和天然产物分子进行不对称合成研究也取得了长足进展。我国化学家在手性药物和天然产物分子的不对称合成研究方面也取得了令人瞩目的成绩。例如,马大为等以有机小分子催化的醛与硝基烯烃的不对称 Michael 加成反应为关键步骤,完成了含有 3 个连续手性中心的抗禽流感手性药物奥司他韦(商品名为达菲)的不对称合成 [22];樊春安等采用有机小分子催化的 α-芳基-α-氰基丙酮对丙烯酸碘苯酚酯的不对称 Michael 加成反应构筑手性季碳中心的方法,合成了治疗阿尔茨海默病的手性药物加兰他敏;周其林等 [23]、贾彦兴等 [24] 分别采用钌催化不对称催化氢化和分子内 Heck 反应构筑手性季碳中心,以及手性双氮氧化合物催化的不对称 Michael 加成反应直接构筑手性季碳中心的策略,也完成了手性药物加兰他敏的不对称全合成;黄培强等 [25] 采用手性硫脲催化的硝基甲烷对环己烯酮的不对称 Michael 加成反应,合成了海洋生物碱 (–)-Haliclonin A;张洪彬等 [26] 采用手性镍催化的硝基烯烃对不饱和酮酸酯的不对称 Michael 加成串联环化反应合成了百部生物碱 (–)-Stenine;杨震等 [27] 用脯氨酸衍生物催化的不对称 Diels-Alder(DA)反应合成了合蕊五味子中分离出的具有抗 HIV 活性的降三萜 (+)-propindilactone G;李昂等 [28] 利用铱催化不对称多烯环化构建手性多环骨架的策略完成了复杂萜类化合物台湾杉醌 Taiwaniaducts B～D 的不对称全合成;杨玉荣等 [29]、焦雷等 [30] 分别采用铱和钯催化的分子内烯丙醇/烯丙酯对吲哚环的不对称烯丙基化串联环化反应完成了吲哚单萜生物碱 (–)-aspidophylline A 和 (+)-minfiensine 的不对称全合成。这些代表性的复杂手性药物和天然产物不对称合成的例子,不但表明我国在复杂手性化合物合成方面取得了重要进展,也表明手性药物和天然产物不对称催化合成研究在我国越来越受到重视。

在分子层次的手性控制取得突破,并在手性药物、手性农药、手性天然产物等手性物质的合成中得到广泛应用的同时，化学家们也尝试了手性超分子、高分子等层次的手性物质的精准组装与构建。然而，超分子层次的手性控制的复杂程度往往超出我们的想象。例如，天然存在的大分子或超分子，如蛋白质、DNA、纤维素等，除其自身组成的基本结构单元是手性的以外，其整体或局部也呈现手性结构，如蛋白质具有右手 α 螺旋结构、DNA 具有右手双螺旋结构。这些手性结构特征对于生物超分子或大分子的生理功能起着重要作用。20 世纪 50 年代初科学家们发现了蛋白质[31] 和 DNA 的右手螺旋结构[32]，这不但促进了分子生物学的快速发展，也激起了化学家们合成手性大分子和超分子的兴趣。几乎与此同时，齐格勒-纳塔（Ziegler-Natta）催化剂的诞生也使化学家们创造手性高分子化合物成为可能。紧接着，Natta 等发现该催化剂催化丙烯聚合得到的高度等规聚丙烯具有螺旋构象的结晶态。他们用手性钛催化剂对 1,3-戊二烯进行聚合也分离得到了光学活性的聚合物[33]。这些前瞻性的发现开拓并促进了超分子和大分子层次的手性物质的创造[34]。我国化学家在手性超分子和大分子的组装和构筑研究方面也取得了一些重要进展。例如，吕小兵等通过手性双钴催化剂催化二氧化碳与各种环氧化合物的不对称环氧开环交替共聚反应，精准构筑了一类新颖的结晶梯度手性聚碳酸酯，显著提高了聚碳酸酯的耐热性能，且其熔点范围可在一定范围内调节[35]；魏志祥等以手性樟脑磺酸为手性掺杂试剂，通过仿生自组装构筑了具有手性识别功能的手性超螺旋传感纤维[36]；刘鸣华等通过非手性 C3 对称分子的自主装得到不等量的左、右手性的螺旋结构，实现了无任何手性添加剂存在下构筑手性超分子[37]；刘磊等首次用非天然的 D-氨基酸合成了镜像 DNA 聚合酶，实现了分子生物学"中心法则"中两个关键步骤——DNA 复制与 DNA 转录成 RNA，同时发现镜像 DNA 的复制与转录同样遵循碱基互补配对原则，并具有良好的手性特异性[38]。这些超分子层次的手性物质的组装与构筑为进一步认识和探索世界乃至生命的奥秘奠定了基础，也为获得功能独特的超分子层次手性材料等提供了契机。超分子层次的手性物质创造已经成为新世纪手性物质化学的研究热点。

第三节　手性物质的分离分析与表征

我们对手性物质的认识同手性物质分离分析与表征方法的发展密不可分。早在 1815 年，毕奥（Biot）就发现有些有机化合物（如樟脑和酒石酸等）能够使平面偏振光发生偏转，并认为这很可能是由分子中原子排列的某种不对称性造成的。1848 年，巴斯德（Pasteur）用放大镜和镊子成功分离了酒石酸钠铵盐的外消旋体，并发现两种晶体使平面偏振光偏转的方向正好相反。这一先驱性工作标志着手性分离的开始，使我们认识到有些分子（手性分子）存在使偏振光发生左旋和右旋的两种结构。随后，巴斯德也意识到"分子具有旋光性是由于缺少对称性"，但他和毕奥一样，仍不能回答不对称性是如何产生的以及又是什么原因使两种结构彼此互为镜像。直到 1874 年，范特霍夫（van't Hoff）和勒贝尔（Le Bel）提出了碳原子的四面体构型，才使我们知道酒石酸等分子缺少对称性是由于碳原子上的四个不同取代基有两种空间排列方式。1913 年，布拉格（William Bragg）等用自己设计的第一台 X 射线衍射仪测定了金刚石的结构，完美地证明了碳原子的四面体结构。紧接着，科学家们用 X 射线衍射仪观察到蛋白质的右手 α 螺旋结构和 DNA 的右手双螺旋结构，这进一步在分子层次上揭示了手性的本质且表明其与生命现象休戚相关。

随着我们对手性本质认识的逐步深入，以及对手性物质创造的需要，手性物质分离分析与表征方法得到了快速发展。例如，除了用传统的核磁共振手段，通过形成非对映异构体的方法（如 Mosher 酯衍生法）以及旋光仪测定旋光度等方法来测定手性化合物的对映体过量（ee 值）以外，我们还可以用更精准、方便、快捷的高压液相色谱、气相色谱以及超临界流体色谱（supeicritical fluid chromatography，SFC），通过手性柱分离来测定手性化合物的对映体纯度。手性分子绝对构型的确定对深入了解其生理活性等性能以及反应的立体化学非常重要。手性分子绝对构型的确定除了采用传统的化学转化、核磁共振的 Mosher 酯方法等间接的方法以外，往往需要培养单晶并通过单晶 X 射线衍射来确定。但是有许多手性化合物难以结晶，这影响了对其绝对构型的确定。为克服这些缺点，Yaghi 等 [39] 发展了将难结晶的手性分子"装入"手性 MOFs 材料以降低其自由度，并结合单晶 X 射线衍射分析来确定手性分子的结构。这为难以结晶的手性分子的结构测定提供了新的方法。此外，随着计算化学的发展，通过计算化合物分子的电子圆二色（electronic circular dichroism，ECD）谱、振动圆二色（vibrational circular dichroism，VCD）谱等数据，并将这些计算结果与实验值进行比较，在大多数情况下也可以准确地确定具有刚性骨架结构的手性分子的绝对构型。特别是振动圆二色谱法已得到越来越广泛的应用，并有望成为一种有效测定手性分子绝对构型的常规方法 [40]。

在超分子和大分子层次的手性材料的表征方面，我们可以通过一些常规的光谱学方法，如圆二色（circular dichroism，CD）谱、旋光色散（optical rotatory dispersion，ORD）谱等来表征外，还可以通过各种显微电镜，如扫描隧道显微镜（scanning tunneling microscope，STM）、透射电子显微镜（transmission electron microscope，TEM）、扫描电子显微镜（scanning electron microscope，SEM）、原子力显微镜（atom force microscope，AFM）等来观察手性材料的结构与形貌。此外，虽然 X 射线晶体衍射是确定蛋白质结构的主要方法，且 90% 以上的已知蛋白质结构均是通过该方法解析的，但它仍然存在较大的限制。这主要是由于很多蛋白质分子无法结晶。低温电子显微技术（cryo-electron microscopy，cryo-EM）的出现使这一现状得到极大的改观。低温电子显微技术是通过电子束对冷冻的大分子进行成像，从而得到分子的三维结构。在过去 30 年中，低温电子显微技术揭示了核糖体、膜蛋白和其他关键细胞蛋白的精细结构。例如，施一公等就通过低温电子显微技术揭示了在阿尔茨海默病的发病中扮演着重要角色的 γ-分泌酶的原子分辨率三维结构，从而为理解阿尔茨海默病发病机理提供了重要基础 [41]。

发展并建立手性物质有效、快速、灵敏的分离分析检测及表征方法仍然是手性物质化学研究领域的重要任务。例如，在分子层次的手性物质（如手性药物、手性农药、手性食品添加剂等）的检测中主要还是依赖高效液相色谱法（high-performance liquid chromatography，HPLC）、气相色谱法、毛细管色谱法、超临界流体色谱法等常规的分析检测手段和方法。但是这些方法在快速检测及痕量手性物质检测方面还存在很多局限。又如，蛋白质是由 L-氨基酸组成的，L-氨基酸在生命体成长过程中可能发生构型转化，生成 D-氨基酸并导致人体衰老和疾病。但由于氨基酸的种类较多，检测方法灵敏度不高等多方面原因，目前仍难以确定在生命体中 L-氨基酸是否发生了构型转化及其转化程度，以及这一转化是否影响人类的健康及寿命。因此，发展痕量氨基酸的检测方法十分必要。

第四节　手性物质的性能和应用

手性物质的对映异构体之间在组成上完全相同，物理和化学性质在非手性环境中也完全相同，如具有相同的熔点、沸点、密度、化学反应、溶解度、光谱性质等。但在手性环境中，对映异构体之间在一些物理和化学性质上存在极大的差异，如具有相反的旋光性、不同的气味等。由于组成生命体的基本物质（如蛋白质、DNA 和糖等）都是光学纯的手性物质，所以生命体本身就是一个手性环境。因此，手性药物的对映异构体在生命体内表现出不同的生理活性也就不足为奇了。

手性药物是 21 世纪人类的一项重要发现。在古代，人们为了生存，从生活经验中得知某些天然物质可以治疗疾病和伤痛，成为药物的始源。例如，公元 1 世纪前后我国的《神农本草经》、明朝李时珍的《本草纲目》就是其中的集大成者。那时人类已在不知不觉中用天然的手性化合物治病，如用奎宁、青蒿等治疗疟疾。20 世纪 30 年代，磺胺类药物的问世，开创了化学治疗的新纪元。随后，许多药物被合成出来，并挽救了无数人的生命。但那时人们对手性药物的认识不足，不知道手性药物分子的对映异构体可能具有不同的药理作用，最终导致了"反应停"事件的发生。20 世纪 50 年代，"反应停"（沙利度胺，thalidomide）作为镇静药物，用于减轻孕妇清晨呕吐反应，结果导致 1.2 万例胎儿畸形。后来的研究发现，R 构型的沙利度胺具有镇静作用，而没有镇静作用的 S 构型的沙利度胺却是致畸的罪魁祸首。自此以后，手性药物得到了高度重视。以《中华人民共和国药典》（2010 年版）为例，手性药物有约 440 种，其中有明确手性构型要求的有 319 种，占全部手性药物的 72.5%。在 2019 年世界畅销的前 20 种药物中，手性药物占 14 种。目前正在开发的药物中超过 2/3 的药物是手性药物。

农药对于保护农作物、增加粮食产量是必不可少的。在商品化农药中，25% 以上是手性农药，但过去这些手性农药绝大多数是以消旋体形式出售的。与手性药物一样，手性农药往往也只有一种构型有效，其对映异构体不但无效，有时甚至对环境是有害的。因此，从 20 世纪 90 年代开始，发展单一构型手性农药越来越普遍。单一构型手性农药的使用既保护了植物，增加了粮食产量，又节约了资源，减少了无效异构体对环境的危害。就手性除草剂而言，荷兰和瑞士已不允许手性苯氧羧酸类除草剂外消旋混合物注册；一些国家还宣布减少农药的用量，如荷兰、瑞典和丹麦已宣布在 10 年内农药用量要减少 50%。这迫使农药企业在手性农药生产中必须生产单一对映异构体。因此，目前国内外农药企业都在推广单一对映异构体手性农药。这无疑对环境保护和可持续发展起到积极的推动作用。

相对于手性药物、手性农药等手性物质，手性材料的研究虽然起步也比较早，但由于手性材料的结构相对较复杂，我们对其性能的了解和掌握还极其有限。除了对蛋白质的手性螺旋结构及其生理功能，以及手性液晶材料的液晶性能等有较深入的理解外，其他许多手性材料的潜在性能仍然有待我们去探索和发现。手性材料在我们的日常生活乃至国防建设中已扮演了越来越重要的角色，其中最突出的是手性液晶材料，尤其是蓝相液晶材料[42]。蓝相液晶材料主要是由强扭曲的手性分子组成的化合物或者混合物构成，其对外界刺激比较敏感，电场响应时间在微秒级范围内，是理想的显示材料，在光计算机和激光屏蔽等领域具有重要的应用前景。此外，科学家们还通过手性掺杂等方式创造出了手性导电聚合物材料、手性介孔材料、手性纳米材料等手性材料。一些手性材料已在信息存储与处理、吸波、传感等方面展现出了良好的应用前景。

第五节　手性物质化学的发展趋势与展望

经历了跨世纪的探索和发展，手性物质化学研究已经进入了一个崭新的发展阶段，人类已经能够通过人工合成的手性催化剂实现手性物质的精准创造。创造出的手性药物、手性农药、手性液晶材料等已经造福于人类社会。2001年诺贝尔化学奖授予在手性物质创造领域做出杰出贡献的三位科学家，就是对这个领域发展成就的认可。而今，手性物质化学的研究对象已经从小分子层次拓展到大分子、超分子层次。手性物质的性能研究更加受重视，手性物质在液晶显示、生物传感、信息存储等方面已经展现出良好的应用前景。更加精准、高效、可持续地创造手性物质，研究手性物质在生命科学、环境科学、信息科学、材料科学、空间科学等学科领域的应用，以及探索手性物质的高效检测手段和分析方法等正在成为手性物质化学研究的前沿和热点。

更加精准地创造手性物质已经成为手性物质化学学科的发展趋势。经历了一个多世纪特别是最近几十年的发展，手性物质创造已经有了许多方法。现在，几乎任何手性化合物的单一对映异构体都能够合成出来，一些手性化合物的合成不但精准，而且高效，并在工业生产上得到了实际应用。然而，这样的精准反应和方法还非常有限，许多手性化合物的单一对映异构体虽然能够合成出来，但是效率还很低，没有实际应用价值。很多手性药物仍然采用手性拆分方法，而不是用不对称催化方法来生产；很多手性农药仍然在以消旋体形式生产。对于手性材料的构筑，目前还处于初期研究阶段，要实现精准创造还很遥远。总之，无论是手性药物、手性农药等手性分子的合成，还是手性材料的组装与构筑,都需要精准,社会可持续发展也要求物质创造的精准化。诺贝尔化学奖获得者 Noyori 在 2001 年就提出:"未来的合成化学必须是经济的、安全的、环境友好的,以及节省资源和能源的化学,化学家需要为实现'完美的反应化学'而努力,即以 100% 的选择性和 100% 的产率只生成需要的产物而没有废物产生。"[43] 因此,注重发展更加高效、高选择性的手性试剂和催化剂,不对称合成新反应、新方法、新概念及新策略,实现手性物质的精准创造是手性物质化学学科发展的必然趋势。

手性物质化学学科在我国起步较晚,但在国家自然科学基金委员会、科技部、教育部、中国科学院等部门的大力支持下,经过我国科学家三十多年的不懈努力,已取得了长足的进步,在某些研究方向上达到或处于世界先进水平。例如,在手性配体及催化剂的设计合成,手性物质创造新反应、新方法、新策略、新概念等方面均产生了具有国际影响的研究成果。但与美国、日本等国相比,我国在手性物质化学学科的整体研究水平上还有较大差距。其主要表现为:①我国手性物质化学研究产生的标志性的、有显示度的研究成果还不够多;②我国从事手性物质化学研究的科学家人数较多,但真正有国际影响的研究团队和学术带头人较少;③我国手性物质化学的研究主要集中在少数几个研究方向上,重复研究的现象比较严重;④我国拥有的手性技术不多,且没有得到很好应用,我国企业应用的手性技术寥寥无几。虽然我国手性物质化学学科还存在以上这些问题,但是其发展势头非常好。例如,对 2007~2016 年发表的与"不对称合成"相关的 SCI 论文和引用情况分析发现,我国发表的论文数量逐年递增,2011 年已超过美国,跃居世界第 1 位 [图 1-1(a)]。我国发表论文的引文数也逐年提升,2007~2011 年发表的论文引文数还排在世界第 2 位,与美国相差甚远,但 2012~2016 年发表的论文引文数已跃居第 1 位 [图 1-1(b)]。我国在 2007~2016 年所发表的高被引论文的数量与美国还有一定差距 [图 1-1(c)],特别是我国高被引论文在所发表总论文中的占比远远低于美国。我国的占比为 2.2%,比美国的 3.2% 低 1 个百分点。这些数据表明,虽然我国在论文数量上已经超越美国等发达国家,但在论文质量上还存在差距(参见《化学十年:中国与世界(2001—2010)》中的相关数据[44])。

物质是人类进步的基础。创造新物质是合成化学的中心任务,也是新世纪国际创新能力竞争的前沿和焦点。当今方兴未艾的信息技术、环境技术、生物技术、空间技术等均依赖于"先进"物质。而这些"先进"物质往往是自然界不能直接给予我们的,需要经过人工创造。发展精准、高效、环

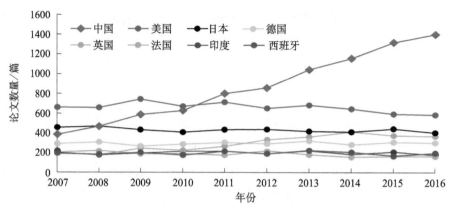

(a) 2007～2016年各国每年发表的总论文数量比较

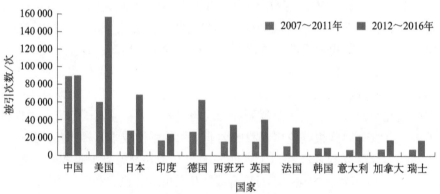

(b) 在2007～2011年和2012～2016年发表论文至2017年8月的总引文数

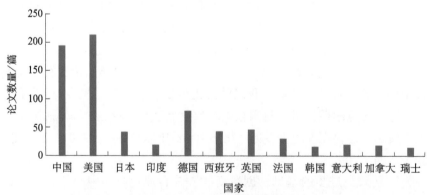

(c) 2007～2016年各国发表的高被引论文数比较

图 1-1 Web of Science 有关"不对称合成"论文统计

境友好、可持续的手性物质创造方法和技术是获得手性物质的必由之路。因此，我们更需要在国家自然科学基金委员会、科技部、教育部、中国科学院等部门的大力支持下，瞄准国家的重大需求，立足学科前沿，加强整体布局，注重以"点"带"面"，最大限度地发挥我国手性物质化学学科的创新能力和潜力；群策群力，坚持基础与前沿并举，大力推进学科交叉与融合，力争解决手性物质创造中存在的关键科学问题，丰富和发展手性物质创造基础理论，建立和发展手性物质创造核心技术，发展先进手性物质、建立手性物质分离分析和表征新方法；强化绿色、可持续物质创造意识，建立手性物质化学学科资源信息共享平台，极力推进产、学、研的深度融合，使手性物质化学更好地服务于国家建设及社会经济发展，为人类社会进步做出更大的贡献。

参 考 文 献

[1] 谢建华，周其林.手性物质创造的昨天、今天和明天.科学通报，2015, 60(28): 2679-2696.

[2] Blaser H U, Schmidt E. Asymmetric Catalysis on Industrial Scale: Challenges, Approaches and Solutions. Weinheim: Wiley-VCH, 2010.

[3] Yoon T P, Jacobsen E N. Privileged chiral catalysts. Science, 2003, 299(5631): 1691-1693.

[4] Xie J H, Liu X Y, Xie J B, et al. An additional coordination group leads to extremely efficient chiral iridium catalysts for asymmetric hydrogenation of ketones. Angew Chem Int Ed, 2011, 50(32): 7329-7332.

[5] Arai N, Ohkuma T. Design of molecular catalysis for achievement of high turnover number in homogeneous hydrogenation. Chem Rec, 2012, 12(2): 284-289.

[6] Hui Y H, Jiang J, Wang W T, et al. Highly enantioselective conjugate addition of thioglycolate to chalcones catalyzed by lanthanum: low catalyst loading and remarkable chiral amplification. Angew Chem Int Ed, 2010, 49(25): 4290-4293.

[7] Liu Y L, Shang D J, Zhou X, et al. AgAsF$_6$/Sm(OTf)$_3$ promoted reversal of enantioselectivity for the asymmetric Friedel-Crafts alkylations of indoles with β, γ-unsaturated α-ketoesters. Org Lett, 2010, 12(1): 180-183.

[8] Tu Y, Wang Z X, Shi Y A. An efficient asymmetric epoxidation method for *trans*-olefins mediated by a fructose-derived ketone. J Am Chem Soc, 1996, 118(4): 9806-9807.

[9] Cao P, Wang B, Zhang X M. Rh-catalyzed enyne cycloisomerization. J Am Chem Soc, 2000,

122(27): 6490-6491.

[10] Cao P, Zhang X. The first highly enantioselective Rh-catalyzed enyne cycloisomerization. Angew Chem Int Ed, 2000, 39(22): 4104-4106.

[11] Zhou Y G. Asymmetric hydrogenation of heteroaromatic compounds. Acc Chem Res, 2007, 40(12): 1357-1366.

[12] Zhu S F, Zhou Q L. Transition-metal-catalyzed enantioselective heteroatom-hydrogen bond insertion reactions. Acc Chem Res, 2012, 45(8): 1365-1377.

[13] Wang B, Tu Y Q. Stereoselective construction of quaternary carbon via a semipinacol rearrangement strategy. Acc Chem Res, 2011, 44(11): 1207-1222.

[14] Li W, Wang J, Hao X, et al. Catalytic asymmetric Roskamp reaction of α-alkyl-α-diazoesters with aromatic aldehydes: highly enantioselective synthesis of α-alkyl-β-keto esters. J Am Chem Soc, 2010, 132(25): 8532-8533.

[15] Zhuo C X, Zhang W, You S L. Catalytic asymmetric dearomatization reactions. Angew Chem Int Ed, 2012, 51(51): 12662-12686.

[16] Wang Z, Chen G, Ding K. Self-supported catalysts. Chem Rev, 2009, 109(2): 322-359.

[17] He Y M, Feng Y, Fan Q H. Asymmetric hydrogenation in the core of dendrimers. Acc Chem Res, 2014, 47(10): 2894-2906.

[18] Liao S, Sun X L, Tang Y. Side arm strategy for catalyst design: modifying bisoxazolines for remote control enatioselective and related. Acc Chem Res, 2014, 47(8): 2260-2272.

[19] Yu J, Shi F, Gong L Z. Brønsted acid-catalyzed asymmetric multicomponent reactions for the facile synthesis of highly enantioenriched structurally diverse nitrogenous heterocycles. Acc Chem Res, 2011, 44(11): 1156-1171.

[20] Zhang Z, Wang Z, Zhang R, et al. An efficient titanium catalyst for enantioselective cyanation of aldehydes: cooperative catalysis. Angew Chem Int Ed, 2010, 49(38): 6746-6750.

[21] Xu B, Zhu S F, Zuo X D, et al. Enantioselective N—H insertion reaction of α-aryl α-diazoketones: an efficient route to chiral α-aminoketones. Angew Chem Int Ed, 2014, 53(15): 3913-3916.

[22] Zhu S, Yu S, Wang Y, et al. Organocatalytic Michael addition of aldehydes to protected 2-amino-1-nitroethenes: the practical syntheses of oseltamivir (Tamiflu) and substituted 3-aminopyrrolidines. Angew Chem Int Ed, 2010, 49(27): 4656-4660.

[23] Chen J Q, Xie J H, Bao D H, et al. Total synthesis of (−)-Galanthamine and (−)-Lycoramine via catalytic asymmetric hydrogenation and intramolecular reductive heck cyclization. Org Lett, 2012, 14 (11): 2714-2717.

[24] Li L, Yang Q, Wang Y, et al. Catalytic asymmetric total synthesis of (−)-Galanthamine and

(−)-Lycoramine. Angew Chem Int Ed, 2015, 54(21): 6255-6259.

[25] Guo L D, Huang X Z, Luo S P, et al. Organocatalytic asymmetric total synthesis of (−)-Haliclonin A. Angew Chem Int Ed, 2016, 55 (12): 4064-4068.

[26] Chen J, Chen J, Xie Y, et al. Enantioselective total synthesis of (−)-Stenine. Angew Chem Int Ed, 2012, 51(4): 1024-1027.

[27] You L, Liang X T, Xu L M, et al. Asymmetric total synthesis of Propindilactone G. J Am Chem Soc, 2015, 137(32): 10120-10123.

[28] Deng J, Zhou S, Zhang W, et al. Total synthesis of Taiwaniadducts B, C, and D. J Am Chem Soc, 2014, 136(23): 8185-8188.

[29] Jiang S Z, Zeng X Y, Liang X, et al. Iridium-catalyzed enantioselective indole cyclization: application to the total synthesis and absolute stereochemical assignment of (−)-Aspidophylline A. Angew Chem Int Ed, 2016, 55(12): 4044-4048.

[30] Zhang Z X, Chen S C, Jiao L. Total synthesis of (+)-Minfiensine: construction of the tetracyclic Core structure by an asymmetric cascade cyclization. Angew Chem Int Ed, 2016, 55(28): 8090-8094.

[31] Pauling L, Corey R B, Branson H R. The structure of proteins: two hydrogen-bonded helical configurations of the polypeptide chain. Proc Natl Acad Sci USA, 1951, 37(8): 205-211.

[32] Watson J D, Crick F H C. Structure for deoxyribose nucleic acid. Nature, 1953, 171: 737-738.

[33] Natta G, Porri L, Valenti S. Synthesis of optically active *cis*-1, 4-poly(1,3-pentadiene) by asymmetric induction. Makromol Chem, 1963, 67: 225-228.

[34] Yashima E, Maeda K, Iida H, et al. Helical polymers: synthesis, structures, and functions. Chem Rev, 2009, 109(11): 6102-6211.

[35] Liu Y, Ren W M, He K K, et al. Crystalline-gradient polycarbonates prepared from enantioselective terpolymerization of *meso*-epoxides with CO_2. Nat Commun, 2014, 5: 5687.

[36] Zou W J, Yan Y, Fang J, et al. Biomimetic superhelical conducting microfibers with homochirality for enantioselective sensing. J Am Chem Soc, 2014,136(2): 578-581.

[37] Shen Z C, Wang T Y, Liu M H. Macroscopic chirality of supramolecular gels formed from achiral tris(ethyl cinnamate) benzene-1,3,5-tricarboxamides. Angew Chem Int Ed, 2014, 53(49): 13424-13428.

[38] Wang Z, Xu W, Liu L, et al. A synthetic molecular system capable of mirror-image genetic replication and transcription. Nat Chem, 2016, 8(7): 698-704.

[39] Lee S, Kapustin E A, Yaghi O M. Coordinative alignment of molecules in chiral metal-organic frameworks. Science, 2016, 353(6301): 808-811.

[40] 曹飞，高彤，许兰兰，等．振动圆二色谱在有机化学中的应用进展．中国科学：化学，

2017, 47(7): 801-815.

[41] Bai X, Yan C, Yang G, et al. An atomic structure of human γ-secretase. Nature, 2015, 525(7568): 212-217.

[42] 何万里，王玲，王乐，等 . 宽温域蓝相液晶材料 . 化学进展 , 2012, 24(1): 182-192.

[43] Noyori R. Synthesizing our future. Nat Chem, 2009, 1: 5-6.

[44] 冯小明 . 中国不对称合成领域的发展现状和未来挑战 // 国家自然科学基金委员会化学科学部，国家自然科学基金委员会政策局 . 化学十年：中国与世界 (2001—2010). 2012：100-105.

第二章
手性有机分子合成

第一节 引　　言

丁奎岭

　　手性是自然界的基本属性，特别是在生命过程中，手性的均一性是生命物质最基本的结构特征之一。由于生命物质的手性均一性，当使用手性药物分子时，就会由于对映体的立体结构不同而在生物体内引起"手性识别"现象。在很多情况下，手性药物的两个对映体在人体内的药理活性、代谢过程以及毒性往往存在显著差异，甚至起相反的作用。美国食品药品监督管理局（Food and Drug Administration，FDA）率先在 1992 年发布了手性药物指导原则，要求上市的手性药物尽可能为光学纯，否则生产商必须明确药物中各对映体的药理作用、毒性和临床效果。因此，人们越来越认识到手性对药物生理作用的重要影响，这也反映在现有药物中近 50% 具有手性，开发中的药物有 2/3 以上是手性的。另外，手性在农药、香料、液晶显示、分离、传感、存储、非线性光学材料等领域也显示出重要应用前景。因此，如何实现手性有机分子的高效合成是有机化学的重要研究内容，具有重要的理论意义和应用前景。

　　目前，获取具有光学活性的手性有机分子的方法主要有以下几种：①外消旋体的拆分；②天然产物的提取及转化；③化学计量的不对称合成；④催化不对称合成等。在这些已知的手性有机分子的获取方法中，催化不对称合成由于只使用催化量的手性物质就能合成大量的高光学纯度的手性分子，是最具有潜力和挑战性的方法。外消旋体拆分是一种发展较早的获得手性有机分子的方法，但通常需要当量的手性拆分试剂，而且会得到一半不需要的对映体，这部分内容将在第五章"第四节　化学拆分法"中做介绍。天然产物转化则是依赖于自然界存在的天然的手性化合物，但也受其种类的限制，远远不能满足人类社会对手性有机分子的需求，这部分内容在本章不做重点介绍。

化学计量的不对称合成主要包括手性辅基和手性试剂法。人们对这个领域研究得较早，目前已经发展出了一批有效的手性辅基和手性试剂，并在重要光学活性分子合成中得到应用。但是该方法需要使用化学计量的手性物质，使得这个领域的研究受到一定的限制。

在不对称催化方法中，酶催化反应具有高效和立体专一性的特点，许多酶经过适当结构改造后可以适用于非天然底物。现代生物技术的迅猛发展，为酶的分子设计、高效制备及生产应用提供了科学基础和技术支撑，使得更多工业规模的生物催化合成成为可能。近年来，直接将微生物细胞作为"制造工厂"，实现手性分子的构建也得到快速的发展。

金属催化不对称反应是不对称催化合成有机分子的研究主题，2001 年诺贝尔化学奖授予了三位在该领域做出杰出贡献的科学家 William S. Knowles、Ryoji Noyori 和 K. Barry Sharpless，进一步促进了金属催化不对称反应的快速发展。金属催化又可以分为过渡金属催化和金属路易斯酸催化。过渡金属配合物的中心金属外层一般含有一定数量的 d 电子和未填充的空 d 轨道，它可以通过其空 d 轨道接受底物配位，或者将自身的 d 电子向底物的空轨道反馈等方式与底物形成碳（氢）–金属键。在过渡金属配合物催化反应的过程中，通常伴随着中心金属价态的改变。自从 1966 年 Nozaki 等首次报道了手性 Schiff（席夫）碱铜配合物催化的不对称环丙烷化反应以来，在手性配体设计、金属类型以及新型不对称催化反应等方面都得到了长足的发展，一些重要的不对称反应过程已经实现了工业化生产。

金属路易斯酸催化不同于过渡金属催化，作为路易斯酸中心的金属离子通常通过与底物配位对其进行活化。在反应过程中，金属的价态不发生改变。一般来讲，手性路易斯酸催化剂是手性配体与金属离子配位生成的金属配合物。当加入底物后，中心金属的空轨道接受底物中电负性原子提供的孤对电子形成金属配合物，使得底物的亲电性增强，有利于亲核试剂进攻。

尽管有机小分子催化的历史可以追溯到 100 多年前，但其快速发展却是在过去的 20 年。目前有机小分子催化已经在不对称合成中占有非常重要的地位，并可与金属催化有效结合。从催化机理上讲，有机小分子催化剂主要包括路易斯碱类催化剂、路易斯酸类催化剂、布朗斯特酸类催化剂、布朗斯特碱类催化剂，以及双功能或多功能催化剂。

可见光促进的有机合成反应是化学合成的前沿领域之一，通过结合光促进过程和不对称催化体系，为手性有机分子合成提供了一种有效的方法。有机小分子催化、路易斯酸催化和过渡金属催化等不对称催化模式都可以有效地与可见光诱导反应相结合。

此外，本章还介绍了绝对不对称合成和不对称自催化反应。尽管绝对不对称合成和不对称自催化反应的类型还比较有限，一些催化过程的效率还比较低，但这些研究结果无疑将为生命起源的一些解释提供重要支持。

正是以上这些重要的手性有机分子合成方法的迅猛发展，为手性复杂天然产物和手性药物的化学合成，特别是含多个手性中心的复杂分子的合成提供了实用性合成方法。同时，针对重要目标分子的合成也促进了高效不对称合成方法和策略的发展，进一步推动了人类健康和医药产业的发展。

第二节　手性试剂在不对称合成中的应用

许鹏飞　王　瑶

在不对称合成的发展历史上，依靠手性试剂来制备光学活性的分子是一种广泛使用的重要方法[1]。经过几十年的探索研究，有机化学家陆续发展了一批手性试剂。按照控制手性的原理的不同，这些手性试剂可以概括成两大类：一类是手性辅基参与的不对称反应，这类反应最后需要把手性辅助片段从反应产物上移除进而得到最终的光学活性分子；另外一类是手性试剂与底物反应直接得到光学活性的最终产物。这两类反应都需要使用化学计量的手性物质。本节主要介绍这些手性试剂在不对称合成中的应用。

一、手性辅基在不对称合成中的应用

作为不对称合成的基本方法之一，手性辅基诱导合成光学活性的分子有很长的发展历史。部分手性辅基由于简单易得、适用范围广且不对称诱导的效果好而成为经典试剂。例如，Enders 于 1976 年发展的手性烷基化试剂 SAMP/RAMP[2]，Evans 于 1981 年发展的噁唑烷酮手性辅助剂[3]。此外，Ellman 等于 1997 年发展的手性叔丁基亚磺酰胺是近 20 年来研究最广泛的手性辅基之一[4]。图 2-1 列出了代表性手性辅基。这些手性试剂参与的不对称反应主要包括烷基化反应、羟醛（aldol）反应、Mannich 反应、Michael 反应、Diels-Alder 反应及 Strecker 反应等。如图 2-2 所示，从不对称合成的原理来讲，这些不对称反应都是依靠手性辅基的位阻作用，反应物选择性地从空间有利的位置去接近手性辅基，进而立体选择性地生成目标产物，最后切下辅助试剂的手性部分回收再利用。

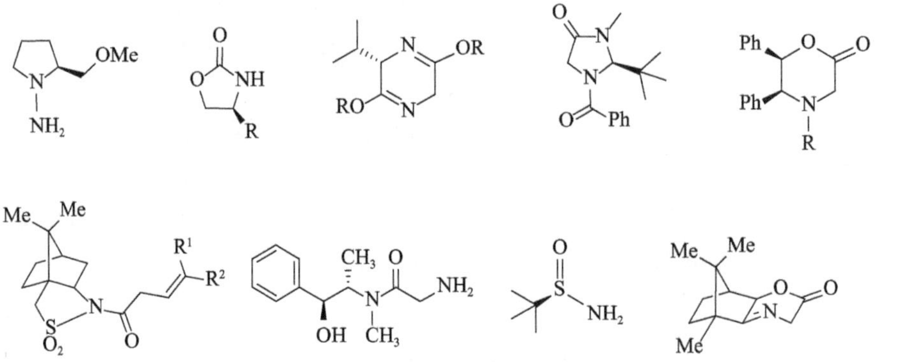

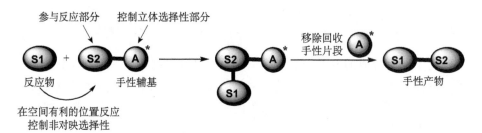

图 2-1　代表性手性辅基

图 2-2　手性辅基不对称合成的基本原理

Enders 发展的手性辅基 SAMP 已有 40 多年的历史，这类试剂可以用于酮、醛及其衍生物的不对称烷基化反应（图 2-3）。其不对称控制的原理是 SAMP 首先与醛或酮生成手性腙化合物，然后在强碱作用下，手性腙去质子化生成氮杂烯胺。烯胺的双键构型受到手性辅助基团的控制，如非环状的羰基化合物主要生成 E 构型的双键。亲电试剂从位阻较小的一面和氮杂烯胺进行反应，选择性地生成一个主要立体异构体。至今，使用 SAMP 类手性辅基进行立体控制仍然是酮类化合物不对称烷基化的重要方法。例如，在 2016 年，Shipman 等报道了利用 SAMP 实现氮杂环丁酮不对称烷基化的例子[5]。

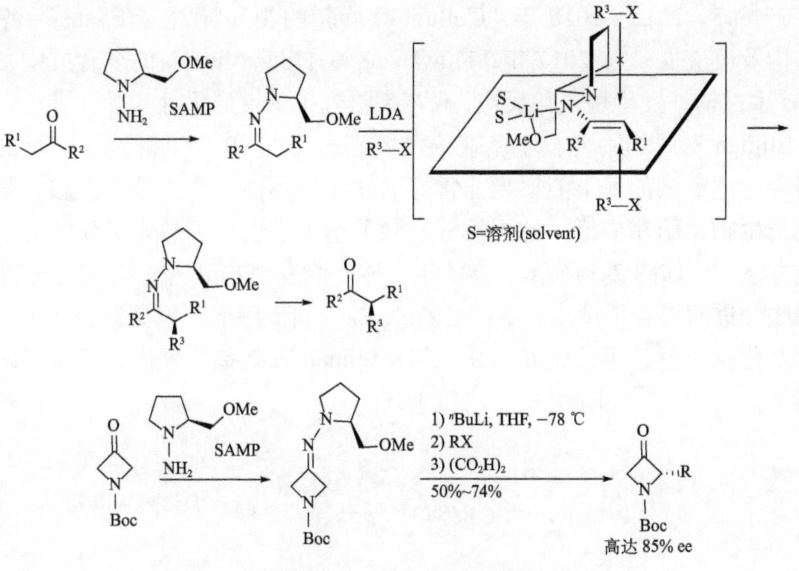

图 2-3 手性辅基 SAMP 的不对称烷基化反应

Evans 发展的手性噁唑烷酮类化合物是经典的不对称合成试剂，历经 30 多年仍然是目前常用的手性辅基之一。这类手性辅基可以用于不对称羟醛反应、烷基化反应、酰基化反应、胺化反应以及羟基化反应等重要反应。图 2-4 是以羟醛反应为例说明 Evans 手性辅基的手性诱导模型（Zimmerman-Traxler 过渡态模型）。首先，羰基在硼试剂作用下生成 Z-式烯烃 **1**，烯醇氧原子与羰基处于相反的方向，并且醛从远离大位阻基团的一端与烯醇进行反应的过渡态 **2** 最为有利。所以，这类手性试剂最终主要得到 *syn* 构型的羟醛

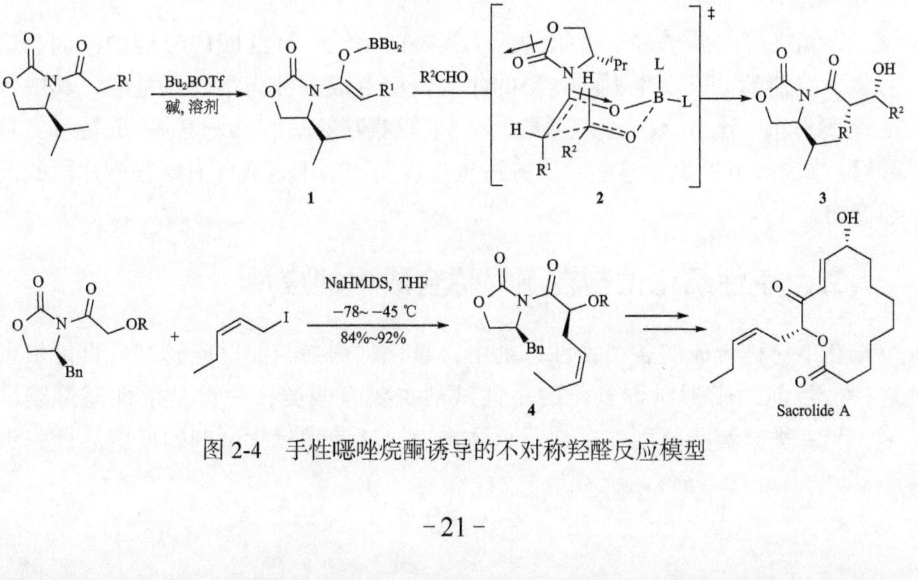

图 2-4 手性噁唑烷酮诱导的不对称羟醛反应模型

反应产物 **3**。2015～2018 年，Collum 等从新的视角阐述了 Evans 烯醇锂盐的结构及反应性[6,7]。2017 年，Kuwahara 等在 Sacrolide A 的全合成中，利用 Evans 手性辅基发生烷基化反应，高产率得到了关键的手性片段 **4**[8]。

Ellman 发展的手性叔丁基亚磺酰胺在过去的 20 年里得到了广泛的关注和研究。这类试剂通常能得到非常好的立体选择性，产物是手性胺、氨基酸及其衍生物，用途广泛。林国强等发展了基于手性叔丁基亚磺酰胺的不对称合成方法[9]。如图 2-5 所示，2004 年，该小组发现 SmI₂ 能促进叔丁基亚磺酰胺偶联，进而得到手性二胺 **5**。在 Zn/In 的共同作用下，该类亚胺还可以发生烯丙基化反应得到手性胺 **6**。2016 年，Ellman 等制备了氟代的丁基亚磺酰胺并用于氮杂 Diels-Alder 反应合成氮杂环 **7**[10]。

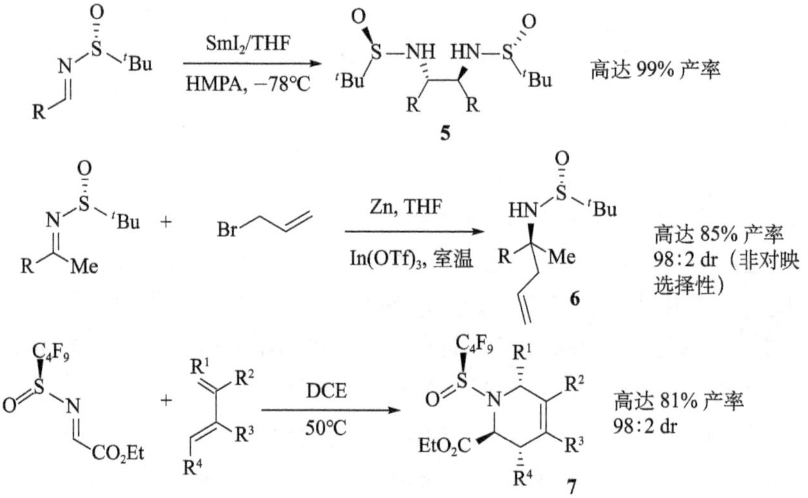

图 2-5　手性亚磺酰胺的反应

许鹏飞等发展了基于樟脑的两个互补的手性三环亚胺内酯辅助试剂。这两个手性辅基可以发生不同类型的化学反应合成多种光学纯氨基酸，其中包括 α-氨基酸、α,β-双氨基氨基酸、α,γ-双氨基氨基酸、α-氨基-β-羟基氨基酸等。如图 2-6 所示，这些合成方法也被成功地用于合成含有氨基酸片段的天然产物[11]。

二、手性氧化试剂在不对称合成中的应用

在不对称合成的各类手性试剂中，氧化试剂参与的反应研究一直是焦点之一。目前用于不对称氧化的手性试剂主要有两类，一类是手性高价碘试剂，另一类是氧杂吖丙啶试剂。总体来说，这两类氧化试剂的反应活性差别

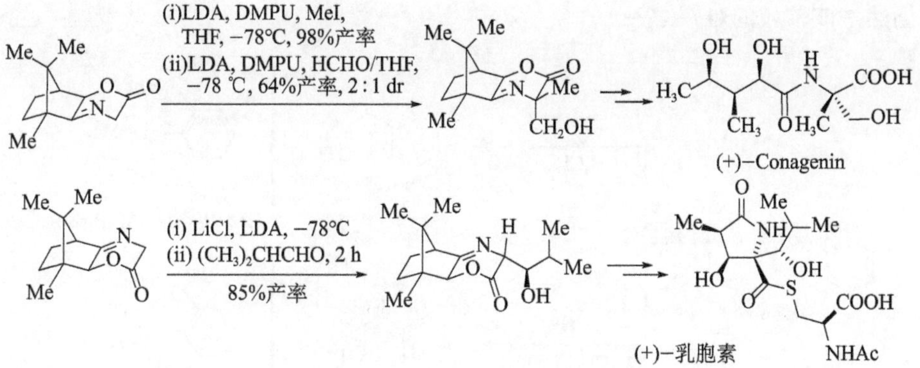

图 2-6 基于樟脑衍生的手性辅基三环亚胺内酯的反应

很大，能够参与的反应各不相同。本部分主要介绍这两类氧化试剂的历史背景、最新进展及未来的发展趋势。

（一）手性高价碘试剂在不对称合成中的应用

高价碘试剂有着很长的研究历史，Willgerodt 早在 1886 年就制备出了首例有机高价碘试剂[12]。1986 年，Imamoto 和 Koto 等合成了首例手性高价碘试剂来氧化硫醚并得到了中等的对映选择性[13]。此后近 30 年的研究表明，手性高价碘试剂可以用于硫醚、酮、酚类及烯烃的氧化[14]，下面从不同的反应介绍手性高价碘试剂在不对称合成中的最新研究进展。

1. 手性高价碘试剂氧化硫醚和酮

1986 年，Imamoto 和 Koto 等以亚碘酰苯和酒石酸衍生物来制备手性高价碘试剂 **R1**（图 2-7），以最高 53% ee 的对映选择性把硫醚氧化成亚砜。Wirth 等于 1997 年发展了手性高价碘试剂促进的苯丙酮的 α 位不对称氧化反应（图 2-8）[15]。但是，以 **R2**～**R4** 为氧化剂只得到了最高 15% ee 的对映选择性。后来有多个研究小组发展了不同的手性高价碘试剂用于硫醚和酮的氧化反应，但是也只得到中等的对映选择性。目前，这两类底物的不对称氧化

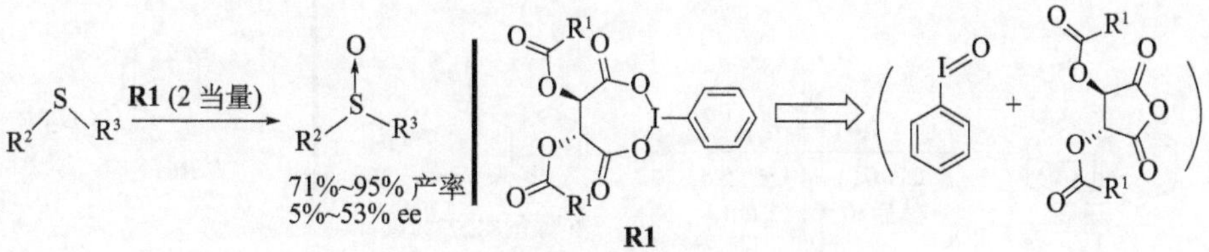

图 2-7 手性高价碘试剂氧化硫醚

仍然是该领域的难点之一[14]。

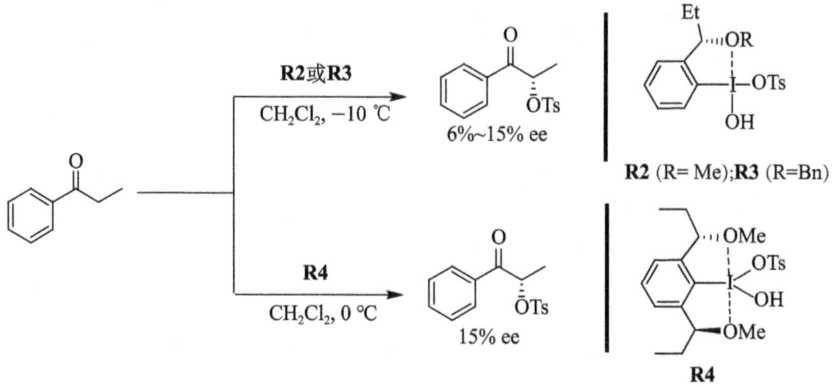

图 2-8 手性高价碘试剂氧化酮

2. 手性高价碘试剂氧化去芳构化

Siegel 和 Antony 报道了首例高价碘试剂促进的氧化去芳构化反应[16]。50 多年后，Kita 及其合作者于 2008 年发展了手性高价碘试剂 **R5** 促进的不对称去芳构化反应（图 2-9）[17]。2014 年，Quideau 等合成了手性的氢化联萘型高价碘试剂 **R6**，并应用到取代苯酚和萘酚的不对称去芳构化反应中（图 2-10）[18]。

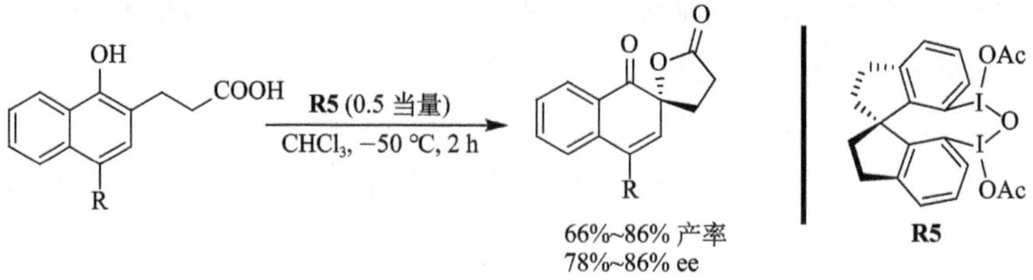

图 2-9 手性高价碘试剂 **R5** 氧化去芳构化反应

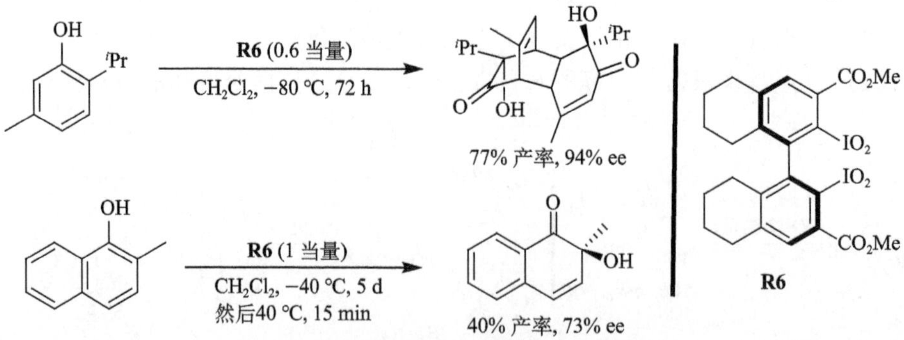

图 2-10 手性高价碘试剂 **R6** 氧化去芳构化反应

3. 手性高价碘试剂氧化烯烃

Wirth 和 Hirt 等于 1997 年发展了首例手性高价碘氧化苯乙烯的反应（图 2-11）。但是，在手性高价碘试剂 **R2**～**R4** 或 **R7**、**R8** 的氧化下，产物的对映选择性较低。2011 年，Fujita 等发展了手性高价碘试剂 **R9**，并用于促进 Prévost 类型的反应（图 2-12）。他们通过调节反应条件，分别以中等的产率和较高的对映选择性得到了 *anti* 和 *syn* 构型的产物[19]。

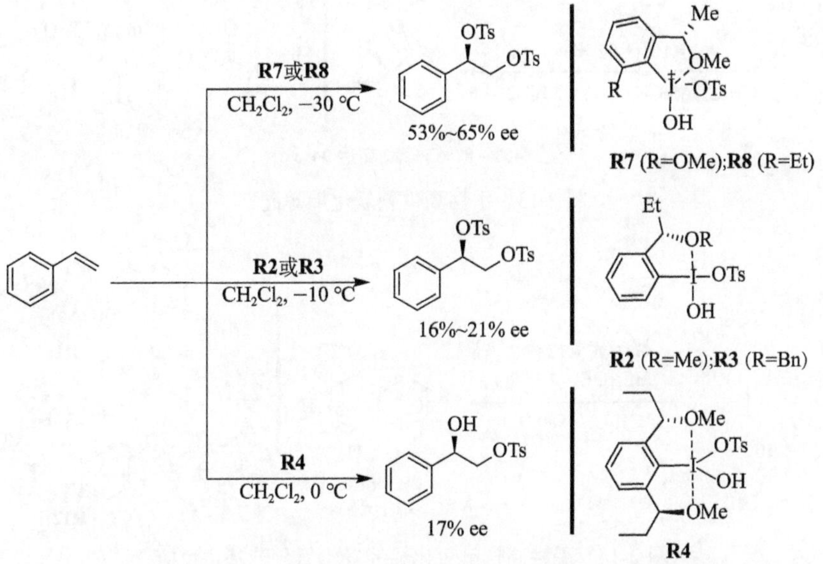

图 2-11　手性高价碘试剂氧化苯乙烯

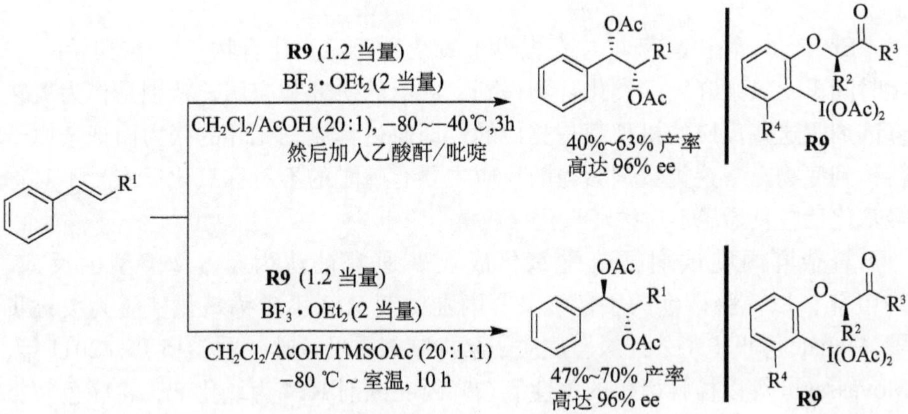

图 2-12　手性高价碘试剂 **R9** 氧化烯烃

2014 年，Wirth 等发展了一个手性高价碘试剂促进的极性反转的烯醇硅醚 α 位氧化和胺化反应（图 2-13）[20]。研究发现，对于烯醇硅醚化合物 **8**，在手性高价碘试剂 **R10** 的作用下，以最高 94% ee 的对映选择性得到目标产物 **9**。2016 年，Fujita 等发展了一个不对称分子内烯烃氧化芳基化反应（图 2-14）[21]。在手性高价碘试剂 **R11** 或者 **R12** 的作用下，通过添加路易斯酸促进烯烃 **10** 发生分子内氧化芳基化反应，合成得到手性三环化合物 **11**。

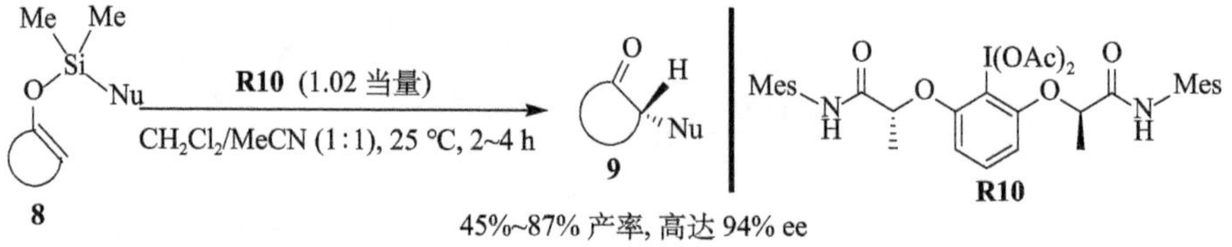

图 2-13　手性高价碘氧化烯醇硅醚

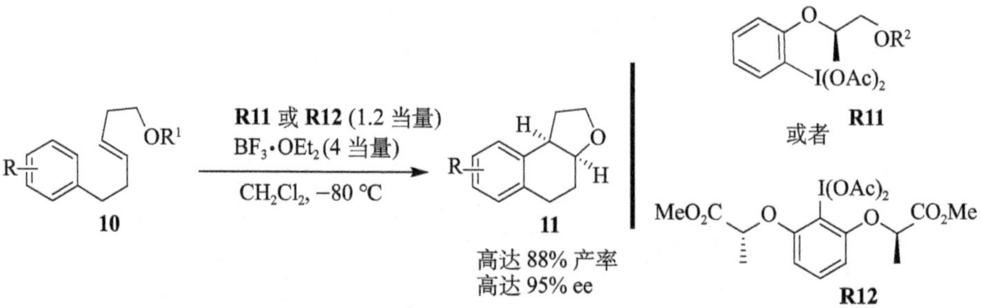

图 2-14　手性高价碘氧化烯烃发生氧化芳基化反应

（二）手性氧杂吖丙啶试剂在不对称合成中的应用

Emmons 等在 1957 年首次报道了氧杂吖丙啶类化合物[22]。在其后的 60 年时间里，氧杂吖丙啶类化合物得到了广泛的研究和应用，特别是作为氧转移试剂。这些反应的机理都是类似的，即通过释放三元环的张力而把杂原子转移到底物上。这类试剂参与的反应主要有硫醚的不对称氧化反应、不对称羟基化反应及烯烃不对称环氧化反应等。

氧杂吖丙啶试剂把硫醚氧化成亚砜通常被认为是 S_N2 类型的反应。2010 年，以樟脑衍生的手性氧杂吖丙啶试剂 **R13** 不对称氧化硫醚为关键步骤，Mahale 等报道了公斤级合成质子泵抑制剂雷贝拉唑（图 2-15）[23]。2011 年，Movassaghi 等以樟脑衍生的手性氧杂吖丙啶试剂 **R14** 为氧化剂，将联色胺类底物 **12** 氧化，反应具有优秀的产率和对映选择性，反应产物 **13** 被用于合成 Trigonoliimine 家族生物碱（图 2-16）[24]。

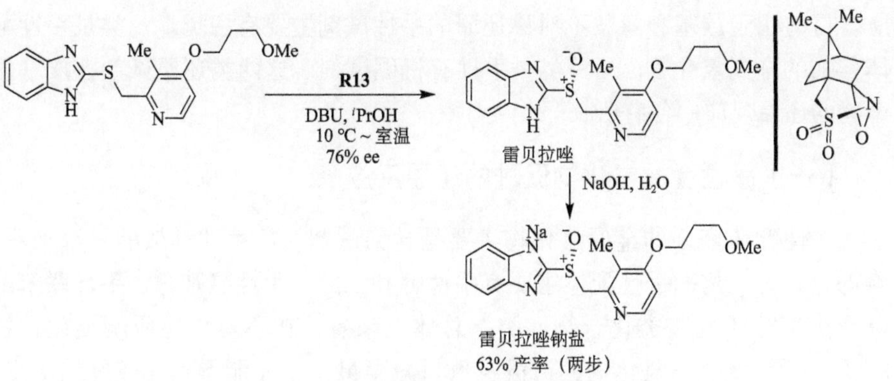

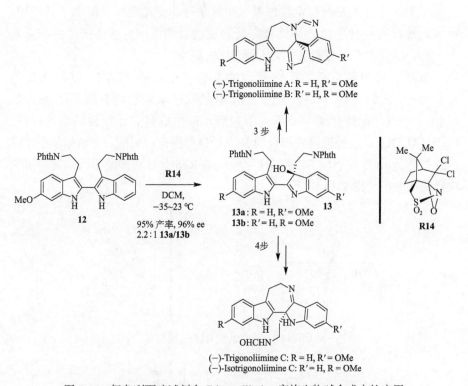

图 2-15　采用氧杂吖丙啶试剂合成雷贝拉唑

图 2-16　氧杂吖丙啶试剂在 Trigonoliimine 家族生物碱合成中的应用

三、手性还原试剂在不对称合成中的应用

在不对称合成领域中，不对称还原反应占据着很重要的地位，主要有 C＝C 双键的不对称催化氢化、羰基的不对称还原、亚胺的不对称还原等反

应。目前用于羰基和亚胺不对称还原的手性试剂主要有两类。一类是手性配体修饰的金属氢化物；另一类是手性有机硼试剂。这两类还原试剂在羰基化合物的还原反应中各有所长。

（一）手性金属氢化物促进的还原反应

手性配体修饰的金属氢化物主要是含铝试剂。从手性骨架的来源来看，修饰金属氢化物的手性配体主要有手性醇和二醇、手性氨基醇、手性联苯酚以及少部分手性胺类化合物四类。总体上来看，在不对称还原酮类化合物时，一般要将金属氢化物的活泼氢数目减至最少，才能得到比较好的结果。这种方法有很大的局限性。例如，在一些反应中，对映选择性比较差、配体比较昂贵、手性试剂的稳定性很差、实验条件非常苛刻等，限制了其应用。目前，还没有一种手性试剂具有广泛的底物适用范围。从已报道的结果来看，芳香酮或者不饱和酮是一类比较合适的底物。

最早发展的氨基醇类配体修饰的手性氢化铝锂（LAH）试剂可以追溯到 20 世纪 60 年代，LAH-奎宁配合物可以还原苯乙酮并得到了 48% 的 ee 值[25]。氢化铝锂也能与一系列手性醇反应生成具有还原性的手性试剂，LAH/TADDOLs/乙醇形成的配合物 R15 是这类手性试剂的一个典型例子（图 2-17）。Noyori 等发展的 BINAL-H 手性试剂 R16 是目前涉及手性铝还原试剂中最为有效的（图 2-18）[26]。

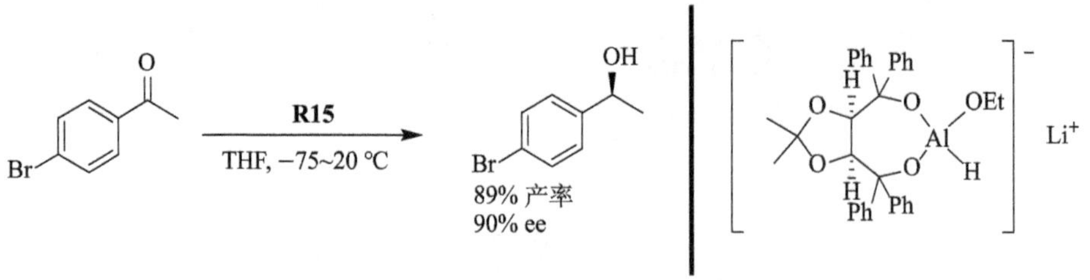

图 2-17　手性试剂 R15 还原酮

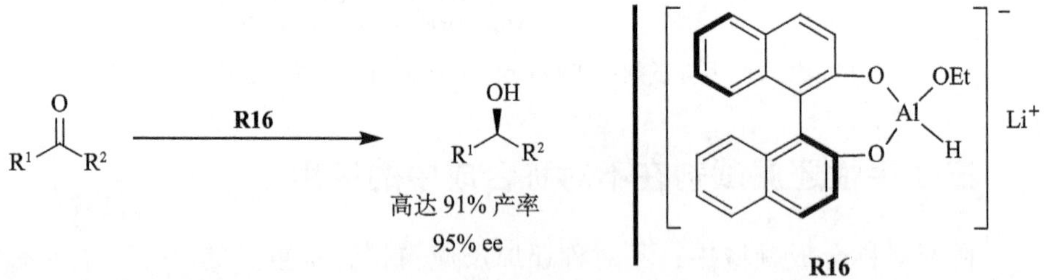

图 2-18　BINAL-H 还原酮

（二）手性硼试剂促进的还原反应

　　手性硼试剂用于不对称还原有着很长的发展历史，蒎烯衍生的手性有机硼还原试剂是其中最为常见的一类。此外还有糖类化合物、手性氨基醇和氨基酸衍生的硼氢化碱金属盐试剂。手性硼的碱金属盐主要由两条路径获得，其中之一是由 $NaBH_4$ 与手性化合物如氨基酸、氨基醇等反应制得，另一条路径是衍生化硼烷。总体来讲，第二条途径比较可靠并且有效。图 2-19 列出了几种典型的手性硼的碱金属盐。如图 2-20 所示，9-硼双环 [3.3.1] 壬烷-诺卜醇苄醚加合物（NB-Enantrane）与叔丁基锂作用生成 **R17**，还原 2-辛酮得到了 79% ee[27]。

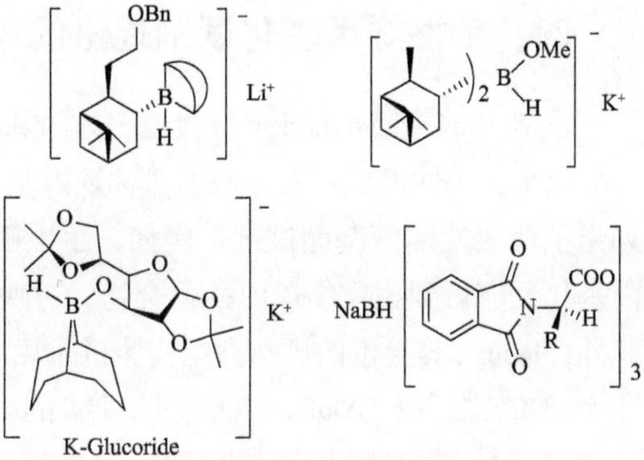

图 2-19　手性金属硼氢化物

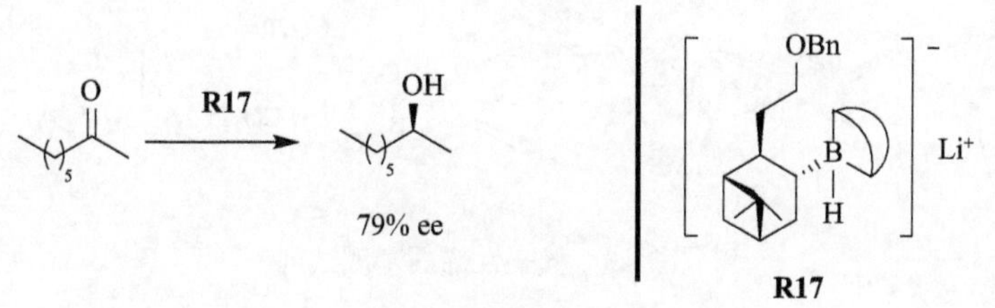

图 2-20　手性金属硼氢化物还原酮

　　9-硼双环 [3.3.1] 壬烷-诺卜醇苄醚加合物（NB-Enantrane）是还原酮类化合物比较高效的一类手性硼试剂，如图 2-21 所示。还原炔酮可以得到 94% ee。该试剂还原酮是通过三级氢的转移实现的，即硼的 β 位负氢转移而还原酮。其他常见的手性硼试剂如图 2-22 所示。

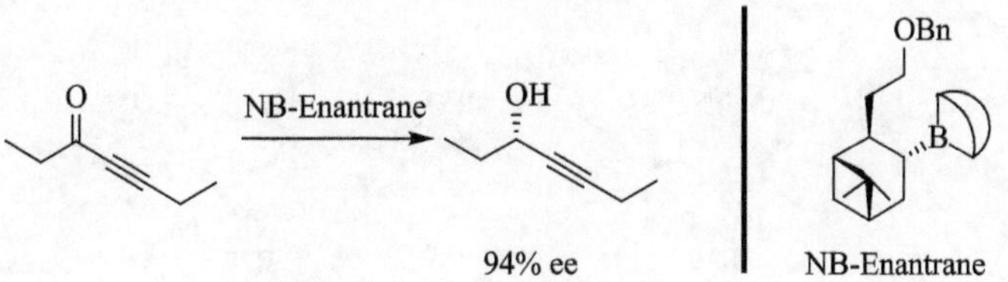

图 2-21　手性硼还原酮

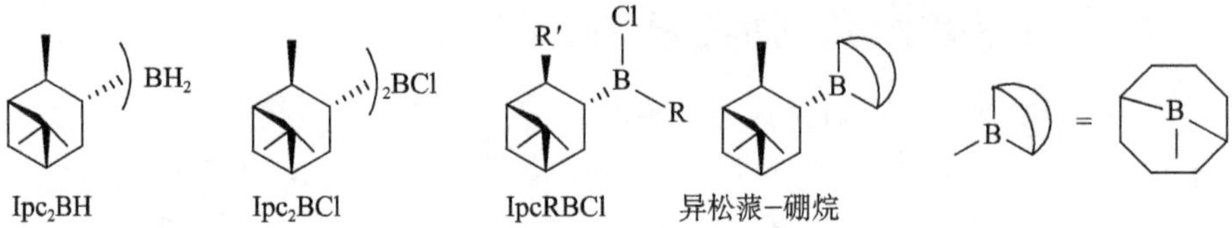

图 2-22　其他常见的手性硼试剂

四、手性烯丙基化试剂促进的不对称反应

自从 1964 年 Mikhailov 等报道三烯丙基硼试剂可以与醛（酮）反应生成烯丙醇以来，手性硼试剂促进的不对称烯丙基化反应得到了持续的研究。图 2-23 列出了代表性烯丙基硼试剂。例如，手性硼烷试剂 **R18** 可以与丙烯醛发生烯丙基化反应得到相应的烯丙醇化合物，对映选择性高达 98% ee（图 2-24）[28]。此外，Roush 等报道的酒石酸酯衍生的烯丙基硼酸酯化合物也得到了广泛的关注和研究[29]。以 TADDOL 为手性骨架的烯丙基金属钛试剂 **R19** 和 **R20** 是一类高效的不对称烯丙基化试剂，与醛、酮等反应均能得到高对映选择性（图 2-25）。

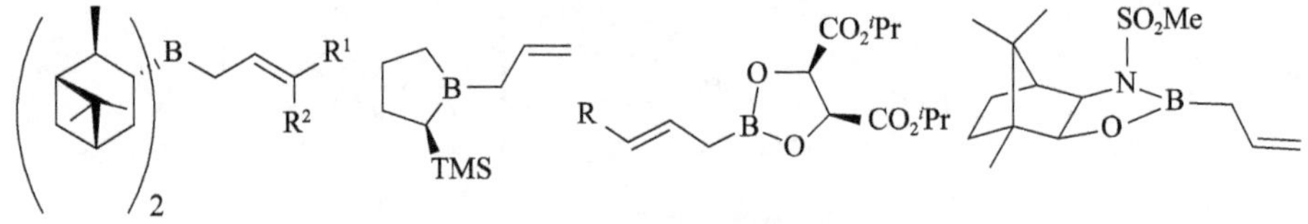

图 2-23　代表性烯丙基硼试剂

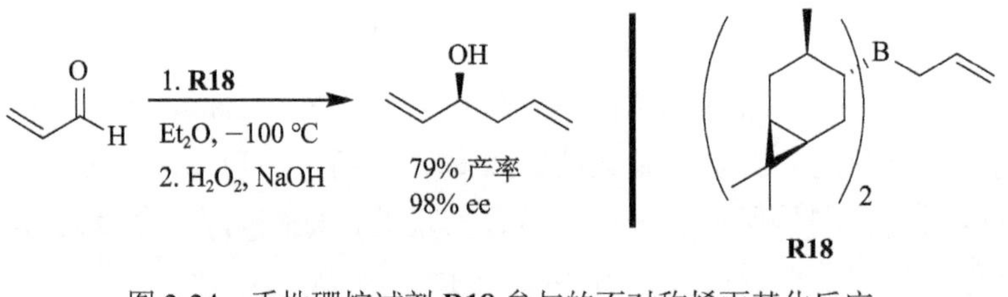

图 2-24　手性硼烷试剂 **R18** 参与的不对称烯丙基化反应

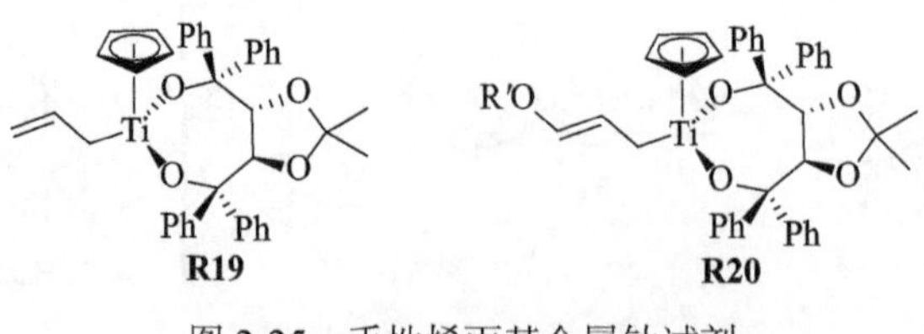

图 2-25　手性烯丙基金属钛试剂

五、手性叶立德促进的不对称环化反应

Wittig 等 1954 年报道了磷叶立德可以和羰基化合物发生反应生成烯烃。自这个开创性工作之后，叶立德化学已经发展成为有机合成的一个重要研究方向。迄今已经有很多种手性叶立德被合成出来并用于不对称反应。

叶立德途径是合成手性环丙烷化合物的重要方法之一，Trost 等在 1973 年就尝试采用金刚烷结构的手性硫叶立德和 α, β-不饱和酯反应制备光学活性的环丙烷化合物，但是对映选择性比较低[30]。2002 年，唐勇等发展了一个新的樟脑衍生的硫叶立德前体 **R21**，并用于缺电子烯烃的环丙烷化反应[31]，以中等产率和很高对映选择性合成了 1,2,3-三取代的环丙烷 **14**（图 2-26）。

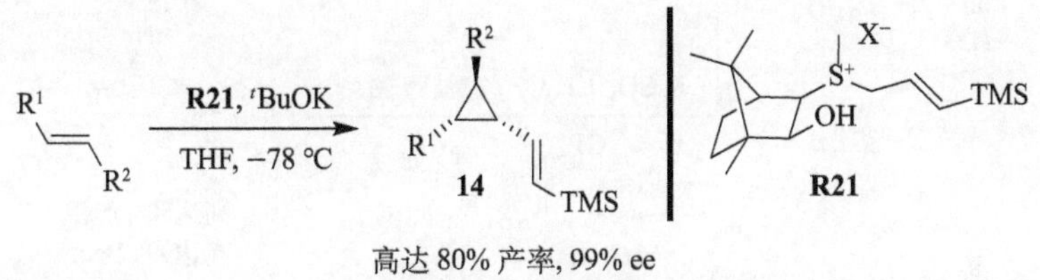

图 2-26　**R21** 参与的不对称环丙烷化反应

1993 年，黄耀曾等报道了碲叶立德与 α, β-不饱和酯反应制备多取代的环丙烷衍生物[32]。2003 年，唐勇等发展了一个 C_2 对称的手性碲盐 **R22**，并用于不对称环丙烷化反应[33]。如图 2-27 所示，在 LTMP/HMPA 的作用下，**R22** 与 α, β-不饱和酯、α, β-不饱和酰胺发生了环丙烷化反应，以优秀的立体选择性得到了 1,2-顺式环丙烷化合物 **15**。将反应中的碱由 LTMP/HMPA 换

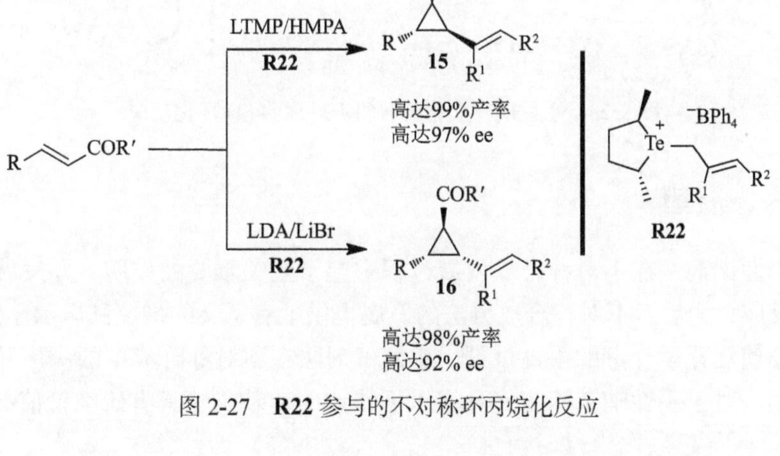

图 2-27　**R22** 参与的不对称环丙烷化反应

为 LDA/LiBr 后，反应的非对映选择性发生了逆转，1,2-反式环丙烷化合物 **16** 成为主要产物，产物的产率和立体选择性都比较好。

2010 年，Aggarwal 等发展了一个手性硫叶立德前体 **R23**，能够和芳香醛、亚胺发生反应，以优秀的立体选择性得到环氧和吖啶类化合物。这个方法也成功地用于奎宁的不对称合成（图 2-28）[34]。

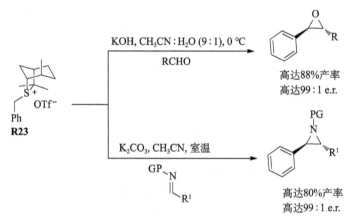

图 2-28 **R23** 参与的不对称环氧化及吖啶化反应

2010 年，肖文精等从轴手性硫叶立德 **R24** 出发，发展了一个 [4+1] 环化反应。他们以不饱和亚胺 **17** 为底物，通过调节电子效应和位阻效应，成功抑制了副反应，以高产率和高立体选择性得到了光学活性的二氢吡咯化合物 **18**（图 2-29）[35]。

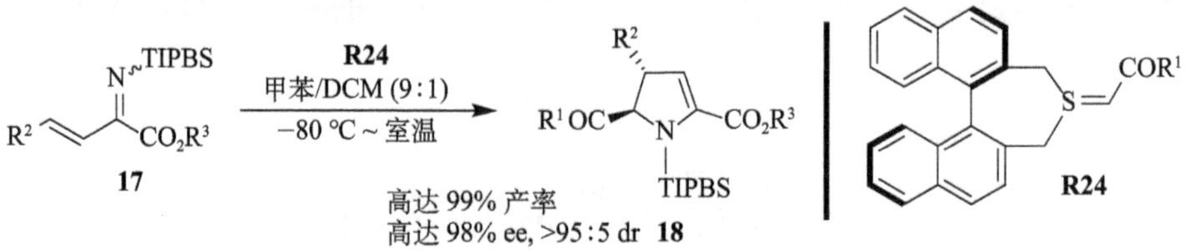

图 2-29 手性硫叶立德参与的不对称 [4+1] 环化反应

六、展望

手性试剂法在不对称合成发展过程中起了至关重要的作用，并发展了诸多新反应，为后续不对称合成方法的发展提供了有意义的借鉴和启示。但是，由于要使用化学计量的手性试剂，手性试剂法在不对称合成中的应用受到很大限制。对于手性辅基而言，具有以下特点的辅基仍然具有研究价值：廉价易得、容易回收利用、适用反应范围广并且高效。手性高价碘试剂主要用于四类反应，即硫醚氧化反应、烯烃氧化反应、羰基化合物 α 位官能团化反应和不对称去芳构化反应。由于其独特的反应活性，并且与金属氧化剂相比具有一系列的优点，手性高价碘试剂促进的反应是目前比较活跃的研究领域。但这个领域还有很多问题有待解决，很多反应的对映选择性比较低。开发新的手性碘试剂，更有效地控制反应的立体选择性是未来的研究目标之一。虽然有部分反应使用手性碘作为前体来催化反应，但是大部分反应需要使用化学计量的手性高价碘试剂，因此发展手性碘作为前体来催化的反应也是未来的研究目标之一。氧杂吖丙啶试剂已经发展成为一种重要的氧化和胺化试剂，使用非手性的氧杂吖丙啶试剂作为氧源或氮源来实现不对称催化氧化以及胺化反应无疑是一个需要继续研究的问题。此外，如何能更好地扩展氧化及胺化反应的底物范围是另一个要解决的问题。发展绿色合成方法已成为目前合成化学的共识，对于还原反应来说，如何能够抑制背景反应，把原来当量使用的手性金属氢化物发展成为由催化量手性源原位生成手性还原试剂是一个有意义的挑战性问题。总而言之，手性试剂未来发展和使用的目标将会注重绿色高效，并把发现新反应、新活性以及解决长期存在的选择性和底物范围等问题放在优先位置。

第三节　从酶催化到细胞工厂

许建和　王梅祥　刘　文　郁惠蕾

酶是一种高效催化剂，能加快化学反应的速率，最高可达非酶催化反应速率的 10^{12} 倍，而且酶催化剂用量少，一般用量在 $10^{-3} \sim 10^{-4}$ 摩尔比（酶：底物）水平，甚至更低。酶催化反应还具有化学、区域和立体选择性。许多酶的反应不只限于它们的天然底物，通常经过适当结构改造之后可以扩展到非天然底物。微生物基因组学、分子与结构生物学、生物信息学及计算生物学等现代生物技术的迅猛发展，为酶的分子设计、高效制备以及生产应用提供了科学基础和技术支撑，使得更多工业规模的生物催化合成成为可能。近年来兴起的细胞工厂是将微生物细胞作为一个"加工厂"，以酶作为催化剂，通过计算机辅助设计高效、定向的生产路线，通过基因技术来强化有用的代谢途径，从而将微生物细胞改造成一个合格的产品"制造工厂"，进一步扩展了酶催化剂的应用潜力,已成功用于青蒿素、紫杉醇、能源分子的生产等。

根据所催化反应的类型,酶分为六大类,表 2-1 列出了其各自催化的常见反应。其中,连接酶在反应时需要 ATP 的参与,使其在有机合成中的应用受到一定限制,而其他五大类酶作为绿色、高效的催化剂在合成化学中均扮演着重要的角色。

表 2-1　酶的生物化学分类及其催化的常见反应

酶的分类	EC 编号	常见反应
氧化还原酶	1	C=O 和 C=C 的还原;C=O 的还原胺化;C—H、C=C、C—N 和 C—O 的氧化
转移酶	2	氨基、酰基、磷酰基、甲基、糖基、硝基的转移
水解酶	3	酯、内酯、酰胺、内酰胺、环氧化合物、腈的水解及其逆反应
裂合酶	4	小分子与 C=C、C=N 和 C=O 的加成及其逆反应
异构酶	5	消旋化、差向异构化、重排反应
连接酶	6	ATP 参与的 C—O、C—S、C—N、C—C、磷酯键的形成

在作为生物催化剂的六大类酶中,水解酶由于来源广泛、无需辅酶或辅因子、成本低廉,应用面最广。但水解酶催化的反应多数为对映体拆分,理论产率最高只有 50%,需要设法将不需要的对映体消旋后重复使用。氧化还原酶在合成反应中的应用仅次于水解酶,近年来随着辅酶再生问题的有效解决、新型氧化还原酶类的不断开发以及高效反应工艺的开拓,生物催化氧化还原反应的应用实例逐渐增多。与此同时,一些催化 C—C 键形成的裂合酶(如醛缩酶、羟腈裂合酶)、氨基转移酶、卤化酶等,由于其催化反应的独特性而引起了化学家们的广泛关注,这些新兴的酶催化剂在合成化学中展现出很大的应用潜力。

一、水解反应

在所有类型的生物催化反应中,水解反应是比较容易进行的一类反应。水解酶种类繁多,主要有脂肪酶、酯酶、蛋白酶、糖苷水解酶、环氧水解酶、腈水解酶等。非水相酶反应技术的发展为水解酶提供了另一种更简单、高效的合成应用途径,即逆水解反应。

水解酶中应用最多的是脂肪酶和酯酶。脂肪酶不但能催化甘油酯的水解或酯交换,而且能催化手性胺的对映选择性酰化反应。南极假丝酵母脂肪酶是一种超级稳定、易于表达且应用广泛的酰基水解酶,但对于手性基团在底物羧基上的动力学拆分来说，其活性和选择性都普遍较差。2013 年，Reetz 等通过迭代饱和突变提高了动力学水解拆分羧酸酯的选择性[36]。虽然脂肪酶催化的动力学拆分的理论最大产率仅为 50%，但 Bäckvall 等在异构体的原位消旋化和动态动力学拆分方面做了很多研究，相关方法可用于仲醇和胺的动态动力学拆分[37]，有效地克服了单纯动力学拆分的技术局限。

近年来，环氧水解酶和腈水解酶成为手性合成研究和应用的新热点。环氧水解酶能催化环氧化物的立体选择性水解，生成光学活性的环氧化物和邻位二醇。许建和等从巨大芽孢杆菌中克隆到一种新型的环氧水解酶（BmEH），能高立体选择性地水解苯基缩水甘油醚（对映体选择率 $E >$ 200）[38]，并且通过与周佳海等合作，成功解析了该酶的结构（PDB ID: 4NZZ）[39]，并通过对两个关键位点进行半饱和突变（Ala、Cys、Ile、Leu、Ser、Thr 和 Val），获得的突变体对 10 种芳基缩水甘油醚类底物（可作为手性心血管药物 β-阻断剂的合成前体）的活性提升了 6～430 倍，极大地拓展了底物谱（图 2-30）[40]。

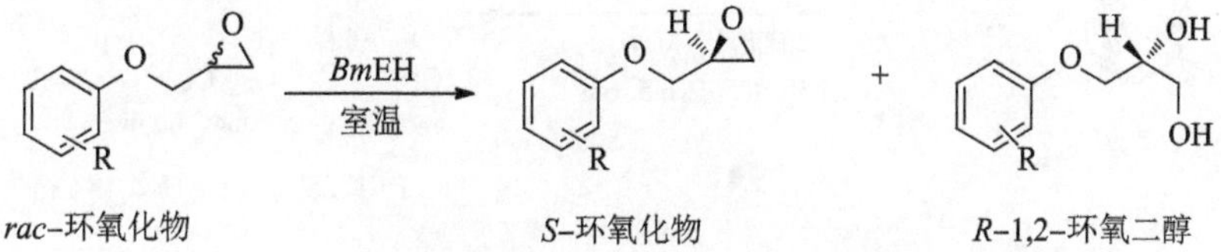

图 2-30　BmEH 突变体催化 10 种环氧底物的不对称水解

二、还原反应

生物催化的不对称还原反应在手性合成中有非常重要的应用。羰基还原酶（或称酮还原酶、醇脱氢酶）被广泛用于羰基的不对称还原，以制备光学活性手性醇。许建和等通过克隆和筛选得到数百种还原酶，其中包括多种极具工业应用潜力的羰基还原酶，它们可以催化不同的潜手性羰基发生还原反应，以制备维生素硫辛酸中间体［图 2-31（a）］[41]、降压药阿伐他汀中间体 (S)-4-氯-3-羟基-丁酸乙酯［图 2-31（b）］[42]、抗凝血药氯吡格雷中间体 (R)-邻氯扁桃酸甲酯［图 2-31（c）］[43]、抗抑郁药舍曲林［图 2-31（d）］[44]等手性产品。以酶促不对称还原合成超级抗氧化剂硫辛酸中间体为例［图 2-31（a）］，其底物上载量可达 330 g/L，产物光学纯度达 99% ee 以上。相比于化学拆分法所存在的问题，如工艺复杂且因拆分剩余的 (S)-硫辛酸不能有效利用而造成资源浪费和环境污染，酶法不对称合成反应具有显著的优势。

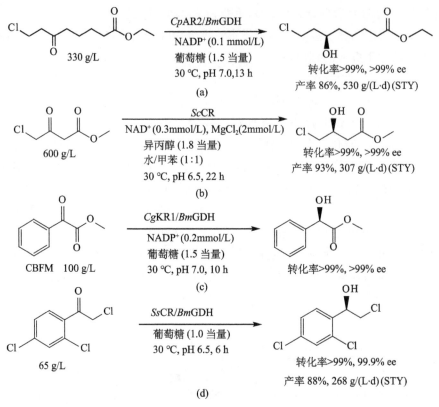

图 2-31　酮不对称生物还原法合成的重要手性医药中间体举例

　　烯酮还原酶能立体选择性地还原共轭 C＝C 双键。该酶的开发和应用近年来引起了化学家们的重视。2013 年，Pfizer 公司与 Faber 等合作，开发能催化 β-氰基丙烯酸酯不对称还原的烯酮还原酶，用以合成神经痛治疗药物 (S)- 普瑞巴林前体（图 2-32）。最终利用番茄烯酮还原酶 OPR1 突变体成功完成了制备级应用[45]。2014 年，倪燕等[46]从酵母菌 *Clavispora lusitaniae* 中克隆表达了一种新的烯酮还原酶 ClER，为 NADPH 依赖型黄素蛋白，可催化烯酮、烯醛、马来酰亚胺衍生物、α, β-不饱和羧酸酯等中多种活化烯烃双键

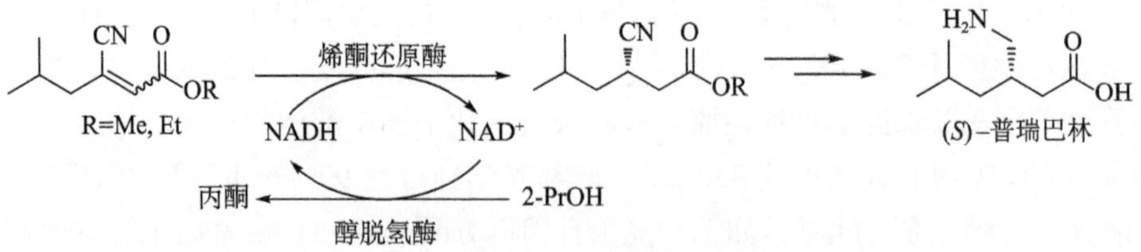

图 2-32　烯酮还原酶催化合成 (S)- 普瑞巴林前体

的不对称还原。该酶对茶香酮具有较高的活性（7.3 U/mg$_{prot}$），对 2-甲基肉桂醛催化效率较高 [k_{cat}/K_m = 810 L/(s·mmol)]。采用 C/ER 粗酶粉作催化剂，在葡萄糖脱氢酶和葡萄糖（辅酶再生）存在的条件下，1 h 内即可将 0.5 mol/L 茶香酮不对称还原为 (R)- 左旋二酮（98% ee）。

　　氨基酸脱氢酶能选择性催化 α-酮酸还原胺化得到 α-氨基酸及其衍生物。亮氨酸脱氢酶（LeuDH）的研究相对较多，并已用于 L-叔亮氨酸工业生产。因为参与 L-氨基酸的体内代谢，绝大多数氨基酸脱氢酶只能催化 α-酮酸生成相应的 L-氨基酸。2006 年 BioCatalytics 公司通过定向改造首次得到 D-氨基酸脱氢酶，可以立体选择性地还原胺化 α-酮酸生成相应的 D-氨基酸 [47,48]。2012 年 Bommarius 等通过蛋白质工程技术将一种氨基酸脱氢酶改造成胺脱氢酶（AmDH），它能有效地催化非天然脂肪族潜手性酮底物甲基异丁基酮的不对称还原胺化反应，产物 (R)-1,3-二甲基丁胺的光学纯度达 99.8% ee[49]。朱敦明等通过底物结构域扫描突变文库筛选方法，将 (3S,5S)- 二氨基己酸底物特异性很高的脱氢酶改造为 β-氨基酸脱氢酶，其催化合成 (R)-β-高甲硫氨酸的活性提高了 200 倍，并对 (R)-β-苯丙氨酸、(S)-β-高酪氨酸、(S)-β-氨基丁酸、(S)-β-高赖氨酸及 (R)-β-高丝氨酸具有活性。这是首次利用氨基酸脱氢酶 β-酮酸的直接还原胺化制备 β-氨基酸，为手性 β-氨基酸的合成提供了一条新途径 [50]。

　　2015 年，Turner 等 [51] 和许建和等 [52] 几乎同时报道了一种生物组合催化由醇制胺的合成新路线，该方法依赖于醇脱氢酶（ADH）和胺脱氢酶（AmDH）的串联操作，使很多不同结构的芳香醇和脂肪醇能够实现一锅胺化（图 2-33），

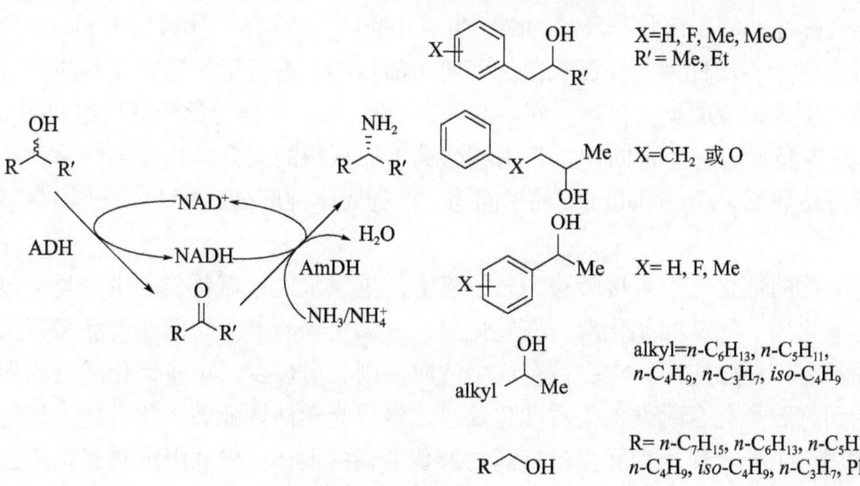

图 2-33　双酶级联催化醇的转氢胺化合成手性胺

并且得到高达 97% 的转化率和 99% ee 的对映选择性。这种辅因子自给型氧化还原级联反应具有很高的原子经济性，只需用铵盐作为氨基供体，而且产生的唯一副产物是水，产物分离大大简化。在过去十年中出现了不少直接将醇转换成胺的化学方法，然而其中许多方法效率很低，并且对环境不友好（如 Mitsunobu 反应）。通过这一双酶级联反应，醇的不对称胺化反应变得轻而易举，而且过程非常绿色高效。

三、氧化反应

生物氧化法能使不活泼的有机化合物发生氧化反应（如烷烃 C—H 键的羟化反应等），并具有位置选择性和对映选择性。生物催化的氧化反应主要涉及单加氧酶、双加氧酶和氧化酶。

单加氧酶反应通常需要辅酶 / 辅因子的参与，催化 O_2 分子中的一个氧原子插入底物分子，而另一个氧原子使还原型辅酶氧化，产生 H_2O。单加氧酶催化的反应类型包括烷烃或芳烃的羟化、烯烃的环氧化、杂原子的氧化以及酮的氧化（Baeyer-Villiger 反应）等。

细胞色素 P450 单加氧酶是一种分布较广的酶，属于亚铁血红素酶类，是一类催化多样性很强的生物催化剂。它能催化羟基化反应、杂原子氧化反应、亚砜化反应、脱烃反应、烯烃环氧化反应、芳烃羟化反应以及脱卤反应等。除此之外，Arnold 等通过理性设计对 P450 BM$_3$ 进行分子改造，使之可以催化自然界中不存在的烯烃环丙烷化反应[53] 和 C—H 胺化反应（图 2-34）[54,55]。

Baeyer-Villiger 单加氧酶（BVMOs）属于黄素类单加氧酶，通常被用来立体选择性地氧化链状和环状的酮，生成相应的酯或内酯。例如，Codexis 公司对来源于不动杆菌的环己酮单加氧酶（CHMO）进行了改造，使其能专一性地产生 S 构型的奥美拉唑，底物浓度为 100 g/L，产物光学纯度高达 99.9% ee［图 2-35（a）][56]；同样，利用环己酮单加氧酶的突变体，可生产手性药物阿莫达菲尼（Armodafinil）的中间体，产物光学纯度高达 99.9% ee［图 2-35（b）][57]。

氧化酶催化电子直接转移到分子氧中，生成水或过氧化氢。主要类型包括醇氧化酶、氨基酸氧化酶、醛氧化酶、过氧化物酶等。它们在食品和环保方面具有广泛的应用，在手性合成中的应用则相对较少。单胺氧化酶可以催化内消旋胺类化合物发生去对称化反应，生成光学活性亚胺类化合物。该酶已被用于工业合成丙型肝炎治疗药物波普瑞伟的前体：先利用单胺氧化酶去对称化制得二环亚胺，再经不对称氢化、氰化及水解后甲酯化获得所需产物

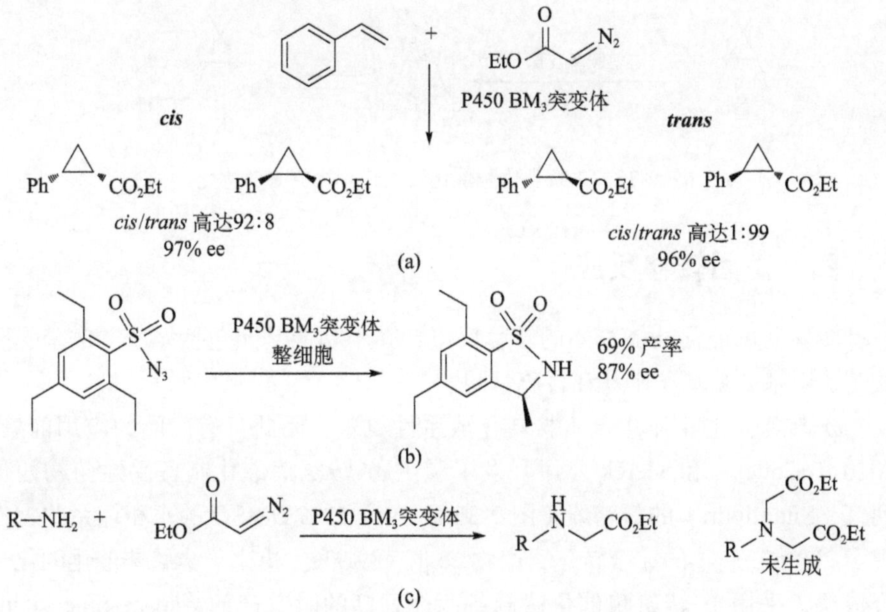

cis/trans 高达92∶8
97% ee

cis/trans 高达1∶99
96% ee

(a)

69% 产率
87% ee

(b)

未生成

(c)

图 2-34　P450 BM₃ 催化自然界中不存在的烯烃环丙烷化反应和 C—H 胺化反应

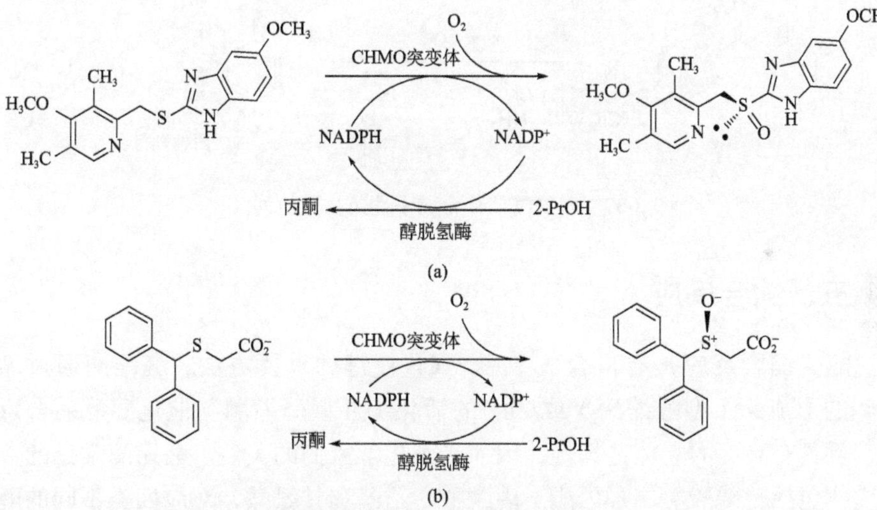

(a)

(b)

图 2-35　环己酮单加氧酶催化硫醚不对称氧化合成手性药物中间体

（图 2-36）[58]。Turner 等通过对来自黑曲霉的单胺氧化酶进行定向分子改造，极大地拓宽了酶的底物范围，改造后的酶突变体 MAO-ND11 可催化不对称氧化反应，用于索利那新和左西替利嗪中间体的去消旋化 [59]。

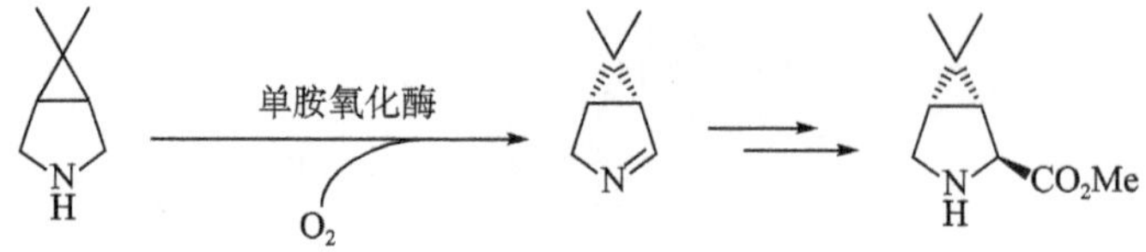

图 2-36　单胺氧化酶催化胺类化合物的去对称化

四、基团转移反应

转移酶可催化功能基团的转移反应，其中功能基团包括氨基、酰基、磷酸基、甲基、糖基、硝基和含硫基团。

ω-转氨酶能将酮羰基直接转化成手性氨基，因此具有广阔的应用前景。2010 年 Codexis 和 Merck 公司开发了利用 ω-转氨酶催化制备手性药物西他列汀（Sitagliptin）的新路线（图 2-37）。在含 50% DMSO 的水相体系中，实现了 200 g/L 底物的完全转化，产物 ee 值 >99.9%。相比于金属铑催化的化学合成法，采用 ω-转氨酶催化法制备西他列汀的时空产率［space-time yield，STY: g/（L·h）］提高了 53%，且废弃物总量减少了 19%[60]。

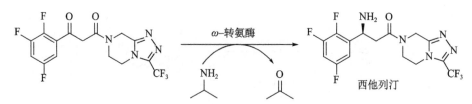

图 2-37　转氨酶催化合成手性药物西他列汀

五、缩合反应

醇醛缩合反应是有机合成中形成 C—C 键的重要方法。醛缩酶通过席夫碱的形成（Ⅰ型醛缩酶）或 Zn^{2+} 的活化（Ⅱ型醛缩酶）催化醇醛缩合反应，且具有高度的立体选择性，因而受到化学家们的关注。醛缩酶常见的天然供体包括（磷酸）二羟丙酮、丙酮酸、乙醛和甘氨酸，对应四类不同的醛缩酶。其中仅 2-脱氧核糖-5-磷酸醛缩酶（DERA）能以乙醛作为供体，催化两步醛醇缩合反应生成 2,4-双脱氧己糖。DSM、辉瑞和 Lek 公司开发了利用 DERA 制备他汀药物手性双羟基侧链和吡喃型手性砌块的生产工艺（图 2-38）[61]。许建和等筛选获得的醛缩酶 LbDERA 表现出更高的醇醛缩合活性以及优良的底物耐受性，它在 300 mmol/L 乙醛或氯乙醛中的耐受性分别是常

用 *Ec*DERA 酶的 3 倍和 8 倍 [62]；通过分子改造，单点突变的 *Lb*DERA$_{E78K}$ 在 300 mmol/L 乙醛中的半衰期进一步提高了 2.3 倍 [63]；在此基础上经过进一步筛选并改造获得了脱氢酶 *Le*ADH，能催化半缩醛 CTeHP 的氧化反应，最终可以在 300 mmol/L 水平上实现 CTeHP 的酶促氧化 [64]，转化率为 95%，由此建立了一种绿色的生物催化他汀侧链前体半缩醛氧化工艺（图 2-39）。

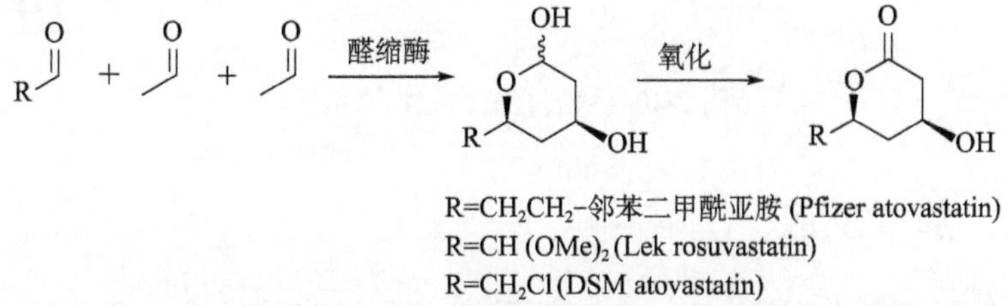
醛缩酶
氧化
R=CH2CH2-邻苯二甲酰亚胺 (Pfizer atovastatin)
R=CH (OMe)2 (Lek rosuvastatin)
R=CH2Cl (DSM atovastatin)

图 2-38　醛缩酶 DERA 催化 2-取代乙醛的醇醛缩合

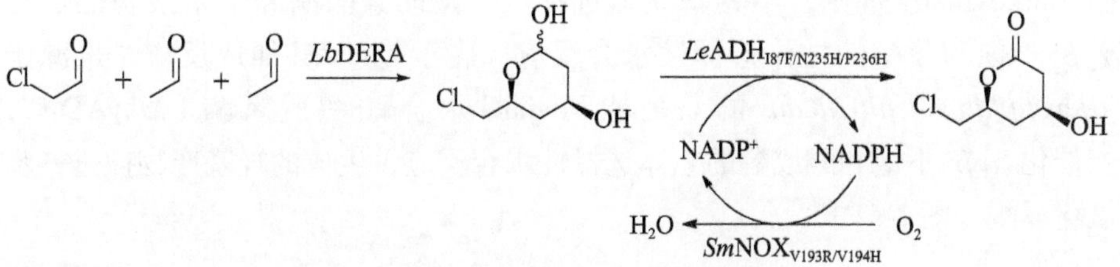
LbDERA
LeADHI87F/N235H/P236H
NADP+
NADPH
H2O
O2
SmNOXV193R/V194H

图 2-39　多酶组合催化合成他汀侧链的前体

苯丙氨酸氨裂合酶在植物体内主要是催化苯丙氨酸脱氨形成反式肉桂酸，而目前在有机合成中研究得更多的是氨裂合酶所催化的逆向反应，即将氨加成到碳-碳不饱和双键形成手性胺的反应。研究主要集中于底物谱的拓展，催化底物由苯丙烯酸拓展至苯环上有各种取代基的苯丙烯酸衍生物。例如，DSM 公司 [65] 利用黏红酵母氨裂合酶（*Rg*PAL）作为催化剂对间氯和间溴苯丙烯酸进行不对称氢氨化反应，合成 (*S*)- 间氯和间溴苯丙氨酸。通过与化学催化偶联，进而合成了高血压治疗药物 Indolapril 的手性胺中间体 (*S*)-2-吲哚啉羧酸，该过程已实现了吨级规模的生产。2010 年以后，主要研究趋势是将合成产物由天然的 L-氨基酸拓展至非天然的 D-氨基酸，进一步又将 α-氨基酸拓展至 β-氨基酸。又如，Turner 等 [66,67] 对苯丙烯酸衍生物进行氢氨化，合成非天然的苯丙氨酸衍生物［图 2-40（a）］。之后，他们又通过分子改造技术将链霉菌苯丙氨酸氨裂合酶（*Sm*PAL）由常见的 α 位加成功能改造为 β 位加成功能，从而将合成产物由 α-氨基酸拓展到 β-氨基酸［图 2-40（b）］[68]。

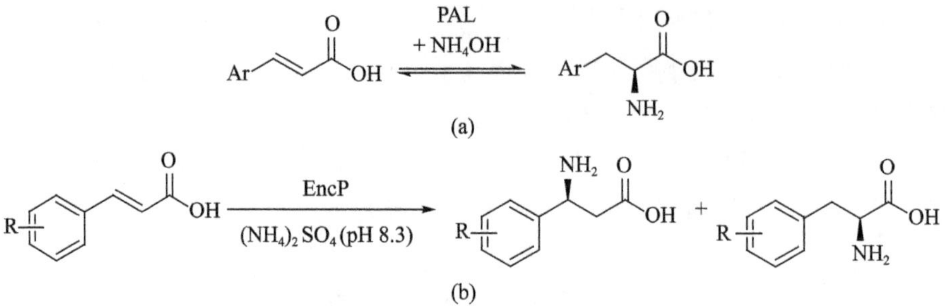

图 2-40　氨裂合酶的底物谱拓展

六、加成反应

水合酶能催化烯烃与水的加成反应。催化非共轭 C=C 双键水合的酶包括油酸水合酶、菜豆双氢异黄酮水合酶和乙炔水合酶，该类反应遵循 Markovnikov 规则，不具备立体选择性。延胡索酸酶和苹果酸酶能催化 α,β-不饱和羧酸的立体选择性水合反应，属于 Michael 加成反应。来源于 *Alicycliphilus denitrificans* 的双功能 Michael 水合酶-醇脱氢酶（*Mhy*ADH），能催化 α,β-不饱和酮或醛的立体选择性水合反应，生成的羟基产物被进一步氧化成酮（图 2-41）[69]。

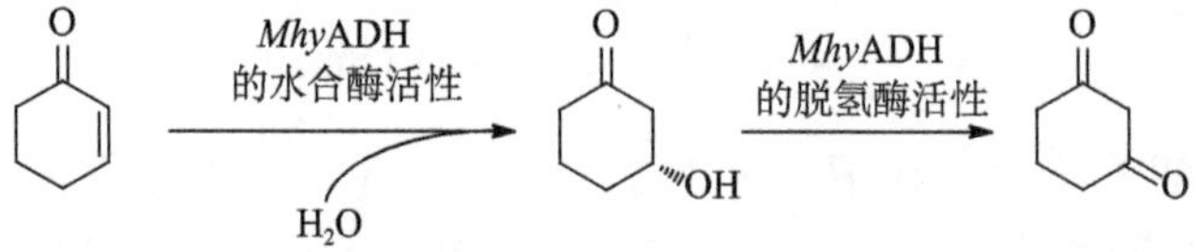

图 2-41　Michael 水合酶催化 α,β-不饱和酮的水合反应

腈水合酶能催化腈的水合反应生成酰胺，其活性部位螯合有金属离子作为辅因子。该酶已被用来大规模生产丙烯酰胺和烟酰胺。腈水合酶能高立体选择性地催化 α-取代的芳基腈转化，合成具有光学活性的手性芳基酰胺（图 2-42）[70]。

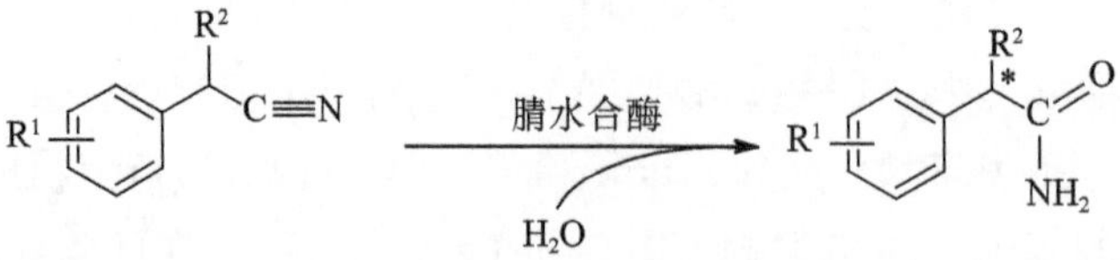

图 2-42　腈水合酶催化腈的水合反应

七、卤化和脱卤反应

卤化酶能催化碳卤键的生成。目前研究的卤化酶包括卤过氧化物酶、黄素依赖型卤化酶和非血红素铁 α-酮戊二酸依赖型卤化酶。其中卤过氧化物酶底物谱最广,因而在生物催化合成反应中应用最多。例如,来源于链霉菌的钒依赖型氯过氧化物酶(NapH1)可以催化萘吡酮霉素生物合成中的立体选择性氯化-环化反应[71]。

脱卤酶可以催化碳卤键的水解断裂,产生相应的醇和卤离子。目前研究的脱卤酶主要包括卤代烷脱卤酶、卤代芳烃脱卤酶、卤代酸脱卤酶和卤代醇脱卤酶。其中卤代醇脱卤酶可以高选择性地催化环氧化物和邻卤醇之间的转化,合成具有光学活性的环氧化物及 β-取代醇等化合物。Haak 等[72]利用突变型卤代醇脱卤酶 HheC 和外消旋催化剂 iridacycle,成功实现了外消旋芳基邻卤醇的动态动力学拆分,用来制备光学活性芳基环氧化物(图 2-43)。

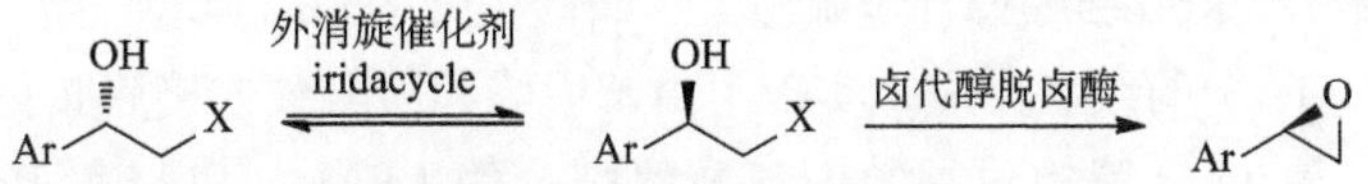

图 2-43 卤代醇脱卤酶催化合成手性芳基环氧化物

八、多酶级联反应

多酶级联生物催化是模拟自然界复杂化合物的体内生物合成过程,将不同的酶组合起来,以实现更高要求的合成目标。相比于其他催化剂,由于不同酶的反应条件相对比较接近,因此兼容性更好;酶的底物专一性强,因而更有利于实现多成分组合反应的精确调控[73]。另外,近年来随着结构生物学、生物信息学和高通量筛选技术的迅猛发展,通过结构设计大幅度提高单个酶的催化效率或者拓展酶催化的底物范围已成为可能[74],也为多酶组合催化效率的提高提供了必要条件。因此,多酶组合催化已成为当今生物催化的研究热点,欧洲科技领域研究合作组织在 2013 年制定了"系统生物催化"行动计划,即在体外将不同的酶组合在一起用于化合物的合成,且众多成功案例正在不断涌现[75]。

随着人类对动物保护意识的增强以及近年来对熊脱氧胆酸的大量需求,如何开发熊脱氧胆酸的绿色高效合成途径,引起了人们的广泛关注。基于这一问题,许建和等提出了两步四酶的合成途径(图 2-44)[76],通过"两步一锅法"将廉价易得的鹅脱氧胆酸(CDCA)完全转化为药用价值更高的熊脱氧胆酸（UDCA），且无中间产物（7-Oxo-LCA）的积累，故而简化了最终产物的分离提取，为熊脱氧胆酸的合成构建了一个高效可行的绿色多酶催化体系，为其未来的产业化生产奠定了基础。

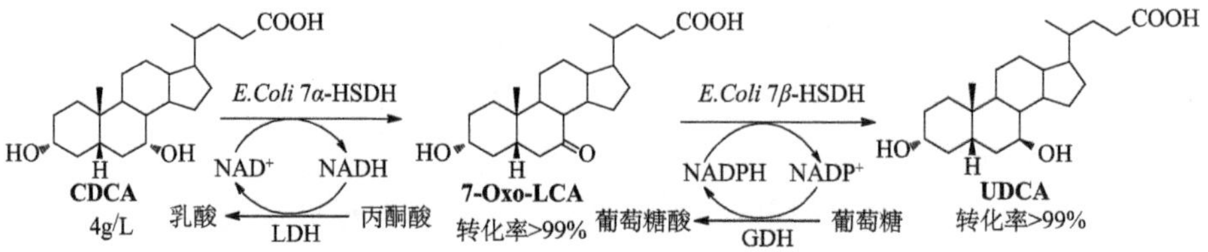

图 2-44　多酶级联两步法合成熊去氧胆酸

E.Coli 7α-HSDH：大肠杆菌 7α-羟基类固醇脱氢酶；*E.Coli* 7β-HSDH：
大肠杆菌 7β-羟基类固醇脱氢酶；LDH：乳酸脱氢酶；GDH：葡萄糖脱氢酶

胺类化合物是合成活性药物分子、精细化学品、农用化学品、聚合物材料、染料等生活必需品的重要砌块，在已开发的手性药物分子中约 40% 含有手性胺的砌块。Rother 等设计了硫胺素二磷酸依赖的乙酰羟酸合酶（ASAS-1）和转氨酶（TA）的级联反应，实现了由苯甲醛和丙酮酸连接后胺化合成手性羟基胺[77]。Turner 等构建了苯丙氨酸氨裂合酶（PAL）和 L-氨基酸脱氨酶（LAAD）的双酶组合[67]，苯丙氨酸氨裂合酶催化一系列肉桂酸衍生物胺化生成相应的苯丙氨酸衍生物，虽然生成的产物选择性并不完美，但通过偶联一个高度对映选择性的氨基酸脱氨酶实现了光学纯苯丙氨酸衍生物的合成。李智等构建了三种整细胞催化剂，分别组装了 4～8 个酶，实现了从苯乙烯类底物出发一步转化合成手性 α-羟基酸、1,2-氨基醇和 α-氨基酸[78]。

九、细胞工厂

近年来，随着 DNA 重组与合成技术的快速发展，生物合成技术在复杂化合物的合成与衍生方面所展现的独特优势日益受到科学界的广泛关注。生物合成是以小分子羧酸、氨基酸或单糖等简单前体为砌块，在温和的生理条件下通过协作的级联酶催化反应构建复杂化学结构的过程。微生物细胞具备合成复杂化合物所需的各种要素，通过代谢途径的遗传修饰可以实现其体内酶催化体系的重组，结合化学或生物合成提供的各种前体底物，有望成为产生和规模化制备各种"类天然"产物的人工"细胞工厂"。

一个典型范例是青蒿素的微生物制备过程（图 2-45）。青蒿素是从黄花蒿中提取得到的一种有过氧基团的倍半萜内酯药物，由于其良好的抗疟活性，早在 2002 年以青蒿素类药物为基础的联合用药就被世界卫生组织认定

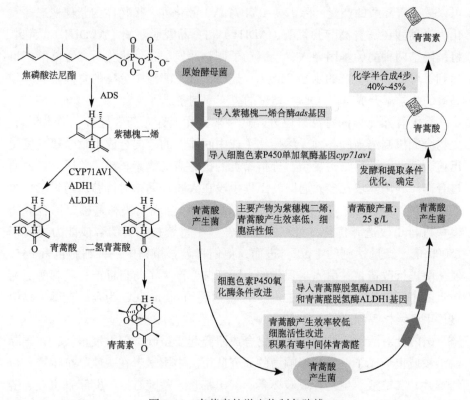

图 2-45 青蒿素的微生物制备路线

为抗疟一线治疗方案。当前青蒿素主要来源于植物提取，其产量和价格受天气、栽种面积、生产地等因素影响而波动较大。青蒿素的前体青蒿酸或二氢青蒿酸在植物中的合成途径已经清楚[79]：首先由甲羟戊酸途径合成焦磷酸法尼酯（FPP），在紫穗槐二烯合酶（ADS）的催化下转化为紫穗槐二烯；后者经氧化得到青蒿酸或二氢青蒿酸，再通过一种光催化反应得到最终产物青蒿素。Keasling 等多年来一直致力于青蒿素的合成生物学研究，目的是将植物体内的合成过程由代谢旺盛、容易培养的微生物完成，以解决青蒿素不稳定来源的问题[80]。他们选择酿酒酵母作为宿主，导入 ads 基因、负责氧化紫穗槐二烯的细胞色素 P450 单加氧酶基因 cyp71av1 及其还原酶基因 cpr，通过代谢工程方法优化后使得重组的酵母以 100 mg/L 的产量产生青蒿酸。经宿主中甲羟戊酸途径各基因表达的调节，加强了 FPP 前体的供应，结合发酵条件的改进，使紫穗槐二烯的产量达到 40 g/L[81]。他们发现，cyp71av1 与 cpr 表达的不平衡导致活性氧物种的释放干扰了宿主的生长，而调节两个基因的表达可以提高青蒿酸的产量。除需要 CYP71AV1 催化外，植物体内紫穗槐二烯氧化为青蒿酸还需青蒿醇脱氢酶（ADH1）和青蒿醛脱氢酶（ALDH1）。因此，将编码这两种酶的基因导入，经启动子调整及发酵条件优化后，青蒿酸产量达到了可商业化生产的水平 25 g/L。最终，从发酵液中分离的青蒿酸经 4 步高效的化学半合成可以 40%～45% 的总产率制备成青蒿素[82]。

除了耳熟能详的青蒿素以外，近年来国际上针对药效显著、结构明确、生物合成机制清晰的各种天然药物（或中间体）的定向合成生物学研究发展迅速。例如，针对结构复杂、价格昂贵的抗肿瘤药物紫杉醇，美国科学家通过合作，利用模块化多元通路的工程手段在大肠杆菌中对抗肿瘤药物紫杉醇的中间产物——紫杉二烯形成相关的异戊二烯合成模块和紫杉二烯合成酶模块进行了改造和优化，最终在大肠杆菌中将紫杉二烯的合成能力提高了15000 倍，产量达到约 1 g/L。进而，他们将紫杉植物中一种细胞色素 P450 氧化酶进行改造，并引入工程化的大肠杆菌，产生了与目标产物紫杉醇更为接近的中间产物 5-羟基紫杉二烯，产量达到约 60 mg/L，为今后在微生物中直接生产紫杉醇创造了条件[83]。

国内针对活性天然产物的生物合成研究起步虽晚，但发展很快，在国际前沿领域也形成了一支有影响力的研究队伍。中国学者在硫肽类抗生素、台勾霉素、友霉素、生物合成破坏素、谷田霉素、萘啶霉素、β-咔啉家族、链黑菌素等多种类型的天然药物生物合成机制解析方面取得了突破。基于对酶学机制的解析，开发了一系列新型生物元器件，可用于活性分子的构建与组装，包括以自由基介导的重排反应合成甲基吲哚酸单元[84]、罕见的多功能酶负责螺环单元的手性合成与修饰[85] 等。特别是在抗感染药物林可霉素的生物合成途径中，揭示了小分子硫醇介导的单糖活化、转移和修饰模式（图2-46），预示着单糖可以和小分子羧酸与氨基酸一样作为活性功能分子的构筑单元发生"模板式"的线性聚集[86]。

同时，在酶促协同反应的立体选择性和酶学催化机制的研究中，我国科研工作者在激烈的国际竞争中也取得了可喜的研究成果[87]，并在国际上首次报道了通过酶促 Diels-Alder 反应合成的蛋白-小分子晶体复合物结构（这也是目前国际上唯一一个 D-A 酶的复合物晶体结构），这为研究酶促协同反应中立体选择性的控制（如 endo 或 exo 构型）和相应过程中的生化机制提供了最为直接的证据，也为人们进一步理解生物大分子在催化相关反应过程中对于底物过渡态的折叠和稳定作用提供了新的启示[88]。

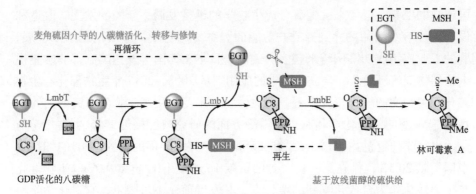

图 2-46 链霉菌中小分子硫醇 EGT 和 MSH 介导的八碳糖活化、转移及组装过程

上述这些酶促反应的研究成果（部分已实现产业化运用）丰富了合成生物学的手段和元件选择，从而为通过设计和创造新的生物合成途径、在"细胞工厂"中实现新型生物基化学品的"生物制造"创造了条件。另外，我国学者发展了一种多重组合生物合成技术[89]，以抗霉素的链霉菌产生体系为模型，运用以多样性为导向的生物合成策略构建了包含数百个成员的双内酯天然产物类似物库，极大地扩展了分子的多样性和用途（图 2-47）。通过筛选，获得了一批活性高于母化合物的结构单体，并引入了大量药学上重要的、化学上活泼的或天然不存在的功能基团。该研究不但为有针对性地发展不同用途且具有高度选择性的药物提供了依据，也为化学生物学研究中工具小分子的制备提供了反应位点。

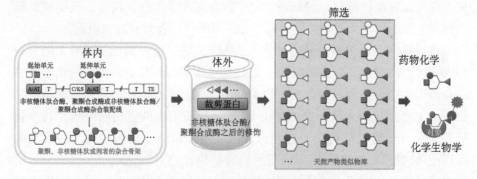

图 2-47 复用组合生物合成的技术策略

十、展望

生物催化与生物转化经过一个多世纪的发展，如今已经成为合成化学不

可或缺的工具。近年来，随着合成生物学的迅猛发展，新酶的发现、改造和设计更加容易，酶的序列-结构-功能的关系更加明晰，应用范围不断扩展，酶的工业应用成功案例越来越多。美国、日本、德国等发达国家都非常重视生物催化剂的研发及在合成化学中的应用。从2008～2017年生物催化与生物转化相关论文的统计情况来看，有关生物技术及应用微生物学研究的内容占1/4，有关酶的物理化学和有机化学等方面的研究内容接近1/4，生物化学与分子生物学研究的内容占1/6，有关环境保护方面应用的内容占1/10。其中，中国贡献20.5%，排在第一位，美国贡献16.5%，德国贡献9.9%。生物催化与生物转化作为合成化学新的增长点，其发展前途不可限量，它对化学学科的整体发展也将影响深远。

生物化学作为化学的分支学科和生命科学的基础学科，主要关注复杂生命机理的解析，却很少关注其在物质合成中的应用；化学生物学似乎也主要关注小分子对生物大分子（特别是药物靶标分子）的作用机理，而忽视生物大分子在小分子合成与转化中的应用研究。日本京都大学早在20世纪90年代初就在工学部成立了"合成化学与生物化学"专业，其专业课程主要由四位生物学教授和四位化学教授领导的八个研究室承担。希望我国具有化学学科优势的高校可以尝试打破学科之间的界限，培养一批化学与生物学科的交叉型复合人才。可喜的是，国家自然科学基金委员会化学科学部从2018年开始，已经打破原来一直沿用的无机化学、有机化学、分析化学、物理化学等分类体系，分别在合成化学和化学工程的目录下设立了"生物催化与生物转化"和"工业生物催化"等新兴方向，其意义非常重大且深远，预期将在很大程度上影响我国学科的发展方向，促进原始创新能力的进一步提升。

希望我国今后在生物学与化学的学科交叉和融合方面能给予更大的重视和支持，产出更多原创性的成果。同时也借此机会呼吁更多年轻的化学家关注并融入生物催化合成和合成生物学这一新兴而富有生命力的合成科学研究领域。生物催化剂（酶）虽然是由20种氨基酸组成的蛋白质分子，其催化机理与小分子有机催化剂十分相似，然而由于酶的分子量较大（通常在两万以上），而且具有非常精巧的三维空间结构和协同催化作用，因此显示出有机小分子催化剂所无法比拟的催化效率和选择性。通过酶分子的理性设计和改造，还可以使天然的酶具有催化自然界不存在的化学反应的能力，如惰性C—H键的不对称胺化等。化学家不但可以挖掘和利用天然酶分子的催化功能，而且可以采用分子生物学或化学的方法（如点击化学技术）改造酶分子，还可以模拟酶的结构或功能，设计出一些结构更简单、功能更强大的模拟或杂合酶催化剂。因此我们有充分的理由相信，酶分子的设计、改造和应用，将为"后基因组时代"的化学家创造新物质提供无限广阔的空间。

第四节 过渡金属催化不对称合成

游书力 郑 超

过渡金属配合物催化的均相不对称反应是合成手性有机分子的重要手段。过渡金属配合物的中心金属外层一般含有一定数量的 d 电子和未填充的空 d 轨道。中心金属可以通过其空 d 轨道接受底物配位，或者将自身的 d 电子向底物的空轨道反馈等方式与底物形成碳（氢）- 金属键。在过渡金属配合物催化反应的过程中，通常包括碳（氢）- 金属键的形成、转化和猝灭等若干基元反应，同时伴随着中心金属价态的改变。按照中心金属在基元反应中得失电子的数量可将过渡金属催化的反应机理分为两大类：①只包含一对电子转移的反应［图 2-48（a）］。以钯催化的偶联反应（Pd^0/Pd^{II} 循环）为例，零价钯物种 I 与卤化物发生氧化加成反应，得到二价钯物种 II。II 与金属试剂发生转金属化反应得到二价钯物种 III。III 通过还原消除得到偶联产物并再生零价钯物种。②包含单电子转移的反应［图 2-48（b）］。以镍催化的偶联反应（$Ni^I/Ni^{II}/Ni^{III}$ 循环）为例，一价镍物种 IV 与卤化物发生单电子转移反应，得到二价镍物种 V 和自由基物种 VI。V 与金属试剂发生转金属化反应得到二价镍物种 VII。VII 与自由基物种 VI 结合得到三价镍物种 VIII。VIII 通过还原消除得到偶联产物并再生一价镍物种。在过渡金属配合物催化的均相反应中，通过使用手性配体、手性阴离子，以及构造金属手性中心等手段可

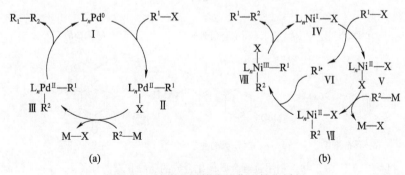

(a)   (b)

图 2-48 过渡金属催化的典型催化循环

以在催化中心附近产生手性环境，进而实现不对称催化。

除图 2-48 所示的两类机理外，过渡金属配合物还可以作为路易斯酸催化反应，或者作为光敏剂参与光促进的单电子转移反应。这两种反应一般不涉及碳（氢）- 金属键的形成和转化。通过这两种方式实现的不对称催化反应将在本章第五节和第七节中详细讨论。

过渡金属配合物催化的不对称反应的研究已有半个多世纪的历史。1966年 Nozaki 等首次报道了手性席夫碱铜配合物催化的不对称环丙烷化反应[90]。1968 年 Knowles 和 Hörner 实现了手性铑配合物催化的均相不对称氢化反应[91,92]。1972 年孟山都（Monsanto）公司将不对称催化氢化技术应用于治疗帕金森综合征的手性药物左旋多巴（L-Dopa）的工业生产[93]。此后，过渡金属催化不对称合成技术在手性医药、农药和香料的生产中得到了广泛应用。"金都尔"（metolachlor）是一种广泛使用的手性除草剂。虽然只有 S 构型异构体具有除草活性，但在早期"金都尔"是作为外消旋体使用的。1996 年 Novartis 公司使用金属铱催化的不对称氢化反应合成 (S)- 金都尔，用来代替外消旋体，使其用量减少了 40%。目前 (S)- 金都尔的年产量达到上万吨，成为不对称合成在工业生产中规模最大的应用实例[94]。L-薄荷醇（L-menthol）是一种重要的香料，其传统生产方法是从天然薄荷中分离。1983 年，高砂（Takasago）公司利用金属铑催化的不对称异构化反应实现了 L-薄荷醇的工业化生产，并且价格比天然来源的产品更低。目前人工合成 L-薄荷醇的规模约为每年数千吨。此外，(S)- 异步洛芬、(S)- 萘普生和左氧氟沙星等药物的合成都是过渡金属催化的不对称反应在工业中应用的典范（图 2-49）。

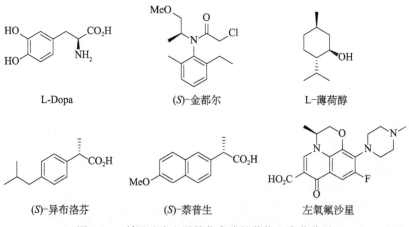

L-Dopa   (S)-金都尔   L-薄荷醇

(S)-异布洛芬   (S)-萘普生   左氧氟沙星

图 2-49　利用过渡金属催化合成的药物和农药分子

2001 年的诺贝尔化学奖授予了 Knowles、Noyori 和 Sharpless，以表彰他们在过渡金属催化的不对称氢化反应和不对称氧化反应方面所做出的杰出贡献。这是对不对称催化领域在过去几十年来取得的巨大成就和其对人类社会发展所起到的重要推动作用的肯定。

尽管如此，作为有机化学研究的前沿领域，过渡金属催化的不对称反应仍然面临着诸多挑战。如何更加精准地构建手性环境，如何提高催化反应的效率，如何拓展催化反应的类型，如何降低反应的成本并使之适应于规模化的工业生产是目前本领域亟待解决的重要问题。本节将以这些问题为线索总结近期过渡金属催化的不对称反应领域的发展现状。

一、手性环境的精准构建

如何在催化活性中心附近精准地构建手性环境是实现高对映选择性的不对称催化反应的核心问题。在过渡金属催化的不对称反应中，使用手性配体是解决这一问题的传统方法。尽管没有一个万能的手性配体能够适用于所有的不对称反应，但是化学家们还是发展出了一系列具有一定通用性的手性骨架。2003 年 Jacobsen 等提出了"优势手性催化剂"（privileged chiral catalyst）的概念，并总结了七类优势手性骨架（图 2-50）[95,96]。这些优势手性骨架有的来源于天然产物（如金鸡纳碱、酒石酸），有的来源于对生物酶的模仿和改造（如 Salen），有的则完全出自化学合成（如 BINOL、BINAP、MeDuPhos 等）。他们的共同特点是由同一个优势手性骨架衍生得到的手性配体，往往能应用于机理上完全不同的催化反应。

在发展新型优势手性配体方面，我国科学家也做出了杰出的贡献（图 2-51）。周其林等利用螺双二氢茚（L1）和螺双苏（L2）为配体骨架结构，发展了包括手性单膦、双膦、膦氮、双氮、膦噁唑啉、双噁唑啉等系列配体 [97-99]。它们可以与多种过渡金属（如钌、铑、铱、钯、镍、铜、铁等）形成配合物催化不对称氢化、不对称碳-碳键和碳-杂原子键的形成等反应，且表现出良好的催化性能，在国际有机化学界产生了重要影响。丁奎岭等发展了基于螺壬二烯（L3）和螺缩酮（L4）骨架的新型手性双齿配体，它们在不对称氢化和不对称羟基化等反应中都表现出优异的对映选择性 [100]。丁奎岭等还合成了螺缩酮骨架的手性双膦配体（L5），并成功地应用于钯催化的 Morita-Baylis-Hillman 加合物的不对称烯丙基化反应、联烯的烷氧羰基胺化反应，以及金催化的环丙烷化等反应中 [101,102]。

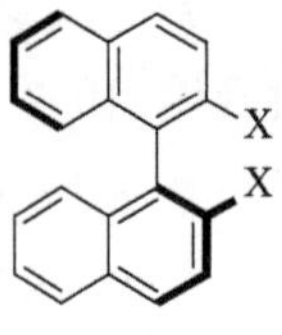

X= OH, BINOL
X= PPh₂, BINAP

MeDuPhos

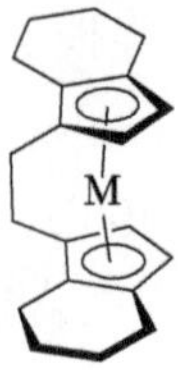

Brintzinger 配体

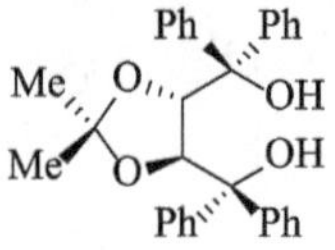

TADDOLate

Diels-Alder 反应
Mukaiyama 羟醛缩合
醛烯丙基化
氢化
烯烃异构化
Heck 反应
⋮

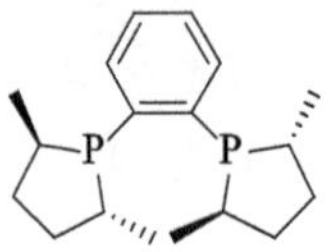

氢化
氢膦化
氢氰化
氢硅化
Baeyer-Villiger 氧化
⋮

烯烃还原
亚胺还原
烯烃碳金属化
Ziegler-Natta 聚合
⋮

Diels-Alder 反应
醛烷基化
酯醇解
碘内酯环化
⋮

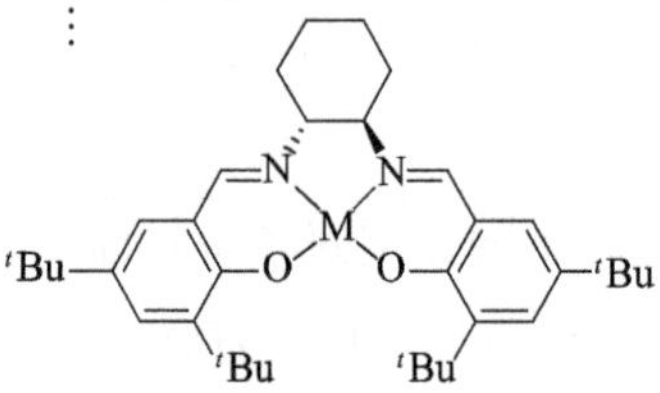

Salen

BOX

金鸡纳碱

环氧化
环氧开环
Diels-Alder反应
亚胺氰化
共轭加成
⋮

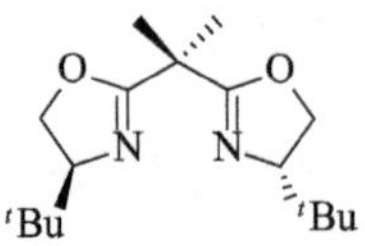

Diels-Alder 反应
Mukaiyama 羟醛缩合
共轭加成
环丙烷化
氮杂环丙烷化
⋮

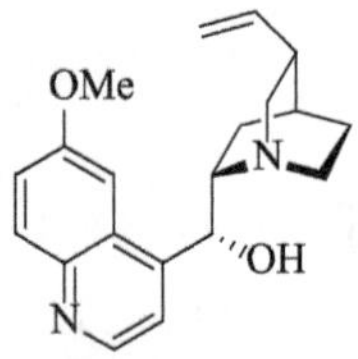

双羟化
酰基化
非均相氢化
相转移催化
⋮

图 2-50　优势手性催化剂和优势手性配体

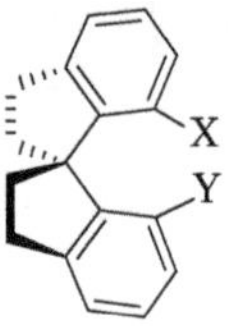

L1 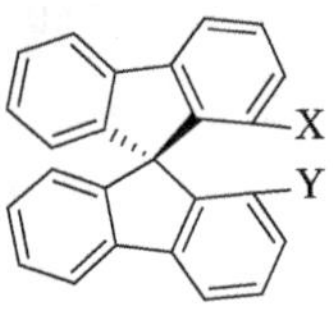　**L2**

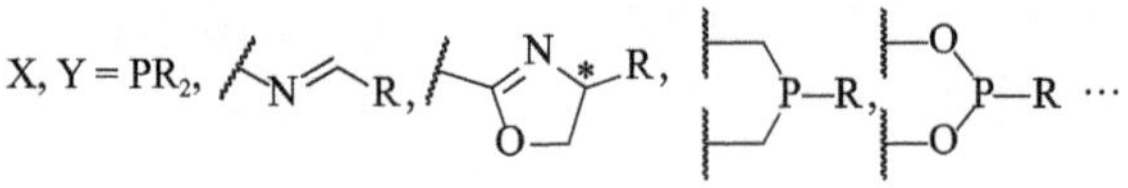

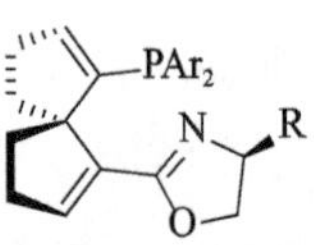

X, Y = PR₂,

L3 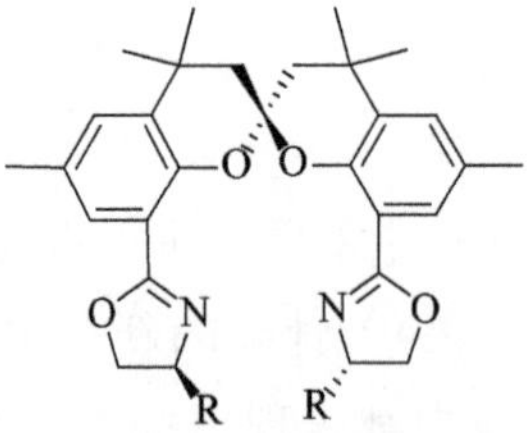　**L4** 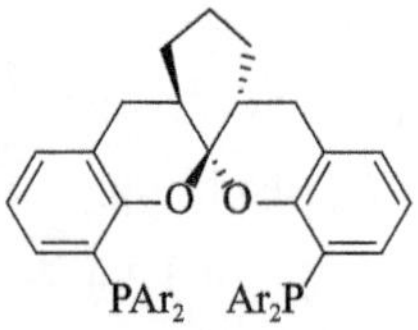　**L5**

图 2-51　螺环骨架手性配体

唐勇等通过向传统的双噁唑啉配体中引入"边臂"（arm）的方法，设计合成了一系列具有假 C_3 对称性的三噁唑啉配体（**L6**）（图 2-52）。该类配体与铜、镍等金属配位后可以作为手性路易斯酸催化不对称反应。新增的边臂基团可以通过与中心金属的配位作用、位阻效应和 π-π 相互作用等方式有效调控反应的化学选择性和立体选择性[103]。氮氧化合物是一类具有强极性和强配位能力的化合物。冯小明等从天然氨基酸出发设计合成了一系列 C_2 对称性的手性氮氧化合物（**L7**）。这类具有柔性构象、结构高度可调的化合物除了可用作有机小分子催化剂外，还能作为四齿配体与铜、镍、镁、铁、铟等十余种金属配位，作为路易斯酸催化不对称反应。同时，分子中的氮-氢基团可以作为布朗斯特酸参与共催化[104]。其中，铳配合物催化的 α-重氮酸酯与醛的不对称加成反应被称为 Roskamp-Feng 反应[105]。

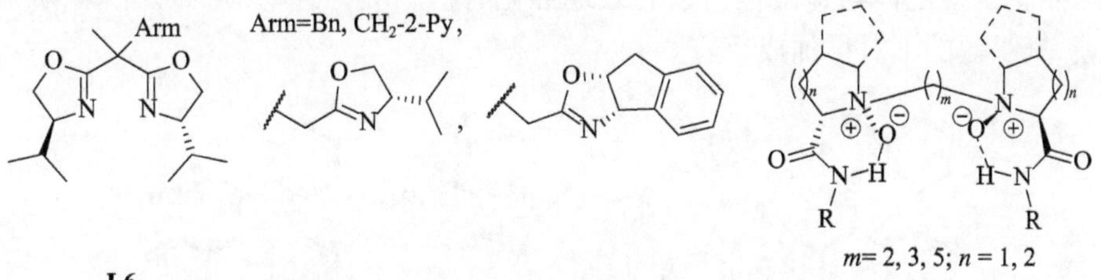

图 2-52　手性"边臂"配体和手性氮氧配体

传统的手性配体一般利用磷、氮、氧、硫等杂原子与过渡金属配位。最近十余年以来，以烯烃作为配位基团的手性配体在过渡金属催化的不对称反应中得到了广泛的应用。Hayashi 和 Carreira 于 2003~2004 年分别报道了手性双烯作为配体在铑催化共轭烯酮的不对称 1,4-加成反应[106]和铱催化烯丙基碳酸酯的动力学拆分反应中的应用[107]。随后，多类基于不同手性骨架的双烯配体被开发出来（图 2-53）[108]。林国强等设计合成了几类双环刚性骨架的

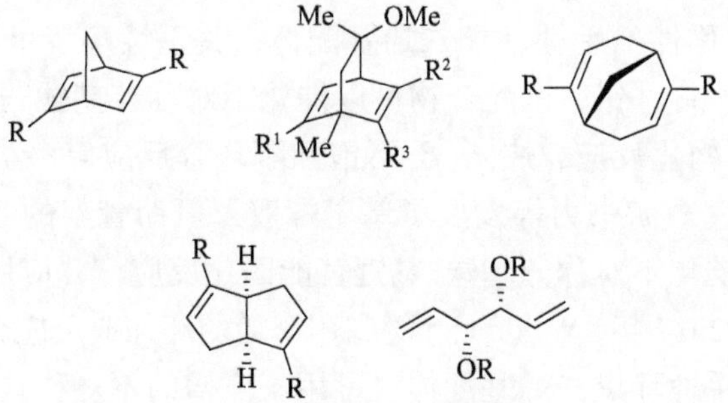

图 2-53　手性双烯配体

手性双烯配体,并在铑催化的芳基硼酸与α,β-不饱和羰基化合物或亚胺与硝基烯烃的不对称加成反应[109]以及钯催化的 Suzuki-Miyaura 偶联反应[110]中表现出优异的不对称诱导效果。杜海峰等使用易得的链状末端双烯为配体,高效地实现了铑催化芳基硼酸的不对称加成反应[111]。

除手性双烯配体外,烯烃与磷、硫等杂原子结合的手性双齿配体近年来也受到了普遍的关注(图 2-54)。Carreira 等发展了一类基于 BINOL 骨架的膦烯烃配体,在铱催化的不对称烯丙基化反应中得到了广泛的应用[112]。杜海峰等设计合成了膦烯烃配体,应用于钯催化的不对称烯丙基化反应中可以取得优秀的效果,并且烯烃与金属中心的配位对调控反应的对映选择性有重要的作用。此外,徐明华、杜海峰、廖健、万伯顺等分别报道了多种硫烯烃配体。这些配体与铑配位可以有效地催化有机硼酸化合物与碳-碳、碳-氮和碳-氧双键的不对称加成反应[113]。

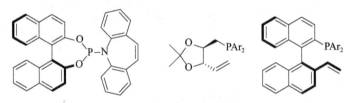

图 2-54 手性膦烯烃配体

环戊二烯基配体是过渡金属催化中经常使用的一类配体,但是手性的环戊二烯基配体的发展一直较为缓慢。2011 年,Cramer 等设计了 D-甘露醇衍生的具有 C_2 对称性的手性环戊二烯基配体,并将其铑配合物用于催化不对称芳基碳-氢键官能团化反应[114]。Ward 和 Rovis 将环戊二烯基铑配合物与生物素(biotin)相连接,利用生物素与亲和素(avidin)之间的超强非键相互作用,并结合基因工程,成功地获得了能够高效催化不对称芳基碳-氢键官能团化反应的人工金属酶[115]。随后,Cramer 等又发展了一系列 BINOL 衍生的具有 C_2 对称性的手性环戊二烯基配体,其手性环境可以方便地调节。该类配体的铑、钌、铱、钪配合物可以催化不对称芳基碳-氢键官能团化反应、烯-炔环异构化反应、炔-α,β-不饱和酮环合反应等多类不对称转化反应(图 2-55)[116]。游书力等发展了基于螺双二氢茚骨架的手性环戊二烯基铑配合物,可催化不对称芳基碳-氢键官能团化反应,并应用于轴手性化合物的构建[117]。2017 年,Waldmann 等利用富烯的环加成反应合成了一类新型的结构可调的手性环戊二烯基配体,可用于广谱的不对称碳-氢键官能团化反应[118]。

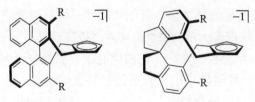

图 2-55 手性环戊二烯基配体

在传统的过渡金属催化的不对称合成中，反应过程的不对称诱导通常来源于手性配体与金属中心配位而形成的手性空腔。近年来，一种新型的不对称诱导模式——不对称抗衡阴离子导向催化逐步发展起来[119]。该策略通过手性阴离子和过渡金属阳离子在弱极性溶剂中形成的离子对来为催化反应提供手性环境。利用这一催化模式，Toste 等使用手性磷酸阴离子 / 金配合物实现了分子内氢醚化和氢胺化反应。List 等发展了手性磷酸阴离子 /Salen-锰配合物催化的不对称环氧化反应和手性磷酸阴离子 / 钯配合物催化的不对称Overman 重排反应。Ooi 等发展了手性 BINOL 阴离子 / 钯配合物催化的不对称烯丙基化反应。

除使用手性配体或者手性阴离子作为不对称催化中的手性诱导因素以外，利用六配位正八面体构型的金属离子的空间结构特点，可以仅使用非手性的双齿配体构建出围绕金属中心的手性环境，并且应用于不对称催化反应。2013 年以来，Meggers 等发展了一类基于 2-芳基苯并噻（噁）唑类配体的具有金属手性中心的钌、铑、铱配合物[120]。这类配合物可以作为手性路易斯酸催化不饱和羰基化合物的不对称共轭加成反应，或者同时作为手性路易斯酸和光敏剂实现基于光促进单电子转移过程的羰基 α 位不对称官能团化反应。这部分内容将在本章第五节和第七节详细论述。

二、高效不对称催化体系的发展

发展高效的不对称催化反应体系是过渡金属催化不对称反应领域的另一重要研究内容，也是将手性有机分子的合成从基础研究前沿推向规模化工业应用的必由之路。

早在 1995 年，Sharpless 等提出了"配体加速催化"的概念，认为手性配体的加入不仅能为催化反应提供手性环境，还可以显著提高反应的速率[121]。配体加速催化这一现象最早是在一些前过渡金属催化的反应（如酒石酸 / 钛配合物催化的烯烃不对称环氧化反应）中观察到的[122]。在这类反应中，手性配体可以与过渡金属形成一系列处于动态平衡中的不同配合物。在这些配合物中通常只有一种具有极高的活性，其催化的不对称反应速率显著高于消旋的背景反应。因此，仅需要少量的手性配体就可以实现高效的不对称催化反应。

2010 年以来，余金权等发展了钯催化的含有弱配位导向基团的底物[123]，如芳基乙酸邻位碳-氢键烯基化、芳基化和烷基化反应。在该类反应中可以观察到明显的配体加速催化现象。使用氨基酸衍生物配体[124]可以极大地提高反应的速率和催化转化数（turnover number，TON）。机理研究表明，这一现象源于反应机理的改变，氨基酸配体的引入使得碳-氢键断裂这一关键步骤从亲电钯化机理转变成质子攫取机理。2016 年，余金权等使用乙酰基保护的手性氨乙基喹啉（APAQ）配体成功地实现了烷基酰胺类底物 β 位亚甲基不对称碳-氢键芳基化反应（图 2-56）。在该反应中，双齿配体 APAQ 和含有弱配位导向基团的烷基酰胺类底物的组合对于亚甲基碳-氢键官能团化反应非常关键。如果使用乙酰基保护的氨甲基喹啉配体，则因为碳-氢键断裂后生成的五元环钯物种过于稳定而不能发生后续的芳基化反应[125]。

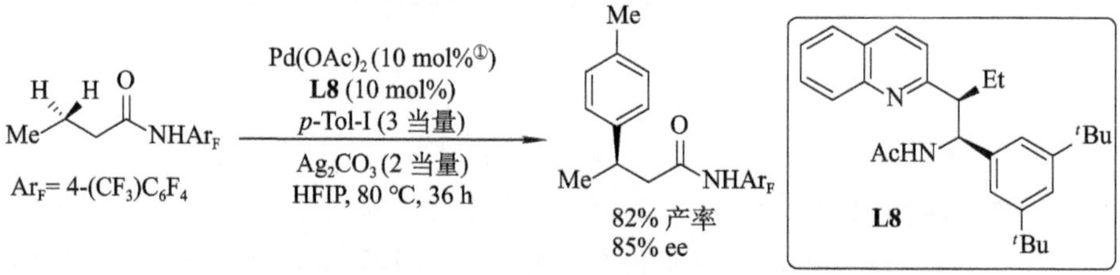

图 2-56　钯催化亚甲基不对称碳-氢键芳基化反应

在均相不对称催化反应中，过渡金属配合物通过聚集而失去催化活性是阻碍反应效率提升的一个重要原因。周其林等通过向螺环骨架膦氮配体中引入额外的吡啶基团，得到相应的三齿配体。这一改进有效地避免了在金属铱催化的不对称氢化反应中常见的由催化剂聚集而造成的失活现象，提高了催化剂的稳定性。使用这一新的催化体系，芳基酮的不对称氢化反应的 TON 可以达到 455 万，这是目前均相不对称催化所达到的最高效率（图 2-57）[126]。目前，该方法已被浙江九洲药业股份有限公司成功应用于手性药物如 Rivastigmine 等的生产[127]。周其林等还使用相同的策略实现了 δ-芳基-δ-酮酸酯和非环状 α, β-不饱和酮的高效不对称氢化反应，以及带有酯基的消旋脂肪醇的氢化动力学拆分反应。催化反应的 TON 可达 10 万[128,129]。

但是，总的来说，均相过渡金属催化不对称反应中的高效催化剂体系还

① mol% 为摩尔分数。

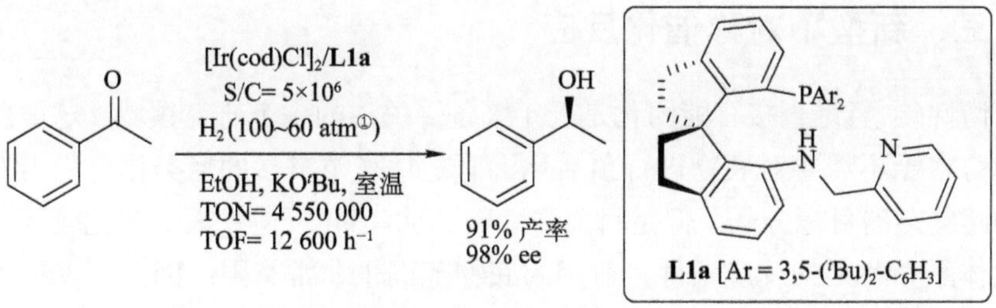

图 2-57 铱催化芳基酮不对称氢化反应
S/C 为底物催化剂比，TOF 为催化转化频率

不多，很多反应的催化剂用量都比较高（1 mol%～10 mol%），并且难以回收和重复利用，因此很少在工业上应用。同时重金属离子的残留也限制了一些反应在药物合成中的应用。解决这一问题的一个可能途径是将手性催化剂负载化。

丁奎岭等基于分子组装的原理，利用手性有机金属组装体实现了金属有机配合物催化剂的自负载[130]，并将其用于包括羰基-烯反应、氢化反应、氧化反应在内的多个非均相催化反应（图 2-58）。催化剂可以简单回收，重复使用多次后仍能保持高活性和高对映选择性。这一策略为手性催化剂的负载化开辟了一个新的思路。

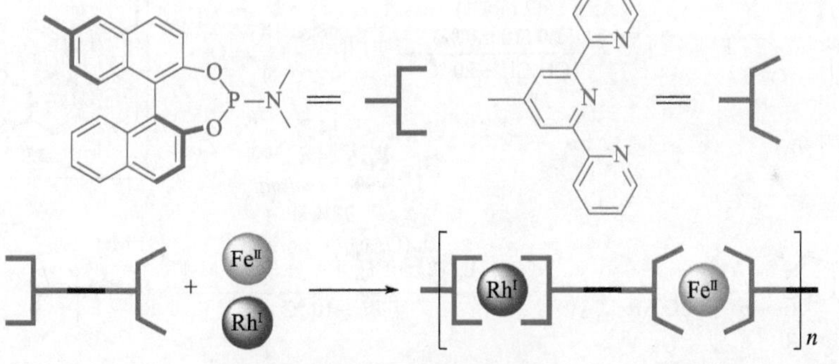

在氢化反应中可回收>10次，90%～97% ee，高达 4560 h⁻¹ TOF

图 2-58 手性自负载催化

此外，金属-有机框架材料或者介孔硅材料中的特殊孔道结构也可以为不对称催化反应的进行提供独特的微环境，并且解决手性催化材料的回收利用问题。关于这方面的论述可参看本书第三章。

---

① 1 atm=1.01325 × 10⁵Pa。

三、新型不对称催化反应

惰性碳-氢键直接官能团化是近年来备受关注的一个研究领域。这类反应的优势在于不需要对底物进行预活化，而是从来源丰富的烃类化合物出发直接构建复杂的目标分子。但是目前惰性碳-氢键活化反应一般需要比较复杂的催化体系和苛刻的反应条件，适用的底物范围也非常有限。因此，发展不对称催化的惰性碳-氢键直接官能团化反应是一个极具挑战性的课题[131,132]。

金属卡宾对碳-氢键的对映选择性插入反应是一类重要的碳-氢键直接官能团化方法[133]。许多基于铜、铑、钌等金属的手性配合物都可以催化这类反应，当底物中存在多种碳-氢键时，发生插入反应的活性顺序一般为叔碳 > 仲碳 > 伯碳。支志明等使用大位阻的铑卟啉配合物成功地实现了重氮苯乙酸酯衍生的卡宾与非活化烷烃的插入反应，而且反应主要发生在伯碳上。催化剂可以重复多次使用，TON 最高可达 6477。使用手性的铑卟啉配合物为催化剂可以实现中等到良好的对映选择性控制[134]。胡文浩等通过铑卡宾物种的碳-氢键插入反应得到两性离子中间体，并使用手性磷酸活化的亚胺对其进行捕获，高对映选择性地合成了含有两个手性中心的吲哚和吲哚啉酮衍生物（图 2-59）[135]。

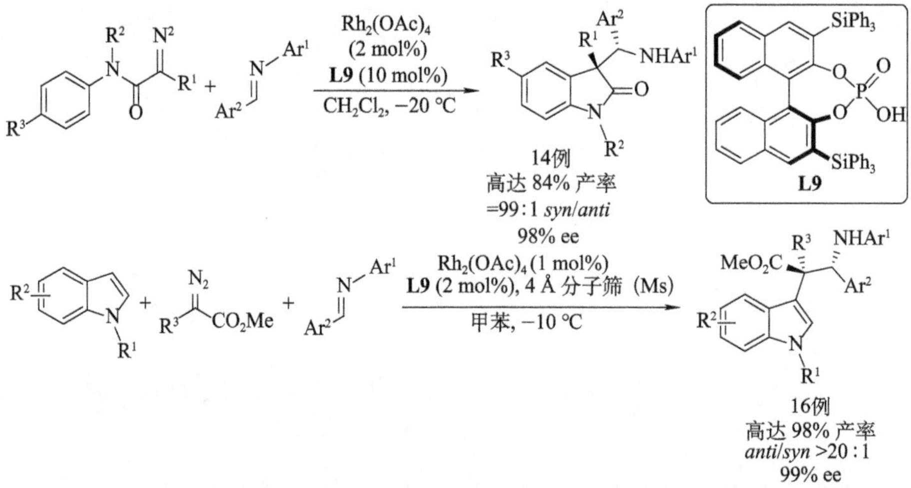

图 2-59　金属卡宾对碳-氢键的对映选择性插入反应

交叉脱氢偶联反应是最近十多年发展起来的一种高原子经济性的碳-碳键形成方法[136,137]。它能在氧化剂存在的条件下实现两个碳-氢键的直接偶联，为一些复杂化合物的构建提供了新的选择。但是对映选择性交叉脱氢偶联反应的报道仍然十分有限。龚流柱等发现以二氯二氰基对苯二醌（DDQ）为氧化剂时，手性双噁唑啉铜配合物可以催化 3-芳基亚甲基吲哚衍生物与丙二酸酯的对映选择性氧化偶联反应，产物的 ee 值最高可达 96%。进一步的机理研究表明，该反应很有可能是通过离子型中间体，而非自由基中间体进行的[138]。王锐等使用相似的催化体系实现了 β-酮酸酯与 α-氨基酸酯的对映选择性氧化偶联，反应的对映选择性最高可达 96% ee（图 2-60）[139]。

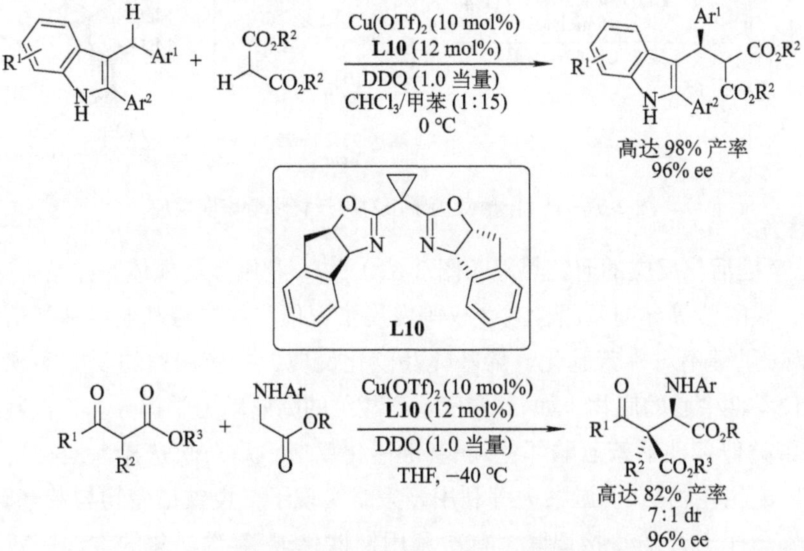

图 2-60 铜催化不对称交叉脱氢偶联反应

发生在杂原子邻位的对映选择性分子内 [1,5]– 氢负离子迁移环合串联反应，是近年出现的一种新型的氧化还原中性的碳-氢键直接官能团化方法（图 2-61）。冯小明等利用他们发展的手性四齿氮氧配体与钴配合，在温和条件下催化不对称 [1,5]– 氢负离子迁移反应，可以用于合成手性四氢喹啉衍生物[140]。张俊良等利用手性金配合物催化的方法实现了叔胺邻位 [1,5]– 氢负离子迁移启动的串联环化反应，高效合成了手性呋喃并咪嗪衍生物，反应的对映选择性最高可达 98% ee[141]。罗三中等发现，使用手性磷酸和镁盐组成的二元酸催化体系也可以催化分子内 [1,5]– 氢负离子迁移环合串联反应。进一步的机理研究表明，[1,5]– 氢负离子同面迁移既是反应的决定速度的步骤，也是手性控制步骤[142]。

通过金属钯催化的不对称碳-氢键活化反应近年来取得了长足的进步。余金权等将氨基酸衍生物配体引入该领域，开启了二价钯启动的钯催化不对

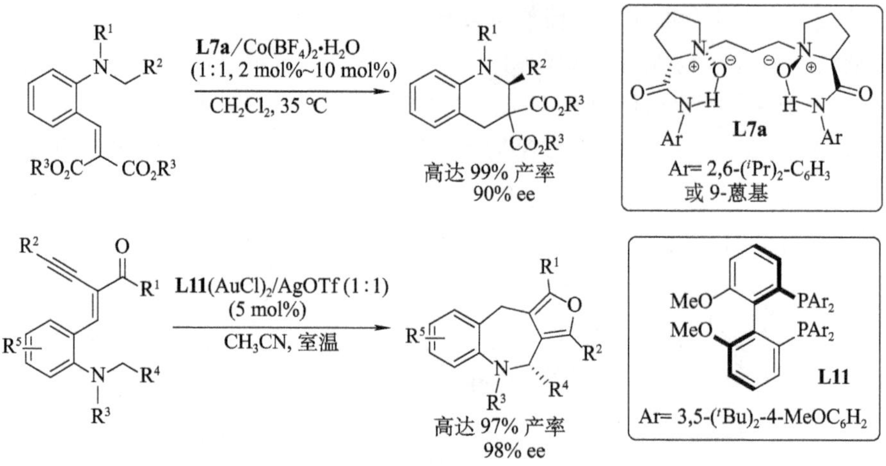

图 2-61 [1,5]-氢负离子不对称迁移环合串联反应

称碳-氢键活化反应的研究热潮（图 2-62）[124]。利用该类配体，并结合吡啶、羧酸、磺酰胺等导向基团，余金权等发展了钯催化的二芳基亚甲基类衍生物芳基碳-氢键不对称芳基化、烯基化及碘化反应，并应用这类反应实现了含有苄位手性中心的底物（如 α-取代苯乙酸）的高效动力学拆分。王细胜等也报道了类似条件下苯乙酸邻位碳-氢键活化反应，高对映选择性地得到了苯并呋喃酮衍生物[143]。游书力等利用该策略实现了二茂铁衍生物与芳基硼酸，以及富电子芳烃的直接偶联，首次利用钯催化碳-氢键活化的方法高效地构建了平面手性分子[144]。崔秀灵和吴养洁等利用类似的催化体系也完成了二茂铁衍生物的对映选择性脱氢 Heck 反应和氧化羰基化反应[145]。

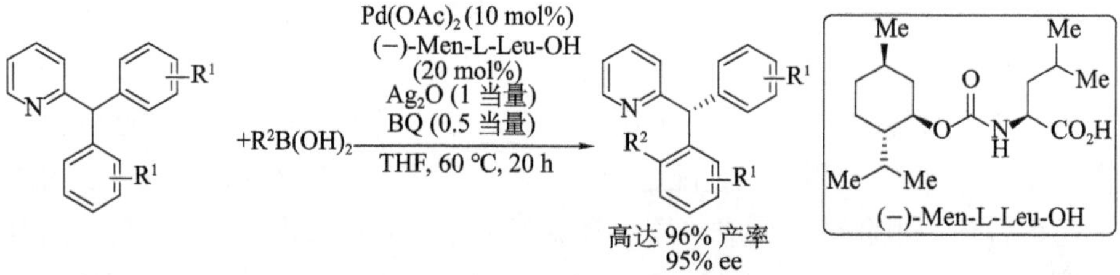

图 2-62 钯（Ⅱ）催化芳基不对称碳-氢键官能团化反应

除了芳基碳-氢键外，烷基碳-氢键不对称活化反应也取得了很大的进展[146]。以缺电子酰胺或者磺酰胺为导向基团，以氨基酸衍生的羟基膦酸为配体，余金权等实现了环丙烷、环丁烷中亚甲基碳-氢键不对称官能团化反应[147,148]。该小组还利用新型手性胺乙基喹啉或胺乙基噁唑啉配体成功实现

了脂肪酸（酰胺）底物中非活化的亚甲基及末端甲基的碳-氢键不对称官能团化反应[125,149]。

　　烯丙位碳-氢键不对称官能团化反应也是一种重要的烷基碳-氢键官能团化反应。2008年以来 White 等[150]、史一安等[151]和 Trost 等[152]分别报道了钯催化烯丙位碳-氢键不对称氧化、胺化、烷基化等反应。龚流柱等以手性磷酸根阴离子为抗衡离子，利用钯催化实现了一系列末端烯烃和间隔双烯的烯丙位碳-氢键不对称官能团化反应，高对映选择性地合成了含有季碳或者连续手性中心的化合物（图2-63）[153,154]。

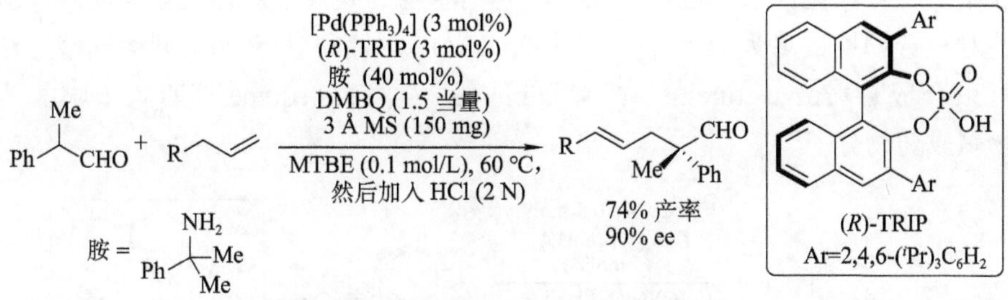

图 2-63　钯（Ⅱ）催化烯丙位碳-氢键不对称官能团化反应

　　另一大类钯催化碳-氢键不对称官能团化反应经历了零价钯启动的催化循环[155]。与二价钯启动的碳-氢键不对称官能团化反应相比，这类反应不需要外加氧化剂、反应条件温和、催化剂用量较低。基于此类催化循环的芳基碳-氢键不对称官能团化反应最早由 Cramer 等报道（图2-64）[156,157]。游书力等将这类反应应用于二茂铁类底物，通过钯催化不对称碳-氢键芳基化及烯基化反应成功制备了平面手性二茂铁衍生物[158]。其中催化剂的 TON 最高可达 495，是目前钯催化不对称碳-氢键不对称官能团化反应中最高的催化转化数[159]。几乎同时，顾振华和康彦彪[160]，以及刘澜涛和赵文献等[161]也分别报道了类似的反应。此外，Baudoin 等[162]、Kündig 等[163]、Kagan 等[164]以及 Cramer 等[165,166]分别报道了通过零价钯启动的催化循环实现的烷基碳-氢

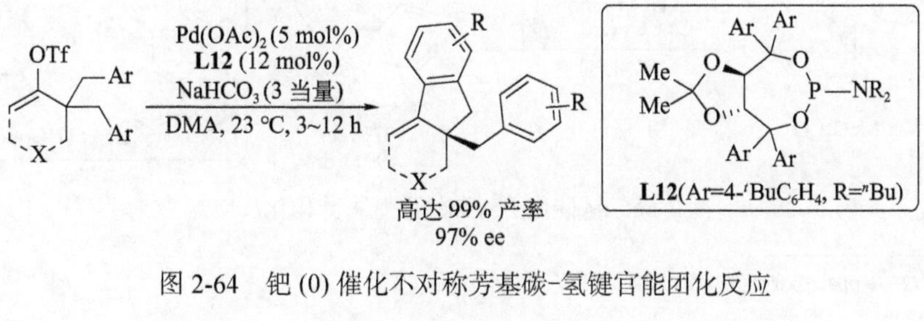

图 2-64　钯（0）催化不对称芳基碳-氢键官能团化反应

键不对称官能团化反应。

芳香化合物来源广泛、价格低廉，是有机化学中最常用的起始原料。芳香化合物的不对称氢化是一种方便、直接的构建手性环状化合物的方法。但是这类反应由于破坏了底物的芳香性，通常需要比较苛刻的反应条件。Kuwano等[167,168]、Glorius等[169]、Beller等[170]、Mashima等[171]在这方面开展了系统的工作。周永贵等[172,173]采用催化剂活化、底物活化和接力催化等策略实现了喹啉、异喹啉、喹喔啉、吡啶、吲哚等多种芳香杂环类化合物的高对映选择性不对称催化氢化反应（图2-65）。范青华等[174,175]发展了无膦手性阳离子钌催化体系，也可以用于喹啉衍生物的高效不对称氢化反应。反应的对映选择性最高为96% ee，催化剂的TON最高可达5000。利用这些方法可以合成 (–)-Angustrureine、(–)-Galipinine、(–)-Flumequine等四氢喹啉类生物碱或药物分子。

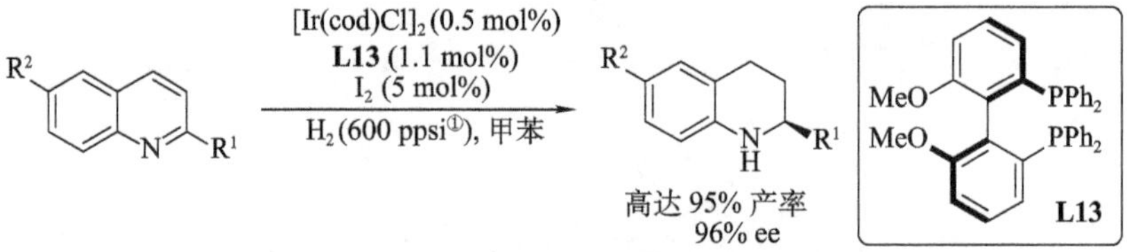

图 2-65　铱催化芳香化合物不对称氢化反应

游书力等提出了"催化不对称去芳构化"概念[176-178]，发现含有取代基的（杂）芳香化合物作为亲核试剂参与过渡金属催化的不对称烯丙基化反应、炔丙基取代反应、偶联反应，利用形成季碳手性中心的策略可以有效阻止产物重新芳构化，获得稳定的去芳构化产物。应用这类反应可以高立体且高对映选择性地合成含有多个连续手性中心的多环螺环化合物（图2-66）。此外，贾义霞等[179,180]、栾新军等[181]也发展了新颖的过渡金属催化的不对称去芳构化反应。

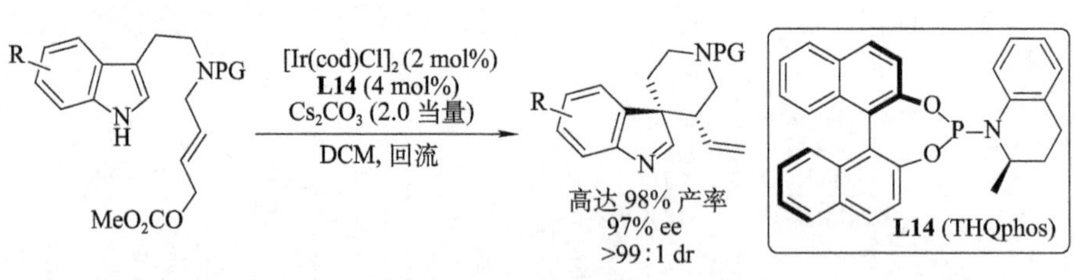

图 2-66　铱催化不对称烯丙基去芳构化反应

---

①　1 ppsi＝6.894 76×10³Pa。

四、廉价金属催化的不对称合成

近年来，使用镍、铁、铜、钴等廉价金属配合物催化不对称反应受到了化学家们越来越多的关注。这不仅是因为与传统的贵金属（钯、铂、铑、铱等）催化剂相比，廉价金属具有地壳储量丰富、价格低廉、对生命体毒性较低、环境兼容性较好等优点，更重要的是这些金属通常拥有单电子氧化还原的能力和连续可变的氧化态。廉价金属催化剂的应用为发展基于单电子转移过程的新型不对称催化反应提供了机会。

Fu 等[182]致力于发展烷基卤化物参与的偶联反应。他们发现以手性双氮配体（如 BOX、PyBOX、手性二胺等）的镍配合物为催化剂，可以在温和条件下实现消旋的二级烷基卤化物与各类锌试剂、硼试剂、硅试剂、格氏试剂、锆试剂的不对称偶联反应（图 2-67）。机理研究表明，该类反应一般经历了 $Ni^I/Ni^{II}/Ni^{III}$ 催化循环［图 2-48］[183]。Reisman 等发展了手性镍配合物催化的消旋烷基卤化物与酰基、烯基、芳基卤化物的不对称还原偶联反应[184]。

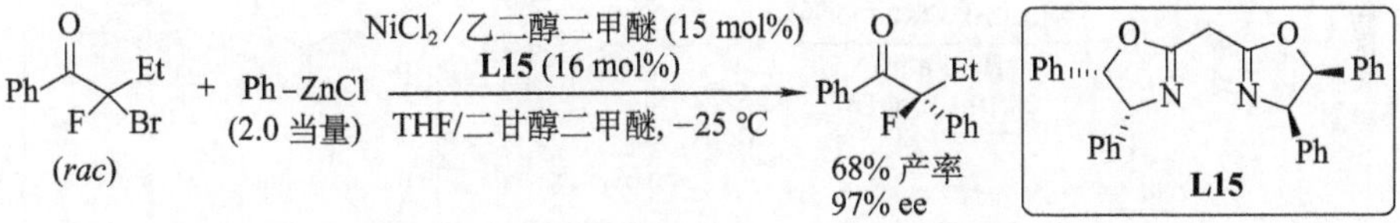

图 2-67　镍催化烷基卤化物不对称偶联反应

Fu 等还报道了铜催化的可见光引发的烷基氯化物与含氮杂环的不对称碳-氮键偶联反应。在该反应中，手性铜配合物同时充当光敏剂和手性催化剂[185]。刘国生等报道了基于"自由基接力"的铜催化苄位碳-氢键不对称氰基化反应（图 2-68）[186]。刘心元等[187,188]、刘国生等[189-191]分别报道了自由基引发的铜催化烯烃不对称双官能团化反应。

值得指出的是，Miura 等[192]、Buchwald 等[193]利用铜氢物种与烯烃、炔烃等中不饱和键的插入反应生成的烷基铜化合物与亲电的胺化试剂反应，高效地实现了一系列不饱和底物的不对称氢胺化反应。Buchwald 等还实现了烷基铜化合物对烯丙基亲电试剂、酮、亚胺等的不对称加成反应。

近年来，铁、钴等廉价金属催化的不对称还原反应受到化学家们的广泛关注。Chirik 等发展了一类基于 C_1 对称的手性双亚胺吡啶配体的钴配合物，可用于非活化烯烃的不对称氢化反应（图 2-69）[194]。这类配体具有氧化还原活性，在催化循环中可以参与电子的得失，稳定不同价态和自旋多重度的金属物种[195]。黄正等[196,197]、陆展等[198-200]利用新型手性亚胺基吡啶噁唑啉配

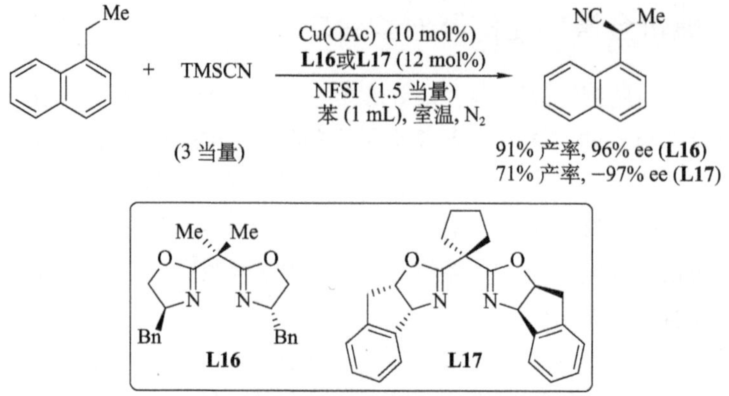

图 2-68 铜催化苄位碳–氮键氰基化反应

体实现了铁或钴催化的取代烯烃、芳基酮等底物的不对称硼氢化、硅氢化，氢化反应以及炔烃的串联硅氢化 / 不对称氢化反应。

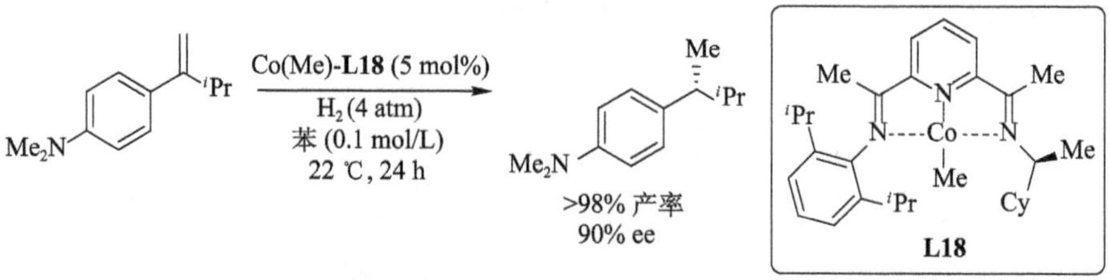

图 2-69 钴催化不对称氢化反应

五、展望

过渡金属催化的不对称反应一直以来都是有机化学研究的前沿领域。与酶催化和有机小分子催化相比，过渡金属催化的不对称反应具有一些独特的优势。首先，基于其丰富多样的外层电子结构，过渡金属展现出独特及多样的催化活性，能够参与有机分子中不同种类化学键的活化和重组过程。其次，通过调节过渡金属配合物中的配体及抗衡离子，可以精准地构筑催化活性中心周围的手性环境，从而实现高立体选择性的催化反应。最后，将均相过渡金属催化剂负载化，实现催化剂的回收和重复利用，可以进一步提高催化反应的效率，以适应规模化工业生产。

我国化学工作者在过渡金属催化的不对称反应方面取得了显著的成果。特别是近年来更加注重工作的原创性，提出了一些创新性的概念和方法，而不再局限于对已知的催化体系进行简单的"底物拓展"。同时也开始注重工作的系统性，发展了一批有特色、有影响力的配体和催化剂，在不对称催化这一研究领域激烈的国际竞争中占有了一席之地，并在其中一些研究方向上达到国际领先水平。此外，过渡金属催化的不对称反应的研究也不仅限于实验室规模，而是逐渐开始注重基础研究成果的实际应用。可以相信，我国过渡金属催化的不对称反应的研究未来一定能够取得更大的成绩。

过渡金属催化的不对称反应将在以下几个方面（但不局限于这几个方面）得到进一步发展：

（1）配体设计。手性配体依然是过渡金属催化的核心及原始创新的重要突破口。尽管已经有成千上万个手性配体被设计合成出来，但手性骨架还比较有限，如联芳基、二茂铁和螺环骨架等。适合于手性配体的新骨架开发往往可以为手性配体的合成打开一扇新的大门，为合成一大类手性配体提供可能。但新的骨架要取得成功，必须要满足配体设计中的刚性与柔性的要求，易于修饰，空间与电子效应易于调节，衍生的配体能在一系列不对称催化反应中取得优异的反应活性与选择性。配体设计中新的配位原子与基团也非常重要，在过去的几年中，一些配位原子或基团如烯烃、氮氧、硫氧等被应用于手性配体的设计，这些配体形成的金属配合物在许多重要的不对称催化反应中取得了非常优秀的效果。进一步发展一些新型的、可与金属形成有效配合物的配位原子或基团，将大大拓展手性配体设计与合成的空间。当然，这些结果极有可能需要借助于其金属有机配合物的合成及性质研究。新的配体设计与合成理念也是一个重要的研究内容，唐勇等提出的基于"边臂效应"的手性配体设计理念就是一个成功的典范。应该说这一领域具有非常大的挑战性，虽然有效的成果不是很多，但显然是一个非常值得研究的领域。如何基于配体设计提出新的理念，为多核金属催化提供有效配体，为水相金属催化提供水溶性手性配体等都具有非常重要的意义。由于计算化学的飞速发展，对于不对称反应的机理、过渡态中手性传递的方式、产物对映选择性及绝对构型的预测越来越准确，相信随着研究深入及计算精度的提高，这一领域将会发挥越来越重要的作用，在手性配体的设计方面也将发挥不可忽视的作用。

（2）金属种类。可用于不对称催化反应的金属元素仍有极大的拓展空间，在过去的十年中一些以往在不对称催化反应中不被看好的金属如稀土金属、金、铁、汞等取得了突飞猛进的发展，发展出了一系列的新催化体系。然而，就目前而言还有很多金属没有或很少在不对称催化反应中得到应用，这将为金属催化不对称反应的发展提供资源。此外，廉价、低毒的金属参与的不对称反应会越来越受到重视，这将为替代一些重金属及贵金属催化剂提供可能，金属催化体系将朝向更加经济、高效和环境友好的方向发展。此外，基于宏观手性（如手性超分子结构、手性配位聚合物等）的金属催化体系的发展将为传统的均相金属催化体系提供有益的补充。

（3）新型不对称反应。新反应的发现是有机化学生命力的源泉，可以为新型的化学键及化合物的构建提供有效的方法。发展原料简单、产物应用性广的新不对称催化反应更具有重要意义。例如，烃类化合物的惰性碳-氢键活化、碳-碳键活化及惰性体系（如芳香类化合物）活化的不对称催化过程，基于生物质和二氧化碳等可再生资源的不对称催化过程等。此外，新型的串联反应，特别是一步可以构建多个手性中心的串联反应会越来越受到重视。不对称多组分反应也是节省能源、减少分离步骤和废弃物的重要反应。

（4）不对称催化新概念及新策略。新概念及新策略在不对称催化合成中占有非常重要的地位，其突破可以为实现提高催化剂的效率、催化剂回收等提供有效的途径。在过去的几年中，李灿等通过限域效应来提高手性催化剂效率，丁奎岭等通过发展自负载方法实现高效的催化剂回收等都取得了突破性进展。此外，通过多催化剂协同作用实现多个手性中心任意控制也将是一个非常重要的研究方向，如何实现催化剂之间的相互兼容及高活性、高选择性控制是这方面研究的关键。

第五节　路易斯酸催化不对称合成

刘小华　王　震　冯小明

路易斯酸催化不对称合成是获得手性有机分子的重要途径之一[201,202]。虽然催化剂中均含有金属元素，路易斯酸催化不同于过渡金属有机催化，作为路易斯酸中心的金属离子提供一个或者两个空轨道使底物配位，在反应过程中金属的价态不发生改变。一般来讲，手性路易斯酸催化剂通过手性配体与金属离子配位生成。在加入底物后，中心金属的空轨道接受底物中电负性原子提供的孤对电子，如 O（sp^3 或 sp^2 杂化）、N、S 和卤素等，形成金属配合物，使得底物中电子对给体部分的亲电性增强，进而有利于亲核试剂进攻。以醛羰基化合物的活化为例，手性路易斯酸可通过 σ 键与羰基氧相互作用 [图 2-70（a）]，也可以通过 σ 键和 π 键与羰基氧不饱和 π 体系作用 [图 2-70（b）][203]，使羰基碳的亲电性增强。同时通过配体产生的手性环境使得羰基的潜手性面（*Si* 面

或 *Re* 面）得以区分，亲核试剂选择性地从羰基的 *Re* 面或 *Si* 面进攻，从而生成对映体过量的产物。此外，一些路易斯酸还可以活化不饱和碳-碳键，如炔和联烯，以及炔丙醇衍生物等［图 2-70（c）］。金属有机催化不对称合成中也存在对底物的配位活化，但反应中涉及氧化还原及金属与碳或氢的直接成键过程，这将在其他章节中介绍。

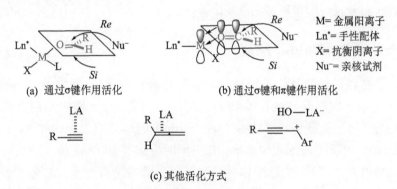

(a) 通过σ键作用活化　　　　　(b) 通过σ键和π键作用活化

M= 金属阳离子
Ln* = 手性配体
X= 抗衡阴离子
Nu⁻= 亲核试剂

(c) 其他活化方式

图 2-70　路易斯酸的一般活化方式

　　路易斯酸催化不对称合成的关键是设计发展活性和选择性高、普适性强的手性配体和催化剂。路易斯酸催化剂中心金属的种类及价态直接影响路易斯酸的酸性强弱、金属离子与配体及底物的配位方式和配位能力，从而导致反应活性和选择性的差异。早期用于路易斯酸催化的金属主要是主族金属如 Al(Ⅲ)、Ti(Ⅳ)、B(Ⅲ)、Sn(Ⅳ)、Mg(Ⅱ) 和过渡金属如 Cu(Ⅰ)、Cu(Ⅱ)、Zn(Ⅱ)、Ni(Ⅱ)、Fe(Ⅱ)、Fe(Ⅲ) 等。随着稀土金属化学和手性配体的发展，各种稀土金属和过渡金属离子在不对称催化反应中展现了很好的催化性能。手性配体是路易斯酸催化剂不对称诱导的源泉，它主要是一些含杂原子如磷、氧、氮和烯基等的手性化合物，通过孤对电子等与金属配位，形成有效的手性催化物种促进反应的发生。配体的配位形式、电子效应、位阻和一些次级效应对反应进程和选择性影响显著，在一些反应中还存在着显著的配体加速作用。作为不对称催化反应的早期代表性例子，Sharpless 将手性酒石酸二乙酯-Ti(Ⅳ) 配合物应用到烯丙醇的环氧化反应中，高立体选择性地制备了 2,3-环氧醇[204]。之后，一些手性配体如 BINOL 衍生物、BINAP 衍生物、噁唑啉类、席夫碱类、氮氧化合物等在路易斯酸催化不对称合成中被广泛应用。此外，手性路易斯酸催化剂中金属抗衡离子配位和解离能力的强弱也会影响反应。为提高催化活性和选择性，一些催化策略也被引入路易斯酸催化中。例如，多种配体的自组装、双金属协同催化、双功能催化等，以及组合酸催化体系，如 BLA（布朗斯特酸协助路易斯酸）、LLA（路易斯酸协助路易斯酸）和 LBA（路易斯酸协助布朗斯特酸）等。

路易斯酸催化不对称反应类型多样，在碳-碳键和碳-杂原子键的形成反应中获得广泛应用。本节按不对称反应类型分类，简述近年来一些代表性的路易斯酸催化剂在不对称合成中的应用进展，通过配体结构的演变，阐释影响路易斯酸不对称催化合成的诸多因素。

一、不对称 aldol 反应

在手性路易斯酸催化烯醇硅醚与羰基化合物的 aldol 反应中，羰基化合物与催化剂之间所形成的配合物通过配位、氢键或 π-π 堆积作用得到进一步的稳定 [205-207]。受手性半咕啉（semicorrin）配体的启发，1990～1991 年，Masamune、Pfaltz、Evans 和 Corey 几乎同时发展了 BOX 配体。随后，化学家进一步改造和修饰 BOX 配体并发展了新的噁唑啉衍生物，部分代表性结构如图 2-71 所示 [208-210]。这些噁唑啉类手性配体在不对称羟醛反应和其他多种不对称催化反应中具有广泛的应用。

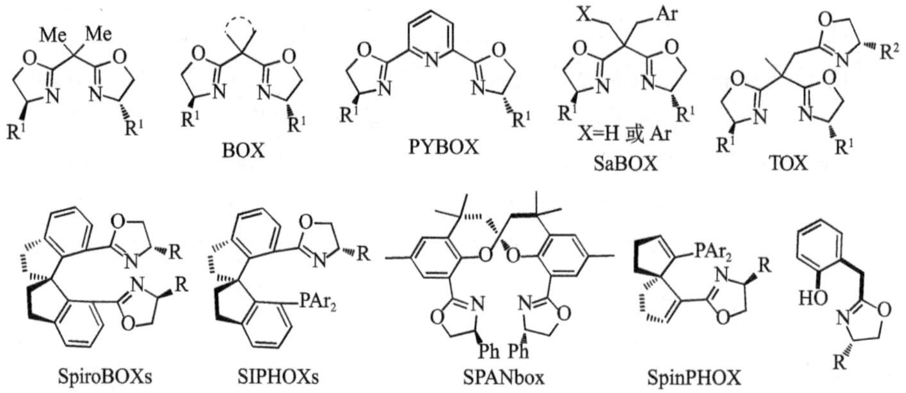

图 2-71　手性噁唑啉配体

Evans 等发现 PYBOX/Cu(Ⅱ) 配合物能有效催化苄氧基乙醛与烯醇的不对称羟醛反应 [211]。由叔丁基硫代乙酸酯经烯醇化得到的硅烯酮缩醛类化合物与苄氧基乙醛发生不对称羟醛反应，产物的 ee 值可以达到 99%，催化剂通过双齿配位活化苄氧基乙醛并控制立体选择性（图 2-72）。Sc(Ⅲ)/PYBOX 配合物也被成功用于乙醛酸酯的不对称 Mukaiyama 羟醛反应 [212,213]。

稀土金属配合物具有在水中稳定、强路易斯酸性的优点。Kobayashi 等发展了手性双吡啶-18 冠醚配体 /Pr(Ⅲ) 配合物，在水 / 乙醇反应介质中可高

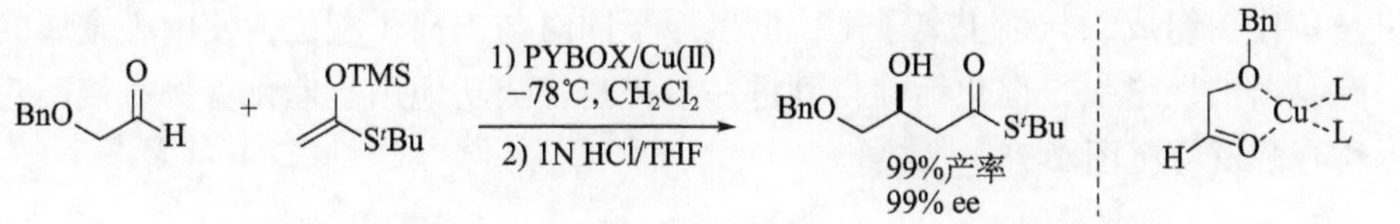

图 2-72 PYBOX/Cu(Ⅱ) 催化不对称 Mukaiyama 羟醛反应

效催化醛的 Mukaiyama 羟醛反应（图 2-73）[214]。Kobayashi 等利用手性联吡啶 /Sc(OTf)$_3$ 配合物，在 H$_2$O/DMF 介质中催化烯醇硅醚类化合物的不对称羟甲基化反应。进一步研究还发现，手性联吡啶配体或具有 C_2 对称的双氮氧配体 L-PrMe$_2$ 与 Sc(Ⅲ) 的配合物，在无有机溶剂的存在下，可高选择性地获得羟甲基化产物（图 2-74）[215,216]。

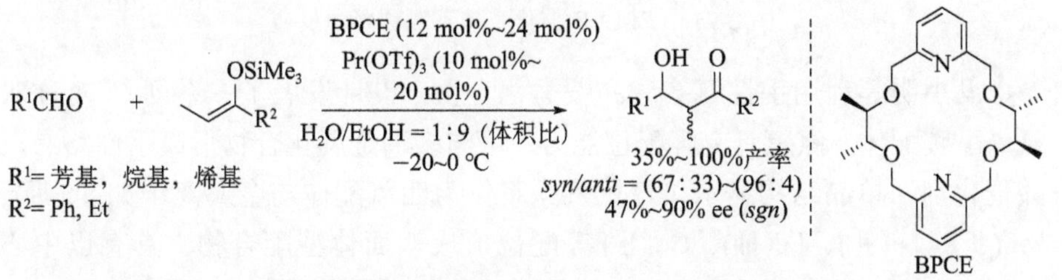

图 2-73 手性双吡啶-18 冠醚 /Pr(Ⅲ) 催化不对称 Mukaiyama 羟醛反应

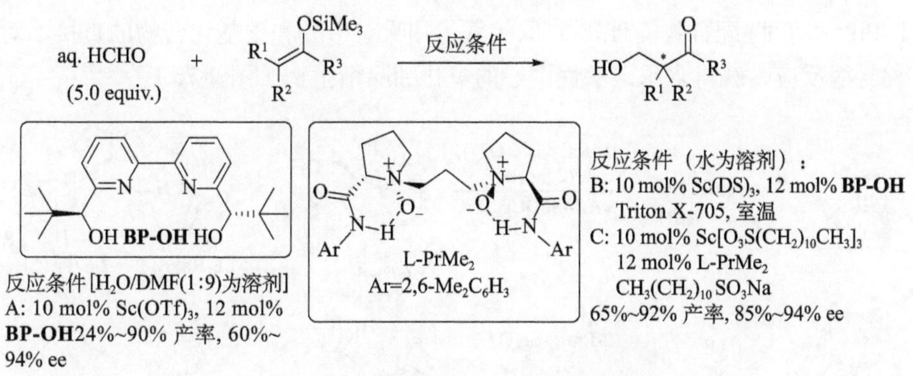

图 2-74 手性 Sc(Ⅲ) 配合物催化不对称羟甲基化反应

直接不对称羟醛反应更具有原子经济性。Shibasaki 等利用手性联萘酚 (S)-BINOL/Ba(O^{i}Pr)$_2$ 配合物催化 3-丁烯酸酯对醛的不对称羟醛反应[217]。BINOL / 杂双金属配合物以及金属多聚配合物形成的 LLA 催化体系，已成功地应用到羟醛反应及其他不对称催化反应中[218]。Shibasaki 课题组发展的 (R)-LLB 催化剂由光学纯 BINOL / 稀土金属盐 / 锂（钠、钾）离子（3:1:3,

摩尔比）组成，与稀土离子配位的氧原子同时与锂离子配位，使中心金属的路易斯酸性增强，催化活性得到进一步提高，成功地用于催化首例直接不对称羟醛反应（图 2-75）[219]。

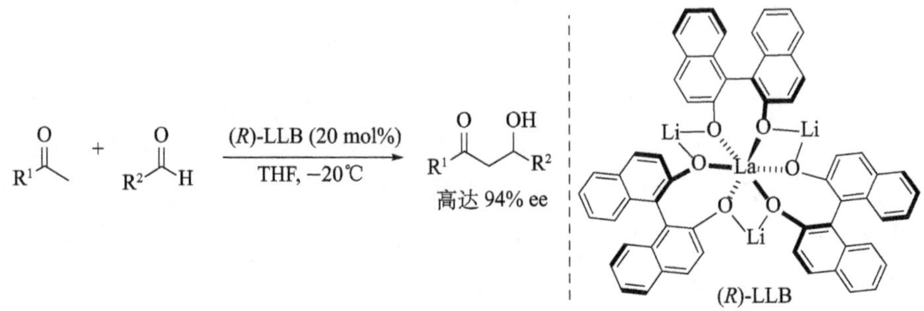

图 2-75　(*R*)-LLB 催化直接不对称羟醛反应

　　冯小明等利用手性氨基酸和胺类化合物，设计发展了一系列 C_2 对称双氮氧酰胺配体。氮氧具有强配位能力，可与多种金属化合物形成手性路易斯酸催化剂。单晶结构显示，双氮氧酰胺作为四氧配体与金属离子如 Sc(Ⅲ)、Mg(Ⅱ)、Ni(Ⅱ)、Fe(Ⅲ)、Co(Ⅱ) 等配位形成八面体型配合物，具有以中心金属为螺中心的多环结构。这类路易斯酸催化剂已在多类不对称催化反应中获得优异效果[104,220,221]。手性氮氧-稀土金属 (Ⅲ) 配合物，如 L-RaPr₂/Nd(Ⅲ)、L-PiPr₂/Sc(Ⅲ) 配合物能催化 3-取代氧化吲哚对甲醛和羰基化合物的直接不对称羟醛反应，获得含季碳手性中心的氧化吲哚衍生物（图 2-76）[222,223]。

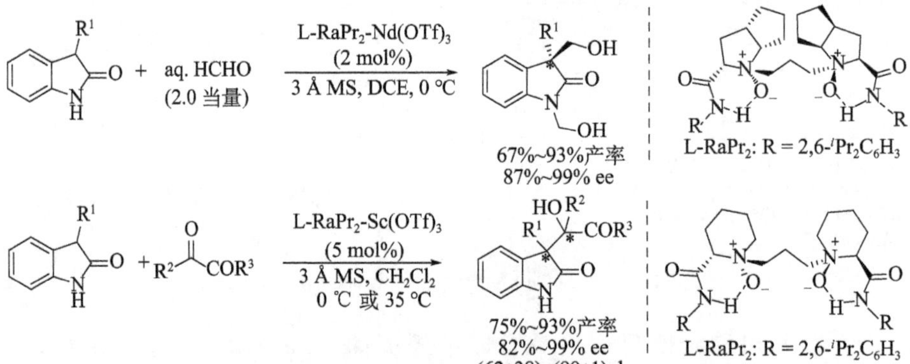

图 2-76　手性氮氧配合物催化 3-取代氧化吲哚参与的直接不对称羟醛反应

二、不对称 Michael 反应

手性路易斯酸催化剂能高效催化不对称 Michael 反应，如手性联萘酚/金属配合物、Shibasaki 发展的多金属配合物、手性氮氧/金属配合物等。Salen 是一类含氧含氮类四齿配体，能与 Al(Ⅲ)、Ti(Ⅳ)、Cr(Ⅲ)、Mn(Ⅱ)、Co(Ⅱ) 等形成路易斯酸催化剂。Jacobsen 等利用手性 Salen/Al(Ⅲ) 配合物实现了氰基、肟等对 α,β-不饱和酰胺的不对称 Michael 反应[224]，这些反应经历了双金属、双活化的历程。例如，在氰基的共轭加成反应中，催化剂与 TMSCN 作用生成活化的氰基 Al(Ⅲ) 配合物。同时另一分子催化剂与苯酰基保护 α,β-不饱和酰胺配位，氰基 Al(Ⅲ) 对活化了的碳碳双键立体选择性加成（图 2-77），即活性催化剂分别通过结合亲核试剂及路易斯酸活化 Michael 受体，起到双活化作用。

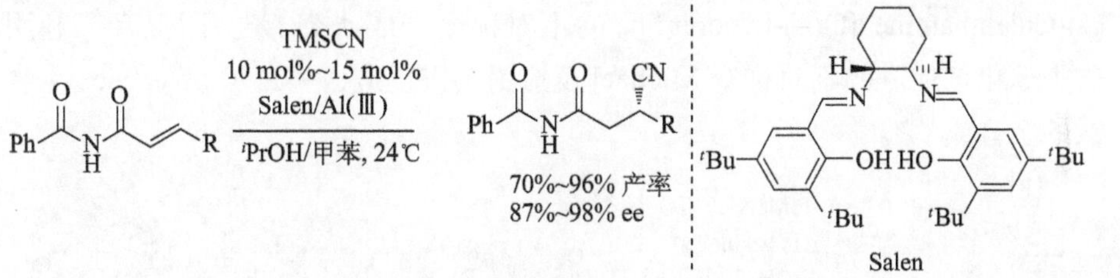

图 2-77　Salen/Al(Ⅲ) 配合物催化氰基参与的不对称 Michael 反应

Shibasaki 等发展的联萘酚/金属多聚配合物催化体系成功地应用于不对称 Michael 反应和氮杂 Michael 反应等。Schelter 等改进了这一类催化体系，利用廉价的镧系金属硝酸盐、四甲基胍制备对空气、湿气稳定的催化剂前体，在反应中加入碱金属碘盐通过离子交换原位生成高活性催化剂（图 2-78）[225,226]。

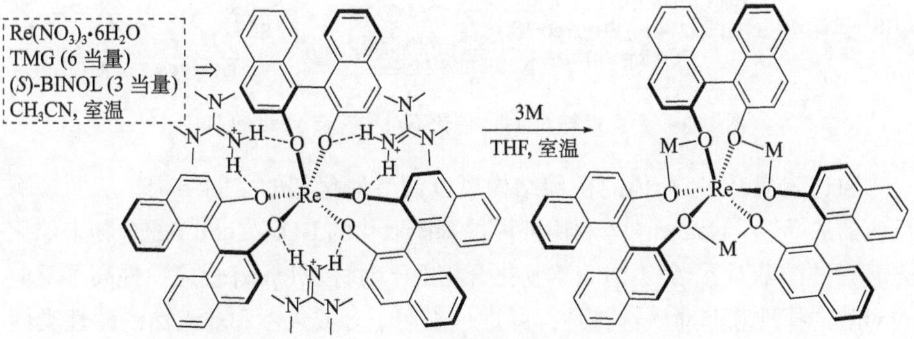

图 2-78　联萘酚/金属多聚配合物催化体系的改进

王锐等发展了 (R)-3,3'-Ph₂BINOL/Bu₂Mg 催化剂体系，高立体选择性地实现了查耳酮的插烯 Michael 加成反应[227]。Ishihara 等将 (R)-(H₈)BINOL/Bu₂Mg 催化体系应用于二芳基氧膦对 α,β-不饱和酯的不对称 Michael 反应[228]。

手性双氮氧/金属配合物可以通过改变金属离子或手性双氮氧配体骨架实现反应选择性的调控。例如，采用相同的配体，通过中心金属的改变反转 Michael 反应的对映选择性（图 2-79）[229]；通过手性氮氧酰胺取代基的变化可反转 Ni(Ⅱ) 催化吲哚与 α,β-不饱和酮酸酯的不对称 Friedel-Crafts 反应的对映选择性[230]。在手性氮氧/La(OTf)₃ 催化不对称硫杂 Michael 反应中发现了显著的非线性效应，仅用 2% ee 的氮氧配体，反应可获得 94% ee 的对映选择性（图 2-80）[231]。此外，手性双氮氧/金属配合物催化不对称 Michael 反应还应用于一些手性药物的合成，如药物普瑞巴林[232]。贾彦兴等利用手性双氮氧/Sc(OTf)₃ 配合物促进的不对称 Michael 反应，实现了天然产物 (–)-Galanthamine 和 (–)-Lycoramine 的不对称全合成研究[233]。谢卫青等利用这类催化剂促进的不对称双 Michael 反应为关键反应，实现了 Strychnos 生物碱的全合成[234]。

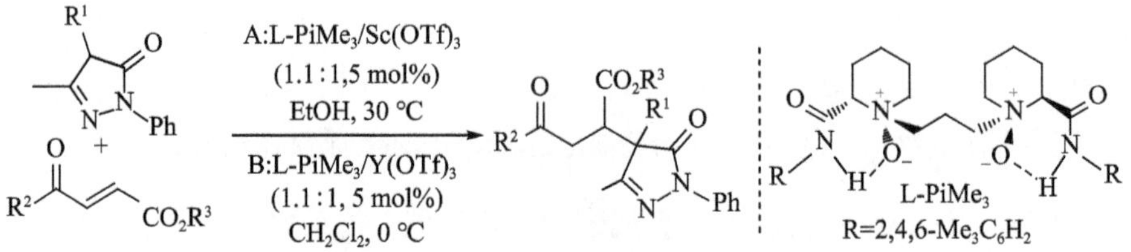

图 2-79　手性双氮氧/金属配合物催化吡唑啉酮的不对称 Michael 反应

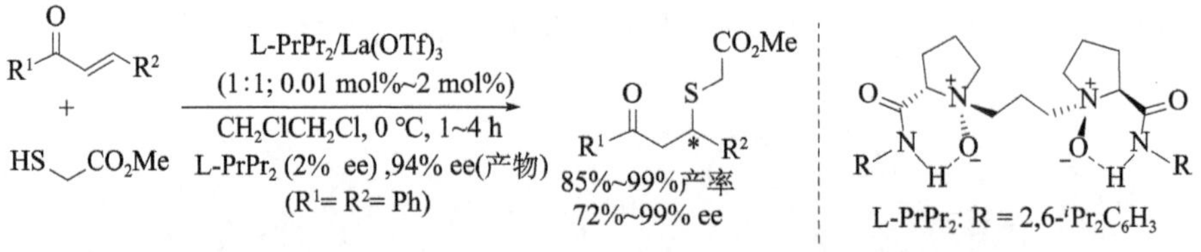

图 2-80　手性氮氧/La(Ⅲ) 催化不对称硫杂 Michael 反应

通过改变 BOX 配体的桥碳结构可以调节催化剂的空间结构，从而影响反应的选择性。Nagorny 等利用环丙烷基团取代的 BOX/Cu(Ⅱ) 配合物来催化 α-环己酮酸酯对 α,β-不饱和羰基化合物的不对称 Michael 反应，提高了反应的对映选择性和非对映选择性，并进一步用于合成天然和非天然的手性类固醇[235]。Sibi 等利用类似的 BOX/Mg(Ⅱ) 配合物实现了 α,β-不饱和羰基化合物参与的不对称自由基加成反应（图 2-81）[236]。

Kobayashi 等和 Vaccaro 等分别发展了手性联吡啶二醇 /Sc(Ⅲ) 配合物催化体系，在水相中高效催化烯酮的不对称硫杂 Michael 反应，产物 ee 值高达 97%（图 2-82）[237-239]。

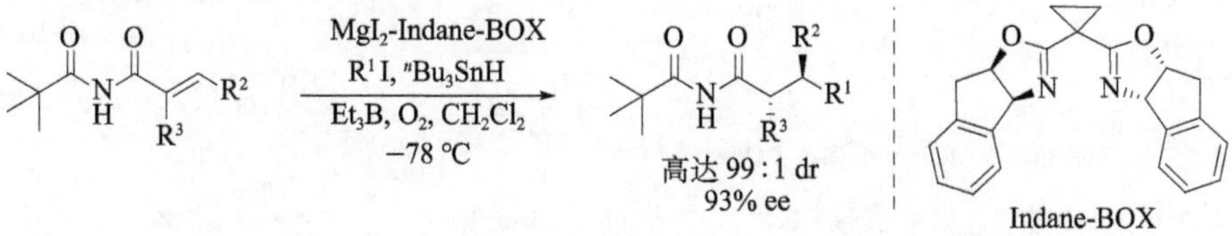
MgI2-Indane-BOX
R1I, nBu3SnH
Et3B, O2, CH2Cl2
−78 ℃
高达 99 : 1 dr
93% ee
Indane-BOX

图 2-81　BOX/Mg(Ⅱ) 催化不对称自由基加成反应

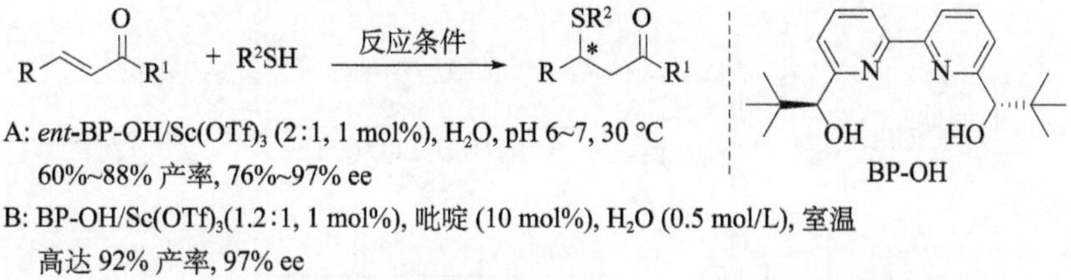
+ R2SH
反应条件
A: ent-BP-OH/Sc(OTf)3 (2∶1, 1 mol%), H2O, pH 6~7, 30 ℃
60%~88% 产率, 76%~97% ee
B: BP-OH/Sc(OTf)3(1.2∶1, 1 mol%), 吡啶 (10 mol%), H2O (0.5 mol/L), 室温
高达 92% 产率, 97% ee
BP-OH

图 2-82　手性联吡啶二醇 /Sc(Ⅲ) 催化不对称硫杂 Michael 反应

三、不对称 Mannich 反应

Kobayashi 等报道了首例 BINOL/Zr(Ⅳ) 配合物催化烯醇硅醚与亚胺的不对称 Mannich 反应 [240]。此后，多种手性路易斯酸催化剂，如 Cu(Ⅱ)、Sc(Ⅲ) 的配合物被应用到亚胺与多种亲核试剂的加成反应中。手性双氮氧 /Sc(Ⅲ) 配合物在催化不对称三组分 Mannich 反应中表现出优秀的催化活性及手性诱导作用（图 2-83）[241-244]。

Ahn 等和 Gade 等分别设计了 C_3 对称的三噁唑啉配体 [245,246]。其中 Trisox/Cu(Ⅱ) 配合物可催化 1,3-二羰基化合物参与的不对称 Mannich 反应（图 2-84）[246]。单晶结构表明，配体中有两个噁唑啉的氮原子与 Cu(Ⅱ) 配位，两个氮原子与底物的两个羰基氧原子构成平面四边形；另一个噁唑啉通过与中心金属短暂作用可以稳定活性催化剂，同时也起到了一定的手性诱导作用。

Shibasaki 等利用手性酰胺 /Sc(Ⅲ) 配合物催化 α-氰基环酮对亚胺的 Mannich 反应（图 2-85）[247]，当配体 sal-Val 与 Sc(Ⅲ) 摩尔比为 2 : 1 时可获得最高效的催化剂。冯小明利用手性双氮氧 L-RaPr$_2$/Sc(OTf)$_3$ 配合物动力学拆分氮杂环丙烯，并实现了亚胺的不对称酰胺化反应（图 2-86）[248]。

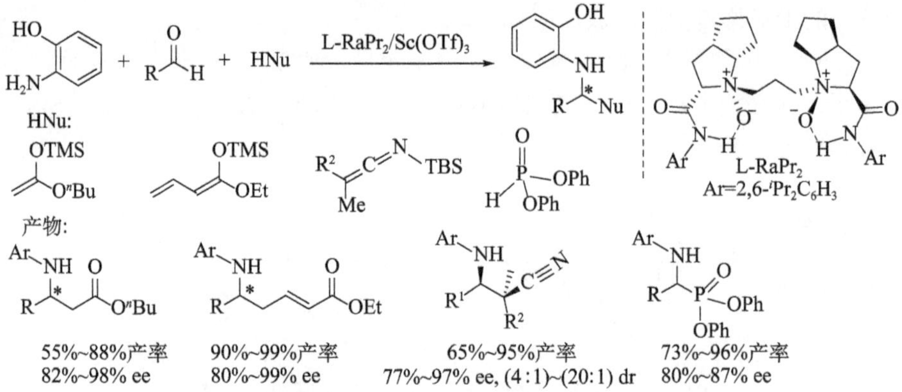

图 2-83　手性双氮氧 /Sc(Ⅲ) 催化不对称三组分 Mannich 反应

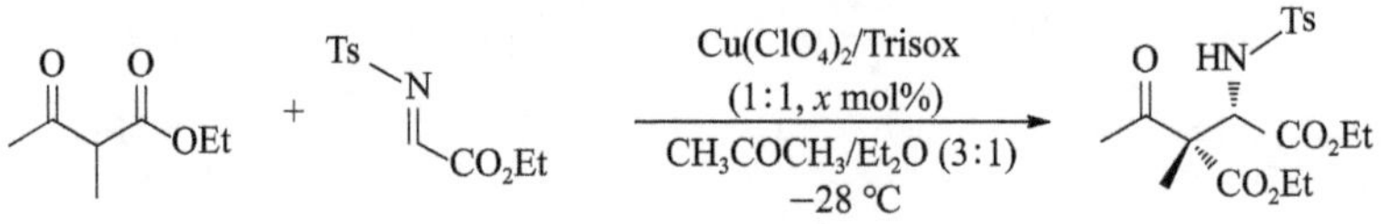

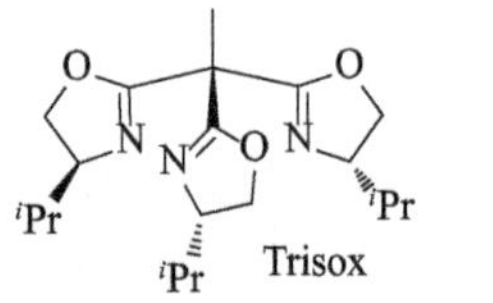

x/mol%	结果
1	75% 产率, 89% ee
0.1	59% 产率, 91% ee
0.01	36% 产率, 90% ee

图 2-84　Trisox/Cu(Ⅱ) 催化 1,3-二羰基化合物的不对称 Mannich 反应

$Sc(OTf)_3$-inda-pybox 配合物也被应用于分子内不对称亚胺酰胺化反应，合成二氢喹唑啉酮衍生物[249]。

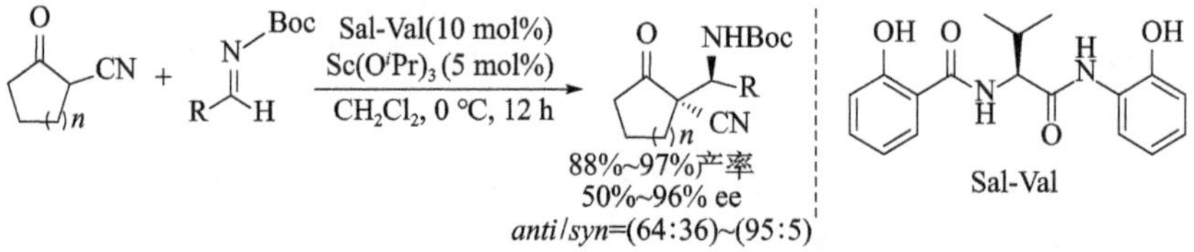

图 2-85　手性酰胺 /Sc(Ⅲ) 配合物催化 α-氰基环酮对亚胺的不对称 Mannich 反应

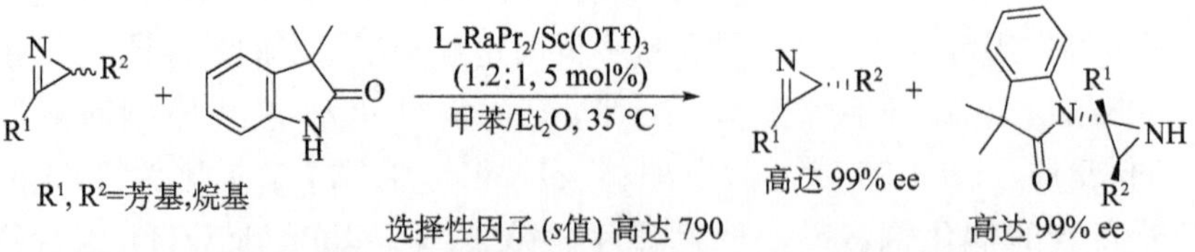

图 2-86　手性双氮氧 /Sc(Ⅲ) 催化氮杂环丙烯的不对称酰胺化反应

四、不对称烯反应

路易斯酸催化的烯（ene）反应通过活化亲烯体和亲核性低的双键，通过环状过渡态发生 [1,5] 氢迁移，生成新的 σ 键和 π 键。手性路易斯酸催化的不对称烯反应具有一定的挑战性，亲烯体集中在乙醛酸酯、三氯乙醛等高活性底物中。

Yamamoto 等利用 3,3′- 硅基取代的联萘酚 /Al(Ⅲ) 催化剂，报道了不对称乙醛酸酯的羰基烯反应[250]。Mikami 等在研究 (S)-BINOLate/TiCl₂ 催化烯反应中发现，活性催化剂可能为 BINOL/Ti(Ⅳ) 二聚体[251]。丁奎岭等将 BINOLs/Ti(O^{i}Pr)₄ 催化剂用于该类反应[252]，当在手性联萘酚 6,6′ 位引入吸电子基团如 I 和 CF₃ 时，中心金属的路易斯酸性增强，反应的活性和对映选择性都得到提高。反应在几乎无溶剂的条件下进行，催化剂用量低至 0.01mol% 时依然能取得优秀结果（图 2-87）。

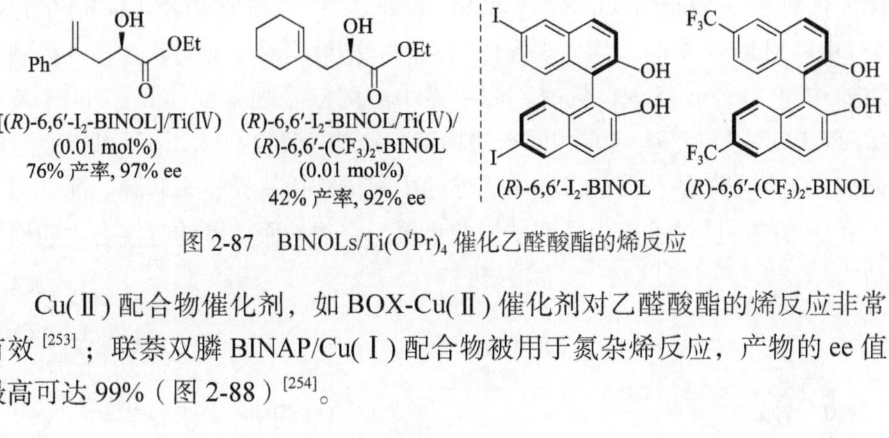

图 2-87　BINOLs/Ti(O^{i}Pr)₄ 催化乙醛酸酯的烯反应

Cu(Ⅱ) 配合物催化剂，如 BOX-Cu(Ⅱ) 催化剂对乙醛酸酯的烯反应非常有效[253]；联萘双膦 BINAP/Cu(Ⅰ) 配合物被用于氮杂烯反应，产物的 ee 值最高可达 99%（图 2-88）[254]。

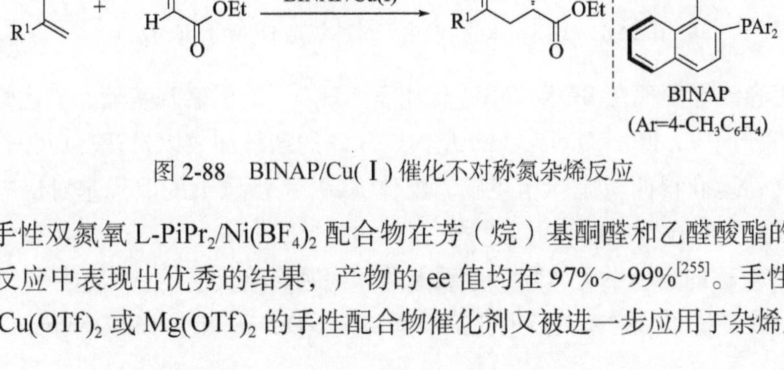

图 2-88　BINAP/Cu(Ⅰ) 催化不对称氮杂烯反应

手性双氮氧 L-PiPr₂/Ni(BF₄)₂ 配合物在芳（烷）基酮醛和乙醛酸酯的不对称烯反应中表现出优秀的结果，产物的 ee 值均在 97%～99%[255]。手性双氮氧与 Cu(OTf)₂ 或 Mg(OTf)₂ 的手性配合物催化剂又被进一步应用于杂烯反应，如烷基烯醇醚与1,2-邻双羰基化合物的不对称氧杂烯反应（图2-89）[256]。在反应中靛红通过双羰基与中心金属的配位，有利于烷基烯醇醚对羰基位面选择性进攻。

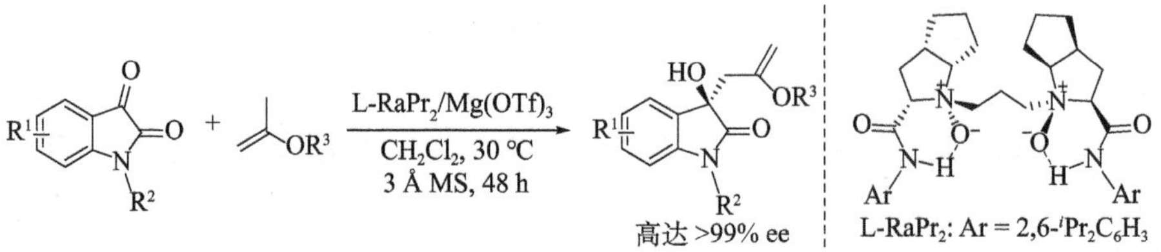

图 2-89　手性双氮氧/Mg(Ⅱ)催化不对称氧杂烯反应

五、不对称环加成反应

噁唑啉/Cu(Ⅱ)配合物是不对称催化 Diels-Alder 反应中应用最广泛的手性催化剂之一。Jørgensen 等[257]和 Evans 等[258-261]在研究 BOX/Cu(Ⅱ)催化氧杂 Diels-Alder 反应时，均发现配体的空间立体效应对反应对映选择性控制起重要作用。Evans 发现，具有不同手性中心的双噁唑啉配体 (S)-'Bu-BOX 和 (R)-Ph-BOX 诱导产生具有相同绝对构型的产物（图2-90），结果可以通过配体中叔丁基与苯基在反应过程中诱导的中间体结构差异性来解释。前者与不饱和底物的反应过渡态为平面结构的金属配合物，而后者的过渡态为四面体结构。

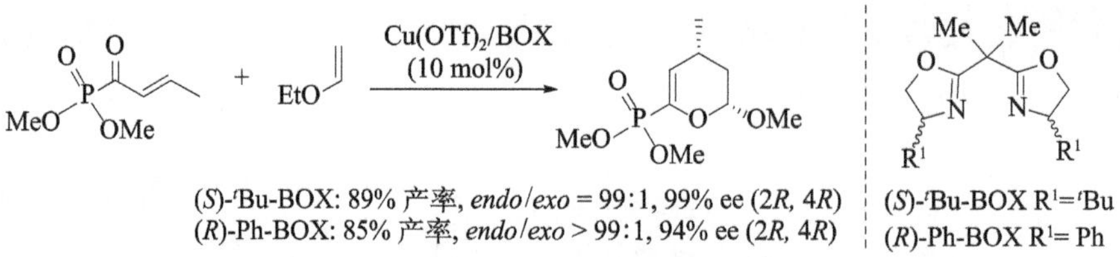

(S)-'Bu-BOX: 89% 产率, endo/exo = 99:1, 99% ee (2R, 4R)
(R)-Ph-BOX: 85% 产率, endo/exo > 99:1, 94% ee (2R, 4R)

图 2-90　BOX/Cu(Ⅱ)催化不对称氧杂 Diels-Alder 反应

王春江等发现在 BOX/CuBF₄ 作用下，H₂O、2-甲氧基呋喃、氯代腙可发生三组分反应，经历 Diels-Alder 反应、H₂O 的亲核加成以及开环历程，高对映选择性地获得四氢哒嗪衍生物，配体 BOX 手性碳上的取代基对反应的立体选择性影响显著（图2-91）[262]。

C_2 对称的噁唑啉配体除手性碳上的取代基影响反应的立体选择性外，还可通过改变桥碳结构来调节催化剂空间结构。Davies 等[263]和 Denmark 等[264]

分别合成了具有环状取代基的噁唑啉配体 /Cu(II) 或 Li(I) 配合物，发现在 Diels-Alder 反应中对映选择性随着夹角 θ 的增大而提高（图 2-92）。

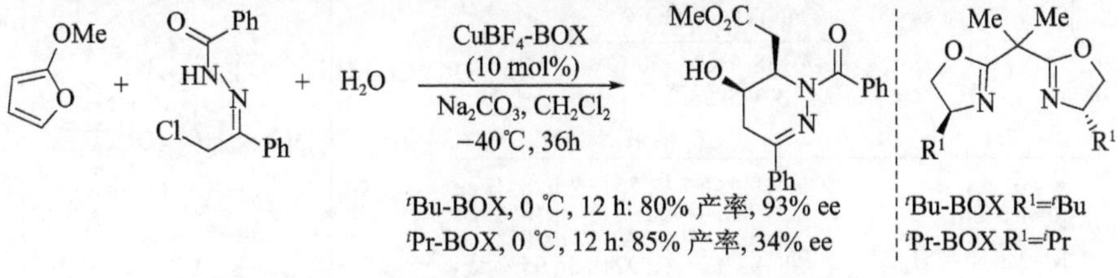

图 2-91 BOX/Cu(I) 催化不对称合成四氢哒嗪衍生物

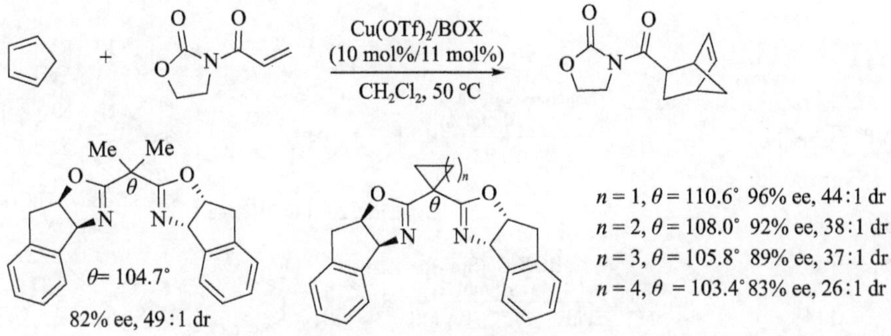

$n = 1, \theta = 110.6°$ 96% ee, 44:1 dr
$n = 2, \theta = 108.0°$ 92% ee, 38:1 dr
$n = 3, \theta = 105.8°$ 89% ee, 37:1 dr
$n = 4, \theta = 103.4°$ 83% ee, 26:1 dr

$\theta = 104.7°$
82% ee, 49:1 dr

图 2-92 BOX/Cu(II) 催化不对称 Diels-Alder 反应

唐勇运用边臂策略设计了在 BOX 桥碳上装载边臂的系列新型手性噁唑啉配体 TOX 和 SaBOX 等，并在十多类重要的不对称反应中取得优异的结果[103]，催化效果明显优于相应的 BOX 配体。例如，在催化环状烯胺与 α,β-不饱和酮酸酯的不对称氧杂 Diels-Alder 反应中，将噁唑啉桥碳上的一个取代基变为苄基或者取代苄基后，有利于反应对映选择性的提高（图 2-93）[265]。机理研究认为，α,β-不饱和酮酸酯与 SaBOX/Cu(II) 配位形成平面构型过渡态，边臂上的联苯取代基有助于屏蔽二烯体的一个反应位面，使烯胺更倾向于从位阻小的一面进攻。

SaBOX/Cu(II) 配合物能有效促进具有推拉电子性质的小环化合物的开环-环合反应。取代苄基修饰的噁唑啉 SaBOX/Cu(II) 配合物催化色胺衍生物与环丙烷的不对称 [3+2] 环加成反应得到相应的吲哚啉衍生物[266]，以及与环丁烷之间的 [4+2] 环加成反应合成六氢咔唑类化合物（图 2-94）[267]。游书力等利用 PyBOX/Mg(II) 配合物催化苯并噻唑与推拉电子环丙烷的 [3+2] 环加成反应，立体选择性地合成了一系列氢化吡咯并噻唑衍生物[268]。

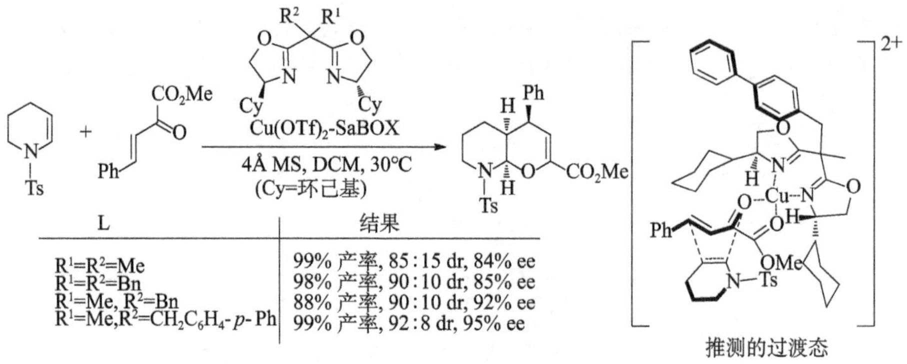

图 2-93　SaBOX/Cu(Ⅱ) 催化不对称氧杂 Diels-Alder 反应

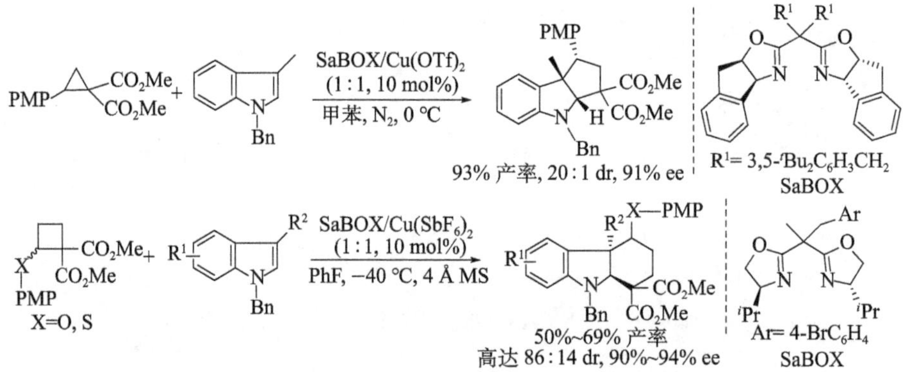

图 2-94　SaBOX/Cu(Ⅱ) 催化色胺衍生物参与的不对称环加成反应

　　手性 BINOL/B(Ⅲ) 配合物在不对称环加成反应中也有一些应用。Porco 等利用 3,3′-Br$_2$BINOL/B(OPh)$_3$ 配合物催化消旋的底物与取代查耳酮之间的不对称 Diels-Alder 反应，一锅法高对映选择性地获得天然产物 Sanggenon C 和 Sanggenon O（图 2-95）[269]。其中，催化剂通过 B(Ⅲ) 与羟基查耳酮配位来活化底物，体系中的添加剂苯酚通过氢键与联萘酚中的氧原子作用，苯酚可通过氢键作用进一步活化反应，即 BLA 活化模式。类似的不对称催化反应也被雷晓光用于天然产物 Kuwanons I、J 和 Brosimones A、B 的全合成[270,271]。

　　手性双氮氧 L-RaPr$_2$/Ni(OTf)$_2$ 配合物催化 3-乙烯基吲哚与酮亚胺之间的不对称氮杂 Diels-Alder 反应，获得一系列螺环吲哚化合物，经简单酸化处理，可高效简洁地合成抗疟疾活性候选药物 KAE609（图 2-96）[272]。机理研究认为：酮亚胺通过两个羰基氧与 Ni(Ⅱ) 配位，由于配体芳酰胺取代基的位阻作用，3-乙烯基吲哚优先从 Si 面进攻亚胺；两个底物的芳环及配体芳环之间的

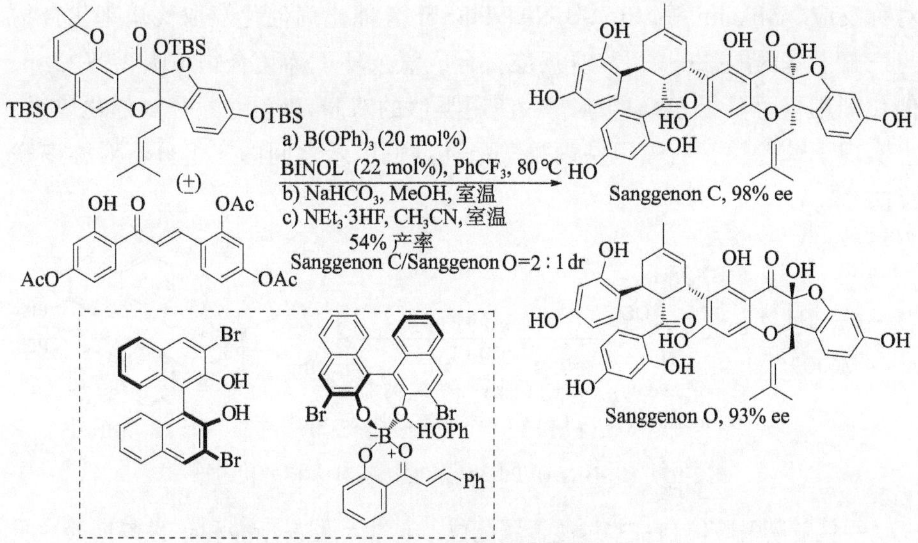

图 2-95 手性 BINOL/B(Ⅲ) 催化不对称 Diels-Alder 反应

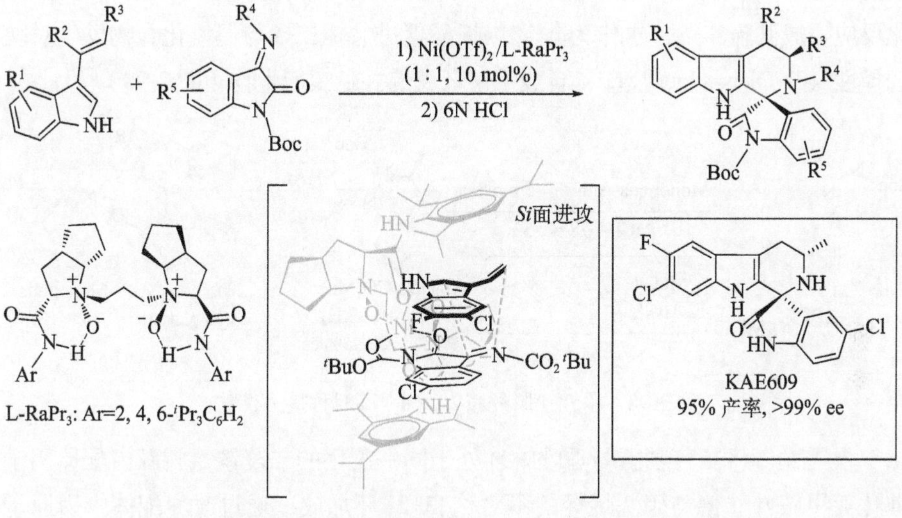

图 2-96 手性双氮氧 /Ni(OTf)₂ 催化不对称氮杂 Diels-Alder 反应

π-π 堆积效应，使 3-烯基吲哚更倾向于以吲哚 C2 位进攻亚胺碳，得到相应的螺环吲哚衍生物。

丁奎岭等发现三齿席夫碱配体 /Ti(Ⅳ) 配合物在添加手性酸的条件下可以高效催化醛与 Danishefsky 双烯的不对称杂 Diels-Alder 反应 [273,274]。基于联萘骨架的含膦杂原子的衍生物也被用作手性配体，参与路易斯酸催化不对称反应。Mikami 等以 (S)-BINAP/Pd(SbF$_6$)$_2$ 催化剂催化双取代炔基化合物与三氟甲基丙酮酸酯的 [2+2] 反应，合成氧杂环丁烯化合物（图 2-97）[275]，催化剂用量可降低至 0.1 mol%。使用类似的双膦 /Pd(Ⅱ) 配合物催化体系，也实现了苯乙炔、三氟甲基丙酮酸酯和均三甲苯之间的三组分不对称串联反应[276]。

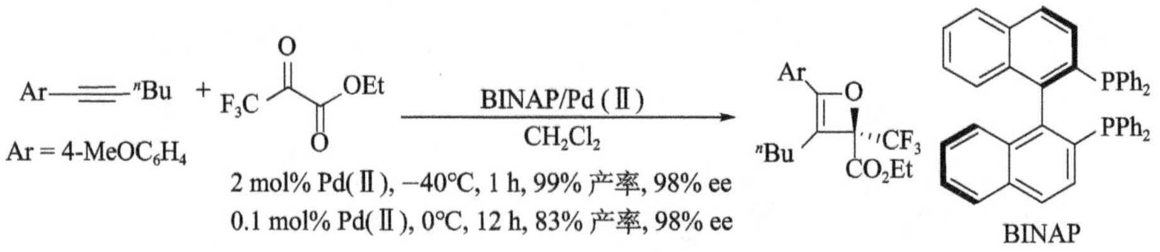

Ar = 4-MeOC$_6$H$_4$

2 mol% Pd(Ⅱ), −40℃, 1 h, 99% 产率, 98% ee
0.1 mol% Pd(Ⅱ), 0℃, 12 h, 83% 产率, 98% ee

图 2-97　(S)-BINAP/Pd(SbF$_6$)$_2$ 催化不对称 [2+2] 反应

手性亚膦酰胺能与一些过渡金属配位，通过 σ-路易斯酸和 π-路易斯酸性质催化活化碳-碳双键和碳-碳三键。龚流柱等利用亚膦酰胺 /AuNTf$_2$ 催化剂实现接力催化，Au(Ⅰ) 先作为 π-路易斯酸活化底物中的炔基发生分子内环化-异构化反应生成共轭二烯，再作为 σ-路易斯酸促进共轭二烯与偶氮化合物发生对映选择性氮杂 Diels-Alder 反应，合成手性环戊烷并哒嗪衍生物（图 2-98）[277]。

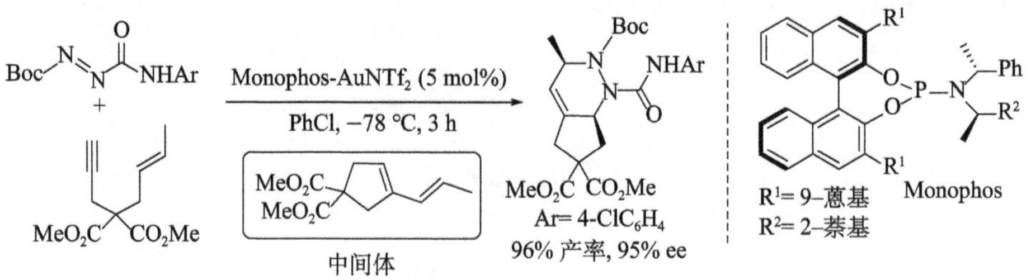

图 2-98　手性亚膦酰胺 /Au(Ⅰ) 不对称接力催化

侯雪龙等将二芳基膦与噁唑啉环处于同一茂环的二茂铁氮膦双齿配体用于催化亚甲胺叶立德与硝基烯烃的不对称 [3+2] 环加成，通过改变配体中磷原子上芳烃取代基的位置和电子性质可调控反应的非对映选择性[278]。戴立信和侯雪龙等发展的集二茂铁 / 噁唑啉 / 膦 / 联萘酚结构于一体的手性配体 SiocPhox，可以作为手性路易斯酸催化剂催化烯基取代吖啶与 α, β-不饱和酮之间的 [3+2] 环加成反应[279]。王春江等[280,281] 发展了带有强吸电子基团的轴手性联苯氮膦配体，张俊良等[282] 发展了手性亚磺酰胺单膦配体，这些配体与铜形成的配合物均能高效催化亚甲胺叶立德参与的不对称环加成反应（图 2-99）。

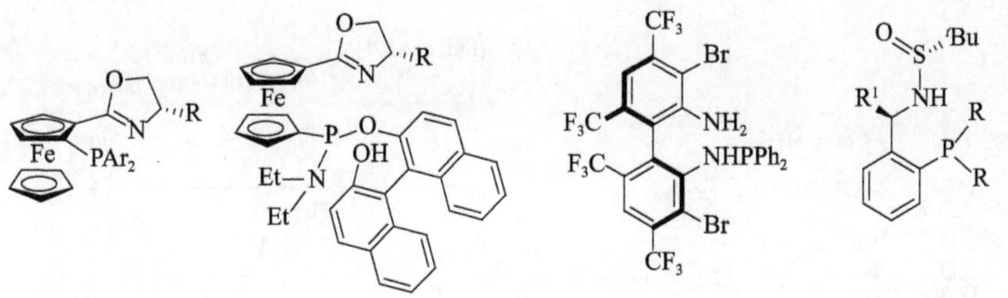

图 2-99 用于亚甲胺叶立德参与的不对称环加成反应的手性含 N/P 元素配体

六、其他类型反应

手性路易斯酸催化剂已经在多类不对称催化反应中显示了重要作用。除上述反应外，还存在其他重要反应，如环氧化和 Baeyer-Villiger 氧化反应、Friedel-Crafts 反应、环状化合物开环反应、氢化还原反应、α-羟化和其他官能团化反应、重排反应、串联反应等。以下仅选取个别反应进行简要介绍。

BOX 和 PYBOX 与 Cu(Ⅱ) 形成的路易斯酸催化不对称 Nazarov 反应[283]需要化学计量的手性路易斯酸。马军安利用 Cu(Ⅱ)/BOX 配合物实现了不对称 Nazarov 氟代串联反应（图 2-100）[284]。三噁唑啉 TOX/Cu(Ⅱ) 在不对称 Nazarov 反应中取得了比 PYBOX 和 BOX 配体更高的活性和对映选择性。在 Nazarov 反应中 TOX 的第三个噁唑啉基团与其他基团构型相反时能获得最佳的活性和对映选择性[285]。

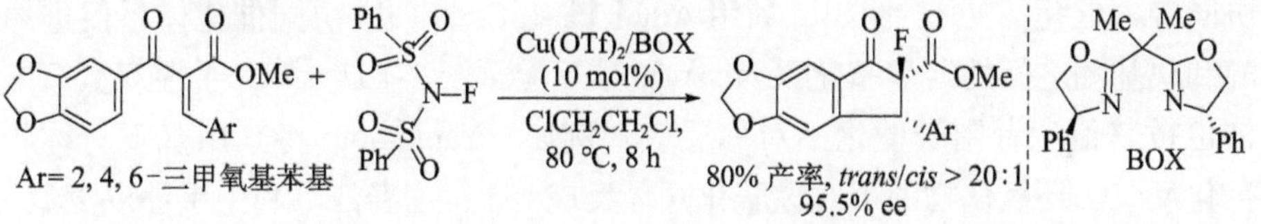

图 2-100 BOX/Cu(Ⅱ) 催化不对称 Nazarov 氟代串联反应

Belokon 等发现 Salen/Ti(Ⅳ) 的二聚体是催化羰基的不对称氰化反应的催化剂前体，两个金属中心分别活化氰基和醛[286]。丁奎岭等基于双金属协同催化的理念，发展了以顺式降冰片烯二酸桥连的手性双 Salen/Ti(Ⅳ) 配合物催化剂［图 2-101（a）］，可在 0.05 mol% 催化剂条件下高效催化醛的不对称氰化反应[287]。冯小明等利用 Salen/Al(Ⅲ) 配合物和 N,N-二甲基苯胺氮氧化合物，发展了双活化策略，用于酮的不对称硅氰化反应[288]。周剑等发展了 Salen/Al(Ⅲ) 配合物 / 磷叶立德 / 三苯基氧膦三组分催化剂体系实现烷基酮的氰化反应[289]，其中 Salen/Al(Ⅲ) 配合物与 TMSCN 分别被磷叶立德及三苯基氧膦活化［图 2-101（b）］。

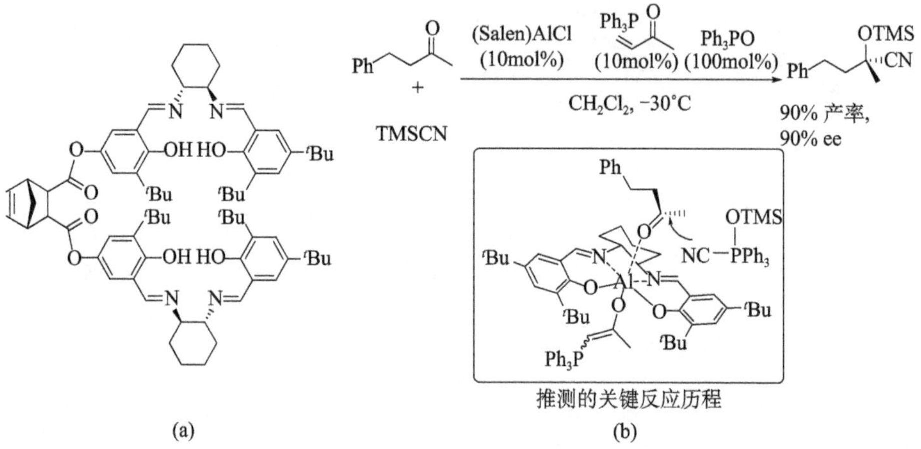

图 2-101　不对称氰化反应

手性氮氧 L-RaPr$_2$/Sc(OTf)$_3$ 配合物能在 0.05 mol% 催化剂用量条件下促进醛与 α-重氮酯的不对称 Roskamp 反应（图 2-102）[290]，该反应被编入有机人名反应专著并命名为"Roskamp-Feng 反应"[291]。在相同的催化剂条件下，简单环状酮和 α-烷基酮与 α-重氮酯发生羰基 α 位的直接不对称胺化反应[292]。此外，手性双氮氧 /Sc(OTf)$_3$ 配合物可在 0.05 mol% 催化剂用量条件下实现烯酮的不对称三组分卤胺化反应，得到 α-卤代-β-胺基酮产物[293]。利用双氮氧配体的配位性质，冯小明等还发展了手性双氮氧 / 金属路易斯酸 / 金属协同接力催化[294,295]。例如，利用 Au(I)/L-PiEt$_2$/Ni(II) 协同催化体系促进烯醇和炔基酮之间的羟烷基化 /Claisen 重排反应（图 2-103）[294]。手性双氮氧配体也被其他学者用于催化不对称反应。例如，Yamamoto 将其用于不对称胺羟化反应、环氧化物的不对称胺化开环反应[296]；王春江等利用手性双氮氧 /Dy(OTf)$_3$ 配合物实现了内消旋环氧化合物的开环反应等[297]。

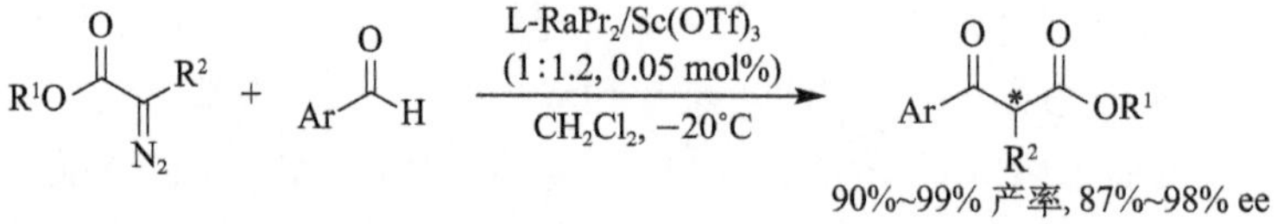

图 2-102　手性双氮氧 /Sc(III) 催化不对称 Roskamp-Feng 反应

唐勇等发展的假 C_3 对称的三噁唑啉 TOX/Ni(II) 配合物[298,299]，可用于催化仲胺对推拉电子环丙烷的不对称开环反应[300]。配体的第三个噁唑啉基团的构型对反应影响很大，当三个噁唑啉基团的构型一致时，能获得好的产率和对映选择性（图 2-104）。

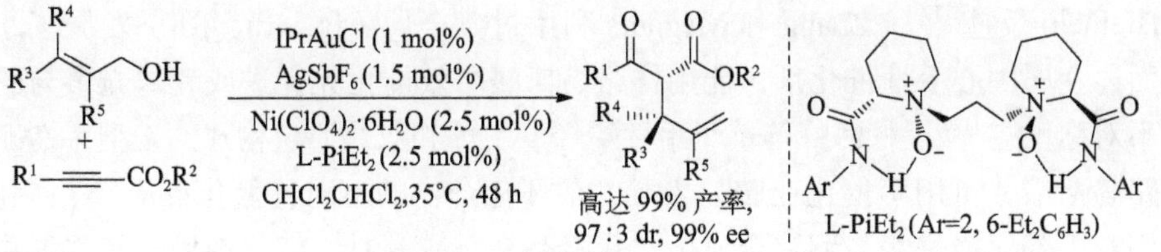

图 2-103　Au(Ⅰ)/手性双氮氧/Ni(Ⅱ)协同催化体系

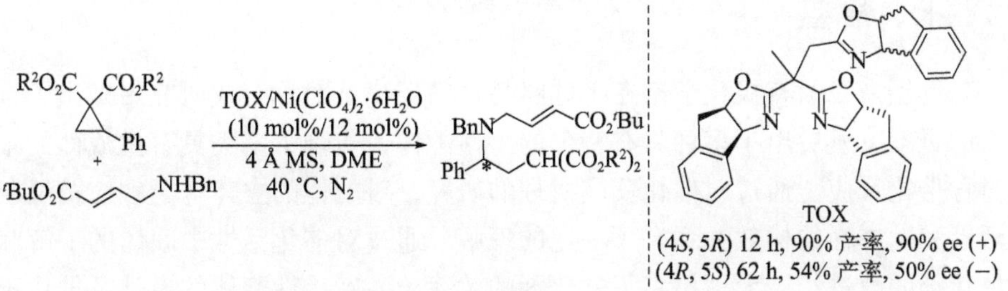

图 2-104　TOX/Ni(Ⅱ)催化仲胺对推拉电子环丙烷的不对称开环反应

Salen/Cr(Ⅲ)[301] 及 Salen/Co(Ⅲ)[302] 配合物对环氧丙烷的不对称开环反应有效。吕小兵等利用手性 Salen 双核钴催化剂，高对映选择性地实现了二氧化碳与不同内、外消旋环氧化合物的不对称交替共聚合反应，立体选择性地获得了各种结晶性的二氧化碳共聚物（图 2-105）[303]。朱成建等发展了 Ti(Ⅳ)/Ga(Ⅲ)/Salen 杂双金属配合物，实现了硒酚对内消旋环氧化合物的不对称开环反应[304]。

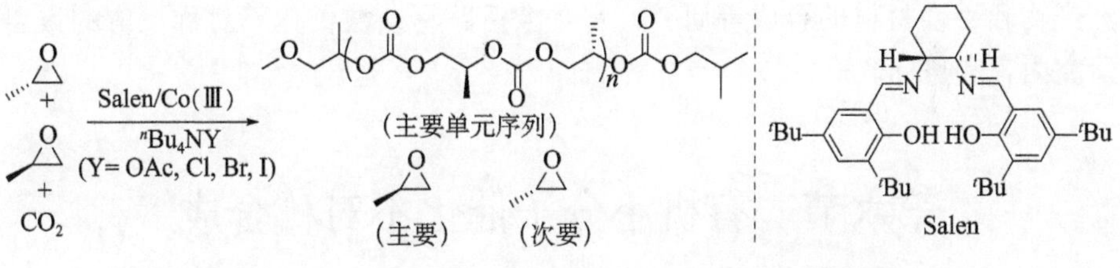

图 2-105　二氧化碳与环氧化合物的不对称交替共聚合反应

基于螺环骨架的配合物，如 SPANbox/Zn(Ⅱ) 配合物可用于环状 β-酮酸酯的不对称 α-羟化反应等[100]。Corey 等发展的手性硼杂噁唑啉类催化剂不仅能高效催化 CBS 还原反应[305]，Gao 等还利用这一类催化剂成功催化重氮酯参与的 Roskamp 反应及类似的不对称加成-重排反应[306]。朱成建等通过简单的二胺合成了手性六齿配体，与镱形成的配合物能高效催化不对称

Biginelli 反应[307]。Zhang 和 Meggers 利用过渡金属（Ir、Ru、Rh）发展了八面体金属中心手性催化剂，能用作路易斯酸高效催化光促进或者非光参与的不对称反应[120]。杜海峰等基于手性烯烃、二烯和双炔原位构建的新型手性硼路易斯酸，可用于催化亚胺、烯醚、杂环化合物的不对称氢化反应[308]；利用叔丁基亚磺酰胺与硼烷合成仿"受阻路易斯酸碱对"催化剂用于转移氢化反应[309]。

七、展望

近年来我国有机化学家在手性路易斯酸催化不对称合成研究中做出了重要的贡献，发展出了多种具有特色的手性配体，实现了多类具有挑战性的不对称催化反应。通过对催化反应机理的研究，对配体的立体电子效应及反应活性和选择性的构效关系有了一定的理解。通过对催化活性中间体的了解和催化剂的改进，极大地提高了催化剂的效率，为新手性配体的设计及催化不对称反应提供了指导。多功能催化剂和催化策略的发展、新反应及复杂串联反应的实现都显示了手性路易斯酸催化反应的重要性和发展潜力。但手性路易斯酸催化反应仍存在许多挑战性问题，例如，催化剂用量很少，能与不对称催化氢化反应相媲美，但仅有少量体系的催化剂用量能降至 0.05 mol%；对催化反应中构效关系的理解和规律性总结不够；新手性配体种类很多，但优势"手性配体"有限；催化剂的回收利用困难；在通过自由基及光诱导等途径的不对称催化反应方面，有效体系不多。发展环境友好如对水和空气容忍度高的高效催化体系，以及将不对称催化反应用于重要手性药物分子、天然产物和手性材料的合成等研究，将是今后路易斯酸催化不对称反应的重要研究内容和目标。

第六节　有机小分子催化不对称合成

陈应春　龚流柱

有机小分子催化是非金属的小分子化合物促进的反应，早期的探索可追溯到 19 世纪末的 Knoevenagel 反应[310]。天然手性有机小分子催化的不对称反应也早有研究，1904 年 Marckwald 报道了番木鳖碱催化的丙二酸脱羧反应合成手性羧酸，但对映选择性很低（10% ee）[311]。随后，天然金鸡纳碱也被用于催化醛[312]、烯酮[313]的不对称加成反应。20 世纪 70 年代，多位化学家发现天然脯氨酸可以高立体选择性地催化分子内羟醛反应（又称 Hajos-Parrish-Eder-Sauer-Wiechert 反应，对映选择性为 93% ee）[314,315]，并成功用于抗癌药物紫杉醇的全合成中。此后，一些有机小分子催化的不对称反应陆续被报道，包括不对称相转移催化[316]、氢键活化[317,318]等，但该领域整体上发展较为缓慢。我国有机化学家史一安等[319]和杨丹等[320]发展的手性酮催化非官能化烯烃的不对称环氧化反应，也是早期代表性工作。2000 年，List 等[321]报道了 L-脯氨酸催化的羰基化合物的分子间不对称交叉羟醛反应。同年，MacMillan 等[322]设计了基于手性氨基酸衍生的含咪唑啉酮骨架的仲胺催化剂，高立体选择性地实现了不对称 Diels-Alder 反应。

近二十年，有机小分子不对称催化合成引起了人们的广泛关注，并得到飞速发展。催化剂的结构不仅为简单的天然手性化合物，各种人工合成的新型手性小分子催化剂相继被开发。催化剂种类也拓展到手性膦、磷酸、硫脲、氮杂环卡宾（NHC）、相转移催化剂（PTC）及一些双功能催化剂等[323]。在此领域，我国化学家也做出了重要贡献，合成了多种具有代表性的新型手性分子，包括脯氨酸衍生的双氮氧化合物[324]、酰胺[325]、硫脲[326,327]、离子液体[328]，金鸡纳碱衍生的伯胺[329,330]，联二萘骨架的氨基膦[331]、二磷酸[332]和氨基酸衍生的手性膦[333]、双胍类[334]等（图 2-106）。这些新型手性催化剂的出现，扩展了有机小分子的活化模式，提高了多种类型不对称反应的效率和选择性，甚至实现了许多原来难以发生的不对称转化。近年来，有机小分子与金属联合催化的快速发展进一步拓展了不对称催化反应的范围[335-337]。

有机小分子催化机理已经被广泛研究，根据其活化机理和与底物结合方式不同，主要分为以下几类：①路易斯碱类催化剂，包括专一活化醛酮类的伯胺、仲胺类和氮杂环卡宾，以及活化贫电子不饱和化合物的叔胺、叔膦等催化剂，均为通过共价进攻亲电底物进而催化反应；②布朗斯特酸类催化剂，主要包括磷酸及一些氢键供体，如硫脲等，通过使底物质子化或与底物形成氢键而活化反应；③布朗斯特碱类催化剂，主要为叔胺、氮杂环卡宾及相转移催化剂，通过脱除酸性底物的质子产生亲核中间体而促进反应。下面将按照不同催化剂类型，介绍近年来有机小分子不对称催化合成的重要进展。

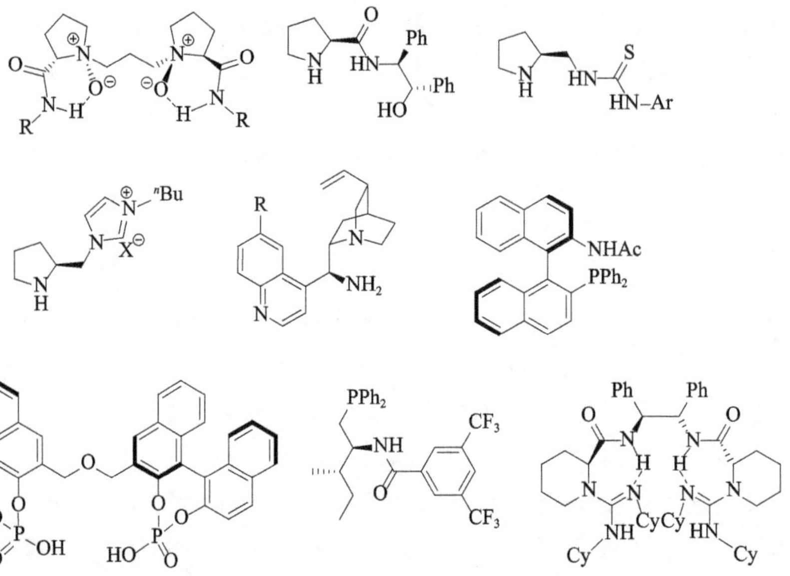

图 2-106　中国化学家发展的代表性有机小分子催化剂

一、手性路易斯碱催化剂

（一）手性仲胺和伯胺催化

手性胺催化羰基化合物的不对称转化一直是本领域的热点。根据催化剂活化底物的模式不同，主要分为最低未占分子轨道（LUMO）活化、最高占据轨道（HOMO）活化以及单电子占有轨道（SOMO）活化。

1. LUMO 活化

手性胺与 α, β-不饱和醛（酮）化合物通过生成 α, β-不饱和亚胺盐正离子活化 LUMO，使其作为 Michael 受体与各种亲核试剂发生不对称共轭加成反应，或者与二烯、两亲试剂发生 α, β-不对称环加成反应或各种串联反应。这类反应已发展得较为成熟[338]。

随着联合催化概念的兴起，亚胺盐正离子催化也被用于与金属催化结合，以发展更具挑战性的新型不对称反应。Córdova 等[339] 探索了 α, β-不饱和醛在手性仲胺及金属钯的协同催化下，通过 Michael 反应 /α-烯丙基化串联反应一锅实现了动态动力学转化，以优异的化学选择性和立体选择性得到多取代的环戊烷骨架（图 2-107）。

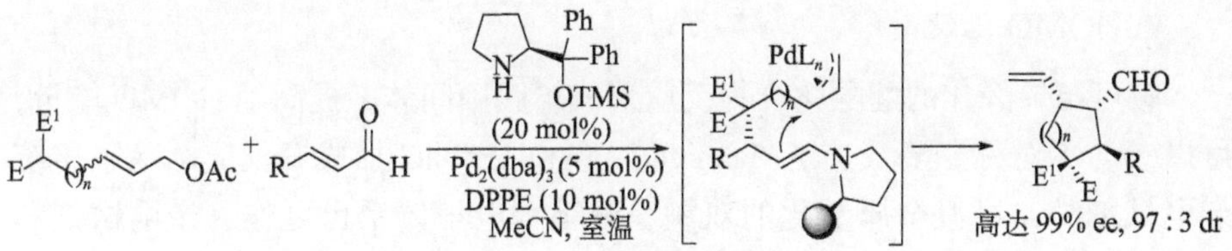

图 2-107　手性胺和金属协同催化的不对称串联反应

Melchiorre 等[340]设计了具有富电子咔唑单元的新型手性伯胺催化剂，结合光催化，发展了很有挑战性的自由基进攻亚胺盐中间体的不对称加成反应，高效构建了手性季碳中心（图 2-108）。

另外，LUMO 活化从以前的 β 位向更远的位点发展。例如，刘利等[341]通过亚胺盐中间体实现了吲哚衍生物对环戊烯酮的 Morita-Baylis-Hillman（MBH）反应产物的 δ 位加成［图 2-109（a）］。叶金星等[342]利用手性伯胺催化剂活化 β-烯基环状烯酮，发展了其 δ 位和二氢吡咯酮衍生物的不对称加成反应及串联环化反应［图 2-109（b）］。

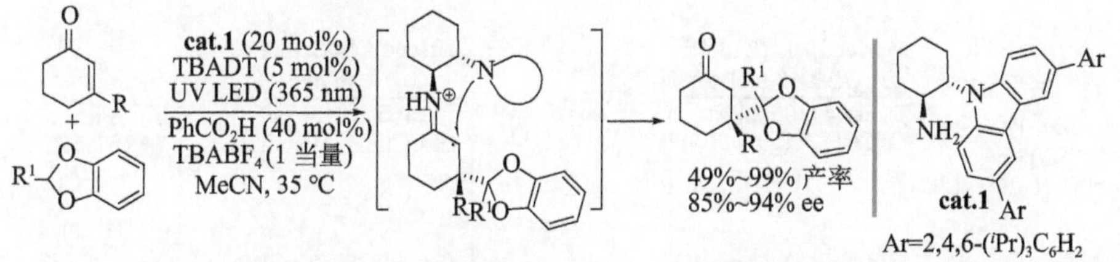

图 2-108　自由基参与的不对称 β 位加成反应

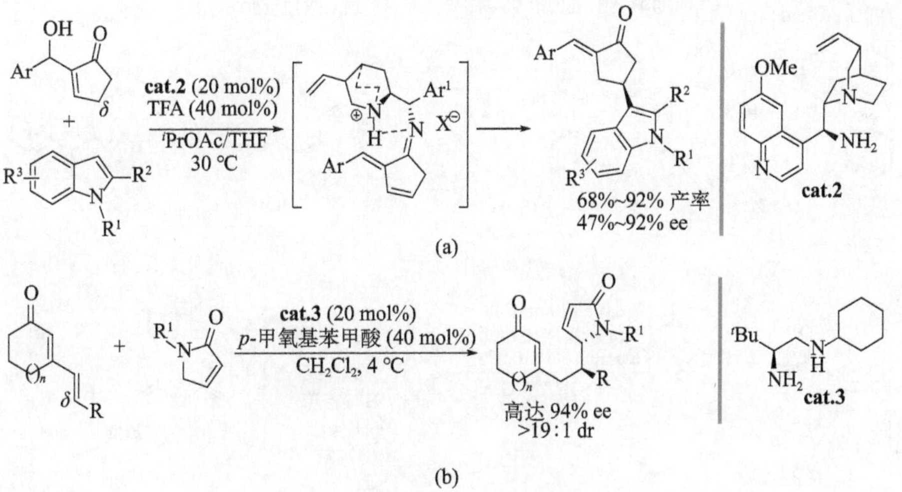

(a)

(b)

图 2-109　亚胺盐活化的烯酮底物远端 δ 位加成反应

2. HOMO 活化

胺可与烯醇化的醛酮化合物反应形成烯胺中间体，提高了 HOMO 能量，可以参与不对称羟醛反应、Mannich 反应和 Michael 加成等反应。除了传统亲电试剂外，过渡金属活化的双键、三键等电子体系也可作为亲电试剂和烯胺发生加成反应，进一步拓展了烯胺催化的应用范围。2006 年，Córdova 等[343]首次报道了钯和烯胺协同催化醛和酮的 α-烯丙基化反应。Carreira 等[344]通过类似机制［图 2-110（a）］，经烯胺中间体与手性铱（I）催化剂活化烯丙醇形成的 π-烯丙基中间体发生不对称烯丙基化反应。通过改变手性胺及铱催化剂配体的构型，调控合成了四种不同立体构型的醛 α 位烯丙基烷基化产物。罗三中等［图 2-110（b）］和贾义霞等［图 2-110（c）］发展了手性胺与金属钯协同催化羰基的不对称 α-烯丙基化和芳基化反应[345,346]。

在光催化剂存在的条件下，一些烷基卤代物受可见光激发产生正电子自由基[347]。MacMillan 等[348]首次提出了可见光催化剂和手性胺协同催化的概念，

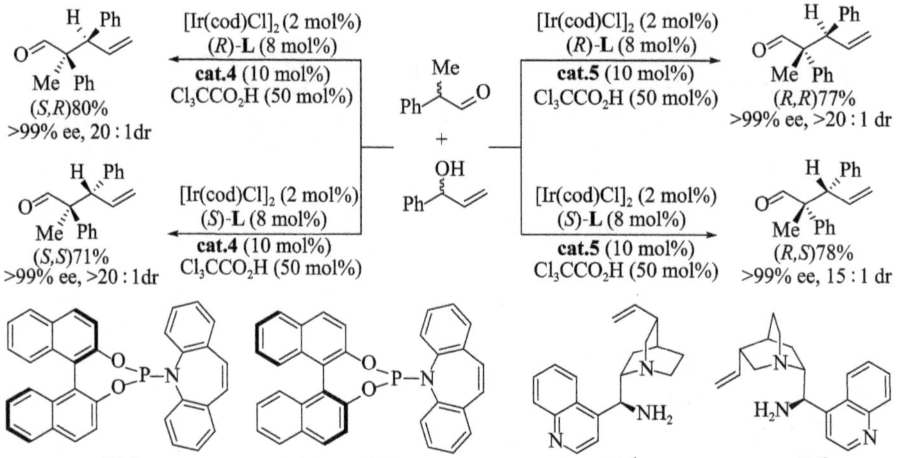

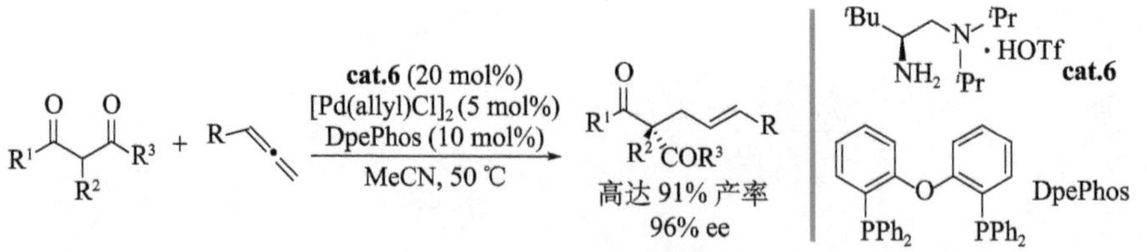

图 2-110

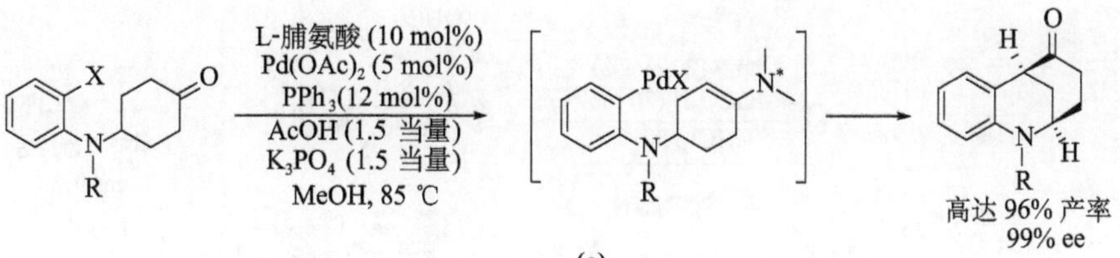

(c)

图 2-110 有机胺与金属的多种协同催化

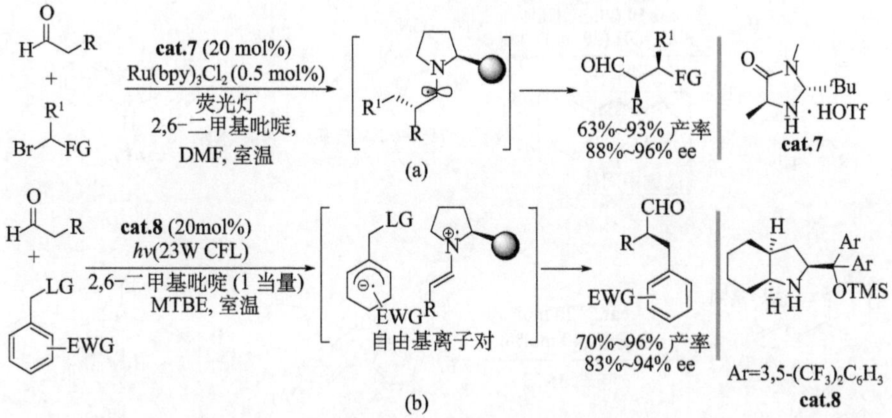

图 2-111 经烯胺活化的自由基参与烷基化反应

以 Ru(bpy)₃Cl₂ 和手性胺作为联合催化剂，实现了醛和溴代烷基化合物的直接不对称 α 位烷基化反应［图 2-111（a）］。Melchiorre 等 [349] 利用烯胺与贫电子芳环形成电子给体-受体复合物，在可见光激发下发生单电子转移形成离子对，无须光敏剂即可实现醛的不对称 α 位苄基化反应［图 2-111（b）］。

经插烯方式实现羰基化合物的远端活化和立体控制是胺催化的新热点，其模式从二烯胺发展到三烯胺，甚至四烯胺，使多种不饱和醛类化合物得到更广泛的应用。陈应春等 [350] 通过三烯胺活化机制，以高区域选择性和立体选择性实现了 2,4-二烯醛与多种贫电子烯烃的不对称 Diels-Alder 反应［图 2-112（a）］。类似的方法还可用于活化芳环 π 体系［图 2-112（b）］[351]，甚至通过"诱导"策略扩展到 2,5-二烯酮类底物［图 2-112（c）］[352]。

发展构建多样性手性结构的不对称催化反应一直是有机合成的目标之一。陈应春等 [353] 设计 α'-亚烷基-2-环戊烯酮类底物与手性胺通过不同活化模式，并结合不常见的硫酚协同催化，与多类贫电子烯烃实现了区域选择性环加成反应，构建了一系列具有骨架多样性和分子复杂性的手性多环化合物（图 2-113）。

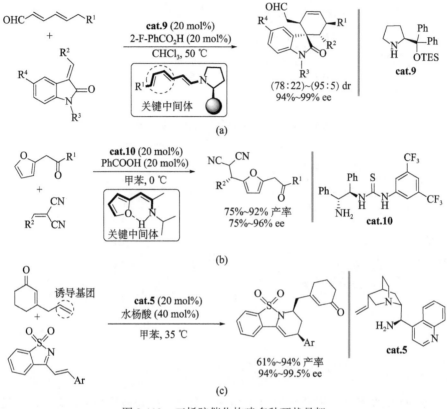

图 2-112　三烯胺催化构建多种环状骨架

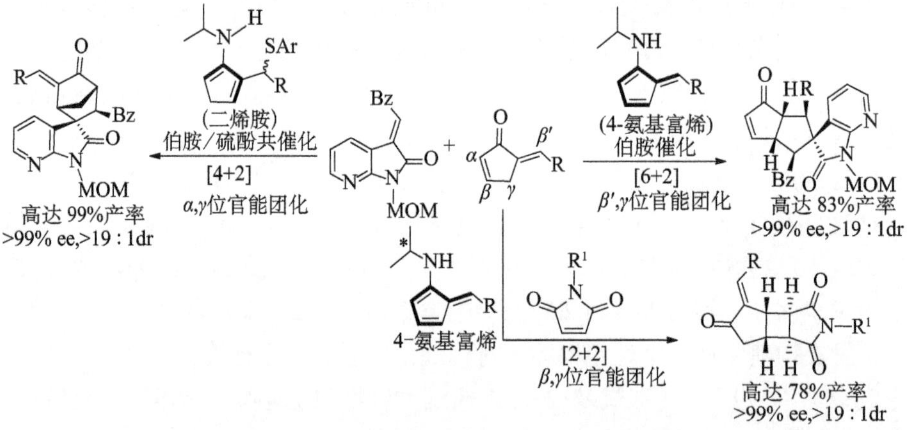

图 2-113　环状烯酮的多样性环加成反应

3. SOMO 活化

2007 年, Sibi 等［图 2-114（a）］和 MacMillan 等［图 2-114（b）］分别报道了 SOMO 活化机制。烯胺首先被氧化为带正电荷自由基, 然后发生不对称自由基偶联反应[354,355]。该策略还可以结合光催化实现 β 位官能团化[356], 但是立体控制仍需改善, 可能是今后的一个发展方向。

手性胺可通过形成烯胺、亚胺盐以及自由基中间体使醛和酮类化合物的活性大大增加, 从而实现催化反应的多样化, 催化模式已很成熟, 因此发展这类化合物的远端不对称官能团化是目前的研究重点。此外, 手性胺已成功同金属催化、光催化等体系结合, 实现了很多依靠单一催化模式不能实现的反应, 表明手性胺催化在不对称合成中仍具有良好的应用前景。

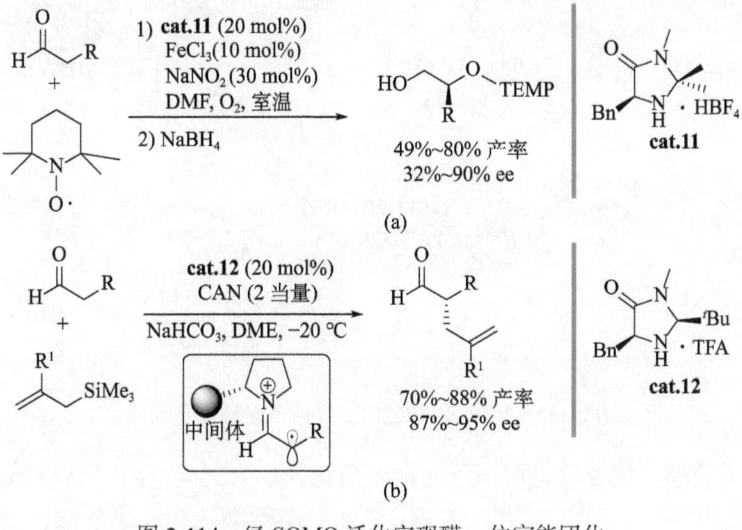

图 2-114　经 SOMO 活化实现醛 α 位官能团化

（二）有机叔膦和叔胺催化

手性叔膦和叔胺均有孤对电子, 既可作为金属的配体, 也可作为亲核路易斯碱进攻贫电子双键、三键等, 形成活性中间体从而催化反应。这类催化剂常用于不对称 MBH 反应[357]、Rauhut-Currier（RC）反应[358], 也可作用于 MBH 产物衍生物, 发生 α 或 γ 区域选择性的 [3+2] 等环化反应[359]。2016年, 陈应春等[360]通过变换手性催化剂, 调控 MBH 碳酸酯与亲电试剂的反应, 实现了多种区域和非对映选择性不对称环化反应［图 2-115（a）］。此外, 郭红超等[361]报道了 MBH 衍生物与 1,3-偶极子的不对称 [3+3] 环化反应［图

2-115（b）]。[4+3] 环化反应也有所报道[362]，但未能实现立体控制。因此，基于 MBH 衍生物的其他类型的不对称环化反应还需探索。

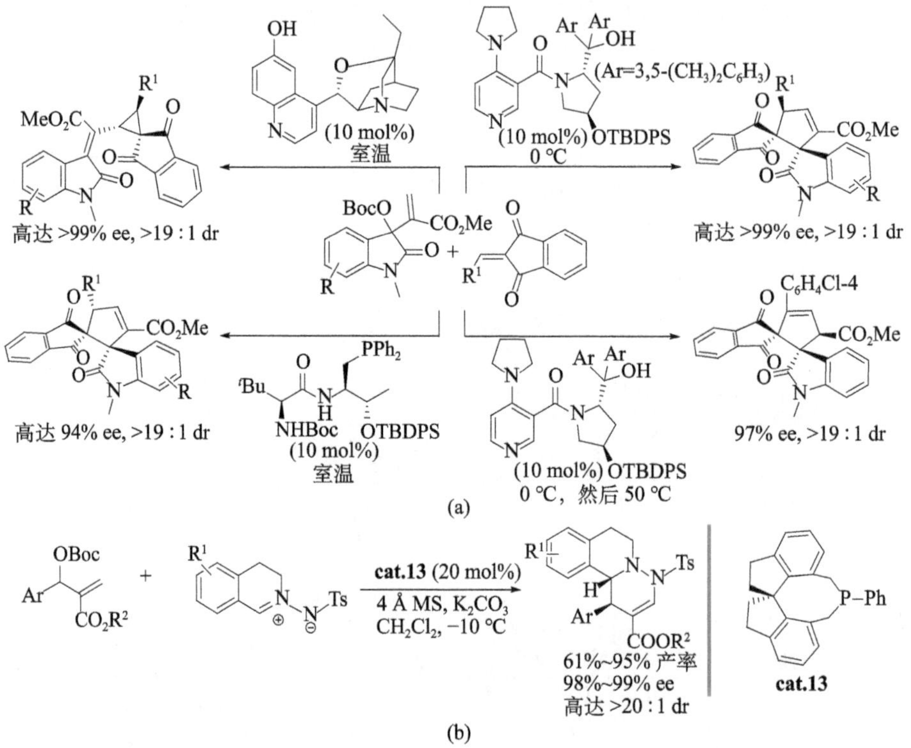

(a)

(b)

图 2-115　MBH 碳酸酯的多样性不对称环化反应

联烯酸酯类化合物也可被路易斯碱活化，作为三碳合成子参与 Lu 等提出的 [3+2] 环化反应[363,364]。卢一新等[365] 通过手性膦活化联烯酸酯，变换亲核底物取代基，实现了不同区域选择性的不对称 γ 位加成反应［图 2-116（a）］。施敏等[366] 报道了联烯酸酯与贫电子烯烃在叔胺和叔胺-氢键供体催化剂条件下，分别发生不同区域选择性的不对称 [4+2] 环化反应［图 2-116（b）］。

Fu、Kumar、卢一新及黄有等为了拓展膦催化联烯酸酯的新反应位点，设计了一系列具有 α 位或 γ 位取代基的联烯酸酯（图 2-117），并发展了不同区域选择性的 [4+1]、[4+2]、[3+2] 及串联不对称环化反应，构建了复杂的手性环状骨架[367-371]。

叔胺类亲核路易斯碱可与过渡金属联合催化不对称反应。Snaddon 等、Hartwig 等以手性路易斯碱 (+)-BTM 活化苯甲酸五氟苯酯，形成了烯醇离子中间体，然后与金属活化的烯丙基中间体发生不对称烯丙基化反应［图 2-118

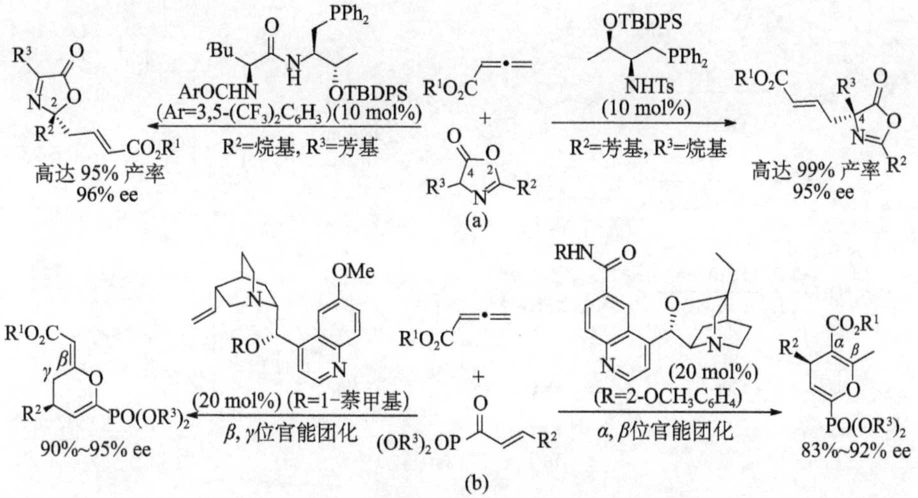

图 2-116 联烯酸酯的多样性不对称反应

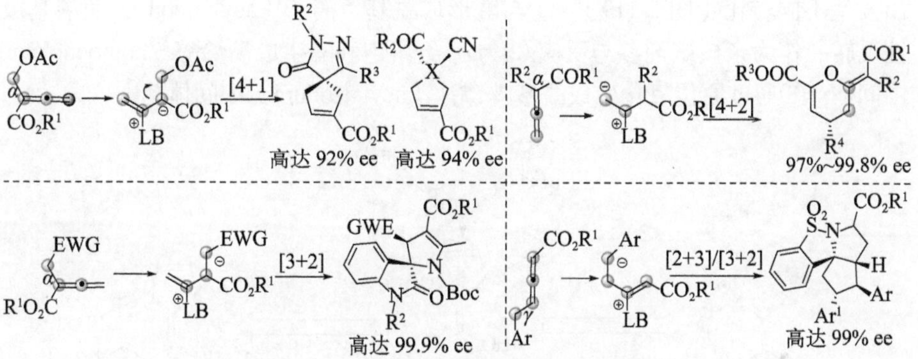

图 2-117 叔膦催化联烯酸酯多样性环化反应

（a）][372,373]。龚流柱等[374]和吴小余等[375]发展了铜配合物和 (+)-BTM 协同催化的炔基苯并噁嗪酮和羧酸的不对称 [4+2] 环化反应［图 2-118（b）］。

近年来，手性叔膦和叔胺催化的不对称反应越来越多元化，为构建复杂结构，特别是各种天然产物的核心骨架提供了高效的途径。进一步拓展该类催化反应的多样性，并着力于将这类路易斯碱与其他催化体系结合，可能会实现更多新颖的反应。

（三）氮杂环卡宾催化

氮杂环卡宾和醛羰基反应生成 Breslow 中间体，根据底物及反应条件不同

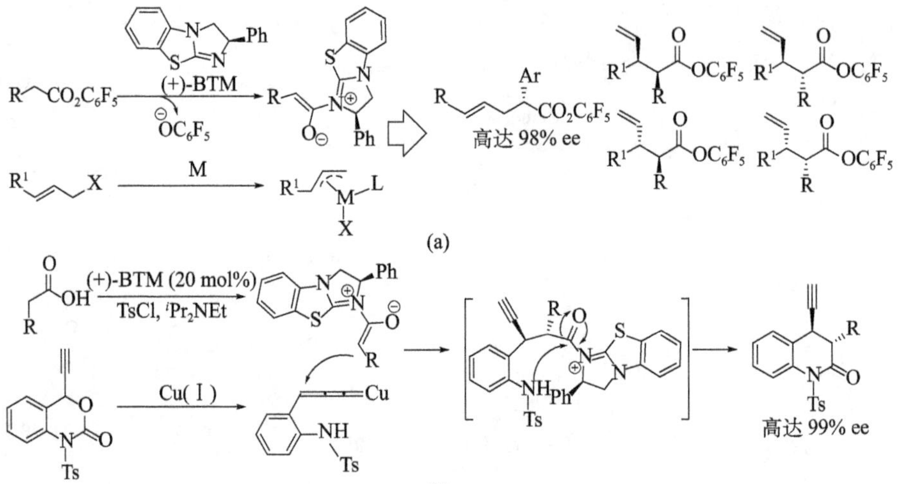

(a)

(b)

图 2-118 手性路易斯碱与金属协同催化

而发生不同转化（图 2-119）：①与醛形成酰基负离子（acyl anion），使羰基极性反转，作为亲核试剂参与反应；②与 α,β-不饱和醛生成高烯醇（homoenolate）中间体；③通过原位氧化生成酰基唑𬭯盐（acyl azolium）中间体。

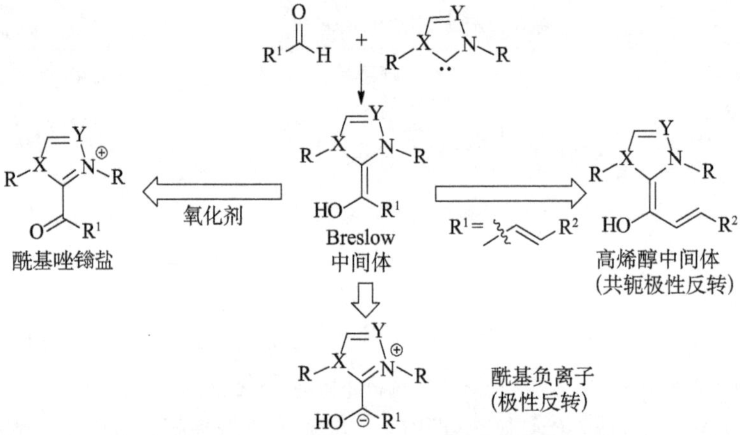

图 2-119 氮杂环卡宾与醛反应生成的不同中间体

1. 通过酰基负离子中间体发生的不对称反应

氮杂环卡宾与醛形成的酰基负离子，可以和醛、酮、亚胺及贫电子烯烃等分别发生经典的不对称 Benzoin 反应和 Stetter 反应[376]，这方面研究已取得重要进展[377]。2015 年，Wu 等[378]进一步实现了醛对酮烯酰胺双键的不对称加成反应，构建了四取代手性中心（图 2-120）。

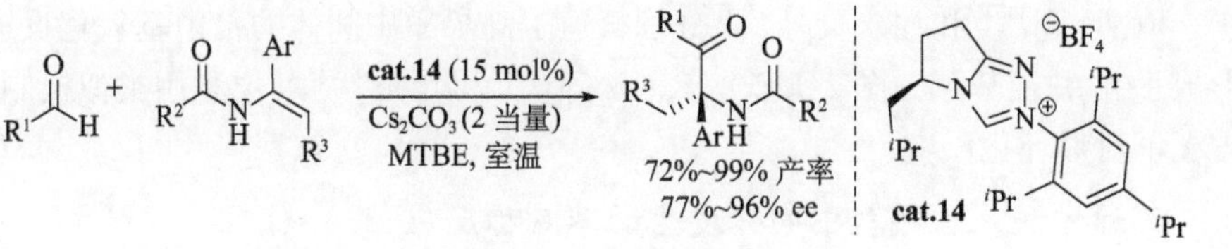

图 2-120　酰基负离子与酮烯酰胺的不对称反应

2. 通过高烯醇中间体发生的不对称反应

氮杂环卡宾与 α,β-不饱和醛反应生成高烯醇中间体，实现了共轭极性反转（conjugate umpolung），可作为三碳合成子发生不对称 [3+2] 和 [3+3] 环化反应。叶松等[379]采用邻亚甲基醌类底物实现了挑战性的不对称 [4+3] 环化反应［图 2-121（a）］。谭斌等[380]以高烯醇中间体作为二碳合成子与异喹啉盐发生去芳构化，合成刚性的 tropane 骨架［图 2-121（b）］。另外，高烯醇中间体在某些条件下并不关环，Rovis 等[381]和 Liu 等[382]分别实现了高烯醇中间体对硝基烯烃的共轭加成反应［图 2-121（c）］。

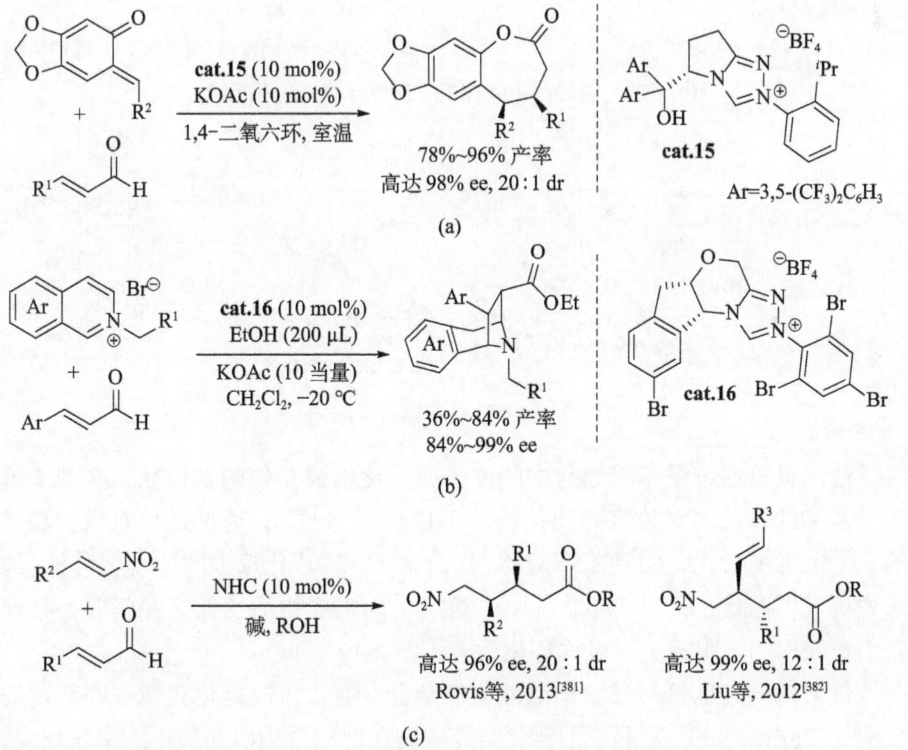

(a)

(b)

(c)

图 2-121　氮杂环卡宾催化 α,β-不饱和醛的多样性反应

Rovis 等[383]和池永贵等[384]分别报道了高烯醇中间体的自由基氧化反应，形成手性 β-羟基酯（图 2-122）。Rovis 等[385]和叶松等[386]也利用类似机制实现了不对称环化反应。

3. 通过酰基唑鎓盐中间体发生的不对称反应

Breslow 中间体被氧化，或氮杂环卡宾进攻烯酮类化合物形成酰基唑鎓盐中间体，使 HOMO 能量升高导致 α 位碳原子亲核活性增强，而不饱和酰基唑鎓盐中间体则降低了其碳碳双键的 LUMO 能量，使其 β 位具有更强的亲电性（图 2-123）。这两种中间体分别可以作为二碳和三碳合成子，参与多种不对称环化反应[387]。

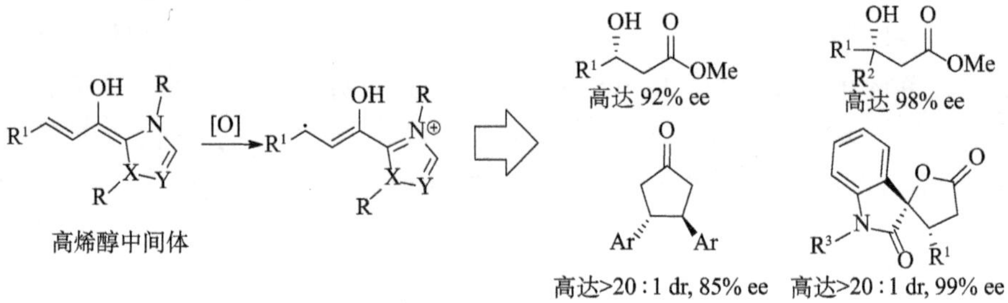

图 2-122　高烯醇中间体的不对称自由基氧化反应

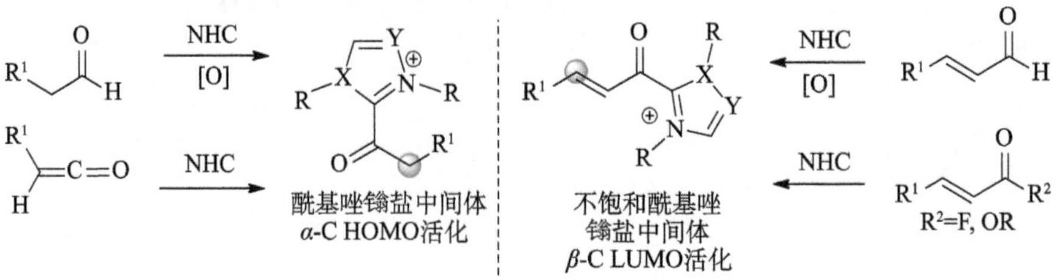

图 2-123　酰基唑鎓盐中间体

池永贵等通过酰基唑鎓盐中间体去质子化增强 β 位的亲核性，实现了饱和烷基酯的 β 位不对称官能团化 [图 2-124（a）][388]；通过延长双键，羰基的 γ 位也可被活化，实现了不对称 [4+2] 和 [4+3] 环化反应[389,390]。另外，池永贵等[391]还设计了四元环状烯酮，解决了酮类底物活性低这一问题，在环张力协同作用下实现了不对称环化反应 [图 2-124（b）]。

氮杂环卡宾也可与过渡金属催化剂结合，通过协同催化实现一些新颖的反应。Glorius 等[392]发展了手性氮杂环卡宾和钯配合物协同催化的串联反应，合成了手性七元氮杂环（图 2-125）。另外，氮杂环卡宾还可以与布朗斯特酸、胺催化及光催化兼容，发生协同或者串联催化反应，为不对称氮杂环卡宾催化带来更多机遇[393-395]。

手性路易斯碱催化是不对称有机小分子催化的重要组成部分。亲核性的手性路易斯碱种类很多，不同的路易斯碱催化途径各异，活化的底物也不尽相同，能够高效实现多种类型的反应。目前通过路易斯碱催化发展新型不对称反应、远端活化，与其他催化体系结合实现多样性合成是研究的重点，但是底物扩展性、选择性，特别是催化效率仍存在较大局限性，应着力于发展更为高效、高选择性的路易斯碱催化体系。

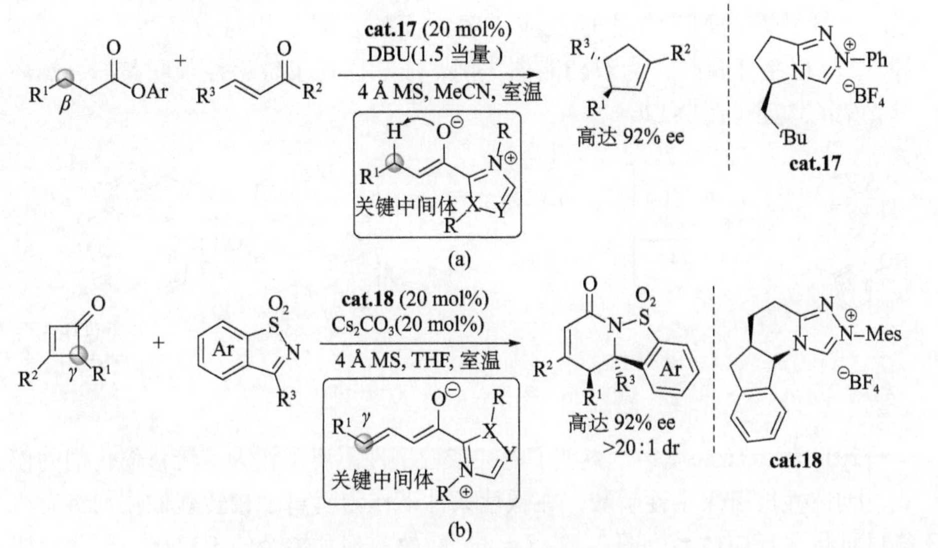

图 2-124　氮杂环卡宾催化实现的远端活化

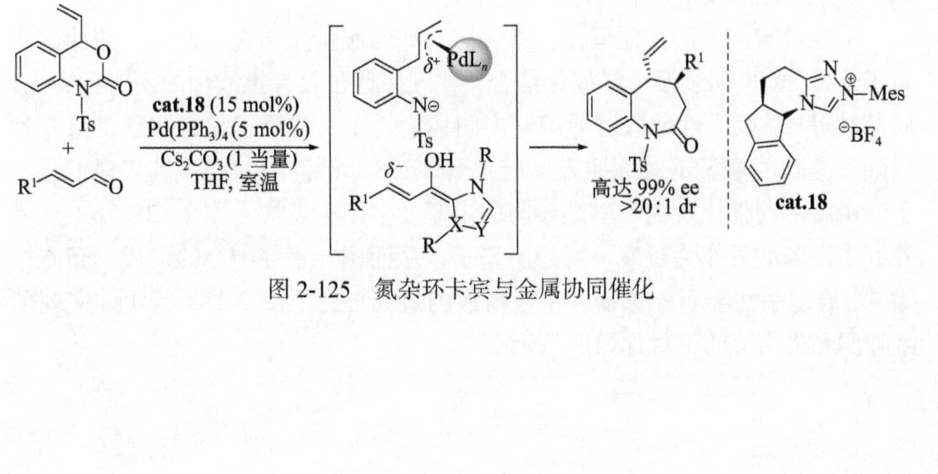

图 2-125　氮杂环卡宾与金属协同催化

二、布朗斯特酸催化剂

布朗斯特酸通过氢键或质子化活化反应底物，从而催化一系列重要的有机化学反应。2004 年，Akiyama 等和 Terada 等首次报道了手性联二萘酚骨架衍生的磷酸催化的不对称 Mannich 反应[396,397]。此后，手性布朗斯特酸被广泛应用于催化多种类型的不对称反应。手性布朗斯特酸主要包括以手性磷酸（PA）等为代表的强酸和以硫脲、羟基等为代表的氢键供体。

（一）手性磷酸催化

手性磷酸的研发、机理及应用等方面的发展已相对成熟[398,399]。谭斌等[400,401]以手性磷酸作为双功能催化剂，成功实现了轴手性苯联萘酚、螺环等骨架的构建（图 2-126）。

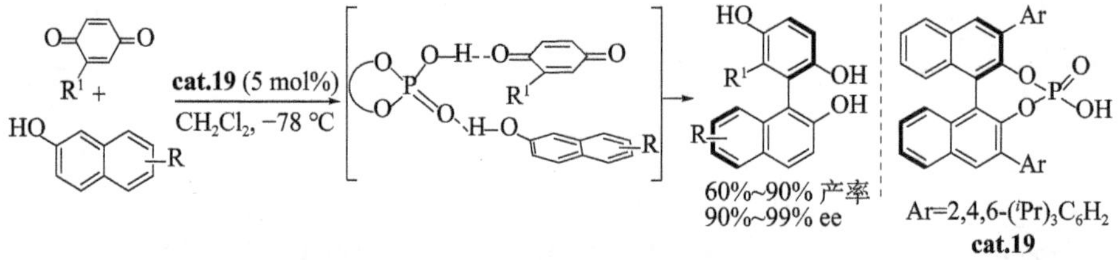

图 2-126　手性磷酸诱导产生轴手性

2011 年，Toste 等[402]突破了以往依赖手性阳离子作为相转移催化剂的模式，创造性地引入手性磷酸，在碱性条件下作为阴离子相转移催化剂将有机氟试剂带入反应体系［图 2-127（a）］，高效实现了烯烃的不对称氟环化。谢卫青等[403]也采用类似策略，发展了吲哚衍生物的不对称溴化环化串联反应，并用于生物碱的简单合成［图 2-127（b）］。

手性磷酸也可同其他催化体系兼容，如与胺催化结合，作为亚胺盐的阴离子[119]；也可同过渡金属催化结合，实现一些很具有挑战性的不对称转化。周其林等[404]以手性磷酸对烯醇铑中间体进行不对称质子化，实现了重氮乙酸酯和酰胺的氮氢不对称插入反应［图 2-128（a）］。胡文浩[135]实现了铑和手性磷酸协同催化重氮乙酸酯参与的串联及多组分反应［图 2-128（b）］。另外，手性磷酸可作为过渡金属的阴离子，从而诱导手性中心的形成。龚流柱等[405]通过手性金属配合物和手性磷酸的协同催化［图 2-128（c）］，实现了吡唑酮和烯丙醇的不对称烯丙基化反应。

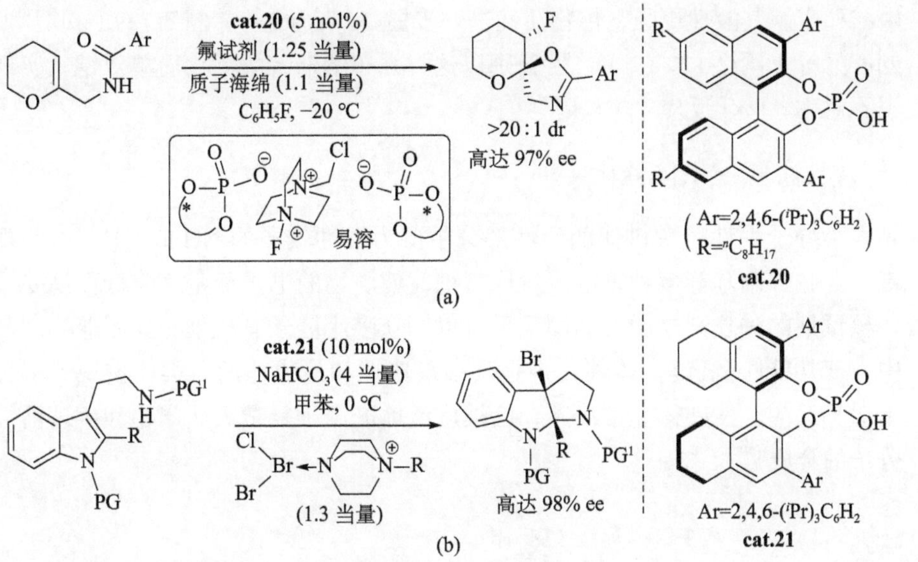

图 2-127　手性阴离子相转移催化的不对称反应

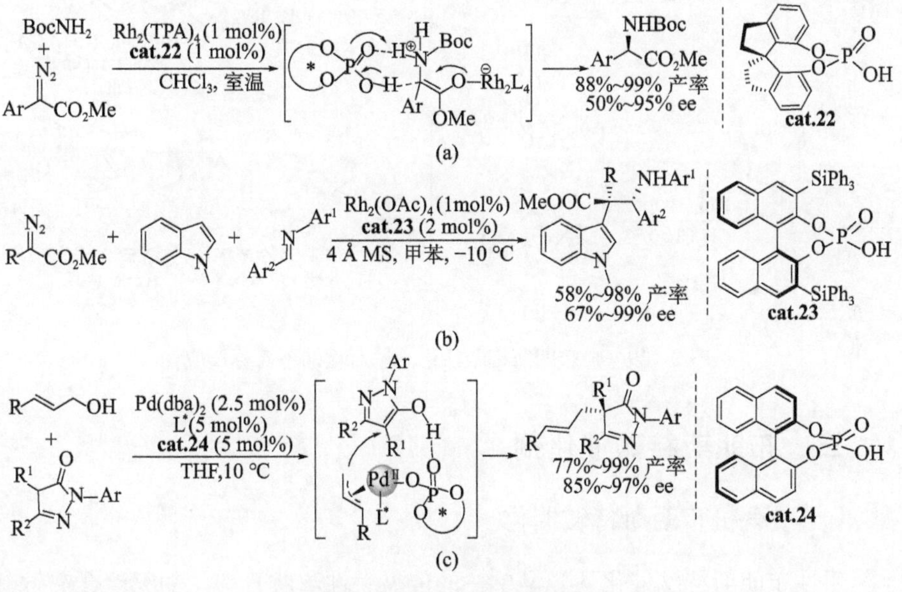

图 2-128　金属和手性磷酸协同催化

（二）其他手性布朗斯特酸催化

化学家们还开发了二硫代磷酸、磷酰胺、磺酸等布朗斯特酸，相比手性磷酸而言，其酸性更强，催化活性进一步提高。Toste 等［图 2-129（a）］[406]、刘心元等［图 2-129（b）］[407] 分别以这类强布朗斯特酸活化简单双键，实现了不对称氢胺化反应。

（三）氢键供体催化

小分子手性氢键供体的活性部分主要为酸性较弱的 NH 或 OH，可与羰基、亚胺、硝基等多种官能团形成氢键，使底物的电子云密度降低而易受到亲核试剂的进攻。这类官能团几乎可以同众多小分子有机催化体系兼容。其中，双功能胺-氢键供体催化剂是其中最典型和最成功的一类，实现了多种不对称反应，发展得非常成熟，已被广泛地应用于复杂天然产物和生理活性分子的合成[408]。

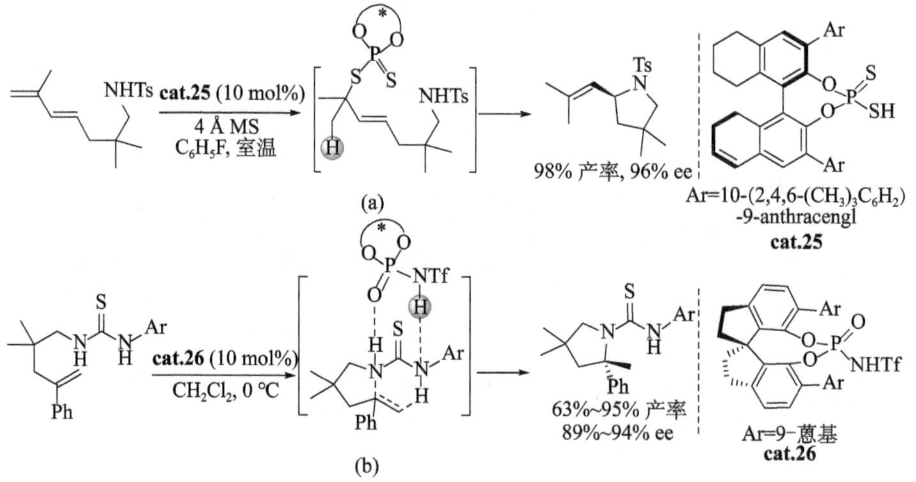

图 2-129　强布朗斯特酸活化简单双键的不对称反应

三、布朗斯特碱催化剂

（一）有机布朗斯特碱催化

手性布朗斯特碱催化从最早单一的依靠手性叔胺骨架（如天然金鸡纳碱等）[409]，逐步转变为在手性叔胺基础上引入多类氢键供体，对底物实现双活化以获得更好的产率和立体控制（图 2-130），已发展比较成熟[410,411]。

氮杂环卡宾也可作为布朗斯特碱催化不对称反应，但立体控制一直较差[412]。2014 年，黄湧等[413] 通过加入六氟异丙醇（HFIP）作为质子梭，实

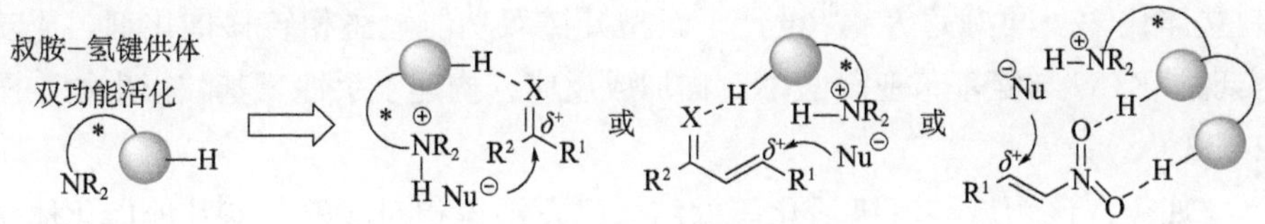

图 2-130　双功能叔胺催化

现了氮杂环卡宾催化的不对称 Michael 加成反应（图 2-131）。通过类似的策略，硫醇、胺对贫电子烯烃的不对称加成也相继实现[414,415]。

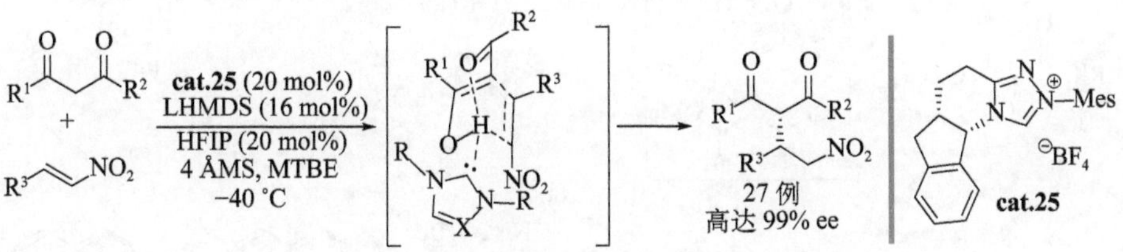

图 2-131　氮杂环卡宾作为布朗斯特碱催化不对称反应

（二）相转移催化

手性相转移催化（PTC）具有操作简单、条件温和、可大规模生产等优势，因此受到了广泛关注，涌现了一些高效实用的不对称合成方法[416]。Deng 等[417]利用金鸡纳碱骨架季铵盐作为相转移催化剂，发展了亚胺和 α,β-不饱和醛的极性反转 Michael 加成反应，高效合成了手性胺化合物（图 2-132）。

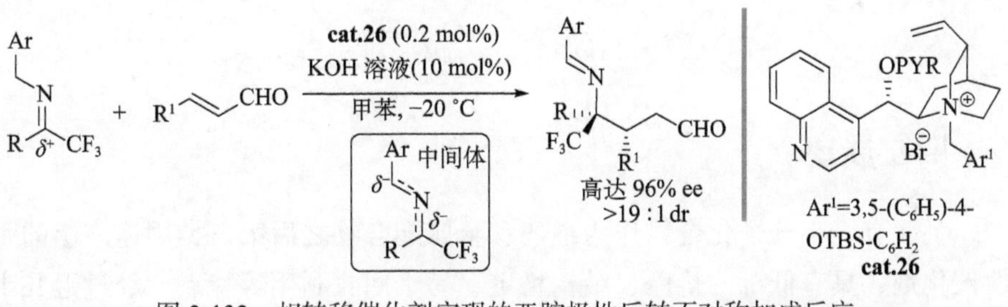

图 2-132　相转移催化剂实现的亚胺极性反转不对称加成反应

赵刚等[418]用手性叔膦与缺电子烯烃原位生成季鏻盐作为催化剂，实现了不对称 Mannich 反应［图 2-133（a）］。马军安等[419]将螺环手性的季鏻盐应用于苯并呋喃酮与偶氮化合物的不对称胺化反应［图 2-133（b）］。该反应无须加入碱，研究表明催化剂与底物通过 π-π 堆积作用来活化亲核试剂和控制立体化学。闫海龙等[420]设计了新型开链双功能冠醚相转移催化剂，成功实现了KCN与氨基苯亚磺酸不对称加成反应，构建了手性氨基酸衍生物［图2-133（c）］。

如今，该领域与氢键活化等的结合已发展得相对成熟，与其他催化体系实现协同催化以及发展新的催化模式可能会作为将来发展的重点。

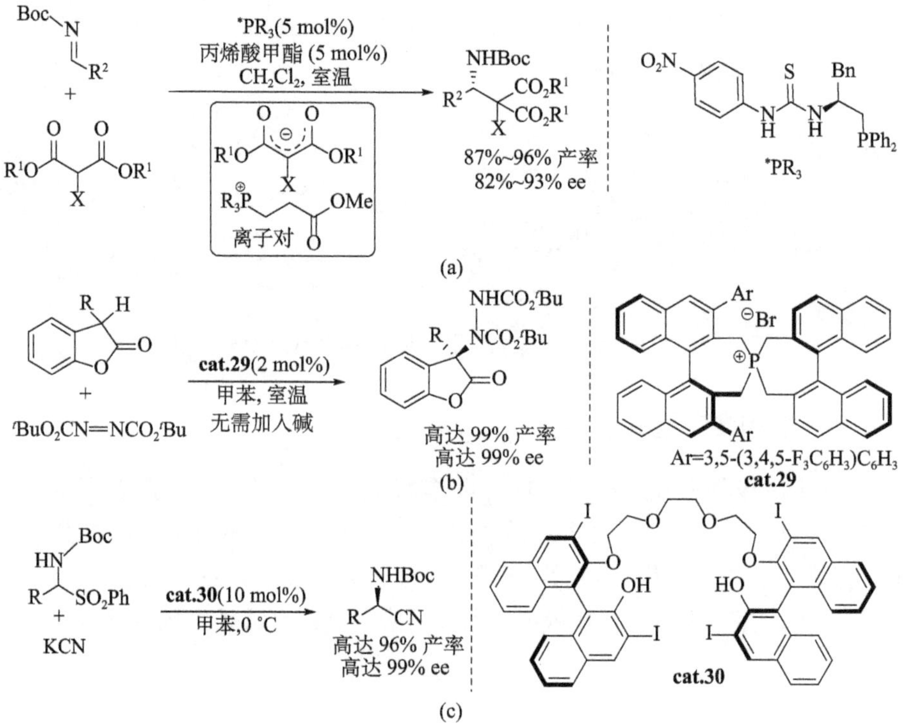

图 2-133　新型相转移催化剂实现的不对称反应

四、展望

手性有机小分子化合物作为继酶和金属配合物之后第三类用途广泛的手性催化剂，具有低毒、价廉、结构稳定、易于回收利用等特点。经过近几十年的发展，有机小分子催化剂拥有多个分支，涵盖多种类型，已经实现了多种多样的反应。远端活化、多样性合成、新反应类型的开发是目前的研究重点。手性小分子催化剂甚至能以自由基形式活化底物[421,422]，尽管这方面的研究还相对较少，但其作为一种新的不对称催化手段，有很大的发展空间。

另外，许多有机小分子催化不对称反应仍然存在催化剂用量大

（10 mol%～20 mol%）、效率和选择性低等问题，真正能够用于工业生产的屈指可数。因此，设计更高效的手性有机小分子催化剂，进一步加强多种催化体系相结合实现协同催化，或根据有机小分子催化剂能够容忍不同官能团的特点设计新的多组分反应、串联反应及小分子/金属协同催化反应，高效构建复杂手性骨架将是今后需要重点研究的方向。同时，发展新的适合工业化生产的手性有机小分子催化剂也是化学家今后的重要任务。

第七节 光促进不对称合成

肖文精   陆良秋

一、背景介绍

对于绿色合成而言，光是一种资源丰富且来源广泛的清洁能源。目前，可见光促进的有机合成反应已成为化学合成的前沿领域[347,423-427]，其基本原理如图 2-134 所示。根据不同的反应条件并选择适当的猝灭剂，激发态的光催化剂可以通过单电子转移（氧化猝灭或还原猝灭）或者能量转移的途径进行猝灭，从而引发后续的化学转化。

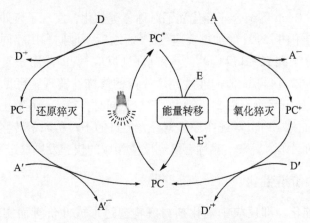

图 2-134 可见光催化剂的猝灭途径

PC：光催化剂；D/D′：电子给体；A/A′：电子受体

在传统的热反应中，手性催化剂的加入降低了反应的活化能，从而抑制或减少了高活化能的背景反应［图 2-135（a）］。但在光反应（即由光引发或促进的有机化学反应）中，这一策略是难以实现的。因为反应原料在光照射下通常可以被激发或者转变为高活性的反应中间体，从而快速地引发后续反应，且光反应的活化能已经很低，不需要额外催化剂来活化底物分子［图2-135（b）］。因此，光促进的不对称反应一直是有机化学的一个巨大挑战。最近几年，随着可见光催化及不对称催化技术的快速发展，两者的有效结合为不对称有机光反应的实现提供了有效的方法[428-430]。在本节中，我们将根据有机小分子催化、路易斯酸催化和过渡金属催化等不对称催化模式的分类，对可见光促进的不对称合成领域的相关成果进行总结。

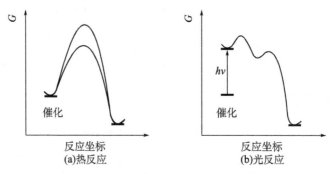

图 2-135　热反应和光反应的反应势能图

二、手性有机小分子催化剂协助的不对称光反应

2000 年，Bach 等结合光催化和不对称氢键催化，实现了紫外光促进的对映选择性的分子内 [2+2] 环加成反应[431,432]。之后，他们利用相同的策略实现了不对称的分子间 [2+2] 反应[433-435] 和 [4+2] 反应[436]，并用于复杂天然产物的全合成[437]。2014 年，他们通过光敏片段的修饰，实现了可见光促进的不对称 [2+2] 环加成反应（图 2-136）[438]。与此同时，Sivaguru 等也报道了类似的反应[439]。此外，Bach 等还实现了紫外光促进的不对称原子转移反应[440,441]。这些开创性的工作为后来不对称有机光反应领域的快速发展奠定了基础。

（一）共价键催化

共价键催化，即反应中催化剂与底物通过形成共价键而实现对底物的活化，其已经成为不对称有机小分子催化领域的重要组成部分。2008 年，MacMillan 利用他们发展的二级胺催化剂，结合可见光催化策略实现了醛 α 位的不对称烷基化（图 2-137）[348]。该反应底物适用范围较广，多种醛和烷基溴代物都能给出优异的结果。在该类反应中，少量的有机催化剂与底物

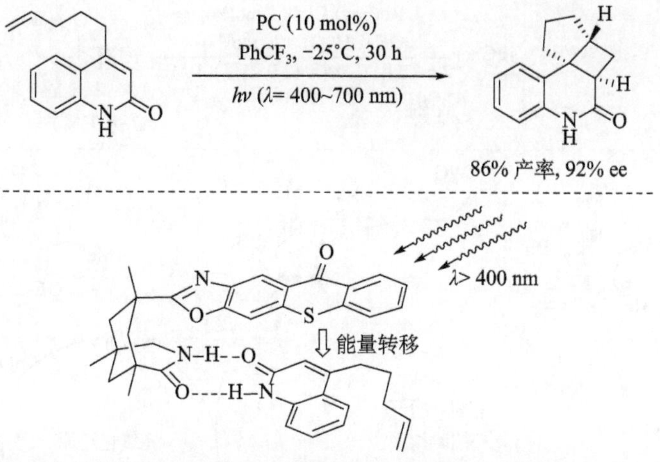

图 2-136 氢键催化辅助的不对称分子内 [2+2] 环加成反应

醛作用产生烯胺中间体，将激发态的光催化剂猝灭，产生低价态的催化剂Ru(I)。Ru(I) 作为还原试剂将烷基溴代物还原，产生相应的烷基自由基中间体，同时，催化剂回到基态。烷基自由基对烯胺中间体加成后得到的富电子 α-氨基烷基自由基与另外一分子激发态的光催化剂发生还原猝灭，启动下一个光催化循环，其自身被氧化为亚胺，经水解释放出产物和催化剂，完成有机催化循环。之后，他们又将这种策略成功地拓展到醛 α 位的不对称多氟烷基化[442]、苄基化[443] 和氰甲基化[444]。

MacMillan 等的这些工作引起了合成化学家们的广泛关注，其他课题组利用不同的光催化剂（如有机染料催化剂[445-447]、非均相金属氧化物半导体催化剂[448,449]、铁催化剂[450] 等）也实现了醛的不对称 α-烷基化反应并同样取得了非常好的效果。值得一提的是，何成等[451] 在 2013 年设计了一种手性金属-有机框架材料（Zn-PYI），将手性的咪唑修饰的吡咯烷（PYI）与三苯基胺光催化剂片段通过锌离子的作用合并到一个骨架中（图 2-138）。这种非均相催化剂能够有效催化可见光促进的醛不对称 α-烷基化反应。

此外，MacMillan 等也实现了醛的不对称 α-氨基化反应 [图 2-139(a)][452]。而在此之前，Cordova 等[453,454] 曾尝试过将手性二级胺催化与光催化结合，实现了氧气参与的醛 α-氧化反应。2012 年，Jang 等结合二级胺催化剂以及 Ru 复合物修饰的 TiO$_2$ 作为光催化剂，实现了可见光促进的 α,β-不饱和醛的不对称双官能化反应 [图 2-139 (b)][455,456]。

与醛相比，可见光催化酮类化合物的不对称官能化相对较难。2013 年，MacMillan 等在研究酮 β 位芳基化反应时[457]，利用手性一级胺催化剂实现了

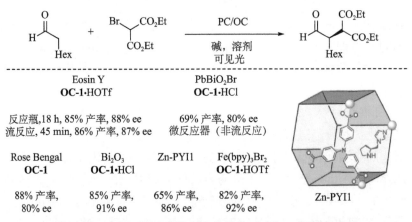

图 2-137　手性二级胺催化辅助醛的不对称 α-烷基化反应

图 2-138　不同可见光催化剂参与的醛不对称 α-烷基化反应

酮 β 位的对映选择性芳基化，但结果不是很理想。2014 年，罗三中等利用自主研发的催化剂 **OC-4**，结合可见光催化实现了酮 α 位的不对称烷基化[458]，构建了一个手性的季碳中心（图 2-140）。反应机理与二级胺催化类似，氢键

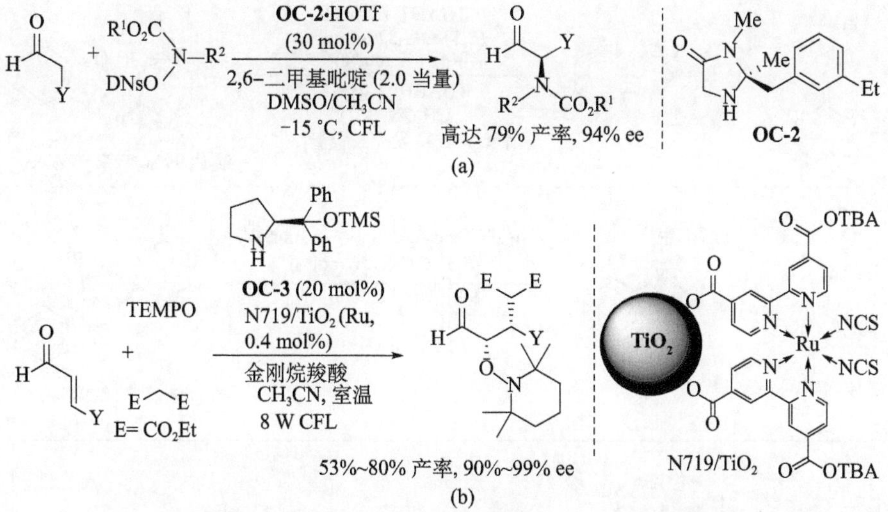

图 2-139 手性二级胺催化辅助醛的不对称 α-氨基化反应和 α-氧化反应

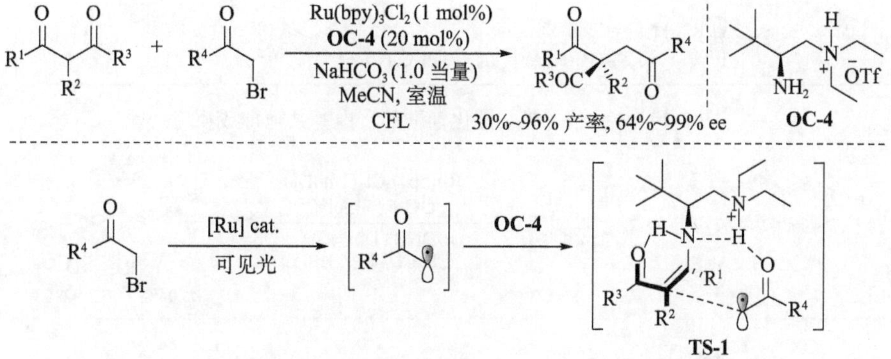

图 2-140 手性一级胺催化辅助酮的不对称 α-烷基化反应

对控制反应的对映选择性起到重要作用。

2016 年，Melchiorre 等发展了一种带有氧化还原活性片段（咔唑）的新型一级胺催化剂，成功实现了光促进的不对称自由基加成反应（图 2-141）[340]，并对该反应的机理进行了深入研究[459]。在该反应中，咔唑片段不仅为反应提供了立体位阻，其氧化还原特性还能稳定共轭加成后生成的自由基物种，防止该中间体的 β 键裂解。

2012 年，DiRocco 等结合可见光催化与手性卡宾催化，实现了胺类化合物的不对称 α-酰基化反应（图 2-142）[460]。光催化作用下，胺类底物被氧化产生亚胺离子中间体，手性氮杂环卡宾催化醛的极性反转，与前者加成实现

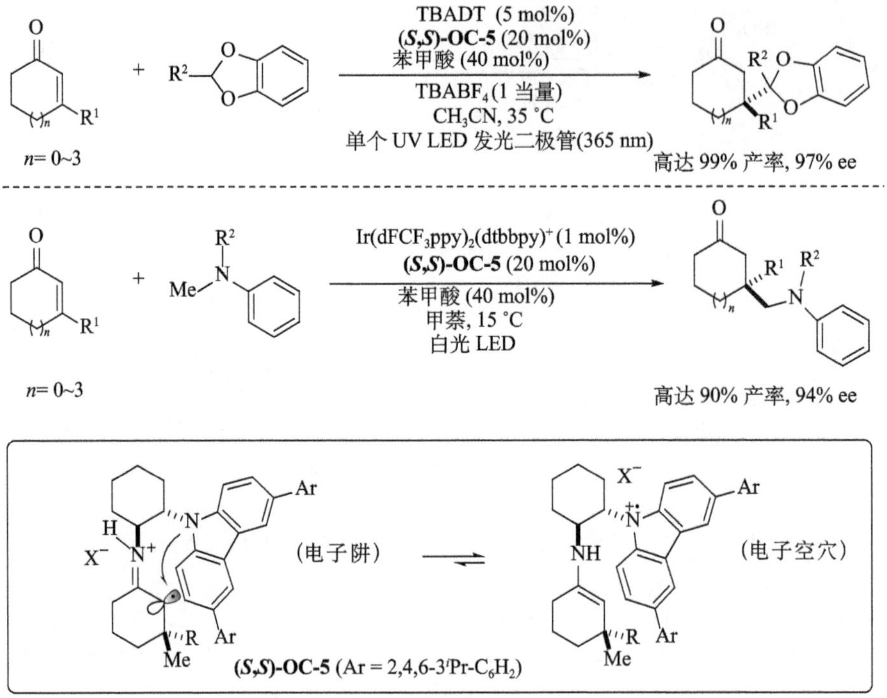

图 2-141 手性一级胺催化辅助的自由基共轭加成反应

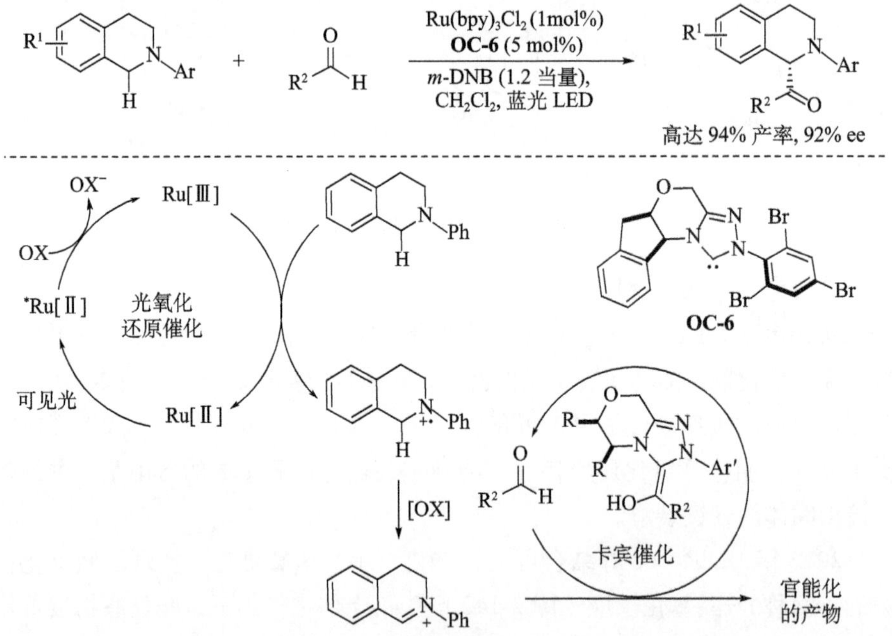

图 2-142 手性氮杂环卡宾催化辅助的不对称 α-酰基化反应

胺的 α-酰基化反应。

肖文精等在发展可见光促进的 Morita-Baylis-Hillman 反应过程中，实现了胺类化合物不对称 α-烯基化反应（图 2-143）[461]。反应分两步进行，在光催化条件下，四氢异喹啉被氧化为亚胺离子中间体，再在避光条件下加入金鸡纳碱衍生的 β-ICD 作为亲核性催化剂，催化丙烯醛与亚胺离子反应，得到中等的对映选择性。2016 年，江智勇等以 DPZ 为光催化剂，通过类似策略以较高的产率和对映选择性得到相应的烯基化反应产物[462]。

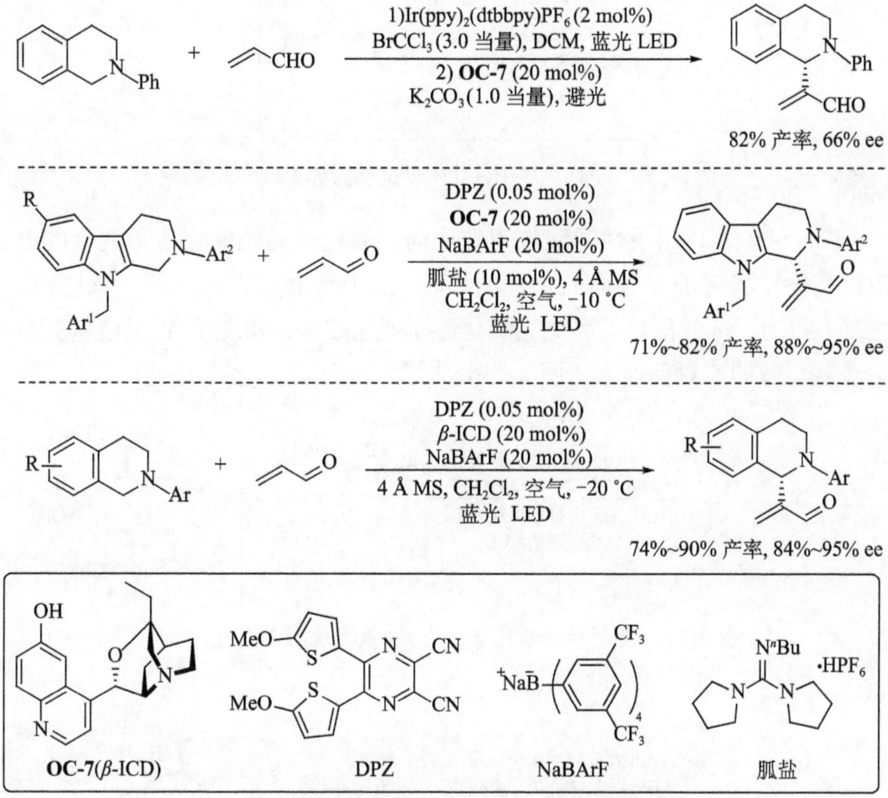

图 2-143 手性三级胺催化辅助的不对称 α-烯基化反应

（二）非共价键催化

相较于共价键催化，相互作用力更弱的非共价键催化在不对称光反应中应用较少。2013 年，Jacobsen 等将可见光催化和手性阴离子催化结合，实现了氮取代四氢异喹啉的不对称 Mannich（曼尼希）反应（图 2-144）[463]。在反应过程中，通过光催化循环产生的亚胺离子中间体和体系中的氯负离子以离子对形式结合，之后加入的硫脲催化剂与氯离子通过氢键弱相互作用形成手性离子对，进而诱导亲核加成过程产生手性。

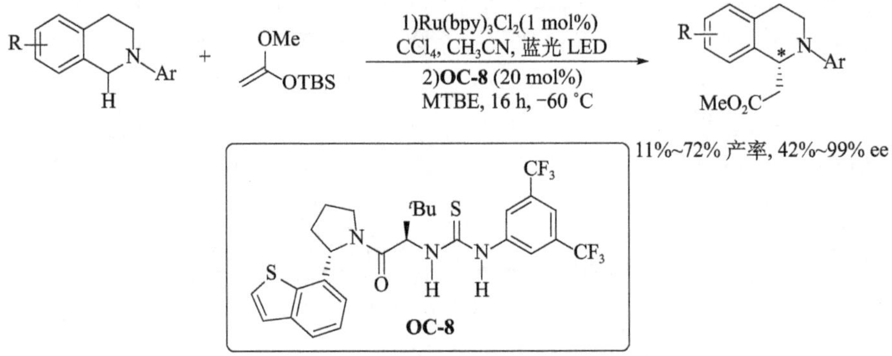

图 2-144   手性阴离子催化辅助的不对称 Mannich 反应

Knowles 等利用手性磷酸作为催化剂，通过可见光催化质子偶合的电子转移策略，实现了不对称氮杂片呐醇环化反应（图 2-145）[464]。Ooi 等将手性离子布朗斯特酸催化与可见光氧化还原催化结合，实现了 N-磺酰基亚胺与 N-芳基甲胺的不对称偶联（图 2-146）[465,466]。

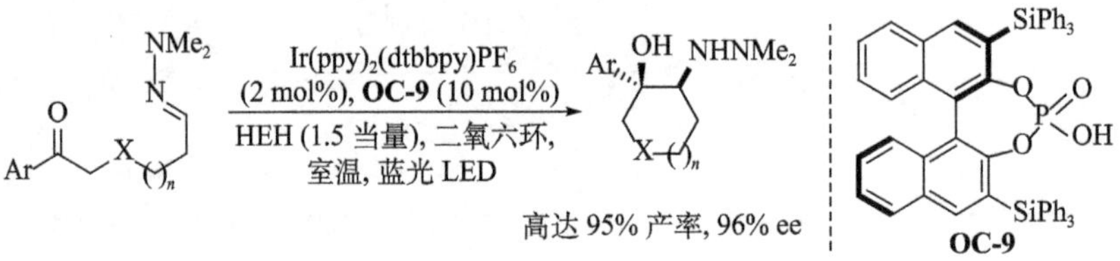

图 2-145   手性磷酸催化辅助的不对称氮杂片呐醇环化反应

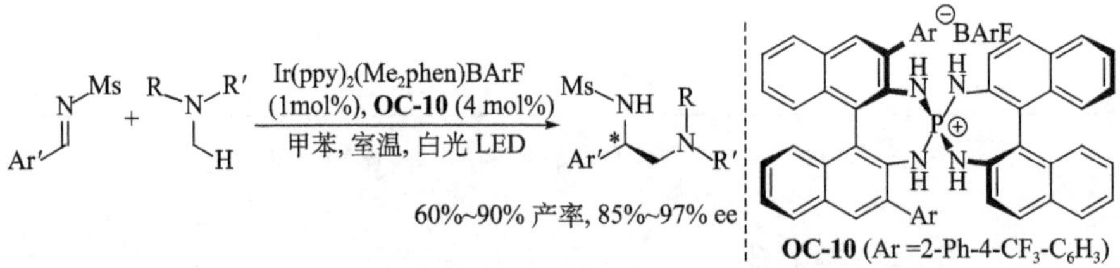

图 2-146   手性离子布朗斯特酸催化辅助的不对称 α-偶联

2017 年，罗三中等成功将抗衡阴离子催化与可见光催化结合，实现了分子内反马氏规则的氢醚化反应（图 2-147）[467]。他们首先合成以手性磷酸为抗衡阴离子的吖啶光催化剂（Fukuzumi catalyst）。在该催化剂作用下，烯醇类化合物会被激发态的光催化剂氧化成碳正离子自由基。此时，催化剂中的手性磷酸与碳正离子自由基形成离子对，并诱导分子内亲核醚化反应产生手性。在随后的实验中，他们发现手性磷酸阴离子不仅能诱导手性，还能增加催化剂的磷光激发态寿命，促进分子内醚化之后的质子转移过程。

此外，孟庆伟等结合相转移催化和可见光催化，利用能量转移过程实现了 β-酮酸酯类化合物的 α 位氧化羟基化[468,469]。Bach 等曾尝试将氢键催化策略用于光促进的单电子转移反应，但反应效果不够理想[470,471]。

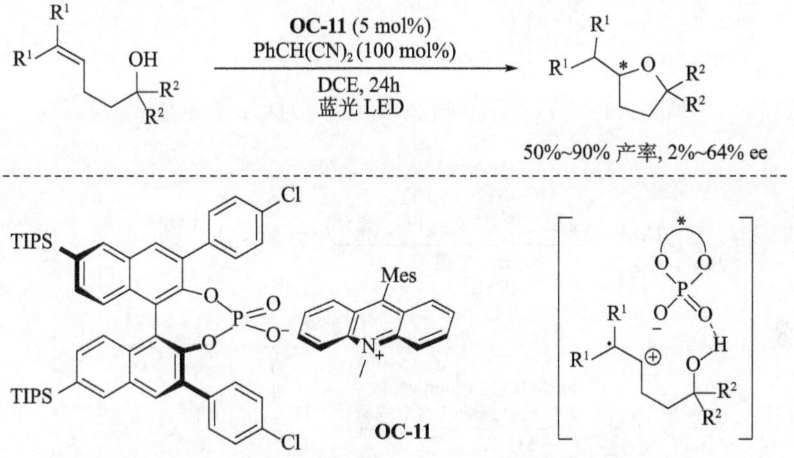

50%~90% 产率, 2%~64% ee

图 2-147 手性抗衡阴离子催化辅助的烯醇分子内氢醚化反应

（三）电子给体-受体复合物催化

2013 年，Melchiorre 等在醛的不对称 α-烷基化过程中发现，反应体系中不需要加入可见光光氧化还原催化剂，仅需要可见光照射就能得到令人满意的结果（图 2-148）[349]。进一步的机理研究表明，有机催化剂与醛底物形成的烯胺中间体会和烷基溴化物形成电子给体-受体复合物（EDA）[472]。在可见光照射下，该复合物被激发，烯胺中间体和烷基溴化物之间发生单电子传递，形成 SOMO 活化中间体以及烷基自由基中间体。接着，两个活性中间体直接发生"笼内"自由基偶联或是烷基自由基与另一分子烯胺中间体反应，再经链转移途径继续反应。

Melchiorre 等对这种光化学活化的策略进行了进一步的拓展，发现在一定条件下，催化剂和醛生成的中间体能直接吸光活化，实现醛 α 位的不对称烷基化。同时，他们将该策略拓展到共轭烯醛 γ 位的不对称烷基化（图 2-149）[473]和醛 α 位的不对称苯磺酰甲基化[474]。

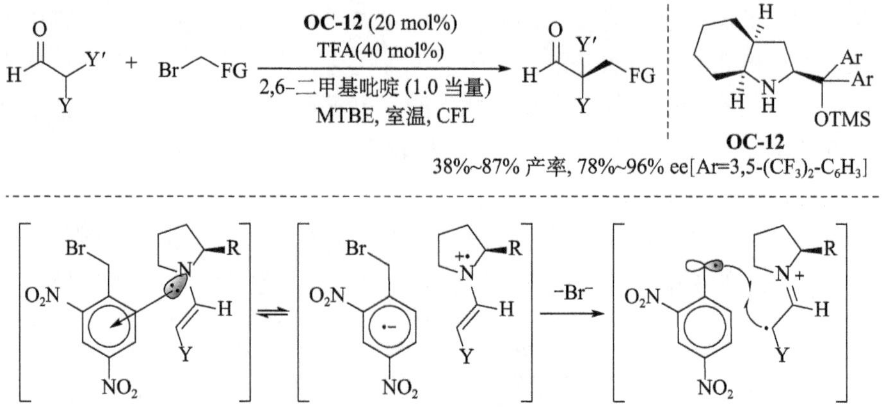
OC-12 (20 mol%)
TFA(40 mol%)
2,6-二甲基吡啶 (1.0 当量)
MTBE, 室温, CFL
OC-12
38%~87% 产率, 78%~96% ee[Ar=3,5-(CF3)2-C6H3]
−Br⁻

图 2-148 手性二级胺催化辅助醛的不对称 α 位烷基化反应

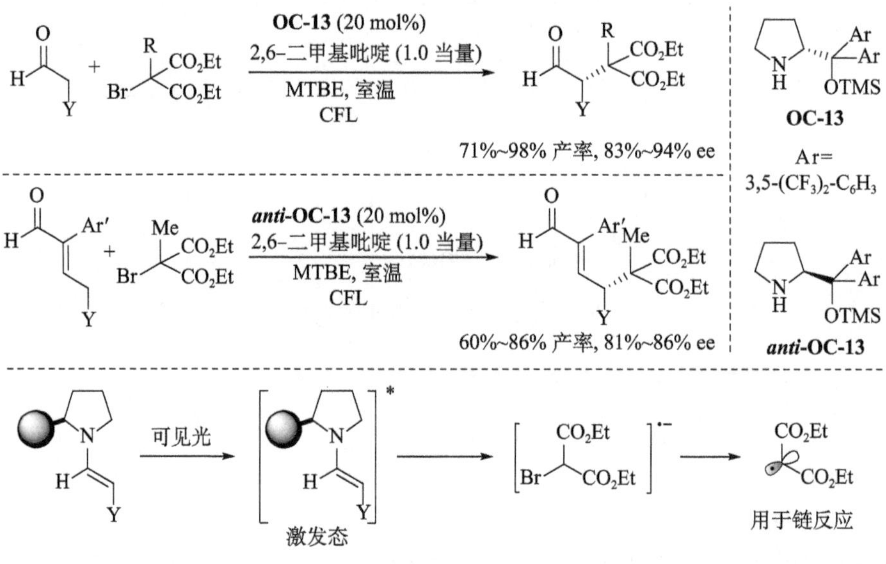
OC-13 (20 mol%)
2,6-二甲基吡啶 (1.0 当量)
MTBE, 室温
CFL
71%~98% 产率, 83%~94% ee
OC-13
Ar=
3,5-(CF3)2-C6H3
anti-OC-13 (20 mol%)
2,6-二甲基吡啶 (1.0 当量)
MTBE, 室温
CFL
60%~86% 产率, 81%~86% ee
anti-OC-13
可见光
激发态
用于链反应

图 2-149 手性二级胺催化辅助醛的不对称烷基化

2017 年，Melchiorre 等发现，在 420 nm 可见光照射下，α,β-不饱和醛与烷基三甲基硅烷发生自由基加成反应，构建 β 取代的手性烷基醛类化合物（图 2-150）[475]。该反应中，二级胺催化剂与不饱和醛缩合生成的 α,β-不饱和亚胺中间体能被可见光激发，激发态的亚胺中间体还能氧化底物并形成烷基自由基及 β-烯胺自由基，再经自由基偶联生成手性产物。

此外，在可见光照射下，他们利用手性一级胺催化剂——**OC-15** 催化剂实现了环酮类化合物的不对称 α 位烷基化[476]，并利用相转移催化剂实现了 β-

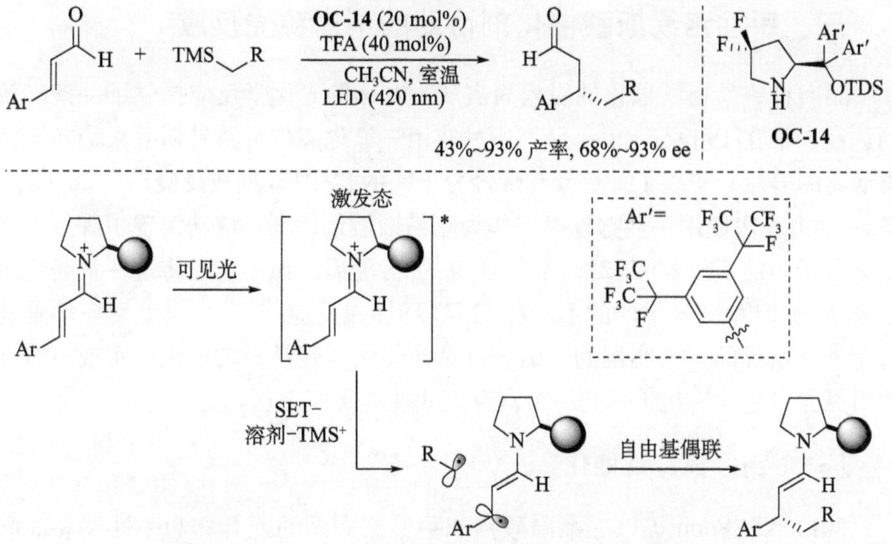

图 2-150 手性二级胺催化辅助烯醛的 β 位烷基化反应

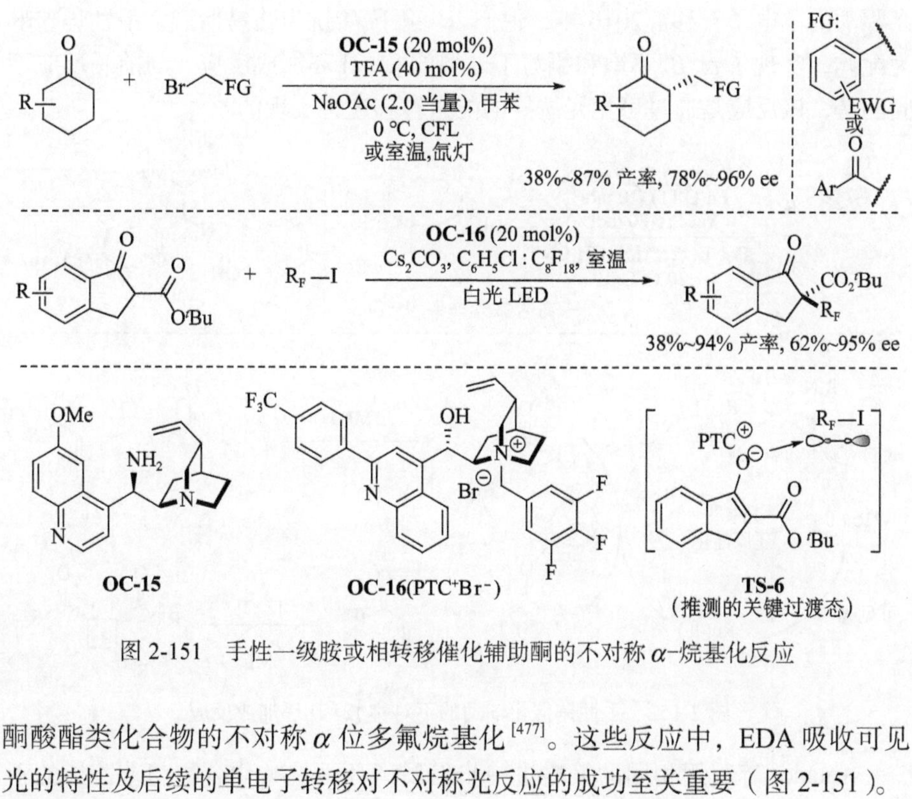

图 2-151 手性一级胺或相转移催化辅助酮的不对称 α-烷基化反应

酮酸酯类化合物的不对称 α 位多氟烷基化[477]。这些反应中，EDA 吸收可见光的特性及后续的单电子转移对不对称光反应的成功至关重要（图 2-151）。

三、手性路易斯酸催化剂协助的不对称光反应

不对称路易斯酸催化的引入为实现不对称的光化学反应提供了一条有效的途径。早在 1989 年，Lewis 等通过使用三氟化硼作为路易斯酸来稳定激发态底物的寿命，实现了香豆素和烯烃分子间的 [2+2] 环加成反应[478]。2010 年，Bach 小组首次使用手性噁唑硼烷作为路易斯酸催化剂，成功实现了香豆素衍生物分子内的不对称 [2+2] 环加成反应[479]。随后，该小组也将这一策略应用于 α, β-不饱和酮分子内的不对称 [2+2] 环加成反应[480,481]。以上反应均是通过紫外光诱导的方式实现的。结合可见光催化与路易斯酸催化，实现不对称的可见光光化学转化仍然是一个富有挑战性的研究课题。

（一）铕、镓、钪催化

2014 年，Yoon 等以三氟磺酸铕和手性席夫碱的配合物为手性路易斯酸催化剂，结合可见光光氧化还原催化，首次实现了 α, β-不饱和酮分子间的不对称 [2+2] 环加成反应（图 2-152）[482]。机理研究表明，该反应经历了可见光驱动的单电子转移。2016 年，他们以三氟磺酸钪为路易斯酸、手性噁唑啉为配体，实现了 α, β-不饱和酮与丁二烯的 [2+2] 环加成反应。与前一反应不同的是，该反应是通过可见光诱导的能量转移途径实现的[483]。

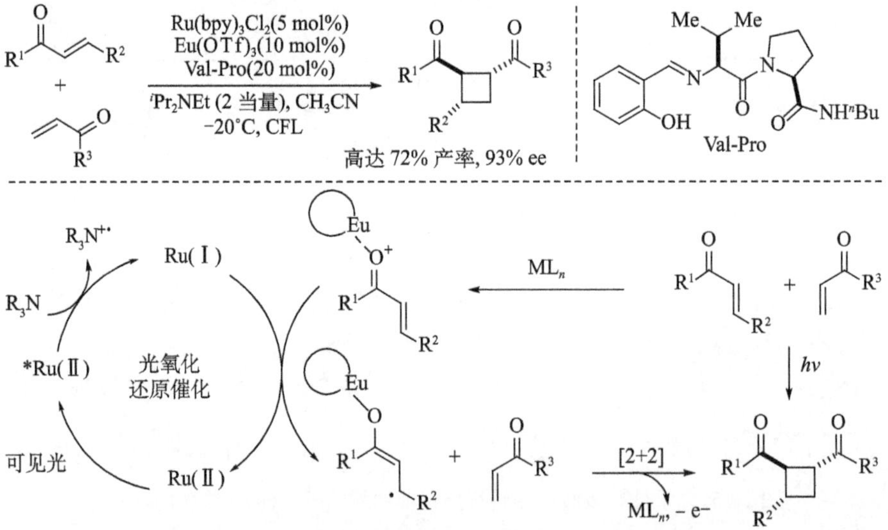

图 2-152 手性铕催化辅助的不对称 [2+2] 环加成反应

Amador 等利用相同的策略进一步发展了环丙烷类化合物与苯乙烯的不

对称 [3+2] 环加成反应（图 2-153）[484]，以及 α-氨基自由基对 α, β-不饱和烯烃的不对称共轭加成反应（图 2-154）[485]。

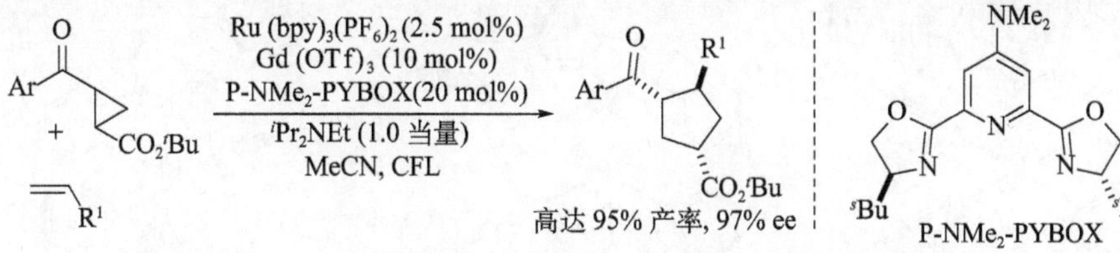

图 2-153 手性镓催化辅助的不对称 [3+2] 环加成反应

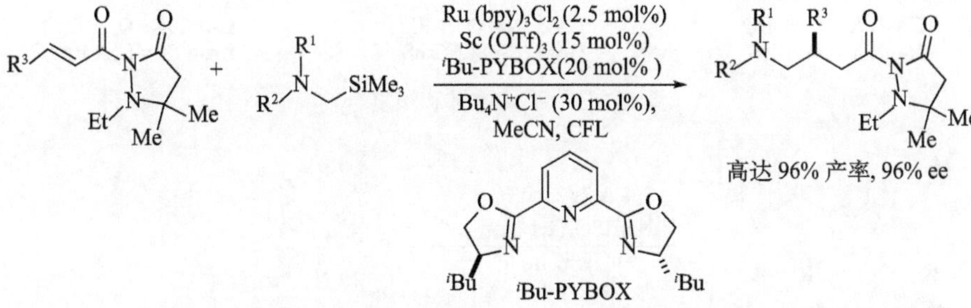

图 2-154 手性钪催化辅助的不对称自由基共轭加成反应

（二）铑、铱催化

Meggers 等长期致力于手性铱和铑配合物的合成及不对称反应研究[120]。近年来，该小组将这些手性中心在金属上的半稳定铱和铑复合物 **LA-1**～**LA-6** 应用于可见光催化的不对称反应中（图 2-155）。研究表明，该类催化剂与底物一般有两种作用模式，第一种是以手性铱或铑催化剂为双功能催化剂，既作为路易斯酸催化剂也作为光敏剂来同时活化两个底物；第二种模式是该类催化剂只作为手性的路易斯酸来活化一种底物，再与可见光催化相结合以实现不对称的有机光反应。

2014 年，Meggers 等首次将手性的铱复合物 **LA-2** 应用于可见光诱导的羰基 α 位不对称苄基化反应（图 2-156）[486]。在该反应中，铱催化剂作为双功能催化剂，同时活化两个底物。作者提出的反应机理是，首先铱催化剂与底物配位，在碱作用下形成烯醇中间体。与此同时，**LA-2** 也作为光敏剂被可见光激发到激发态，随后与溴代物发生单电子转移得到活性的苄基自由基物种。紧接着，苄基自由基对烯醇中间体进行自由基加成，随后经过单电子氧化、催化剂解离等过程得到目标化合物。随后，Meggers、龚磊等将这一理念

成功应用于羰基 α 位的不对称三氯甲基化反应［图 2-157（a）］[487] 和不对称氨烷基化反应［图 2-157（b）］[488,489]。

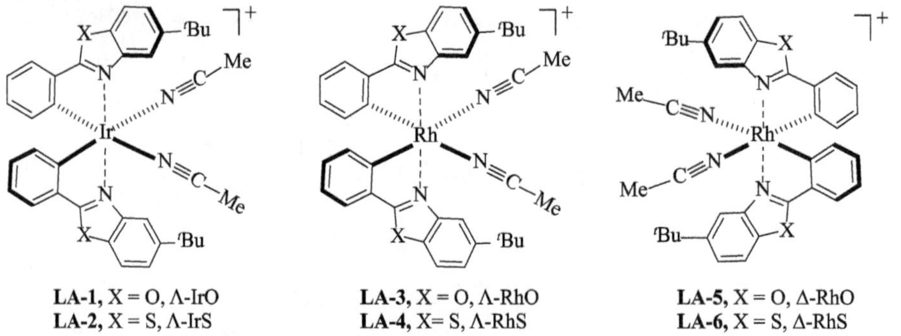

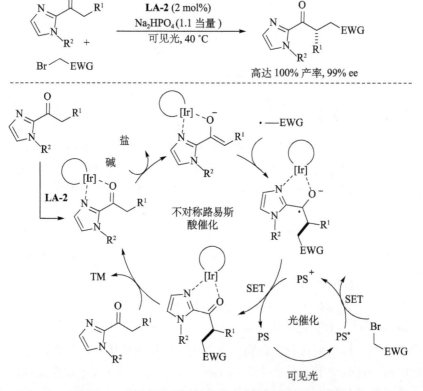

图 2-155　手性的铱和铑复合物

图 2-156　双功能铱催化的羰基 α 位不对称苄基化反应

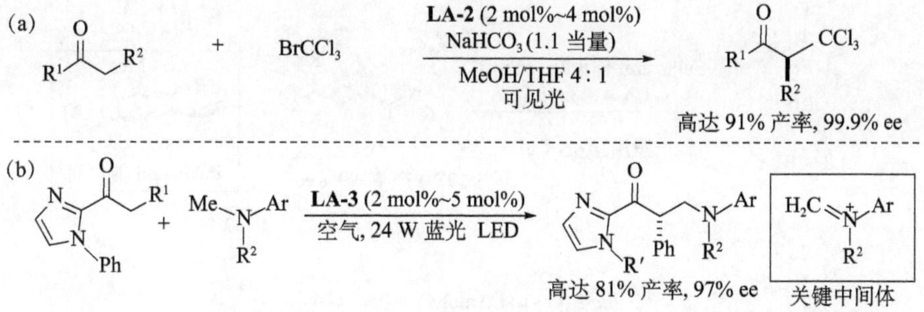

(a)

高达 91% 产率, 99.9% ee

(b)

高达 81% 产率, 97% ee 关键中间体

图 2-157 双功能铱、铑催化的羰基 α 位不对称三氯甲基化反应和氨烷基化反应

2016 年, Meggers 等应用单一的双功能铑催化剂实现了羰基 α 位不对称胺化反应 [图 2-158 (a)][490]。随后,Meggers 等利用有机叠氮试剂和重氮试剂分别实现了羰基 α 位不对称胺化反应和烷基化反应 [图 2-158 (b)][491]。利用类似的催化策略,他们后期还实现了烷基自由基对不饱和烯烃的不对称共轭加成反应 [图 2-159(a)][492] 及不对称的 C_{sp^3}—H 官能化反应 [图 2-159(b)][493]。

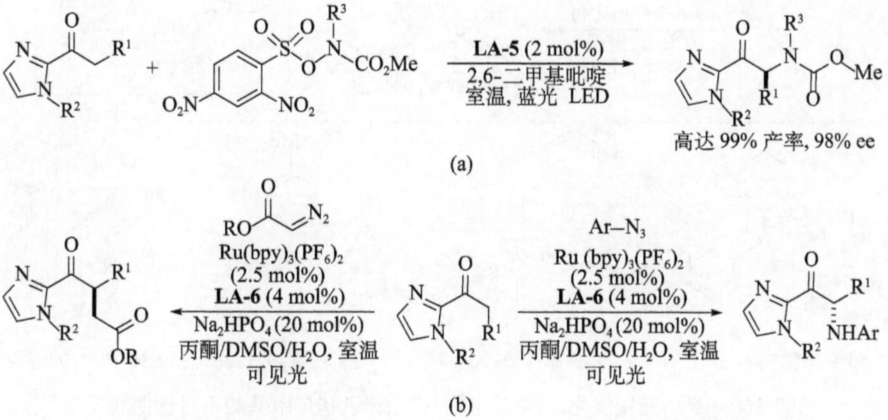

高达 99% 产率, 98% ee

(a)

(b)

图 2-158 手性铑催化辅助的羰基不对称 α 位胺化反应和烷基化反应

自由基-自由基偶联反应是自由基反应中一种重要的反应类型。然而,由于自由基本身较为活泼,要实现其不对称催化是一个极具挑战性的课题。2015 年,Meggers 等实现了单一铱催化剂催化的 α-氨基自由基和 α-氧基自由基的不对称偶联反应(图 2-160)[494]。

(三)镍催化

2017 年,肖文精等基于“优势骨架合理组合”的设计理念,结合手性双

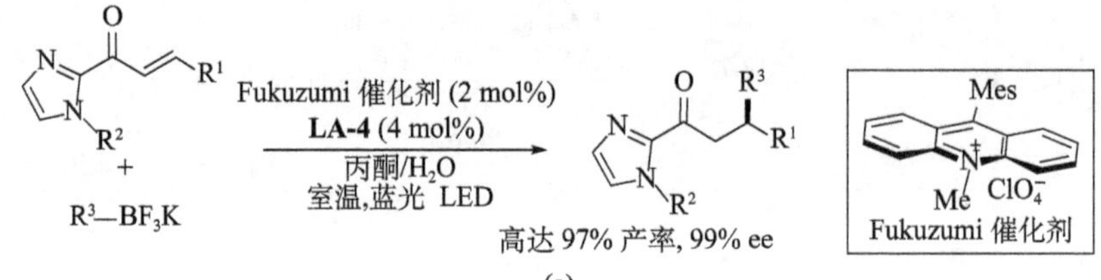

(a)

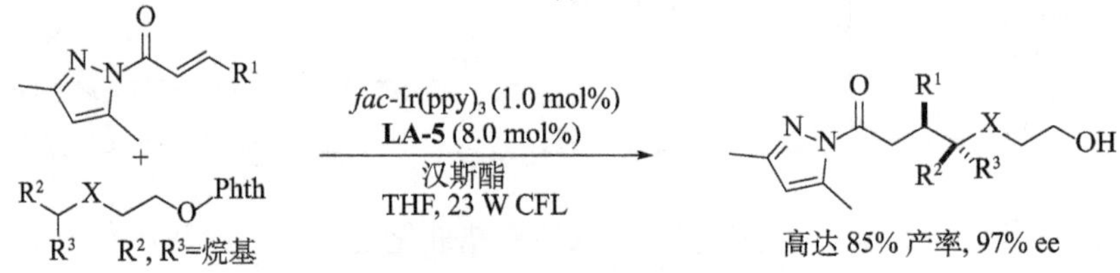

(b)

图 2-159　手性铑催化辅助的不对称自由基共轭加成反应

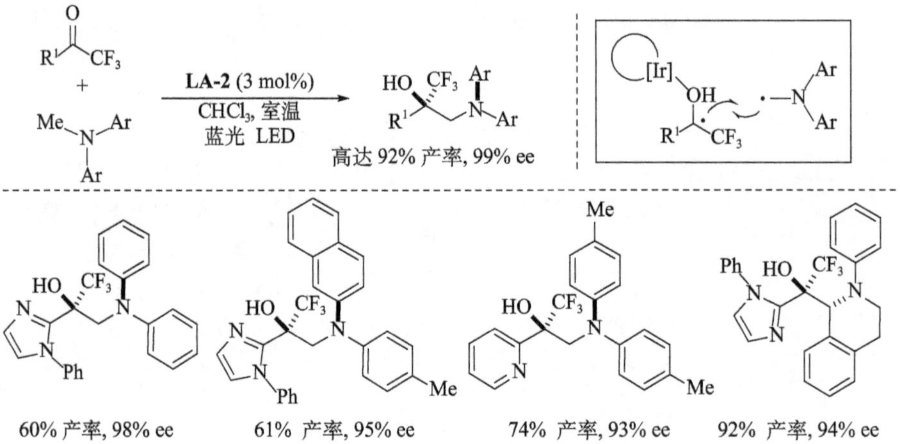

60% 产率, 98% ee　　61% 产率, 95% ee　　74% 产率, 93% ee　　92% 产率, 94% ee

图 2-160　双功能铱催化 α-氨基自由基和 α-氧基自由基的不对称偶联反应

噁唑啉骨架与光敏剂噻吨酮片段，发展了一类新型的、可见光响应的手性噁唑啉配体（图 2-161）[495]。该类手性配体可以通过简单的酯化反应合成得到，其与多种第四周期金属盐配合形成的催化剂既有手性路易斯酸功能，又具备可见光诱导功能。他们将该类配体与镍形成的双功能催化剂应用于可见光催化的不对称氧化反应中，实现了氧气参与的 β-酮酸酯的 α 位羟基化反应，以高产率和高对映选择性合成了一系列 α-羟基-β-酮酸酯类化合物（图 2-162）。

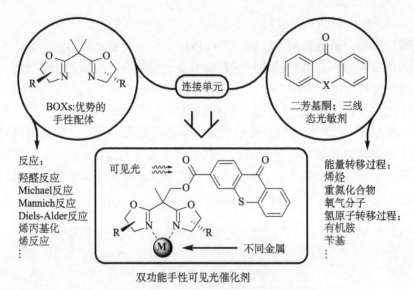

图 2-161　双功能手性可见光催化剂的设计

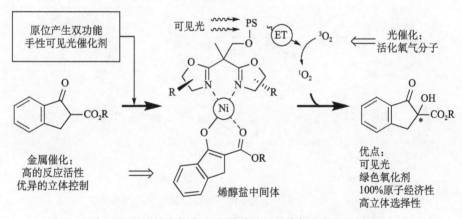

图 2-162　可见光催化 β-酮酸酯的不对称氧化羟基化反应

四、手性过渡金属催化剂协助的不对称光反应

（一）铜催化

　　最近，过渡金属催化与可见光催化结合的有机反应受到关注。但相对于有机催化和路易斯酸催化而言，其不对称过程发展仍然缓慢。2014 年，李朝军等结合可见光促进的光氧化还原催化和不对称铜催化，实现了三级胺与炔烃的不对称脱氢交叉偶联反应，以中等到较高的产率和较好的对映选择性得

到一系列手性炔丙胺类化合物（图 2-163）[496]。在此反应中，可见光催化下，三级胺被氧化为高活性的亚胺离子中间体；手性的铜催化剂与端炔作用生成手性的炔铜中间体，该中间体与前者发生分子间的不对称亲核加成反应，最终得到手性目标化合物。

2016 年，Fu 等报道了可见光促进的铜催化不对称 C-N 偶联反应。作者使用三级烷基氯代物和咔唑或吲哚为原料，在可见光的照射下以优异的产率和立体选择性高效地构建了含氮四取代手性中心（图 2-164）[185]。该偶联反应无须使用额外的光催化剂，氯化亚铜、手性螺环单膦配体与亲核性氮源作用原位产生的手性铜配合物就可以吸收可见光。

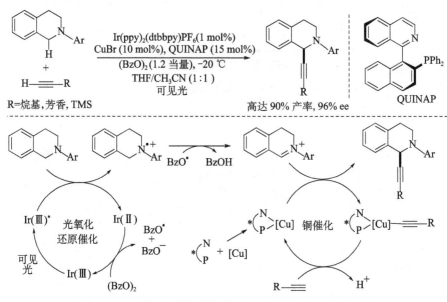

图 2-163　可见光/铜协同催化的不对称脱氢交叉偶联反应

（二）镍催化

2014 年，Molander 和 MacMillan 同时报道了结合可见光催化与镍催化的 C—C 偶联反应。此后，这种共催化策略在镍催化的偶联反应中得到了迅猛的发展。Molander 等将手性双噁唑啉配体用于该反应时，不对称的偶联反应得以实现，但其对映选择性的效果并不理想[497,498]。随后，Fu 等通过使用氰基取代的手性双噁唑啉配体，在可见光催化与镍催化的共同作用下实现了氨基酸衍生物的不对称脱羧芳基化反应，以优异的立体选择性合成了一系列手性苄胺化合物（图 2-165）[499]。最近，Doyle 和 Rovis 使用相同的策略，实现

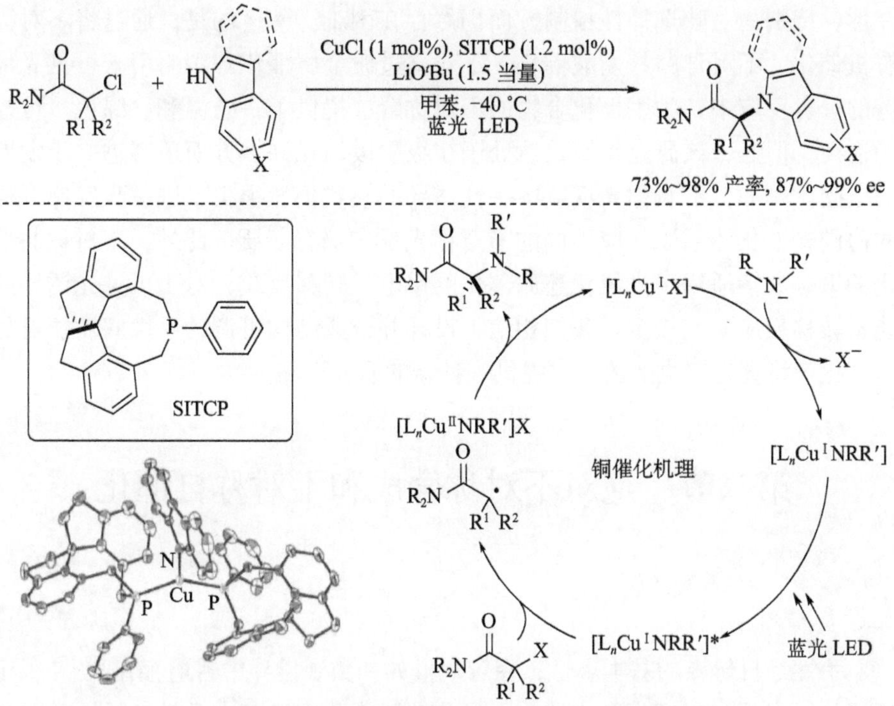

图 2-164　可见光诱导铜催化的不对称 C-N 偶联反应

了内消旋环状酸酐的去对称化偶联反应。他们利用有机分子 4CzIPN 作为光催化剂，镍与手性双噁唑啉配合物为金属催化剂，在可见光的照射下以优异的立体选择性合成了一系列手性 γ- 酮酸化合物[500]。

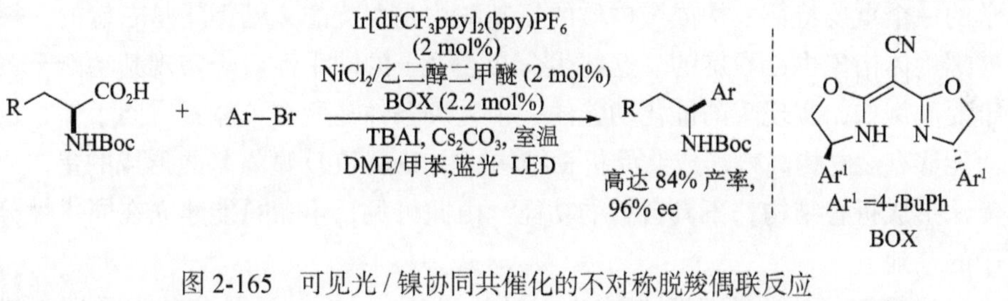

图 2-165　可见光 / 镍协同共催化的不对称脱羧偶联反应

五、展望

在过去的十年里，可见光促进的有机反应得到了迅速发展，为有机分子的合成提供了一个新的选择。尽管如此，光氧化还原催化产生的自由基、自由基离子等中间体普遍具有较高的反应活性，使得后续的化学转化在立体选择性，特别是对映选择性控制方面仍然存在困难。幸运的是，通过将不对称有机催化、不对称路易斯酸催化、不对称过渡金属催化等策略引入可见光促进的有机反应中，为手性化合物的不对称合成提供了一条温和、绿色、可控的途径。但是，该研究领域仍然处于初级阶段，在许多方面还有进一步发展的空间。例如，不对称光反应中手性诱导的模式仍然很少，进一步发展多样的协同光催化体系以适应不同的不对称光反应仍有必要。此外，不对称共催化的策略大多适用于光氧化还原催化的单电子转移反应，对于可见光诱导的能量转移反应研究较少。我们相信，设计并合成结构可调的手性双功能可见光催化剂将会为解决上述问题提供一种新的研究思路。

第八节　绝对不对称合成和不对称自催化

周　剑　丁奎岭

　　手性是自然界的基本属性，在宏观世界和微观世界中普遍存在[501]。很多证据显示在地球出现生命之前，无机化合物中可能已存在手性，手性并非神秘莫测的生命之谜[502]。认识为何非生命物质分子中罕见的手性却在生物分子中普遍存在，以及生命物质手性的产生、放大和同手性的自动倍增这一重要进化过程，是研究手性起源这一科学前沿问题的关键所在。

　　生物分子的同手性（homochirality）[503]是生命体化学区别于非生命体化学的一个重要特征。构成蛋白质的氨基酸均是左旋的，糖类均是右旋的，核酸螺旋体构象也是右旋的。这些生命必需分子的同手性对于实现其功能至关重要。例如，实现酶的催化功能的一个先决条件是所有单体具有同手性，进而能够有规立构高效形成肽的折叠结构。由 L 型和 D 型氨基酸形成的蛋白质无法形成折叠结构，不具备酶的功能。由此可见，生命只能建立在同手性分子的基础上。

　　如何解释从非手性原料产生对映体过量（ee）的手性产物，并通过进化实现从很低 ee 值到形成同手性的生物分子，是一个广受关注的课题，而绝对不对称合成（absolute asymmetric synthesis）[503,504]结合不对称自催化（asymmetric autocatalysis）[505,506]则提供了一种有说服力的解释。绝对不对称合成是指在无外界手性催化剂和手性试剂的条件下产生手性化合物的过程（对映体过量通常很小），为地球上最初手性的产生提供了解释。不对称自催化是指不对称反应中手性产物自身作为催化剂（或催化剂前体）的反应过程，往往伴随手性放大。特别是 Soai 自催化反应能实现从约 0.00005% ee 放大至超过 99.5% ee[507]，说明绝对不对称合成产生的具有微弱 ee 值的手性种子，有可能通过自催化实现手性放大，不断实现对映选择性富集，进而产生地球上最初的光学纯手性化合物，并进化成今天的手性世界。

研究绝对不对称合成和不对称自催化反应，不仅为生命的起源提供合理解释，也为手性物质的高效合成提供新途径。这两个概念已有相关综述介绍[503-506]，本节将简要介绍其背景和早期经典例子，重点讨论 2010 年以后的进展。

一、绝对不对称合成

1923 年，Bredig 等用"绝对不对称合成"来描述不外加手性诱导试剂，仅通过外部手性物理因素来诱导生成光学活性物质的方法[508]。由于某些绝对不对称合成过程中观察到的 ee 值完全是随机的，Mislow 等于 2003 年修订这一概念为"在不引入手性化学试剂或催化剂的条件下，由非手性原料合成手性产物的过程"[504]。

在引力场、电场或者磁场等环境中开展绝对不对称合成的尝试不少，但数据较难重复[503,509]。自从李政道和杨振宁于 1956 年发现弱核相互作用力具有不对称性以来，Vester 和 Ulbricht 把 β 衰变表现出的不对称性和生物分子的手性联系起来，提出衰变中产生的偏振电子能通过手性诱导实现绝对不对称合成，即手性从基本粒子水平转移到分子水平[510]。Bonner 等随后发现用天然反平行极化电子辐照外消旋亮氨酸，能获得对映体过量[511,512]。研究最多的是利用圆偏振光诱导及手性晶体参与的绝对不对称合成。

（一）圆偏振光诱导的绝对不对称合成

圆偏振光（CPL）是一种手性电磁辐射。化合物能吸收可见光或者紫外光，就可能在 CPL 诱导下实现绝对不对称合成。展现圆二色性的化合物的一个对映体与左旋或者右旋 CPL 的作用不等同，这一特性有望用于调控对映选择性。CPL 在宇宙中普遍存在，在形成星球的区域往往伴随有强烈的 CPL 辐射，如天蝎座方向的猫掌星云发出的光线中大约有 22% 的 CPL[513]。2016 年，空间探测首次在星际空间而不是陨石上监测到手性化合物，即在人马座 B2 恒星形成区内发现手性环氧丙烷分子，CPL 诱导的光化学反应可能是形成原因之一[514]。因此，研究 CPL 诱导的绝对不对称合成，有助于研究原始星云中的化学反应能否在 CPL 诱导下产生手性物质[515]。CPL 实现的绝对不对称合成有三类[503]：光分解、光拆分和光合成，大致原理如图 2-166 所示。

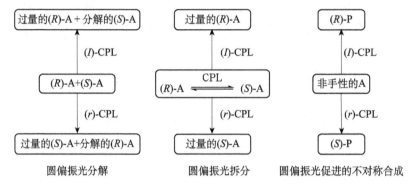

图 2-166　圆偏振光诱导的绝对不对称合成

(l)-CPL：左旋圆偏振光；(r)-CPL：右旋圆偏振光；
假设 (l)-CPL 诱导产生 R 构型化合物，(r)-CPL 诱导产生 S 构型化合物

在光分解反应中，CPL 优先促进外消旋化合物的一个对映体的分解，最终导致另一个对映体的过量，使得剩余化合物显示一定光学活性。例如，Balavoine 等发现外消旋樟脑在左旋 CPL 照射下降解了 99% 时，剩余原料具有 19.9% 的 ee 值[516]。Flores 等发现外消旋亮氨基酸在左旋或右旋 CPL 下光解约 75% 时，能以大约 2.5% 的 ee 值分别得到 R 构型或 S 构型的亮氨酸[517]。

光拆分则通过 CPL 选择性地使外消旋化合物的一个对映体从基态激发到激发态发生消旋化，从而导致另一个对映体过量。例如，Zhang 等研究了 CPL 促进的双键异构化，实现了轴手性外消旋化合物的拆分，尽管 ee 值仅有 0.07%～1.6%[518,519]。Hashim 等利用光照下偶氮的顺反异构，实现了 CPL 诱导的绝对不对称拆分，得到具有面手性的环状偶氮化合物[520]及具有轴手性的偶氮化合物（图 2-167）[521]。

CPL 促进的不对称合成指的是 CPL 促进的不对称反应得到手性产物。例如，Kagan 等利用 CPL 诱导的环化反应再结合碘促进的氧化反应，实现了从非手性芳基烯烃制备手性六螺烯，但 ee 值未超过 0.2%[522]。

（二）通过手性晶体实现的绝对不对称合成

分子手性是晶体手性的充分条件，但不是必要条件，不论非手性分子还是外消旋手性化合物都有可能形成手性晶体。自发不对称结晶可以形成左手或右手型晶体，这是由结晶过程所形成的第一颗晶体作为自动晶种，作用的结果不能预测，但可通过加入特定手性的晶种来影响晶体的手性。这一特

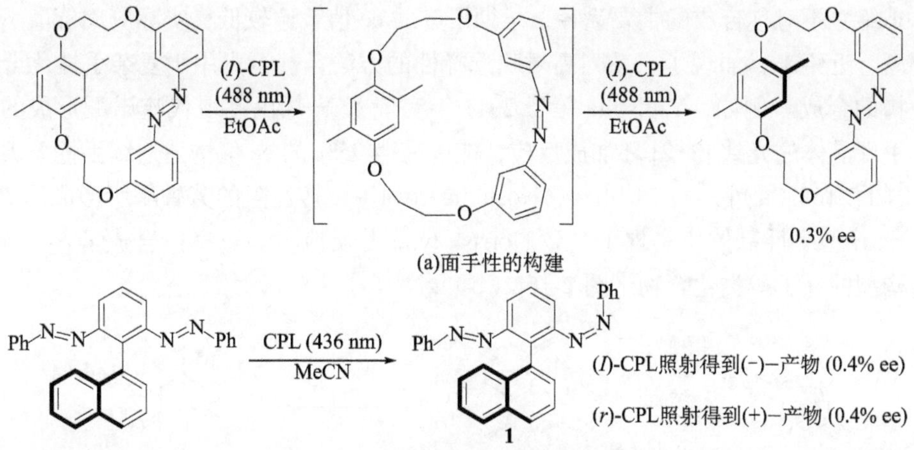

(a)面手性的构建

(b)轴手性的构建

图 2-167 CPL 促进的手性偶氮类化合物绝对不对称合成

点对实现绝对不对称合成很有帮助。此外，有些外消旋手性化合物的一对对映体在结晶过程中能各自聚结，自发地从溶液中以单一对映体晶体的形式析出，形成外消旋的晶体混合物（conglomerate），其特点是每一颗晶体中所含分子都是同手性的，而两种相反构型的晶体是等量的。

非手性分子可以通过形成手性晶体，进行固相绝对不对称合成。而外消旋手性化合物在形成手性晶体后，既可发生固相绝对不对称合成，也可通过手性"冻结"在溶液中发生不对称合成，还可通过 Viedma ripening（VR）方法，把外消旋晶体置于相应的外消旋化合物的饱和溶液中，通过研磨来促进晶体-溶液界面的相互作用，使其中一个对映体在溶液中消旋化，最后完全转化成另一个对映体组成的晶体。VR 方法从侧面说明了对称性破缺和完全转化的可能性，有助于解释地球上生命体中只有 L 型的氨基酸和 D 型的糖等同手性问题。

1. 固态绝对不对称合成

这类反应是由非手性分子首先自发结晶成为手性晶体，然后利用手性晶体的固相反应，通过晶体的手性实现不对称诱导，将反应物转化成具有分子手性的产物[523]。这类反应的不对称诱导完全是由晶体的手性引起的。需要指出的是，由于非手性分子自发结晶产生手性晶体的构型是随机的，因而由它反应得到的手性分子的构型也是随机的。首例手性晶体内的固态绝对不对称合成是 Penzien 和 Schmidt 于 1969 年实现的[524]。手性晶体的光反应是实现固态绝对不对称合成的主要途径，早期研究的 ee 值普遍较低，实际应用价值不高。近年来，涌现了一系列高对映选择性的方法，甚至可用于复杂手性化合物的合成。例如，Yagishita 等于 2011 年实现了 N-烯丙基取代喹诺酮形成的手性晶体的光致 [2+2] 环加成反应，能以高达 95% 的 ee 值构建连续手性季碳 [图 2-168（a）][525]。2014 年，Koshima 等利用旋转受阻的芳香酮所形成的 P 或 M 型手性晶体，实现了光致 Norrish type Ⅱ 反应，高选择性合成了 S 或 R 构型的环丁醇类化合物 [图 2-168（b）][526]。

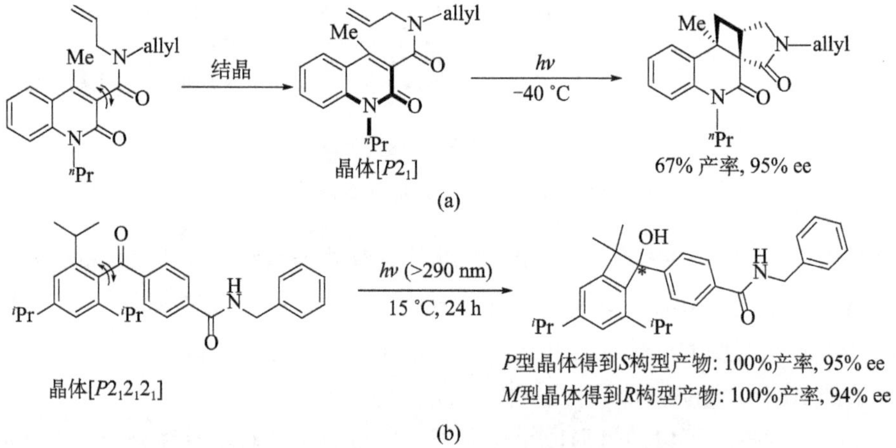

图 2-168　高立体选择性光激发固态绝对不对称合成

2. 手性冻结实现的绝对不对称合成

在固态绝对不对称合成中，因为很难在不破坏晶格结构的情况下，让试剂与手性晶体内部的分子发生反应，因而大多数固态绝对不对称合成都是不破坏晶体的光化学反应。而通过"气-固"两相反应的绝对不对称合成，对映选择性普遍较低。一种新策略是在低温下溶解外消旋化合物形成的手性晶体，选择适当条件（通常是低温）使其溶解并在外消旋化之前在溶液中转化成手性产物，这一过程称为手性冻结的"绝对"不对称合成（图 2-169）。使用单一对映体形成的手性晶体，相当于使用光学纯的底物，反应的对映选择性往往较高。该策略由 Tissot 等最先用于手性二膦烷金属配合物的合成[527]，下面介绍近期成功的例子。

噁唑烷酮化合物在低温下或晶体中由于围绕酰胺与苯环之间的 σ 键旋转受阻而具备轴手性。Alezra 小组通过自发不对称结晶以克级规模得到单一构型 (αS)- 型噁唑烷酮化合物构成的手性晶体（轴手性在室温下消失），并在

−78 ℃下将其溶解，实现了手性冻结并发生烷基化反应，利用轴手性控制中心手性的构建，以 90% ee 合成 S 构型 α-氨基酸衍生物（图 2-170）[528]。

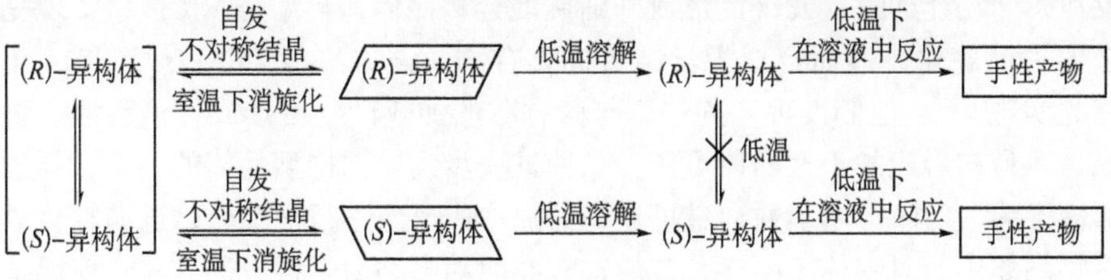

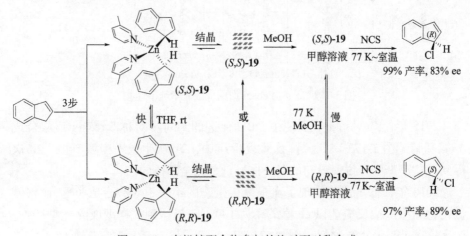

图 2-169　手性冻结实现的绝对不对称合成

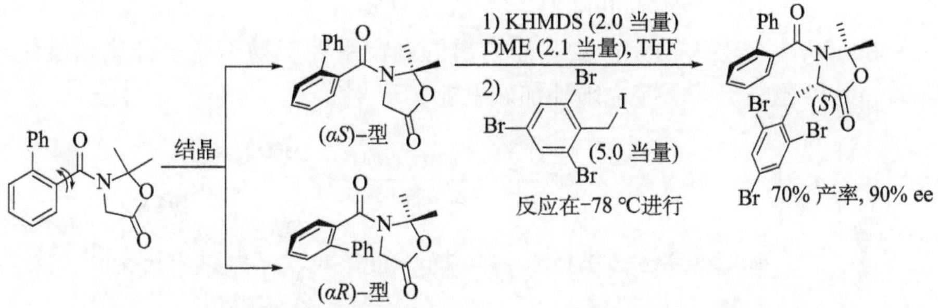

图 2-170　通过手性冻结实现不对称烷基化反应

　　金属配合物也可通过自发结晶拆分来实现手性冻结。例如，Lennartson等和 Olsson 等从茚出发制备了外消旋络合物 **19**，并通过自发结晶和拆分得到手性晶体 (S,S)-**19** 和 (R,R)-**19**，将它们分别在 77 K 下溶解后与 NCS 反应，能以高 ee 值得到 R 或 S 构型的手性 1-氯茚（图 2-171）[529,530]。

图 2-171　有机锌配合物参与的绝对不对称合成

3. Viedma ripening 方法实现的绝对不对称合成

这类反应是在无手性诱导因素下，非手性原料与试剂在溶液中发生可逆反应，产物能通过自发结晶形成外消旋混合物晶体，再结合 VR 过程实现完全的去消旋化，进而合成光学纯目标化合物。该方法由 Vlieg 等于 2014 年首先实现[531]。他们发现，查尔酮与茴香胺的加成产物可形成外消旋混合物晶体。最初形成的手性晶体可作为晶种进一步诱导同构型晶体的增长，导致溶液中另一对映体增多并通过可逆的共轭加成反应进行消旋化，进而转化成手性晶体中的对映体（图 2-172）。这种类似动态动力学拆分的方式，使得某一对映体构成的手性晶体持续增加，最终得到光学纯产物。手性晶体随机产生，因此两种构型产物均可得到。68 次重复实验中，39 次获得光学纯 S 构型产物，29 次获得 R 构型产物。需指出的是，手性产物不能自催化该反应。Sakamoto 等还发现该反应无须外加碱就能实现[532]。

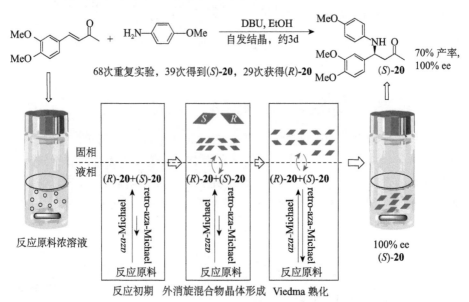

图 2-172　*aza*-Michael 加成合成光学纯手性胺

2015 年，Kawasaki 等实现了 DBU 促进的绝对不对称 Strecker 反应合成 α-氨基腈（图 2-173）[533]。43 次重复反应中，21 次生成 S 构型产物，22 次得到 R 构型产物，说明最初的对映体过量是完全随机的。

2016 年，梅雪锋等实现了血根碱衍生物的绝对不对称合成[534]。血根碱氯化物和甲醇钠反应能以 ee 值最高为 100% 随机得到 S 构型或 R 构型产物，产率均在 15%～30% 之间（图 2-174）。

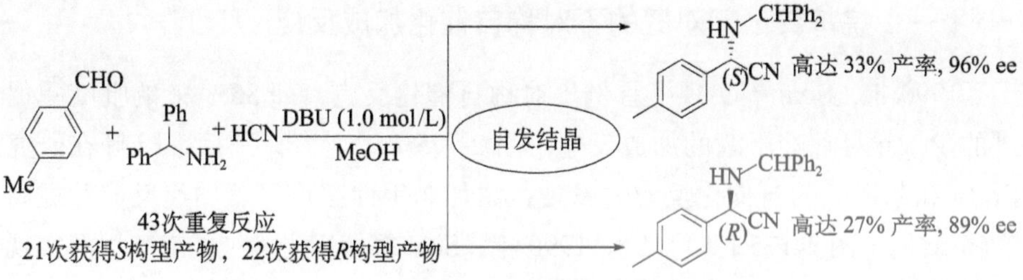

图 2-173　绝对不对称 Strecker 反应

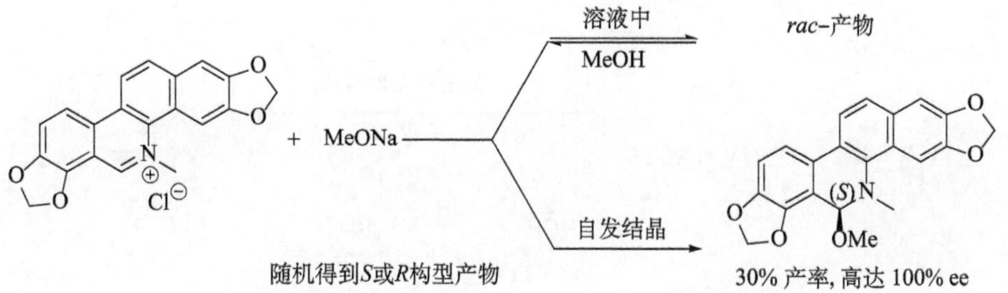

图 2-174　绝对不对称合成手性血根碱衍生物

二、不对称自催化

　　1953 年，Frank 基于统计理论首次提出不对称自催化的动力学概念[535]。他认为在开放流通体系中，两种非手性试剂反应通常得到由对映体 R 和 S 等量形成的外消旋产物，但当反应处于亚稳态时，可能会由于统计涨落规律出现某一对映体如 S 过量的情况。此时，如果 S 对映体能在催化自身形成的同时抑制其对映异构体 R 的生成，由于有更多 S 对映体存在，则其生成被加速，而 R 对映体的形成则被减慢。这两种互相加强作用的结果，最终会导致反应体系中对映体 S 过量。1969 年，Calvin 提出了立体专一性自催化的概念[536]，Wynberg 更于 1989 年定义不对称自催化为"由不对称反应生成的手性产物本身作为该反应催化剂的反应过程"，并预言其将成为新一代不对称催化反应[537]。由于手性催化剂与手性产物相同，自催化具有以下优点[538]：①效率更高：手性催化剂的含量随反应进程增加，使反应不断被加速；②更易纯化：无须分离手性催化剂和产物；③可进行连续操作，因为手性产物本身可催化下一次反应。Soai 教授在这一领域做出了卓越的贡献。

（一）烷基锌试剂对醛的不对称自催化加成反应

1990年，Soai等实现了首例不对称自催化反应，即86% ee 的吡啶醇促进的 $^iPr_2Zn$ 对吡啶甲醛的加成反应 [图 2-175（a）][539]。随后，Li 等在研究 Et_2Zn 和苯甲醛的自催化反应时发现，添加非手性胺可显著加速反应并提高产物 ee 值 [图 2-175（b）][540]。1996年，Soai等使用光学纯的嘧啶甲醇实现了首例高对映选择性的不对称自催化反应 [图 2-175（c）][541]。

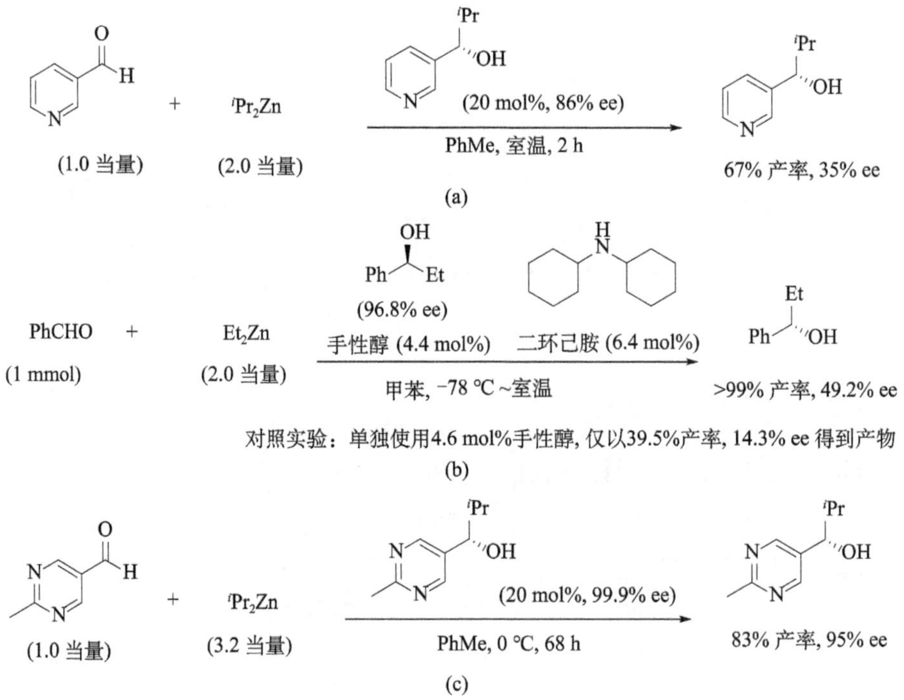

图 2-175　早期不对称自催化反应探索

不对称 Soai 自催化反应可实现显著的手性放大[542]。甚至使用仅 0.00005% ee 的产物作为配体，经过三次连续自催化反应，就以当量产率得到接近光学纯的手性嘧啶醇（图 2-176）[507]。在没有其他手性诱导因素下实现 ee 值放大 1 990 000 倍，暗示着在地球前生物时期，通过圆偏振光等诱导产生的微弱手性有可能通过不对称自催化不断地进行放大和富集，从而产生光学纯的手性化合物。

这种放大效应可用正的非线性效应[543]来解释。Gridnev 等通过核磁和理论计算认为，手性醇与锌试剂形成的同手性二聚体 I 具有高催化活性，而异

手性二聚体 Ⅱ 则活性很低 [544]，与通常关于正的非线性效应的解释相吻合。

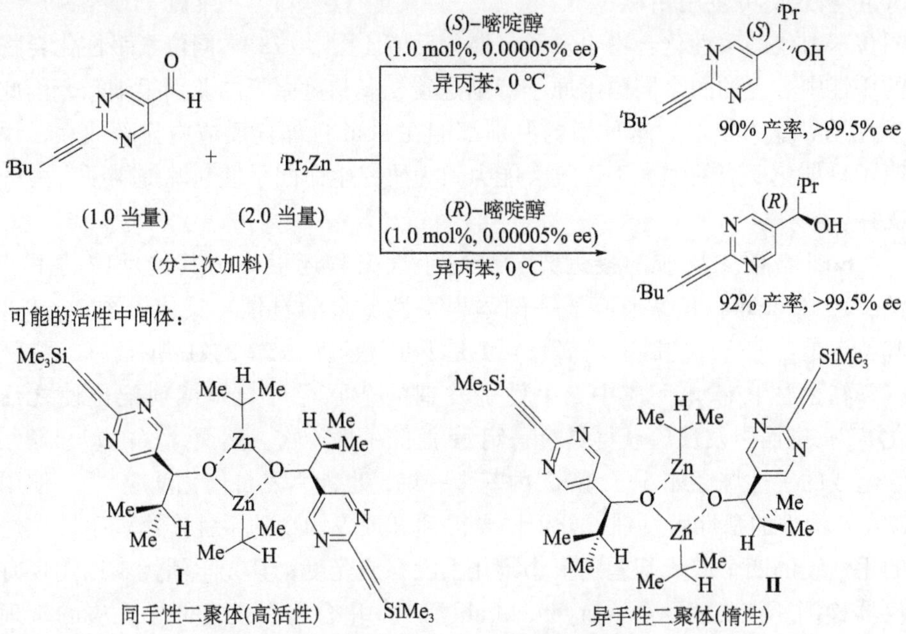

图 2-176 不对称自催化反应

利用外加手性引发剂促进形成具有一定 ee 值的手性产物也能诱发自催化反应。Soai 等使用 0.1% ee 的 S 或 R 构型的手性胺作为引发剂，成功实现了自催化反应（图 2-177）[545]。此外，具有螺旋手性的 [6]– 螺烯 [546] 和单壁碳纳米管分子 [547]、轴手性的 1,1′- 联二萘 [548] 及平面手性的 [2,2] 对环芳烃 [549] 等均可引发实现 Soai 自催化反应。在使用同一手性引发剂时，通过添加非手性化合物同样能实现产物绝对构型的翻转 [550,551]。

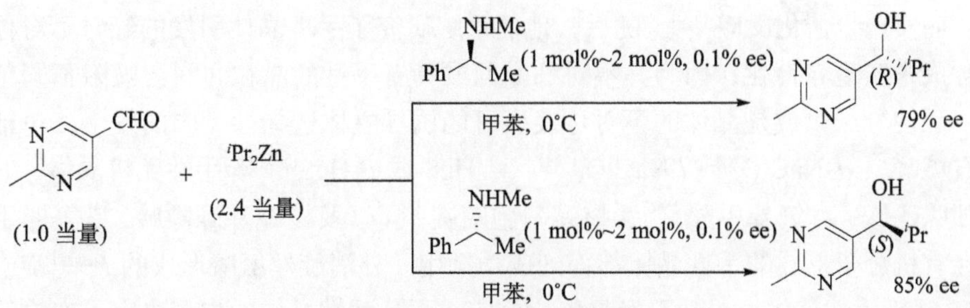

图 2-177 手性胺引发的不对称自催化反应

Soai 自催化反应还能由不同同位素取代形成的手性化合物来引发。除了

α-氘代苯甲醇[552]、氘代甘氨酸和 α-甲基-d_3-丙氨酸[553]可作为手性引发剂，Soai 等还成功使用由碳（$^{12}C/^{13}C$）[554]、氧（$^{16}O/^{18}O$）[555]或氮（$^{14}N/^{15}N$）[556]同位素取代的手性化合物引发了自催化反应（图 2-178）。同位素手性化合物的手性中心上的两个同位素原子特别是碳、氧和氮原子的差别很细微，因此手性诱导能力很弱。这种微弱差别都能在 Soai 自催化反应中显著放大，说明了自催化反应的强大手性放大能力，为研究生命同手性起源提供了有力的支持。

Soai 自催化反应的接近光学纯的手性产物还可作为其他反应的手性源[557]。Amedjkouh 等报道了一例远程手性放大的自催化反应（图 2-179），其特点是自催化反应的引发剂 (S)-21 是下步反应产物 22 的对映体[558]。

在上述自催化反应中，手性引发剂的杂原子可与锌试剂配位使之活化[559]，进而引发反应获得具有一定 ee 值的手性产物。然而，仅由碳和氢元素组成的手性烷烃如 5-乙基-5-丙基十一烷，也能引发自催化反应[560]。使用 S 或 R 构型的手性引发剂，分别诱导得到 R 或 S 构型的手性产物。手性烷烃的手性碳的四个取代基差别很小，几乎没有旋光度，其光学活性难以用现有仪器检测。该类隐手性（cryptochirality）[561]化合物引发自催化反应的机理还需研究，但由于引发剂和 Soai 自催化反应产物的绝对构型之间存在一定关联，可望用产物的绝对构型来判断引发剂及其类似物的构型。

（二）基于绝对不对称合成的不对称自催化反应

鉴于 Soai 自催化反应能实现显著的手性放大，探索利用绝对不对称合成产生的很低 ee 值的手性产物来引发自催化，有助于解释手性起源这一重大科学问题。

Soai 等首先利用 CPL 光解外消旋嘧啶醇来产生具有一定 ee 值的手性醇，从而实现自催化反应[562]。随后，他们系统研究了手性晶体引发的绝对不对称合成来实现自催化，因为其不对称晶面或具有手性的晶粒之间会吸附不同单一手性分子，或是晶体的不对称表面可能诱导立体选择性反应的发生，包括石英[563]、d-NaClO$_3$ 或 l-NaClO$_3$[564]、M-HgS 或 P-HgS[565]等手性无机晶体，β-吲哚乙胺 / 对氯苯甲酸[566]、核碱基胞嘧啶[567,568]及核碱基腺嘌呤[569]等非手性有机分子形成的手性晶体都得到成功运用。外消旋丝氨酸形成的 P-螺旋或 M-螺旋手性晶体也成功引发自催化反应，而且手性晶体的构型决定了产物的构型（图 2-180）[570]。

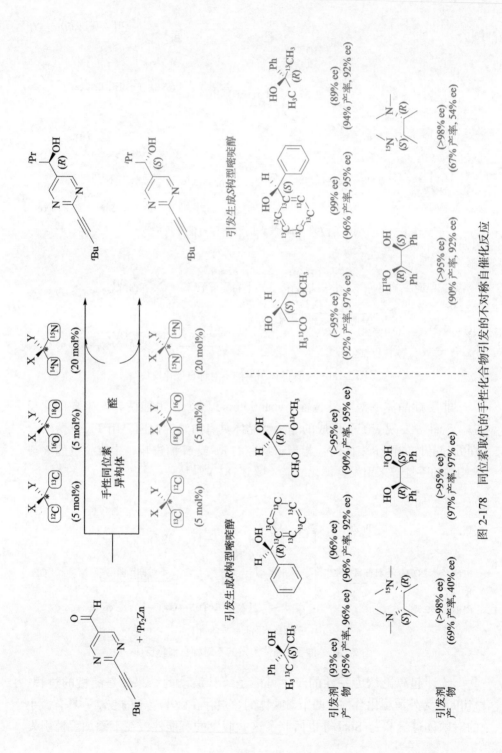

图 2-178 同位素取代的手性化合物引发的不对称自催化反应

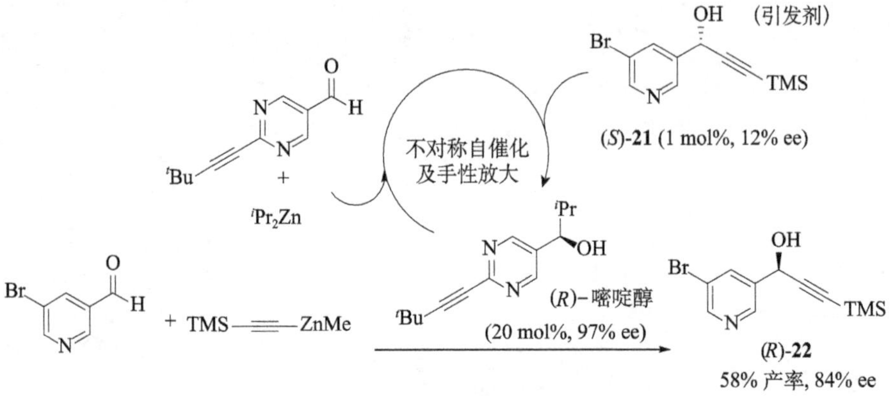

图 2-179　远程放大的不对称自催化反应

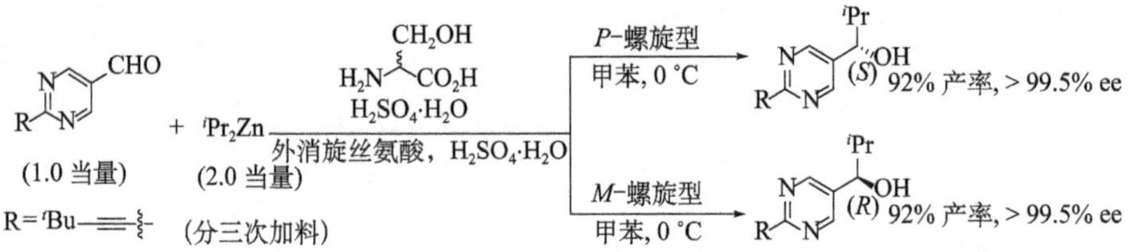

图 2-180　手性晶体引发的不对称自催化反应

非手性晶体的对映异位面（enantiotopic face），也能诱导发生自催化反应。Soai 等发现嘧啶醛形成的非手性晶体具有对映异位面。用 $^iPr_2Zn$ 蒸气分别处理晶体的两个表面时，相当于从醛的 Re 或 Si 面进攻，生成少量的 R 或 S 构型的手性醇来引发自催化反应（图 2-181）[571]。

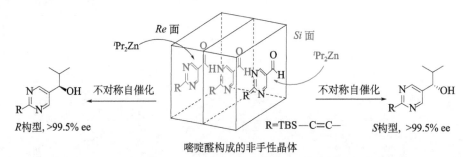

图 2-181　非手性晶体引发的不对称自催化反应

统计起源论认为手性的产生可能是统计波动的结果，是随机的过程。Mills 认为外消旋化合物的两个对映体的数量存在微小范围的波动，具有微小的对映体过量[572]。Soai 等也研究了这一假设的可能性，在不添加手性引发剂的情况下，利用随机产生的微小对映体过量，通过自催化的手性积累催化循环实现手性放大，获得了较高对映选择性的手性醇（图 2-182）。37 次反应尝试，19 次以 S 构型为主，18 次以 R 构型为主，说明产物最初的对映体过量是随机分布的[573]。使用非手性胺[574]或非手性硅胶[575]作引发剂，也得到类似结果。

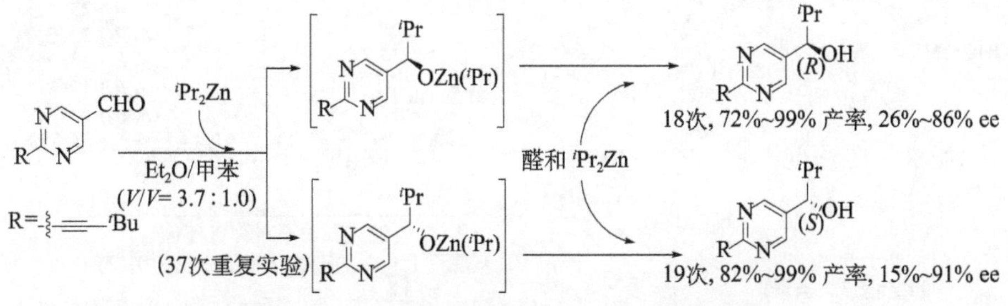

图 2-182　无引发剂条件下的不对称自催化反应

（三）不对称自催化反应的应用

不对称自催化反应也具有潜在的应用价值。例如，利用自催化反应实现含有多手性中心的大分子自我复制，可以高效合成手性大分子。2014 年，Soai 等发现具有六个手性碳的大分子手性醇 **23** 具有良好的自我复制和修复能力[576]。利用 **23** 作为引发剂，经过五次连续自催化反应，最终实现手性放大 92 000 倍，得到具有单一构型的手性大分子 (S_6)-**23**（图 2-183）。

尽管 Soai 自催化反应的研究已很深入系统，但是仍然需要发现新的自催化反应，这对于研究生命体系手性的起源也很有必要。由于这类反应本身的特殊性，其反应类型不多。Panosyan 等报道了首例不对称自催化还原反应[577]，手性吡啶二醇是反应的手性源（图 2-184）。

Blackmond 等发现脯氨酸催化的不对称氧胺化反应是一类新的自催化反应（图 2-185）。反应初期得到的产物与脯氨酸作用形成更高效的催化物种来促进后续反应[578]。

Mauksch 等实现了首例有机催化的不对称自催化 Mannich 反应[579]，手性氨基酸衍生物是反应的催化剂和产物［图 2-186（a）］。王智刚等发现手性 β-氨基醛也能自催化异戊醛的类似反应［图 2-186（b）］[580]。

Carreira 等发现炔基锌与三氟甲基酮的不对称反应存在自催化现象（图 2-187）[581]。产物 (S)-**25**、手性氨基醇 **24** 和 Et_2Zn 形成的配合物是反应的催化剂，单纯使用手性氨基醇 **24** 或产物 (S)-**25** 作为配体时结果均不理想。

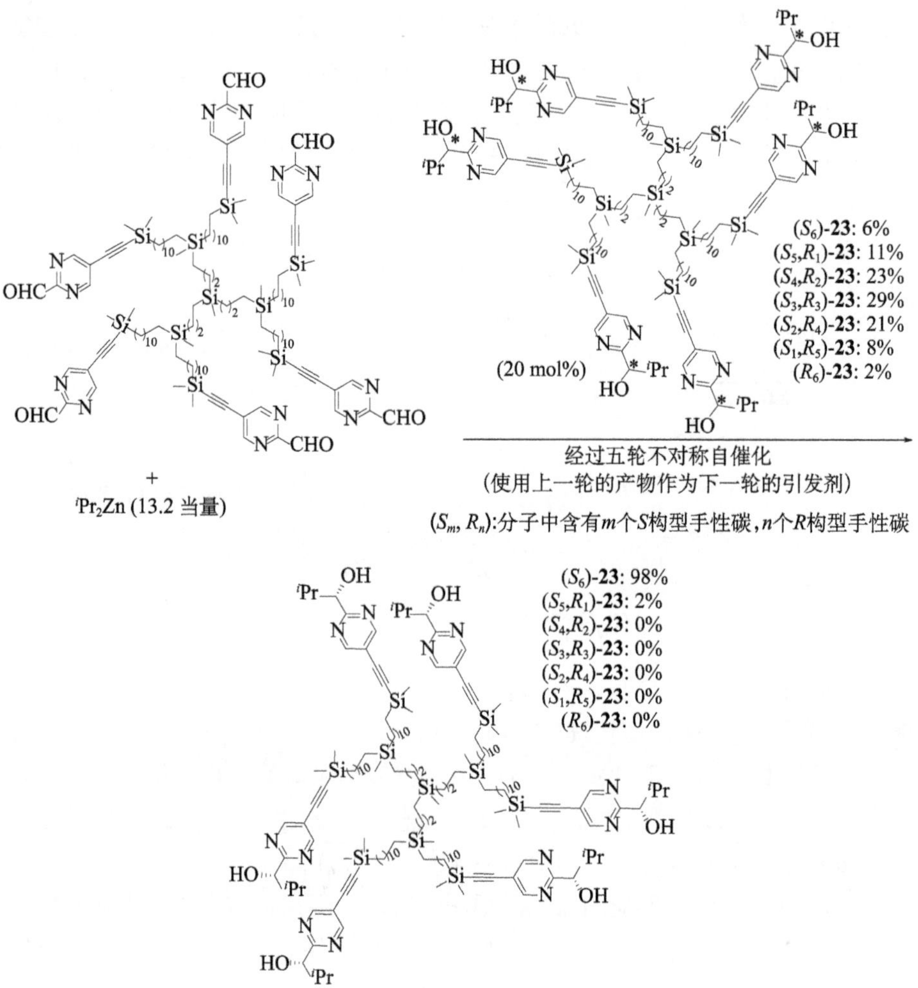
+
$^{i}Pr_2Zn$ (13.2 当量)
(20 mol%)
(S_6)-**23**: 6%
(S_5,R_1)-**23**: 11%
(S_4,R_2)-**23**: 23%
(S_3,R_3)-**23**: 29%
(S_2,R_4)-**23**: 21%
(S_1,R_5)-**23**: 8%
(R_6)-**23**: 2%
经过五轮不对称自催化
(使用上一轮的产物作为下一轮的引发剂)
(S_m, R_n):分子中含有m个S构型手性碳,n个R构型手性碳
(S_6)-**23**: 98%
(S_5,R_1)-**23**: 2%
(S_4,R_2)-**23**: 0%
(S_3,R_3)-**23**: 0%
(S_2,R_4)-**23**: 0%
(S_1,R_5)-**23**: 0%
(R_6)-**23**: 0%

图 2-183　不对称自催化反应构筑手性大分子骨架

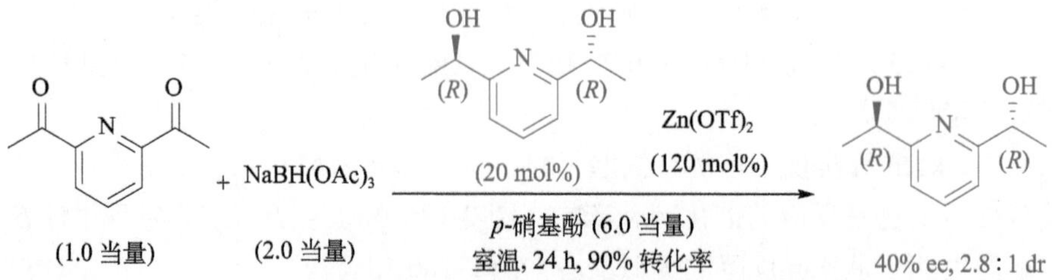
(1.0 当量)
+ NaBH(OAc)$_3$
(2.0 当量)
(20 mol%)
$Zn(OTf)_2$
(120 mol%)
p-硝基酚 (6.0 当量)
室温, 24 h, 90% 转化率
40% ee, 2.8 : 1 dr

图 2-184　自催化不对称氢化反应

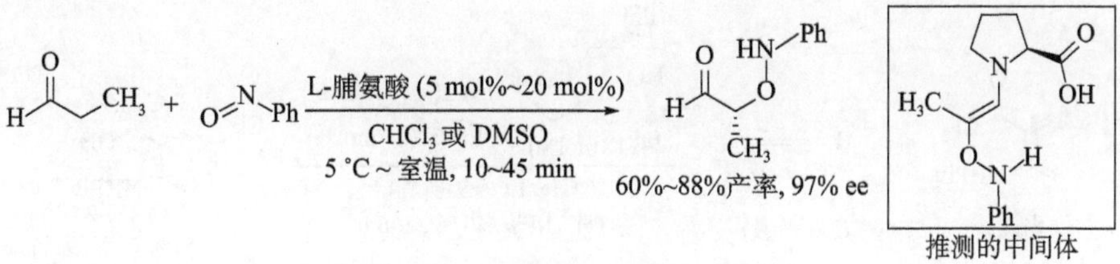

图 2-185 自催化不对称氧胺化反应

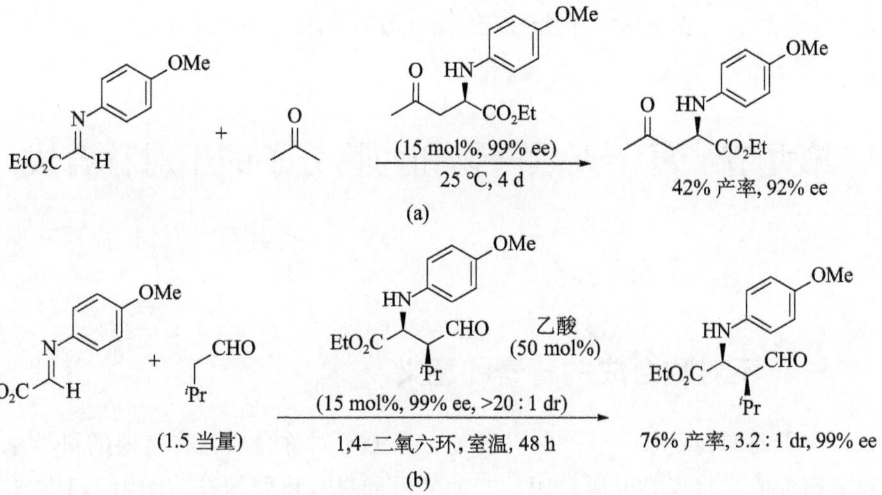

图 2-186 自催化不对称 Mannich 反应

三、展望

近年来，绝对不对称合成和不对称自催化方面的研究取得了一些进展，为光学活性化合物的合成提供了一个新的思路。利用手性晶体的绝对不对称合成已在多种反应中实现了高对映选择性。不对称自催化反应也能用于解决一些难题，如手性大分子合成以及手性化合物的绝对构型测定等。更为重要的是，这两个概念的结合使得人们对手性的起源有了新的认识，并对探索自然界同手性的起源这一人们普遍关心的问题具有指导意义。尽管如此，这方面的研究还属于较新的领域，富有机遇和挑战。我们相信，随着一些瓶颈问题如有机化合物手性晶体的高效形成等的解决，以及对反应机理的深入了解，会涌现出更多的绝对不对称合成和不对称自催化反应，并得到应用。

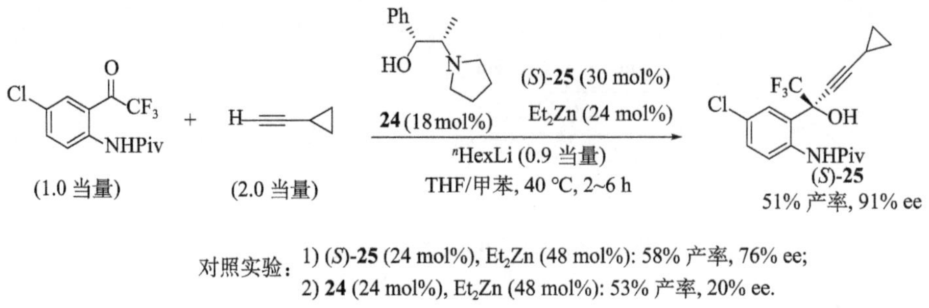

图 2-187　手性金属配合物引发的不对称自催化反应

第九节　复杂天然产物和药物分子的不对称合成

岳建民　涂永强　王少华

一、不对称合成的背景和意义

　　众所周知，复杂天然产物和药物分子的不对称合成具有重要的科学意义和应用价值，对人类健康和医药产业的发展具有重要的推动作用。手性天然产物和药物分子对映体之间的药理活性往往存在很大的差异，有的对映体会产生严重的毒副作用甚至具有相反的生物活性[582-584]。最具代表性的例子是曾在现代医学史上造成巨大灾难的"反应停"（Thalidomide）事件。"反应停"对孕妇早期的妊娠反应具有良好的缓解作用，在 20 世纪 60 年代，以外消旋体形式用于临床，但该药物在有效减轻孕妇早期呕吐症状的同时，也导致大量"畸形婴儿"出生。进一步的研究显示，其 R 构型对映体具有减轻妊娠反应的作用，而其 S 构型对映体则会导致胎儿畸形（图 2-188）。其他类似的例子如下：(2S,3R)- 丙氧芬是止痛药，而 (2R,3S)- 丙氧芬则是镇咳药；L-多巴（L-Dopa）用于治疗帕金森病，而其对映体则无治疗效果，不被体内酶所代谢，长期积累还可能对人体健康造成影响；氨氯地平的 (S)- 异构体具有抗心绞痛、高血压、充血性心力衰竭的作用，而其 (R)- 异构体可用于预防和治疗动脉粥样硬化。

　　随着人们对手性药物认识的不断深入，严格管控其对映体纯度也逐步法制化。美国食品药品监督管理局率先在 1992 年发布手性药物指导原则，要求

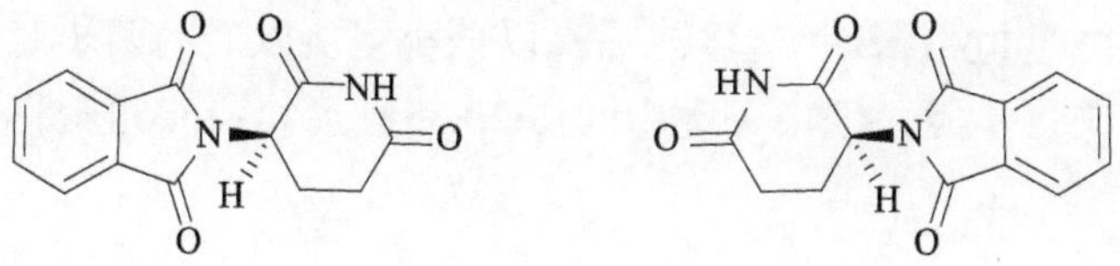

(R)-Thalidomide
镇静作用

(S)-Thalidomide
致畸副作用

图 2-188　反应停两种对映体的生理活性差别

上市的药物尽可能为光学纯，否则生产商必须明确药物中各对映体的药理作用、毒性和临床效果。因此，手性药物的不对称合成已成为当今药物研发的必然趋势，也使得具有生物活性的复杂天然产物和手性药物的化学合成，特别是含多个手性中心的复杂分子的不对称合成成为当今有机化学的前沿研究领域之一，极具挑战性。上述工作的开展，也极大地促进了有机合成化学的理论和方法的创新与发展。

二、不对称合成简史和进展

在 19 世纪，Fischer 首先利用氢氰酸和糖进行反应，最早地实现了氰羟化物异构体的不对称合成。100 多年以来，手性分子的合成经历了从手性拆分、手性底物诱导、手性助剂诱导到不对称催化反应等四个阶段。

（一）手性拆分

手性拆分 [584-586] 是通过物理学、化学或生物学等方法将外消旋体分离成一对单一对映体的过程。1891 年，Fischer 等 [587] 在 D-葡萄糖的合成过程中发现将两对消旋的中间体 D,L-果糖（fructose）和 D, L-甘露糖（mannose）放入酵母中可以分别得到单一对映体 β-L-果糖和 L-甘露糖。1957 年，Sheehan[588] 在对青霉素 V 的全合成中，利用马钱子碱（Brucine）与消旋的中间体 N-甲酰基-亚异丙基-DL-青霉胺（N-formyl isopropylidene-DL-penicillamine，DL-26）反应生成一对对映体的盐，其 D 构型可选择性地结晶，酸化后便可得到单一构型的中间体 D-26 ［图 2-189（a）]。1958 年，Woodward 等 [589] 在合成利血平（Reserpine）的过程中，利用 (–)-利血平的 (+)-樟脑磺酸盐（CSA）在甲醇中较差的溶解性和良好的结晶性，成功地对消旋的 (±)-利血平进行了化学拆分 ［图 2-189（b）]。2001 年，Liebeskind 等 [590] 通过一个酶催化的动力学拆分反应，成功地以 47% 的产率得到近乎光学纯的烯丙醇化合物 27 ［图 2-189（c）]。从该化合物出发，制备得到光学纯的

TpMo(CO)$_2$(pyridinyl) 复合物 **28** 之后，以该小组所发展的两步脱氢烷基化加成反应作为关键步骤，经由关键中间体 **29** 完成了 (–)-Indolizidine 209B 的不对称合成。

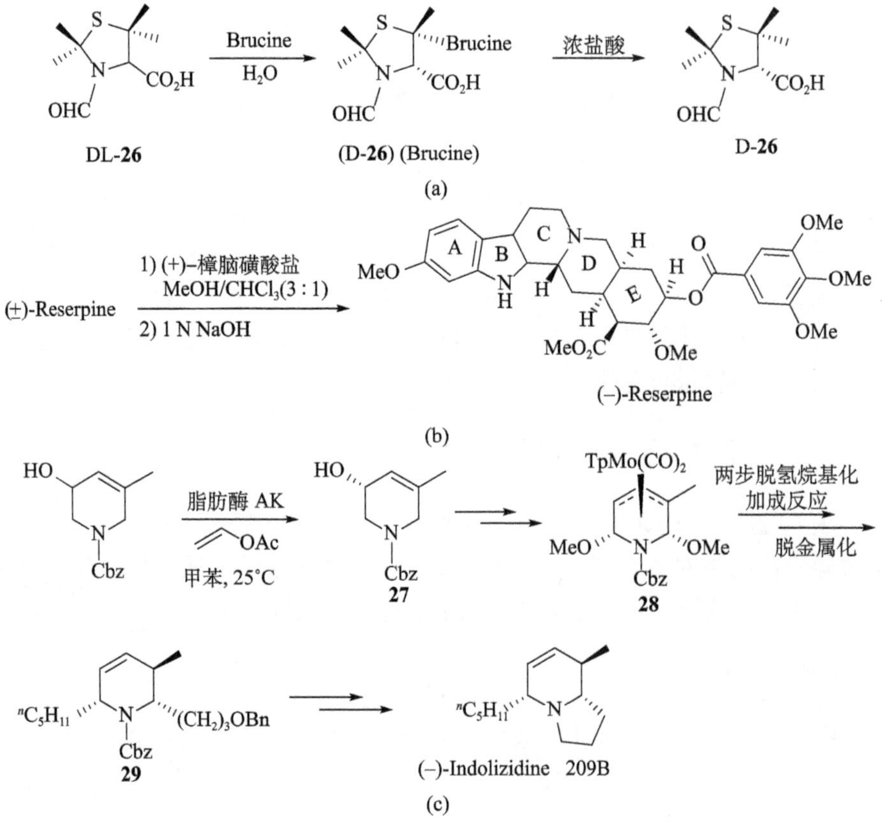

图 2-189　基于手性拆分合成手性药物及天然产物分子

（二）手性底物诱导的不对称合成

手性底物诱导的不对称合成[501]是利用手性源化合物经化学反应得到新的手性中间体实现天然产物合成的一种模式。廉价易得光学纯的天然产物常常是理想的手性源。20 世纪 70 年代，Stork 等[591,592]利用 D-葡萄糖作为手性源合成了前列腺素（PGF$_{2\alpha}$）（图 2-190）。在该过程中，D-葡萄糖经过氢氰酸开环等步骤生成中间体 **30**，随后发生 Johnson-Claisen 重排，再经与烯丙基溴代物 **32** 反应引入另一条侧链便完成了前列腺素的不对称全合成。

2016 年，Trauner 等[593]从天然谷氨酸的衍生物 **33** 出发，先得到烯炔化

合物 **34**，再通过一个分子内 Pauson-Khand 反应获得关键中间体 **35**。然后，经由共轭加成反应构筑所需手性季碳中心，并通过分子内的 Mannich 反应得到三环中间体 **36**。最后，他们采用分子内的羟醛反应和双键的氧化／胺缩醛化反应实现天然产物 (+)-Lycopalhine A 的不对称合成（图 2-191）。

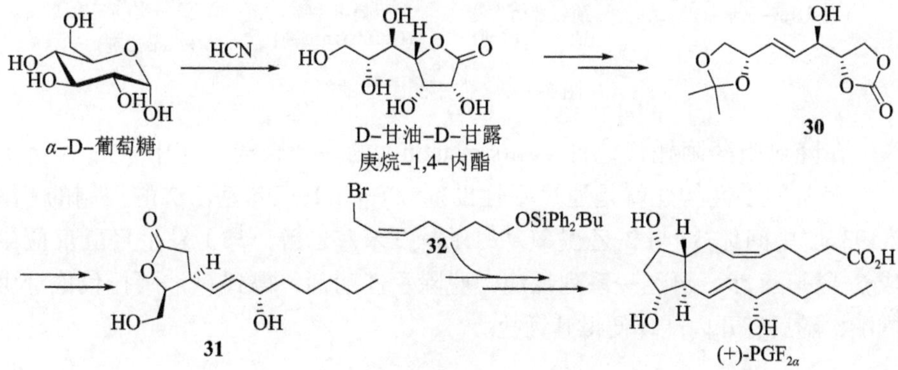

图 2-190 前列腺素（PGF$_{2\alpha}$）的全合成

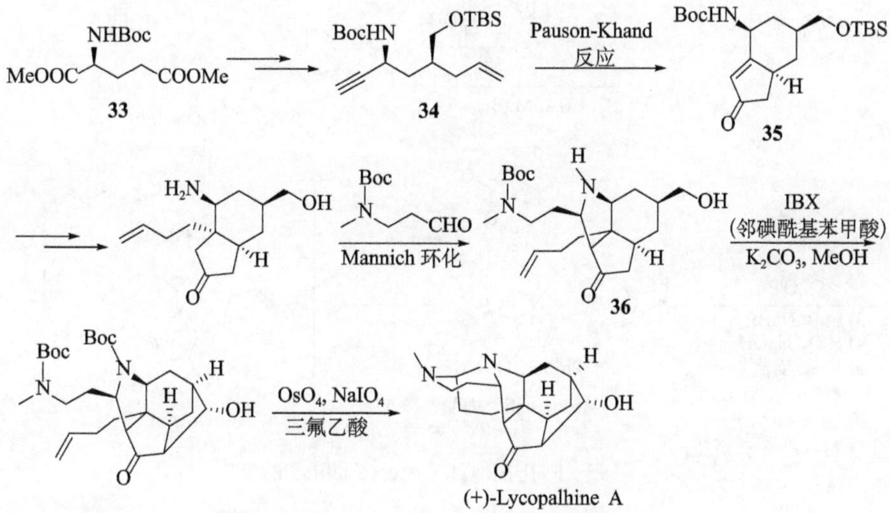

图 2-191 (+)-Lycopalhine A 的不对称全合成

（三）手性助剂诱导的不对称合成

手性助剂诱导的不对称合成 [501] 是借助手性助剂与反应底物作用形成手性中间体，经不对称反应衍生新的手性中心后，脱除并回收手性助剂，得到手性产物的合成模式。常用的手性助剂有 (S)-1,1,2-三苯基乙二醇、脯氨酸衍生物、樟脑衍生物和 N-酰基噁唑烷酮类等（图 2-192）。

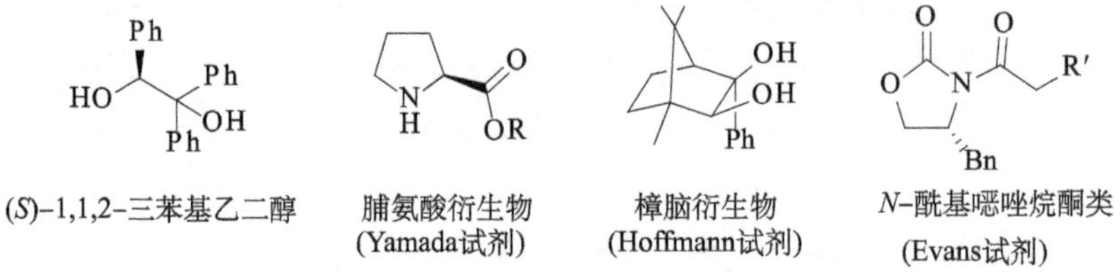

(S)-1,1,2-三苯基乙二醇　　脯氨酸衍生物　　樟脑衍生物　　N-酰基噁唑烷酮类
　　　　　　　　　　　　　　（Yamada试剂）　（Hoffmann试剂）　（Evans试剂）

图 2-192　常用的手性助剂

在降血脂药阿托伐他汀（Atorvastatin）的一个合成工艺中[594]，N 链上两个羟基的手性构建就是通过手性助剂 (S)-1,1,2-三苯基乙二醇控制的（图 2-193）。中间体 37 与 2-乙酰氧基-1,1,2-三苯基乙醇（38）发生羟醛反应生成 β-羟基酯 39，再经一系列反应，脱除手性助剂，得到 (+)- 阿托伐他汀戊内酯，随后打开内酯环便得其钙盐。

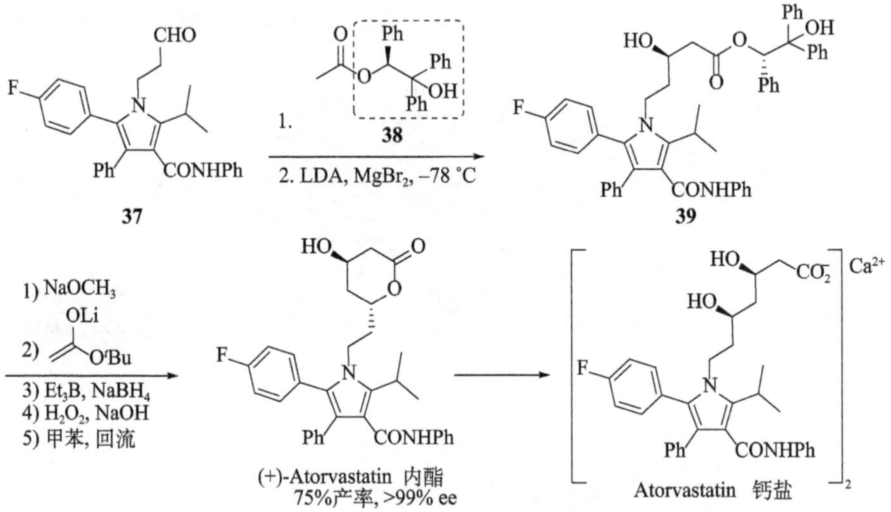

图 2-193　阿托伐他汀（Atorvastatin）的合成

Crimmins 和 Caussanel[595] 在其发展的抗癌活性天然产物 FD-891 的不对称合成路线中（图 2-194），通过 N-酰基硫酮噻唑烷化合物 40（Evans 试剂）的使用，成功地实现了三个关键手性片段中立体中心的对映选择性构筑。最终，他们经由 21 步化学转化成功实现了大环内酯 FD-891 的首次不对称全合成。

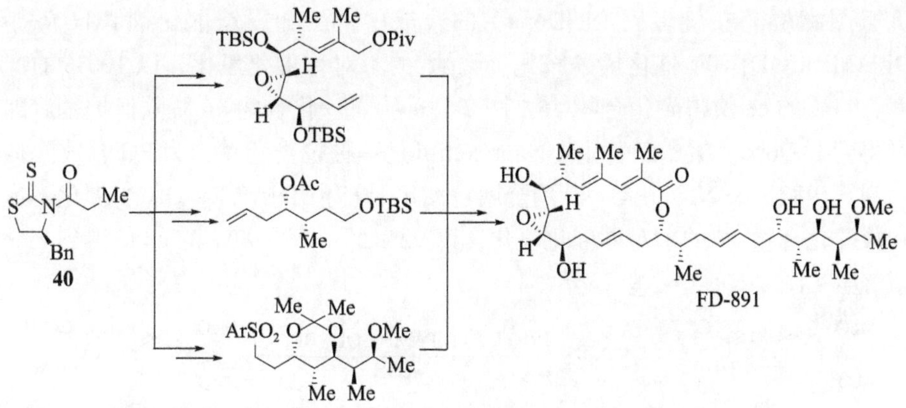

图 2-194　大环内酯 FD-891 的首次不对称全合成

有机硼、硅、锌、铝等手性试剂也被广泛用作手性助剂来实现天然产物的不对称合成。例如，Tan 等[596]利用光学纯手性化合物 **41** 制备的手性锌试剂 **42** 与 2-三氟乙酰基-4-氯苯胺（**43**）反应得到产物 **44**。经重结晶后，产物 **44** 的 ee 值可以达到 99.3%。最后再与光气反应即得到依法韦仑（Efavirenz）（图 2-195）。

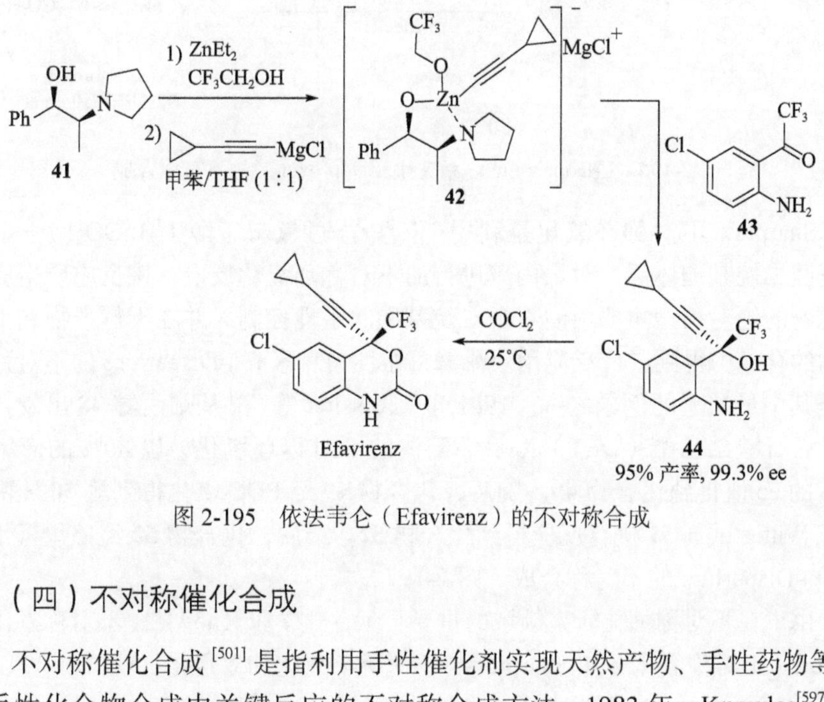

图 2-195　依法韦仑（Efavirenz）的不对称合成

（四）不对称催化合成

不对称催化合成[501]是指利用手性催化剂实现天然产物、手性药物等复杂手性化合物合成中关键反应的不对称合成方法。1983 年，Knowles[597]在抗震颤麻痹药左旋多巴（L-Dopa）的合成中，用金属铑催化剂 [Rh((R,R)-DiPAMP)COD]$^+$BF$_4^-$ 催化烯酰胺化合物 **45** 的不对称催化氢化，以 100% 的产率、95% 的 ee 值得到化合物 **46** [图 2-196（a）]。化合物 **46** 脱除保护基后即可得到 L-Dopa。(S)- 萘普生（Naproxen）是一种抗炎药物，为 PG 合成酶抑制剂。1987 年，Noyori 等 [598] 用金属钌催化剂 (S)-BINAP-Ru(OAc)$_2$ 催化不饱和羧酸化合物 **47** 的不对称催化氢化，以 92% 的产率、97% 的 ee 值得到 (S)-萘普生 [图 2-196（b）]。

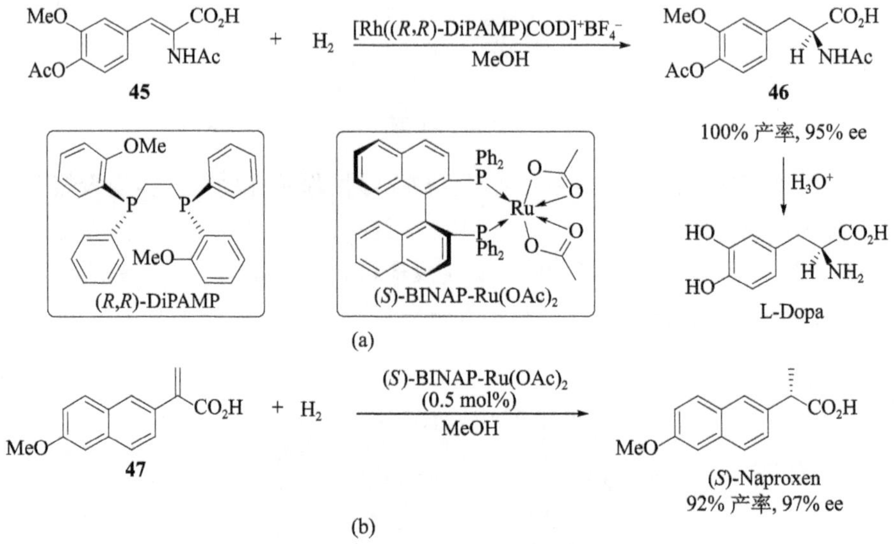

图 2-196　L-Dopa 与 (S)- 萘普生（Naproxen）的不对称合成

Sharpless 不对称环氧化是利用 Ti(O^{i}Pr)$_4$-过氧叔丁醇（^{t}BuOOH）- 手性酒石酸二烷基酯体系，对烯丙醇进行的不对称环氧化反应。该反应所生成环氧化物的绝对构型主要由酒石酸二烷基酯的手性控制，并在天然产物和手性药物的合成中得到了广泛应用。雌舞毒蛾性信息素 (+)-Disparlure 的不对称合成是其中最典型的例子之一。1981 年，Rossiter 等 [599] 从烯丙醇 **48** 出发，经 (−)- 酒石酸二乙酯（DET）为手性配体的不对称环氧化，以 80% 的产率和 91% 的 ee 值得到化合物 **49**。随后，化合物 **49** 经 PDC 氧化得到醛 **50**，醛 **50** 再与 Wittig 试剂 **51** 进行反应得到化合物 **52**。最后，化合物 **52** 经催化氢化完成 (+)-Disparlure 的不对称合成（图 2-197）。

由于在不对称催化研究领域的重要贡献，化学家 Knowles（不对称氢化）、Noyori（不对称氢化）和 Sharpless（不对称环氧化和双羟化）获得了 2001 年度诺贝尔化学奖。这是学术界对在催化不对称反应领域做出杰出贡献的科学家的极大肯定，也彰显了催化不对称反应的重要性。

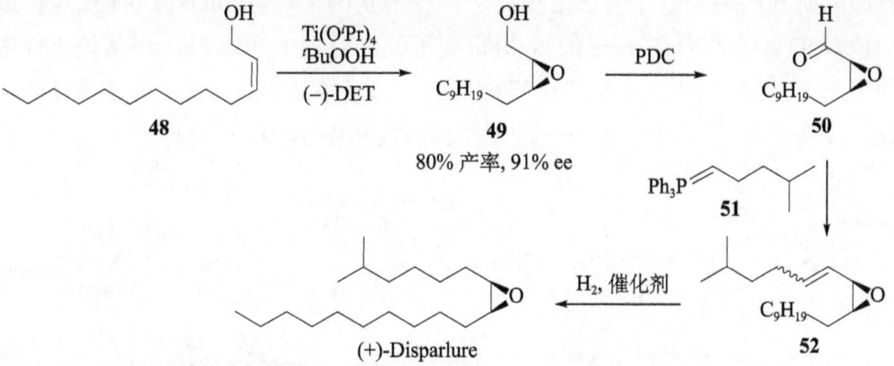

图 2-197　雌舞毒蛾性信息素 (+)-Disparlure 的不对称合成

　　此后，越来越多的金属催化的不对称反应被化学家们发展，并被应用到一系列生物活性天然产物的合成中。2011 年，Levin 等[600] 在 (+)-Salvileucalin B 的合成研究中，通过锌催化的不对称加成反应，实现了具有连氧手性中心的不对称构建，并经后续的官能团修饰得到环化异构化关键前体 53。从化合物 53 出发，经过环化异构化/水解串联反应得到了关键手性三环骨架中间体 54。最后，关键中间体 54 依次经分子内去芳化/环丙烷化反应、过渡金属催化的内酯化反应，以及醚的氧化反应等步骤，实现了 (+)-Salvileucalin B 的不对称合成（图 2-198）。

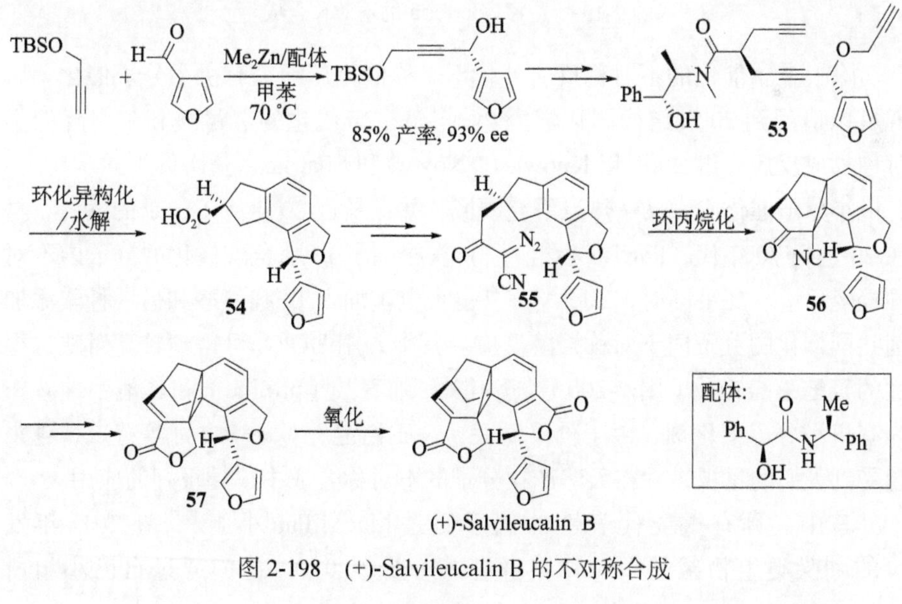

图 2-198　(+)-Salvileucalin B 的不对称合成

　　2010 年，Shimizu 等 [601] 报道了他们在活性天然产物 (–)-Hyperforin 合成方面的研究结果。基于自己发展的三价铁催化的不对称 Diels-Alder 反应，成功地以 93% 的产率和 96% 的 ee 值得到了关键手性中间体 **58**。再从该手性中间体出发，通过 Claisen 重排、羟醛反应，以及插烯 Pummerer 重排等反应步骤，成功实现了 (–)-Hyperforin 的不对称合成（图 2-199）。

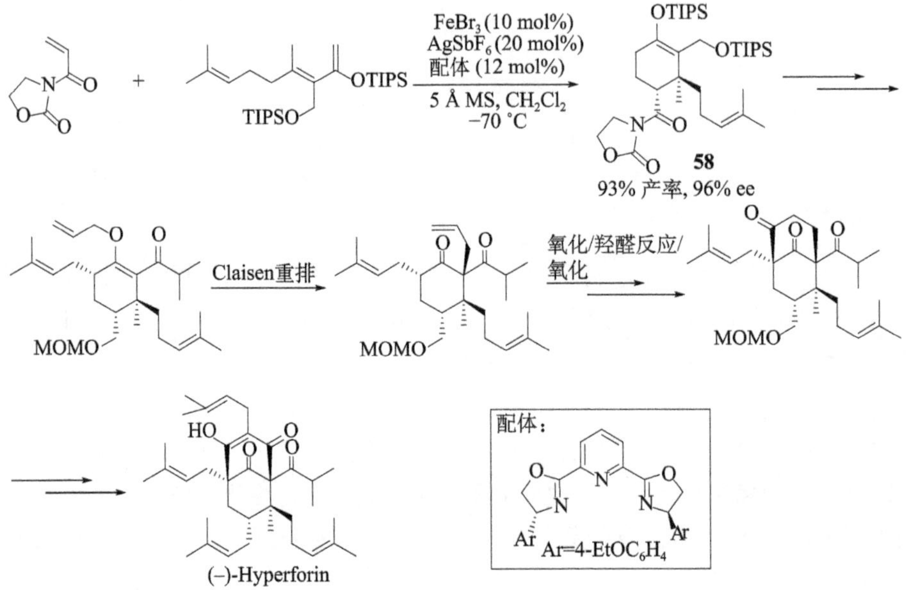

图 2-199　(–)-Hyperforin 的不对称合成

　　除了金属催化的不对称反应外，不对称催化还涵盖有机小分子催化。后者可以追溯到 20 世纪德国化学家 [312] 报道奎宁催化的氢氰酸和苯甲醛的不对称加成反应。继 2001 年 Knowles、Noyori 和 Sharpless 获诺贝尔化学奖后，有机小分子催化成为又一热点研究领域，并在最近 20 年有了长足的发展。早在 20 世纪 70 年代，Parrish 小组 [315] 首次报道了 L-脯氨酸催化的分子内不对称羟醛反应。几乎同时，Eder 等 [314] 也报道了加入 L-脯氨酸和另一种酸添加剂共同催化的分子内不对称羟醛反应。其中，用 $HClO_4$ 可得到较高对映选择性的羟醛缩合产物（图 2-200）。近年来，脯氨酸（proline）和其他手性胺作为有机小分子催化剂，由于价格低廉、性质稳定、对环境友好等特点，越来越受到人们的重视，并在天然产物分子的不对称合成中得到很好的应用。

　　其中，具有重要代表性的例子便是 MacMillan 小组 [602] 在 2011 年发展的吲哚类生物碱的不对称集群合成（图 2-201）。他们通过自己小组所

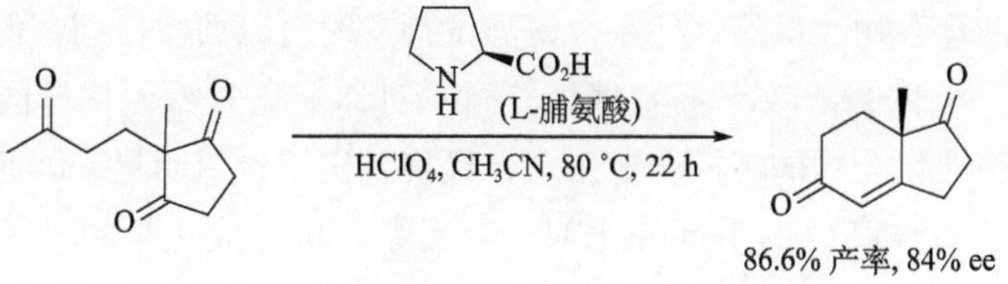

图 2-200 L-脯氨酸催化的分子内不对称羟醛反应

发展的手性咪唑啉酮类二级胺催化剂，经不对称催化环化串联反应便可得到三个含有吲哚结构的四环骨架关键手性中间体 **59~61**。从这些手性中间体出发，通过不同的化学转化实现了 (−)-Strychnine、(−)-Akuammicine、(+)-Aspidospermidine、(+)-Vincadifformine、(−)-Kopsinine 和 (−)-Kopsanone 六个吲哚类生物碱的不对称集群合成。

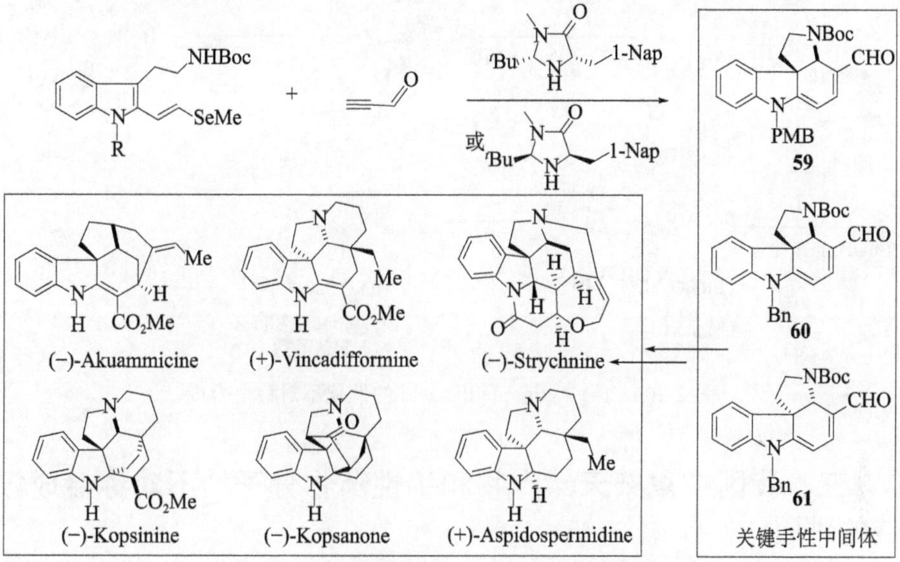

图 2-201 吲哚类生物碱的不对称集群合成

除了常见的二级胺小分子催化剂外，不对称小分子催化剂还包括手性磷酸、手性硫脲、手性磷酸合物等。同样，上述几类小分子催化剂在天然产物的不对称合成方面也有着重要的应用。例如，在 2016 年，Kwon 小组[603]就基于手性膦催化的亚胺 **62** 和联烯 **63** 的不对称 [3+2] 环化反应，并通过包含碘化亚铜（CuI）催化的环化反应、SmI_2 促进的偶联反应等步骤实现了天然产物 (−)-Actinophyllic acid 的不对称全合成（图 2-202）。

综上所述，在常见的不对称合成模式中，前三种方法都需要使用化学计量的光学纯化合物。虽然这些手性诱导试剂有时可以回收使用，但其过程都耗时费力，整体合成效率不太理想。而不对称催化只需催化量的手性催化剂，对于手性化合物的规模合成来说，经济且实用价值明显。因此，发展像酶催化体系一样高效的手性催化剂，是当今有机合成化学的又一个希望与挑战。

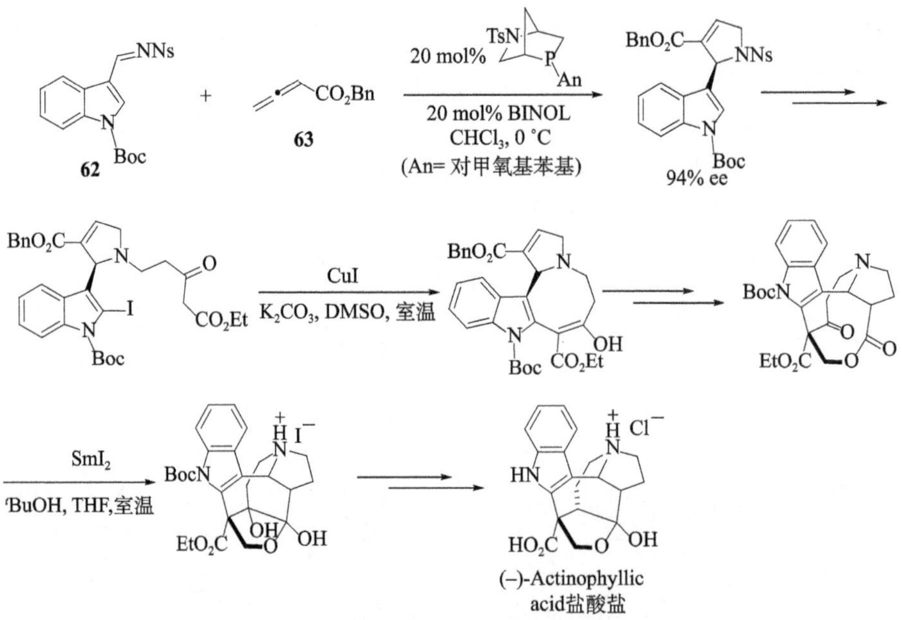

图 2-202　(−)-Actinophyllic acid 的催化不对称全合成

三、我国在复杂天然产物和手性药物分子的不对称合成领域的进展

过去的三十多年是我国在复杂天然产物和药物分子合成领域高速发展的一个阶段。通过几代合成化学家的不懈努力，我国在相关领域的研究已经从简单的跟踪模仿进入到与发达国家并驾齐驱的状态。广大合成工作者在开展研究工作的同时，目标分子的选择更注重其功能和用途，合成策略的设计更加强调简捷高效、富有技巧性，力争快速、高效、规模化制备具有显著生物生理活性的天然产物和药物分子。下面我们将从基于手性起始原料、金属不对称催化、有机催化等的合成策略出发，分别介绍近年来我国的合成化学家完成复杂天然产物和药物分子不对称全合成的一些代表性成果。

（一）基于手性起始原料的不对称全合成

客观地说，从手性起始原料出发，通过其本身具有的手性立体中心来控制实现目标分子的不对称全合成，仍然是复杂天然产物和药物分子不对称合成中主要采用的策略。由于该类合成策略中手性立体中心的引入较为直接，整体合成的技巧性和高效性便显得尤为重要。

2013 年，刘波等[604]报道了萜类天然产物 Bolivianine 的首次不对称合成（图 2-203）。他们从单萜起始原料马鞭烯酮［**64**，(+)-Verbenone］出发，利用起始原料中手性中心的立体诱导，并经分子内的环丙烷化及高效的一锅双 Diels-Alder 反应等关键反应步骤，完成了目标化合物的不对称合成。

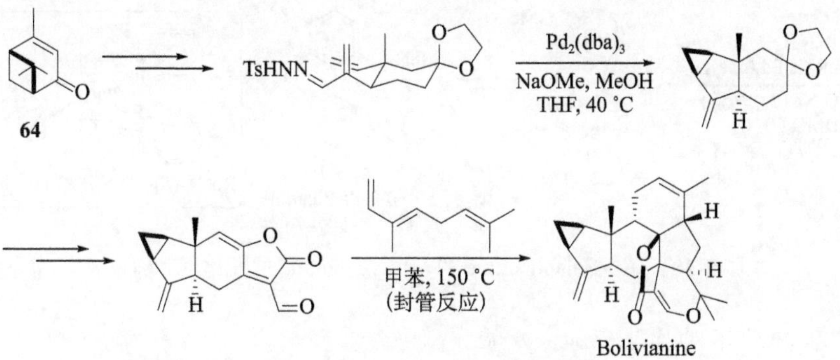

图 2-203　Bolivianine 的不对称合成

（二）基于金属催化不对称反应的不对称合成

1. 催化不对称氢化反应

(–)-Galanthamine 和 (–)-Lycoramine 是从石蒜科植物中分离得到的雪花莲胺类生物碱。前者是选择性乙酰胆碱酯酶抑制剂，已被用于阿尔茨海默病的早期治疗。20 世纪 60 年代，Barton 和 Kirby[605,606]报道了 Galanthamine 及其类似物的全合成，随后虽然有大量的合成工作，但其大部分都得到消旋体，只有少数不对称全合成，且效率不高[607,608]。

2012 年，周其林等[609]报道了不对称催化氢化和分子内还原 Heck 环化的方法实现上述两种生物碱的不对称合成（图 2-204）。他们利用手性金属钌催化剂 RuCl$_2$-(S)-SDP/(R,R)-DPEN(**65**) 对消旋环己酮 *rac*-**66** 进行不对称氢化，以 99% 产率、97% ee 的对映选择性和高顺反选择性（*cis/trans* > 99 : 1），高效获得单一构型的环己醇 (S,R)-**67**，再经两步反应得到 α, β-不饱和酯 (S)-**68**

（$Z/E \approx 1 : 5$）。利用钯催化分子内还原 Heck 环化反应，以 95% 的产率将不饱和酯 **68** 转换成 (*S,R*)-**69**，成功构建了核心骨架中的关键手性季碳。随后再经酰胺化和 Pictet-Spengler 环化等反应高效地完成了上述两个天然产物的全合成。除此之外，贾彦兴等 [610] 和樊春安等 [611] 也分别采用催化不对称共轭加成反应为关键步骤完成了上述分子的不对称全合成。

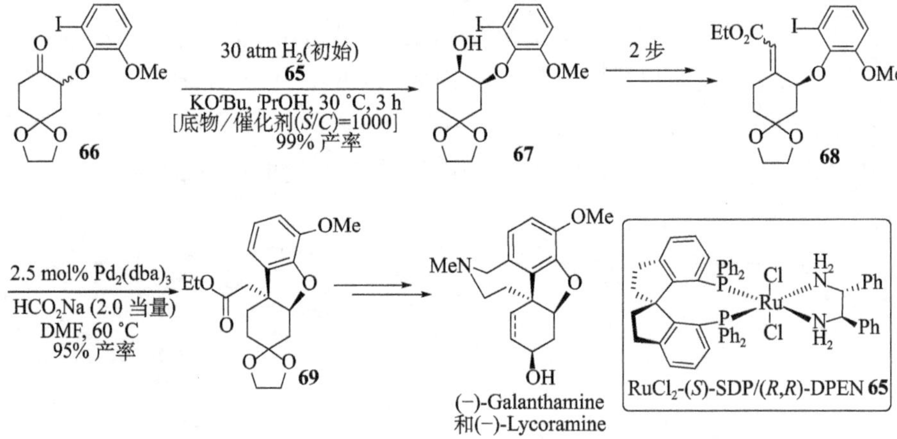

图 2-204　(−)-Galanthamine 和 (−)-Lycoramine 的催化不对称合成

2. 催化不对称共轭加成反应

百部科植物的根部在传统中药中用于治疗各种呼吸类疾病。(−)-Stenine 是分离自百部（*Stemona*）根部的生物碱，该天然产物具有吡咯并 [1,2-a] 氮杂环核心骨架和高度取代的全氢化吲哚环体系，以及 7 个相邻的立体中心。

2012 年，张洪彬等 [612] 报道了以催化不对称共轭加成反应为关键步骤的 (−)-Stenine 的不对称合成（图 2-205）。该方法是在手性金属镍催化剂 **70** 的作用下，β-酮酯 **71** 的 α 位碳对硝基烯烃 **72** 的不饱和双键发生不对称 Michael 加成反应。随后在负载于硅胶上的 KOH 的作用下，原位发生第二次 Michael 加成反应并伴随 C4 位手性中心的翻转，以 87% 的 ee 值和 80% 的产率实现了具有四个连续手性中心化合物 **73** 的构建。接着，化合物 **73** 经还原胺环化反应和分子内的酰胺化反应，完成了具有全氢化吲哚环和吡咯并 [1,2-a] 氮杂环核心骨架的三环手性中间体 **74** 的合成。该中间体再经 6 步反应即可完成目标分子 (−)-Stenine 的不对称催化全合成。上述合成策略还可灵活应用于具有潜在药用价值的 (−)-Stenine 类似物的不对称合成。

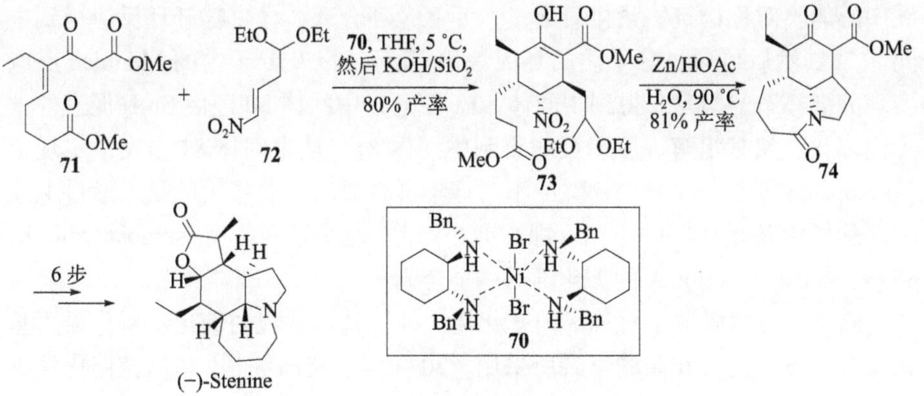

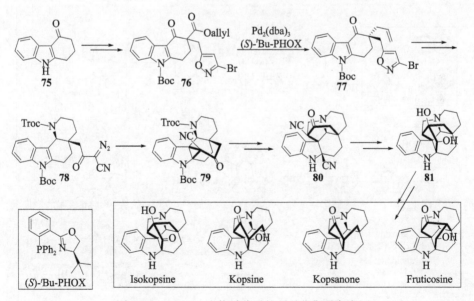

图 2-205　(−)-Stenine 的催化不对称全合成

3. 催化不对称烯丙基化反应

β-酮酸烯丙酯化合物的脱羧不对称烯丙基化反应（不对称 Tsuji-Trost 重排反应）是对映选择性地构筑季碳中心的一个非常有效的方法。因此，在近年来被我国的许多学者用于活性天然产物的不对称合成中。2017 年，秦勇等 [613] 基于上述反应完成了 *Kopsia* 生物碱分子的不对称集群合成（图 2-206）。在该合成中，他们以四氢咔唑酮 **75** 为起始原料，通过两步烷基化反应得到中间体 **76**，然后再经由一步关键的不对称 Tsuji-Trost 重排反应实现了所需季

图 2-206　*Kopsia* 生物碱分子的不对称集群合成

碳中心的不对称构筑。紧接着通过六元氮杂环合环、异噁唑开环反应得到中间体 78。然后再通过分子内的环丙烷化-开环，以及分子内的 Mannich 反应实现关键环系的构建，得到中间体 80。随后，中间体 80 经由 SmI$_2$ 促进的分子内环化、氰基水解、脱羧反应得到中间体 81。从中间体 81 出发，实现了 (−)-Kopsine 等 5 个吲哚生物碱的不对称集群合成。需要指出的是，通过上述不对称烯丙基化反应的应用，邵志会小组[614] 也完成了 (−)-Aspidospermidine 和 (+)-Kopsihainanine A 的催化不对称全合成。

除了上述的脱羧不对称烯丙基化模式外，基于常规的催化不对称烯丙基化反应的模式也被我国的学者所采用。2014 年，李昂等[615] 利用铱催化的不对称烯丙基化 / 环化反应顺利完成了天然产物 Taiwaniadduct B、C 和 D 的首次不对称全合成（图 2-207）。在该不对称全合成中，他们通过常规方法制备出关环前体 82 和 85 后，在 Carreira 催化体系作用下便可顺利发生不对称多烯环化反应，以 >99% 的 ee 值分别得到中间体 83 和 86。化合物 83 和 86 再经几步常规转化便可分别得到 Diels-Alder 反应的前体 84 和 87。在 Er(fod)$_3$

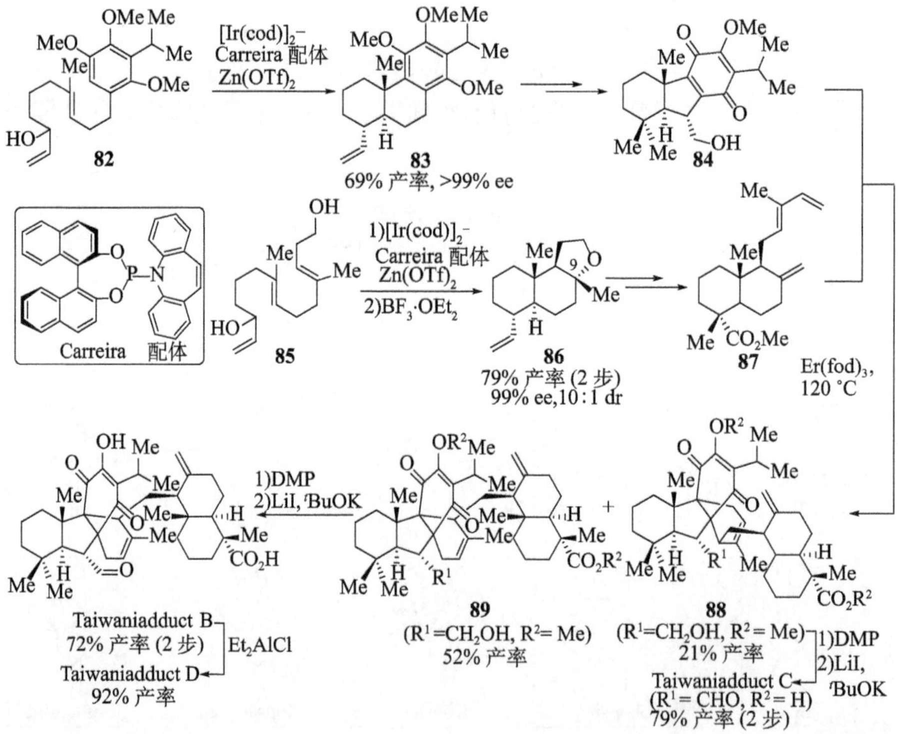

图 2-207　Taiwaniadduct B～D 的催化不对称全合成

的诱导作用下，**84** 和 **87** 顺利发生了关键的 Diels-Alder 反应，分别以 21% 和 52% 的产率得到关环产物 **88** 和 **89**。化合物 **88** 经氧化和去甲基化两步反应，即以 79% 的产率得到天然产物 Taiwaniadduct C。化合物 **89** 经过类似的化学转化，以 72% 的产率得到天然产物 Taiwaniadduct B。Taiwaniadduct B 用 Et_2AlCl 处理，发生羰基的烯反应实现关环，以 92% 的产率得到天然产物 Taiwaniadduct D。需要指出的是，两年后，杨玉荣等 [616] 基于一个类似的反应模式，也完成了 (–)-Alstoscholarisine A 的首次不对称全合成。

（三）基于有机小分子催化的不对称全合成

1. 催化不对称共轭加成反应

2016 年，黄培强等 [617] 完成了 (–)-Haliclonin A 的首次不对称全合成。该分子由韩国 Shin 等 [618] 从韩国海域的海绵 *Haliclona sp.* 中分离得到，拥有两个氮杂大环结构以及未曾报道的 3-氮杂 [3.3.1] 桥壬烷骨架结构，具有中等抗菌活性，且对 K562 白血病细胞株有细胞毒性。该合成策略通过手性硫脲小分子 **90** 催化硝基甲烷对烯酮 **91** 的对映选择性共轭加成反应，能以 80% 的产率和 97% 的 ee 值得到具有全碳手性季碳的化合物 **92**（图 2-208）。随后，化合物 **92** 经过 Nicolaou's IBX 氧化脱氢等反应转化得到化合物 **93**，并经钯催化关环反应 [619]，完成核心 3-氮杂 [3.3.1] 桥壬烷骨架化合物 **94** 的构建。桥环中间体 **94** 经羟醛缩合反应制备双烯中间体 **95**，紧接着经烯烃复分解反应构建大环体系，后经其他反应步骤完成了天然产物 (–)-Haliclonin A 的首次不对称全合成，并确证其绝对构型为 1*E*, 3*R*, 4*S*, 6*R*, 11*R*, 13*Z*, 16*Z*。

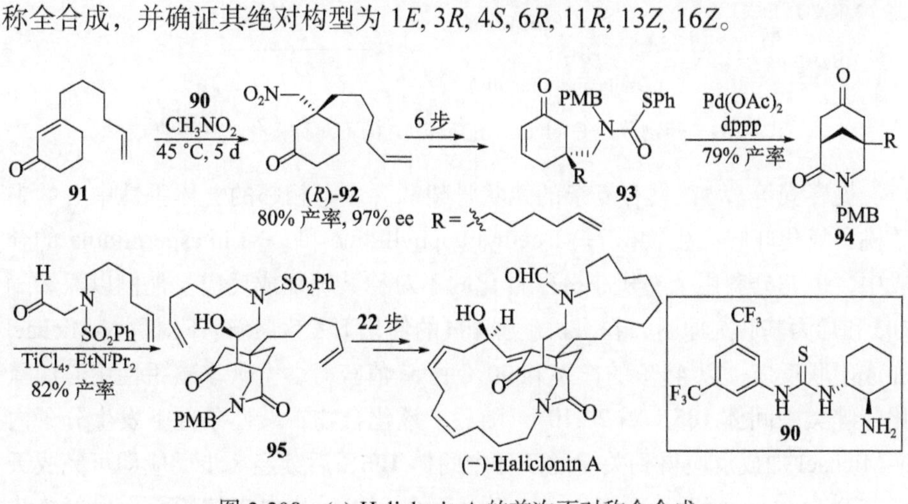

图 2-208　(–)-Haliclonin A 的首次不对称全合成

另外一个代表性的例子是马大为等 [620] 所发展的 Oseltamivir（Tamiflu）的高效合成路线。他们首先制备了 2-硝基乙烯胺 **96**，并经乙酰基保护得到化合物 **97**，之后与醛 **98** 在脯胺酸衍生物 **99** 的催化作用下，发生不对称 Michael 加成反应得到化合物 **100**，完成两个关键手性中心的构建。随后他们利用 Hayashi 等 [621] 发展的一锅法将化合物 **100** 先与乙烯基磷酸酯发生 Michael 加成反应和串联的 HWE 反应，得到成环产物 **101**，接着与 p-甲基苯硫酚发生 Michael 加成反应，同时 C5 完成异构化，得到化合物 **102**（图 2-209）。最后经 Zn 还原和 K$_2$CO$_3$ 消除 2 步连续反应，完成了 (−)-Oseltamivir(Tamiflu) 的不对称全合成。该路线仅用 5 步转化，且其中只有 2 步需分离纯化，是一条合成 (−)-Oseltamivir(Tamiflu) 的高效实用路线。目前，相关工业化研究正在进行中。

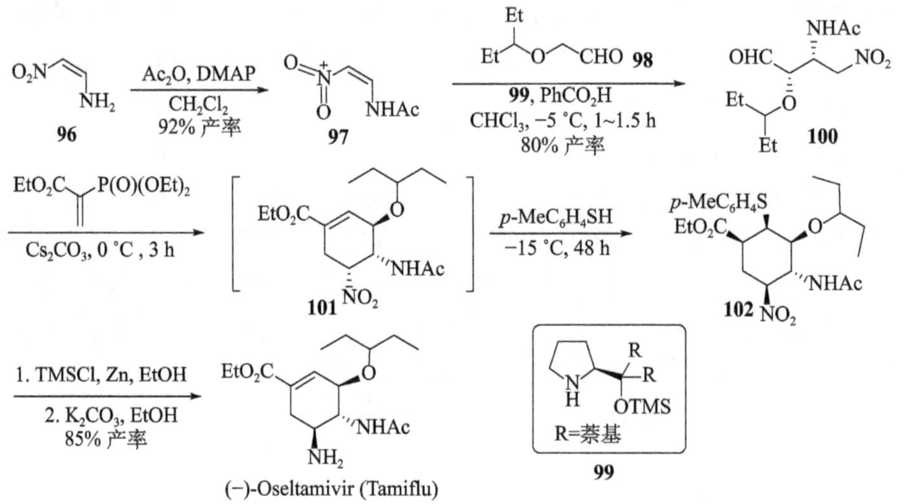

图 2-209 药物分子 Oseltamivir(Tamiflu) 的不对称催化实用性合成

樊春安等 [622] 在具有复杂的笼状骨架和含多个相邻的立体手性中心的夹竹桃科氢化咔唑类生物碱 (+)-Deethylibophyllidine 和 (+)-Limaspermidine 的合成中，也充分利用了有机小分子催化的不对称共轭加成反应。他们以双烯酮 **103** 和烯丙基胺为原料，在有机硫脲 **104** 的催化下发生胺解 / 不对称 N-Michael 加成串联反应，以 45% 的产率和 90% 的 ee 值获得含全碳季碳手性中心的氢化咔唑类中间体 **105**（图 2-210）。随后，该化合物在碱性条件下发生分子内 N-Michael 加成反应得到关键的四环中间体 **106**，后续经 8 步反应即可完成天然产物 (+)-Deethylibophyllidine 的不对称全合成。从中间体 **106** 出发经 2 步可以转化得到化合物 **107**，并在酸性条件下脱除 Boc 保护得到中间体 **108**，经一次重结晶 ee 值可提高到 99%，再经 9 步反应在五环骨架上引入羟乙基结构后即能完成 (+)-Limaspermidine 的不对称全合成。

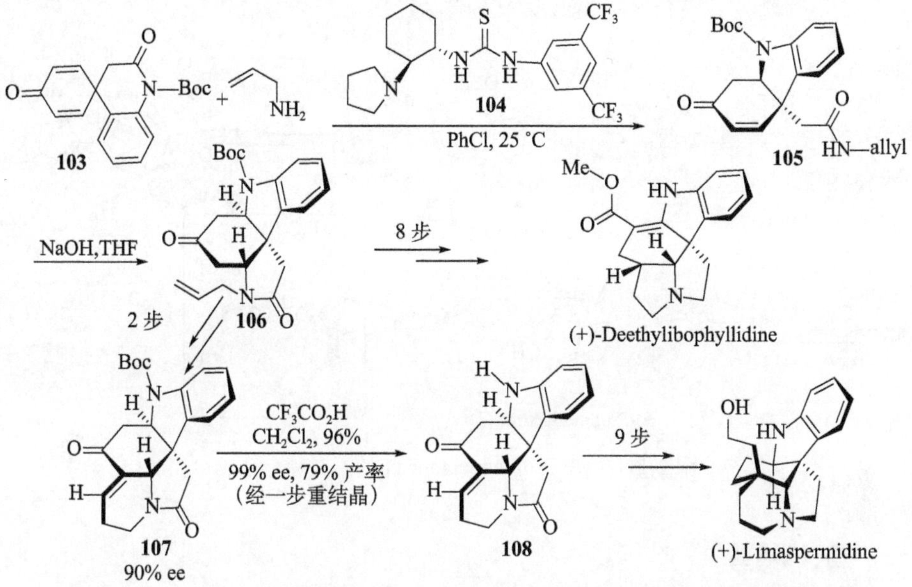

图 2-210　(+)-Deethylibophyllidine 和 (+)-Limaspermidine 的不对称全合成

2. 催化不对称 Diels-Alder 反应

2015 年，杨震等 [623] 报道了采用催化不对称 Diels-Alder 反应为关键步骤首次不对称合成 (+)-Propindilactone G 的方法。该分子是由孙汉董等从 *Schisandracea* 中分离得到的一类新 Nortriterpenoid 家族的代表性分子 [624,625]（图 2-211）。在其合成中，他们以双烯底物 **109** 和亲双烯体 **110** 为原料，在二苯基脯氨醇 **111** 的催化作用下发生不对称 Diels-Alder 反应，先得到手性化合物 **112**，再经内酯化及扩环等 6 步反应完成 5/7 并环的构建，得到中间体 **113**。中间体 **113** 经两步反应得到炔烯中间体 **114** 后，再在 $Co_2(CO)_8$ 作用下经 Pauson-Khand 反应完成 6/5 并环的构建，得到四环化合物 **115**。接着经 Dieckmann 类型的缩合反应等反应步骤得到五环中间体 **116**。该化合物再经最后 5 步反应，即完成了天然产物 (+)-Propindilactone G 的首次不对称全合成。

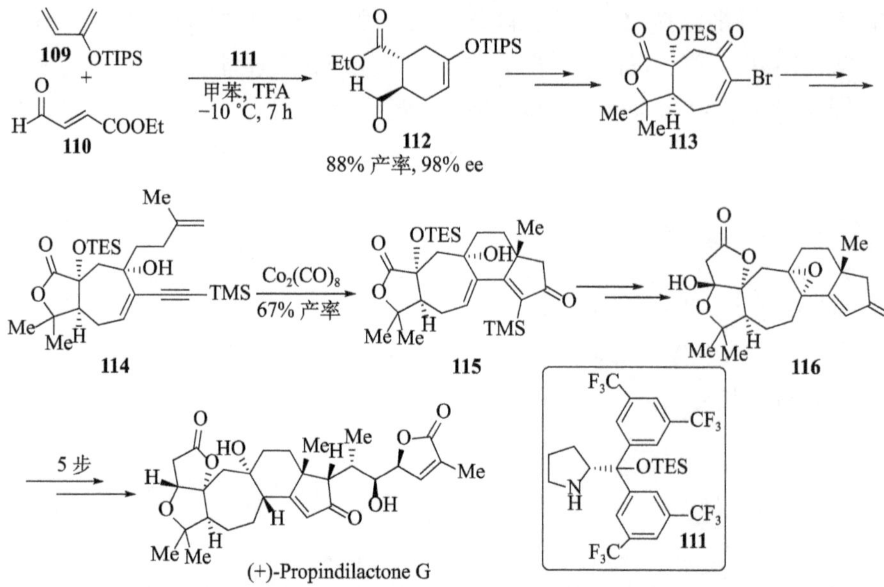

图 2-211 (+)-Propindilactone G 的不对称全合成

四、展望

随着我国综合国力的提高和社会的进步，人们对于生活质量的需求将不断提升。因此，与人类健康联系紧密的天然产物及药物分子的不对称合成将是充满希望与挑战的研究领域。相应地，设计并发展高效普适的新型手性催化剂及高效的不对称合成方法与策略，从深层次上认识不对称反应的机理，是该领域化学家们要面对的主要任务。近年来，我国化学家在上述三个方面都取得了显著的进展。2001 年诺贝尔化学奖获得者 Noyori 教授指出："未来的合成化学必须是经济的、安全的、环境友好的，以及节省资源和能源的化学，化学家需要为实现'完美的反应化学'而努力，即以 100% 的选择性和100% 的产率只生成需要的产物而没有废物产生。"为了实现"完美合成化学"，我们还面临以下三个方面的问题：①解决手性催化剂的立体选择性及催化效率问题；②解决手性催化剂在工业合成中的普适性和规模化问题；③实现不对称生物合成与化学合成的交叉融合问题。

随着我国对不对称合成化学研究领域支持力度的不断加强，以及科研人员的不断创新，可以相信，我国的不对称合成化学研究有望在不久的将来取得新的突破，从而提升我国在该领域的国际竞争力和影响力，为我国复杂天然产物和药物分子不对称合成学科和相关产业的发展提供强有力的科学基础和技术支撑。

第十节　总结与展望

丁奎岭

最近 30 年，我国化学工作者在手性有机分子合成领域取得了显著的成果。特别是近年来逐步开始注重工作的原创性和系统性，提出了一些创新性的概念和方法，发展了一批有特色、有影响力的手性辅基与试剂、配体、催化剂、新反应和新概念，在不对称催化这一研究领域激烈的国际竞争中占有了一席之地，并在其中一些方向上处于领先地位。同时，我国快速发展的制药和化工行业对于手性化合物的需求还在逐日增加，继续创新手性有机分子合成势在必行，手性有机分子的合成在以下几个方面（但不局限）需要进一步发展。

（1）发展新型的手性辅基和手性试剂，拓展可以适用的成键模式和反应类型，为催化反应提供有意义的借鉴和启示；发展廉价易得、可回收利用、适用反应范围广并且高效的手性辅基和手性试剂。

（2）通过对酶催化反应的机理研究，发展更加多样性的化学键断裂和形成的酶催化过程，借助现代生物学技术，实现高效酶催化剂的设计、高效制备及生产应用；发展微生物细胞工厂，结合计算机辅助设计和基因技术将微生物细胞改造成高效的产品"制造工厂"，实现重要生物活性分子的高效实用性合成。

（3）对于金属催化，将继续关注新配体设计，拓展可使用的金属种类、新反应、概念及策略。手性配体依然是金属配合物催化的核心，发展适合于手性配体的新的优势骨架，为合成一大类手性配体提供可能；发展新的配位原子与基团，以及新的配体设计与合成理念；借助计算化学，研究不对称反应的反应机理、反应过渡态中手性传递的方式、产物对映选择性及绝对构型的预测，辅助优势手性配体的设计。就目前而言还有很多金属没有或很少在不对称催化反应中得到应用，这些金属催化的不对称反应会是未来的研究重点。特别需要关注的是，这些金属区别于已知金属催化反应的特性，以及廉价、低毒的金属参与的不对称反应，使金属催化体系朝向更加经济、高效和环境友好的方向发展；发展基于宏观手性（如手性超分子结构、手性配位聚合物等）的金属催化；发展原料简单、产物应用性广的新型不对称催化反应，尤其是基于惰性化学键的断裂及惰性体系（如芳香类化合物）活化的不对称催化过程；发展新型的串联反应及多组分反应，实现一步构建多个手性中心，同时节省能源、减少分离步骤和废弃物；发展不对称催化的新概念及新策略，为实现催化剂的效率提高、催化剂回收等提供有效的途径；通过多催化剂协同作用实现多个手性中心任意控制也将是一个非常重要的研究方向，如何实现催化剂之间的相互兼容及高活性高选择性控制是这方面研究的关键。

（4）未来手性有机小分子催化将集中于新型有机分子催化剂的设计、新型催化活化模式的建立、新概念的发展、新反应的发现及应用研究。手性催化剂是不对称催化的核心，现有的手性有机小分子催化剂主要集中在有限的几个优势骨架，发展骨架新颖的手性催化剂仍将是不对称有机小分子催化领域未来发展的重点，也是解决手性有机小分子催化效率低的主要途径。发展新型催化活化模式，一种新型的催化活化模式不但可以催生一系列新反应，也能带动新型催化剂的发现。发展有机小分子活化非官能化分子的新模式是个挑战性的难题，一旦成功将极大地推动有机合成化学的发展。发展基于有机小分子催化新概念，如金属和有机小分子联合催化等，可以有效促进新型催化剂体系和不对称反应的发展。有机合成反应是创造新物质的基础，发展新反应，特别是高效构筑复杂生物活性分子的反应一直是化学家追求的目标，基于有机小分子催化活化模式，发展和设计新型串联和多组分反应对现代有机合成化学的发展具有重要意义。大多数手性有机小分子催化的不对称反应不需要无水、无氧条件，不需要惰性气体的保护，反应试剂和反应介质不需要特殊处理，条件温和，因此适合大量生产。目前用于工业生产手性药物或中间体的有机小分子催化的例子还很有限。因此，发展手性有机小分子催化合成手性药物的工业化路线是未来不对称有机催化研究的重要任务，对学科发展和医药工业的技术进步都具有重要意义。

（5）在过去的十多年里，可见光诱导的有机光反应得到了极大的发展，为复杂分子的合成提供了一个新的选择。尽管如此，由于光诱导产生的自由基、自由基离子等中间体普遍具有较高的反应活性，其后续的化学转化在立体选择性，特别是对映选择性控制方面仍然存在困难。结合不对称有机催化、不对称路易斯酸催化、不对称过渡金属催化等策略，探索新型的不对称光反应中手性诱导的模式，进一步发展多样的协同光催化体系以适应不同的不对称光反应将是这一领域未来的研究重点。此外，设计并合成结构可调的手性双功能可见光催化剂，实现可见光诱导的不对称单电子转移反应及能量转移反应也具有重要的意义。

（6）进一步发展绝对不对称合成和不对称自催化的新概念和新反应，一方面为光学活性化合物的合成提供了新方法，另一方面促进了人们对手性起源的认识，并对探索自然界同手性的起源这一重大科学问题提供指导。

（7）针对天然产物及药物分子的不对称合成，发展高效普适的新型手性催化剂、深层次认识不对称反应的机理、有效调控手性催化过程、设计并发展高效的合成方法与策略，是未来重要研究方向。为了进一步提高合成的效率，将重点关注手性催化剂的立体选择性及催化效率、手性催化剂在工业合成中的普适性和规模化，以及不对称生物合成与化学合成的交叉融合。

随着我国对手性分子合成研究领域支持力度的不断加强，以及科研人员的不断创新，可以相信，我国的手性有机分子合成研究有望在不久的将来取得新的突破，从而提升我国在该领域的国际竞争力和影响力，为我国有机化学、药物化学、精细化工、材料等相关领域的发展提供强有力的科学基础和技术支撑。

参 考 文 献

[1] Paquette L A. Chiral Reagents for Asymmetric Synthesis. Chichester: John Wiley & Sons, 2003.

[2] Enders D, Eichenauer H. Asymmetric synthesis of α-substituted ketones by metalation and alkylation of chiral hydrazones. Angew Chem Int Ed, 1976, 15(9): 549-550.

[3] Evans D, Bartroli J, Shih T. Enantioselective aldol condensations. 2. Erythro-selective chiral aldol condensations via borone nolates. J Am Chem Soc, 1981, 103(8): 2127-2109.

[4] Liu G, Cogan D, Ellman J. Catalytic asymmetric synthesis of *tert*-butanesulfinamide. Application to the asymmetric synthesis of amines. J Am Chem Soc, 1997, 119 (41): 9913-9914.

[5] Pancholi A, Geden J, Clarkson G, et al. Asymmetric synthesis of 2-substituted azetidin-3-ones via metalated SAMP/RAMP hydrazones. J Org Chem, 2016, 81 (17): 7984-7992.

[6] Tallmadge E, Collum D. Evans enolates: solution structures of lithiated oxazolidinone-derived enolates. J Am Chem Soc, 2015, 137 (40): 13087-13095.

[7] Jermaks J, Tallmadge E, Keresztes I, et al. Lithium amino alkoxide-Evans enolate mixed aggregates: aldoladdition with matched and mismatched stereocontrol. J Am Chem Soc, 2018,

140 (8): 3077-3090.

[8] Mohri T, Ogura Y, Towada O, et al. Enantioselective total synthesis of sacrolide A. Tetrahedron Lett, 2017, 58 (42): 4011-4013.

[9] Lin G, Xu M, Zhong Y, et al. An advance on exploring *N-tert*-butanesulfinyl imines in asymmetric synthesis of chiral amines. Acc Chem Res, 2008, 41(7):831-840.

[10] Wangweerawong A, Hummel J, Bergman R, et al. Preparation of enantiomerically pure perfluorobutanesulfinamide and its application to the asymmetric synthesis of α-amino acids. J Org Chem, 2016, 81(4): 1547-1557.

[11] Luo Y, Zhang H, Wang Y, et al. Synthesis of α-amino acids based on chiral tricycloiminolactone derived from natural (+)-camphor. Acc Chem Res, 2010, 43(10): 1317-1330.

[12] Willgerodt C. Ueber einige aromatische jodidchloride. J Prakt Chem, 1886, 33(1):154-160.

[13] Imamoto T, Koto H. Asymmetric oxidation of sulfides to sulfoxides with trivalent iodine reagents. Chem Lett, 1986, 15(6): 967-968.

[14] Berthiol F. Reagent and catalyst design for asymmetric hypervalent iodine oxidations. Synthesis, 2015, 47(5): 587-603.

[15] Wirth T, Hirt U. Chiral hypervalent iodine compounds. Tetrahedron Asymmetr, 1997, 8(1): 23-26.

[16] Siegel A, Antony F. Über die oxydation von phenolen mit jodosoacetaten. Monatsh Chem, 1955, 86(2): 292-300.

[17] Dohi T, Maruyama A, Takenaga N, et al. A chiral hypervalentiodine(Ⅲ) reagent for enantioselective dearomatization of phenols. Angew Chem Int Ed, 2008, 47(20): 3787-3790.

[18] Bosset C, Coffinier R, Peixoto P, et al. Asymmetric hydroxylative phenol dearomatization promoted by chiral binaphthylic and biphenyliciodanes. Angew Chem Int Ed, 2014, 53(37): 9860-9864.

[19] Fujita M, Wakita M, Sugimura T. Enantioselective Prévost and Woodward reactions using chiral hypervalentiodine(Ⅲ) : switchover of stereochemical course of an optically active 1,3-dioxolan-2-yl cation. Chem Commun, 2011, 47(13): 3983-3985.

[20] Mizar P, Wirth T. Flexible stereoselective functionalizations of ketones through umpolung with hypervalent iodine reagents. Angew Chem Int Ed, 2014, 53(23): 5993-5997.

[21] Shimogaki M, Fujita M, Sugimura T. Metal-free enantioselective oxidative arylation of alkenes: hypervalent-iodine-promoted oxidative C—C bond formation. Angew Chem Int Ed, 2016, 55(51):15797-15801.

[22] Emmons W. The preparation and properties of oxaziranes. J Am Chem Soc, 1957, 79 (21): 170-176.

[23] Mahale R, Rajput M, Maikap G, et al. Davis oxaziridine-mediated asymmetric synthesis of proton pump inhibitors using DBU salt of prochiral sulfide. Org Process Res Dev, 2010, 14(5): 1264-1268.

[24] Han S, Movassaghi M. Concise total synthesis and stereochemical revision of all (−)-trigonoliimines. J Am Chem Soc, 2011, 133(28): 10768-10771.

[25] Červinka O, Bělovský O. Asymmetric reactions. XX. Some factors influencing the course of asymmetric reduction by optically active alkoxy lithium aluminium hydrides. Collect Czech Chem Commun, 1967, 32(11): 3897-3908.

[26] Noyori R, Tomino I, Tanimoto Y. Virtually complete enantioface differentiation in carbonyl group reduction by a complex aluminum hydride reagent. J Am Chem Soc, 1979, 101 (11): 3129-3131.

[27] Midland M, Kazubski A, Woodling R. Asymmetric reductions of prochiral ketones with lithium[2-[2-(benzyloxy)ethyl]-6,6-dimethylbicyclo-[3.1.1]-3-nonyl]-9-boratabicyclo-[3.3.1]-nonane (lithium NB-enantride) and its derivative. J Org Chem, 1991, 56(3): 1068-1074.

[28] Brown H, Jadhav R. B-allyldiisocaranylborane: a new, remarkable enantiose lectiveally lborating agent for prochiral aldehydes. Synthesis of homoallylic alcohols approaching 100% enantiomeric purities. J Org Chem, 1984, 49(21): 4089-4091.

[29] Roush W, Walts A, Hoong L. Diastereo- and enantioselective aldehyde addition reactions of 2-allyl-1,3,2-dioxaborolane-4,5-dicarboxylic esters, a useful class of tartrate ester modified allylboronates. J Am Chem Soc, 1985, 107(26): 8186-8190.

[30] Trost B, Hammen R. New synthetic methods. Transfer of chirality from sulfur to carbon. J Am Chem Soc, 1973, 95(3): 962-964.

[31] Ye S, Huang Z, Xia C, et al. A novel chiral aulfoniumyilde: highly enantioselective synthesis of vinylcyclopropanes. J Am Chem Soc, 2002, 124(11): 2432-2433.

[32] Huang Y, Tang Y, Zhou Z, et al. Michael addition of silylated telluronium allylide to α, β-unsaturated esters: facile and stereoselective synthesis of trimethylsilyl vinylcyclopropane derivatives. J Chem Soc, Chem Commun, 1993,(1): 7-9.

[33] Liao W, Li K, Tang Y. Controllable diastereoselective cyclopropanation. Enantioselective synthesis of vinylcyclopropanes via chiral telluroniumylides. J Am Chem Soc, 2003, 125(43): 13030-13031.

[34] Illa O, Arshad M, Ros A, et al. Practical and highly selective sulfur ylide mediated asymmetric epoxidations and aziridinations using an inexpensive, readily available chiral sulfide. Applications to the synthesis of quinine and quinidine. J Am Chem Soc, 2010, 132(6): 1828-1830.

[35] Lu L, Zhang J, Li F, et al. Tuning electronic and steric effects: highly enantioselective [4+1] pyrroline annulation of sulfur ylides with α,β-unsaturated imines. Angew Chem Int Ed, 2010, 49(26): 4495-4498.

[36] Wu Q, Soni P, Reetz M T. Laboratory evolution of enantiocomplementary *Candida antarctica* lipase B mutants with broad substrate scope. J Am Chem Soc, 2013, 135(5): 1872-1881.

[37] Verho O, Bäckvall J E. Chemoenzymatic dynamic kinetic resolution: a powerful tool for the preparation of enantiomerically pure alcohols and amines. J Am Chem Soc, 2015, 137(12): 3996-4009.

[38] Zhao J, Chu Y Y, Li A T, et al. An unusual (*R*)-selective epoxide hydrolase with high activity for facile preparation of enantiopure glycidyl ethers. Adv Synth Catal, 2011, 353(9): 1510-1518.

[39] Kong X D, Li L, Chen S, et al. Engineering of an epoxide hydrolase for efficient bioresolution of bulky pharmaco substrates. Proc Natl Acad Sci USA, 2014, 111(44): 15717-15722.

[40] Kong X D, Ma Q, Zhou J, et al. A smart library of epoxide hydrolase variants and the top hits for synthesis of (*S*)-β-blocker precursors. Angew Chem Int Ed, 2014, 53(26): 6641-6644.

[41] Zhang Y J, Zhang W X, Zheng G W, et al. Identification of an ε-keto ester reductase for the efficient synthesis of an (*R*)-α-lipoic acid precursor. Adv Synth Catal, 2015, 357(8): 1697-1702.

[42] Pan J, Zheng G W, Ye Q, et al. Optimization and scale-up of bioreduction process for cost-effective production of (*S*)-4-chloro-3-hydroxybutanoate. Org Proc Res Dev, 2014, 18(6): 739-743.

[43] Ma H M, Yang L L, Ni Y, et al. Stereospecific reduction of methyl *o*-chlorobenzoylformate at 300 g/L without additional cofactor using a carbonyl reductase mined from *Candida glabrata*. Adv Synth Catal, 2012, 354(9): 1765-1772.

[44] Shang Y P, Chen Q, Kong X D, et al. Efficient synthesis of (*R*)-2-chloro-1-(2,4-dichlorophenyl)ethanol with a ketoreductase from *Scheffersomyces stipitis* CBS 6045. Adv Synth Catal, 2017, 359(3): 426-431.

[45] Winker C K, Clay D, Davies S, et al. Chemoenzymatic asymmetric synthesis of pregabalin precursors via asymmetric bioreduction of β-cyanoacrylate esters using ene reductases. J Org Chem, 2013, 78(4): 1525-1533.

[46] Ni Y, Yu H L, Lin G Q, et al. A new ene reductase from *Clavispora lusitaniae* for asymmetric reduction of activated alkenes. Enzyme Microb Technol, 2014, 56(3): 40-45.

[47] Li J, Pan J, Zhang J, et al. Stereoselective synthesis of L-tert-leucine by a newly cloned leucine dehydrogenase from *Exiguobacterium sibiricum*. J Mol Catal B: Enzym, 2014, 105: 11-17.

[48] Vedha-Peters K, Gunawardana M, Rozzell J D, et al. Creation of a broad-range and highly stereoselective D-amino acid dehydrogenase for the one-step synthesis of D-amino acids. J Am Chem Soc, 2006, 128(33): 10923-10929.

[49] Abrahamson M J, Vazque-Figueroa E, Woodall N B, et al. Development of an amine dehydrogenase for synthesis of chiral amines. Angew Chem Int Ed, 2012, 51(16): 3969-3972.

[50] Zhang D L, Chen X, Zhang R, et al. Development of β-amino acid dehydrogenase for the synthesis of β-amino acids via reductive amination of β-keto acids. ACS Catal, 2015, 5(26): 2220-2224.

[51] Mutti F G, Knaus T, Scrutton N S, et al. Conversion of alcohols to enantiopure amines through dual-enzyme hydrogen-borrowing cascades. Science, 2015, 349(6): 1525-1529.

[52] Chen F F, Liu Y Y, Zheng G W, et al. Asymmetric amination of secondary alcohols by using a redox-neutral two-enzyme cascade. ChemCatChem, 2015, 7(23): 3838-3841.

[53] Coelho P S, Brustad E M, Kannan A, et al. Olefin cyclopropanation via carbene transfer catalyzed by engineered cytochrome P450 enzymes. Science, 2013, 339(6117): 307-310.

[54] Coelho P S, Wang Z J, Ener M E, et al. A serine-substituted P450 catalyzes highly efficient carbene transfer to olefins *in vivo*. Nat Chem Biol, 2013, 9(8): 485-487.

[55] McIntosh J A, Coelho P S, Farwell C C, et al. Enantioselective intramolecular C—H amination catalyzed by engineered cytochrome P450 enzymes *in vitro* and *in vivo*. Angew Chem Int Ed, 2013, 52(35): 9309-9312.

[56] Bong Y K, Clay M D, Collier S J, et al. Sythesis of prazole compounds: USA, WO 2011071982. 2010.

[57] Ang E L, Clay M D, Behrouzian B, et al. Biocatalysts and methods for the synthesis of Armodafinil: USA, WO 2012078800. 2012.

[58] Li T, Liang J, Ambrogelly A, et al. Efficient, chemoenzymatic process for manufacture of the boceprevir bicyclic [3.1.0]proline intermediate based on amine oxidase-catalyzed desymmetrization. J Am Chem Soc, 2012, 134(14): 6467-6472.

[59] Diego G, Anthony P, Green M P, et al. Engineering an enantioselective amine oxidase for the synthesis of pharmaceutical building blocks and slkaloid natural products. J Am Chem Soc, 2013, 135(29): 10863-10869.

[60] Savile C K, Janey J M, Mundorff E C, et al. Biocatalytic asymmetric synthesis of chiral amines from ketones applied to sitagliptin manufacture. Science, 2010, 329(5989): 305-309.

[61] Werneburg M, Hertweck C. Chemoenzymatic total synthesis of the antiproliferative polyketide (+)-(R)-aureothin. Chem Bio Chem, 2008, 9(13): 2064-2066.

[62] Jiao X C, Pan J, Xu G C, et al. Efficient synthesis of statin precursor in high space-time yield by a new aldehyde-tolerant aldolase identified from *Lactobacillus brevis*. Catal Sci Technol, 2015, 5(8): 4048-4054.

[63] Jiao X C, Pan J, Kong X D, et al. Protein engineering of aldolase *Lb*DERA for enhanced activity toward real substrates with a high-throughput screening method coupled with an aldehyde dehydrogenase. Biochem Biophys Res Commun, 2017, 482(1): 159-163.

[64] Jiao X C, Pan J, Xu J H. A green-by-design system for efficient bio-oxidation of an unnatural hexapyranoside into chiral lactone for building statin side-chains. Catal Sci Technol, 2016, 6(19): 7094-7100.

[65] de Lange B, Hyeet D J, Maas P J D, et al. Asymmetric synthesis of (*S*)-2-indolinecarboxylic acid by combining biocatalysis and homogeneous catalysis. Chem Cat Chem, 2011, 3(2): 289-292.

[66] Lovelock S L, Lloyd R C, Turner N J. Phenylalanine ammonia lyase catalyzed synthesis of amino acids by an MIO-cofactor independent pathway. Angew Chem Int Ed, 2014, 53(43): 4652-4656.

[67] Parmeggiani F, Lovelock S L, Weise N J, et al. Synthesis of D- and L-phenylalanine derivatives by phenylalanine ammonia lyases: a multienzymatic cascade process. Angew Chem Int Ed, 2015, 54(15): 4608-4611.

[68] Weise N J, Parmeggiani F, Ahmed S T, et al. The bacterial ammonia lyase EncP: a tunable biocatalyst for the synthesis of unnatural amino acids. J Am Chem Soc, 2015, 137(40): 12977-12983.

[69] Jin J, Oskam P C, Karmee S K, et al. MhyADH catalysed Michael addition of water and *in situ* oxidation. Chem Commun, 2010, 46(45): 8588-8590.

[70] van Pelt S, Zhang M, Otten L G, et al. Probing the enantioselectivity of a diverse group of purified cobalt-centred nitrile hydratases. Org Biomol Chem, 2011, 9(8): 3011-3019.

[71] Bernhardt P, Okino T, Winter J M, et al. A stereoselective vanadium-dependent chloroperoxidase in bacterial antibiotic biosynthesis. J Am Chem Soc, 2011, 133(12): 4268-4270.

[72] Haak R M, Berthiol F, Jerphagnon T, et al. Dynamic kinetic resolution of racemic β-haloalcohols: direct access to enantioenriched epoxides. J Am Chem Soc, 2008, 130(41): 13508-13509.

[73] Köhler V, Turner N J. Artificial concurrent catalytic processes involving enzymes. Chem Commun, 2015, 51(3): 450-464.

[74] Currin A, Swainston N, Day P J, et al. Synthetic biology for the directed evolution of protein biocatalysts: navigating sequence space intelligently. Chem Soc Rev, 2015, 44(5): 1172-1239.

[75] Muschiol J, Peters C, Oberleitner N, et al. Cascade catalysis: strategies and challenges and route to preparative synthetic biology. Chem Commun, 2015, 51(27): 5798-5811.

[76] Zheng M M, Chen K C, Wang R F, et al. Engineering 7β-hydroxysteroid dehydrogenase for enhanced ursodeoxycholic acid production by multi objective directed evolution. J Agric Food Chem, 2017, 65(6): 1178-1185.

[77] Sehl T, Hailes H C, Ward J M, et al. Two steps in one pot: enzyme cascade for the synthesis of nor(pseudo)ephedrine from inexpensive starting materials. Angew Chem Int Ed, 2013, 52(26): 6772-6775.

[78] Wu S, Zhou Y, Wang T, et al. Highly regio- and enantioselective multiple oxy- and amino-functionalizations of alkenes by modular cascade biocatalysis. Nat Commun, 2016, 7: 11917.

[79] Covello P S, Teoh K H, Polichuk D R, et al. Functional genomics and the biosynthesis of artemisinin. Phytochemistry, 2007, 68(14): 1864-1871.

[80] Ro D K, Paradise E M, Ouellet M, et al. Production of the antimalarial drug precursor artemisinic acid in engineered yeast. Nature, 2006, 440(7086): 940-943.

[81] Westfall P J, Pitera D J, Lenihan J R, et al. Production of amorphadiene in yeast, and its conversion to dihydroartemisinic acid, precursor to the antimalarial agent artemisinin. Proc Natl Acad Sci USA, 2012, 109(3): e111-e118.

[82] Paddon C J, Westfall P J, Pitera D J, et al. High-level semi-synthetic production of the potent antimalarial artemisinin. Nature, 2013, 496(7446): 528-532.

[83] Ajikumar P K, Xiao W H, Tyo K E, et al. Isoprenoid pathway optimization for Taxol precursor overproduction in *Escherichia coli*. Science, 2010, 330(6000): 70-74.

[84] Zhang Q, Li Y, Chen D, et al. Radical-mediated enzymatic carbon chain fragmentation-recombination. Nat Chem Biol, 2011, 7(3): 154-160.

[85] Sun P, Zhao Q, Yu F, et al. Spiroketal formation and modification in avermectin biosynthesis involves a dual activity of AveC. J Am Chem Soc, 2013, 135(4): 1540-1548.

[86] Zhao Q, Wang M, Xu D, et al. Metabolic coupling of two small-molecule thiols programs the biosynthesis of lincomycin A. Nature, 2015, 518(7537): 115-119.

[87] Tian Z, Sun P, Yan Y, et al. An enzymatic [4+2] cyclization cascade creates the pentacyclic core of pyrroindomycins. Nat Chem Biol, 2015, 11(4): 259-265.

[88] Zheng Q, Guo Y, Yang L, et al. Enzyme-dependent [4+2] cycloaddition depends on lid-like interaction of the *N*-terminal sequence with the catalytic core in PyrI4. Cell Chem Biol,

2016, 23(3): 352-360.

[89] Yan Y, Chen J, Zhang L, et al. Multiplexing of combinatorial chemistry in antimycin biosynthesis: expansion of molecular diversity and utility. Angew Chem Int Ed, 2013, 52(47): 12308-12312.

[90] Nozaki H, Moriuti S, Takaya H, et al. Asymmetric induction in carbenoid reaction by means of a dissymmetric copper chelate. Tetrahedron Lett, 1966, 7(43): 5239-5244.

[91] Knowles W S, Sabacky M J. Catalytic asymmetric hydrogenation employing a soluble, optically active, rhodium complex. Chem Commun, 1968, (22): 1445-1446.

[92] Horner L, Siegel H, Buthe H. Asymmetric catalytic hydrogenation with an optically active phosphinerhodium complex in homogeneous solution. Angew Chem Int Ed Engl, 1968, 7(12): 942-943.

[93] Knowles W S, Sabacky M J, Vineyard B D. Asymmetric hydrogenation yields α-amino acids. Chemtech, 1972, (10): 590-593.

[94] Blaser H U, Schmidt E. Asymmetric Catalysis on Industrial Scale: Challenges, Approaches and Solutions. Weinheim: Wiley-VCH, 2004.

[95] Yoon T P, Jacobsen E N. Privileged chiral catalysts. Science, 2003, 229(5613): 1691-1693.

[96] Zhou Q L. Privileged Chiral Ligands and Catalysts. Weinheim: Wiley-VCH, 2011.

[97] Xie J H, Zhou Q L. Chiral diphosphine and monodentate phosphorus ligands on a spiro scaffold for transition-metal-catalyzed asymmetric reactions. Acc Chem Res, 2008, 41(5): 581-593.

[98] Zhu S F, Zhou Q L. Transition-metal-catalyzed enantioselective heteroatom-hydrogen bond insertion reactions. Acc Chem Res, 2012, 45(8): 1365-1377.

[99] Zhu S F, Zhou Q L. Iridium-catalyzed asymmetric hydrogenation of unsaturated carboxylic acids. Acc Chem Res, 2017, 50(4): 988-1001.

[100] Li J, Chen G, Wang Z, et al. Spiro-2,2′-bichroman-based bisoxazoline (SPANbox) ligands for Zn^{II}-catalyzed enantioselective hydroxylation of β-keto esters and 1,3-diester. Chem Sci, 2011, 2(6): 1141-1144.

[101] Cao Z Y, Wang X, Tan C, et al. Highly Stereoselective olefin cyclopropanation of diazooxindoles catalyzed by a C_2-symmetric spiroketal bisphosphine/Au(I) complex. J Am Chem Soc, 2013, 135(22): 8197-8200.

[102] Liu J, Han Z, Wang X, et al. Highly regio- and enantioselective alkoxycarbonylative amination of terminal allenes catalyzed by a spiroketal-based diphosphine/Pd(II) complex. J Am Chem Soc, 2015, 137(49): 15346-15349.

[103] Liao S, Sun X L, Tang Y. Side arm strategy for catalyst design: modifying bisoxazolines for remote control of enantioselection and related. Acc Chem Res, 2014, 47(8): 2260-2272.

[104] Liu X, Lin L, Feng X. Chiral N,N'-dioxides: new ligands and organocatalysts for catalytic asymmetric reactions. Acc Chem Res, 2011, 44(8): 574-587.

[105] Hassner A, Namboothiri I. In Organic Syntheses Based on Name Reactions. 3rd ed. Amsterdam: Elsevier, 2011: 408.

[106] Hayashi T, Ueyama K, Tokunaga N, et al. A chiral chelating diene as a new type of chiral ligand for transition metal catalysts: its preparation and use for the rhodium-catalyzed asymmetric 1,4-addition. J Am Chem Soc, 2003, 125(38): 11508-11509.

[107] Fischer C, Defieber C, Suzuki T, et al. Readily available [2,2,2]-bicyclooctadienes as new chiral ligands for Ir(I): catalytic, kinetic resolution of allyl carbonates. J Am Chem Soc, 2004, 126(6): 1628-1629.

[108] Feng C G, Dong H Q, Lin G Q. Rhodium-catalyzed asymmetric arylation. ACS Catal, 2012, 2(1): 95-119.

[109] Cui Z, Yu H J, Yang R F, et al. Highly enantioselective arylation of N-tosylalkylaldimines catalyzed by rhodium-diene complexes. J Am Chem Soc, 2011, 133(32): 12394-12397.

[110] Zhang S S, Wang Z Q, Xu M H, et al. Chiral diene as the ligand for the synthesis of axially chiral compounds via palladium-catalyzed Suzuki-Miyaura coupling reaction. Org Lett, 2010, 12(23): 5546-5549.

[111] Hu X, Zhuang M, Cao Z, et al. Simple chiral chain dienes as ligands for Rh(I)-catalyzed conjugated additions. Org Lett, 2009, 11(20): 4744-4747.

[112] Rössler S L, Krautwald S, Carreira E M. Study of intermediates in iridium-(phosphoramidite, olefin)-catalyzed enantioselective allylic Substitution. J Am Chem Soc, 2017, 139(10): 3603-3606.

[113] Feng X, Du H. Synthesis of chiral olefin ligands and their application in asymmetric catalysis. Asian J Org Chem, 2012, 1(3): 204-213.

[114] Ye B, Cramer N. Chiral cyclopentadienyl ligands as stereocontrolling element in asymmetric C—H functionalization. Science, 2012, 338(6106): 504-506.

[115] Hyster T K, Knörr L, Ward T R, et al. Biotinylated Rh(III) complexes in engineered streptavidin for accelerated asymmetric C—H activation. Science, 2012, 338(6106): 500-503.

[116] Newton C G, Kossler D, Cramer N. Asymmetric catalysis powered by chiral cyclopentadienyl ligands. J Am Chem Soc, 2016, 138,(12) 3935-3941.

[117] Zheng J, Cui W J, Zheng C, et al. Synthesis and application of chiral spiro Cp ligands in rhodium-catalyzed asymmetric oxidative coupling of biaryl compounds with alkenes. J Am Chem Soc, 2016, 138(16): 5242-5245.

[118] Jia Z J, Merten C, Gontla R, et al. General enantioselective C—H activation with efficiently

tunable cyclopentadienyl ligands. Angew Chem Int Ed, 2017, 56(9): 2429-2434.

[119] Parmar D, Sugiono E, Raja S, et al. Complete field guide to asymmetric BINOL-phosphate derived Brønsted acid and metal catalysis: history and classification(by mode of activation; Brønsted acidity, hydrogen bonding, ion pairing, and metal phosphates. Chem Rev, 2014, 114(18): 9047-9153.

[120] Zhang L, Meggers E. Steering asymmetric Lewis acid catalysis exclusively with octahedral metal-centered chirality. Acc Chem Res, 2017, 50(2): 320-330.

[121] Berrisford D J, Bolm C, Sharpless K B. Ligand-accelerated catalysis. Angew Chem Int Ed, 1995, 34(10): 1059-1070.

[122] Woodard S S, Finn M G, Sharpless K B. Mechanism of asymmetric epoxidation. 1. Kinetics. J Am Chem Soc, 1991, 113(1): 106-113.

[123] Engle K M, Mei T S, Wasa M, et al. Weak coordination as a powerful means for developing broadly useful C—H functionalization reactions. Acc Chem Res, 2012, 45(6): 788-802.

[124] Engle K M, Yu J Q. Developing ligands for palladium(II)-catalyzed C—H functionalization: intimate dialogue between ligand and substrate. J Org Chem, 2013, 78(18): 8927-8955.

[125] Chen G, Gong W, Zhuang Z, et al. Ligand-accelerated enantioselective methylene C(sp^3)—H bond activation. Science, 2016, 353(6303): 1023-1027.

[126] Xie J H, Liu X Y, Xie J B, et al. An additional coordination group leads to extremely efficient chiral iridium catalysts for asymmetric hydrogenation of ketones. Angew Chem Int Ed, 2011, 50(32): 7329-7332.

[127] Yan P C, Zhu G L, Xie J H, et al. Industrial scale-up of enantioselective hydrogenation for the asymmetric synthesis of rivastigmine. Org Process Res Dev, 2013, 17(2): 307-312.

[128] Yang X H, Xie J H, Liu W P, et al. Catalytic asymmetric hydrogenation of δ-ketoesters: highly efficient approach to chiral 1,5-diols. Angew Chem Int Ed, 2013, 52(30): 7833-7836.

[129] Yang X H, Wang K, Zhu S F, et al. Remote ester group leads to efficient kinetic resolution of racemic aliphatic alcohols via asymmetric hydrogenation. J Am Chem Soc, 2014, 136(50): 17426-17429.

[130] Wang Z, Chen G, Ding K. Self-supported catalysts. Chem Rev, 2009, 109(2): 322-359.

[131] You S L. Asymmetric Functionalization of C—H Bonds. Cambridge: RSC, 2014.

[132] Newton C G, Wang S G, Oliveira C C, et al. Catalytic enantioselective transformations involving C—H bond cleavage by transition-metal complexes. Chem Rev, 2017, 117(13): 8908-8976.

[133] Davies H M L, Manning J R. Catalytic C—H functionalization by metal carbenoid and

nitrenoid insertion. Nature, 2008, 451(7177): 417-424.

[134] Thu H Y, Tong G S M, Huang J S, et al. Highly selective metal catalysts for intermolecular carbenoid insertion into primary C—H bonds and enantioselective C—C bond formation. Angew Chem Int Ed, 2008, 47(50): 9747-9750.

[135] Qiu H, Li M, Jiang L Q, et al. Highly enantioselective trapping of zwitterionic intermediates by imines. Nat Chem, 2012, 4(9): 733-738.

[136] Li C J. Cross-dehydrogenative coupling (CDC): exploring C—C bond formations beyond functional group transformations. Acc Chem Res, 2009, 42(2): 335-344.

[137] Yeung C S, Dong V M. Catalytic dehydrogenative cross-coupling: forming carbon-carbon bonds by oxidizing two carbon-hydrogen bonds. Chem Rev, 2011, 111(3): 1215-1292.

[138] Guo C, Song J, Luo S W, et al. Enantioselective oxidative cross-coupling reaction of 3-indolylmethyl C—H bonds with 1,3-dicarbonyls using a chiral Lewis acid-bonded nucleophile to control stereochemistry. Angew Chem Int Ed, 2010, 49(32): 5558-5562.

[139] Zhang G, Zhang Y, Wang R. Catalytic asymmetric activation of a $C(sp^3)$—H bond adjacent to a nitrogen atom: a versatile approach to optically active α-alkyl α-amino acids and C1-alkylated tetrahydroisoquinoline derivatives. Angew Chem Int Ed, 2011, 50(44): 10429-10432.

[140] Cao W, Liu X, Wang W, et al. Highly enantioselective synthesis of tetrahydroquinolines via cobalt(Ⅱ)-catalyzed tandem 1,5-hydride transfer/cyclization. Org Lett, 2011, 13(4): 600-603.

[141] Zhou G, Liu F, Zhang J. Enantioselective gold-catalyzed functionalization of unreactive sp^3 C—H bonds through a redox-neutral domino reaction. Chem Eur J, 2011, 17(11): 3101-3104.

[142] Chen L, Zhang L, Lv J, et al. Catalytic enantioselective tert-aminocyclization by asymmetric binary acid catalysis (ABC): stereospecific 1,5-hydrogen transfer. Chem Eur J, 2012, 18(29): 8891-8895.

[143] Cheng X F, Li Y, Su Y M, et al. Pd(Ⅱ)-catalyzed enantioselective C—H activation/C—O bond formation: synthesis of chiral benzofuranones. J Am Chem Soc, 2013, 135(4): 1236-1239.

[144] Gao D W, Gu Q, Zheng C, et al. Synthesis of planar chiral ferrocenes via transition-metal-catalyzed direct C—H bond functionalization. Acc Chem Res, 2017, 50(2): 351-365.

[145] Pi C, Li Y, Cui X, et al. Redox of ferrocene controlled asymmetric dehydrogenative heck reaction via palladium-catalyzed dual C—H bond activation. Chem Sci, 2013, 4(6): 2675-2679.

[146] He J, Wasa M, Chan K S L, et al. Palladium-catalyzed transformations of alkyl C—H

bonds. Chem Rev, 2017, 117(13): 8754-8786.

[147] Xiao K J, Lin D W, Miura M, et al. Palladium(Ⅱ)-catalyzed enantioselective C(sp^3)—H activation using a chiral hydroxamic acid ligand. J Am Chem Soc, 2014, 136(22): 8138-8142.

[148] Chan K S L, Fu H Y, Yu J Q. Palladium(Ⅱ)-catalyzed highly enantioselective C—H arylation of cyclopropylmethylamines. J Am Chem Soc, 2015, 137(5): 2042-2046.

[149] Wu Q F, Shen P X, He J, et al. Formation of α-chiral centers by asymmetric β-C(sp^3)—H arylation, alkenylation, and alkynylation. Science, 2017, 355(6324): 499-503.

[150] Covell D J, White M C. A chiral Lewis acid strategy for enantioselective allylic C—H oxidation. Angew Chem Int Ed, 2008, 47(34): 6448-6451.

[151] Du H, Zhao B, Shi Y. Catalytic asymmetric allylic and homoallylic diamination of terminal olefins via formal C—H activation. J Am Chem Soc, 2008, 130(27): 8590-8591.

[152] Trost B M, Donckele E J, Thaisrivongs D A, et al. A new class of non-C2-symmetric ligands for oxidative and redox-neutral palladium-catalyzed asymmetric allylic alkylations of 1,3-diketones. J Am Chem Soc, 2015, 137(7): 2776-2784.

[153] Wang P S, Lin H C, Zhai Y J, et al. Chiral counteranion strategy for asymmetric oxidative C(sp^3)—H/C(sp^3)—H coupling: enantioselective α-allylation of aldehydes with terminal alkenes. Angew Chem Int Ed, 2014, 53(45): 12218-12221.

[154] Lin H C, Wang P S, Tao Z L, et al. Highly enantioselective allylic C—H alkylation of terminal olefins with pyrazol-5-ones enabled by cooperative catalysis of palladium complex and Brønsted acid. J Am Chem Soc, 2016, 138(43): 14354-14361.

[155] Pedroni J, Cramer N. TADDOL-based phosphorus(Ⅲ)-ligands in enantioselective Pd(0)-catalysed C—H functionalisations. Chem Commun, 2015, 51(100): 17647-17657.

[156] Albicher M R, Cramer N. Enantioselective palladium-catalyzed direct arylations at ambient temperature: access to indanes with quaternary stereocenters. Angew Chem Int Ed, 2009, 48(48): 9139-9142.

[157] Saget T, Cramer N. Enantioselective C—H arylation strategy for functionalized dibenzazepinones with quaternary stereocenters. Angew Chem Int Ed, 2013, 52(30): 7865-7868.

[158] Gao D W, Yin Q, Gu Q, et al. Enantioselective synthesis of planar chiral ferrocenes via Pd(0)-catalyzed intramolecular direct C—H bond arylation. J Am Chem Soc, 2014, 136(13): 4841-4844.

[159] Gao D W, Zheng C, Gu Q, et al. Pd-catalyzed highly enantioselective synthesis of planar chiral ferrocenylpyridine derivatives. Organometallics, 2015, 34(18): 4618-4625.

[160] Deng R, Huang Y, Ma X, et al. Palladium-catalyzed intramolecular asymmetric C—H

functionalization/cyclization reaction of metallocenes: an efficient approach toward the synthesis of planar chiral metallocene compounds. J Am Chem Soc, 2014, 136(12): 4472-4475.

[161] Liu L T, Zhang A A, Zhao R J, et al. Asymmetric synthesis of planar chiral ferrocenes by enantioselective intramolecular C—H arylation of N-(2-haloaryl)ferrocenecarboxamides. Org Lett, 2014, 16(20): 5336-5338.

[162] Baudoin O. Ring construction by palladium(0)-catalyzed C(sp^3)—H activation. Acc Chem Res, 2017, 50(4): 1114-1123.

[163] Larionov E, Nakanishi M, Katayev D, et al. Scope and mechanism of asymmetric C(sp^3)—H/C(Ar)—X coupling reactions: computational and experimental study. Chem Sci, 2013, 4(5): 1995-2005.

[164] Anas S, Cordi A, Kagan H B. Enantioselective synthesis of 2-methyl indolines by palladium catalysed asymmetric C(sp^3)—H activation/cyclisation. Chem Commun, 2011, 47(41): 11483-11485.

[165] Saget T, Lémouzy S, Cramer N. Chiral monodentate phosphines and bulky carboxylic acids: cooperative effects in palladium-catalyzed enantioselective C(sp^3)—H functionalization. Angew Chem Int Ed, 2012, 51(9): 2238-2242.

[166] Pedroni J, Cramer N. Chiral γ-lactams by enantioselective palladium(0)-catalyzed cyclopropane functionalizations. Angew Chem Int Ed, 2015, 54(40): 11826-11829.

[167] Kuwano R, Sato K, Kurokawa T, et al. Catalytic asymmetric hydrogenation of heteroaromatic compounds, Indoles. J Am Chem Soc, 2000, 122(31): 7614-7651.

[168] Kuwano R, Hashiguchi Y, Ikeda R, et al. Catalytic asymmetric hydrogenation of pyrimidines. Angew Chem Int Ed, 2015, 54(8): 2393-2396.

[169] Urban S, Ortega N, Glorius F. Ligand-controlled highly regioselective and asymmetric hydrogenation of quinoxalines catalyzed by ruthenium N-heterocyclic carbene complexes. Angew Chem Int Ed, 2011, 50(16): 3803-3806.

[170] Fleischer S, Zhou S, Werkmeister S, et al. Cooperative iron-Brønsted acid catalysis: enantioselective hydrogenation of quinoxalines and 2H-1,4-benzoxazines. Chem Eur J, 2013, 19(16): 4997-5003.

[171] Iimuro A, Yamaji K, Kandula S, et al. Asymmetric hydrogenation of isoquinolinium salts catalyzed by chiral iridium complexes: direct synthesis for optically active 1,2,3,4-tetrahydroisoquinolines. Angew Chem Int Ed, 2013, 52(7): 2046-2050.

[172] Wang W B, Lu S M, Yang P Y, et al. Highly enantioselective iridium-catalyzed hydrogenation of heteroaromatic compounds, Quinolines. J Am Chem Soc, 2003, 125(35): 10536-10537.

[173] Wang D S, Chen Q A, Lu S M, et al. Asymmetric hydrogenation of heteroarenes and arenes. Chem Rev, 2012, 112(4): 2557-2590.

[174] Miao T, Tian Z Y, He Y M, et al. Asymmetric hydrogenation of *in situ* generated isochromenylium intermediates by copper/ruthenium tandem catalysis. Angew Chem Int Ed, 2017, 56(15): 4135-4139.

[175] He Y M, Fan Q H. Phosphine-free chiral metal catalysts for highly effective asymmetric catalytic hydrogenation. Org Biomol Chem, 2010, 8(11): 2497-2504.

[176] You S L. Asymmetric Dearomatization Reactions. Weinheim: Wiley-VCH, 2016.

[177] Zhuo C X, Zhang W, You S L. Catalytic asymmetric dearomatization reactions. Angew Chem Int Ed, 2012, 51(51): 12662-12686.

[178] Zheng C, You S L. Catalytic asymmetric dearomatization by transition-metal catalysis: a method for transformations of aromatic compounds. Chem, 2016, 1(6): 830-857.

[179] Shen C, Liu R R, Fan R J, et al. Enantioselective arylative dearomatization of indoles via Pd-catalyzed intramolecular reductive heck reactions. J Am Chem Soc, 2015, 137(15): 4936-4939.

[180] Liu R R, Wang Y G, Li Y L, et al. Enantioselective dearomative difunctionalization of indoles by palladium-catalyzed heck/sonogashira sequence. Angew Chem Int Ed, 2017, 56(26): 7475-7478.

[181] Yang L, Zheng H, Luo L, et al. Palladium-catalyzed dynamic kinetic asymmetric transformation of racemic biaryls: axial-to-central chirality transfer. J Am Chem Soc, 2015, 137(15): 4876-4879.

[182] Schmidt J, Choi J, Liu A T, et al. A general, modular method for the catalytic asymmetric synthesis of alkylboronate esters. Science, 2016, 354(6317): 1265-1269.

[183] Schley N D, Fu G C. Nickel-catalyzed negishi arylations of propargylic bromides: a mechanistic investigation. J Am Chem Soc, 2014, 136(47): 16588-16593.

[184] Poremba K E, Kadunce N T, Suzuki N, et al. Nickel-catalyzed asymmetric reductive cross-coupling to access 1,1-diarylalkanes. J Am Chem Soc, 2017, 139(16): 5684-5687.

[185] Kainz Q M, Matier C D, Bartoszewicz A, et al. Asymmetric copper-catalyzed C—N cross-couplings induced by visible light. Science, 2016, 351(6274): 681-684.

[186] Zhang W, Wang F, McCann S D, et al. Enantioselective cyanation of benzylic C—H bonds via copper-catalyzed radical relay. Science, 2016, 353(6303): 1014-1018.

[187] Lin J S, Dong X Y, Li T T, et al. A dual-catalytic strategy to direct asymmetric radical aminotrifluoromethylation of alkenes. J Am Chem Soc, 2016, 138(30): 9357-9360.

[188] Lin J S, Wang F L, Dong X Y, et al. Catalytic asymmetric radical aminoperfluoroalkylation and aminodifluoromethylation of alkenes to versatile enantioenriched-fluoroalkyl amines.

Nat Commun, 2017, 8: 14841.

[189] Wang F, Wang D, Wan X, et al. Enantioselective copper-catalyzed intermolecular cyanotrifluoromethylation of alkenes via radical process. J Am Chem Soc, 2016, 138(48): 15547-15550.

[190] Wu L, Wang F, Wan X, et al. Asymmetric Cu-catalyzed intermolecular trifluorome-thylarylation of styrenes: enantioselective arylation of benzylic radicals. J Am Chem Soc, 2017, 139(8): 2904-2907.

[191] Wang D, Wu L, Wang F, et al. Asymmetric copper-catalyzed intermolecular aminoarylation of styrenes: efficient access to optical 2,2-diarylethylamines. J Am Chem Soc, 2017, 139(20): 6811-6814.

[192] Nishikawa D, Hirano K, Miura M. Asymmetric synthesis of α-aminoboronic acid derivatives by copper-catalyzed enantioselective hydroamination. J Am Chem Soc, 2015, 137(50): 15620-15623.

[193] Pirnot M T, Wang Y M. Buchwald S L, Copper hydride catalyzed hydroamination of alkenes and alkynes. Angew Chem Int Ed, 2016, 55(1): 48-57.

[194] Chirik P J. Iron- and cobalt-catalyzed alkene hydrogenation: catalysis with both redox-active and strong field ligands. Acc Chem Res, 2015, 48(6): 1687-1695.

[195] Chirik P J. Carbon-carbon bond formation in a weak ligand field: leveraging open-shell first-row transition-metal catalysts. Angew Chem Int Ed, 2017, 56(19): 5170-5181.

[196] Zhang L, Zuo Z, Wan X, et al. Cobalt-catalyzed enantioselective hydroboration of 1,1-disubstituted aryl alkenes. J Am Chem Soc, 2014, 136(44): 15501-15504.

[197] Du X, Huang Z. Advances in base-metal-catalyzed alkene hydrosilylation. ACS Catal, 2017, 7(2): 1227-1243.

[198] Chen J, Cheng B, Cao M, et al. Iron-catalyzed asymmetric hydrosilylation of 1,1-disubstituted alkenes. Angew Chem Int Ed, 2015, 54(15): 4661-4664.

[199] Cheng B, Lu P, Zhang H Y, et al. Highly enantioselective cobalt-catalyzed hydrosilylation of alkenes. J Am Chem Soc, 2017, 139(28): 9439-9442.

[200] Guo J, Shen X, Lu Z. Regio and enantioselective cobalt-catalyzed sequential hydrosilylation/hydrogenation of terminal alkynes. Angew Chem Int Ed, 2017, 56(2): 615-618.

[201] Yamamoto H. Lewis Acids in Organic Synthesis. Weinheim: Wiley-VCH, 2000.

[202] Mlynarski J. Chiral Lewis Acids in Organic Synthesis. Weinheim: Wiley-VCH, 2017.

[203] Fu G C. From the design of a chiral Lewis acid catalyst to metal-catalyzed coupling reactions. J Org Chem, 2004, 69(10): 3245-3249.

[204] Katsuki T, Sharpless K B. The first practical method for asymmetric epoxidation. J Am

Chem Soc, 1980, 102(18): 5974-5976.

[205] Corey E J, Barnes-Seeman D, Lee T W. The formyl C—H---O hydrogen bond as a key to transition-state organization in enantioselective allylation, aldol and Diels-Alder reactions catalyzed by chiral lewis acids. Tetrahedron Lett, 1997, 38(10): 1699-1702.

[206] Corey E J, Rohde J J. The application of the formyl C—H---O hydrogen bond postulate to the understanding of enantioselective reactions involving chiral boron Lewis acids and aldehydes. Tetrahedron Lett, 1997, 38(1): 37-40.

[207] Mikami K, Matsukawa S J. Asymmetric catalytic aldol-type reaction with ketene silyl acetals: possible intervention of the silatropic ene pathway. J Am Chem Soc, 1994, 116(9): 4077-4078.

[208] Evans D A, Woerpel K A, Hinman M M, et al. Bis(oxazolines) as chiral ligands in metal-catalyzed asymmetric reactions. Catalytic, asymmetric cyclopropanation of olefins. J Am Chem Soc, 1991, 113(2): 726-728.

[209] Corey E J, Imai N, Zhang H Y. Designed catalyst for enantioselective Diels-Alder addition from a C_2-symmetric chiral bis(oxazoline)-iron(III) complex. J Am Chem Soc, 1991, 113(2): 728.

[210] Hargaden G C, Guiry P J. Recent applications of oxazoline-containing ligands in asymmetric catalysis. Chem Rev, 2009, 109(6): 2505-2550.

[211] Evans D A, Burgey C S, Kozlowski M C, et al. C_2-symmetric copper(II) complexes as chiral Lewis acids. Scope and mechanism of the catalytic enantioselective aldol additions of enolsilanes to pyruvate esters. J Am Chem Soc, 1999, 121(4): 686-699.

[212] Evans D A, Masse C E, Wu J. C_2-symmetric Sc(III)-complexes as chiral Lewis acids. Catalytic enantioselective aldol additions to glyoxylate esters. Org Lett, 2002, 4(20): 3375-3378.

[213] Evans D A, Wu J, Masse C E, et al. A general method for the enantioselective synthesis of pantolactone derivatives. Org Lett, 2002, 4(20): 3379-3382.

[214] Hamada T, Manabe K, Ishikawa S, et al. Catalytic asymmetric aldol reactions in aqueous media using chiral bis-pyridino-18-crown-6-rare earth metal triflate complexes. J Am Chem Soc, 2003, 125(10): 2989-2996.

[215] Ishikawa S, Hamada T, Manabe K, et al. Catalytic asymmetric hydroxymethylation of silicon enolates using an aqueous solution of formaldehyde with a chiral scandium complex. J Am Chem Soc, 2004, 126(39): 12236-12237.

[216] Kokubo M, Ogawa C, Kobayashi S. Lewis acid catalysis in water with a hydrophilic substrate: scandium-catalyzed hydroxymethylation with aqueous formaldehyde in water. Angew Chem Int Ed, 2008, 47(36): 6909-6911.

[217] Yamaguchi A, Matsunaga S, Shibasaki M. Catalytic asymmetric synthesis of α-alkylidene-β-hydroxy esters via dynamic kinetic asymmetric transformation involving Ba-catalyzed direct aldol reaction. J Am Chem Soc, 2009, 131(31): 10842-10843.

[218] Kumagai N, Kanai M, Sasai H. A career in catalysis: Masakatsu Shibasaki. ACS Catal, 2016, 6(7): 4699-4709.

[219] Yamada Y M A, Yoshikawa N, Sasai H, et al. Direct catalytic asymmetric aldol reactions of aldehydes with unmodified ketones. Angew Chem Int Ed Engl, 1997, 36(17): 1871-1873.

[220] Liu X H, Lin L L, Feng X M. Chiral N,N'-dioxide ligands: synthesis, coordination chemistry and asymmetric catalysis. Org Chem Front, 2014, 1(3): 298-302.

[221] Huang S X, Ding K L. Asymmetric bromoamination of chalcones with a privileged N,N'-dioxide/scandium(Ⅲ) catalyst. Angew Chem Int Ed, 2011, 50(34): 7734-7736.

[222] Shen K, Liu X H, Wang W T, et al. Highly enantioselective synthesis of 1,3-bis(hydroxymethyl)-2-oxindoles from unprotected oxindoles and formalin using a chiral Nd Ⅲ complex. Chem Sci, 2010, 1(5): 590-595.

[223] Shen K, Liu X H, Zheng K, et al. Catalytic asymmetric synthesis of 3-(α-hydroxy-β-carbonyl) oxindoles by a Sc Ⅲ -catalyzed direct aldol-type reaction. Chem Eur J, 2010, 16(12): 3736-3742.

[224] Myers J K, Jacobsen E N. Asymmetric synthesis of β-amino acid derivatives via catalytic conjugate addition of hydrazoic acid to unsaturated imides. J Am Chem Soc, 1999, 121(38): 8959-8960.

[225] Robinson J R, Gordon Z, Booth C H, et al. Tuning reactivity and electronic properties through ligand reorganization within a cerium heterobimetallic framework. J Am Chem Soc, 2013, 135(50): 19016-19024.

[226] Robinson J R, Fan X, Yadav J, et al. Air- and water-tolerant rare earth guanidinium BINOLate complexes as practical precatalysts in multifunctional asymmetric catalysis. J Am Chem Soc, 2014, 136(22): 8034-8041.

[227] Lin L, Zhang J L, Ma X J, et al. Bifunctional 3,3'-Ph$_2$-BINOL-Mg catalyzed direct asymmetric vinylogous michael addition of α, β-unsaturated γ-butyrolactam. Org Lett, 2011, 13(24): 6410-6413.

[228] Hatano M, Horibe T, Ishihara K. Chiral magnesium(Ⅱ) binaphtholates as cooperative Brønsted/Lewis acid-base catalysts for the highly enantioselective addition of phosphorus nucleophiles to α,β-unsaturated esters and ketones. Angew Chem Int Ed, 2013, 52(17): 4549-4553.

[229] Wang Z, Yang Z G, Chen D H, et al. Highly enantioselective Michael addition of pyrazolin-5-ones catalyzed by chiral N,N'-dioxide-lanthanide(Ⅲ) complex: metal directed reversal of

enantioselectivity. Angew Chem Int Ed, 2011, 50(21): 4928-4932.

[230] Zhang Y L, Yang N, Liu X H, et al. Reversal of enantioselective friedel-crafts C3-alkylation of pyrrole by slightly tuning the amide units of *N,N'*-dioxide ligands. Chem Commun, 2015, 51(40): 8432-8435.

[231] Hui Y H, Jiang J, Wang W T, et al. Highly enantioselective conjugate addition of thioglycolate to chalcones catalyzed by lanthanum: low catalyst loading and remarkable chiral amplification. Angew Chem Int Ed, 2010, 49(25): 4290-4293.

[232] Yao Q, Wang Z, Zhang Y H, et al. *N,N'*-dioxide/gadolinium(Ⅲ)-catalyzed asymmetric conjugate addition of nitroalkanes to α,β-unsaturated pyrazolamides. J Org Chem, 2015, 80(11): 5704-5712.

[233] Li L, Yang Q, Wang Y, et al. Catalytic asymmetric total synthesis of (−)-galanthamine and (−)-lycoramine. Angew Chem Int Ed, 2015, 54(21): 6255-6259.

[234] He W G, Hu J D, Wang P Y, et al. Highly enantioselective tandem Michael addition of tryptamine-derived oxindoles to alkynones: concise synthesis of strychnos alkaloids. Angew Chem Int Ed, 2018, 57(4): 3806-3809.

[235] Cichowicz N R, Kaplan W, Khomutnyk Y, et al. Concise enantioselective synthesis of oxygenated steroids via sequential copper(Ⅱ)-catalyzed Michael addition/intramolecular aldol cyclization reactions. J Am Chem Soc, 2015, 137 (45): 14341-14348.

[236] Sibi M P, Petrovic G, Zimmerman J. Enantioselective radical addition/trapping reactions with α, β-disubstituted unsaturated imides. synthesis of anti-propionate aldols. J Am Chem Soc, 2005, 127 (8): 2390-2391.

[237] Bonollo S, Lanari D, Pizzo F, et al. Sc(Ⅲ)-catalyzed enantioselective addition of thiols to α, β-unsaturated ketones in neutral water. Org Lett, 2011, 13 (9): 2150-2152.

[238] Ueno M, Kitanosono T, Sakai M, et al. Chiral Sc-catalyzed asymmetric Michael reactions of thiols with enones in water. Org Biomol Chem, 2011, 9(10): 3619-3621.

[239] Kitanosono T, Sakai M, Ueno M, et al. Chiral-Sc catalyzed asymmetric Michael addition/protonation of thiols with enones in water. Org Biomol Chem, 2012, 10(35): 7134-7147.

[240] Ishitani H, Ueno M, Kobayashi S. Catalytic enantioselective mannich-type reactions using a novel chiral zirconium catalyst. J Am Chem Soc, 1997, 119(30): 7153-7154.

[241] Chen S K, Hou Z R, Zhu Y, et al. Highly enantioselective one-pot, three-component mannich-type reaction catalyzed by an *N,N'*-dioxide–scandium(Ⅲ) complex. Chem Eur J, 2009, 15(24): 5884-5887.

[242] Zhang Q, Hui Y H, Zhou X, et al. Highly efficient asymmetric three-component vinylogous mannich reaction catalyzed by a chiral scandium(Ⅲ)- *N,N'*-dioxide complex. Adv Synth Catal, 2010, 352(6): 976-980.

[243] Zhao J N, Liu X H, Luo W W, et al. Asymmetric synthesis of β-amino nitriles through a Sc ^{III}-Catalyzed three-component mannich reaction of silyl ketene imines. Angew Chem Int Ed, 2013, 52(12): 3473-3477.

[244] Zhou X, Shang D J, Zhang Q, et al. Enantioselective three-component kabachnik-fields reaction catalyzed by chiral scandium(III)-N,N'-dioxide complexes. Org Lett, 2009, 11(6): 1401-1404.

[245] Kim S G, Ahn K H. Enantioselective Michael addition catalyzed by chiral tripodal oxazoline-^{t}BuOK complexes. Tetrahedron Lett, 2001, 42(15): 4175-4177.

[246] Foltz C, Stecker B, Marconi G, et al. Exploiting C_3-symmetry in the dynamic coordination of a chiral trisoxazoline to copper(II): improved enantioselectivity, and catalyst stability in asymmetric Lewis acid catalysis. Chem Commun, 2005, (40): 5115-5117.

[247] Nojiri A, Kumagai N, Shibasaki M. Asymmetric catalysis via dynamic substrate/ligand/rare earth metal conglomerate. J Am Chem Soc, 2008, 130 (17): 5630-5631.

[248] Hu H P, Liu Y B, Lin L L, et al. Kinetic resolution of $2H$-azirines by asymmetric imine amidation. Angew Chem Int Ed, 2016, 55(34): 10098-10101.

[249] Prakash M, Kesavan V. Highly enantioselective synthesis of 2,3-dihydroquinazolinones through intramolecular amidation of imines. Org Lett, 2012, 14(7): 1896-1899.

[250] Maruoka K, Hoshino Y, Shirasaka T, et al. Asymmetric ene reaction catalyzed by chiral organoaluminum reagent. Tetrahedron Lett, 1988, 29(32): 3967-3970.

[251] Terada M, Mikami K. Binaphthol-derived titanium μ-oxo complex: a new type of asymmetric catalyst for carbonyl-ene reaction with glyoxylate. J Chem Soc Chem Commun, 1994 (7): 833-834.

[252] Yuan Y, Zhang X, Ding K. Quasi solvent-free enantioselective carbonyl-ene reaction with extremely low catalyst loading. Angew Chem Int Ed, 2003, 42(44): 5478-5480.

[253] Evans D A, Burgey C S, Paras N A, et al. C_2-symmetric copper(II) complexes as chiral Lewis acids. Enantioselective catalysis of the glyoxylate-ene reaction. J Am Chem Soc, 1998, 120(23): 5824-5825.

[254] Yao S, Fang X, Jørgensen K A. Catalytic enantioselective ene reactions of imines: a simple approach for the formation of optically active α-amino acids. Chem Commun, 1998, (22): 2547-2548.

[255] Zheng K, Shi J, Liu X H, et al. Asymmetric carbonyl-ene reaction catalyzed by chiral N,N'-dioxide-nickel(II) complex: remarkably broad substrate scope. J Am Chem Soc, 2008, 130 (47): 15770-15771.

[256] Zheng K, Yin C K, Liu X H, et al. Catalytic asymmetric addition of alkyl enol ethers to 1,2-dicarbonyl compounds: highly enantioselective synthesis of substituted 3-alkyl-3-

hydroxyoxindoles. Angew Chem Int Ed, 2011, 50(11): 2573-2577.

[257] Johannsen M, Jørgensen K A. Asymmetric hetero Diels-Alder reactions and ene reactions catalyzed by chiral copper(Ⅱ) complexes. J Org Chem, 1995, 60(18): 5757-5762.

[258] Evans D A, Miller S J, Lectka T. Bis(oxazoline)copper(Ⅱ) complexes as chiral catalysts for the enantioselective Diels-Alder reaction. J Am Chem Soc, 1993, 115(14): 6460-6461.

[259] Evans D A, Lectka T, Miller S J. Bis(imine)-copper(Ⅱ) complexes as chiral lewis acid catalysts for the Diels-Alder reaction. Tetrahedron Lett, 1993, 34(44): 7027-7030.

[260] Evans D A, Murry J A, von Matt P, et al. C_2-symmetric cationic copper(Ⅱ) complexes as chiral Lewis acids: counterion effects in the enantioselective Diels-Alder reaction. Angew Chem Int Ed Engl, 1995, 34(7): 798-800.

[261] Evans D A, Johnson J S. Chiral C_2-symmetric Cu(Ⅱ) complexes as catalysts for enantioselective intramolecular Diels-Alder reactions. Asymmetric synthesis of (−)-isopulo'upone. J Org Chem, 1997, 62 (4): 786-787.

[262] Huang R, Chang X, Li J, et al. Cu(Ⅰ)-catalyzed asymmetric multicomponent cascade inverse electron-demand aza-Diels-Alder/nucleophilic addition/ring-opening reaction involving 2-methoxyfurans as efficient dienophiles. J Am Chem Soc, 2016, 138 (12): 3998-4001.

[263] Davies I W, Gerena L, Castonguay L, et al. The influence of ligand bite angle on the enantioselectivity of copper(Ⅱ)-catalysed Diels-Alder reactions. Chem Commun, 1996, 0(15): 1753-1574.

[264] Denmark S E, Still C M. Effect of ligand structure in the bisoxazoline mediated asymmetric addition of methyllithium to imines. J Org Chem, 2000, 65(18):5875-5878.

[265] Liu Q J, Wang L, Kang Q K, et al. Cy-SaBOX/copper(Ⅱ)-catalyzed highly diastereo- and enantioselective synthesis of bicyclic N,O acetals. Angew Chem Int Ed, 2016, 55(12): 9220-9223.

[266] Xiong H, Xu H, Liao S H, et al. Copper-catalyzed highly enantioselective cyclopen-tannulation of indoles with donor-acceptor cyclopropanes. J Am Chem Soc, 2013, 135(21): 7851-7854.

[267] Feng L W, Ren H, Xiong H, et al. Reaction of donor-acceptor cyclobutanes with indoles: a general protocol for the formal total synthesis of (±)-strychnine and the total synthesis of (±)-akuammicine. Angew Chem Int Ed, 2017, 56(11): 3055-3058.

[268] Wang D C, Xie M S, Guo H M, et al. Enantioselective dearomative [3+2] cycloaddition reactions of benzothiazoles. Angew Chem Int Ed, 2016, 55(45): 14111-14115.

[269] Qi C, Xiong Y, Eschenbrenner-Lux V, et al. Asymmetric syntheses of the flavonoid Diels-Alder natural products sanggenons C and O. J Am Chem Soc, 2016, 138(3): 798-801.

[270] Han J G, Li X, Guan Y, et al. Enantioselective biomimetic total syntheses of kuwanons I and J and brosimones A and B. Angew Chem Int Ed, 2014, 53(35): 9257-9261.

[271] Gao L, Han J, Lei X. Enantioselective total syntheses of kuwanon X, kuwanon Y, and kuwanol A. Org Lett, 2016, 18(3): 360-363.

[272] Zheng H F, Liu X H, Xu C R, et al. Regio-and enantioselective aza-Diels-Alder reactions of 3-vinylindoles: a concise synthesis of the antimalarial spiroindolone NITD609. Angew Chem Int Ed, 2015, 54(37): 10958-10962.

[273] Yuan Y, Long J, Sun J, et al. Dramatically synergetic effect of carboxylic acid additive on tridentate titanium catalyzed enantioselective hetero-Diels-Alder reaction: additive acceleration and nonlinear effect. Chem Eur J, 2002, 8(21): 5033-5042.

[274] Yuan Y, Li X, Sun J, et al. To probe the origin of activation effect of carboxylic acid and (+)-NLE in tridentated titanium catalyst systems. J Am Chem Soc, 2002, 124(50): 14866-14867.

[275] Aikawa K, Hioki Y, Shimizu N, et al. Catalytic asymmetric synthesis of stable oxetenes via Lewis acid-promoted [2+2] cycloaddition. J Am Chem Soc, 2011, 133(50): 20092-20095.

[276] Aikawa K, Kondo D, Honda K, et al. Lewis acid catalyzed asymmetric three-component coupling reaction: facile synthesis of α-fluoromethylated tertiary alcohols. Chem Eur J, 2015, 21(49): 17565-17569.

[277] Liu B, Li K N, Luo S W, et al. Chiral gold complex-catalyzed hetero-Diels-Alder reaction of diazenes: highly enantioselective and general for dienes. J Am Chem Soc, 2013, 135(9): 3323-3326.

[278] Yan X X, Peng Q, Zhang Y, et al. A highly enantio-and diastereoselective Cu-catalyzed 1,3-dipolar cycloaddition of azomethine ylides with nitroalkenes. Angew Chem Int Ed, 2006, 45(12): 1979-1983.

[279] Xu C F, Zheng B H, Suo J J, et al. Highly diastereo and- enantioselective palladium-catalyzed [3+2] cycloaddition of vinyl aziridines and α, β-unsaturated ketones. Angew Chem Int Ed, 2014, 54(5): 1604-1607.

[280] Wang C J, Liang G, Xue Z Y, et al. Highly enantioselective 1,3-dipolar cycloaddition of azomethine ylides catalyzed by copper(I)/TF-BiphamPhos complexes. J Am Chem Soc, 2008, 130 (51): 17250-17251.

[281] Wang C J, Xue Z Y, Liang G, et al. Highly enantioselective 1,3-dipolar cycloaddition of azomethine ylides catalyzed by AgOAc/TF-BiphamPhos. Chem Commun, 2009, 0(20): 2905-2907.

[282] Zhang Z M, Xu B, Xu S, et al. Diastereo- and enantioselective copper(I)-catalyzed intermolecular [3+2] cycloaddition of azomethine ylides with β-trifluoromethyl β,

β-disubstituted enones. Angew Chem Int Ed, 2016, 55(21): 6324-6328.

[283] Leboeuf D, Huang J, Gandon V, et al. Using nazarov electrocyclization to stage chemoselective [1,2]-migrations: stereoselective synthesis of functionalized cyclopentenones. Angew Chem Int Ed, 2011, 50(46): 10981-10985.

[284] Nie J, Zhu H W, C H F, et al. Catalytic stereoselective synthesis of highly substituted indanones via tandem nazarov cyclization and electrophilic fluorination trapping. Org Lett, 2007, 9(16): 3053-3056.

[285] Cao P, Deng C, Zhou Y Y, et al. Asymmetric nazarov reaction catalyzed by chiral tris(oxazoline)/copper(II). Angew Chem Int Ed, 2010, 49(26): 4463-4466.

[286] Belokon Y N, Caveda-Cepas S, Green B, et al. The asymmetric addition of trimethylsilyl cyanide to aldehydes catalyzed by chiral (Salen)titanium complexes. J Am Chem Soc, 1999, 121(16): 3968-3973.

[287] Zhang Z P, Wang Z, Zhang R Z, et al. An efficient titanium catalyst for enantioselective cyanation of aldehydes: cooperative catalysis. Angew Chem Int Ed, 2010, 49(38): 6746-6750.

[288] Chen F X, Zhou H, Liu X H, et al. Enantioselective cyanosilylation of ketones by a catalytic double-activation method with an aluminium complex and an N-oxide. Chem Eur J, 2004, 10(19): 4790-4797.

[289] Zeng X P, Cao Z Y, Wang X, et al. Activation of chiral (Salen)AlCl complex by phosphorane for highly enantioselective cyanosilylation of ketones and enones. J Am Chem Soc, 2016, 138(1): 416-425.

[290] Li W, Wang J, Hu X L, et al. Catalytic asymmetric roskamp reaction of α-alkyl-α-diazoesters with aromatic aldehydes: highly enantioselective synthesis of α-alkyl-β-keto esters. J Am Chem Soc, 2010, 132(25): 8532-8533.

[291] Hassner A, Namboothiri I. Organic Chemistry. Oxford: Oxford University Press, 2012:459.

[292] Li W, Liu X H, Hao X Y, et al. New electrophilic addition of α-diazoesters with ketones for enantioselective C—N bond formation. J Am Chem Soc, 2011, 133(39): 15268-15271.

[293] Cai Y F, Liu X H, Jiang J, et al. Catalytic asymmetric chloroamination reaction of α, β-unsaturated γ-keto esters and chalcones. J Am Chem Soc, 2011, 133 (15): 5636-5639.

[294] Li J, Lin L L, Hu B, et al. Gold(I)/chiral N,N'-dioxide-nickel(II) relay catalysis for asymmetric tandem intermolecular hydroalkoxylation/claisen rearrangement. Angew Chem Int Ed, 2017, 56(3): 885-888.

[295] Li J, Lin L L, Hu B W, et al. Bimetallic gold(I)/chiral N,N'-dioxide nickel(II) asymmetric relay catalysis: chemo- and enantioselective synthesis of spiroketals and spiroaminals. Angew Chem Int Ed, 2016, 55(20): 6075-6078.

[296] Wang C, Yamamoto H. Gadolinium-catalyzed regio- and enantioselective aminolysis of aromatic *trans*-2,3-epoxy sulfonamides. Angew Chem Int Ed, 2015, 54(30): 8760-8763.

[297] Yao L, Zhu Q, Wei L, Wang Z F, et al. Dysprosium(Ⅲ)-catalyzed ring-opening of meso-epoxides: desymmetrization by remote stereocontrol in a thiolysis/elimination sequence. Angew Chem Int Ed, 2016, 55(19): 5829-5833.

[298] Zhou J, Tang Y. The development and application of chiral trisoxazolines in asymmetric catalysis and molecular recognition. Chem Soc Rev, 2005, 34(8): 664-676.

[299] Zhou J, Tang Y. Sidearm effect: improvement of the enantiomeric excess in the asymmetric Michael addition of indoles to alkylidene malonates. J Am Chem Soc, 2002, 24 (31): 9030-9031.

[300] Zhou Y Y, Wang L J, Li J, et al. Side-arm-promoted highly enantioselective ring-opening reactions and kinetic resolution of donor-acceptor cyclopropanes with amines. J Am Chem Soc, 2012, 134(22): 9066-9069.

[301] Martinez L E, Leighton J L, Carsten D H, et al. Highly enantioselective ring opening of epoxides catalyzed by (Salen)Cr(Ⅲ) complexes . J Am Chem Soc, 1995, 117(21): 5897-5898.

[302] Jacobsen E N, Kakiuchi F, Konsler R G, et al. Enantioselective catalytic ring opening of epoxides with carboxylic acids. Tetrahedron Lett, 1997, 38(5): 773-776.

[303] Lv X B, Ren W M, Wu G P. CO_2 Copolymers from epoxides: catalyst activity, product selectivity, and stereochemistry control. Acc Chem Res, 2012, 45(10): 1721-1735.

[304] Yang M H, Zhu C J, Yuan F, et al. Enantioselective ring-opening reaction of meso-epoxides with ArSeH catalyzed by heterometallic Ti-Ga-Salen system. Org Lett, 2005, 7 (10): 1927-1930.

[305] Corey E J, Bakshi R K, Shibata S. Highly enantioselective borane reduction of ketones catalyzed by chiral oxazaborolidines. Mechanism and synthetic implications. J Am Chem Soc, 1987, 109(18): 5551-5553.

[306] Gao L, Kang B C, Ryu D H. Catalytic asymmetric insertion of diazoesters into aryl-CHO bonds: highly enantioselective construction of chiral all-carbon quaternary centers. J Am Chem Soc, 2013, 135(39): 14556-14559.

[307] Huang Y, Yang F, Zhu C. Highly enantioseletive Biginelli reaction using a new chiral ytterbium catalyst: asymmetric synthesis of dihydropyrimidines. J Am Chem Soc, 2005, 127(47): 16386-16387.

[308] Liu Y B, Du H F. Chiral dienes as "ligands" for borane-catalyzed metal-free asymmetric hydrogenation of imines. J Am Chem Soc, 2013, 135(18): 6810-6813.

[309] Ren X Y, Du H F. Chiral frustrated Lewis pairs catalyzed highly enantioselective

hydrosilylations of 1,2-dicarbonyl compounds. J Am Chem Soc, 2016, 138(3): 810-813.

[310] Knoevenagel E. Condensation von malonsäure mit aromatischen aldehyden durch ammoniak und amine. Ber Dtsch Chem Ges, 1898, 31(3): 2596-2619.

[311] Marckwald W. Ueber asymmetrische synthese. Ber Dtsch Chem Ges, 1904, 37:349-354.

[312] Bredig G, Fiske P S. Durch catalysatorn bewirkte asymmetriche synthese. Biochem Z, 1912, 46: 7-23.

[313] Pracejus H. Organische Katalysatoren, LXI. Asymmetrische synthesen mit ketenen. I. Alkaloid-katalysierte asymmetrische synthesen von α-phenyl-propionsäureestern. Justus Liebigs Ann Chem, 1960, 634: 9-29.

[314] Eder U, Sauer G, Wiechert R. New type of asymmetric cyclization to optically active steroid CD partial structures. Angew Chem Int Ed, 1971, 10(7): 496-497.

[315] Hajos Z G, Parrish D R. Asymmetric synthesis of bicyclic intermediates of natural product chemistry. J Org Chem, 1974, 39(12): 1615-1621.

[316] Nelson A. Asymmetric phase-transfer catalysis. Angew Chem Int Ed, 1999, 38(11): 1583-1585.

[317] Sigman, M S, Jacobsen, E N. Schiff base catalysts for the asymmetric strecker reaction identified and optimized from parallel synthetic libraries. J Am Chem Soc, 1998, 120(19): 4901-4902.

[318] Corey E J, Grogan M J. Enantioselective synthesis of α-amino nitriles from N-benzhydryl imines and HCN with a chiral bicyclic guanidine as catalyst. Org Lett, 1999, 1(1): 157-160.

[319] Tu Y, Wang Z X, Shi Y. An efficient asymmetric epoxidation method for trans-olefins mediated by a fructose-derived ketone. J Am Chem Soc, 1996, 118(40): 9806-9807.

[320] Yang D, Wang X C, Wong M K, et al. Highly enantioselective epoxidation of trans-stilbenes catalyzed by chiral ketones. J Am Chem Soc, 1996, 118(45): 11311-11312.

[321] List B, Lerner R A, Barbas C F. Proline-catalyzed direct asymmetric aldol reactions. J Am Chem Soc, 2000, 122(10): 2395-2396.

[322] Ahrendt K A, Borths C J, MacMillan D W C. New strategies for organic catalysis: the first highly enantioselective organocatalytic Diels-Alder reaction. J Am Chem Soc, 2000, 122(17): 4243-4244.

[323] Berkessel A, Gröger H. Asymmetric Oranocatalysis—from Biomimetic Concepts to Application in Asymmetric Synthesis. Weinheim: Wiley-VCH, 2005.

[324] Wen Y, Huang X, Huang J, et al. Asymmetric cyanosilylation of aldehydes catalyzed by novel organocatalysts. Synlett, 2005, (16): 2445-2448.

[325] Tang Z, Jiang F, Yu L T, et al. Novel small organic molecules for a highly enantioselective direct aldol reaction. J Am Chem Soc, 2003, 125(18): 5262-5263.

[326] Cao C L, Ye M C, Sun X L, et al. Pyrrolidine-thiourea as a bifunctional organocatalyst: highly enantioselective Michael addition of cyclohexanone to nitroolefins. Org Lett, 2006, 8(14): 2901-2904.

[327] Cao Y J, Lai Y Y, Wang X, et al. Michael additions in water of ketones to nitroolefins catalyzed by readily tunable and bifunctional pyrrolidine-thiourea organocatalysts. Tetrahedron Lett, 2007, 48(1): 21-24.

[328] Luo S, Mi X, Zhang L, et al. Functionalized chiral ionic liquids as highly efficient asymmetric organocatalysts for michael addition to nitroolefins. Angew Chem Int Ed, 2006, 45(19): 3093-3097.

[329] Xie J W, Chen W, Li R, et al. Highly asymmetric michael addition to α,β-unsaturated ketones catalyzed by 9-amino-9-deoxyepiquinine. Angew Chem Int Ed, 2007, 46(3): 389-392.

[330] Chen W, Du W, Duan Y Z, et al. Enantioselective 1,3-dipolar cycloaddition of cyclic enones catalyzed by multifunctional primary amines: beneficial effects of hydrogen bonding. Angew Chem Int Ed, 2007, 119(40): 7811-7814.

[331] Wei Y, Shi M. Multifunctional chiral phosphine organocatalysts in catalytic asymmetric Morita-Baylis-Hillman and related reactions. Acc Chem Res, 2010, 43(7): 1005-1018.

[332] Yu J, Shi F, Gong L Z. Brønsted-acid-catalyzed asymmetric multicomponent reactions for the facile synthesis of highly enantioenriched structurally diverse nitrogenous heterocycles. Acc Chem Res, 2011, 44(11): 1156-1171.

[333] Xiao H, Chai Z, Zheng C W, et al. Asymmetric [3+2] cycloadditions of allenoates and dual activated olefins catalyzed by simple bifunctional N-acyl aminophosphines. Angew Chem Int Ed, 2010, 49(26): 4467-4470.

[334] Dong S, Liu X, Chen X, et al. Chiral bisguanidine-catalyzed inverse-electron-demand hetero-Diels-Alder reaction of chalcones with azlactones. J Am Chem Soc, 2010, 132(31): 10650-10651.

[335] Du Z, Shao Z. Combining transition metal catalysis and organocatalysis—an update. Chem Soc Rev, 2013, 42(3): 1337-1378.

[336] Zhong C, Shi X. When organocatalysis meets transition-metal catalysis. Eur J Org Chem, 2010, (16): 2999-3025.

[337] Afewerki S, Córdova A. Combinations of aminocatalysts and metal catalysts: a powerful cooperative approach in selective organic synthesis. Chem Rev, 2016, 116(22): 13512-13570.

[338] Erkkilä A, Majander I, Pihko P M. Iminium catalysis. Chem Rev, 2007, 107(12): 5416-5470.

[339] Ma G, Afewerki S, Deiana L, et al. A palladium/chiral amine Co-catalyzed enantioselective dynamic cascade reaction: synthesis of polysubstituted carbocycles with a quaternary carbon stereocenter. Angew Chem Int Ed, 2013, 52(23): 6050-6054.

[340] Murphy J J, Bastida D, Paria S, et al. Asymmetric catalytic formation of quaternary carbons by iminium ion trapping of radicals. Nature, 2016, 532(7598): 218-222.

[341] Qiao Z, Shafiq Z, Liu L, et al. An organocatalytic, δ-regioselective, and highly enantioselective nucleophilic substitution of cyclic Morita-Baylis-Hillman alcohols with indoles. Angew Chem Int Ed, 2010, 49(40): 7294-7298.

[342] Gu X, Guo T, Dai Y, et al. Direct catalytic asymmetric doubly vinylogous Michael addition of α, β-unsaturated γ-butyrolactams to dienones. Angew Chem Int Ed, 2015, 54(35): 10249-10253.

[343] Ibrahem I, Córdova A. Direct catalytic intermolecular α-allylic alkylation of aldehydes by combination of transition-metal and organocatalysis. Angew Chem Int Ed, 2006, 45(12): 1952-1956.

[344] Krautwald S, Sarlah D, Schafroth M A, et al. Enantio- and diastereodivergent dual catalysis: α-allylation of branched aldehydes. Science, 2013, 340(6136): 1065-1068.

[345] Liu R R, Li B L, Lu J, et al. Palladium/L-proline-catalyzed enantioselective α-arylative desymmetrization of cyclohexanones. J Am Chem Soc, 2016, 138(16): 5198-5201.

[346] Zhou H, Wang Y, Zhang L, et al. Enantioselective terminal addition to allenes by dual chiral primary amine/palladium catalysis. J Am Chem Soc, 2017, 139(10): 3631-3634.

[347] Narayanam J M R, Stephenson C R J. Visible light photoredox catalysis: applications in organic synthesis. Chem Soc Rev, 2011, 40(1): 102-113.

[348] Nicewicz D A, MacMillan D W C. Merging photoredox catalysis with organocatalysis: the direct asymmetric alkylation of aldehydes. Science, 2008, 322(5898): 77-80.

[349] Arceo E, Jurberg I D, Álvarez-Fernández A, et al. Photochemical activity of a key donor-acceptor complex can drive stereoselective catalytic α-alkylation of aldehydes. Nat Chem, 2013, 5(9): 750-756.

[350] Jia Z J, Jiang H, Li J L, et al. Trienamines in asymmetric organocatalysis: Diels-Alder and tandem reactions. J Am Chem Soc, 2011, 133(13): 5053-5061.

[351] Li J L, Yue C Z, Chen P Q, et al. Remote enantioselective Friedel-Crafts alkylations of furans through HOMO activation. Angew Chem Int Ed, 2014, 53(21): 5449-5452.

[352] Feng X, Zhou Z, Ma C, et al. Trienamines derived from interrupted cyclic 2,5-dienones: remote δ,ε-C=C bond activation for asymmetric inverse-electron-demand aza-Diels-Alder reaction. Angew Chem Int Ed, 2013, 52(52): 14173-14176.

[353] Zhou Z, Wang Z X, Zhou Y C, et al. Switchable regioselectivity in amine-catalysed

asymmetric cycloadditions. Nat Chem, 2017, 9(6): 590-594.

[354] Sibi M P, Hasegawa M. Organocatalysis in radical chemistry. Enantioselective α-oxyamination of aldehydes. J Am Chem Soc, 2007, 129(14): 4124-4125.

[355] Beeson T D, Mastracchio A, Hong J B, et al. Enantioselective organocatalysis using SOMO activation. Science, 2007, 316(5824): 582-585.

[356] Petronijević F R, Nappi M, MacMillan D W C. Direct β-functionalization of cyclic ketones with aryl ketones via the merger of photoredox and organocatalysis. J Am Chem Soc, 2013, 135(49): 18323-18326.

[357] Wei Y, Shi M. Recent advances in organocatalytic asymmetric Morita-Baylis-Hillman/aza-Morita-Baylis-Hillman reactions. Chem Rev, 2013, 113(8): 6659-6690.

[358] Xiao Y, Sun Z, Guo H, et al. Chiral phosphines in nucleophilic organocatalysis. Beilstein J Org Chem, 2014, 10:2089-2121.

[359] Liu T Y, Xie M, Chen Y C. Organocatalytic asymmetric transformations of modified morita-baylis-hillman adducts. Chem Soc Rev, 2012, 41(11): 4101-4112.

[360] Zhan G, Shi M L, He Q, et al. Catalyst-controlled switch in chemo- and diastereoselectivities: annulations of Morita-Baylis-Hillman carbonates from isatins. Angew Chem Int Ed, 2016, 55(6): 2147-2151.

[361] Zhang L, Liu H, Qiao G, et al. Phosphine-catalyzed highly enantioselective [3+3] cycloaddition of morita-baylis-hillman carbonates with C,N-cyclic azomethine imines. J Am Chem Soc, 2015, 137(13): 4316-4319.

[362] Zhan G, Shi M L, He Q, et al. [4+3] Cycloadditions with bromo-substituted morita-baylis-hillman adducts of isatins and N-(ortho-chloromethyl)aryl amides. Org Lett, 2015, 17(19): 4750-4753.

[363] Lu X, Zhang C, Xu Z. Reactions of electron-deficient alkynes and allenes under phosphine catalysis. Acc Chem Res, 2001, 34(7): 535-544.

[364] Ye L W, Zhou J, Tang Y. Phosphine-triggered synthesis of functionalized cyclic compounds. Chem Soc Rev, 2008, 37(6): 1140-1152.

[365] Wang T, Yu Z, Hoon D L, et al. Regiodivergent enantioselective γ-additions of oxazolones to 2,3-butadienoates catalyzed by phosphines: synthesis of α,α-disubstituted α-amino acids and N,O-acetal derivatives. J Am Chem Soc, 2016, 138(1): 265-271.

[366] Pei C K, Jiang Y, Wei Y, et al. Enantioselective synthesis of highly functionalized phosphonate-substituted pyrans or dihydropyrans through asymmetric [4+2] cycloaddition of β,γ-unsaturated α-ketophosphonates with allenic esters. Angew Chem Int Ed, 2012, 51(45): 11328-11332.

[367] Ziegler D T, Riesgo L, Ikeda T, et al. Biphenyl-derived phosphepines as chiral nucleophilic

catalysts: enantioselective [4+1] annulations to form functionalized cyclopentenes. Angew Chem Int Ed, 2014, 53(48): 13183-13187.

[368] Han X, Ya W, Wang T, et al. Asymmetric synthesis of spiropyrazolones through phosphine-catalyzed [4+1] annulation. Angew Chem Int Ed, 2014, 53(22): 5643-5647.

[369] Sankar M G, Garcia-Castro M, Golz C, et al. Engaging allene-derived zwitterions in an unprecedented mode of asymmetric [3+2]-annulation reaction. Angew Chem Int Ed, 2016, 55(33): 9709-9713.

[370] Li E, Jin H, Jia P, et al. Bifunctional-phosphine-catalyzed sequential annulations of allenoates and ketimines: construction of functionalized poly-heterocycle rings. Angew Chem Int Ed, 2016, 55(38): 11591-11594.

[371] Yao W, Dou X, Lu Y. Highly enantioselective synthesis of 3,4-dihydropyrans through a phosphine-catalyzed [4+2] annulation of allenones and β,γ-unsaturated α-keto esters. J Am Chem Soc, 2015, 137(1): 54-57.

[372] Schwarz K J, Amos J L, Klein J C, et al. Uniting C1-ammonium enolates and transition metal electrophiles via cooperative catalysis: the direct asymmetric α-allylation of aryl acetic acid esters. J Am Chem Soc, 2016, 138(16), 5214-5217.

[373] Jiang X, Beiger J J, Hartwig J F. Stereodivergent allylic substitutions with aryl acetic acid esters by synergistic iridium and Lewis base catalysis. J Am Chem Soc, 2017, 139(1): 87-90.

[374] Song J, Zhang Z J, Gong L Z. Asymmetric [4+2] annulation of C1 ammonium enolates with copper-allenylidenes. Angew Chem Int Ed, 2017, 56(19): 5212-5216.

[375] Lu X, Ge L, Cheng C, et al. Enantioselective cascade reaction for synthesis of quinolinones through synergistic catalysis using Cu-Pybox and chiral benzotetramisole as catalysts. Chem Eur J, 2017, 23(32): 7689-7693.

[376] Enders D, Niemeier O, Henseler A. Organocatalysis by N-heterocyclic carbenes. Chem Rev, 2007, 107(12): 5606-5655.

[377] Flanigan D M, Romanov-Michailidis F, White N A, et al. Organocatalytic reactions enabled by N-heterocyclic carbenes. Chem Rev, 2015, 115(17): 9307-9387.

[378] Wu J, Zhao C, Wang J. Enantioselective intermolecular enamide-aldehyde cross-coupling catalyzed by chiral N-heterocyclic carbenes. J Am Chem Soc, 2016, 138(14): 4706-4709.

[379] Lv H, Jia W Q, Sun L H, et al. N-heterocyclic carbene catalyzed [4+3] annulation of enals and o-quinone methides: highly enantioselective synthesis of benzo-ε-lactones. Angew Chem Int Ed, 2013, 52(33): 8607-8610.

[380] Xu J H, Zheng S C, Zhang J W, et al. Construction of tropane derivatives by the organocatalytic asymmetric dearomatization of isoquinolines. Angew Chem Int Ed, 2016,

55(39): 11834-11839.

[381] White N A, DiRocco D A, Rovis T. Asymmetric N-heterocyclic carbene catalyzed addition of enals to nitroalkenes: controlling stereochemistry via the homoenolate reactivity pathway to access δ-lactams. J Am Chem Soc, 2013, 135(23): 8504-8507.

[382] Maji B, Ji L, Wang S, et al. N-heterocyclic carbene catalyzed homoenolate-addition reaction of enals and nitroalkenes: asymmetric synthesis of 5-carbon-synthon δ-nitroesters. Angew Chem Int Ed, 2012, 51(33): 8276-8280.

[383] White N A, Rovis T. Enantioselective N-heterocyclic carbene-catalyzed β-hydroxylation of enals using nitroarenes: an atom transfer reaction that proceeds via single electron transfer. J Am Chem Soc, 2014, 136(42): 14674-14677.

[384] Zhang Y, Du Y, Huang Z, et al. N-heterocyclic carbene-catalyzed radical reactions for highly enantioselective β-hydroxylation of enals. J Am Chem Soc, 2015, 137(7): 2416-2419.

[385] White N A, Rovis T. Oxidatively initiated NHC-catalyzed enantioselective synthesis of 3,4-disubstituted cyclopentanones from enals. J Am Chem Soc, 2015, 137(32): 10112-10115.

[386] Chen X Y, Chen K Q, Sun D Q, et al. N-heterocyclic carbene-catalyzed oxidative [3+2] annulation of dioxindoles and enals: cross coupling of homoenolate and enolate. Chem Sci, 2017, 8(3): 1936-1941.

[387] Mahatthananchai J, Bode J W. On the mechanism of N-heterocyclic carbene-catalyzed reactions involving acyl azoliums. Acc Chem Res, 2014, 47(2): 696-707.

[388] Fu Z, Xu J, Zhu T, et al. β-Carbon activation of saturated carboxylic esters through N-heterocyclic carbene organocatalysis. Nat Chem, 2013, 5(10): 835-839.

[389] Mo J, Chen X, Chi Y R. Oxidative γ-addition of enals to trifluoromethyl ketones: enantioselectivity control via Lewis acid/N-heterocyclic carbene cooperative catalysis. J Am Chem Soc, 2012, 134(21): 8810-8813.

[390] Wang M, Huang Z, Xu J, et al. N-heterocyclic carbene-catalyzed [3+4] cycloaddition and kinetic resolution of azomethine imines. J Am Chem Soc, 2014, 136(4): 1214-1217.

[391] Li B S, Wang Y, Jin Z, et al. Carbon-carbon bond activation of cyclobutenones enabled by the addition of chiral organocatalyst to ketone. Nat Commun, 2015, 6:6207.

[392] Guo C, Fleige M, Janssen-Müller D, et al. Cooperative N-heterocyclic carbene/palladium-catalyzed enantioselective umpolung annulations. J Am Chem Soc, 2016, 138(25): 7840-7843.

[393] Zhao X, DiRocco D A, Rovis T. N-heterocyclic carbene and brønsted acid cooperative catalysis: asymmetric synthesis of trans-γ-lactams. J Am Chem Soc, 2011, 133(32): 12466-

12469.

[394] Gu J, Du W, Chen Y C. Combined asymmetric aminocatalysis and carbene catalysis. Synthesis, 2015, 47(22): 3451-3459.

[395] Yang W, Hu W, Dong X, et al. N-heterocyclic carbene catalyzed γ-dihalomethylenation of enals by single-electron transfer. Angew Chem Int Ed, 2016, 55(51): 15783-15786

[396] Uraguchi D, Terada M. Chiral Brønsted acid-catalyzed direct mannich reactions via electrophilic activation. J Am Chem Soc, 2004, 126(17): 5356-5357.

[397] Akiyama T, Itoh J, Yokota K, et al. Enantioselective mannich-type reaction catalyzed by a chiral Brønsted acid. Angew Chem Int Ed, 2004, 43(12):1566-1568.

[398] Reid J P, Simón L, Goodman J M. A practical guide for predicting the stereochemistry of bifunctional phosphoric acid catalyzed reactions of imines. Acc Chem Res, 2016, 49(5): 1029-1041.

[399] Maji R, Mallojjala S C, Wheeler S E. Chiral phosphoric acid catalysis: from numbers to insights. Chem Soc Rev, 2018, 47(4): 1142-1158.

[400] Chen Y H, Cheng D J, Zhang J, et al. Atroposelective synthesis of axially chiral biaryldiols via organocatalytic arylation of 2-naphthols. J Am Chem Soc, 2015, 137(48): 15062-15065.

[401] Li S, Zhang J W, Li X L, et al. Phosphoric acid-catalyzed asymmetric synthesis of SPINOL derivatives. J Am Chem Soc, 2016, 138(50): 16561-16566.

[402] Rauniyar V, Lackner A D, Hamilton G L, et al. Asymmetric electrophilic fluorination using an anionic chiral phase-transfer catalyst. Science, 2011, 334(6063): 1681-1684.

[403] Xie W Q, Jiang G D, Liu H, et al. Highly enantioselective bromocyclization of tryptamines and its application in the synthesis of (−)-chimonanthine. Angew Chem Int Ed, 2013, 52(49): 12924-12927.

[404] Xu B, Zhu S F, Xie X L, et al. Asymmetric N—H insertion reaction cooperatively catalyzed by rhodium and chiral spiro phosphoric acids. Angew Chem Int Ed, 2011, 50(48), 11483-11486.

[405] Tao Z L, Zhang W Q, Chen D F, et al. Pd-catalyzed asymmetric allylic alkylation of pyrazol-5-ones with allylic alcohols: the role of the chiral phosphoric acid in C—O bond cleavage and stereocontrol. J Am Chem Soc, 2013, 135(25): 9255-9258.

[406] Shapiro N D, Rauniyar V, Hamilton G L, et al. Asymmetric additions to dienes catalysed by a dithiophosphoric acid. Nature, 2011, 470(7333): 245-249.

[407] Lin J S, Yu P, Huang L, et al. Brønsted acid catalyzed asymmetric hydroamination of alkenes: synthesis of pyrrolidines bearing a tetrasubstituted carbon stereocenter. Angew Chem Int Ed, 2015, 54(27): 7847-7851.

[408] Sun Y L, Wei Y, Shi M. Applications of chiral thiourea-amine/phosphine organocatalysts in

catalytic asymmetric reactions. ChemCatChem, 2017, 9(5): 718-727.

[409] Wynberg H, Helder R. Asymmetric induction in the alkaloid-catalysed michael reaction. Tetrahedron Lett, 1975, 16(46): 4057-4060.

[410] Liu Y L, Zhou J. Catalytic asymmetric strecker reaction: bifunctional chiral tertiary amine/ hydrogen-bond donor catalysis joins the field. Synthesis, 2015, 47(9): 1210-1226.

[411] Connon S J. Asymmetric catalysis with bifunctional cinchona alkaloid-based urea and thiourea organocatalysts. Chem Commun, 2008, (22): 2499-2510.

[412] Phillips E M, Riedrich M, Scheidt K A. N-heterocyclic carbene-catalyzed conjugate additions of alcohols. J Am Chem Soc, 2010, 132(38): 13179-13181.

[413] Chen J, Huang Y. Asymmetric catalysis with N-heterocyclic carbenes as non-covalent chiral templates. Nat Commun, 2014, 5:3437.

[414] Chen J, Meng S, Wang L, et al. Highly enantioselective sulfa-Michael addition reactions using N-heterocyclic carbene as a non-covalent organocatalyst. Chem Sci, 2015, 6(7): 4184-4189.

[415] Wang L, Chen J, Huang Y. Highly enantioselective aza-Michael reaction between alkyl amines and β-trifluoromethyl β-aryl nitroolefins. Angew Chem Int Ed, 2015, 54(51): 15414-15418.

[416] Shirakawa S, Maruoka K. Recent developments in asymmetric phase-transfer reactions. Angew Chem Int Ed, 2013, 52(16): 4312-4348.

[417] Wu Y, Hu L, Li Z, et al. Catalytic asymmetric umpolung reactions of imines. Nature, 2015, 523(7561): 445-450.

[418] Wang H Y, Zhang K, Zheng C W, et al. Asymmetric dual-reagent catalysis: Mannich-type reactions catalyzed by ion pair. Angew Chem Int Ed, 2015, 54(6): 1775-1779.

[419] Zhu C L, Zhang F G, Meng W, et al. Enantioselective base-free electrophilic amination of benzofuran-2(3H)-ones: catalysis by binol-derived P-spiro quaternary phosphonium salts. Angew Chem Int Ed, 2011, 50(26): 5869-5872.

[420] Yan H, Suk Oh J, Lee J W, et al. Scalable organocatalytic asymmetric strecker reactions catalysed by a chiral cyanide generator. Nat Commun, 2012, 3:1212.

[421] Hashimoto T, Kawamata Y, Maruoka K. An organic thiyl radical catalyst for enantioselective cyclization. Nat Chem, 2014, 6(8): 702-705.

[422] Hashimoto T, Takino K, Hato K, et al. A bulky thiyl-radical catalyst for the [3+2] cyclization of N-tosyl vinylaziridines and alkenes. Angew Chem Int Ed, 2016, 55(28): 8081-8085.

[423] Ciamician G. The photochemistry of the future. Science, 1912, 36(926): 385-394.

[424] Xuan J, Xiao W J. Visible-light photoredox catalysis. Angew Chem Int Ed, 2012, 51(28):

6828-6838.

[425] Prier C K, Rankic D A, MacMillan D W C. Visible light photoredox catalysis with transition metal complexes: applications in organic synthesis. Chem Rev, 2013, 113(7): 5322-5363.

[426] Dai X, Xu X, Li X. Applications of visible light photoredox catalysis in organic synthesis. Chin J Org Chem, 2013, 33(10): 2046-2062.

[427] Schultz D M, Yoon T P. Solar synthesis: prospects in visible light photocatalysis. Science, 2014. 343(6174): 1239176.

[428] Wang C, Lu Z. Catalytic enantioselective organic transformations via visible light photocatalysis. Org Chem Front, 2015, 2(2): 179-190.

[429] Brimioulle R, Lenhart D, Maturi M M, et al. Enantioselective catalysis of photochemical reactions. Angew Chem Int Ed, 2015, 54(13): 3872-3890.

[430] Meggers E. Asymmetric catalysis activated by visible light. Chem Commun, 2015, 51: 3290-3301.

[431] Bach T, Bergmann H, Harms K. Enantioselective intramolecular [2+2]-photocycloaddition reactions in solution. Angew Chem Int Ed, 2000, 39(13): 2302-2304.

[432] Muller C, Bauer A, Maturi M M, et al. Enantioselective intramolecular [2+2]-photocycloaddition reactions of 4-substituted quinolones catalyzed by a chiral sensitizer with a hydrogen-bonding motif. J Am Chem Soc, 2011, 133(41): 16689-16697.

[433] Bach T, Bergmann H, Grosch B, et al. Highly enantioselective intra- and intermolecular [2+2] photocycloaddition reactions of 2-quinolones mediated by a chiral lactam host: host-guest interactions product configuration and the origin of the stereoselectivity in solution. J Am Chem Soc, 2002, 124(27): 7982-7990.

[434] Coote S C, Bach T. Enantioselective intermolecular [2+2] photocycloadditions of isoquinolone mediated by a chiral hydrogen-bonding template. J Am Chem Soc, 2013, 135(40): 14948-14951.

[435] Maturi M M, Bach T. Enantioselective catalysis of the intermolecular [2+2] photocyclo-addition between 2-pyridones and acetylenedicarboxylates. Angew Chem Int Ed, 2014, 53(29): 7661-7664.

[436] Grosch B, Orlebar C N, Herdtweck E, et al. Highly enantioselective Diels-Alder reaction of a photochemically generated o-quinodimethane with olefins. Angew Chem Int Ed, 2003, 42(31): 3693-3696.

[437] Selig P, Bach T. Enantioselective total synthesis of the melodinus alkaloid (+)-meloscine. Angew Chem Int Ed, 2008, 47(27): 5082-5084.

[438] Alonso R, Bach T. A chiral thioxanthone as an organocatalyst for enantioselective [2+2]

photocycloaddition reactions induced by visible light. Angew Chem Int Ed, 2014, 53(22): 4368-4371.

[439] Vallavoju N, Selvakumar S, Jockusch S, et al. Enantioselective organo-photocatalysis mediated by atropisomeric thiourea derivatives. Angew Chem Int Ed, 2014, 53(22): 5604-5608.

[440] Aechtner T, Dressel M, Bach T. Hydrogen bond mediated enantioselectivity of radical reactions. Angew Chem Int Ed, 2004, 43(43): 5849-5851.

[441] Bauer A, Westkamper F, Grimme S, et al. Catalytic enantioselective reactions driven by photoinduced electron transfer. Nature, 2005, 436: 1139-1140.

[442] Nagib D A, Scott M E, MacMillan D W C. Enantioselective α-trifluoromethylation of aldehydes via photoredox organocatalysis. J Am Chem Soc, 2009, 131(31): 10875-10877.

[443] Shih H W, Vander Wal M N, Grange R L, et al. Enantioselective α-benzylation of aldehydes via photoredox organocatalysis. J Am Chem Soc, 2010, 132(39): 13600-13603.

[444] Welin E R, Warkentin A A, Conrad J C, et al. Enantioselective α-alkylation of aldehydes by photoredox organocatalysis: rapid access to pharmacophore fragments from β-cyanoaldehydes. Angew Chem Int Ed, 2015, 54(33): 9668-9672.

[445] Neumann M, Fuldner S, Konig B, et al. Metal-free cooperative asymmetric organophotoredox catalysis with visible light. Angew Chem Int Ed, 2011, 50(4): 951-954.

[446] Fidaly K, Ceballos C, Falguieres A, et al. Visible light photoredox organocatalysis: a fully transition metal-free direct asymmetric α-alkylation of aldehydes. Green Chem, 2012, 14(5): 1293-1297.

[447] Neumann M, Zeitler K. Application of microflow conditions to visible light photoredox catalysis. Org Lett, 2012, 14(11): 2658-2661.

[448] Cherevatskaya M, Neumann M, Fuldner S, et al. Visible-light-promoted stereoselective alkylation by combining heterogeneous photocatalysis with organocatalysis. Angew Chem Int Ed, 2012, 51(17): 4062-4066.

[449] Riente P, Matas Adams A, Albero J, et al. Light-driven organocatalysis using inexpensive nontoxic Bi_2O_3 as the photocatalyst. Angew Chem Int Ed, 2014, 53(36): 9613-9616.

[450] Gualandi A, Marchini M, Mengozzi L, et al. Organocatalytic enantioselective alkylation of aldehydes with [Fe(bpy)$_3$]Br$_2$ catalyst and visible light. ACS Catal, 2015, 5(10): 5927-5931.

[451] Wu P, He C, Wang J, et al. Photoactive chiral metal-organic frameworks for light-driven asymmetric α-alkylation of aldehydes. J Am Chem Soc, 2012, 134(36): 14991-14999.

[452] Cecere G, Konig C M, Alleva J L, et al. Enantioselective direct α-amination of aldehydes via a photoredox mechanism: a strategy for asymmetric amine fragment coupling. J Am Chem Soc, 2013, 135(31): 11521-11524.

[453] Cordova A, Sunden H, Engqvist M, et al. The direct amino acid-catalyzed asymmetric incorporation of molecular oxygen to organic compounds. J Am Chem Soc, 2004, 126(29): 8914-8915.

[454] Sunden H, Engqvist M, Casas J, et al. Direct amino acid catalyzed asymmetric α-oxidation of ketones with molecular oxygen. Angew Chem Int Ed, 2004, 43(47): 6532-6535.

[455] Ho X H, Kang M J, Kim S J, et al. Green organophotocatalysis. TiO$_2$-induced enantioselective α-oxyamination of aldehydes. Catal Sci Technol, 2011, 1(6): 923-926.

[456] Yoon H S, Ho X H, Jang J, et al. N719 dye-sensitized organophotocatalysis: enantioselective tandem michael addition/oxyamination of aldehydes. Org Lett, 2012, 14(13): 3272-3275.

[457] Pirnot M T, Rankic D A, Martin B C, et al. Photoredox activation for the direct β-arylation of ketones and aldehydes. Science, 2013, 339(6127) 1593-1596.

[458] Zhu Y, Zhang L, Luo S. Asymmetric α-photoalkylation of β-ketocarbonyls by primary amine catalysis: facile access to acyclic all-carbon quaternary stereocenters. J Am Chem Soc, 2014, 136(42): 14642-14645.

[459] Bahamonde A, Murphy J J, Savarese M, et al. Studies on the enantioselective iminium ion trapping of radicals triggered by an electron-relay mechanism. J Am Chem Soc, 2017, 139(12): 4559-4567.

[460] DiRocco D A, Rovis T. Catalytic asymmetric α-acylation of tertiary amines mediated by a dual catalysis mode: N-heterocyclic carbene and photoredox catalysis. J Am Chem Soc, 2012, 134(19): 8094-8097.

[461] Feng Z J, Xuan J, Xia X D, et al. Direct sp^3 C—H acroleination of N-aryl-tetrahydroisoquinolines by merging photoredox catalysis with nucleophilic catalysis. Org Biomol Chem, 2014, 12(13): 2037-2040.

[462] Wei G, Zhang C, Bures F, et al. Enantioselective aerobic oxidative C(sp^3)—H olefination of amines via cooperative photoredox and asymmetric catalysis. ACS Catal, 2016, 6(6): 3708-3712.

[463] Bergonzini G, Schindler C S, Wallentin C R, et al. Photoredox activation and anion binding catalysis in the dual catalytic enantioselective synthesis of β-amino esters. Chem Sci, 2014, 5(1): 112-116.

[464] Rono L J, Yayla H G, Wang D Y, et al. Enantioselective photoredox catalysis enabled by proton-coupled electron transfer: development of an asymmetric aza-pinacol cyclization. J Am Chem Soc, 2013, 135(47): 17735-17738.

[465] Uraguchi D, Kinoshita N, Kizu T, et al. Synergistic catalysis of ionic Brønsted acid and photosensitizer for a redox neutral asymmetric α-coupling of N-arylaminomethanes with aldimines. J Am Chem Soc, 2015, 137(43): 13768-13771.

[466] Kizu T, Uraguchi D, Ooi T. Independence from the sequence of single-electron transfer of photoredox process in redox-neutral asymmetric bond-forming reaction. J Org Chem, 2016, 81(16): 6953-6958.

[467] Yang Z, Li H, Li S, et al. Chiral ion-pair photoredox organocatalyst: enantioselective anti-markovnikov hydroetherification of alkenols. Org Chem Front, 2017, 4:1037-1041.

[468] Lian M, Li Z, Cai Y, et al. Enantioselective photooxygenation of β-keto esters by chiral phase-transfer catalysis using molecular oxygen. Chem Asian J, 2012, 7(9): 2019-2023.

[469] Wang Y, Yin H, Tang X, et al. A series of cinchona-derived N-oxide phase-transfer catalysts: application to the photo-organocatalytic enantioselective α-hydroxylation of β-dicarbonyl compounds. J Org Chem, 2016, 81(16): 7042-7050.

[470] Böhm A, Bach T. Synthesis of supramolecular iridium catalysts and their use in enantioselective visible-light-induced reactions. Synlett, 2016, 27(7): 1056-1060.

[471] Szyszko B, Małecki M, Berlicka A, et al. Incorporation of a phenanthrene subunit into a sapphyrin framework: synthesis of expanded aceneporphyrinoids. Chem Eur J, 2016, 22(22): 7602-7608.

[472] Bahamonde A, Melchiorre P. Mechanism of the stereoselective α-alkylation of aldehydes driven by the photochemical activity of enamines. J Am Chem Soc, 2016, 138(25): 8019-8030.

[473] Silvi M, Arceo E, Jurberg I D, et al. Enantioselective organocatalytic alkylation of aldehydes and enals driven by the direct photoexcitation of enamines. J Am Chem Soc, 2015, 137(19): 6120-6123.

[474] Filippini G, Silvi M, Melchiorre P. Enantioselective formal α-methylation and α-benzylation of aldehydes by means of photo-organocatalysis. Angew Chem Int Ed, 2017, 56(16): 4447-4451.

[475] Silvi M, Verrier C, Rey Y P, et al. Visible-light excitation of iminium ions enables the enantioselective catalytic β-alkylation of enals. Nat Chem, 2017, 9(9): 868-873.

[476] Arceo E, Bahamonde A, Bergonzin G, et al. Enantioselective direct α-alkylation of cyclic ketones by means of photo-organocatalysis. Chem Sci, 2014, 5(6): 2438-2442.

[477] Wozniak L, Murphy J J, Melchiorre P. Photo-organocatalytic enantioselective perfluoroalkylation of β-ketoesters. J Am Chem Soc, 2015, 137(17): 5678-5681.

[478] Lewis F D, Barancyk S V. Lewis acid catalysis of photochemical reactions. 8. Photodimerization and cross-cycloaddition of coumarin. J Am Chem Soc, 1989, 111(23): 8653-8661.

[479] Guo H, Herdtweck E, Bach T. Enantioselective Lewis acid catalysis in intramolecular [2+2] photocycloaddition reactions of coumarins. Angew Chem Int Ed, 2010, 49(42): 7782.

[480] Brimioulle R, Bach T. Enantioselective Lewis acid catalysis of intramolecular enone [2+2] photocycloaddition reactions. Science, 2013, 342(6160): 840-843.

[481] Brimioulle R, Bach T. [2+2] photocycloaddition of 3-alkenyloxy-2-cycloalkenones: enantioselective Lewis acid catalysis and ring expansion. Angew Chem Int Ed, 2014, 53(47): 12921-12924.

[482] Du J, Skubi K L, Schultz D M, et al. A dual-catalysis approach to enantioselective [2+2] photocycloadditions using visible light. Science, 2014, 344(6182): 392-396.

[483] Blum T R, Miller Z D, Bates D M, et al. Enantioselective photochemistry through Lewis acid-catalyzed triplet energy transfer. Science, 2016, 354(6318): 1391-1395.

[484] Amador A G, Sherbrook E M, Yoon T P. Enantioselective photocatalytic [3+2] cycloadditions of aryl cyclopropyl ketones. J Am Chem Soc, 2016, 138(14): 4722-4725.

[485] Ruiz Espelt L, McPherson I S, Wiensch E M, et al. Enantioselective conjugate additions of α-amino radicals via cooperative photoredox and Lewis acid catalysis. J Am Chem Soc, 2015, 137(7): 2452-2455.

[486] Huo H, Shen X, Wang C, et al. Asymmetric photoredox transition-metal catalysis activated by visible light. Nature, 2014, 515(7525): 100-103.

[487] Huo H, Wang C, Harms K, et al. Enantioselective catalytic trichloromethylation through visible-light-activated photoredox catalysis with a chiral iridium complex. J Am Chem Soc, 2015, 137(30): 9551-9554.

[488] Tan Y, Yuan W, Gong L, et al. Aerobic asymmetric dehydrogenative cross-coupling between two C_{sp^3}—H groups catalyzed by a chiral-at-metal rhodium complex. Angew Chem Int Ed, 2015, 54(44): 13045-13048.

[489] Wang C, Zheng Y, Huo H, et al. Merger of visible light induced oxidation and enantioselective alkylation with a chiral iridium catalyst. Chem Eur J, 2015, 21(20): 7355-7359.

[490] Shen X, Harms K, Marsch M, et al. A rhodium catalyst superior to iridium congeners for enantioselective radical amination activated by visible light. Chem Eur J, 2016, 22(27): 9102-9105.

[491] Huang X, Webster R D, Harms K, et al. Asymmetric catalysis with organic azides and diazo compounds initiated by photoinduced electron transfer. J Am Chem Soc, 2016, 138(38): 12636-12642.

[492] Huo H, Harms K, Meggers E. Catalytic, Enantioselective addition of alkyl radicals to alkenes via visible-light-activated photoredox catalysis with a chiral rhodium complex. J Am Chem Soc, 2016, 138(22): 6936-6939.

[493] Wang C, Harms K, Meggers E. Catalytic asymmetric C_{sp^3}—H functionalization under

photoredox conditions by radical translocation and stereocontrolled alkene addition. Angew Chem Int Ed, 2016, 55(43): 13495-13498.

[494] Wang C, Qin J, Shen X, et al. Asymmetric radical-radical cross-coupling through visible-light-activated iridium catalysis. Angew Chem Int Ed, 2016, 55(2): 685-688.

[495] Ding W, Lu L Q, Zhou, Q Q, et al. Bifunctional photocatalysts for enantioselective aerobic oxidation of β-ketoesters. J Am Chem Soc, 2017, 139(1): 63-66.

[496] Perepichka I, Kundu S, Li C J. Efficient merging of copper and photoredox catalysis for the asymmetric cross-dehydrogenative-coupling of alkynes and tetrahydroisoquinolines. Org Biomol Chem, 2015, 13(2): 447-451.

[497] Tellis J C, Primer D N, Molander G A. Single-electron transmetalation in organoboron cross-coupling by photoredox/nickel dual catalysis. Science, 2014, 345(6195): 433-436.

[498] Gutierrez O, Tellis J C, Primer D N, et al. Nickel-catalyzed cross-coupling of photoredox-generated radicals: uncovering a general manifold for stereoconvergence in nickel-catalyzed cross-couplings. J Am Chem Soc, 2015, 137 (15): 4896-4899.

[499] Zuo Z, Cong H, Li W, et al. Enantioselective decarboxylative arylation of α-amino acids via the merger of photoredox and nickel catalysis. J Am Chem Soc, 2016, 138(6): 1832-1835.

[500] Stache E E, Rovis T, Doyle A G. Dual nickel- and photoredox-catalyzed enantioselective desymmetrization of cyclic meso-anhydrides. Angew Chem Int Ed, 2017, 56(13): 3679-3683.

[501] 林国强，李月明，陈耀全，等. 手性合成：不对称反应及其应用. 2 版. 北京：科学出版社，2005.

[502] 杨振云，范新. 生物分子的手性与不对称自动催化. 科技进展，1996, 19 (4): 212-216.

[503] Feringa B L, van Delden R A. Absolute asymmetric synthesis: the origin, control, and amplification of chirality. Angew Chem Int Ed, 1999, 38(23): 3418-3438.

[504] Mislow K. Absolute asymmetric synthesis: a commentary. Collect Czech Chem Commun, 2003, 68(5): 849-864.

[505] Soai K, Kawasaki T, Matsumoto A. Asymmetric autocatalysis of pyrimidyl alkanol and its application to the study on the origin of homochirality. Acc Chem Res, 2014, 47(12): 3643-3654.

[506] Soai K, Shibata T, Sato I. Enantioselective automultiplication of chiral molecules by asymmetric autocatalysis. Acc Chem Res, 2000, 33(6): 382-390.

[507] Sato I, Urabe H, Ishiguro S, et al. Amplification of chirality from extremely low to greater than 99.5% ee by asymmetric autocatalysis. Angew Chem Int Ed, 2003, 42(3): 315-317.

[508] Bredig G, Mangold P, Williams T G. Absolute asymmetric synthesis. Angew Chem, 1923,

36: 456-458.

[509] Avalos M, Babiano R, Cintas P, et al. Absolute asymmetric synthesis under physical fields: facts and fictions. Chem Rev, 1998, 98(7): 2391-2404.

[510] Vester F, Ulbricht T L V, Krauch H. Optische Aktivität und die Paritätsverletzung im β-Zerfau. Naturwissenschaften, 1959, 46: 68.

[511] Bonner W A, van Dort M A, Yearian M R. Asymmetric degradation of DL-leucine with longitudinally polarised electrons. Nature, 1975, 258: 419-421.

[512] Keszthelyi L. Asymmetric degradation of DL-leucine with longitudinally polarised electrons. Nature, 1976, 264: 197-198.

[513] Kwon J, Tamura M, Lucas P W, et al. Near-infrared circular polarization images of NGC 6334-V. Astrophys J Lett, 2013, 765: L6.

[514] McGuire B A, Carroll P B, Loomis R A, et al. Discovery of the interstellar chiral molecule propylene oxide (CH₃CHCH₂O). Science, 2016, 352(6292): 1449-1452.

[515] Modica P, Meinert C, Marcellus P D, et al. Enantiomeric excesses induced in amino acids by ultraviolet circularly polarized light irradiation of extraterrestrial ice analogs: a possible source of asymmetry for prebiotic chemistry. Astrophys J, 2014, 788: 79.

[516] Balavoine G, Moradpour A, Kagan H B. Preparation of chiral compounds with high optical purity by irradiation with circularly polarized light, a model reaction for the prebiotic generation of optical activity. J Am Chem Soc, 1974, 96(16): 5152-5158.

[517] Flores J J, Bonner W A, Massey G A. Asymmetric photolysis of (RS)-leucine with circularly polarized ultraviolet light. J Am Chem Soc, 1977, 99(11): 3622-3625.

[518] Zhang Y, Schuster G B. Photoresolution of an axially chiral bicyclo[3.2.1]octan-3-one: phototriggers for a liquid crystal-based optical switch. J Org Chem, 1995, 60(22): 7192-7197.

[519] Suarez M, Schuster G B. Photoresolution of an axially chiral bicyclo[3.3.0]octan-3-one: phototriggers for a liquid-crystal-based optical switch. J Am Chem Soc, 1995, 117(25): 6732-6738.

[520] Hashim P K, Thomas R, Tamaoki N. Induction of molecular chirality by circularly polarized light in cyclic azobenzene with a photoswitchable benzene rotor. Chem Eur J, 2011, 17(26): 7304-7312.

[521] Rijeesh K, Hashim P K, Noro S, et al. Dynamic induction of enantiomeric excess from a prochiral azobenzene dimer under circularly polarized light. Chem Sci, 2015, 6(2): 973-980.

[522] Kagan H, Moradpour A, Nicoud J F, et al. Photochemistry with circularly polarized light. Synthesis of optically active hexahelicene. J Am Chem Soc, 1971, 93(9): 2353-2354.

[523] 丁奎岭，王洋，吴养洁. 固态"绝对"不对称合成. 有机化学, 1996, 16: 1-10.

[524] Penzien K, Schmidt G M J. Reactions in chiral crystals: an absolute asymmetric synthesis. Angew Chem Int Ed Engl, 1969, 8(8): 608-609.

[525] Yagishita F, Sakamoto M, Mino T, et al. Asymmetric intramolecular cyclobutane formation via photochemical reaction of N,N-diallyl-2-quinolone-3-carboxamide using a chiral crystalline environment. Org Lett, 2011, 13(23): 6168-6171.

[526] Koshima H, Fukano M, Ojima N, et al. Absolute asymmetric photocyclization of triisopropylbenzophenone derivatives in crystals and their morphological changes. J Org Chem, 2014, 79(7): 3088-3093.

[527] Tissot O, Gouygou M, Dallemer F, et al. The combination of spontaneous resolution and asymmetric catalysis: a model for the generation of optical activity from a fully racemic system. Angew Chem Int Ed, 2001, 40(6): 1076-1078.

[528] Mai T T, Branca M, Gori D, et al. Absolute asymmetric synthesis of tertiary α-amino acids. Angew Chem Int Ed, 2012, 51(20): 4981-4984.

[529] Lennartson A, Olsson S, Sundberg J, et al. A different approach to enantioselective organic synthesis: absolute asymmetric synthesis of organometallic reagents. Angew Chem Int Ed, 2009, 48(17): 3137-3140.

[530] Olsson S, Lennartson A, Håkansson M. Absolute asymmetric synthesis of enantiopure organozinc reagents, followed by highly enantioselective chlorination. Chem Eur J, 2013, 19(37): 12415-12423.

[531] Steendam R R E, Verkade J M M, van Benthem T J B, et al. Emergence of single-molecular chirality from achiral reactants. Nat Commun, 2014, 5: 5543-5547.

[532] Kaji Y, Uemura N, Kasashima Y, et al. Asymmetric synthesis of an amino acid derivative from achiral aroyl acrylamide by reversible michael addition and preferential crystallization. Chem Eur J, 2016, 22(46): 16429-16432.

[533] Kawasaki T, Takamatsu N, Aiba S, et al. Spontaneous formation and amplification of an enantioenriched α-amino nitrile: a chiral precursor for Strecker amino acid synthesis. Chem Commun, 2015, 51(76): 14377-14380.

[534] Zhang Q, Jia L, Wang J R, et al. Absolute asymmetric synthesis of a sanguinarine derivative through crystal-solution interactions. CrystEngComm, 2016, 18(46): 8834-8837.

[535] Frank F C. On spontaneous asymmetric synthesis. Biochim Biophys Acta, 1953, 11: 459-463.

[536] Calvin M. Chemical Evolution. Oxford: Oxford University Press, 1969: 149-152.

[537] Wynberg H. Asymmetric autocatalysis: facts and fancy. J Macromol Sci Chem A, 1989, 26(8): 1033-1041.

[538] Soai K, Shibata T, Sato I. Discovery and development of asymmetric autocatalysis. Bull Chem Soc Jpn, 2004, 77(6): 1063-1073.

[539] Soai K, Niwa S, Hori H. Asymmetric self-catalytic reaction. Self-production of chiral 1-(3-pyridyl)alkanols as chiral self-catalysts in the enantioselective addition of dialkylzinc reagents to pyridine-3-carbaldehyde. J Chem Soc Chem Commun, 1990, (14): 982-983.

[540] Li S, Jiang Y, Mi A, et al. Asymmetric synthesis. Part 19. Asymmetric autocatalysis of (R)-1-phenylpropan-1-ol mediated by a catalytic amount of amine in the addition of diethylzinc to benzaldehyde. J Chem Soc Perkin Trans 1, 1993, (8): 885-886.

[541] Shibata T, Morioka H, Hayase T, et al. Highly enantioselective catalytic asymmetric automultiplication of chiral pyrimidyl alcohol. J Am Chem Soc, 1996, 118(2): 471-472.

[542] Soai K, Shibata T, Morioka H, et al. Asymmetric autocatalysis and amplification of enantiomeric excess of a chiral molecule. Nature, 1995, 378: 767-768.

[543] Girard C, Kagan H B. Nonlinear effects in asymmetric synthesis and stereoselective reactions: ten years of investigation. Angew Chem Int Ed, 1998, 37(21): 2922-2959.

[544] Gridnev I D, Serafimov J M, Brown J M. Solution structure and reagent binding of the zinc alkoxide catalyst in the soai asymmetric autocatalytic reaction. Angew Chem Int Ed, 2004, 43(37): 4884-4887.

[545] Shibata T, Yamamoto J, Matsumoto N, et al. Amplification of a slight enantiomeric imbalance in molecules based on asymmetric autocatalysis: the first correlation between high enantiomeric enrichment in a chiral molecule and circularly polarized light. J Am Chem Soc, 1998, 120(46): 12157-12158.

[546] Sato I, Yamashima R, Kadowaki K, et al. Asymmetric induction by helical hydrocarbons: [6]- and [5]helicenes. Angew Chem Int Ed, 2001, 40(6): 1096-1098.

[547] Hitosugi S, Matsumoto A, Kaimori Y, et al. Asymmetric autocatalysis initiated by finite single-wall carbon nanotube molecules with helical chirality. Org Lett, 2014, 16(3): 645-647.

[548] Sato I, Osanai S, Kadowaki K, et al. Asymmetric autocatalysis of pyrimidyl alkanol induced by optically active 1,1'-binaphthyl, an atropisomeric hydrocarbon, generated from spontaneous resolution on crystallization. Chem Lett, 2002, 31(2): 168-169.

[549] Sato I, Ohno A, Aoyama Y, et al. Asymmetric autocatalysis induced by chiral hydrocarbon [2,2]paracyclophanes. Org Biomol Chem, 2003, 1(2): 244-246.

[550] Lutz F, Igarashi T, Kawasaki T, et al. Small amounts of achiral β-amino alcohols reverse the enantioselectivity of chiral catalysts in cooperative asymmetric autocatalysis. J Am Chem Soc, 2005, 127(35): 12206-12207.

[551] Lutz F, Igarashi T, Kinoshita T, et al. Mechanistic insights in the reversal of enantioselec-

tivity of chiral catalysts by achiral catalysts in asymmetric autocatalysis. J Am Chem Soc, 2008, 130(10): 2956-2958.

[552] Sato I, Omiya D, Saito T, et al. Highly enantioselective synthesis induced by chiral primary alcohols due to deuterium substitution. J Am Chem Soc, 2000, 122 (47): 11739-11740.

[553] Kawasaki T, Shimizu M, Nishiyama D, et al. Asymmetric autocatalysis induced by meteoritic amino acids with hydrogen isotope chirality. Chem Commun, 2009, (29): 4396-4398.

[554] Kawasaki T, Matsumura Y, Tsutsumi T, et al. Asymmetric autocatalysis triggered by carbon isotope (^{13}C/^{12}C) chirality. Science, 2009, 324(5926): 492-495.

[555] Kawasaki T, Okano Y, Suzuki E, et al. Asymmetric autocatalysis: triggered by chiral isotopomer arising from oxygen isotope substitution. Angew Chem Int Ed, 2011, 50(35): 8131-8133.

[556] Matsumoto A, Ozaki H, Harada S, et al. Asymmetric induction by a nitrogen ^{14}N/^{15}N isotopomer in conjunction with asymmetric autocatalysis. Angew Chem Int Ed, 2016, 55(49): 15246-15249.

[557] Sato I, Urabe H, Ishii S, et al. Asymmetric synthesis with a chiral catalyst generated from asymmetric autocatalysis. Org Lett, 2001, 3(24): 3851-3854.

[558] Funes-Maldonado M, Sieng B, Amedjkouh M. Asymmetric autocatalysis as a relay for remote amplification of chirality of target molecules used as triggers. Org Lett, 2016, 18(11): 2536-2539.

[559] Denmark S E, Beutner G L. Lewis base catalysis in organic synthesis. Angew Chem Int Ed, 2008, 47(9): 1560-1638.

[560] Kawasaki T, Tanaka H, Tsutsumi T, et al. Chiral discrimination of cryptochiral saturated quaternary and tertiary hydrocarbons by asymmetric autocatalysis. J Am Chem Soc, 2006, 128(18): 6032-6033.

[561] Mislow K, Bickart P. An epistemological note on chirality. Isr J Chem, 1976, 15(1-2): 1-6.

[562] Kawasaki T, Sato M, Ishiguro S, et al. Enantioselective synthesis of near enantiopure compound by asymmetric autocatalysis triggered by asymmetric photolysis with circularly polarized light. J Am Chem Soc, 2005, 127(10): 3274-3275.

[563] Soai K, Osanai S, Kadowaki K, et al. D- and L-quartz-promoted highly enantioselective synthesis of a chiral organic compound. J Am Chem Soc, 1999, 121(48): 11235-11236.

[564] Sato I, Kadowaki K, Soai K. Asymmetric synthesis of an organic compound with high enantiomeric excess induced by inorganic ionic sodium chlorate. Angew Chem Int Ed, 2000, 39(8): 1510-1512.

[565] Shindo H, Shirota Y, Niki K, et al. Asymmetric autocatalysis induced by cinnabar:

observation of the enantioselective adsorption of a 5-pyrimidyl alkanol on the crystal surface. Angew Chem Int Ed, 2013, 52(35): 9135-9138.

[566] Kawasaki T, Jo K, Igarashi H, et al. Asymmetric amplification using chiral cocrystals formed from achiral organic molecules by asymmetric autocatalysis. Angew Chem Int Ed, 2005, 44(18): 2774-2777.

[567] Kawasaki T, Suzuki K, Hakoda Y, et al. Achiral nucleobase cytosine acts as an origin of homochirality of biomolecules in conjunction with asymmetric autocatalysis. Angew Chem Int Ed, 2008, 47(3): 496-499.

[568] Kawasaki T, Hakoda Y, Mineki H, et al. Generation of absolute controlled crystal chirality by the removal of crystal water from achiral crystal of nucleobase cytosine. J Am Chem Soc, 2010, 132(9): 2874-2875.

[569] Mineki H, Hanasaki T, Matsumoto A, et al. Asymmetric autocatalysis initiated by achiral nucleic acid base adenine: implications on the origin of homochirality of biomolecules. Chem Commun, 2012, 48(85): 10538-10540.

[570] Kawasaki T, Sasagawa T, Shiozawa K, et al. Enantioselective synthesis induced by chiral crystal composed of DL-serine in conjunction with asymmetric autocatalysis. Org Lett, 2011, 13(9): 2361-2363.

[571] Kawasaki T, Kamimura S, Amihara A, et al. Enantioselective C—C bond formation as a result of the oriented prochirality of an achiral aldehyde at the single-crystal face upon treatment with a dialkyl zinc vapor. Angew Chem Int Ed, 2011, 50(30): 6796-6798.

[572] Mills W H. Some aspects of stereochemistry. Chem Ind, 1932, 51(37): 750-759.

[573] Soai K, Sato I, Shibata T, et al. Asymmetric synthesis of pyrimidyl alkanol without adding chiral substances by the addition of diisopropylzinc to pyrimidine-5-carbaldehyde in conjunction with asymmetric autocatalysis. Tetrahedron Asymmetr, 2003, 14(2): 185-188.

[574] Suzuki K, Hatase K, Nishiyama D, et al. Spontaneous absolute asymmetric synthesis promoted by achiral amines in conjunction with asymmetric autocatalysis. J Syst Chem, 2010, 1: 5.

[575] Kawasaki T, Suzuki K, Shimizu M, et al. Spontaneous absolute asymmetric synthesis in the presence of achiral silica gel in conjunction with asymmetric autocatalysis. Chirality, 2006, 18: 479-482.

[576] Kawasaki T, Nakaoda M, Takahashi Y, et al. Self-replication and amplification of enantiomeric excess of chiral multifunctionalized large molecules by asymmetric autocatalysis. Angew Chem Int Ed, 2014, 53(42): 11199-11202.

[577] Panosyan F B, Chin J. Autocatalytic asymmetric reduction of 2,6-diacetylpyridine. Org Lett, 2003, 5(21): 3947-3949.

[578] Mathew S P, Iwamura H, Blackmond D G. Amplification of enantiomeric excess in a proline-mediated reaction. Angew Chem Int Ed, 2004, 43(25): 3317-3321.

[579] Mauksch M, Tsogoeva S B, Martynova I M, et al. Evidence of asymmetric autocatalysis in organocatalytic reactions. Angew Chem Int Ed, 2007, 46(3): 393-396.

[580] Wang X, Zhang Y, Tan H, et al. Enantioselective organocatalytic mannich reactions with autocatalysts and their mimics. J Org Chem, 2010, 75(7): 2403-2406.

[581] Chinkov N, Warm A, Carreira E M. Asymmetric autocatalysis enables an improved synthesis of efavirenz. Angew Chem Int Ed, 2011, 50(13): 2957-2961.

[582] Xie R, Chu L Y, Deng J G. Membranes and membrane processes for chiral resolution. Chem Soc Rev, 2008, 37(6): 1243-1263.

[583] Ozoemena K I, Stefan R I, van Staden J F, et al. Utilization of maltodextrin based enantioselective, potentiometric membrane electrodes for the enantioselective assay of S-perindopril. Talanta, 2004, 62(4): 681-685.

[584] Caner H, Groner E, Levy L, et al. Trends in the development of chiral drugs. Drug Discov Today, 2004, 9(3): 105-110.

[585] Crosby J. Synthesis of optically active compounds: a large scale perspective. Tetrahedron, 1991, 47(27): 4789-4846.

[586] Kotha S. Opportunities in asymmetric aynthesis: an industrial prospect. Tetrahedron, 1994, 50(12): 3639-3662.

[587] Nicolaou K C. Montagnon T. Molecules that Changed the World. Weinheim: Wiley-VCH, 2008: 15.

[588] Sheehan J C. Henerylogan K R. The total synthesis of Penicillin-V. J Am Chem Soc, 1957, 79(5): 1262-1263.

[589] Woodward R B, Bader F E, Bickel H, et al. The total synthesis of Reserpine. Tetrahedron, 1958, 2(1): 1-57.

[590] Shu C, Alcudia A, Yin J, et al. Enantiocontrolled synthesis of 2,3,6-trisubstituted piperidines using (η^3-dihydropyridinyl)molybdenum complexes as chiral scaffolds. total synthesis of (−)-indolizidine 209B. J Am Chem Soc, 2001, 123(50): 12477-12478.

[591] Stork G, Raucher S. Chiral synthesis of prostaglandins from carbohydrates-synthesis of (+)-15-(S)-prostaglandin-α-2. J Am Chem Soc, 1976, 98(6): 1583-1584.

[592] Stork G, Takahashi T, Kawamoto I, et al. Total synthesis of prostaglandin-F2α a by chirality transfer from D-glucose. J Am Chem Soc, 1978, 100(26): 8272-8273.

[593] Williams B M, Trauner D. Expedient synthesis of (+)-lycopalhine A. Angew Chem Int Ed, 2016, 55(6): 2191-2194.

[594] Roth B D, Blankley C J, Chucholowski A W, et al. Inhibitors of cholesterol biosynthesis. 3.

Tetrahydro-4-hydroxy-6-[2-(1*H*-pyrrol-1-yl)ethyl]-2*H*-pyran 2-one inhibitors of HMG-CoA reductase. 2. Effects of introducing substituents at positions three and four of the pyrrole nucleus. J Med Chem, 1991, 34(1): 357-366.

[595] Crimmins M T, Caussanel F. Enantioselective total synthesis of FD-891. J Am Chem Soc, 2006, 128(10): 3128-3129.

[596] Tan L, Chen C Y, Tillyer R D, et al. A novel, highly enantioselective ketone alkynylation reaction mediated by chiral zinc aminoalkoxides. Angew Chem Int Ed, 1999, 38(5): 711-713.

[597] Knowles W S. Asymmetric hydrogenation. Acc Chem Res, 1983, 16(3): 106-112.

[598] Ohta T, Takaya H, Kitamura M, et al. Asymmetric hydrogenation of unsaturated carboxylic acids Ccatalyzed by BINAP-ruthenium(II) complexes. J Org Chem, 1987, 52(14): 3174-3176.

[599] Rossiter B E, Katsuki T, Sharpless K B. Asymmetric epoxidation provides shortest routes to four chiral epoxy alcohols which are key intermediates in syntheses of methymycin, erythromycin, leukotriene C-1, and disparlure. J Am Chem Soc, 1981, 103(2): 464-465.

[600] Levin S, Nani R R, Reisman S. Enantioselective total synthesis of (+)-salvileucalin B. J Am Chem Soc, 2011, 133(4): 774-776.

[601] Shimizu Y, Shi S L, Usuda H, Kanai M, et al. Catalytic asymmetric total synthesis of *ent*-hyperforin. Angew Chem Int Ed, 2010, 49(6): 1103-1106.

[602] Bredig G, Fiske P S, Biochem Z. Durch catalysatoren bewirkte asymmetrische synthese. Biochem Z, 1912, 46: 7-23.

[603] Jones S B, Simmons B, Mastracchio A, et al. Collective synthesis of natural products by means of organocascade catalysis. Nature, 2011, 475(7355): 183-189.

[604] Cai L, Zhang K, Kwon O. Catalytic asymmetric total synthesis of (−)-actinophyllic acid. J Am Chem Soc, 2016, 138(10): 3298-3301.

[605] Yuan C, Du B, Yang L, et al. Bioinspired total synthesis of bolivianine: a Diels-Alder/intramolecular hetero-Diels-Alder cascade approach. J Am Chem Soc, 2013, 135(25): 9291-9294.

[606] Barton D H R, Kirby G W. Phenol oxidation and biosynthesis. Part V. The synthesis of galanthamine. J Chem Soc, 1962, 806-817.

[607] Barton D H R, Kirby G W, Taylor J B, et al. Phenol oxidation and biosynthesis. Part VI. The biogenesis of amaryllidaceae alkaloids. J Chem Soc, 1963, 4545-4558.

[608] Jin Z. Amaryllidaceae and sceletium alkaloids. Nat Prod Rep, 2009, 26(3): 363-381

[609] Fang L, Gou S, Zhang Y. Progresses in total synthesis of galantamine. Chin J Org Chem, 2011, 31(3): 286-296.

[610] Chen J Q, Xie J H, Bao D H, et al. Total synthesis of (−)-galanthamine and (−)-lycoramine via catalytic asymmetric hydrogenation and intramolecular reductive heck cyclization. Org Lett, 2012, 14 (11): 2714-2717.

[611] Li L, Yang Q, Wang Y, et al. Catalytic asymmetric total synthesis of (−)-galanthamine and (−)-lycoramine. Angew Chem Int Ed, 2015, 54(21): 6255-6259.

[612] Chen P, Bao X, Zhang L F, et al. Asymmetric synthesis of bioactive hydrodibenzofuran alkaloids: (−)-lycoramine, (−)-galanthamine, and (+)-lunarine. Angew Chem Int Ed, 2011, 50(35): 8161-8166.

[613] Chen J, Chen J, Xie Y, et al. Enantioselective total synthesis of (−)-stenine. Angew Chem Int Ed, 2012, 51(4): 1024-1027.

[614] Leng L, Zhou X, Liao Q, et al. Asymmetric total syntheses of *Kopsia* indole alkaloids. Angew Chem Int Ed, 2017, 56(13): 3703-3707.

[615] Li Z, Zhang S, Wu S, et al. Enantioselective palladium-catalyzed decarboxylative allylation of carbazolones: total synthesis of (−)-aspidospermidine and (+)-kopsihainanine A. Angew Chem Int Ed, 2013, 52(15): 4117-4121.

[616] Deng J, Zhou S, Zhang W, et al. Total synthesis of taiwaniadducts B, C, and D. J Am Chem Soc, 2014, 136(23): 8185-8188.

[617] Liang X, Jiang S Z, Wei K, et al. Enantioselective total synthesis of (−)-alstoscholarisine A. J Am Chem Soc, 2016, 138(8): 2560-2562.

[618] Guo L D, Huang X Z, Luo S P, et al. Organocatalytic, asymmetric total synthesis of (−)-haliclonin A. Angew Chem Int Ed, 2016, 55(12): 4064-4068.

[619] Jang K H, Kang G W, Jeon J, et al. Haliclonin A, a new macrocyclic diamide from the sponge Haliclona sp. Org Lett, 2009, 11(8): 1713-1716.

[620] Luo S P, Guo L D, Gao L H, et al. Toward the total synthesis of haliclonin A: construction of a tricyclic substructure. Chem Eur J, 2013, 19(1): 87-91.

[621] Zhu S, Yu S, Wang Y, et al. Organocatalytic Michael addition of aldehydes to protected 2-amino-1-nitroethenes: the practical syntheses of oseltamivir (Tamiflu) and substituted 3-aminopyrrolidines. Angew Chem Int Ed, 2010, 49(27): 4656-4660.

[622] Ishikawa H, Suzuki T, Hayashi Y. High-yielding synthesis of the anti-influenza neuramidase inhibitor (−)-oseltamivir by three "one-pot" operations. Angew Chem Int Ed, 2009, 48(7): 1304-1307.

[623] Du J Y, Zeng C, Han X J, et al. Asymmetric total synthesis of apocynaceae hydrocarbazole alkaloids (+)-deethylibophyllidine and (+)-limaspermidine. J Am Chem Soc, 2015, 137(12): 4267-4273.

[624] You L, Liang X T, Xu L M, et al. Asymmetric total synthesis of propindilactone G. J Am

Chem Soc, 2015, 137(32): 10120-10123.

[625] Lei C, Huang S X, Chen J J, et al. Propindilactones E-J, schiartane nortriterpenoids from *Schisandra propinqua* var. *propinqua*. J Nat Prod, 2008, 71(7): 1228-1232.

[626] Shi Y M, Xiao W L, Pu J X, et al. Triterpenoids from the Schisandraceae family: an update. Nat Prod Rep, 2015, 32(3): 367-410.

第三章
手性无机材料和杂化材料的构筑

崔　勇　李激扬　匡　华　苏成勇　潘　梅
张　健　段春迎　章伟光　蔡松亮

第一节　引　言

　　无机化学是研究除碳氢化合物及其衍生物以外的其他元素和化合物的组成、结构、性质及其变化规律的一门学科，是化学的重要分支之一，也是化学学科中发展最早的分支学科之一。1869 年门捷列夫建立元素周期表后，将各种元素看成具有内在联系的统一整体，对新元素的发现起到了一定的指导作用，而新元素的发现对人们深入认识原子结构和分子结构具有非常重要的意义。随着科学技术的飞速发展，原子能技术、计算机与通信技术以及现代物理方法在无机化学领域中起到了越来越重要的作用，大大推动了无机化学学科的发展。现代无机化学正在向前沿学科、交叉学科迅猛发展，衍生出了许多新概念、新理论、新反应、新方法以及新化合物。

　　配位化学始终是无机化学研究的前沿领域，学科间的交叉渗透使配位化学成为化学学科中最有生命力的学科之一，据统计，无机化学相关杂志中约有 70% 的论文与配位化学有关。当前配位化学的主要研究方向有金属-有机大环化合物、金属-有机笼状化合物、原子簇化合物、无机聚合物以及配位聚合物等，特别是与其密切相关的超分子化学被认为是配位化学中最激动人心的研究领域。

　　手性作为自然界的基本属性，广泛存在于自然界中，与人们的日常生活等诸多方面关系密切。天然手性化合物在自然界中的数量较为有限，因此设计并合成出结构各异、功能丰富的手性化合物一直是化学和材料学等领域的研究热点。随着现代科学研究的不断深入，手性化学的研究按复杂程度大体可以分为三个层次：①分子手性；②超分子手性；③宏观形貌手性。分子手性是由于分子中基团的不对称排列而形成的特定空间构型，属于手性化学研究中最基本的层次。超分子手性是指手性分子或非手性分子之间通过非共价键作用组装形成聚集形态并以非线性的方式得以放大的手性，其与分子手性之间的主要区别在于，超分子手性所体现的是有序超分子组装体的表达。手性分子，甚至是非手性分子均可参与到最终手性超分子组装体的形成过程中。宏观形貌手性是手性化学研究最为复杂的体系，指的是手性或者非手性分子在形成具有手性特征的超分子组装体后，通过一定的方法进行复制，进而获得形貌、大小、组分可调的手性无机或杂化材料，这类材料不仅保留了手性特征，而且提高了材料的机械力学等性能，极大地拓宽了手性材料的应用范围。从层次来看，第一层次是手性的根本来源，随后的较高层次手性都来源于较低层次手性的叠加或者复合。有机化合物的手性通常来源于第一层次，属于单个分子的手性表达，即其只具备手性最基本的特征，如手性中心、手性轴或者手性面等。而相比之下，无机化合物和配位化合物的手性一般来源于手性的第二和第三层次，属于组装体或者聚集体的手性表达，其手性并不依赖于体系中单个组分的行为，而是通过各组分之间的有序协同而形成。但总体来说，实体和镜像的不重叠是各层次手性的共同特点。

我国科学家在手性无机和杂化材料领域做出了卓越的贡献，开发了一系列高效的手性材料合成方法，制备了多种具有新颖结构和优异性能的手性材料，揭示了手性材料在对映体识别、分离及催化过程中的机理。本章将着重介绍手性无机材料和杂化材料的研究进展，主要包括手性分子筛、手性介孔硅、手性多孔碳、手性无机纳米结构、手性金属-有机大环、手性金属-有机笼、手性金属-有机框架等的构筑，兼顾手性功能及机理等。另外，手性共价有机框架材料由于具备和手性金属-有机框架材料极为相似的结构和功能特性，也纳入手性杂化材料中。

第二节 手性无机材料的构筑

一、手性分子筛

分子筛是由 TO_4（T=Si、Al、P 等）四面体共顶点连接构成的一类无机微孔晶体材料，其孔径一般小于 2 nm。在 230 种国际空间群中有 65 种手性空间群，结晶在手性空间群中的分子筛称为手性分子筛[1]。手性分子筛由于具有手性孔道结构、手性特征的结构单元和均匀分布的手性催化中心等，能够同时将择形性和手性选择性地结合起来，在手性合成、手性催化及对映体拆分等领域具有潜在的应用前景[2,3]，因此在多孔材料领域极受关注。然而，尽管手性特征在自然界中非常常见，但是在无机晶体材料中却极为少见，尤其是手性分子筛材料的合成与制备仍是一个极具挑战的课题[4,5]。表 3-1 给出了目前具有固有手性结构的 10 种分子筛拓扑结构类型，下面将介绍几个典型的手性分子筛的合成和结构，并从手性分子筛的合成方法和策略、手性分子筛的结构解析和手性确认，以及未来的发展方向和挑战等方面进行讨论。

表 3-1 部分具有固有手性结构的分子筛

结构代码	代表性材料	空间群 [a]	最大环数	孔道维数	组成
*BEA	β-Polymorph A	$P4_122/P4_322$	12	3	Al,Si
BSV	UCSB-7K	$I2_13$ ($Ia\text{-}3d$)	12	3	Ga,Ge
CZP	$NaZnPO_4 \cdot H_2O$	$P6_122/P6_522$	12	1	Zn,P
GOO	Goosecreekite	$P2_1$ ($C222_1$)	8	3	Al,Si
-ITV	ITQ-37	$P4_332/P4_132$	30	3	Ge,Si,F,
JRY	CoAPO-CJ40	$P2_12_12_1$ ($I2_12_12_1$)	10	1	Co,Al,P
LTJ	Linder Type J	$P2_12_12_1$ ($P4_12_12$)	8	2	Al,Si
OSO	OSB-1	$P3_1/P3_2$ ($P6_122/P6_422$)	14	3	Be,Si
SFS	SSZ-56	$P2_1$	12	2	B,Si
STW	SU-32	$P6_122/P6_522$	10	3	Ge,Si

a. 空间群为代表性材料的空间群，拓扑结构的空间群与典型材料有差别的标注在括号里。

1967 年美国 Mobil 公司首先报道了 Beta 沸石的合成[6]。他们采用硅溶胶作为硅源，偏铝酸钠作为铝源，四乙基氢氧化铵（TEAOH）作为结构导向剂，于 150 ℃下静置 3～6 天，从碱性体系中成功合成出 Si/Al 摩尔比为 5～100 的 β-沸石。尽管 β-沸石的合成报道较早，但其结构解析经历了长达 20 年的时间。1988 年，Newsam 等[7] 和 Higgins 等[8] 分别独立给出了 β-沸石的层错共生结构模型，即 β-沸石由两种结构不同但紧密相关的多形体 A 和多形体 B 层错共生而成，而这两种多形体结构是由同一中心对称的二维层通过不同的堆积方式构筑而成。在多形体 A 中，该二维层状结构单元以 4_1 螺旋方式（ $RRR\cdots$ ）或 4_3 螺旋方式（ $LLL\cdots$ ）堆积，得到的骨架结构分别具有 $P4_122$ 和 $P4_322$ 空间群对称性。这两种骨架结构都具有手性特征，为多形体 A 的一对对映异构体，具有沿着 c 轴方向围绕四重螺旋轴的左手或右手 12 元环螺旋孔道（图 3-1）。当该二维层状结构单元以左右交替的方式（ $RLRL\cdots$ ）进行堆积时，得到的骨架结构为多形体 B，具有 $C2/c$ 空间群对称性，即不具有手性特征。两种多形体在 β-沸石中几乎以相等的概率出现，因而产生了高度的层错缺陷。

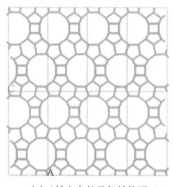
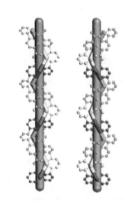

(a) b 轴方向的骨架结构图　　　　(b) 12元环螺旋孔道结构

图 3-1　多形体 A 的对映螺旋孔道和骨架结构

β-沸石是最早报道的具有手性结构的分子筛，且具有较好的热稳定性，最有可能应用于手性催化和手性分离中。因此，自 β-沸石结构模型提出以来，其各个多形体的选择性晶化合成一直是化学工作者们研究的重要方向之一。1992 年，Davis 和 Lobo 最先报道了手性多形体 A 富集的 β-沸石的合成 [4]。他们提出合成 β-沸石多形体 A 的有机结构导向剂需要具有以下三个特点:必须具有手性、长度至少为 1 nm、在高的 pH 体系中至少能稳定到 125 ℃。通过使用满足上述条件的模板剂，他们合成出手性多形体 A 富集的 β-沸石，并研究了其在反式 1,2-二苯乙烯环氧化物开环反应中的催化性能，该催化反应的对映选择性约为 5% ee，而普通 β-沸石所获得的 ee 值为 0。1996 年，Corma 等报道了在近中性条件的氟体系中，以四乙基氢氧化铵（TEAOH）为模板剂合成多形体 A 稍过量的全硅 β-沸石 [9]。2008 年，Takagi 等利用手性胺和手性金属铑配合物与 TEAOH 作为共模板剂合成手性多形体 A 富集的

β-沸石[10]，采用粉末 X 射线衍射（XRD）分峰拟合的方法得出多形体 A 含量高达 88%，并提出具有 C_2 对称性的分子更有助于手性多形体 A 的合成。2011 年，Taborda 等利用手性醇溶剂作为助剂，结合陈化的方法合成出了多形体 A 含量高达 68% 的 β-沸石[11]。2015 年，Tong 等报道了利用极端超浓水热合成方法，以 TEAOH 或合成的二甲基二异丙基氢氧化铵或 N,N-二甲基-2,6-二甲基哌啶氢氧化物等季铵碱为模板剂制备得到多形体 A 含量最高可为 70% 左右的 β-沸石[12]。值得说明的是，虽然人们进行了大量的探究和尝试，合成 β-沸石的骨架组成具有多样性，硅铝比可以为 $5 \sim \infty$，Ga、B、Fe、V、Ti、Sn、Zr 等多种元素都可掺入骨架中，但到目前为止，β-沸石的多形体 A 仍是一种假想的结构，还没有纯的多形体 A 的晶体被合成出来。

2008 年，Zou 等报道了在水热条件下使用二异丙胺作为结构导向剂合成硅锗酸盐 SU-15（SOF）和 SU-32（STW）[13]。SU-15 具有 C_2/c 空间群，为非手性结构，而 SU-32 结晶于手性空间群 $P6_122$ 或 $P6_522$，具有手性特征。SU-15 和 SU-32 结构均是基于 TO_4（T=Si, Ge）四面体单元构筑，由相同的包含 4 元、5 元、12 元环的网层通过不同的堆积方式构筑而成。图 3-2（a）是 SU-32 的骨架示意图，其三维骨架结构是由相邻的层之间通过旋转 60° 互相连接而成。相邻层间的 12 元环彼此旋转平移，使得 12 元环的孔道被 10 元环的开口所限定，从而大大限制了它的应用。尽管如此，它的结构仍然是开阔的，具有由 4 元、5 元、8 元、10 元环组成的较大 $4^65^88^210^2$ 笼，这些笼通过共用 10 元环沿着 c 轴方向堆积形成螺旋孔道 [图 3-2（b）]。除硅锗酸盐 SU-32 外，Cu 和 Co 元素取代的锗硅酸盐 STW 分子筛也被合成出来[14]。2012 年，Camblor 等报道了使用非手性的 2-乙基-1,3,4-三甲基咪唑阳离子作为手性有机结构导向剂，合成出与 STW 同构的纯 SiO_2 骨架手性分子筛 HPM-1[15]，骨架结构可以稳定到 1173K，其较好的热稳定性为分子筛的不对称催化反应提供了良好的保障。2017 年，Davis 等报道了通过理论计算筛选出手性有机结构导向剂，并将其用于合成两种对映体过量的 STW 分子筛，制备得到的产物能够作为吸附剂拆分外消旋仲丁醇分子，也能够作为非均相催化剂来催化 1,2-环氧丁烷的开环反应[16]。

2009 年，于吉红等报道了使用二乙胺作为有机模板剂，三缩四乙二醇和水作为溶剂，在 170 ℃晶化 12 天成功合成出一例新型杂原子取代手性磷酸铝分子筛 MAPO-CJ40（M=Co 或 Zn）[17]，具有 JRY 拓扑结构。MAPO-CJ40 结晶于正交晶系，空间群为 $P2_12_12_1$。它的结构是由 MO_4（M=Al, Co, Zn）四面体和 PO_4 四面体严格交替连接而成的阴离子 $[Me_2Al_{10}(PO_4)_{12}]^{2-}$ 开放骨架

［图3-3（a）］，骨架的负电荷由质子化的二乙胺离子平衡。CoAPO-CJ40骨架沿着[010]方向具有10元环开口的一维螺旋孔道［图3-3（b）］，该螺旋孔道是由沿着2_1螺旋轴的两条具有同一手性的螺旋带围绕而成，螺旋带则是由6元环通过共边连接而成［图3-3（c）］。结构研究表明，CoAPO-CJ40骨架中杂原子（Co、Zn等）的掺入对于稳定其手性结构起到了关键作用。引人注目的是，Co原子沿着孔道方向呈螺旋排布，这是首次在杂原子取代磷酸铝单晶解析中发现这种特殊的结构，结果表明CoAPO-CJ40是一个手性单点催化剂，对研究其潜在的不对称催化具有重要的意义。

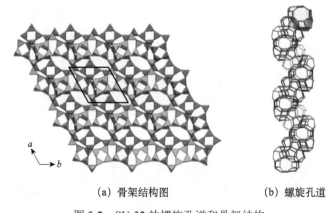

(a) 骨架结构图　　　　　　　(b) 螺旋孔道

图3-2　SU-32的螺旋孔道和骨架结构

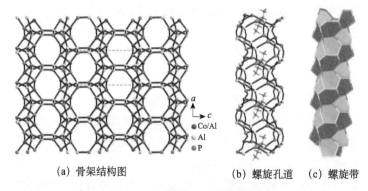

Co/Al
Al
P

(a) 骨架结构图　　　　(b) 螺旋孔道　(c) 螺旋带

图3-3　MAPO-CJ40的结构图

自从发现β-沸石分子筛中的多形体A具有手性特征之后[18]，在过去的近30年间，人们对手性分子筛材料进行了大量的开发和研究。手性分子筛的合成大体可以分为两种途径：手性自发拆分和对映体选择合成。由于在水热和溶剂热体系中手性自发拆分很难控制且易生成外消旋的产物，人们更多地尝试通过各种对映体选择合成的方法来控制分子筛的手性。例如，在磷酸铝体系中引入杂原子来松弛因螺旋扭曲而引起的骨架张力，进而稳定手性分子筛骨架[17]；使用手性模板剂来导向生成手性分子筛或手性特征结构基元[4,19]；加入手性诱导剂（如手性溶剂等）诱导单一手性或对映体过量；将手性基元（如手性 Rh 配合物）组装到非手性分子筛中产生高的对映体过量，用于非均相催化[20,21]等。此外，人们也将不同的骨架元素（如 Si、B、Ge、Co 等）引入手性分子筛，试图提高手性分子筛的结构稳定性和单一对映体的含量。

尽管合成的手性分子筛非常稀少，但理论上假想可行的手性分子筛骨架是多样的。例如，Akporiaye 提出了一种将起始的结构基元通过双重旋转操作生成手性分子筛骨架的方法[22]；于吉红等开发了在手性空间群中通过限定原子自组装设计具有特定孔结构的手性分子筛骨架[23]。利用这些方法可以设计大量假想的手性分子筛骨架，这不仅有利于理解多孔材料中手性的生成机理，也为手性分子筛的合成提供了大量的靶向结构。

手性分子筛结构的表征大多采用单晶 X 射线衍射，而一些小晶体特别是纳米晶分子筛的手性结构则很难确定。2017 年，Ma 等开发了利用旋进电子衍射（procession electron diffraction，PED）技术以及图像法并结合理论模拟来判断小晶体（特别是纳米晶）的手性[24]，这一技术也将促进手性分子筛晶体材料的合成和应用。

综上所述，手性分子筛由于其结构不同展现出不同的手性特征，然而其实际应用却一直被各种因素所限制。一方面，目前已知的手性分子筛大多热稳定性差，无法通过煅烧去除有机模板剂而保留其手性孔道。另一方面，对映体过量的手性分子筛很难合成，特别是纯手性（也称单一手性）分子筛的合成难以实现。例如，β-沸石多形体 A 的一对对映体在同一个晶体中主要以共生的形式出现；虽然 SU-32 的每一个晶体只展现出一种手性结构，但合成产物中包含大量具有不同手性结构的晶体；CoAPO-CJ40 的产物具有光学活性，表明某一对映体过量，但其模板剂无法脱出。在未来的研究中，人们将致力于合成热稳定性好，高对映体过量乃至单一对映体的手性分子筛材料。实现这一目标还存在巨大的挑战，分子筛材料的晶化机理或生产机制、手性分子筛的合成规律、控制手性结构组装的关键因素等都需要我们去深入地理解和认识。

二、手性介孔硅和多孔碳

多孔材料可以分为三个尺度，国际纯粹与应用化学联合会（IUPAC）定义孔径尺寸小于 2.0 nm 的为微孔材料；孔径尺寸介于 2.0 nm 至 50 nm 之间的为介孔材料；孔径尺寸大于 50 nm 的为大孔材料[25]。有时也将小于 0.7 nm 的微孔称为超微孔，大于 1 μm 的大孔称为宏孔。

由于微孔材料孔径太小，不允许较大尺寸的分子进入，且大分子在其孔道中形成后很难顺利逸出，因而限制了其实际应用。虽然大孔材料拥有相对较大的孔径尺寸，但由于经常伴随着孔道形状不规则、尺寸分布不均匀等缺点，其应用价值也大打折扣。相比之下，介孔材料由于其高度有序且具有可调的孔道结构以及高的比表面积，在环境、化工与能源等领域表现出了极为广阔的应用前景。手性介孔材料由于在手性识别、分离以及催化等方面具有潜在的应用价值，越来越受到关注[26]。

在自然界及人造体系中，有机结构单元可以通过自组装形成大小、形状、化学组成和功能各不相同的多种手性超分子结构[27]。但对于无机化合物来说，要想形成各式各样的手性超分子结构是非常困难的。利用非手性的无机结构单元制备手性超分子结构方面，研究最为广泛也最为成熟的是手性介孔硅（chiral mesoporous silica, CMS）。

（一）手性介孔二氧化硅的合成

手性介孔二氧化硅材料的合成主要是通过溶胶-凝胶（sol-gel）法让含硅单体聚合并拷贝手性有机超分子聚集体模板的结构，从而形成手性超分子结构（图 3-4）[28]。溶胶-凝胶法可以分为两个阶段：①无机物种的水解：无机源水解成 M—OH，通过氢键和离子键作用吸附在有机模板表面；②水解产物的聚合：M—OH 之间聚合成 M—O—M，无机物种的单体聚合成小颗粒，然后微小无机颗粒生长，最后是颗粒之间形成交联网状结构，无机颗粒增大直到成为凝胶[29,30]。硅单体可以是无机的，如二氧化硅气凝胶、硅酸钠、氟硅酸钠等，也可以是有机的，如正硅酸甲酯、正硅酸乙酯等。模板剂可以是手性的，如手性小分子化合物、生物大分子和手性表面活性剂等，也可以是非手性的表面活性剂，但需要加入相应的手性添加剂。关于手性介孔二氧化硅材料的形成机理也有许多报道，如位错与螺位错、熵增加、表面自由能降低及搅动方式等[31-34]。

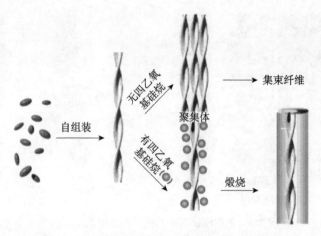

图 3-4   通过溶胶-凝胶法拷贝手性超分子聚集体

2000 年，Shinkai 等首次报道了以手性小分子自组装体为模板通过溶胶-凝胶法成功制备了具有单一手性的介孔二氧化硅纳米结构[35]。他们首先合成了两对基于手性环己二胺的衍生物 1、3 和 2、4。实验表明这些衍生物均具备良好的凝胶化能力。圆二色谱测试表明 *R* 构型的 1 和 2 与 *S* 构型的 3 和 4 形成的有机凝胶聚集体分别具有左手和右手螺旋结构。随后他们以 TEOS 为无机硅源，利用溶胶-凝胶法制备了介孔二氧化硅材料，扫描电镜结果显示以 *R* 构型的 1 和 2 作为模板获得的介孔二氧化硅材料显示左手螺旋结构。相反，以 *S* 构型的 3 和 4 作为模板获得的介孔二氧化硅材料则显示右手螺旋结构。为了研究手性有机凝胶纤维是否在螺旋二氧化硅材料的形成中起到了模板剂的作用，他们通过煅烧的方法除去了所得二氧化硅材料中的有机胶凝剂，其透射电镜图显示左、右手螺旋的二氧化硅材料中均存在相对应螺旋的直径为 20~60 μm 的孔道（图 3-5）。该结果表明，带负电的低聚硅氧烷吸附在了带正电的螺旋有机凝胶纤维表面，从而诱导了介孔二氧化硅材料中螺旋手性的形成。

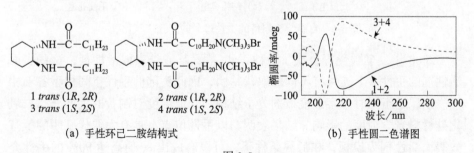

1 *trans* (1*R*, 2*R*)
3 *trans* (1*S*, 2*S*)

2 *trans* (1*R*, 2*R*)
4 *trans* (1*S*, 2*S*)

（a）手性环己二胺结构式

（b）手性圆二色谱图

图 3-5

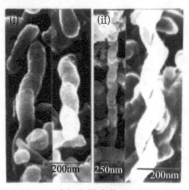
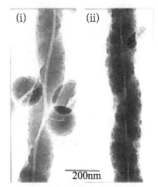

(c) 扫描电镜图   (d) 透射电镜图

图 3-5 　手性模板剂的结构、圆二色谱及形貌图

2004 年，车顺爱等首次报道了高度有序的手性介孔二氧化硅的透射电镜表征[36]。利用手性模板法将 L-丙氨酸衍生的手性阴离子表面活性剂 C_{14}-L-AlaS 与无机硅源 TEOS 进行协同自组装，制备了左右手螺旋混合且孔道高度有序的棒状二氧化硅材料，其中左旋的二氧化硅比右旋的多，ee 值最高约为 50%（图 3-6）。

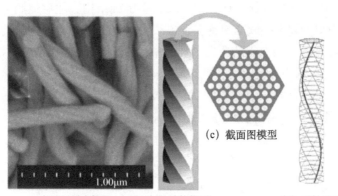

(c) 截面图模型

(a) 扫描电镜图   (b) 结构模型   (d) 手性孔道

图 3-6 　自组装法制备的手性过剩的介孔二氧化硅

2008 年，车顺爱等合成了 9 种 N-烷基氨基酸类表面活性剂，这些表面活性剂的手性碳上连接有不同的取代基团，因此头部的手性空间构型各不相同。该课题组同时考察了模板剂分子结构和合成温度对制备的手性介孔二氧化硅材料光学纯度的影响。结果表明，以手性位点上具有大取代基团的氨基酸表面活性剂为模板，在低温条件下，可以合成出 ee 值高达 90% 的手性介孔二氧化硅。同时发现，手性介孔二氧化硅的 ee 值不但与表面活性剂的分子

结构有关，也受控于反应温度，这说明手性介孔二氧化硅的光学纯度很大程度上取决于表面活性剂分子的动力学构型，而不是静态的分子结构[37]。

　　一般情况下，以非手性表面活性剂为模板制备介孔二氧化硅材料，由于缺乏手性诱导源，只能形成外消旋的手性介孔二氧化硅材料。若在制备过程中加入一定的手性添加剂，则可能诱导形成具有一定对映体过量的手性介孔二氧化硅结构。同年，车顺爱等选择了9种非手性的阴离子或阳离子表面活性剂诱导合成手性介孔二氧化硅结构[38]。其中，当以阴离子表面活性剂为模板合成手性介孔二氧化硅时，需要加入一定量的助结构导向剂 N-三甲氧基丙基硅烷-N,N,N-三甲基氯化铵（TMAPS），而使用阳离子表面活性剂作为模板时，则不需要加入助结构导向剂。通过对所合成二氧化硅材料的光学纯度进行考察，发现它们均为外消旋体。为了诱导其产生对映体过量（ee 值 >0），该课题组引入了具有相反电荷的手性表面活性剂 C_{12}-MEBr 和 C_{16}-L-Val 作为添加剂，使其与非手性表面活性剂之间通过静电作用组成复合胶束，并传递手性。结果表明，随着手性添加剂摩尔量的提高，所得介孔二氧化硅材料的 ee 值不断增加，对于 C_{16}-2-AIBA、SDS 和 CTAB 三种合成体系，ee 值的最大值分别为 20%、18% 和 11%。该课题组进一步探究了手性添加剂诱导产生对映体过量的手性介孔二氧化硅的机理，他们认为，异电荷手性添加剂由于具有类似的疏水长链，可以与相应的非手性表面活性剂形成很强的静电作用，使得其能够有效地参与到非手性表面活性剂螺旋胶束的形成中，从而很好地传递了手性（图 3-7）。

　　Moreau 等利用自模板法制备了单一手性的螺旋介孔聚倍半硅氧烷[39]。他们首先合成了一对带有两个三乙氧基硅基的环己二胺对映异构体衍生物，该衍生物在氢键的作用下可以自组装形成单一手性结构，而这个手性结构可以通过两个三乙氧基硅基水解缩合连接起来，从而把自组装体的结构固定下来（图 3-8）。自模板法和传统模板法最大的区别在于，模板剂本身进行组装，而且也是最终产物的重要组成部分。

　　直接法合成手性介孔二氧化硅材料，虽然取得了巨大的成功，但往往其光学纯度不高，孔道结构不均一，因此人们尝试通过后修饰法对已经制备出的高度有序的介孔二氧化硅材料进行功能化，从而获得功能导向的手性介孔二氧化硅材料。例如，2005 年李灿等以含有乙烷的介孔二氧化硅为基础，对其进行功能化，制备出含有反式 -(1R,2R)- 环己二胺的介孔材料（图 3-9），在之后修饰过程中环己二胺的手性得到了保持，因而可用于催化不对称氢转移反应[40]。这种通过对已知介孔二氧化硅材料进行后功能化的方法可以引入各类具有不同功能的手性基团，使得材料在不对称催化领域有着很好的应用前景，成为一类新型的多相手性催化剂。

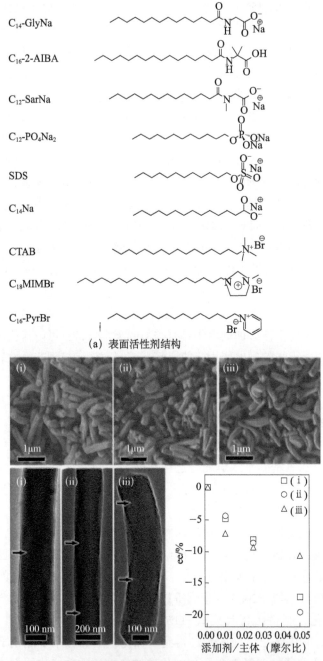

（a）表面活性剂结构

（b）扫描电镜形貌图[（ⅰ）SDS；（ⅱ）C$_{16}$-2-AIBA；（ⅲ）CTAB]

图 3-7　利用多种表面活性剂制备手性介孔二氧化硅材料

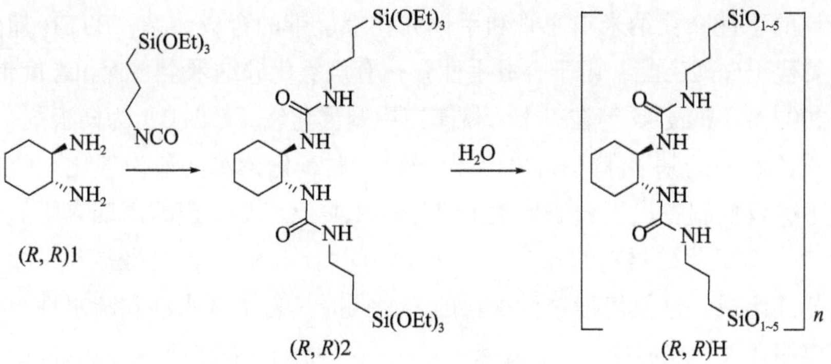

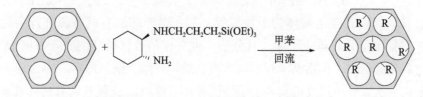

图 3-8　自模板法制备螺旋介孔聚倍半硅氧烷

图 3-9　后修饰法制备含有 (1R, 2R)- 环己二胺的介孔二氧化硅材料

（二）手性介孔有机氧化硅的合成

　　随着手性介孔二氧化硅材料的发展，一类新型的芳环桥连有机-无机杂化氧化硅材料逐渐引起了人们的关注[41-46]。这类材料的特点在于能形成类似晶体的层状结构，且芳环在框架中具有分子尺度的有序性。同时，其结构中的芳环可以通过堆积或者扭曲的方式产生手性，且可以通过圆二色谱加以识别。这类手性介孔氧化硅材料在分子尺度上具有手性，使其具备了在不对称催化及对映体拆分等领域应用的潜力。

　　手性介孔有机氧化硅材料的合成过程与手性介孔二氧化硅类似，主要是改变了其无机前驱物的种类，即将正硅酸甲酯或正硅酸乙酯替换为有机成分较多的双（三乙氧基硅基）乙烯（BTEE）和 1,4-二（三乙氧基硅基）苯（BTEB）等，并适当调节合成体系的酸碱度。手性介孔有机氧化硅合成的困难之处在于，有机官能团桥连的 BTEE 或 BTEB 等前驱体在合成体系中水解和缩聚所需的条件以及进行的速度与正硅酸乙酯等相比有所差别，尤其是对于苯环桥连的 BTEB 前驱体，多数情况下需要在碱性比较低的条件下制备。另外，BTEB 的密度比较大，合成过程中容易沉降在容器底部，扩散速度慢，因而较难得到优质的手性介孔有机氧化硅产品。但是，对于以手性阴离子为模板剂的手性介孔纳米空心管和手性介孔螺旋带的合成体系，BTEB 却能很好地替代正硅酸乙酯，用于合成手性介孔有机氧化硅纳米空心管和螺旋带。

2002 年，Inagaki 等在以十六烷基三甲基溴化铵（CTAB）为模板剂，1,4-二（三乙氧基硅基）苯（BTEB）为硅源，氢氧化钠水溶液为催化剂的碱性条件下，首次制备出了分子尺度上有序的 1,4-亚苯基桥连的周期有序氧化硅材料[42]。该氧化硅材料的孔壁具有很强的周期性，由一段硅酸盐和一段苯环交替相连组成，这就使得这种材料的表面同时具备了亲水性和疏水性，因此能够应用在液相反应中。

杨永刚等在控制有机-无机杂化氧化硅的单一手性和形貌方面做了很多工作[47,48]。他们以手性氨基酸为起始原料，合成了一系列手性两亲性小分子化合物，并以其自组装体为手性模板，加入含芳环的有机硅源进行手性复制，制备出了具有单一手性，且分子尺度有序的芳环桥连的介孔有机-无机杂化氧化硅材料，包括纳米管、纳米带、纳米纤维、纳米球等。2008 年，该课题组首次在分子尺度上实现了手性的转移。他们以 3-氨基丙基三甲氧基硅烷（APTMS）和 BTEB 为混合硅源，L-谷氨酸衍生物为模板，水和乙醇为混合溶剂，利用溶胶-凝胶法进行手性复制，成功地制备了单一手性的 1,4-亚苯基桥连介孔氧化硅[49]，其孔壁中苯环周期有序的手性排列，使该材料具有分子尺度的有序性，如图 3-10 所示。

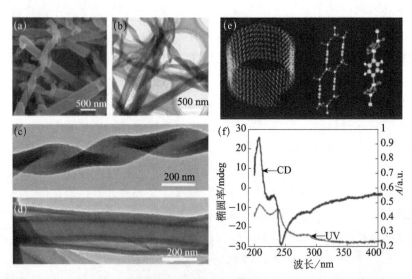

图 3-10　单一手性的 1,4-亚苯基桥连氧化硅的电镜照片（a）～（d）、模拟图（e）、圆二色谱和紫外吸收光谱图（f）

由于拥有高度有序的螺旋介观结构，且孔壁上能够嫁接丰富的有机官能团，以及具有高比表面积和大孔容等优点，手性介孔硅材料必将在手性吸附分离、手性纳米材料合成及手性催化等方面展现出巨大的应用潜力。以往对手性液晶相的研究一直缺乏纳米尺度上的表征手段，对许多重要的信息没有明确认知。手性介孔硅材料不仅是以手性溶致液晶相为模板剂制备的，同时也为手性溶致液晶相的研究提供了比较直观的表征手段。对手性介孔硅材料制备与机理的深入研究，也将极大地帮助我们了解超分子层次上的手性识别、组装及调控等过程。

虽然手性介孔硅材料的应用和理论价值都很高，但是目前对这方面的研究进行得还是比较迟缓，还有许多问题和挑战摆在我们面前。首先，尚不清楚无机源与表面活性剂之间具体是如何通过协同作用生成具有螺旋结构的手性介孔硅材料，这也制约了新的手性介孔硅材料的合成。其次，现在还不能得到光学纯的手性介孔硅材料。是什么原因导致这一结果，光学纯的手性介孔材料怎么合成，此类疑问都还不能解决，需要我们深入研究手性介孔硅材料的合成和形成机理，进而找到控制这种材料形成的方法，在此基础上进一步探索手性介孔硅材料的应用。

（三）手性多孔碳材料的合成

自 1991 年 Iijima 首次报道了全碳无缝中空碳纳米管（CNT）以来，一维纳米材料由于其异常的力学、电学和化学性能以及潜在的应用价值引起了人们的广泛关注[50]。根据碳纳米管的碳六边形沿轴向的取向差异可以将其分为锯齿型（zigzag form）、扶手椅型（armchair form）和螺旋型（chiral form）三种，其中锯齿型和扶手椅型碳纳米管没有手性，而螺旋型的碳纳米管则具有手性。典型的螺旋型的碳纳米管如图 3-11 所示。螺旋型的碳纳米管有多种螺旋形态，按照螺旋数可以分为单螺旋、双螺旋和三螺旋等，按照螺旋形貌可以分为发辫型、DNA 螺旋型、弹簧型及绕曲型等。

节距

卷径

图 3-11　典型的螺旋型的碳纳米管的结构示意图

1992 年，Dunlap 和 Ihara 等[51,52]首先通过理论计算预测了完全由碳原子构成的螺旋状结构。并且通过分子模拟等手段证实这种由碳五、碳六和碳七环构成的螺旋结构在热力学上是稳定的。1994 年，Zhang 等[53]在使用透射电子显微镜观测碳纳米管时，发现了长直的碳纳米管和具有规则螺旋结构的碳纳米管，这也是首次通过实验观测螺旋型的碳纳米管的报道。螺旋型的碳纳米管的发现，引起了广大科研工作者的极大关注，他们对螺旋型的碳纳米管的合成、结构、生长机理、性能等方面开展了细致而又卓越的研究。在螺旋型的碳纳米管的形成原因方面，尽管在一些理论和实验的基础上取得了长足的进步，但是目前仍然没有形成被广泛接受的形成机制。作为一种具有特殊结构的碳纳米管，螺旋型的碳纳米管在具备众多碳纳米管本征优异性能的同时也具有其螺线状结构带来的优势，例如，优良的能量吸收能力，以及当其用于高聚物增强时，形成的复合材料具有良好的机械强度等。当然，这一系列应用都是建立在螺旋型的碳纳米管的可控制备的基础上。

螺旋型的碳纳米管的制备方法主要分为三种：石墨电弧法、激光蒸发法和化学气相沉积（chemical vapor deposition, CVD）法。其中前两种方法在制备碳纳米管过程中使用电弧或者激光作为能量输入，实现碳原子的重组过程。这样的能量输入较高，碳原子排布倾向于形成更稳定的碳六环结构，少有螺旋管的生成。而 CVD 法是在较低的温度下进行，金属催化剂在惰性气体环境的保护下，碳源在其表面分解，沉积碳纳米管。这种方法也是制备螺旋碳纤维最为常用的方法。在 CVD 过程中，催化剂起到核心作用。常用的催化剂主要有 Fe、Co、Ni 及其合金。一般来讲，如果催化剂颗粒较大，得到的往往是纤维状产物，而制备螺旋型的碳纳米管通常需要更小的纳米金属颗粒。

Wen 等[54]在覆盖有纳米颗粒催化剂的石墨基板上同时加入助催化剂 PCl_3，在 Ar/H_2 气氛中催化裂解乙炔，成功制备出了螺旋型的碳纳米管，但产量较少，并且产物中含有大量直线型的碳纳米管。Pan 等[55]采用 Fe/SnO_2 复合催化剂体系在 ITO（indium tin oxide，氧化铟锡）薄膜上选择性地生长螺旋型的碳纳米管，但获得的产物中所含副产物较多，螺旋型的碳纳米管的形貌较为繁杂。为了实现可控制备螺旋型的碳纳米管，孔道的限位作用被认为是关键因素。Lu 等[56]利用孔道限位技术研究了螺旋型的碳纳米管的可控制备，研究发现，负载于硅胶上的 Co 催化剂体系在减压条件下催化裂解乙炔，通过调节参数，可以在一定程度上控制螺旋型的碳纳米管的形貌。

都有为等[57]采用纳米 Ni/Fe 合金作为催化剂，乙炔作为碳源，在较低温度下成功合成了螺旋型的碳纳米管，产量高且重现性较好（图 3-12），产物的产量得到提升。该螺旋型的碳纳米管的微观结构不同于传统的碳纳米管，在螺旋型的碳纳米管的管中心没有发现明显的孔隙状结构，文章分析认为这是由管壁较薄、螺旋扭曲造成的，因而主要以管口的空心或实心来区分碳纳米管与碳纤维，这种定义方式也得到了学术界的认可。

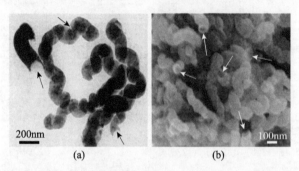

图 3-12　利用基体法制备的螺旋型的碳纳米管微观形貌图

箭头所指为空心管口

2017 年，张锦等报道了一种利用碳纳米管与催化剂对称性匹配的外延生长碳纳米管的新方法 [58]。通过控制活性催化剂表面的对称性来调控水平单壁碳纳米管（SWCNT）阵列的手性，并且在固态碳化物催化剂表面生长获得了具有受控手性的水平 SWCNT 阵列，所获得的水平排列金属 SWCNT 阵列平均密度大于 20 管 /μm，其中 90% 的管具有（12, 6）的手性指数。同时，他们还用碳化钨作催化剂，获得了 SWCNT 的阵列半导体，其平均密度大于 10 管 /μm，其中 80% 的纳米管具有（8, 4）的手性指数（图 3-13），该研究为 SWCNT 的单一手性可预测生长提供了一种新方案，也为碳纳米管的应用，尤其是碳基电子学的发展奠定了基础。

虽然螺旋型的碳纳米管已经被证明具有良好的力学、电学、储氢及吸波性能等，但目前的研究还处于初级阶段，仍有许多科学问题没有得到解决，如螺旋型的碳纳米管的形貌调控仍然存在很大困难，制备过程中产量及纯度普遍偏低等。如何有效解决此类问题将是未来很长一段时间内螺旋型的碳纳米管的发展方向。

（四）手性无机纳米材料的合成

从基本粒子到原子、分子、生命体，不同尺度上的手性现象蕴涵着生命起源的奥秘和自然界的基本规律。无机纳米粒子的手性起源及组装体圆二色光谱效应为研究宏观尺度的手性概念提供了理论和实验依据，也为光学和生物应用带来新的机遇。2004 年，卢柯等发现了纳米孪晶 [59]，这暗示了纳米材

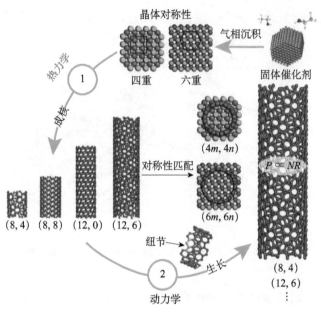

图 3-13　催化剂调控手性单壁碳纳米管生长

$R.$ 动力学生长速率；$N.$ 成核概率；$P.$ 手性指数

料中可能存在异构现象。Kornberg 等在 2007 年第一次用单晶 X 射线衍射揭示了纳米团簇 Au_{102} 中的手性异构现象[60]。唐智勇等也发现了纳米晶中的手性异构现象[61]。2015 年，金荣超等发现了金属纳米粒子的同分异构现象[62]。

纳米团簇是纳米尺度的原子团，是几个到上千个乃至更多原子的聚集体。在这一尺度范围内，物质经历着从微观原子、分子向宏观凝聚态材料的转变，因此原子团簇往往呈现出许多和宏观、微观都不相同的独特性质。手性纳米团簇，尤其是手性金属纳米团簇因其在光学、不对称催化等方面都具有巨大的潜在应用价值而越来越受到重视。

纳米团簇中研究最广泛的是金属纳米团簇。金属纳米团簇粒径介于金属原子和纳米颗粒之间，通常包含几个到几十个金属原子，具有与费米电子的波长同数量级的尺寸。手性金属纳米团簇作为一种新型纳米材料，在手性催化和手性识别领域已经初步实现应用，然而其发展却比较缓慢，实现亚纳米尺度的金属核的尺寸控制是一个巨大的挑战，目前可实现手性信号放大和调控的体系不多。

1998 年，Whetten 等率先发现谷胱甘肽（L-GSH）保护的团簇结构 $Au_{28}(SG)_{16}$ 具有手性吸收信号，且此信号明显区别于 L-GSH 的手性吸收[63]。随后，他们利用聚丙烯酰胺凝胶电泳对产物进行了分离，获得了具有强光学活性的分子质量在 4~8 kDa 的 3 种纳米团簇[64]。在 Whetten 小组发现 $Au_{28}(SG)_{16}$ 具有手性吸收信号之前，人们普遍认为：20~200 个原子的金纳米团簇倾向于采取截角十面体的构型（D_{5h}），这样的纳米团簇具有对称的金属核。这种观点排除了无机纳米团簇核具有手性拓扑结构的可能。2003 年，Garzon 等利用 Hausdorff 手性测量方法（HCM）的计算理论发现了本征手性的无机核 Au_{28} 和 Au_{55} 团簇，即无稳定剂保护的 Au_{28} 和 Au_{55} 团簇及甲基硫稳定的 $Au_{28}(SCH_3)_{16}$ 和 $Au_{38}(SCH_3)_{24}$ 的手性构型[65]。2006 年，Tskuda 等合成的 $[Au_{11}(R/S\text{-}BINAP)_4X_2]^+$ 在可见光区展现出同样的 CD 信号[66]，他们认为 Au_{11} 内核的结构扭曲导致金纳米团簇产生了手性。2009 年，Qian 等实现了温和条件下大产量合成单分散 Au_{38} 的方法[67]。自此，研究人员通过不同的手性分子作为稳定剂获得了金、银、钯等多种手性金属纳米团簇。一般而言，纯金纳米团簇中的手性结构只在 32 nm、34 nm、55 nm 和 72 nm 等较大尺寸中出现。2010 年，金荣超等发现了 Au_{38} 结构具有手性这一现象[68]，Knoppe 等[69] 使用手性液相色谱将外消旋的 Au_{38} 进行了分离，Garzón 小组通过理论计算发现，团簇表面配体的不对称排列能导致金核结构歪曲，从而产生光学活性[70]。

2014 年，王泉明等对膦配体保护的金纳米团簇展开了研究[71]，合成了具有 20 个金原子的手性 Au_{20} 纳米团簇，Au_{20} 核心结构可以解剖为二十面体的 Au_{13} 和 Y 形的 Au_7 两部分。Y 形的 Au_7 作螺旋排布，造成整个 Au_{20} 具有 C_3 的对称性，是一个手性团簇分子，为具有手性核心的金纳米团簇提供了重要的结构证据。2015 年，伍志鲲与金荣超等通过精细调控反应条件，成功获得了一种常温下较稳定的新纳米团簇［简称为 $Au_{38}T$，图 3-14（a）］[62]。该纳米团簇与 2010 年金荣超等报道的 $Au_{38}(SC_2H_4Ph)_{24}$（简称为 $Au_{38}Q$）有着完全相同的组成[68]。但是单晶 X 射线衍射分析发现，尽管这两种 Au_{38} 金属纳米粒子组成完全一样，但两种金纳米团簇具有完全不同的原子排列方式，首次从实验上证实了无机纳米粒子中存在同分异构的现象。进一步研究表明，两种同分异构体具有明显不同的催化活性：$Au_{38}T$ 能够在低温（0 ℃）下催化对硝基苯酚的还原反应，30 min 内可获得 44% 的产物，并且可循环使用 15 次以上；而在同样条件下，$Au_{38}Q$ 却不能催化该反应［图 3-14（b）］。此外，这两种 Au_{38} 异构体之间能发生转化：在 50 ℃条件下，$Au_{38}T$ 会不可逆地慢慢转化成 $Au_{38}Q$。

2016 年，郑南锋等报道了全新手性双金属纳米团簇 $[Ag_{28}Cu_{12}(SR)_{24}]_4^-$ 的合成及其全结构[72]。单晶结构分析表明，$[Ag_{28}Cu_{12}(SR)_{24}]_4^-$ 团簇是由一个扭曲的 $Ag_4@Ag_{24}$ 金属内核和四个近平面的 $[Cu_3(SR)_6]$ 单元组成。DFT 理论计算表明团簇的手性主要源于其扭曲的 Ag_{28} 金属内核，这为手性纳米颗粒的手

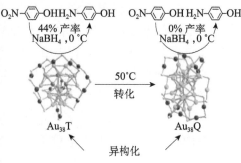

(a)同分异构体结构　　　　　(b)Au₃₈T与Au₃₈Q转化及催化性能

图 3-14　同分异构体 Au₃₈T 与 Au₃₈Q 的合成、转化及其催化性能差异

性来源提供了新认识。Ag₄@Ag₂₄ 可视为面心立方结构，由四个 Ag₁₀ 四面体通过共用一个小的 Ag₄ 四面体形成，理应具有 T_d 对称性。但由于四面体的扭曲，Ag₄@Ag₂₄ 金属内核和整个 Ag₂₈Cu₁₂ 金属框架的点群由 T_d 变成 T，导致手性纳米团簇的形成。若以非手性季铵盐为抗衡阳离子，合成得到左、右扭曲团簇各占一半的一对对映体。更为重要的是，质谱分析发现，溶液中的 [Ag₂₈Cu₁₂(SR)₂₄]₄ 团簇与季铵盐间存在强的离子对作用力，引入手性季铵盐代替非手性阳离子，即可利用手性离子选择性地保护其中一种异构体，可实现手性团簇的拆分和直接不对称合成。

除了手性金纳米团簇之外，2002 年，Häkkinen 等发现了阴离子保护的贵金属团簇的 5d 与 6s 轨道的杂化[73]，2010 年 Ghanty 等发现 Au₁₉X（Li, Na, K, Rb, Cs, Cu, Ag）的几何构型和电学性质比单一金属团簇更稳定。尤其是三元合金团簇结构更为丰富多样，结构具有手性的特点[74]。2012 年，Elgavi 等也在铜簇中发现了手性结构[75]。

手性金属团簇的合成过程可分为一步法和两步法（图 3-15）。一步法是典型的 Brust-Schiffrin 合成法，利用手性配体或手性助剂直接合成，是 Brust 等在 1994 年提出的。该方法经过改进，可以按照溶液体系分为单相体系和两相体系[76]。两步法即先合成中间配体包裹的金团簇，再用目标配体通过配体交换或热重整，将中间配体取代下来，得到目标配体包裹的金团簇。Tsukuda 等[77] 首先合成出膦配体保护的 Au₁₁ 团簇，然后再利用过量的硫醇和 Au₁₁ 团簇反应即得到 Au₂₅ 团簇，利用此方法 Tsukuda 等制备得到了多种硫基保护的金团簇 Au₃₆(SPh-ᵗBu)₂₄[78]、Au₃₈(SC₂H₄Ph)₂₄[79] 等。基于这些合成方法，越来越多的手性配体和手性助剂应用于手性金纳米团簇的合成，这也促使了很多具有精确原子数目的手性团簇的出现。另一方法是模板法。在过去几十年里，模板法一直被证明是非常有效的合成方法，利用聚合物、蛋白质、DNA 等作为模板，可以合成形貌和尺寸可控的团簇。2004 年 Dickson 等首次报道了利用 DNA 为模板制备银纳米团簇的工作[80]。

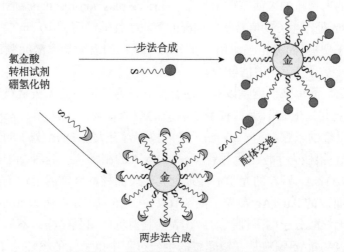

图 3-15　手性纳米团簇的制备流程

对于纳米团簇而言，由于绝大部分的金属原子都在表面，在与吸附分子相互作用时能形成有效的诱导，纳米团簇的手性信号随着尺寸的增加而减小，制备的手性纳米团簇尺寸在 5～10 nm 之间。目前设计的手性金团簇存在着量子产率低、稳定性不足、晶相不均一、产率过低、分离困难等问题。纳米团簇的稳定性、量子产率等均受保护基团的影响，且不同表面配体的构型及与团簇内核的连接方式也不相同。因此，无机纳米团簇的合成、提纯、单晶结构测定以及表面配体表征都需要更深入的探索。

近年来，在单一手性化合物及手性功能材料需求的驱动下，研究人员将更多注意力放在比团簇尺寸更大的纳米粒子（如几纳米到几十纳米的半导体纳米粒子和金属纳米粒子）的手性研究上，希望能够更深入地理解纳米晶体的手性起源以及其在光学、手性催化和高灵敏探测等方面的潜在应用价值。

小尺寸的纳米团簇极易受介质环境的影响而产生显著的结构变化。手性稳定剂通常影响较大尺寸纳米颗粒的表面结构，而对颗粒内部的金属核很难产生影响。因此纳米颗粒的金属核与纳米团簇不同。在合成金属纳米材料与半导体量子点的反应过程中加入手性分子，或者通过对已制备的纳米颗粒进行手性分子修饰，可以获得零维手性无机纳米颗粒。

在手性稳定剂（如硫醇、生物碱）存在的条件下，通过还原氯金酸可以直接得到手性金纳米晶体，也可以通过配体交换反应，使合成的非手性金纳米颗粒具有手性。Schaaff 等首先报道了在金纳米颗粒的合成过程中加入含有巯基的 L-谷胱甘肽作为稳定剂，观察到手性效应也存在于纳米尺度的物质中，在金纳米颗粒的表面等离子共振（surface plasmon resonance, SPR）吸收区域 550 nm 处产生 CD 信号[64]。Slocik 等将手性肽吸附在 10 nm 的金纳米粒子上，由于偶极-偶极相互作用，在金纳米颗粒的表面等离激元频区出现了表面等离激元圆二色光谱信号[81]。

模板法，简单来说就是以有手性有机分子为模板，使无机材料紧密地吸附在模板上并"生长"为具有手性响应的纳米颗粒。2015 年，胥传来等报道了一种以金纳米颗粒（～15 nm）为内核，含有大量 DNA 分子的银为外壳的离散型金-银核壳手性纳米颗粒（～40 nm）的制备[82]。这种基于模板生长的 (Au-DNA)@Ag 颗粒的光学活性远远大于表面核酸修饰的银粒子或表面直接银沉积而成的 Au@Ag 颗粒 [图 3-16（a）、（b）]。分析认为 Au@Ag 纳米颗粒表面无核酸分子的手性扰动，其表面是对称的单晶结构，不具有手性吸收; (Au-DNA)@Ag 颗粒是在银壳层的生长过程中以手性的核酸分子为模板，核酸嵌入银壳层中强烈地干扰了银壳层的外延式生长模式，导致银壳层中整体原子结构的不对称排布。同时，尺寸在几纳米到几十纳米的贵金属纳米颗粒，其电子被局限于一个很小的空间中，存在局部增强的电磁场，进一步放大了这种"不对称"性。之后，该团队进一步利用 L/D-半胱氨酸首次合成了镜像对称的内部具有空隙的 Au@Ag 核壳纳米颗粒，通过调节合成过程中半胱氨酸的用量可以调制金核与银壳之间的空隙大小 [图 3-16（c）、（d）][83]。

关于手性纳米颗粒光学活性的产生机制，存在 4 种理论模型（图 3-17）。第一种假说认为，手性金属纳米颗粒内存在本征的手性核。例如，这个无机核的形貌可能有多个截面的结构，如削顶四面体、团簇的融合扭曲的结构。和大多数天然分子一样，使用该手性纳米颗粒组装而成的集合结构手性特征将完全由纳米颗粒的本征手性决定。第二和第三种假说认为无机纳米颗粒的核是非手性的，而无机核的电子态是手性的[84,85]。无机纳米颗粒的手性是由手性有机壳层的邻近效应所产生的，手性配体通过多个锚定基团与无机核结合，导致无机核的晶格畸变，引起不对称性。或者配体在无机核表面的手性排列引起了纳米颗粒内核的扭曲或与内核原子发生置换。第四种假说认为无机纳米颗粒的手性来自手性场效应，这与无机核的高极化性质有关[86]。手性分子以非手性的方式吸附在纳米团簇表面可以引起无机纳米核产生电荷的不对称分布，从而产生手性电场。因此，对称的（非手性）的核与吸附分子之间的不对称电场之间的偶合是手性纳米颗粒光学活性的起源。

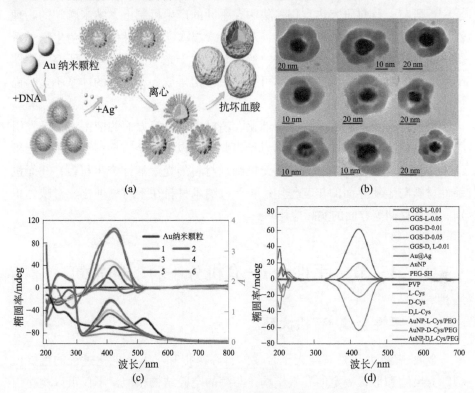

图 3-16 Au@Ag 纳米颗粒的制备及其表征

图 (c) 中 1-6 代表不同浓度的硝酸银调制银壳层的厚度，1 对应 15μm，2 对应 30μm，

3 对应 60μm，4 对应 90μm，5 对应 120μm，6 对应 150μm

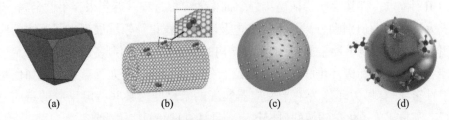

图 3-17 手性无机纳米颗粒光学活性的 4 种理论模型

自 20 世纪 60 年代以来，人们提出手性均一性的起源可能与某种不对称驱动力有关。获得生物相容性好、结构可控的超结构组装体材料，建立光与组装体圆二色光谱响应之间的联系，对于揭示光与等离子材料作用的新现象

和机理具有重要的科学意义。

纳米尺度的无机光学活性材料以及有机-无机杂化光学活性材料等得到了广泛研究，目前研究热点仍然集中在手性的产生机制上，纳米颗粒的物理性质对尺寸和形状的依赖度很高，对于纳米层次上的手性研究将为生物学系统中同手性的起源问题提供思路。然而，相对于光学活性机理的研究，手性纳米粒子的应用研究不多，目前可实现手性信号放大和调控的体系不多，尚处于从理解到应用转型的阶段。

当前，手性无机纳米科学在催化、超材料制备等方面的应用潜力越发引起科学家的关注。目前的研究热点可以归纳为以下四个方面：①同手性无机纳米结构的合成和宏量制备；②无机纳米材料的光学活性产生机制；③无机手性材料与生物界面的相互作用；④无机纳米材料在不对称催化、对映体识别、信息存储等方面的实际应用。

第三节　手性金属-有机分子容器的构筑

一、手性金属-有机大环

金属-有机大环是一类人工合成的旨在模拟和学习酶催化过程的重要模型，为尺寸和形状一定的孔穴结构，与酶的空腔结构相似，不仅可以构建出具有特殊动力学特征的结构，而且能够通过多种超分子作用力结合各类底物，进而实现对特殊物种的多位点协同高选择性识别或活化。手性金属-有机大环作为金属-有机大环中极其重要的组成部分，不仅具备特定的空腔结构和丰富的识别位点，且其手性特征更接近酶催化的模拟过程。近年来，手性金属-有机大环在手性识别和分离、手性光电及不对称催化等领域展现出了巨大的应用潜力。在功能手性金属-有机大环结构的构建中，如何制备立体结构稳定可控、氢键作用和芳环堆积等弱作用位点分布合理的体系尤为重要。而如何将手性金属-有机大环作为纳米反应器实现纳米尺度内某些特定反应的定向进行，则是超分子化学领域的研究热点，且具有良好的应用前景。

2000 年，Konno 等首次利用自组装的方法将三种具有不同氧化态的金属离子（Co^{III}、Pd^{II}、Au^{I} 或 Ag^{I}）与硫基配体组装获得了两例手性八核大环结构（图 3-18）。单晶结构解析及 CD 光谱均表明所获得的大环为同手性结构，且该手性大环可以在溶液状态下保持稳定[87]。

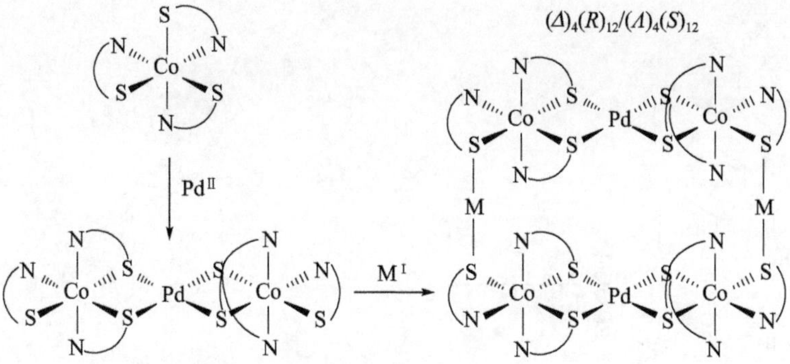

图 3-18　利用含硫配体组装多金属手性大环

2017 年，崔勇等以吡啶官能化的席夫碱和半还原席夫碱配体分别组装得到了三个分别含有六个、三个及不含 N—H 官能团的手性荧光金属大环（图 3-19）。研究表明，随着大环结构中手性 N—H 官能团的增多，其对一系列 α-羟基羧酸、氨基酸、有机胺以及小的药物分子的结合能和对映选择性均相应提高。单晶 X 射线衍射、分子模拟以及量子化学计算等表明，大环的手性识别功能是由底物分子的一对对映体在其手性空腔内结合方式的差异所导致的。进一步研究发现，荧光金属大环的荧光强度与所分析客体手性生物分子的对映体浓度呈线性关系，因而可以用于手性传感领域[88]。

2015 年，Stang 等利用光学纯的联萘酚类衍生物作为基本单元，分别与具有 180°、120° 和 90° 特征的铂前驱体进行组装获得了三个手性金属-有机大环化合物（图 3-20）。他们利用核磁共振谱、高分辨质谱、CD 光谱以及旋光度测定等完整表征了所制备手性大环的结构[89]。

零维的手性金属-有机大环结构正在成为超分子化学以及材料科学中最具有吸引力的课题之一。过去几十年里有关手性金属-有机大环设计和组装取得了巨大的进展，手性金属-有机大环已被证明在手性分子识别、主客体作用、手性传感以及不对称催化等领域均具有较大的应用潜力。

尽管手性金属-有机大环已经取得了巨大的发展，但是仍然有许多有待解决的难题。例如，目前报道的手性大环结构中多为双组分组装体，而如何将多组分引入并构建复杂手性结构仍然较为困难。

二、手性金属-有机笼

（一）容器型配位组装体的类型与立体化学

金属-有机笼，或称金属-有机容器（metal-organic containers），是一类

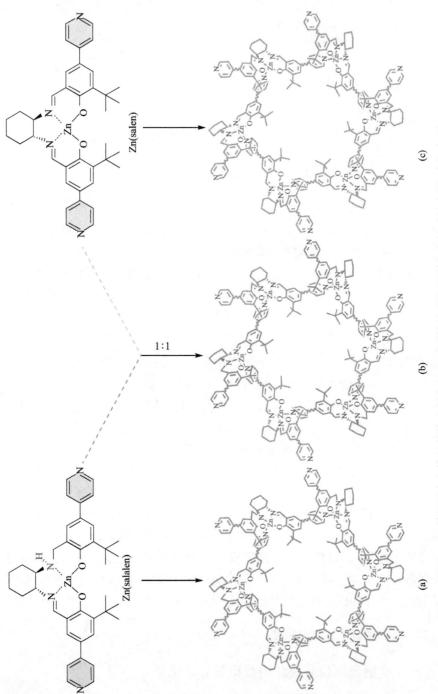

图 3-19　利用混合配体组装策略制备具有不同数量手性识别位点的手性金属-有机大环

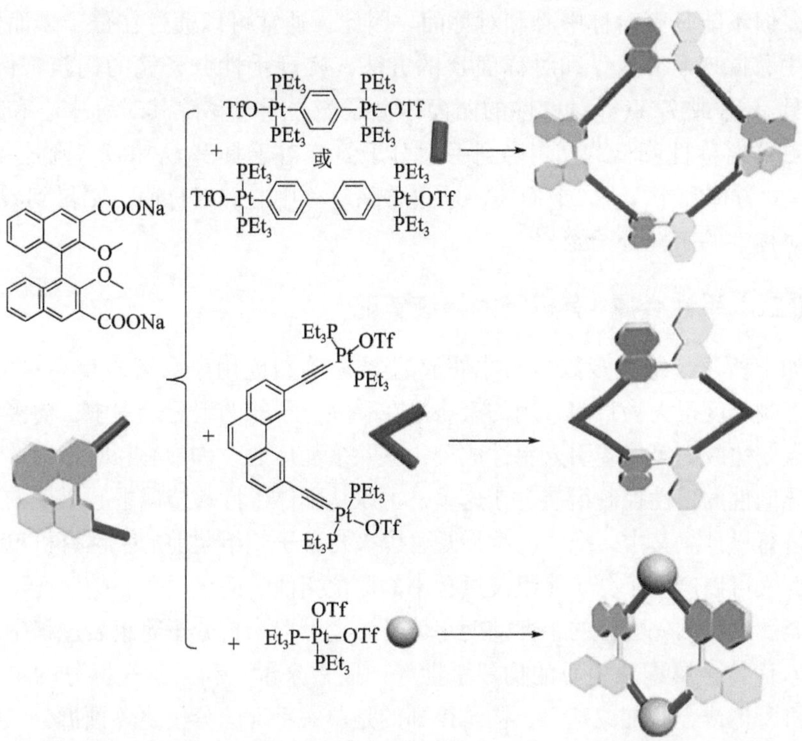

图 3-20　利用光学纯联萘酚衍生物配体与不同角度金属节点组装制备不同结构的手性大环

具有确定外形和尺寸的分立型零维配位组装体。对于由多个多边形平面围成的多面体（polyhedron）型分子笼，根据拓扑学，通常可以分为柏拉图多面体（Platonic solid）、阿基米德多面体（Archimedean solid）、棱柱体（prism）、反棱柱体（antiprism）等。柏拉图多面体又称正多面体，是指由一种正多边形面围成的凸多面体，包括正四面体、立方体、正八面体、正十二面体、正二十面体 5 种。阿基米德多面体由两种或三种正多边形面围成，共有 13 种。棱柱体是由两个平行的平面被三个或三个以上的平面所垂直截取的封闭几何体，而反棱柱体则由棱柱体的上下两个底面互相扭转（180/n）°得到。上述多面体均具有较高的多重对称性，其中柏拉图多面体在相似多面体中具有最高点群对称性。除了上述规则的多面体外，还有无数种其他构型的分立分子笼，如变形多面体、螺旋体等，其对称性都有一定程度的降低[90]。

单从几何构型上来说，除了扭棱立方体（snub cube）和扭棱十二面体（snub dodecahedron）外，其他的柏拉图多面体、阿基米德多面体、棱柱体和反棱柱体都是非手性的。从点群对称性的角度考虑，手性组装体可以具有旋转轴，但不能具有对称中心和对称面。因此，通常可以通过在分子多面体的设计中移除对称中心 i 和对称面 σ 的方法，实现手性分子笼的构筑。例如，对于具有 T_d 或 T_h 点群对称性的四面体分子笼，通过移除其对称中心和对称面，点群对称性降低为 T，得到手性分子笼。对于具有 O_h 和 I_h 对称性的八面体 / 立方体和十二 / 二十面体，通过移除对称中心和对称面，则得到 O 和 I 点群对称性的手性分子笼 [91]。

（二）手性金属-有机笼的组装策略

如上所述，绝大多数多面体外形的金属-有机笼由于具有多重高对称性，手性控制难度很大。目前常用的策略是在手性分子笼的组装过程中，向多面体的顶点、边或面等位置引入手性成分，移除多面体的对称中心和对称面，从而实现导向性的手性控制组装。在这里，可以从配体手性和金属中心手性的角度分别进行设计。其中，配体的手性既可以来自分子笼组装前的手性有机单元的修饰，又可以产生于分子笼组装过程中的原位扭曲。而金属中心的手性可以来自与金属进行预先配位的手性辅助小分子，也可以来自分子笼组装过程中所形成的八面体金属配位中心的构象手性等。通常来说，利用预先拆分的单一手性有机配体或金属配位基元，构筑得到的是单一手性的分子笼（预拆分策略）。而依靠分子笼组装过程中原位形成的配体扭曲或八面体金属中心的手性结构，则一般导致两种相反手性的分子笼共存。要得到单一手性的分子笼，可以借助手性的阳离子或者中性分子进行客体诱导下的消旋分子笼拆分。在某些特定条件下（如溶剂控制等），某些外消旋分子笼可以实现自发拆分。

早在 1997 年，Stang 等 [92] 报道合成了第一个分立的手性 M_6L_4 型金属-有机分子笼（图 3-21）。他们利用四个 C_3 对称性的三角 1,3,5-三（4-吡啶基乙炔基）苯有机配体，并将与手性 BINAP 预配位的具有 C_2 对称性的二价 Pd 或者 Pt 单元作为金属顶点，组装得到了具有 T 点群对称性的分子笼。利用类似的手性诱导策略，Nishioka 等 [93] 将他们之前合成 M_6L_4 型分子笼所用的、保护 Pd 金属顶点中心的、非手性的乙二胺换成了手性的环己二胺及衍生物辅助配体，组装得到了一系列手性的 M_6L_4 型分子笼。

除了八面体型手性分子笼，孙庆福等利用手性的直线或三角配体，在 Eu(Ⅲ) 配位顶点上实现绝对手性，从而控制合成了 $\Delta\Delta\Delta\Delta$-$\Lambda\Lambda\Lambda\Lambda$ 型的光学纯手性的 Eu_4L_6 或 Eu_4L_4 四面体分子笼 [94]。而 Nitschke 等 [95] 通过动态组装策略，以三脚有机醛配体作为面板，利用手性胺控制八面体配位 Fe^{2+} 金属中心的立体构型，组装合成了 $\Delta\Delta\Delta\Delta$ 型光学纯手性四面体分子笼，并实现了手性记忆功能。

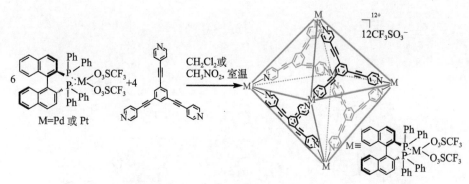

图 3-21　Stang 等利用手性 Pd/Pt 金属顶点构筑的 M_6L_4 型手性分子笼

王泉明等[96] 利用手性胺形成的席夫碱配体，组装了 $\Lambda\Lambda\Lambda\Lambda\Lambda\Lambda\Lambda\Lambda$ 型或 $\Lambda\Lambda\Lambda\Lambda\Lambda\Lambda\Lambda\Lambda$ 型的 $Zn_8Pd_6L_{24}$ 型多金属手性立方分子笼（图 3-22），CD 光谱验证了由于笼构型的固化作用，手性胺单元的立体光学活性在分子笼形成后得以强化。

崔勇等[97] 利用对映体纯的 C_2 对称性的联苯基-β-二酮四齿螯合的桥连配体与 C_3 对称性的金属节点 M^{3+}（M=Fe,Ga），非对映选择性地组装成手性的四面体分子笼（图 3-23）。X 射线单晶衍射分析以及光谱分析证实了手性笼的绝对构型和对映体纯度。该手性笼可以作为主体通过共结晶的拆分方式高效地拆分消旋的醇类分子，ee 值高达 99.5%。

除了上述四面体型的手性分子笼，Klein 等[98,99] 利用轴手性的 BINOL 为骨架的双吡啶配体作为边，与 Pd(Ⅱ) 组装，分别得到了 Pd_4L_8、Pd_6L_{12}、$Pd_{12}L_{24}$ 的手性分子笼。Fujita 等[100] 报道了手性氨基酸或多肽链修饰的香蕉型双齿配体与 Pd(Ⅱ) 组装可以得到手性的 $M_{12}L_{24}$ 型的纳米球状分子笼。Ye 等[101] 也利用轴手性的 BINOL 为骨架的双羧酸配体作为边，与 Pt(Ⅱ) 合成了一系列的手性分子多边形和棱柱体。

苏成勇等报道了一种立体化学稳定的、高对称性的多面体（固体结构具有 D_4 对称性，溶液结构具有 O 对称性）纯手性金属-有机分子笼的普适化组装方法[102]。该方法是基于早前报道的外消旋手性分子笼的绝对自组装现象，即一对手性对映体金属配体在分子笼组装过程中，可以通过手性识别和传递实现单一手性的分子笼自组装，形成一对金属-有机分子笼对映体。在组装过程中，由于手性金属配体通过金属中心的协同立体化学偶合作用限制和降低了分子笼整体的对称性，因此可以实现单一手性分子笼的构筑，但是无法解决手性分子笼对映体的外消旋问题[103]。在此基础上，他们提出了通过预

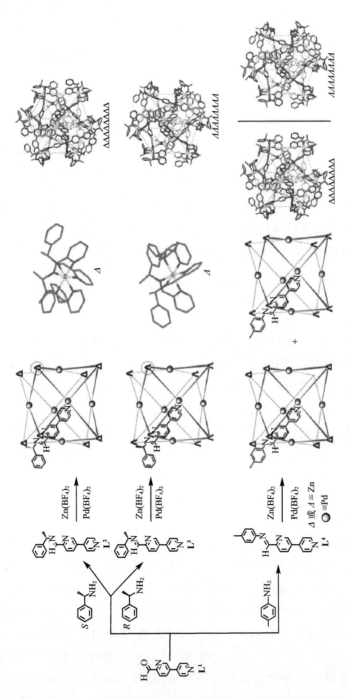

图 3-22 利用手性胺配体与 Zn 配位金属顶点构筑的立方体型手性分子笼

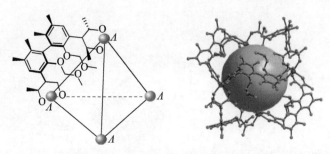

图 3-23　利用 C_2 对称性联苯基 $-\beta-$二酮配体作为边构筑的 M_4L_6 型手性分子笼

拆分次级结构基元前驱体进行分步组装分子笼的方法，成功解决了手性分子笼组装研究领域普遍存在的外消旋问题。利用 D_3 对称性的 $[Ru(phen)_3]^{2+}$ 型化合物具有三-双齿螯合的八面体手性立体金属中心，且在溶液反应和结晶过程中具有极高的立体化学稳定性的特点，采用预拆分策略，成功解决了由金属-配体之间交换的不稳定引起的手性分子笼的消旋化问题（图 3-24）。

对映体的自发拆分是一个重要且引人注目的研究领域[104]。在自发拆分的过程中，非共价键的相互作用起着关键的作用。不仅在晶体中，在液晶、自组装的单分子层、自组装的纤维和超分子自组装体的溶液中都曾报道过这一现象。

早在 1993 年，Lehn 等[105] 就报道了螺旋体在结晶过程中的自发拆分，但是多面体分子笼的自发拆分却很少有人报道。Rissanen 等[106] 利用高度缺电子的 C_3 对称性的三脚联吡啶配体和 Fe(II) 组装，得到单一手性的稳定四面体 Fe_4L_4 分子笼。有意思的是，从乙腈中结晶出来的分子笼的晶体同时含有 $\Delta\Delta\Delta\Delta$ 型和 $\Lambda\Lambda\Lambda\Lambda$ 型两种对映体，而从甲醇中结晶出来的分子笼的晶体只检测到了 $\Delta\Delta\Delta\Delta$ 型，从而实现了自发拆分（图 3-25）。此外，Hardie 等[107] 也报道了消旋配体和 Ag^+ 在组装过程中形成的单一手性 $Ag_{12}L_8$ 立方体笼的自发拆分现象。

（三）手性分子笼的记忆、传递和通讯功能

手性记忆的概念最早由 Furusho 等[108] 和 Yashima 等[109] 提出，后来分别被推广应用到卟啉聚集体和螺旋聚合物中，并逐渐应用于自组装结构的对映选择性合成。手性助剂的使用在手性超分子记忆体系中扮演着非常重要的角色，当把手性助剂置换或者移除后，手性记忆体系仍然可以保持手性信息。此外，手性助剂还可以作为探针引入手性超分子体系中，以进行手性信息传递的研究。

2001 年，Raymond 等[110] 报道了利用手性的阳离子 $S-Nic^+$ 作为手性拆

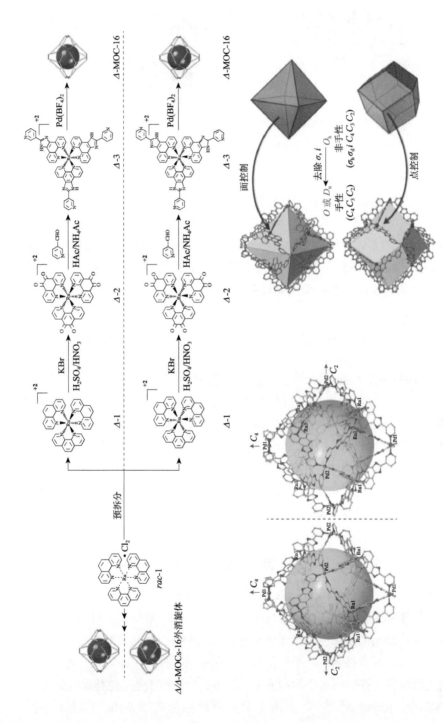

图 3-24 利用预拆分 Ru 金属配体作为面 / 顶点导向控制合成光学纯手性 $(RuL_3)_8Pd_6$ 分子笼

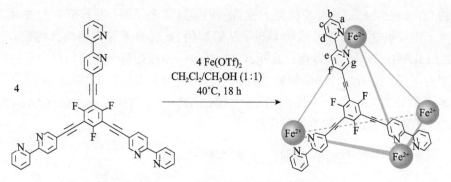

图 3-25　Fe₄L₄ 型手性分子笼的自发拆分

分试剂，对四面体型 M_4L_6（$M=Ga^{3+}$, Al^{3+}, Fe^{3+}, In^{3+}）分子笼进行手性拆分（图 3-26）。利用 S-Nic$^+$ 与两种构型的分子笼形成的非对映体溶解度的不同，$\Delta\Delta\Delta\Delta$ 型的分子笼沉淀出来，$\Lambda\Lambda\Lambda\Lambda$ 型的分子笼仍然留在溶液中，进而分离得到两种对映体的手性分子笼。有意思的是，CD 光谱证明带有客体 Et_4N^+ 的手性笼的对映体纯度，在碱性的重水溶液中可以至少保持 8 个月不降低，甚至在沸腾的溶液中也不会消旋化。2003 年，Raymond 等[111]对相同的结构进行了进一步研究，报道了一个同时显示出结构和手性记忆功能的手性笼。

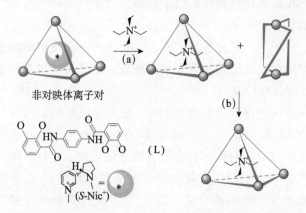

图 3-26　带有客体 Et_4N^+ 的 M_4L_6 型手性笼的手性记忆功能

　　桥连的刚性有机配体与构型易变的金属中心配位后，导致金属中心采用 Δ 型和 Λ 型。有机配体与金属中心的立体化学通常可以决定金属中心的绝对构型，进而控制整个自组装体系的立体化学。最常见的影响金属中心立体化学的策略，就是在组装过程中使用对映体纯的有机桥连配体。手性胺辅助配体的引入，可以诱导金属中心的配位采用单一的 Δ 型或 Λ 型。Nitschke 等[112]在笼的组装过程中，采用 (S)-1-苯基乙胺的手性配体，选择性地得到单一

的 (S)-$\Delta\Delta\Delta\Delta$-Fe_4L_6 非对映体分子笼。他们通过富电子的 (S)-1-苯基乙胺对缺电子的亚胺进行交换，成功实现了从消旋的 Fe_4L_6 分子笼向对映体纯的 (S)-$\Delta\Delta\Delta\Delta$-Fe_4L_6 分子笼的转化。此外，他们还进一步根据每个金属顶点中心的构型的不同，结合统计学的规律进行总结，得到四面体的 M_4L_6 或者 M_4L_4 分子笼可以分别采用单一手性的 $T(\Delta\Delta\Delta\Delta/\Lambda\Lambda\Lambda\Lambda)$、多手性的 $C_3(\Delta\Delta\Delta\Lambda/\Lambda\Lambda\Lambda\Delta)$ 或非手性的 $S_4(\Delta\Delta\Lambda\Lambda)$ 的整体对称性[113]。

（四）手性空间的识别、分离和催化功能

到目前为止，已经有一系列的超分子容器被用于分子选择器和反应容器[114]中。手性超分子容器具有特定的不对称的空腔，作为手性空间在手性识别领域有潜在的应用价值，但是关于超分子容器手性识别的应用却鲜有报道。Ward 等[115]报道手性的 Δ-TRISPHAT 阴离子，可以通过核磁共振氢谱区分两种对映体的 Co_4L_6 分子笼。更为有趣的是，被笼包裹的 BF_4 阴离子也能对手性识别作用产生影响。

崔勇等[116]报道了对映体纯的双吡啶端基金属 Salen 配体与 ZnI_2 桥连形成的三角双锥型结构，可用于糖类和胺类化合物的手性识别和传感。他们认为这种对糖类和胺类化合物较好的手性识别及传感作用，依赖于该结构空腔的限制作用及构象的刚性。该类型 Salen 配体与 $ZnCl_2$ 组装得到的单一手性螺旋 $Zn_8L_4Cl_8$ 分子笼，具有手性的两亲空腔，可以在溶液中识别不同手性的氨基酸，显现出对映选择性的荧光增强现象。该分子笼对消旋的有机小分子也有一定的吸附分离性能[117]。

苏成勇等通过预拆分金属配体的面/顶点导向策略，构筑得到了一对对映体纯的 Δ-/Λ-$(RuL_3)_8Pd_6$ 单一手性金属-有机分子笼。该方法组装得到的单一手性分子笼具有很高的客体包合能力和立体化学稳定性，因而被成功应用于手性客体的拆分，实现了文献中罕有报道的对具有 C_2 对称性的阻转异构体类型的有机小分子的手性分离（图 3-27）。通过核磁滴定和变温核磁等实验手段，证实了主客体立体化学相互作用行为和手性拆分的机理，揭示了一种未经报道的、基于主客体立体非对映体形成与交换动态行为差异的动力学拆分过程。这种通过预拆分热力学稳定的手性金属配体，进行纯手性金属-有机分子笼分步组装的策略，为今后研究配位立体化学中如何将稳定的金属中心立体化学可控传递到各种各样的纯手性超分子组装体系中提供了新的思路，而且这种动力学拆分行为的发现，也可能对许多具有合成和工业重要性的手性分离产生一定的指导意义[102]。

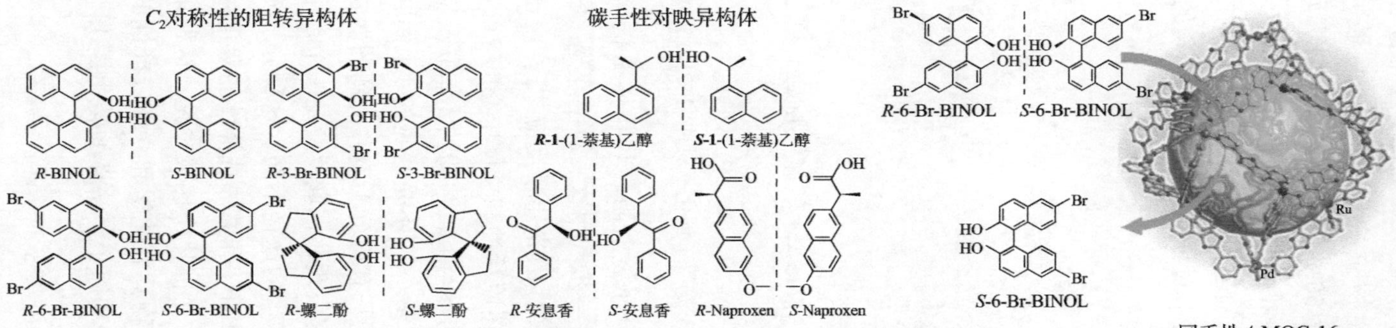

客体	Δ-MOC-16		Λ-MOC-16		同手性Δ-MOC-16
	R/S 比	ee值/%	R/S 比	ee值/%	ee值/%
BINOL	67:33	34	32:68		36
3-Br-BINOL	54:46	8	46:54		8
6-Br-BINOL	77:23	54	19:81		62
螺二酚	67:33	34	28:72		44
Naproxen	50:50	0	50:50		0
1-(1-萘基)乙醇	51:50	1	50:50		0
安息香(benzoin)	50:50	0	50:50		0

图 3-27 利用 Δ-/Λ- (RuL$_3$)$_8$Pd$_6$ 手性分子笼选择性拆分阻转异构客体分子

Fujita 等 [93,118] 合成的 Pd6L4 型手性分子笼，虽然其手性来源在结构的顶点处，但却可以远程控制荧蒽及其衍生物和 N-环己基马来酰胺的不对称 [2+2] 烯烃光加成，产物的 ee 值最高可达 50%（图 3-28）。他们认为，顶点引入的手性的二胺辅助配体的空间位阻，可以远程调控分子笼骨架三嗪配体的扭转，进而产生手性诱导效应。不同空间位阻的手性二胺可以调控产生相应程度的扭转二面角，手性分子笼催化的不对称 [2+2] 光加成产物的 ee 值与扭转角的大小呈正相关。

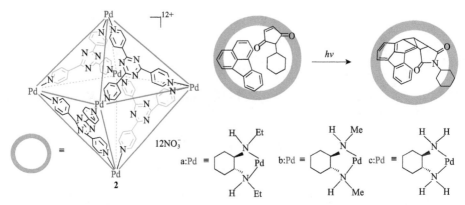

图 3-28　Fujita 等构筑的 M6L4 型手性分子笼用于催化不对称 [2+2] 光加成

在上面提到的 Δ-/Λ-(RuL3)8Pd6 手性分子笼对阻转异构体有机小分子实现选择性拆分的工作基础上，该课题组进一步利用这一对手性笼，实现了萘酚及其衍生物具有区域选择性和立体选择性的光偶联反应 [119]。由于该异核金属-有机分子笼同时集成了具有光氧化还原活性和立体中心的 RuL3 组分和 RuL3-Pd 光催化产氢部分 [120]，在分子笼的参与下，萘酚的光偶联反应得到的是萘醌和萘酚 1,4 偶联反应形成的偶联产物，而不是常见的 1,1 偶联的联二萘酚产物（图 3-29）。利用单一手性的金属-有机分子笼，得到的偶联产物具有中等程度的 ee 值。对该反应机理的研究发现，偶联反应是一个自由基参与的过程，在空气和无氧的条件下，反应发生的途径不同。这种分子笼参与的萘酚二聚反应，可以同时实现光氧化还原活性和立体选择性的双重控制并且控制反应的手性构型两种功能，这在手性光催化中比较少见。这种集成多功能的金属-有机分子笼同时实现了芳香底物具有化学和立体选择性的二聚反应，为以后不对称 C—C 键的清洁、安全和原子经济性的转化提供了一种新的思路。

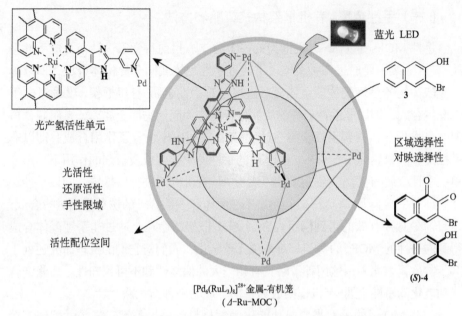

图3-29 基于Δ-/Λ-(RuL₃)₈Pd₆手性分子笼的特异性偶联催化反应

第四节 手性金属-有机框架和手性共价有机框架材料的合成

一、手性金属-有机框架

  自1999年Aoyama等[121]用硝酸镉和非手性的5-(9-蒽基)嘧啶反应合成出了光学纯的手性金属-有机框架 $[Cd(apd)(NO_3)_2 \cdot H_2O \cdot EtOH]_n$ 以来,手性金属-有机框架逐渐进入了人们的视野。目前,无论在基础研究方面还是开发手性技术方面,手性金属-有机框架(MOFs)都取得了很大的成功,已成为化学中最为活跃的研究领域之一。手性金属-有机框架不仅提供了大量新颖有趣的不对称框架结构,为人们认识手性拓扑学提供了新的研究对象,同时在不对称催化合成、非线性光学、对映体拆分等领域有着广阔的应用前景。此外,研究手性金属-有机框架的设计组装及其性能,也丰富了人类对不对称性现象的认识,有助于探索手性的起源与本质。

（一）手性金属-有机框架构筑策略和方法

手性 MOFs 是金属-有机框架的一个分支。目前科学家设计与合成手性金属-有机框架主要通过四种策略：①通过手性配体或同分异构体合成，即以单一对映体纯的手性配体同金属离子直接构筑手性金属-有机框架；②通过非手性配体合成，即以非手性或外消旋的化合物作为起始物同金属离子自组装，再通过自发拆分，得到手性金属-有机框架；③利用模板分子作用合成，即以非手性配体同金属离子在单一对映体纯的手性的诱导剂或模板剂的作用下，形成单一手性金属-有机框架；④对非手性金属-有机框架进行后修饰，即以手性单元修饰非手性金属-有机框架。利用手性配体和手性分子的诱导作用进行合成，是目前最直接有效的得到同手性金属-有机框架的途径。通过非手性配体合成得到同手性的 MOFs 的例子相对来说比较罕见，人们对它们的机理研究还处于起步阶段，因此采用这两种策略具有相当大的偶然性和不可预知性。后修饰合成功能化的手性金属-有机框架成为目前合成的一种新策略[122,123]。

控制 MOFs 的手性是合成功能化手性材料的一个关键。将手性配体直接连接金属中心，是最常见的高效的制备手性 MOFs 材料的方法。通常情况下，MOFs 的合成条件提供的能量不足以越过对映体消旋化的势垒，故产物为与起始物构型一致的手性对映体。此类研究中，大部分采用的是商品化的手性有机小分子、氨基酸或寡肽等作为手性配体。

2000 年，Kim 等[124]以光学纯的酒石酸衍生物为手性有机结构单元，与金属锌离子作用形成具有二维格子层结构的手性金属-有机框架 D-POST-1 和 L-POST-1。结构中最有趣的是，平均层间距为 15.7 Å 的 POST-1 依靠层间有效的范德瓦耳斯力堆积形成了三维手性的超分子网络结构。在结构中（图 3-30），沿着 c 轴方向存在着横截面为三角形、尺寸为 13.4 Å 的一维手性孔道。孔道充满的客体溶剂分子约占总体积的 47%。移除溶剂分子后，POST-1 不能保持结晶度，暴露于乙醇或水蒸气中后复原。同时，由于其孔道的手性环境，可以进行手性阳离子配合物的立体选择性吸附。POST-1 不仅可以成功地选择性拆分外消旋的配位配合物 $[Ru(2,2'-bipy)_3]^{2+}$，ee 值达到 66%，而且还成功实现了酯交换反应的不对称催化。

2005 年，Lin 等[125]由拉长的联吡啶基配体和 $Cd(ClO_4)_2$ 合成了 1D 手性金属-有机框架 $[Cd(L_1)_2(ClO_4)_2]\cdot 11EtOH\cdot 6H_2O$。X 射线衍射表征发现，该化合物脱去溶剂分子后也失去了结晶度，将该无定形粉末物质暴露于溶剂蒸气后重新恢复晶态。更为重要的是，这一金属-有机框架在溶剂交换过程中经历了单晶到单晶的转变（图 3-31）。这样的结果表明，框架的扭曲不会冲击孔道内的溶剂，同时说明，在溶剂分子存在的异相不对称催化条件下，手性金属-有机框架的结构可以保持不变。2008 年，他们又报道了基于拉长的四羧基配体和 Cu 的浆轮状结构单元合成的一系列金属-有机框架[126]。$[Cu_2(L_2)(H_2O)_2] \cdot (DEF)_{12} \cdot (H_2O)_{16}$ 是第一例纯手性介孔材料，沿着 b 轴方向最大孔道达到了 3.2 nm。有趣的是，这一体系显示出，连锁异构的金属-有机框架的生长不仅受桥连配体的手性控制，而且受使用的溶剂影响。

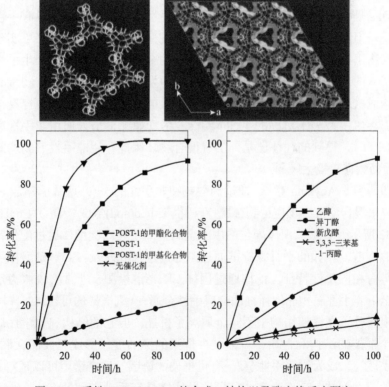

图 3-30　手性 MOFsPOST-1 的合成、结构以及酯交换反应研究

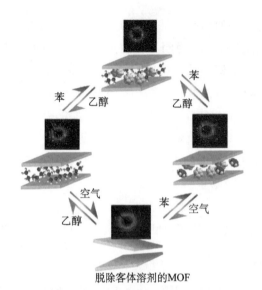

图 3-31　可逆单晶转变示意图

通常手性配体很难获得而且不经济，因此通过非手性配体合成得到手性的 MOFs 是一个比较理想的策略。尽管非手性配体合成策略中没有手性源参与反应，但经过大量的实验摸索发现，通过选择适当的研究体系可实现从非手性底物出发构筑手性物质。手性 MOFs 的合成方法中，自发产生手性是一个很特殊的现象，只在 MOFs 的合成过程中发生，并且得到的产物多具有螺旋结构或次级结构单元。其中多齿有机柔性的非手性配体可能更容易形成螺旋型、类风扇型等不对称的手性 MOFs。尽管如此，当人们用非手性底物构筑 MOFs 时，得到的往往还是外消旋混合物。因此，用非手性底物构筑手性 MOFs 仍然存在极大障碍。

1999 年，Aoyama 等[121] 通过硝酸镉和非手性的 5-(9-蒽基) 嘧啶 (apd) 在热的醇水混合溶液中反应得到金属-有机框架 [Cd(apd)(NO$_3$)$_2$·H$_2$O·EtOH]$_n$。如图 3-32 所示，典型八面体配位的中心金属镉离子与嘧啶配体通过配位键形成一维螺旋链，相邻的平行螺旋链通过毗邻的水-硝酸根、乙醇-硝酸根氢键作用而具有相同手性特征。他们通过固体 CD 光谱检测，非常有说服力地证实了完全由非手性底物晶体播种法合成手性金属-有机框架的可行性。

模板分子在框架结构中不与金属离子桥连，但它的结构和化学性质会影响整个框架的结构和性质，可以减少框架的穿插度、形成开放的孔洞结构、引入手性等，成为构筑手性金属-有机框架的诱因。这个诱因可以是：①参加配位的辅助配体；②作为客体分子诱导构筑具有手性空间的结构；③手性离子液体，构筑带电荷的手性框架；④作为构筑过程中的手性催化剂。

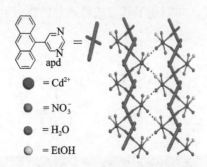

图 3-32　手性聚合物螺旋链通过氢键拓展为二维层

　　手性辅助配体与金属离子配位形成手性的二级结构单元（SBU），其通常是双核的螺旋桨型结构，再通过刚性配体桥连构筑含有孔结构的手性金属-有机框架。孔大小取决于刚性配体的长度，整个框架结构的稳定性也与刚性配体本身的性质有关。2006 年，Kim 等[127] 以 L-乳酸分子作为辅助配体，对苯二酸作为刚性配体，与硝酸锌自组装得到了一例手性金属-有机框架结构 $[Zn_2(bdc)(L\text{-}lac)(dmf)] \cdot 0.9DMF \cdot 0.1H_2O$（图 3-33）。该框架的手性孔道尺寸大约为 5Å，气体吸附试验证明该结构属于典型的微孔沸石材料。在溶液中，客体 DMF 可以与其他的溶剂分子交换，框架结构保持稳定而不会坍塌，而且对于硫醚氧化到亚砜的反应表现出很高的催化活性。

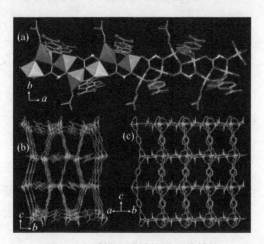

图 3-33　手性一维结构和三维结构

　　2008 年，Zhang 等[128] 以微量的金鸡钠碱作为手性催化剂，将非手性前体与金属组装得到了手性 MOFs（图 3-34）。在不加手性生物碱的情况下，只得到外消旋的晶体。随后他们利用手性樟脑酸作为配体，构筑了结构多样性的手性金属-有机框架，并阐述了其合成机理[129-131]。

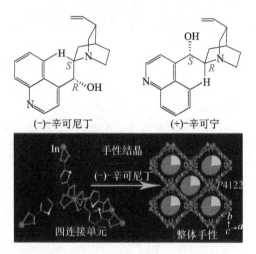

(-)-辛可尼丁　　　　　(+)-辛可宁

图 3-34　金鸡纳碱催化合成手性 MOFs

合成修饰方法是将活性中心引入已经构筑好的结构中。2009 年，Cohen 等[132] 以有机配体氨基取代的对苯二甲酸为研究对象，通过氨基的特征反应将不同的功能基团引入结构中。如图 3-35 所示，通过酰化作用将手性酰基引入结构中，对非手性 IRMOF-3 进行手性修饰，得到手性金属-有机框架材料。

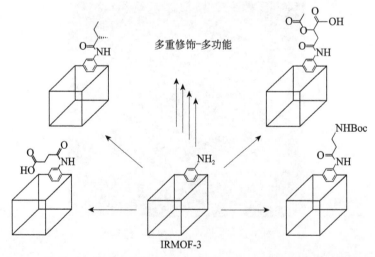

图 3-35　通过酰化作用对非手性金属-有机框架 IRMOF-3 进行手性修饰得到手性金属-有机框架材料

Bauer 等[133] 随后对含有烯烃官能团的非手性金属-有机框架在避光条件下进行溴化，合成了烯烃溴代的三维多孔 MOFs。这是二苯乙烯单元非对映选择性溴化的结果（图 3-36）。所得立体控制源于有机配体和 MOFs 多孔刚性结构的协调作用，使其容易接近"溶液状"活性位点。X 射线衍射和氮气吸附研究证实，这个穿插的 MOFs 结构可以通过部分溴化来提高稳定性。这项研究进一步表明，非手性 MOFs 材料的后修饰方法可以被用于立体或不对称合成。

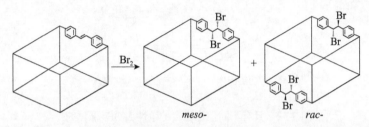

图 3-36　通过对非手性金属-有机框架 IRMOF-3 进行修饰形成手性金属-有机框架材料

（二）手性金属-有机框架的功能化

自 20 世纪 60 年代，Nozaki 以手性席夫碱铜配合物[134] 作催化剂实现了苯乙烯与重氮乙酸乙酯的不对称环丙烷化反应，不对称催化研究得到了蓬勃发展。开展高效的不对称催化反应是当今合成化学面临的具有挑战性的任务之一。在过去的几十年里，化学家们合成了许多手性金属配合物，并用在不对称催化反应中，使不对称催化得到突飞猛进的发展。

尽管 MOFs 在异相催化方面有很大潜能，实际用于催化反应的例子却不多。与沸石相比，MOFs 在热学和水解动力学方面存在不稳定性。另外，合成具有强路易斯酸和布朗斯特酸位点的金属-有机框架化合物仍然有很大的挑战性。对于制备金属-有机框架化合物催化剂来说，一般采用两种截然不同的方法得到具有催化活性位点的 MOFs（图 3-37）[135]。一种是金属连接点含有不饱和的配位点，这些金属连接点本来配位有容易离去的分子，如水和其他溶剂分子等，配位分子离去后框架结构保持不变，这些不饱和的金属中心可以催化某些有机反应。另一种是在 MOFs 的合成中催化位点直接加合到桥连配体上。虽然这样的合成要求更高，但这种方法应用更广泛，有很多手性 MOFs 催化剂是通过这种方法制备的。

2001 年，Xiong 等[136] 在光学活性沸石类金属-有机框架的组装及其对映体拆分功能研究方面，设计和合成了具有手性与催化功能的金属-有机框架多维结构。他们以具有多个手性中心的药物奎宁作为配体，同金属离子自组装构成

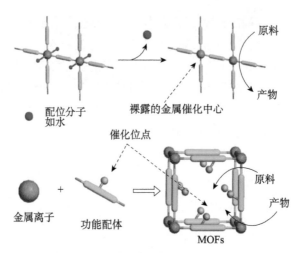

图 3-37 具有不同催化位点的手性 MOFs 催化剂

了一个三维多孔沸石类金属-有机框架，这个手性金属-有机框架能够拆分消旋2-丁醇和3-甲基-2-丁醇（选择性地包合 S 构型），拆分率达98%以上。在成功设计这类沸石时，考虑到了一些重要因素：采用了负一价阴离子的配体，排除了外部阴离子占据空洞的可能性；配体既有疏水性，又有亲水性，属于两亲性配体；含有多个（4个）手性中心。这是第一个具有拆分功能的光学活性沸石类金属-有机框架。

2004 年，Lin 等[137] 设计了联萘基手性桥连配体和 Ru 组装的脚手架金属-有机框架，该磷酸取代的配体可以和支链烃的丁基锆氧化物反应制备手性多孔杂化化合物，Ru(BINAP)(diamine)Cl$_2$ 内置于手性金属-有机框架中。这一金属-有机框架催化剂对芳香酮的氢化反应表现出优良的对映选择性，ee 值高达 99.2%（图 3-38）。这些催化剂还可以通过离心过滤后重复使用，经再生10 次，催化剂的活性和立体选择性都不会出现大的损失。

除少数手性配体，如半咕啉等有较广泛的用途外，大多数手性配体及其金属配合物只能用于某一种特定的催化反应。手性 Salen 是一种用途广泛的配体，在不对称催化环氧化、氮杂环丙烷化、环丙烷化、转移氢化以及环氧化合物水解动力学拆分、芳香醇动力学拆分等反应中都显示出了非常好的不对称诱导效果。2006 年，Hupp 等[138] 报道了由手性席夫碱配体、联苯基 4,4′-二羧酸（H$_2$bpdc）和 Zn^{2+} 构筑的手性 [Zn$_2$(bpdc)$_2$L$_7$]·10DMF·8H$_2$O（图 3-39），其框架中沿 a、c 方向的开放孔道尺寸分别是 6.2 Å×6.2 Å 和 6.2 Å×15.7 Å。不同于其他环氧化催化剂仅能保持几分钟的催化活性，该化合物可以保持 3 h

的活性。另外，该化合物可以循环使用，再生 3 次后，仅有微小的活性降低，对映选择性不会出现任何损失。

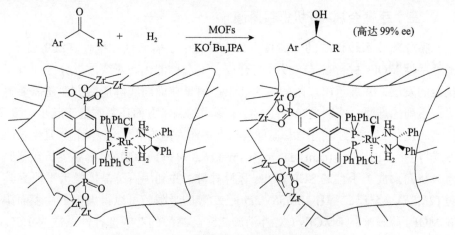

图 3-38　手性杂化固体催化的芳香酮不对称加氢

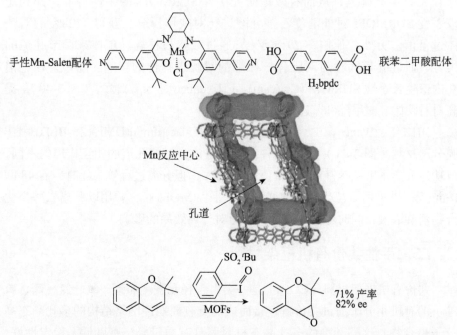

图 3-39　基于手性 Mn-Salen 活性单元 MOFs 的不对称环氧化反应

2014 年，Cui 等[139]通过手性羟基或甲氧基桥连的四甲羧酸配体和锰作用合成了两个互为对映体的手性 MOFs。此类框架含有羟基基团，且作为固相主体来吸附和分离对映体的手性芳香胺和烷基胺，具有较高的对映选择性。而且此框架非常稳定，可以很方便地回收利用。

（三）手性金属–有机框架薄膜

膜分离技术较传统的分离技术具有能耗低、容量大和操作连续等优点。虽然手性MOFs材料在结构设计与合成、不对称催化和对映体拆分方面有了长足的发展，并展示出广阔的应用前景，但是在面向实际应用方面还需要解决一系列的难题，特别是在手性MOFs薄膜的制备方面还基本处于起步阶段。

2012年Liu等[140]将手性樟脑酸有机配体作为构筑单元，以液相外延生长的方式将手性MOFs$[Zn_2(cam)_2dabco]$ [cam=(1R,3S)-(+)-樟脑酸]薄膜生长在基底上，从而形成了手性的SURMOFs薄膜材料，并利用石英晶体微天平研究其对(2R,5R)-2,5-己二醇和(2R,5S)-2,5-己二醇的吸附，可以得出该手性表面镶嵌MOFs薄膜（SURMOFs）对外消旋2,5-己二醇的对映选择性系数为1.55。随后在2014年，Gu等[141]在此基础上把手性SURMOFs$[Cu_2(cam)_2dabco]$生长在石英玻璃上，从而有效地研究手性SURMOFs的手性特征，并利用该手性SURMOFs对外消旋乙基乳酸进行对映体拆分，获得了28%的对映体过量值。另外，他们在2015年[142]通过改变层柱辅助配体来调节孔道的尺寸，研究孔道大小对对映体柠檬烯的对映选择性的影响。随后，在色谱柱内壁生长手性SURMOF$[Cu_2(cam)_2L]$ (L=dabco和bipy)薄膜（图3-40），提高对对映体乳酸甲酯和苯乙醇的拆分能力。

2012年，Wang等[143]将手性$[Zn_2(bdc)(L-lac)(dmf)](DMF)$(Zn-BLD)用作膜分离材料（图3-41），利用两种对映体与该膜材料孔道的相互作用的不同，成功地分离了甲基苯基亚砜，ee值可达33%，但分离过程较为耗时，需48 h。Kang等[144]采用原位生长的方式制备了手性MOFs膜，并用以分离二醇类化合物消旋溶液，同时考察了温度及压力对分离效果的影响。

二、手性共价有机框架材料

共价有机框架材料（COFs）是一类由含轻元素（如碳、氧、氮、硼、硫等）的有机小分子通过共价键连接而成的具有周期性网络结构的多孔晶态高分子聚合物。这类新型的多孔晶态材料因具有质量轻、密度低、稳定性好、结构规整、比表面积大、骨架大小可调、孔道可修饰等诸多优点，被广泛应用于气体存储、化学传感、药物运输、催化、分离以及有机光电等研究领域[145-149]。近年来，手性COFs因其在不对称催化和手性化合物分离上具有很

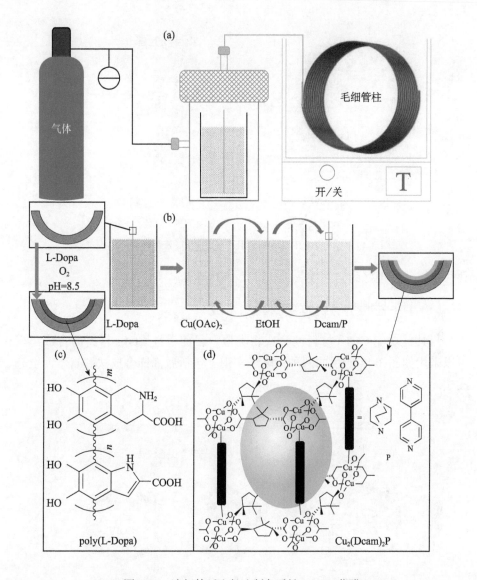

图 3-40　液相外延生长法制备手性 MOFS 薄膜

好的应用前景，引起了化学家们的高度关注[150]。虽然不同类型的 COFs 材料包括硼酸酯键连接型、亚胺键连接型、腙键连接型和三嗪连接型等已被成功地合成出来，然而目前报道的 COFs 材料大部分是非手性的，相比之下，手性 COFs 材料的研究报道则为数不多。手性 COFs 的设计合成仍然是一个富有挑战性的研究课题，这是因为具有高度对称性结构的非手性 COFs 在制备过程中相对容易结晶，而具有较低对称性的手性 COFs 材料在合成过程中则

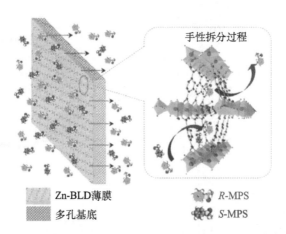

图 3-41　手性 MOF-Zn-BLD 用于分离甲基苯基亚砜消旋体

往往难以保持很好的结晶性。

（一）手性共价有机框架材料的合成

与其他功能 COFs 材料的合成相类似，目前手性 COFs 材料的合成至少可以采用如图 3-42 所示的两种策略来实现，包括后修饰合成法和自下而上合成法。

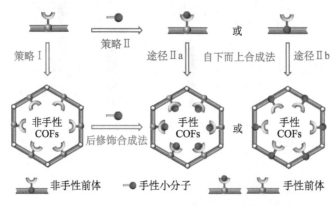

图 3-42　手性 COFs 材料的常见合成策略示意图

后修饰合成法（图 3-42，策略Ⅰ）是先利用非手性前体合成具有潜在后修饰位点的非手性 COFs 材料，然后通过化学反应进一步将手性基团嵌入 COFs 材料的结构中而制得手性 COFs 材料。例如，2014 年，江东林等采用这种方法实现了 COFs 材料孔壁上的可控修饰，率先合成了手性 COFs 材料[151]。他们首先设计了含炔基的非手性二醛构筑基元，然后与卟啉四胺化合物及 2,5-二羟基对苯二甲醛按一定比例反应，构筑了含炔基潜在后修饰位点的非手性 COFs 材料，最后采用含叠氮基的手性吡咯烷分子与非手性 COFs 孔壁中的炔基发生点击化学反应，成功地合成了系列新型的卟啉基手性 COFs 材料（图 3-43）。在后修饰过程中，虽然所引入手性基团的均一性以及 COFs 材料的结晶度都可能会受到影响，但是后修饰合成法为设计合成手性 COFs 材料提供了一种较为方便的方法。

自下而上合成法（图 3-42，策略Ⅱ）是先合成具有手性位点的手性前体，然后将其直接作为构筑基元来合成手性 COFs 材料。根据手性前体类型的不同，至少可用两种途径来实现手性 COFs 材料的合成。采用侧链含手性基团的手性前体可合成出孔壁中含手性位点的手性 COFs 材料（途径Ⅱa），而采用主链含手性基团的手性前体则可合成出主体框架中含手性位点的手性 COFs 材料（途径Ⅱb）。自下而上合成法的优点是，可以将所引入的手性功能基团均匀地分布在手性 COFs 材料的结构中。然而，该合成策略对手性有机构筑基元的要求较高，要考虑其结构的刚柔性和对称性等，所以会给手性有机构筑基元的设计与合成带来一定的难度。尽管如此，自下而上合成法已被证实可以用于手性 COFs 材料的构筑。

2016 年，Qian 等首次使用自下而上法合成了新型的手性 COFs 材料并将其用于毛细管气相色谱分离中[152]。他们采用 2,4,6-三甲酰间苯三酚为起始原料，与含两个手性中心的 (+)- 二乙酰基-L-酒石酸酐进行酯化反应合成了一种有趣的三醛手性前体。该三醛手性前体能在溶剂热条件下分别与不同类型的二胺前体发生反应，从而成功地构筑了系列六方型亚胺连接二维手性 COFs 材料（图 3-44）。例如，以手性 CTpPa-1 为手性前体和对苯二胺缩合得到的手性 COFs 材料。

2017 年，崔勇等采用多组分合成策略，实现了系列具有不同结晶度和稳定性的二维手性 COFs 材料的可控合成[153]。他们对具有刚性结构的 1,3,5-三（4-氨苯基）苯的中心苯环进行修饰，合成了系列含叔丁氧羰基保护基和不含叔丁氧羰基保护基的吡咯烷类或咪唑烷类三胺手性前体（图 3-45）。研究发现，采用含保护基手性前体与 2,5-二甲氧基对苯二甲醛反应可得结晶性好的二元手性 COFs 材料，但进一步脱保护基处理后手性 COFs 失去结晶性。而采用手性前体与非手性前体按一定比例混合反应时，可得高结晶度的三元手性 COFs 材料，且这些材料在进一步脱保护基处理后仍保持很好的结晶性。相反，采用不含叔丁氧羰基保护基的手性前体在类似条件下与非手性前体反应，未得到结晶度高的二元或三元手性 COFs 材料。

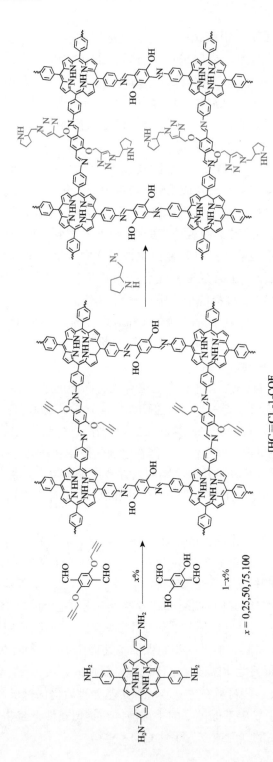

图 3-43　通过后修饰合成法合成的卟啉基手性 COFs 材料 [Pyr]$_x$-1-COF

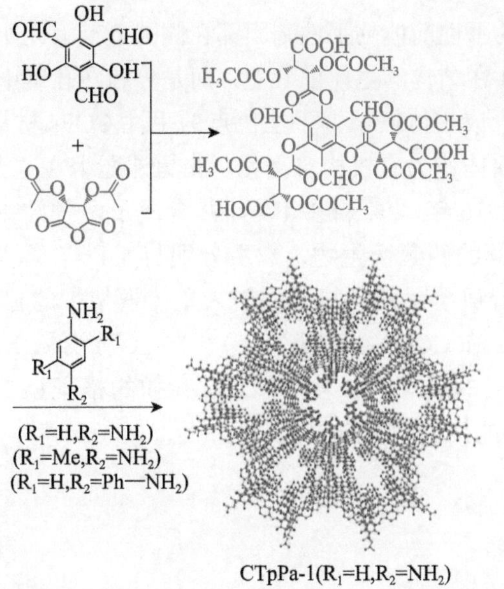

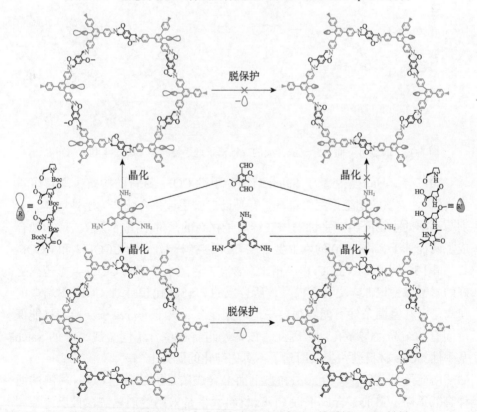

图 3-44 通过自下而上合成法合成的六方型二维手性 CTpPa-1 材料

图 3-45 通过自下而上合成法合成的系列多元二维手性 COFs 材料

　　以上所采用的手性前体的手性基团都在侧链上，因此所制得的手性COFs材料的手性位点不在结构的主体框架上，而是分布在孔壁中。

　　一般来说，合成主体框架含手性位点的手性COFs材料需要采用主链含手性基团的手性前体作为有机构筑基元。崔勇课题组在这方面做出了开创性的工作。例如，2016年，该课题组设计并合成了两种纯手性四芳基-1,3-二氧戊环-4,5-二甲醇的四醛衍生物，然后分别与4,4′-二氨基二苯甲烷进行缩合反应，成功地合成了手性功能基团嵌入主体框架中的独特二维手性COFs材料，即CCOF-1和CCOF-2（图3-46）[154]。X射线粉末衍射表征和计算模拟表明，所合成的CCOF-1为具有二重穿插的格子型二维网状结构，而CCOF-2为非穿插的格子型二维网状结构。

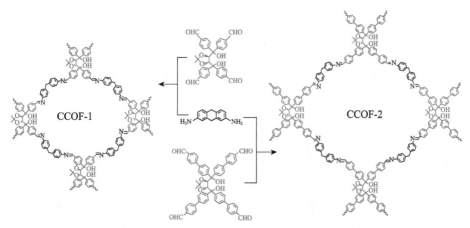

图3-46　通过自下而上合成法合成的二维格子型手性材料CCOF-1和CCOF-2

　　2017年，Han等在基于Salen结构的手性COFs材料的构筑上取得了重大进展[155]。该课题组采用简单的1,2-环己二胺手性化合物作为手性前体，分别与不同的水杨醛类非手性前体在锌离子存在的条件下进行反应，成功地合成了两种基于Zn(Salen)的六方型手性COFs材料，分别为CCOF-3和CCOF-4，如图3-47所示。与CCOF-3相比，含有大量疏水基团的CCOF-4呈现出更好的耐酸碱稳定性。更有趣的是，所合成的Zn(Salen)基手性COFs材料中的锌离子，在室温条件下能够很容易地与其他金属离子进行离子交换，且能保持固有的结晶性与多孔性，因此，该课题组将这些含不同金属离子的Salen基手性COFs材料进一步应用到了不对称催化的研究上。

　　由此可见，后修饰合成法和自下而上合成法是构筑手性COFs材料的两种有效策略。目前，合成手性COFs材料大多是采用溶剂热法，且反应控制

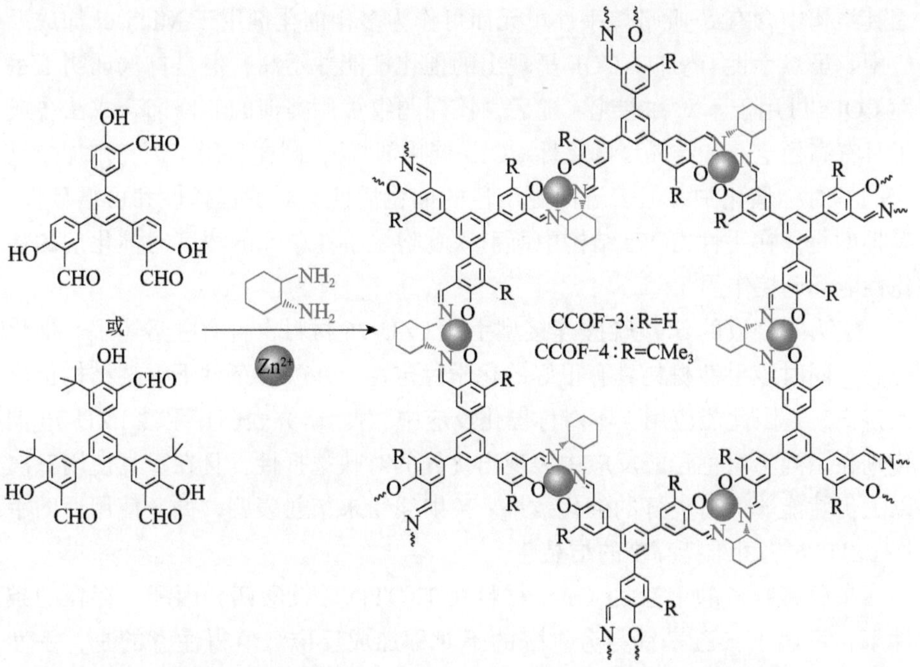

图 3-47　通过自下而上合成法合成的基于 Zn(Salen) 结构的六方型手性材料 CCOF-3 和 CCOF-4

在相对低的温度下进行，这种较温和的反应条件有利于避免手性前体在反应过程中发生外消旋化。而对于所合成的 COFs 材料是否存在手性特征，可用圆二色（CD）光谱法来进行表征。目前报道的手性 COFs 材料的手性信号主要来源于含有手性碳原子的手性前体，而采用不含手性碳原子的手性前体（如含手性轴的手性前体）或非手性前体（如易形成螺旋结构等的非手性前体）来合成手性 COFs 材料则还未被实现，这些将成为构筑手性 COFs 材料的难点和挑战。

（二）手性共价有机框架材料的功能化

通过以上所述的后修饰合成法或自下而上合成法，可将具有催化功能的手性基团引入 COFs 结构中，从而实现手性 COFs 材料在不对称催化上的应用。由于结构的规整性和孔道的均一性，所得具有催化功能的手性 COFs 中的催化位点能够很好地分散在孔道中，有利于增加催化位点与反应底物直接接触的机会，从而实现高效的不对称催化。

江东林等采用后修饰合成法合成的卟啉基手性 COFs 材料 [Pyr]$_x$-1-COF，

因其结构中含有 S-吡咯烷手性单元而可作为多相催化剂用于 Michael 加成反应中。虽然手性 [Pyr]ₓ-1-COF 呈现出的催化性能并不高，但是首次证明了手性 COFs 可用于不对称催化。随后，该课题组采用类似的后修饰合成法合成了具有高稳定性和结晶度的手性 COFs 催化剂[156]，同样可用于迈克尔加成反应的不对称催化中，但表现出更出色的催化活性、对映选择性和可循环性。有趣的是，在手性 COFs 结构中所引入吡咯烷手性单元的浓度对催化剂的催化性能起调控作用。

王为等合成的 β-酮烯胺连接型手性 LZU-76 材料也含有吡咯烷手性催化位点，同时该手性材料具有很好的化学稳定性，在酸性条件下框架结构仍能保持稳定，因此能应用于不对称催化反应中[157]。研究表明，手性 LZU-76 催化剂在系列不对称羟醛反应中表现出优异的对映选择性，且在重复使用三次以上仍然能够保持良好的催化效果。X 射线粉末衍射表明，循环使用后的手性 LZU-76 仍可维持高度的结晶性。

崔勇等制备的手性 CCOF-1 材料在 $Ti(O^iPr)_4$（钛酸四异丙酯）存在的条件下，可用于二乙基锌与芳香醛的不对称加成反应。值得注意的是，手性 CCOF-1 结构中含有的二羟基单元，可与 $Ti(O^iPr)_4$ 反应得到路易斯酸手性催化剂。研究发现，这类手性催化剂在二乙基锌与不同芳香醛的加成反应中表现出优异的不对称催化活性（图 3-48），其 ee 值最高达到了 94%。

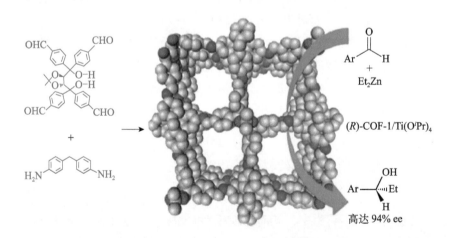

图 3-48　手性 CCOF-1 催化剂用于二乙基锌与芳香醛的不对称加成反应

由于 COFs 材料具有结构规整、孔道有序、比表面积大、稳定性好等优点，所以它们是一类很有前景的固定相，可用于气相色谱（GC）和高效液相色谱（HPLC）等。目前，采用手性 COFs 作为固定相用于毛细管气相色谱分离已经被证实。严秀平等采用原位生成法，首次将手性 COFs 材料 CTpPa-1 键合到了毛细管内壁。如图 3-49 所示，他们首先采用硅烷偶联剂处理石英毛细管，使其内壁表面形成末端含有氨基基团的自组装单层膜，然后往石英毛细管中通入合成手性 CTpPa-1 所需的三醛手性前体和对苯二胺溶液，使其原位生长，最终成功地制备了手性 CTpPa-1 键合毛细管柱。

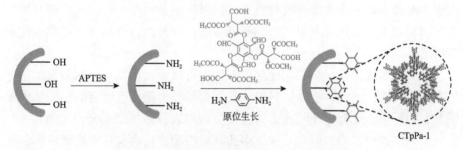

图 3-49 手性 CTpPa-1 键合毛细管柱的原位制备

手性 CTpPa-1 固定相呈现出较弱的色散力、中等的供电子和吸电子能力及一定大小的极性等特征，因此所制得的手性 CTpPa-1 键合毛细管柱在包括 1-苯基乙醇、1-苯基-1-丙醇、柠檬烯等手性化合物的分离上表现出良好的分离性能，在短短 5 min 内可以实现这些手性化合物的基线分离，且呈现出优异的重现性。有趣的是，采用 (+)- 二乙酰基-L-酒石酸酐衍生物制备得到的毛细管柱不能将以上手性化合物分离，这表明手性 CTpPa-1 所含的一维手性孔道对手性化合物的分离起到了至关重要的作用。

以上是手性 COFs 作为手性固定相用于手性化合物分离仅有的一个例子，而将手性 COFs 材料作为固定相用于高效液相色谱手性分离的研究还未见报道。这是当前研究的热点之一，相信在不久的将来，基于手性 COFs 材料的高效液相色谱柱有望被合成出来，且可能会实现手性化合物的有效分离。

第五节 展　望

手性无机和杂化材料历经几十年的发展，已然取得了丰硕的成果，我国科学家在该领域也做出了许多重要的贡献，构筑了大量结构新颖、性能优异的手性化合物材料，为深入理解手性组装和识别过程提供了大量有价值的实例。但是针对特定的手性材料，仍然有许多亟待解决的问题。例如，目前直接合成制备的新型手性分子筛或类似的无机固体手性材料仍较少，能实际用于不对称催化反应的更少，这主要是由于所制备的手性固体材料的光学纯度偏低、含量偏少。因此，如何获得高光学纯度和活性的手性分子筛、手性介孔硅、手性多孔碳材料以及手性纳米材料，显得尤为重要且极具挑战性。另外，在手性分子筛等固体材料的合成中，并没有发现有价值的制备规律，这也是制约新型手性分子筛合成的一个重要原因。因此，化学工作者们需要付出更大的努力，解决此类手性材料的定向可控制备问题。在深入了解其生长机理的基础上，尝试开发出实用的制备方法，并努力将其用于不对称催化及其他应用当中。

对手性多孔固体材料的功能化已被证明可以大大拓宽其应用领域。功能化有许多优势，例如，手性材料的多孔框架可以为那些不稳定的功能基团提供有利的环境，规整有序的孔道可使反应物与表面活性位点充分接触，并且使反应物快速扩散等。但是对这类多孔材料的功能化也有许多需要解决的难题，例如，功能化导致的孔道堵塞甚至结构坍塌，功能基团与主体框架结合力不足导致的反应过程中的流失现象等。因此，在之前的研究基础上，化学工作者们需要尝试开发出新的功能化方法，并合成出性能优良的功能化材料。

具有限域结构的手性金属-有机体系是超分子化学和不对称催化共同关注的热点，强化手性组装体的精准设计与组装过程的控制，优化限域空间内部的结构，研究其与底物识别与活化之间的手性关联，揭示手性组装体的超分子催化功能与酶催化及酶化学之间的关联和规律，发展出系列具有应用前景的不对称催化剂无疑是手性物质科学发展的重要方向。

手性金属-有机大环、手性金属-有机笼、手性金属-有机框架以及手性共价有机框架材料相比其他手性无机材料，最重要的特点是材料的光学纯度可控，这对于手性相关的功能来说尤为重要。其中，手性大环和笼状化合物与超分子化学联系紧密，在超分子识别、催化等领域具有很重要的地位，同时在模拟复杂体系如酶的自组装及揭示生命起源方面具有重要意义。但是，其手性组装困难也是制约其发展的重要因素。未来化学工作者们在该领域的研究重点将集中于合理设计手性单体，在组装手性大环和笼状化合物的过程中深入探索组装规律，并在此基础上组装出更大更复杂的手性结构，同时深入研究手性组装体的功能及其与酶化学之间的联系。与有机化合物的手性中心相比，配位手性中心的动力学活性导致其易于流变消旋，因此如何控制具有动力学活性的配位手性中心是手性配位化学中亟待解决的问题，需要发展出热力学稳定的、过程可控的组装方法。另外，配位手段组装体系的实际应用仍然有待进一步拓展。

手性 MOFs 和 COFs 是近年化学和材料领域的研究前沿和热点，在功能材料领域展现出了极大的应用潜力。经过十几年的发展，手性 MOFs 材料的设计、制备已经较为成熟，且发展出了一些非常有效的组装规律。未来手性MOFs 的发展目标主要是提高材料的稳定性，使其能够适应工业生产中苛刻的反应条件。另外，通过合理的配体设计以及节点选择，丰富手性材料的功能，进而将两种甚至多种功能集中到一种手性材料中，实现功能集成。手性COFs 材料由于完全是由共价键组装形成的手性晶态多孔材料，其稳定性相对较好，且具备了和手性 MOFs 类似的特点，因此在手性功能领域也表现出了较好的应用潜力。未来手性 COFs 的研究重点是丰富手性功能单体，并开发更多的连接方式。同时，总结其组装规律，以制备更多结构多样、功能丰富的手性框架材料。另外，如何通过一定手段获得手性 COFs 的单晶，并通过单晶结构分析给出更多的结构信息，进而深入理解构效关系，将是未来很长一段时间的重点发展方向。

手性药物在世界医药市场的份额逐年攀升，建立快速的手性分离方法，对手性药物产品质量控制具有十分重要的意义。当前，手性色谱分离已经成为手性药物分离的主流技术，其中尤以 HPLC 方法为主。因此，如何开发出适用范围广、稳定性好、分离效率高且方便易得的手性固定相，一直是该领域的研究热点。虽然有序手性多孔材料在色谱分离中具有广阔的应用前景，但对于广泛用于手性药物的高效、快速分离仍然有较大距离。因此，如何通过合理的设计，并优化制备方法，从而获得性能优异的手性固定相，将是未来手性色谱分离领域最重要的课题。

参 考 文 献

[1] Yu J, Xu R. Chiral zeolitic materials: structural insights and synthetic challenges. J Mater Chem, 2008, 18(34): 4021-4030.

[2] Harris K D M, Thomas S J M. Selected thoughts on chiral crystals, chiral surfaces, and asymmetric heterogeneous catalysis. Chem Cat Chem, 2009, 1(2): 223-231.

[3] Baiker A. Chiral catalysis on solids. Curr Opin Solid State & Mater Sci, 1998, 3(1): 86-93.

[4] Davis M E, Lobo R F. Zeolite and molecular sieve synthesis. Chem Mater, 1992, 4(4): 756-768.

[5] Davis M E. Reflections on routes to enantioselective solid catalysts. Top Catal, 2003, 25(1-4): 3-7.

[6] Wadlinger R L, Kerr G T, Rosinski E J. Catalytic composition of zeolite: USA, US4579994. 1967.

[7] Newsam J M, Treacy M M J, Koetsier W T. Structural characterization of zeolite beta. Proc R Soc Lond Ser A, 1988, 420(1859): 375-405.

[8] Higgins J B, LaPierre R B, Schlenker J B, et al. The framework topology of zeolite beta. Zeolites, 1988, 8(6): 446-452.

[9] Camblor M A, Corma A, Valencia S. Spontaneous nucleation and growth of pure silica zeolite-β free of connectivity defects. Chem Commun, 1996, 20(20): 2365-2366.

[10] Takagi Y, Komatsu T, Kitabata Y. Crystallization of zeolite beta in the presence of chiral amine or rhodium complex. Micropor Mesopor Mater, 2008, 109(1-3): 567-576.

[11] Taborda F, Willhammar T, Wang Z. Synthesis and characterization of pure silica zeolite beta obtained by an aging-drying method. Micropor Mesopor Mater, 2011, 143(1): 196-205.

[12] Tong M, Zhang D, Fan W. Synthesis of chiral polymorph A-enriched zeolite beta with an extremely concentrated fluoride route. Sci Rep, 2015, 5(11): 11521-11531.

[13] Tang L, Shi L, Bonneau C. A zeolite family with chiral and achiral structures built from the same building layer. Nat Mater, 2008, 7(5): 381-385.

[14] Zhang N, Shi L, Yu T. Synthesis and characterization of pure STW-zeotype germanosilicate, Cu- and Co-substituted STW-zeotype materials. J Solid State Chem, 2015, 225: 271-277.

[15] Rojas A, Camblor M A. A pure silica chiral polymorph with helical pores. Angew Chem Int Ed, 2012, 51(16): 3854-3856.

[16] Brand S, Schmidt J, Deem M, et al. Enantiomerically enriched, polycrystalline molecular sieves. PNAS, 2017, 114 (20): 5101-5106.

[17] Song X, Li Y, Gan L. N-heterocyclic carbene catalyzed domino reactions. Angew Chem Int Ed, 2009, 48(2): 314-317.

[18] Treacy M M J, Newsam J M. Two new three-dimensional twelve-ring zeolite frameworks of which zeolite beta is a disordered intergrowth. Nature, 1988, 332(6161): 249-251.

[19] Xu Y, Li Y, Han Y. A gallogermanate zeolite with eleven-membered-ring channels. Angew Chem Int Ed, 2013, 52(21): 5501-5503.

[20] Sivaguru J, Natarajan A, Kaanumalle L S. Asymmetric photoreactions within zeolites: role of confinement and alkali metal ions. Acc Chem Res, 2003, 36(7): 509-521.

[21] Corma A, Iglesias M, del Pino C. New rhodium complexes anchored on modified USY zeolites. A remarkable effect of the support on the enantioselectivity of catalytic hydrogenation of prochiral alkenes. J Chem Soc Chem Commun, 1991, 18: 1253-1255.

[22] Akporiaye D E. Enumeration of chiral zeolite frameworks. J Chem Soc Chem Commun, 1994, 14(14): 1711-1712.

[23] Li Y, Yu J, Wang Z. Design of chiral zeolite frameworks with specified channels through constrained assembly of atoms. Chem Mater, 2005, 17(17): 4399-4405.

[24] Ma Y, Oleynikov P, Terasaki O. Electron crystallography for determining the handedness of a chiral zeolite nanocrystal. Nat Mater, 2017, 16(7): 755-759.

[25] Everett H. Manual of symbols and terminology for physicochemical quantities and units, appendix Ⅱ: definitions, terminology and symbols in colloid and surface chemistry. Pure Appl Chem, 1972, 31(4): 577-638.

[26] 徐如人，庞文琴，霍启升. 分子筛与多孔材料化学. 2 版. 北京 : 科学出版社 , 2015.

[27] Simonyi M, Bikádi Z, Zsila F, et al. Supramolecular exciton chirality of carotenoid aggregates. Chirality, 2003, 15(8): 680-698.

[28] Jung J, Shinkai S, Shimizu T. Nanometer-level sol-gel transcription of cholesterol assemblies into monodisperse inner helical hollows of the silica. Chem Mater, 2003, 15(11): 2141-2145.

[29] Hench L, West J. The sol-gel process. Chem Rev, 1990, 90(1): 33-72.

[30] Suzuki M, Hanabusa K. Polymer organogelators that make supramolecular organogels through physical cross-linking and self-assembly. Chem Soc Rev, 2010, 39(2): 455-463.

[31] Han Y, Zhao L, Ying Y. Entropy-driven helical mesostructure formation with achiral cationic surfactant templates. Adv Mater, 2007, 19(18): 2454-2459.

[32] Kim W, Yang S. Helical mesostructured tubules from taylor vortex-assisted surfactant templates. Adv Mater, 2001, 13(15): 1191-1195.

[33] Yang S, Zhao L, Yu C, et al. On the origin of helical mesostructures. J Am Chem Soc, 2006, 128(32): 10460-10466.

[34] Wang B, Chi C, Shan W, et al. Chiral mesostructured silica nanofibers of MCM-41. Angew Chem Int Ed, 2006, 45(13): 2088-2090.

[35] Jung J, Ono Y, Hanabusa K, et al. Creation of both right-handed and left-handed silica structures by sol-gel transcription of organogel fibers comprised of chiral diaminocyclohexane derivatives. J Am Chem Soc, 2000, 122(20): 5008-5009.

[36] Che S A, Liu Z, Ohsuna T, et al. Synthesis and characterization of chiral mesoporous silica. Nature, 2004, 429(6989): 281-284.

[37] Qiu H, Wang S, Zhang W, et al. Steric and temperature control of enantiopurity of chiral mesoporous silica. J Phys Chem C, 2008, 112(6): 1871-1877.

[38] Qiu H, Che S. Formation mechanism of achiral amphiphile-templated helical mesoporous silicas. J Phys Chem B, 2008, 112(34): 10466-10474.

[39] Moreau J, Vellutini L, Man M, et al. New hybrid organic-inorganic solids with helical

morphology via H-bond mediated sol-gel hydrolysis of silyl derivatives of chiral (*R,R*)-or (*S,S*)-diureidocyclohexane. J Am Chem Soc, 2001, 123(7):1509-1510.

[40] Jiang D, Yang Q, Yang J, et al. Mesoporous ethane-silicas functionalized with *trans*-(1*R*,2*R*)-diaminocyclohexane as heterogeneous chiral catalysts. Chem Mater, 2005, 17(24): 6154-6160.

[41] Inagaki S, Guan S, Ohsuna T, et al. An ordered mesoporous organosilica hybrid material with a crystal-like wall structure. Nature, 2002, 416(6878): 304-307.

[42] Kapoor M, Yang Q, Inagaki S. Self-assembly of biphenylene-bridged hybrid mesoporous solid with molecular-scale periodicity in the pore walls. J Am Chem Soc, 2002, 124(51):15176-15177.

[43] Sayari A, Wang W. Molecularly ordered nanoporous organosilicates prepared with and without surfactants. J Am Chem Soc, 2005, 127(35): 12194-12195.

[44] Cornelius M, Hoffmann F, Froba M. Periodic mesoporous organosilicas with a bifunctional conjugated organic unit and crystal-like pore walls. Chem Mater, 2005, 17(26): 6674-6678.

[45] Xia Y, Wang W, Mokaya R. Bifunctional hybrid mesoporous organoaluminosilicates with molecularly ordered ethylene groups. J Am Chem Soc, 2005, 127(2): 790-798.

[46] Qiu H, Che S. Chiral mesoporous silica: chiral construction and imprinting via cooperative self-assembly of amphiphiles and silica precursors. Chem Soc Rev, 2011, 40(3): 1259-1269.

[47] Yan Z, Li Y, Xu Z, et al. Artificial frustule prepared through a single-templating approach. Chem Commun, 2010, 46(44): 8410-8412.

[48] Yan Z, Li B, Li Y, et al. Preparation of mesoporous silica nanoribbons and nanoflakes with short pore channels using a chiral amphiphile. J Nanosci Nanotechnol, 2010, 10(10): 6732-6738.

[49] Chen Y, Li B, Wu X, et al. Hybrid silica nanotubes with chiral walls. Chem Commun, 2008, 40(40): 4948-4950.

[50] Iijima S. Helical microtubules of graphitic carbon. Nature, 1991, 354(6348): 56-58.

[51] Dunlap B I. Connecting carbon tubules. Phys Rev B, 1992, 46(3): 1933-1936.

[52] Ihara S, Itoh S, Kitakami J. Helically coiled cage forms of graphitic carbon. Phys Rev B, 1993, 48(8): 5643-5647.

[53] Zhang X, Zhang X, Bernaerts D, et al. The texture of catalytically grown coil-shaped carbon nanotubules. Europhys Lett, 1994, 27(2): 141-146.

[54] Wen Y, Shen Z. Synthesis of regular coiled carbon nanotubes by Ni-catalyzed pyrolysis of acetylene and a growth mechanism analysis. Carbon, 2001, 39(15): 2369-2374.

[55] Pan L, Hayashida T, Harada A, et al. Effects of iron and indium tin oxide on the growth of carbon tubule nanocoils. Physica B, 2002, 323(14): 350-351.

[56]Lu M, Liu W, Guo X, et al. Coiled carbon nanotubes growth via reduced pressure catalytic chemical vapor deposition. Carbon, 2004, 42(4): 805-811.

[57] Tang N, Wen J, Zhang Y, et al. Helical carbon nanotubes: catalytic particle size-dependent growth and magnetic properties. ACS Nano, 2010, 4(1): 241-250.

[58] Zhang S, Kang L, Wang X, et al. Arrays of horizontal carbon nanotubes of controlled chirality grown using designed catalysts. Nature, 2017, 543(7644): 234-238.

[59] Lu L, Shen Y F, Chen X H, et al. Ultrahigh strength and high electrical conductivity in copper. Science, 2004, 304(5669): 422-426.

[60] Jadzinsky P D, Calero G, Ackerson C J, et al. Structure of a thiol monolayer-protected gold nanoparticle at 1.1 Å resolution. Science, 2007, 318(5849): 430-433.

[61] Zhou Y, Yang M, Sun K, et al. Similar topological origin of chiral centers in organic and nanoscale inorganic structures: effect of stabilizer chirality on optical isomerism and growth of CdTe nanocrystals. J Am Chem Soc, 2010, 132(17): 6006-6013.

[62] Tian S, Li Y Z, Li M B, et al. Structural isomerism in gold nanoparticles revealed by X-ray crystallography. Nat Commun, 2015, 6: 8667.

[63] Chen S, Ingram R S, Hostetler M J, et al. Gold nanoelectrodes of varied size: transition to molecule-like charging. Science, 1998, 280(5372): 2098-2101.

[64] Schaaff T G, Shafigullin M N, Khoury J T, et al. Properties of a ubiquitous 29 kDa Au:SR cluster compound. J. Phys Chem B, 2001, 105(37): 8785-8796.

[65] Garzón I L, Beltrán M R, González G, et al. Chirality, defects, and disorder in gold clusters. Eur Phys J D, 2003, 24(1): 105-109.

[66] Yanagimoto Y, Negishi Y, Fujihara H, et al. Chiroptical activity of BINAP-stabilized undecagold clusters. J Phys Chem B, 2006, 110(24): 11611-11614.

[67] Qian H, Zhu Y, Jin R. Size-focusing synthesis, optical and electrochemical properties of monodisperse $Au_{38}(SC_2H_4Ph)_{24}$ nanoclusters. ACS Nano, 2009, 3(11): 3795-3803.

[68] Qian H, Eckenhoff W T, Zhu Y, et al. Total structure determination of thiolate-protected Au_{38} nanoparticles. J Am Chem Soc, 2010, 132(24): 8280-8281.

[69] Knoppe S, Dharmaratne A C, Schreiner E, et al. Ligand exchange reactions on Au_{38} and Au_{40} clusters: a combined circular dichroism and mass spectrometry study. J Am Chem Soc, 2010, 132(47): 16783-16789.

[70] Sanchez-Castillo A, Noguez C, Garzon I L. On the origin of the optical activity displayed by chiral-ligand-protected metallic nanoclusters. J Am Chem Soc, 2010, 132(5): 1504-1505.

[71] Wang X, Yuan S, Lin Z, et al. A chiral gold nanocluster Au_{20} protected by tetradentate phosphine ligands. Angew Chem Int Ed, 2014, 53(11): 2923-2926.

[72] Yan J, Su H, Yang H, et al. Asymmetric synthesis of chiral bimetallic $[Ag_{28}Cu_{12}(SR)_{24}]_4$-

nanoclusters via ion pairing. J Am Chem Soc, 2016, 138(39): 12751-12754.

[73] Häkkinen H, Moseler M, Landman U. Bonding in Cu, Ag, and Au clustersr: relativistic effects, trends, and surprises. Phys Rev Lett, 2002, 89(3): 033401.

[74] Ghanty T K, Banerjee A, Chakrabarti A. Structures and the electronic properties of $Au_{19}X$ clusters (X = Li, Na, K, Rb, Cs, Cu, and Ag). J Phys Chem C, 2010, 114(1): 20-27.

[75] Elgavi H, Krekeler C, Berger R, et al. Chirality in copper nanoalloy cluster. J Phys Chem C, 2012, 116(1): 330-335.

[76] Brust M, Walker M, Bethell D, et al. Synthesis of thiol-derivatised gold nanoparticles in a two-phase liquid-liquid system. J Chem Soc, Chem Commun, 1994, 7: 801-802.

[77] Shichibu Y, Negishi Y, Tsukuda T, et al. Large-scale synthesis of thiolated Au_{25} clusters via ligand exchange reactions of phosphine-stabilized Au_{11} clusters. J Am Chem Soc, 2005, 127(39): 13464-13465.

[78] Zeng C J, Qian H F, Li T, et al. Total structure and electronic properties of the gold nanocrystal $Au_{36}(SR)_{24}$. Angew Chem Int Ed, 2012, 51(52): 13114-13118.

[79] Guerrero-Martínez A, Grzelczak M, Liz-Marzán L M. Molecular thinking for nanoplasmonic design. ACS Nano, 2012, 6(5): 3655-3662.

[80] Petty J T, Zheng J, Hud N V, et al. DNA-templated Ag nanocluster formation. J Am Chem Soc, 2004, 126(16): 5207-5212.

[81] Slocik J M, Govorov A O, Naik R R. Plasmonic circular dichroism of peptide-functionalized gold nanoparticles. Nano Lett, 2011, 11(2): 701-705.

[82] Wu X, Xu L, Ma W, et al. Gold core-DNA-silver shell nanoparticles with intense plasmonic chiroptical activities. Adv Funct Mater, 2015, 25(6): 850-854.

[83] Hao C L, Xu L G, Ma W, et al. Unusual circularly polarized photocatalytic activity in nanogapped gold-silver chiroplasmonic nanostructures. Adv Funct Mater, 2015, 25(36): 5816-5822.

[84] Goldsmith M R, George C B, Zuber G, et al. The chiroptical signature of achiral metal clusters induced by dissymmetric adsorbates. Phys Chem Chem Phys, 2006, 8(1): 63-67.

[85] Garzón I L, Reyes-Nava J A, Rodríguez-Hernández J I, et al. Chirality in bare and passivated gold nanoclusters. Phys Rev B, 2002, 66(7): 073403.

[86] Humblot V, Haq S, Muryn C, et al. From local adsorption stresses to chiral surfaces: (R,R)-tartaric acid on Ni(110). J Am Chem Soc, 2002, 124(3): 503-510.

[87] Konno T, Chikamoto Y, Ki O, et al. Rational construction of chiral octanuclear metallacycles consisting of octahedral Co^{III}, square-planar Pd^{II}, and linear Au^{I} or Ag^{I} ions. Angew Chem Int Ed, 2000, 39(22): 4098-4101.

[88] Dong J, Tan C, Zhang K, et al. Chiral NH-controlled supramolecular metallacycles. J Am

Chem Soc, 2017, 139(4): 1554-1564.

[89] Sivaguru J, Natarajan A, Kaanumalle L. Self-assembly of chiral metallacycles and metallacages from a directionally adaptable BINOL-derived donor. J Am Chem Soc, 2015, 137(37): 11896-11899.

[90] 苏成勇，潘梅. 配位超分子结构化学基础与进展. 北京：科学出版社，2010.

[91] Hamilton T, MacGillivray L. Enclosed chiral enviro nments from self-assembled metal-organic polyhedra. Cryst Growth Des, 2004, 4(3): 419-430.

[92] Stang P, Olenyuk B, Muddiman D, et al. Transition-metal-mediated rational design and self-assembly of chiral, nanoscale supramolecular polyhedra with unique T symmetry. Organometallics, 1997, 16(14): 3094-3096.

[93] Nishioka Y, Yamaguchi T, Kawano M, et al. Asymmetric [2+2] olefin cross photoaddition in a self-assembled host with remote chiral auxiliaries. J Am Chem Soc, 2008, 130(26): 8160-8161.

[94] Yan L, Tan C, Zhang G, et al. Stereocontrolled self-assembly and self-sorting of luminescent europiumtetrahedral cages. J Am Chem Soc, 2015, 137(26): 8550-8555.

[95] Castilla A, Ousaka N, Bilbeisi R, et al. High-fidelity stereochemical memory in a $Fe(II)_4L_4$ tetrahedral capsule. J Am Chem Soc, 2013, 135(47): 17999-18006.

[96] Yang Y, Jia J, Pei X, et al. Diastereoselective synthesis of O symmetric heterometallic cubic cages. Chem Commun, 2015, 51(18): 3804-3807.

[97] Liu T, Liu Y, Xuan W, et al. Chiral nanoscale metal-organic tetrahedral cages: diastereoselective self-assembly and enantioselective separation. Angew Chem Int Ed, 2010, 49(24): 4121-4124.

[98] Klein C, Gütz C, Bogner M, et al. A new structural motif for an enantiomerically pure metallosupramolecular Pd_4L_8 aggregate by anion templating. Angew Chem Int Ed, 2014, 53(14): 3739-3742.

[99] Gütz C, Hovorka R, Klein C, et al. Enantiomerically pure $[M_6L_{12}]$ or $[M_{12}L_{24}]$ polyhedra from flexible bis(pyridine) ligands. Angew Chem Int Ed, 2014, 53(6): 1693-1698.

[100] Suzuki K, Kawano M, Sato S, et al. Endohedral peptide lining of a self-assembled molecular sphere to generate chirality-confined hollows. J Am Chem Soc, 2007, 129(35): 10652-10653.

[101] Ye Y, Cook T, Wang S, et al. Self-assembly of chiral metallacycles and metallacages from a directionally adaptable BINOL-derived donor. J Am Chem Soc, 2015, 137(37): 11896-11899.

[102] Wu K, Li K, Hou Y, et al. Homochiral D_4-symmetric metal-organic cages from stereogenic Ru(II) metalloligands for effective enantioseparation of atropisomeric molecules. Nat

Commun, 2016, 7: 10487.

[103] Li K, Zhang L, Yan C, et al. Stepwise assembly of $Pd_6(RuL_3)_8$ nanoscale rhombododecahedral metal-organic cages via metalloligand strategy for guest trapping and protection. J Am Chem Soc, 2014, 136(12): 4456-4459.

[104] Perez L, Amabilino D. Spontaneous resolution under supramolecular control. Chem Soc Rev, 2002, 31(6): 342-356.

[105] Krämer R, Lehn J, De C, et al. Self-assembly, structure, and spontaneous resolution of a trinuclear triple helix from an oligobipyridine ligand and Ni^{II} ions. Angew Chem Int Ed, 1993, 32(5): 703-706.

[106] Bonakdarzadeh P, Pan F, Kalenius E, et al. Spontaneous resolution of an electron-deficient tetrahedral Fe_4L_4 cage. Angew Chem Int Ed, 2015, 54(49): 14890-14893.

[107] Fowler J, Thorp F, Warriner S, et al. $M_{12}L_8$ metallo-supramolecular cube with cyclotriguaiacylene-type ligand: spontaneous resolution of cube and its constituent host ligand. Chem Commun, 2016, 52(56): 8699-8702.

[108] Furusho Y, Kimura T, Mizuno Y, et al. Chirality-memory molecule: a D_2-symmetric fully substituted porphyrin as a conceptually new chirality sensor. J Am Chem Soc, 1997, 119(22): 5267-5268.

[109] Yashima E, Maeda K, Okamoto Y. Memory of macromolecular helicity assisted by interaction with achiral small molecules. Nature, 1999, 399(6735): 449-451.

[110] Terpin A, Ziegler M, Johnson D, et al. Resolution and kinetic stability of a chiral supramolecular assembly made of labile components. Angew Chem Int Ed, 2001, 40(1): 157-160.

[111] Ziegler M, Davis A, Johnson D, et al. Supramolecular chirality: a reporter of structural memory. Angew Chem Int Ed, 2003, 42(6): 665-668.

[112] Ousaka N, Clegg J, Nitschke J. Nonlinear enhancement of chiroptical response through subcomponent substitution in M_4L_6 cages. Angew Chem Int Ed, 2012, 51(6): 1464-1468.

[113] Meng W, Clegg J, Thoburn J, et al. Controlling the transmission of stereochemical information through space in terphenyl-edged Fe_4L_6 cages. J Am Chem Soc, 2011, 133(34): 13652-13660.

[114] Yoshizawa M, Klosterman J, Fujita M. Functional molecular flasks: new properties and reactions within discrete, self-assembled hosts. Angew Chem Int Ed, 2009, 48(19): 3418-3438.

[115] Frantz R, Grange C S, Al Rasbi N K, et al. Enantiodifferentiation of chiral cationic cages using trapped achiral BF_4^- anions as chirotopic probes. Chem Commun, 2007, 25(14): 1459-1461.

[116] Dong J, Zhou Y, Zhang F, et al. A highly fluorescent metallosalalen-based chiral cage for enantioselective recognition and sensing. Chem Eur J, 2014, 20(21): 6455-6461.

[117] Xuan W, Zhang M, Liu Y, et al. A chiral quadruple-stranded helicate cage for enantioselective recognition and separation. J Am Chem Soc, 2012, 134(16): 6904-6907.

[118] Murase T, Peschard S, Horiuchi S, et al. Remote chiral transfer into [2+2] and [2+4] cycloadditions within self-assembled molecular flasks. Supramol Chem, 2011, 23(3-4): 199-208.

[119] Guo J, Xu Y, Li K, et al. Regio- and enantioselective photodimerization within the confined space of a homochiral ruthenium/palladium heterometallic coordination cage. Angew Chem Int Ed, 2017, 56(14): 3852-3856.

[120] Chen S, Li K, Zhao F, et al. A metal-organic cage incorporating multiple light harvesting and catalytic centres for photochemical hydrogen production. Nat Commun, 2016, 7: 13169.

[121] Ezuhara T, Endo K, Aoyama Y. Helical coordination polymers from achiral components in crystals. Homochiral crystallization, homochiral helix winding in the solid state, and chirality control by seeding. J Am Chem Soc, 1999, 121(14): 3279-3283.

[122] Oisaki K, Li Q, Furukawa H, et al. A metal-organic framework with covalently bound organometalliccomplexes. J Am Chem Soc, 2010, 132(27): 9262-9264.

[123] Tanabe K, Cohen S. Postsynthetic modification of metal-organic frameworks—a progress report. Chem Soc Rev, 2011, 40(2): 498-519.

[124] Seo J, Whang D, Lee H, et al. A homochiral metal-organic porous material for enantioselective separation and catalysis. Nature, 2000, 404(6781): 982-986.

[125] Wu C, Lin W. Highly porous, homochiral metal-organic frameworks: solvent-exchange-induced single-crystal to single-crystal transformations. Angew Chem In Ed, 2005, 44(13): 1958-1961.

[126] Mihalcik D, Lin W. Mesoporous silica nanosphere supported ruthenium catalysts for asymmetric hydrogenation. Angew Chem In Ed, 2008, 47(33): 6229-6232.

[127] Dybtsev D, Nuzhdin A, Chun H, et al. A homochiral metal-organic material with permanent porosity, enantioselective sorption properties, and catalytic activity. Angew Chem In Ed, 2006, 45(6): 916-920.

[128] Zhang J, Chen S, Wu T, et al. Homochiral crystallization of microporous framework materials from achiral precursors by chiral catalysis. J Am Chem Soc, 2008, 130(39): 12882-12883.

[129] Zhang J, Chen S, Bu X. Multiple functions of ionic liquids in the synthesis of three-dimensional low-connectivity homochiral and achiral frameworks. Angew Chem In Ed,

2008, 47(29): 5434-5437.

[130] Wang L, You W, Huang W, et al. Alteration of molecular conformations, coordination modes, and architectures for a novel 3,8-diimidazol-1,10-phenanthroline compound in the construction of cadmium(II) and zinc(II) homochiral coordination polymers involving an auxiliary chiral camphorate ligand. Inorg Chem, 2009, 48(10): 4295-4305.

[131] Zhang J, Bu X. Absolute helicity induction in three-dimensional homochiral frameworks. Chem Commun, 2009, 45(2): 206-208.

[132] Garibay S, Wang Z, Tanabe K, et al. Postsynthetic modification: a versatile approach toward multifunctional metal-organic frameworks. Inorg Chem, 2009, 48(15): 7341-7349.

[133] Jones S, Bauer C A. Diastereoselective heterogeneous bromination of stilbene in a porous metal-organic framework. J Am Chem Soc, 2009, 131(35): 12516-12517.

[134] Nozaki H, Moriuti S, Takaya H, et al. Asymmetric induction in carbenoid reaction by means of a dissymmetric copper chelate. Tetrahedron Lett, 1966, 7(43): 5239-5244.

[135] Ma L, Abney C, Lin W. Enantioselective catalysis with homochiral metal-organic frameworks. Chem Soc Rev, 2009, 38(5): 1248-1256.

[136] Xiong R, You X, Abrahams B, et al. Enantioseparation of racemic organic molecules by a zeolite analogue. Angew Chem In Ed, 2001, 40(23): 4422-4425.

[137] Hu A, Ngo H, Lin W. Remarkable 4,4′-substituent effects on BINAP: highly enantioselective Ru catalysts for asymmetric hydrogenation of beta-aryl ketoesters and their immobilization in room-temperature ionic liquids. Angew Chem In Ed, 2004, 43(19): 2501-2504.

[138] Cho S, Ma B, Nguyen S, et al. A metal-organic framework material that functions as an enantioselective catalyst for olefin epoxidation. Chem Commun, 2006, 37(45): 2563-2565.

[139] Peng Y, Gong T, Zhang K, et al. Engineering chiral porous metal-organic frameworks for enantioselective adsorption and separation. Nat Commun, 2014, 5: 4406.

[140] Liu B, Shekhah O, Arslan H, et al. Enantiopure metal-organic framework thin films: oriented SURMOF growth and enantioselective adsorption. Angew Chem In Ed, 2012, 51(3): 807-810.

[141] Gu Z, Burck J, Bihlmeier A, et al. Oriented circular dichroism analysis of chiral surface-anchored metal-organic frameworks grown by liquid-phase epitaxy and upon loading with chiral guest compounds. Chem Eur J, 2014, 20(32): 9879-9882.

[142] Gu Z, Grosjean S, Brase S, et al. Enantioselective adsorption in homochiral metal-organic frameworks: the pore sizeinfluence. Chem Commun, 2015, 51(43): 8998-9001.

[143] Wang W, Dong X, Nan J, et al. A homochiral metal-organic framework membrane for enantioselective separation. Chem Commun, 2012, 48(56): 7022-7024.

[144] Kang Z, Xue M, Fan L, et al. "Single nickel source" *in situ* fabrication of a stable homochiral MOF membrane with chiral resolution properties. Chem Commun, 2013, 49(90): 10569-10571.

[145] Feng X, Ding X, Jiang D. Covalent organic frameworks. Chem Soc Rev, 2012, 41(18): 6010-6022.

[146] Ding S, Wang W. Covalent organic frameworks (COFs): from design to applications. Chem Soc Rev, 2013, 42(2): 548-568.

[147] Cai S, Zhang W, Zuckermann R, et al. The organic flatland-recent advances in synthetic 2D organic layers. Adv Mater, 2015, 27(38): 5762-5770.

[148] Segura J, Mancheno M, Zamora F. Covalent organic frameworks based on schiff-base chemistry: synthesis, properties and potential applications. Chem Soc Rev, 2016, 45(20): 5635-5671.

[149] Diercks C, Yaghi O. The atom, the molecule, and the covalent organic framework. Science, 2017, 355(6328): 923.

[150] Liu G, Sheng J, Zhao Y. Chiral covalent organic frameworks for asymmetric catalysis and chiral separation. Sci China Chem, 2017, (8): 1-8.

[151] Xu H, Chen X, Gao J, et al. Catalytic covalent organic frameworks via pore surface engineering. Chem Commun, 2014, 50(11): 1292-1294.

[152] Qian H, Yang C, Yan X. Bottom-up synthesis of chiral covalent organic frameworks and their bound capillaries for chiral separation. Nat Commun, 2016, 7: 12104.

[153] Zhang J, Han X, Wu X, et al. Multivariate chiral covalent organic frameworks with controlled crystallinity and stability for asymmetric catalysis. J Am Chem Soc, 2017, 139(24): 8277-8285.

[154] Wang X, Han X, Zhang J, et al. Homochiral 2D porous covalent organic frameworks for heterogeneous asymmetric catalysis. J Am Chem Soc, 2016, 138(38): 12332-12335.

[155] Han X, Xia Q, Huang J, et al. Chiral covalent organic frameworks with high chemical stability for heterogeneous asymmetric catalysis. J Am Chem Soc, 2017,139(25): 8693-8697.

[156] Xu H, Gao J, Jiang D. Stable, crystalline, porous covalent organic frameworks as a platform for chiral organocatalysts. Nat Chem, 2015, 7(11): 905-912.

[157] Xu H, Ding S, An W, et al. Constructing crystalline covalent organic frameworks from chiral building blocks. J Am Chem Soc, 2016, 138(36): 11489-11492.

第四章
手性高分子合成

宛新华　吴宗铨　邹　纲　董泽元　张　伟
沈　军　邓建平　张阿方　吕小兵

第一节　引　言

一、历史背景

　　手性是物质的实体与其镜像不能重叠的性质，是自然界的基本属性之一。具有实体与镜像不能重叠性质的化合物被称为手性化合物。根据构成单元的空间分布，手性结构大致可分为点、轴、面及螺旋手性等不同类型[1]。手性可以在不同尺度、不同层次的结构上体现出来。手性可以体现在原子、小分子水平，也可以体现在大分子和分子聚集体水平。手性可以由分子构型或构象引起，也可以由分子堆积方式引起。

　　构型是立体异构分子中各原子或基团的不同相对空间取向，从一种构型转变为另一种构型需要断裂共价键、重排原子（基团）和形成新的共价键。立体异构分子具有相同的原子键接方式但其构型不同。构象是由单键旋转而导致的不同原子（基团）的空间取向。不同的构象之间可以相互转变，势能最低、最稳定的构象是优势构象。单取代乙烯基单体的聚合反应会导致立体异构，所生成高分子链上的每个叔碳原子都是立构中心，可标为 R 或 S 构型（图 4-1）。

　　如果将一个全是头尾相连的乙烯基高分子主链拉直成为一个锯齿形构象，并把锯齿放置在一个平面上，将立构中心上的氢原子和取代基分置于平面的两侧。取代基全朝上或朝下的高分子为全同立构（isotactic）高分子，取代基交替朝上或朝下的高分子为间同立构（syndiotactic）高分子，而取代基朝向无规的高分子链则为无规立构（atactic）高分子（图4-2）。

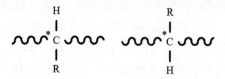

图 4-1　乙烯基高分子的立构中心

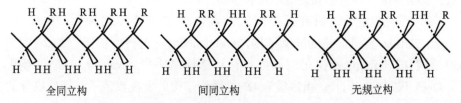

全同立构　　　　　　　间同立构　　　　　　　无规立构

图 4-2　全同立构、间同立构和无规立构乙烯基高分子

高分子的手性既可以来自不对称构型，也可以来自不对称构象。在高分子侧基（链）和主链中引入手性结构都可能使其实体与镜像不能重叠，从而具有手性[2]。采用现有的有机合成方法容易实现对侧基（链）立体结构的控制，但控制高分子主链的立体结构较为困难。主链构型手性要求体现在重复单元水平上的强短程不对称性。当主链手性中心优先采取 R 或 S 构型时，二烯和环烯聚合物是手性的，因为其手性中心是真不对称中心。但是，对单取代乙烯基和1,1-二取代乙烯基聚合物来说，即使对主链立体中心进行高效的不对称诱导，如果忽略两端链的长短以及末端基的不同，所得到的全同立构和间同立构高分子具有对称面，因而可看成不具有手性。要获得主链构型手性乙烯基聚合物需要更高级有序的立构规整性，共聚或引入破坏对称性的杂原子会产生这样的效果[3]。

高分子的典型构象包括伸直链、无规线团、螺旋和折叠等。在熔体和溶液中，高分子的典型构象是无规线团。许多无规线团是手性的，但通常以等量的旋光方向相反的构象存在，因此是消旋体。目前高分子手性结构的研究主要围绕二级结构，即螺旋构象展开。左手螺旋与右手螺旋是镜像对称的一对对映体，如果能够选择性地获得单一旋转方向的螺旋结构或者某一旋转方向占优的螺旋结构，即使在主链和（或）侧链中没有手性原子，也能得到光学活性聚合物，即螺旋链光学活性聚合物。根据主链扭曲方向，聚合物螺旋链可以分为左手螺旋与右手螺旋，分别用 M(minus, -) 螺旋和 P(plus, +) 螺旋表示。根据 Blout 教授的回忆，螺旋手性没有逃脱 Pasteur 的关注[4]。形成螺旋构象的分子需要足够长，那时尚不知有长链分子，Pasteur 就以旋转楼梯为例来说明他的概念。这远早于 Pauling 和 Bragg 基于 X 射线衍射研究发现的大分子多肽的 α 螺旋结构[5]，以及 Watson 和 Crick 发现的 DNA 的双螺旋结构[6]。

构型手性和构象手性不仅可以共存，而且互相影响。通常情况下，一个螺旋链高分子中不同构型的手性碳倾向于诱导产生相反的螺旋构象。例如，蛋白质由 20 种 L 型 α-氨基酸构成，形成右手螺旋；两条反向平行的含有 D 型五碳糖多核苷酸链相互缠绕形成右手 DNA 双螺旋结构。

螺旋链大分子的研究源于对天然高分子螺旋构象的探索。1937 年，Hanes 提出 α-直链淀粉的螺旋结构，Freudenberg 等进行了扩展[7,8]。20 世纪 50 年代初，Pauling 指出蛋白质中存在 α 螺旋结构[5]，Watson 和 Crick 解析了 DNA 双螺旋结构[6]。蛋白质和 DNA 螺旋结构的发现奠定了分子生物学的基础。在多肽研究方面，Doty 等于 1956 年合成了聚（γ-苄基-L-谷氨酸），发现随着分子量增加，高分子链会发生从无规线团向 α 螺旋构象的转变[9]。除了聚（α-氨基酸）之外，聚（β-氨基酸）的构象研究也于 20 世纪 70 年代逐渐开展起来。Schmidt 和 Chen 等提出聚［(S)-β-氨基丁酸］的 β-结构[10,11]，Yuki 等提出聚（α-异丁基-L-天冬氨酸）的 β-结构[12]。1984 年，Subirana 等从实验中证明了聚（α-异丁基-L-天冬氨酸）的 β-结构[13]。后来，在 1996 年，Seebach 等和 Gellman 等独立地证明了 β-多肽低聚物具有与 α-多肽不同的 α 螺旋结构[14,15]。

受到自然界中螺旋大分子的启发，人们对螺旋聚合物的研究产生了持续而广泛的研究兴趣。这方面的研究工作不仅是简单地模仿生物大分子的螺旋结构，而且对于揭示生命起源、模拟生物大分子的性质和功能，以及发展新型手性高分子功能材料都有重要的意义。但是，螺旋聚合物的发展历程非常缓慢。1955 年，Natta 等基于对立构规整全同聚丙烯晶体 X 射线衍射数据的分析，认为在晶体中该聚合物链采取螺旋构象，但在溶液中仍然以无规线团构象存在[16]。1960 年，Pino 等首次报道了聚烯烃在溶液中采取螺旋构象[17]，这个研究具有开创性意义，拉开了合成螺旋高分子研究的序幕。20 世纪 60 年代末 70 年代初，Millich 等发现了具有稳定螺旋结构的聚叔丁基异腈，这是人类历史上第一例人工合成的螺旋高分子[18,19]。随后，Okamoto 等报道了单手螺旋聚（甲基丙烯酸三苯甲酯），并且成功地将其应用于对映体分离[20,21]。目前已经报道的人工合成螺旋链高分子主要包括以下几类：聚异腈[22]、聚醛[23]、聚甲基丙烯酸酯[24]、聚炔[25]、聚苯乙烯[26]、聚异氰酸酯[27]、

聚硅烷 [28]、聚胍 [29] 和共轭高分子等 [30]。

　　通常认为聚合物螺旋链结构的稳定性依赖于螺旋翻转位垒(helix inversion barrier)[25]。当翻转位垒大于约 85 kJ·mol⁻¹ 时，螺旋构象能够在室温下稳定存在，这类聚合物被称为静态螺旋链高分子 (static helical polymers)，如聚 [（甲基）丙烯酸三苯基酯] [20]、具有大体积侧基的聚醛 [23]、聚异腈 [22] 等。静态螺旋链高分子能够通过手性单体或者非手性单体的螺旋选择性聚合反应（helix-sense-selective polymerization）获得。螺旋构象的形成受动力学控制，主要通过大空间位阻侧基或者刚性主链来稳定。当翻转位垒较低时，两种螺旋构象处于一种动态平衡中，当有手性因素存在时，能够形成某一旋转方向占优的螺旋构象，这类聚合物被称为动态螺旋链高分子（dynamic helical polymer），如聚炔 [25]、聚异氰酸酯 [26]、聚硅烷 [28] 等。长链折叠体（foldamer）也可看作一类螺旋链高分子 [30]。图 4-3 为典型的静态和动态螺旋高分子的结构式。本章将就螺旋高分子不对称聚合、不对称共聚合、高分子光学活性的动态调控，以及光学活性高分子的性质和功能等几个方向的最新研究进展进行总结，并对今后的发展进行展望。

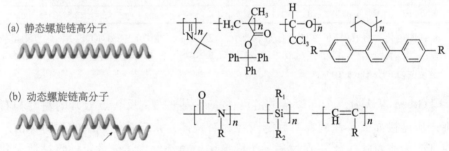

图 4-3　典型的静态和动态螺旋链高分子

二、高分子的手性放大

　　高分子化合物在光学活性上区别于小分子化合物的一个显著特征是手性放大。源于对溶液和熔体中全同乙烯基聚合物构象相关问题的兴趣，20 世纪 60 年代，意大利科学家 Pino 及其合作者用 Ziegler-Natta 催化剂聚合了不同结构的手性 α-烯烃，得到立构规整的光学活性聚合物 [17,31]。当时已经知道，全同立构规整度高的聚合物结晶度高、溶解度低。根据在不同沸点溶剂中溶解度的不同，他们将聚合物分级。聚合物的所有级别都展现出比结构单元更强的光学活性。并且，随着全同立构规整度的增加，聚合物的光学活性及光学活性对温度的依赖性增加（表 4-1）[32]。这种现象被称为手性放大效应，其根本原因在于聚合物主链在单体手性侧基的诱导下形成了手性二级结构，即单一旋转方向或某一旋转方向过量的螺旋构象。但是，聚烯烃的主链柔软，螺旋构象的保持长度较短，手性放大效应不是很明显。

表 4-1　具有不同立构规整度的聚［(S)-3-甲基-2-戊烯］的物理性质 [32]

分级	样品 A[h] 催化剂：Al(^{i}C$_4$H$_9$)$_3$/TiCl$_4$					样品 B[i] 催化剂：Al(^{i}C$_4$H$_9$)$_3$/TiCl$_4$				
	质量分数/%	$[\alpha]_D^{25\ a,b}$/(°)	特性黏数[b]/(dL/g)	熔点 (m.p.)/℃	$\frac{\Delta[\alpha]_D^a}{\Delta T}$	质量分数/%	$[\alpha]_D^{25c}$/(°)	特性黏数[b]/(dL/g)	熔点 (m.p.)/℃	$\frac{\Delta[\alpha]_D^c}{\Delta T}$
丙酮可溶	6.3	+29.4	n.d.	n.d.	−0.08	2.4	+75.8	n.d.	n.d.	n.d.
丙酮不溶，乙醚可溶	2.6	+96.4	0.08	65～75[e]	−0.23	4.8	+127	0.13	93～96[e]	n.d.
乙醚不溶，异辛烷可溶	0.9	+120	0.10	135～140[d]	−0.26	1.5	+146	0.13	187～193[e]	−0.31
异辛烷不溶，苯可溶	0.4	+158	0.11	175～180[d]	−0.34	0.5	+157	n.d.	200～210[d]	−0.39
苯不溶，萘烷可溶	2.0	+161[k]	0.50	228～232[d]	−0.36	1.7	+158[j]	0.60	200～210[d]	−0.40
剩余	87.8	n.d.	n.d.	271～273[f]	n.d.	89.1	n.d.	n.d.	265～275[d]	n.d.

a. 在四氢化萘溶液中；b. 在四氢化萘溶液中，120 ℃；c. 在甲苯中；d. KOFLER 熔点测量装置；e. X 射线衍射方法；f. 毛细管方法；g. 相对单体单元；h. 单体光学纯度为 91%；i. 单体光学纯度为 89%；j. ±10%。

Green 等认为，全同聚合物链可由一系列被螺旋反转点分开的左旋和右旋链段连接而成。左旋、右旋链段互为对映体，来自手性侧基的不对称信息使其变为非对映体 [33]。在这样一个模型中，单个结构单元的手性将被放大到与采取同旋转方向结构单元数目相同的倍数，并决定一种螺旋比相反螺旋过量的大小，也就是光学活性的强度。任何干扰螺旋方向连续性的因素都会限制这种放大效应。高分子链上能量的积累会使其构象偏离螺旋状态而达到能量更高的状态（即螺旋反转点），从而使螺旋方向反转。螺旋反转点的数量指数式依赖于温度，符合玻尔兹曼方程。这是表 4-1 中光学活性强烈依赖于温度的原因。对螺旋构象扰动的另一个来源是聚合过程中产生的主链立体结构的缺陷。这是表 4-1 中全同含量高的样品的光学活性具有更大的温度依赖性的原因。

在含有螺旋反转点的足够长的链中，放大效应的大小取决于反转点之间结构单元的数量。在没有反转点的短链中，协同作用的结构单元的数量即为每根链所含结构单元的数量，即聚合度 N。这样，左旋和右旋链段的长度将反映放大的能量。在长链中，采取有利旋转方向的结构单元的数量大于采取不利旋转方向的结构单元的数量，二者的比例依赖于它们的能量差别和温度。螺旋反转点也常干扰能量高的旋转方向。同样，反转点的数量指数式依赖于温度。因此，控制手性放大的左旋和右旋状态能量差强烈地依赖于温度。在以上定义的短链中，因为没有反转点的影响，温度将会像平常一样调控左旋、右旋状态之间的平衡。聚合度 N 是放大因素，并且在此情况下是固定的。

　　Green 等深入、系统地研究了螺旋聚异氰酸酯及其共聚物的手性放大效应。以此为基础，他们发展了基于统计物理学中一维伊辛模型的手性放大理论，提出了分别适用于手性单体和非手性单体共聚物以及对映单体共聚物的"将军与士兵"规则和"少数服从多数"规则 [34,35]。

（一）均匀手性场

　　伊辛模型是一个统计物理学的模型，最初用于解释物质的铁磁性变化规律。假设铁磁物质是由一堆规则排列的小磁针构成，每个磁针只有上下两个自旋方向，分别用 $s_i=+1$ 和 $s_i=-1$ 表示。相邻的小磁针之间通过能量约束相互作用，同时又会由于环境热噪声的干扰而发生磁性的随机转变（上变为下，或反之）。针对一维伊辛模型的精确求解主要是基于以下三个公式：

$$E_{\{s_i\}} = -J\sum_{\langle i,j\rangle} s_i s_j - H\sum_i^N s_i \tag{4-1}$$

$$p\big(\{s_i\}\big) = \frac{1}{Z}\exp\left(-\frac{E_{\{s_i\}}}{kT}\right); \quad Z = \sum_{\{s_i\}}\exp\left(-\frac{E_{\{s_i\}}}{kT}\right) \tag{4-2}$$

$$M_{\text{tot}} = \frac{1}{N}\left\langle \sum_{i=1}^{N} s_i \right\rangle \tag{4-3}$$

　　式（4-1）描述了体系的总能量由两部分决定，分别是翻转能（表示相邻小磁针之间的能量约束，同向则能量降低 J，反向则能量升高 J）和局部磁场偏向能（表示每个小磁针的自身方向所导致的能量变化，这里规定向上为 $-H$，向下为 $+H$）。式（4-2）描述了体系的能量分布，这里假设其符合玻尔兹曼分布。式（4-3）描述了体系的平均磁场，用所有小磁针产生的自旋作用的平均值表示。利用上述三个基本公式的变换求解就可以得到一维铁磁性体系的自由能和平均磁矩，这里不加以详述。

　　Green 等在深入研究了一系列由手性单体得到的聚异氰酸酯和非光学活

性聚异氰酸酯在手性溶剂（均匀手性场）中的光学活性后，认为用一维伊辛模型能够将上述定性考虑用定量的方式表达，即式（4-4）。对聚异氰酸酯来说，自旋 σ_i 代表局部螺旋方向。式（4-4）右边的第一项代表螺旋翻转的能量损耗，第二项代表局部手性偏向。在标准伊辛模型中，哈密尔顿函数的第一项有常数 J，第二项有常数 H。这里，分别用 $1/2\Delta G_r$ 和 ΔG_h 表示，用以强调在螺旋聚异氰酸酯中对这些系数的解释 [36-38]。

$$H = \frac{1}{2}\Delta G_r \sum_{i=1}^{N-1} \sigma_i \sigma_{i+1} - \Delta G_h \sum_{i=1}^{N} \sigma_i \qquad (4\text{-}4)$$

从中可以看出，共聚物在溶液中表现出的旋光性质主要取决于三个参数。一是描述聚合物链发生螺旋反转难易程度的参数，即螺旋反转状态的过量能量 ΔG_r，表示螺旋链出现螺旋反转点时整个体系的能量升高，其大小决定了聚合物链上螺旋反转点出现的概率。二是描述每个结构单元倾向于形成一种螺旋的参数，即手性偏向能量差 ΔG_h，表示对于聚合物链上每个结构单元采取左旋或右旋的能量差，是导致聚合物螺旋链表现出旋光活性的根本原因。三是聚合度 N，其大小与每个聚合物链上螺旋反转点出现的数量密切相关。根据上述假设，同时基于聚合物体系能量的玻尔兹曼分布，Green 等成功地在聚合物螺旋链的结构能量和其光学活性之间建立了定量关系式 [式（4-5）和式（4-6）]。

$$[\alpha] = [\alpha]_m \tanh(\Delta G_h N / RT) \qquad (4\text{-}5)$$

$$[\alpha] = \frac{[\alpha]_m \dfrac{L\Delta G_h}{RT}}{\left[(L\Delta G_h / RT)^2 + 1 \right]^{1/2}} \qquad (4\text{-}6)$$

式（4-5）适用于短的高分子链，其左边光学活性项不依赖于螺旋反转能量 ΔG_r，光学活性与聚合度和"手性偏向"能量差 ΔG_h 成正比。式（4-6）适用于长链分子，聚合度 N 不再是一个变量，而是出现一个新项，$L=\exp(\Delta G_r/RT)$，其决定反转点之间螺旋链段的长度。如式（4-6）所示，当 L 变得很大时，观察到的光学活性 $[\alpha]$（比旋光度）将趋近于单一螺旋链的光学活性 $[\alpha]_m$。

Green 等采用 GPC 分级的方法制备了大量聚合度不同且分子量分布窄的氘代聚异氰酸酯，详细研究了 N、$[\alpha]$ 和温度 T 之间的关系，实验和理论完美重合。针对光学活性聚异氰酸酯提出的关于手性放大的定性讨论被定量支持 [38,39]。

（二）非均匀手性场

Green 等在研究手性/非手性异氰酸酯共聚物或 ee 值不同的手性异氰酸酯共聚物时发现，当共聚物中仅含有少量手性单体时或单体 ee 值很小时，共聚物溶液就表现出很强的旋光活性。他们形象地将前一种手性放大效应称为"将军与士兵"规则[34]，而将后一种称为"少数服从多数"规则[35]。后续的研究表明，这两个规则不仅适用于异氰酸酯共聚物，而且可以用于解释许多螺旋链聚合物或超分子聚集体中的手性放大现象。

不同于手性单体均聚物，手性/非手性单体共聚物中的手性信息无规地分布在高分子链上。为了定量地分析"将军与士兵"规则，对于一个聚合度为 N 的共聚物链，Green 等参照手性单体均聚物的伊辛模型，写出能量方程式（4-7）：

$$H = -\frac{1}{2}\Delta G_r \sum_{i=1}^{N-1}\sigma_i\sigma_{i+1} - \frac{1}{2}\sum_{i=1}^{N}\Delta G_{h,i}\sigma_i \tag{4-7}$$

同理，式（4-7）右边的第一项表示螺旋反转点处的能量贡献，ΔG_r 为出现一处螺旋反转点时整个体系的自由能升高值；第二项是局部手性偏向的能量贡献，$\Delta G_{h,i}$ 表示对于某个特定的结构单元，呈现左手螺旋和右手螺旋时的自由能差，对于手性单体 $\Delta G_{h,i} \neq 0$，对于非手性单体 $\Delta G_{h,i}=0$。将 ΔG_h 从加和项外面移到里面代表了手性信息的性质（非均匀场）。在描述均匀手性场的式（4-4）中，所有单体单元受到相同的影响。然而，在式（4-7）中，每个结构单元承受不同的手性影响。因此，$\Delta G_{h,i}$ 必须处在加和项的内部，以反映更高水平的手性信息。

进一步根据能量的玻尔兹曼分布，可以得到光学活性聚合物螺旋偏向的定量计算公式：

$$M = \frac{n_M - n_P}{n_M + n_P} = \frac{\exp\left(-\frac{H}{RT}\right) - \exp\left(\frac{H}{RT}\right)}{\exp\left(-\frac{H}{RT}\right) + \exp\left(\frac{H}{RT}\right)} = \tanh\left(-\frac{H}{RT}\right) \tag{4-8}$$

式中：n_M、n_P 分别为聚合物中形成左旋（M）和右旋（P）的螺旋结构单元数；M 为手性有序度参数。对于采取完全单一旋转方向的螺旋主链，M=+1 或 -1；对于非手性单体均聚而得到的左右旋等量的聚合物，M=0。

为了进一步简化计算，引入了螺旋构象保持长度 L（即螺旋链中保持单一旋转方向链段的结构单元数），则对于聚合度为 N 的螺旋链聚合物，式

（4-8）变为式（4-9）：

$$M = \tanh\left(-\frac{H}{RT}\right) = \tanh\left(\frac{rL\Delta G_{h}}{2RT}\right) \quad (4\text{-}9)$$

式中：r 为手性单体的含量，而 L 可通过式（4-10）估算：

$$\frac{1}{L} \oplus \frac{1}{L_{th}} + \frac{1}{N}; \quad L_{th} = \exp\left(\frac{\Delta G_{r}}{RT}\right) \quad (4\text{-}10)$$

从上述 L 的计算公式中可以看出，聚合度 N 降低，或温度 T 降低，或螺旋反转点的自由能消耗 ΔG_r 升高，都不利于螺旋反转点的出现，即导致 $L \approx N$，聚合物螺旋链呈现单一旋转方向。

图 4-4 分别给出了 (R)-2,6-二甲基异氰酸庚酯和异氰酸己酯无规共聚物在 20 ℃和 -20 ℃下的比旋光度和手性有序度参数随手性单体含量（摩尔分数）增加的变化情况。其中，共聚物的聚合度 N 为 10 000，手性单体含量 r 为 0～0.15。将其代入式（4-7）中进行拟合，当 ΔG_h=0.4 kcal/mol(1cal=4.184J)，ΔG_r=2.5 kcal/mol 时，拟合曲线（图 4-4 中实线和虚线分别代表是否考虑 L 随 r 和 ΔG_h 变化的相应拟合结果）和实验测定结果（圆点）很好地符合。

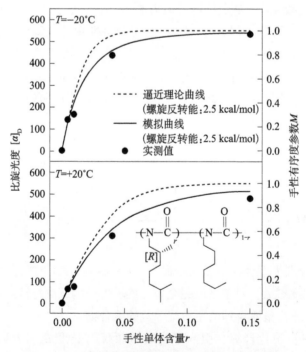

图 4-4　异氰酸酯共聚物的伊辛模型拟合结果 [34]

早在 1999 年，Okamoto 等就发现，3-甲氧基苯基异氰酸酯和 (S)-3-异氰氧基苯甲酸甲基苄酯共聚物的比旋光度最初随手性单体含量的增加而升高；而当手性单体含量 r 大于 0.1 时，比旋光度却随手性单体含量的增加而减小；继续增加手性单体含量，聚合物的旋光方向甚至会发生反转，即表现为比旋光度由正到负的变化[40]。2001 年，Nakashima 等在研究聚硅烷的旋光性质时发现，对于同一非手性单体，其与间位或对位取代的手性单体生成的共聚物都表现出主链旋转方向随手性单体含量的升高而反转的现象[41]。类似的结果在聚炔、聚异腈和聚喹喔啉等中也曾被发现，揭示了螺旋链聚合物中手性放大的复杂性[42-44]。

为了解释这种违背"将军与士兵"规则的现象，Sato 等对原有的伊辛模型进行了修正。原有的伊辛模型认为，式（4-7）中的 ΔG_h 可分为两类，一类表示手性结构单元，以 $\Delta G_{h,C}$ 表示；另一类表示非手性结构单元，以 $\Delta G_{h,A}$ 表示。由于非手性结构单元采取左、右旋时的能量相等（无螺旋方向选择偏向），故数值上 $\Delta G_{h,A}=0$。

Sanada 等认为，不同环境中手性或非手性结构单元的 ΔG_h 是不同的，不能简单地以手性和非手性两类加以区分，还应考虑其前一个相邻链节的贡献[45]。根据相邻结构单元之间的相互作用不同，$\Delta G_{h,i}$ 可分为四类（图 4-5）：$\Delta G_{h,CA}$（前一结构单元为非手性时手性结构单元的 $\Delta G_{h,i}$，以下类推）、$\Delta G_{h,CC}$、$\Delta G_{h,AA}$ 和 $\Delta G_{h,AC}$。与伊辛模型中相同，Sato 等同样认为只有手性结构单元（包括 CC 和 CA）可以诱导聚合物主链朝某一旋向转动，但强调了 $\Delta G_{h,CC}$ 和 $\Delta G_{h,CA}$ 不一定相等，甚至可能符号相反，即 CC 和 CA 结构单元在特定情况下会诱导主链产生相反的螺旋，这可能是导致聚合物链随手性单体含量增加而出现螺旋反转的根本原因。基于这样的考虑，他们将式（4-9）修改为

$$M = \tanh\left(\frac{L\Delta G_h}{2RT}\right) \tag{4-11}$$

$$\Delta G_h = r^2 \Delta G_{h,CC} + r(1-r)\Delta G_{h,CA} + (1-r)r\Delta G_{h,AC} + (1-r)^2 \Delta G_{h,AA} \tag{4-12}$$

需要特别指出的是，当 $\Delta G_{h,CA}=\Delta G_{h,CC}$，且 $\Delta G_{h,AA}=\Delta G_{h,AC}=0$ 时，这一修正后的伊辛模型即简化为原本的伊辛模型，对遵从"将军与士兵"规则的共聚物体系同样适用。

为了验证修正后的伊辛模型，Sato 等重新研究了 Okamoto 等曾报道过的违反"将军与士兵"规则的异氰酸酯共聚物体系。他们合成了两种共聚物 **3-1** 和 **3-2**，测试了手性单体含量对聚合物光学活性（用 $2f_p-1$ 表示）的影响，再

用修正后的伊辛模型进行拟合，结果如表 4-2 和图 4-6 所示。

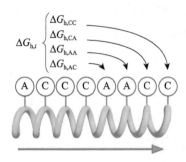

图 4-5　修正的伊辛模型中对 ΔG_h 的分类

表 4-2　聚异氰酸酯 3-1 和 3-2 共聚物的自由能数据

聚合物	N	$\Delta G_{h,CC}$ /(J/mol)	$\Delta G_{h,CA}$ /(J/mol)	ΔG_r /(J/mol)
3-1	5000	−130	−84	11500
3-2	130	−50	33	9200

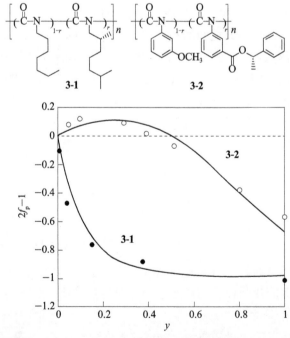

图 4-6　聚合物 3-1 和 3-2 手性单体含量与 $2f_p-1$ 的关系

从图 4-6 中可以看出，拟合曲线和测定值符合得较好。另外，从各自由能数值的拟合结果中可以发现，两种聚异氰酸酯的螺旋反转点的自由能升高值 ΔG_{r} 比较接近，而 ΔG_{h} 的不同是导致出现正常或反常"将军与士兵"规则的根本原因。对于聚合物 **3-1**，其 $\Delta G_{\mathrm{h,CC}}$ 和 $\Delta G_{\mathrm{h,CA}}$ 符号相同，都倾向于诱导主链产生 M 螺旋，故符合正常的"将军与士兵"规则。值得注意的是，$\Delta G_{\mathrm{h,CC}}$ 要明显大于 $\Delta G_{\mathrm{h,CA}}$，表明在 **3-1** 这一体系中，连续的手性结构单元相比于手性-非手性交替结构单元具有更强的手性诱导能力。对于聚合物 **3-2**，其 $\Delta G_{\mathrm{h,CC}}$ 和 $\Delta G_{\mathrm{h,CA}}$ 符号相反，倾向于诱导主链产生相反的螺旋，故表现出违反"将军与士兵"规则的现象：当手性单体含量低时，$\Delta G_{\mathrm{h,CA}}$ 起主导作用，聚合物主链 P 螺旋占优势；手性单体含量高时，$\Delta G_{\mathrm{h,CC}}$ 起主导作用，聚合物主链 M 螺旋占优势。

在对映单体共聚物中，定义 p 和 $1-p$ 分别为无规分布的对映体组分含量。如果右手结构单元满足 $\Delta G_{\mathrm{h},i}=\Delta G_{\mathrm{h}}$，那么左手结构单元满足 $\Delta G_{\mathrm{h},i}=-\Delta G_{\mathrm{h}}$。和前面一样，$\Delta G_{\mathrm{r}}$ 是螺旋反转能。近似分析方法告诉我们，单一旋转方向链段的尺寸不仅取决于 ΔG_{r} 和温度，而且以一个有趣的方式取决于 ΔG_{h}。这可从式（4-13）～式（4-15）看出。如预期的那样，手性有序度参数 M（螺旋过量值）也就是光学活性随 L 和 $p^{-1/2}$ 的增加而增加[36-39,46]。

$$L_{\mathrm{rf}} = \left(\frac{\Delta G_{\mathrm{r}}}{2\Delta G_{\mathrm{h}}} \right)^2 \tag{4-13}$$

$$\frac{1}{L} = \frac{1}{L_{\mathrm{rf}}} + \frac{1}{L_{\mathrm{th}}} + \frac{1}{N} \tag{4-14}$$

$$M = \mathrm{erf}\left[(2L)^{1/2} \left(p - \frac{1}{2} \right) \right] \tag{4-15}$$

误差函数（erf）可用如下方式描述：在零点附近绘制一个高斯函数曲线，式（4-15）的右边决定了沿横轴的移动。根据高斯函数的性质，距零点的小小偏离分隔的线下面积要远大于进一步偏离相同距离分隔的线下面积。曲线下分隔的部分代表 M，高斯曲线越尖，M 升得越快。误差函数使得在接近外消旋状态的位置上，ee 值的很小增加即会导致光学活性的变化远大于在更大 ee 值时的等量增加带来的效果。可以预计，光学活性只是在接近外消旋状态时大幅度地变化，并在远低于单一对映体状态时达到一个接近单一螺旋的值。

L_{rf} 项表示无规场中某一旋转方向链段的长度依赖于互为对映体的结构单元对旋转方向的竞争。这种竞争在均匀手性场和手性单体与非手性单体构成的非均匀场中不存在，是对映单体共聚物奇妙的性质。在深入讨论之前，让我们先看看决定协同性的链段长短如何被自己决定。在"将军与士兵"聚合物或在氘代聚异氰酸酯或手性溶剂中，协同链段的长短由 ΔG_r 和 T 决定，除非其被 N 决定。然而，在对映体共聚物中，协同链段的长短由更复杂和更有趣的方式决定（式4-14）。

在聚合度和协同链段长度都偏大的情况下，式（4-14）告诉我们，式（4-15）中的 L 将由无规场中协同链段的长短决定。此时，式（4-15）中的 L 可用式（4-13）右边代替。因为 ΔG_r 被 ΔG_h 除和平方，在一定的限制条件内，增加手性偏向将会减少占多数的对映体的影响，产生更低的光学活性。这可从系统的对称性来理解，ΔG_h 的任何变化会给占多数和占少数的对映体带来相同强度但方向相反的影响。因此，占少数的对映体的反抗与占多数的对映体的促进同步增加，占少数的对映体的反抗将通过限制协同超过占多数的对映体的促进作用。

这个理论已经在对映单体共聚反应中得到验证（图4-7）。采用从均匀手性场得到的 ΔG_r 和 ΔG_h，能够预测聚合物光学活性随单体 ee 值的变化。无须调整参数，预测值与实验结果符合得很好。

接近外消旋状态的对映单体与非手性单体的三元共聚可以被用来评价手性偏向大小对预测结果的影响。为了与实验结果比较，将式（4-13）～式（4-15）改为式（4-16）和式（4-17）。此处，r 是手性单体的含量。如果无规场协同链段主导 L，式（4-17）的右边可代入式（4-16），这样，r 就抵消了。换句话说，如果 N 和协同链段的大小 L_{th} 足够大，L_{rf} 可被用在误差函数方程中。用非手性结构单元稀释竞争的手性结构单元，对共聚物的光学活性没有任何影响。定性地说，r 的抵消是由于稀释并没有改变手性结构单元在一个协同链段中的数量。用非手性结构单元稀释手性结构单元的效果现在已经在实验中观察到，细节与理论预测很相符 [47-49]。

$$L_{rf} = \frac{1}{r}\left(\frac{\Delta G_r}{2\Delta G_h}\right)^2 \tag{4-16}$$

$$M = \mathrm{erf}\left[(2rL)^{1/2}\left(p-\frac{1}{2}\right)\right] \tag{4-17}$$

上述实验还被拓展到对映体纯但结构不同的单体的共聚上，一个单体有利于一种旋转方向的螺旋结构的形成，另一个单体有利于相反方向螺旋结构的形成。因为每个结构单元的手性偏向不同，与对映体不同，相同含量的左旋和右旋链段只在一个准外消旋状态时达到，而不是结构单元比例为 50∶50。

此外，因为手性偏向的温度依赖性不同，改变手性单体的组成将会影响光学活性为零时的温度。升高或降低温度，光学活性将会增加，但方向相反。

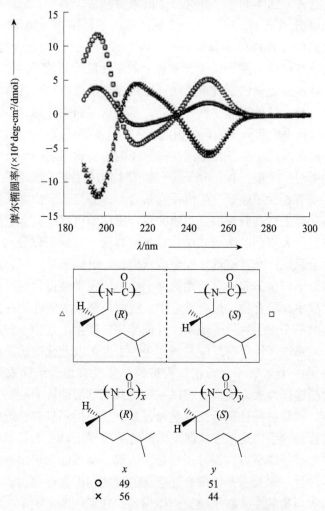

图 4-7　对映单体无规共聚物的圆二色光谱数据

第二节　不对称聚合反应

以手性单体为原料制备手性高分子材料是比较常用的方法，该方法是通过聚合反应将单体的手性引入高分子的主链或侧链上，通过单体的手性控制聚合物的手性，从而得到高旋光性的手性高分子材料[50,51]。但这种合成方法需要大量的手性原料，众所周知，光学纯的手性物质价格较高，而且来源有限。因此，这种方法不利于手性高分子的宏量制备。另外，单体中所有的手性源都导入高分子链上，有可能产生更高级的手性结构，如螺旋、折叠等，从而使得生成的手性高分子具有多种手性元素，手性结构较为复杂。例如，从手性的乙炔基单体出发[52]，由于单体上的手性取代基的手性诱导作用，可以生成单手性螺旋过量的螺旋聚乙炔，这种高分子聚合物既具有侧基的取代基手性，也具有主链的螺旋手性。因此，基于这方面的考虑，由非手性单体或外消旋体制备手性高分子的研究引起了人们持续而广泛的关注。

不对称聚合反应是制备光学活性高分子的重要途径之一。该聚合方法是通过连续的不对称反应，在高分子聚合物的主链或侧链上形成手性中心，从而将非手性或潜手性单体聚合生成手性聚合物，并且表现出旋光性。这种方法不仅能够获得手性高分子而且对研究聚合反应的机理也具有重要意义。根据聚合反应过程和得到的聚合物结构，不对称聚合反应可以分为三类：①不对称催化聚合反应；②对映选择性聚合反应；③螺旋选择性聚合反应。在不对称催化聚合反应中，非光学活性的潜手性单体在手性催化剂或引发剂作用下，聚合生成手性聚合物。聚合反应中，链增长端基的活性物种选择性地与非手性单体的一个潜手性原子或潜手性面作用，产生手性中心，从而获得手性高分子。对映选择性聚合反应是利用手性引发剂或催化剂选择性地聚合外消旋单体中的一个对映体，而相反构型的单体没有聚合活性或聚合速率较慢。通过对映选择性聚合反应，可以一步得到光学活性的手性高分子聚合物和手性单体。螺旋选择性聚合反应是通过聚合反应得到具有螺旋构象的聚合物，这种聚合物的手性是基于其螺旋构象的手性[53]。若互为镜像的左、右手螺旋结构中的某一螺旋方向高分子过量，该聚合物可能表现出螺旋手性，从而产生光学活性。螺旋选择性聚合反应是通过使用手性催化剂或引发剂，使得原本生成等当量的左、右手螺旋产生偏差，选择性地生成单一螺旋结构或某一螺旋结构过量的光学活性高分子化合物。

一、不对称催化聚合反应

不对称催化聚合反应是用非光学活性的单体在手性催化剂或者引发剂存在下聚合得到含有不对称中心的光学活性聚合物。非手性单体的不对称聚合能够在聚合物主链上引入立构中心而获得光学活性聚合物。近年来，不对称反应已成为众多化学工作者研究的热点之一，如果能将不对称反应引入聚合反应中，使得在聚合链增长过程中维持连续和重复地进行不对称反应，那么就可能得到具有多种手性主链结构和功能的新型聚合物。目前，这一研究领域已经引起了高分子合成工作者的高度关注。

　　过渡金属催化烯丙基化反应是形成碳-碳键和碳-杂原子键的一种有效方法。2001 年，Takahashi 等报道了一种平面手性的环戊二烯基钌配合物，利用其催化不对称烯丙基胺化反应形成有高度区域选择性和对映选择性的 C—N 键，从而得到光学活性的 N-烷氧基酰胺二聚体[54]。在该反应的基础上，Onitsuka 等设计合成了一种同时具有氯甲基乙烯基和 N-己氧基甲酰基的非手性 AB 型单体 1，通过缩聚反应获得具有光学活性的聚-N-烷氧基酰胺 poly-1-(S-2a)。该聚合反应几乎定量转化，生成的聚合物具有较高的数均分子量和较窄的分子量分布[55]。该聚合反应通过烯丙基连续和重复的不对称取代，在主链上形成手性碳原子，从而获得具有光学活性的聚酰胺，如图 4-8 所示。他们通过 1H nmR 分析，进一步确证了聚合物的化学结构，并证明其具有较高的立构规整度。

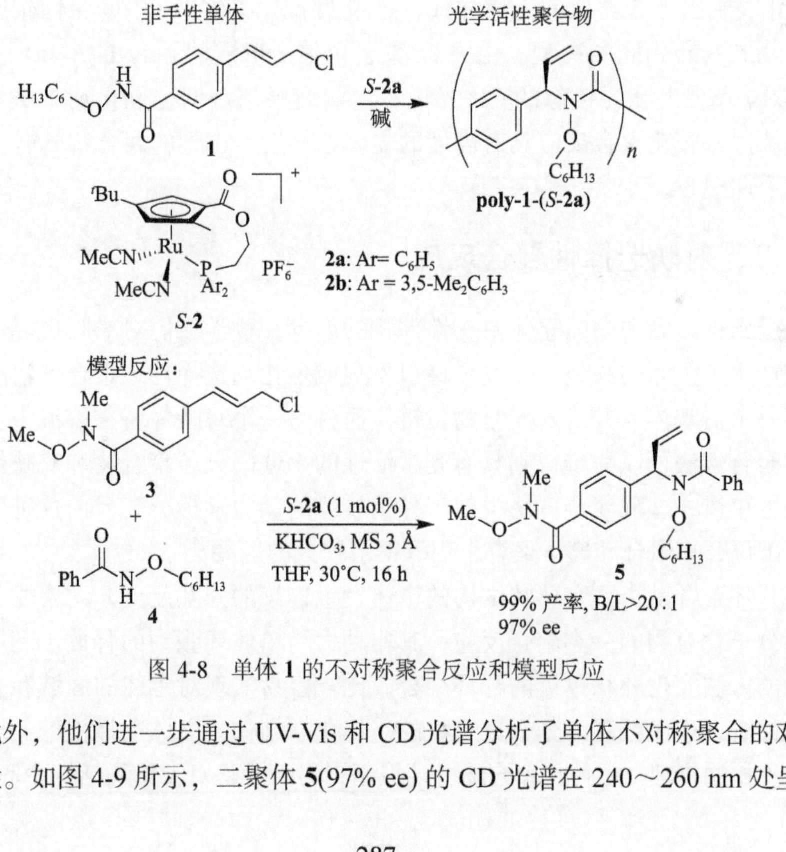

图 4-8　单体 1 的不对称聚合反应和模型反应

　　此外，他们进一步通过 UV-Vis 和 CD 光谱分析了单体不对称聚合的对映选择性。如图 4-9 所示，二聚体 5(97% ee) 的 CD 光谱在 240～260 nm 处呈现

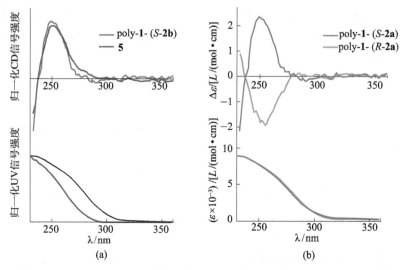

图 4-9　poly-1-(S-2b) 和化合物 5 以及 poly-1-(R-2a) 的 CD 和 UV-Vis 光谱

出正的 Cotton 效应，该区域的紫外吸收是来自苯环区域的 π-π* 转变；poly-1-(S-2b) 表现出与 5 类似的光谱样式，这说明 poly-1-(S-2b) 中的手性碳原子与化合物 5 具有相同的构型。由 R-2a 聚合单体 1 形成的 poly-1-(R-2a) 与 poly-1-(S-2b) 表现出互为镜像的 CD 光谱。这些结果都表明，催化剂 2 催化的不对称烯丙基胺化聚合反应具有高度的立体选择性，得到的聚合物 poly-1 具有新的手性中心。

二、对映选择性聚合反应

受到自然界中酶的立体专一性催化的启发，科学家们对对映选择性聚合反应产生了极大的兴趣。通过手性引发剂或催化剂选择性地聚合外消旋体中的某一个对映体，并进入聚合物主链，而将另一个对映体留在溶液中。通过这种聚合方法可以一步得到具有光学活性的手性高分子聚合物和对映体过量的手性单体，这种聚合方法类似于外消旋体的动力学拆分。目前这种聚合方法在配位开环聚合和离子聚合中都取得了较大的进展[56]。

开环聚合是指具有环状结构的单体发生连续的开环反应，均聚或共聚形成高分子化合物的一类聚合反应，其驱动力是单体环张力的释放。利用配位聚合的方法实现环状单体的开环聚合，比较容易实现对单体的区域和立体选择性控制，进而控制高分子聚合物的立体化学结构。立体选择性配位聚合涉及两种控制机理：一种是聚合物链端控制，另一种是对映结构活性中心控制，其源于金属配合物的配体立体化学控制[56]。

立体选择性开环聚合主要涉及三类单体：丙交酯、β-丁内酯和环氧烷烃。前两种单体一般通过生物发酵的方法获得，本身就具有手性；而环氧烷烃大多通过化学合成方法制备。对于手性丙交酯和β-丁内酯的开环聚合，只要选择性控制开环发生在酰氧键断裂处，就可以保证这些单体的次甲基碳在参与开环聚合过程中的手性不发生变化。

由丙交酯开环聚合形成的聚乳酸是一种具有良好生物相容性的生物降解材料，已经应用于医药、农业和一次性包装等领域。丙交酯单体有三种异构体：左旋、右旋和内消旋体。因此，选用不同的丙交酯单体就可以形成不同序列结构，如全同立构、间同立构、杂同立构和无规结构等（图 4-10）。无规结构聚乳酸是典型的无定形材料，玻璃化转变温度为 50～60 ℃，而全同立构聚乳酸是半结晶性材料，熔点为 170～180 ℃。此外，D 型和 L 型全同立

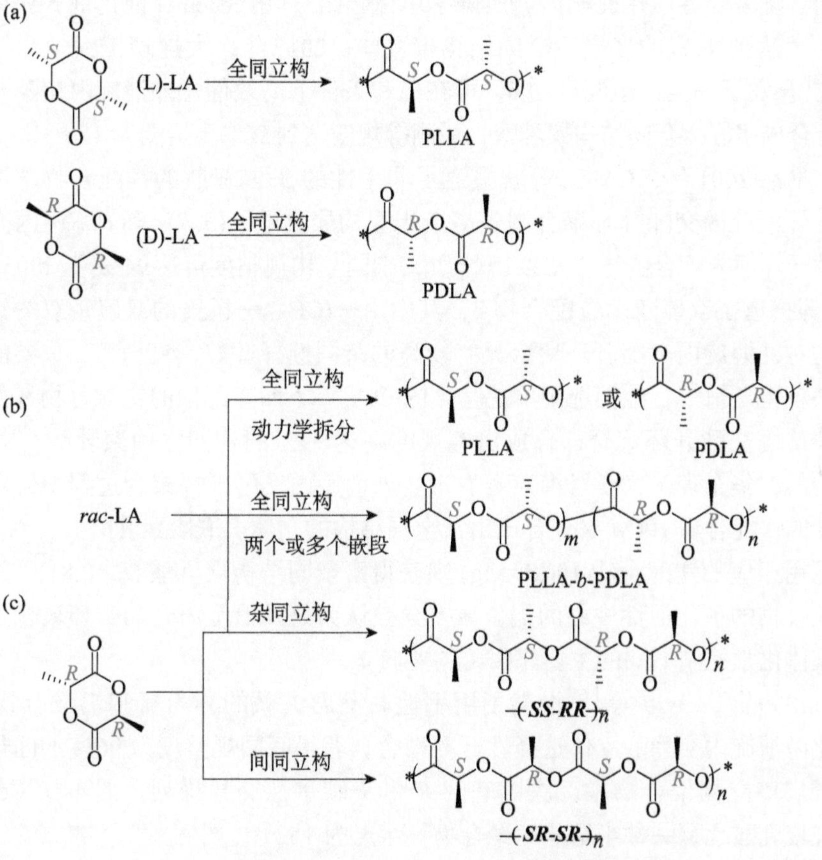

图 4-10　丙交酯立体选择性开环聚合合成各种结构聚乳酸

构聚乳酸的外消旋体非常容易形成螺旋式立体复合物，熔点提高 40～50 ℃，且呈现不同的结晶行为[57]。

事实上，全同结构聚乳酸也可用手性催化剂通过外消旋丙交酯催化聚合动力学拆分方法获得。早在 1996 年，Spassky 课题组[58]就发现使用手性联萘席夫碱的甲氧基铝配合物 **1a**（图 4-11）可以催化外消旋丙交酯的一种构型选择性聚合，获得高全同结构聚乳酸，动力学拆分系数可达 20。Feijen 等[59]发现利用简单的 (R,R)- 环己二胺型席夫碱的异丙氧基铝配合物 **2** 可以选择性聚合外消旋丙交酯中的 (S,S) 构型化合物，动力学拆分系数为 14。若将外消旋 **1b** 或 **2** 催化剂用于外消旋丙交酯开环聚合，则获得富全同结构的立体嵌段聚乳酸[59,60]。2002 年，Nomura 等[61]第一次实现了用非手性 SalenAl 催化剂 **3** 制备多嵌段全同结构聚乳酸，等规度达到 79%。立体选择性开环聚合反应主要涉及聚合物链端控制机理。用非手性 SalenAl 催化剂 **4** 也获得了类似的结果[62]。中国科学院长春应用化学研究所陈学思课题组[63]用 SalenAl 催化剂 **5** 获得了等规度达到 90% 的多嵌段全同结构聚乳酸。2017 年，大连理工大学徐铁齐等[64]开发了一类稀土配合物 **6**，可在温和条件下高效催化外消旋丙交酯开环聚合合成多嵌段全同结构聚乳酸，最高等规度达到 90%，熔点为 186 ℃。

早在 2001 年，Coates 等就报道了非手性的 β-二亚胺的锌配合物 **7** 可以催化外消旋丙交酯开环聚合制备高杂同立构聚乳酸，(R,R)- 和 (S,S)- 丙交酯交替开环插入聚合物链 [图 4-10（b）]，杂同立构规整度可达 94%[65]。2005 年，Ma 等报道了双硫双酚锗配合物 **8**，其中由—(CH$_2$)$_3$—桥连的双硫基双酚锗配合物对外消旋丙交酯开环聚合具有较高的杂同选择性 (P_r=0.96)[66]。重要的突破来自崔冬梅等，她们选用单烷基化的 O,N,N,O-四齿配位的钇配合物 **9** 催化外消旋丙交酯开环聚合，合成出等规度高达 99% 的杂同立构聚乳酸[67]。有趣的是，华东理工大学马海燕等发现，外消旋丙交酯开环聚合过程中使用其设计的锌配合物 **10**(M=Zn) 合成出富全同结构的立体多嵌段聚乳酸 (P_m=0.84)，而选用相应的镁配合物 **10**(M=Mg) 则获得富杂同结构聚乳酸 (P_r=0.81)[68]，两种配合物的催化活性中心的配位数差异被认为是外消旋丙交酯开环聚合过程中立体化学控制不同的主要原因（图 4-11）。

1999 年，Ovitt 等[69]报道了用手性联萘席夫碱的异丙氧基铝配合物 **1b** 催化内消旋丙交酯的立体选择性开环聚合，获得间同规整度为 96% 的间规聚乳酸。该立构聚合物中，次甲基的 R-和 S-碳手性交替排列 [图 4-10（c）]。间规聚乳酸也是一种半结晶性聚合物，熔点为 152 ℃。

聚（羟基脂肪酸酯）（PHA）是一类重要的生物高分子材料，可以由多

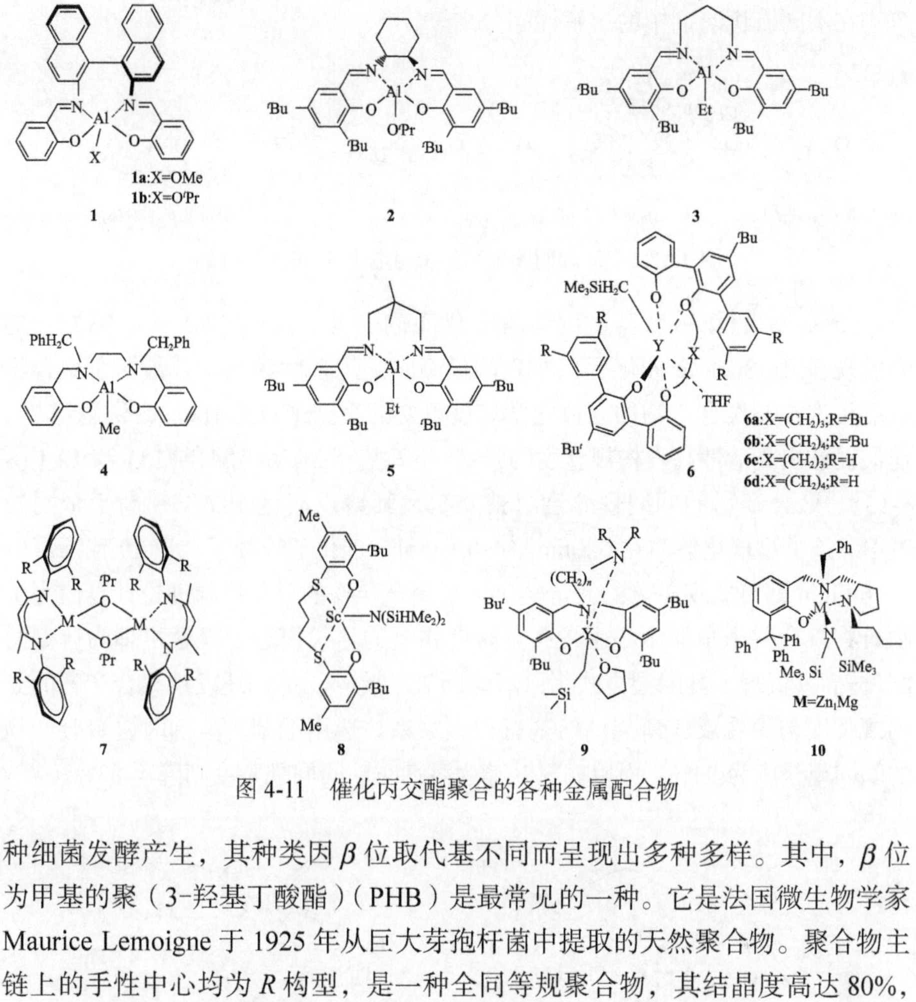

图 4-11　催化丙交酯聚合的各种金属配合物

种细菌发酵产生，其种类因 β 位取代基不同而呈现出多种多样。其中，β 位为甲基的聚（3-羟基丁酸酯）（PHB）是最常见的一种。它是法国微生物学家 Maurice Lemoigne 于 1925 年从巨大芽孢杆菌中提取的天然聚合物。聚合物主链上的手性中心均为 R 构型，是一种全同等规聚合物，其结晶度高达 80%，熔点约为 175 ℃。然而，天然 PHB 的分解温度也仅为 180 ℃左右，意味着一旦熔融，就开始发生分解，大大限制了天然 PHB 的加工和应用。

现在，通过化学合成方法可以合成外消旋、R 型和 S 型 β-丁内酯。由纯手性 β-丁内酯立体选择性开环聚合得到的聚合物与天然 PHB 具有类似的性质。而使用外消旋 β-丁内酯，可望获得各种立构规整度的 PHB。早在 1989 年，Spassky 课题组[70] 首次报道了利用二乙基锌与手性二醇作为引发剂制备具有一定等规度的 PHB 的方法（图 4-12）。发现在该体系下，外消旋化合物中不同构型的 β-丁内酯的反应活性有差别，(R)-β-丁内酯比 (S)-β-丁内酯更容易插到分子链中（k_R/k_S=1.6），反应终止后，得到全同 PHB 以及 ee 值为 46% 的未反应 (S)-β-丁内酯，但是该反应的聚合产物组分并不单一，需要根据不同产物在不同有机溶剂中的溶解性来分离。

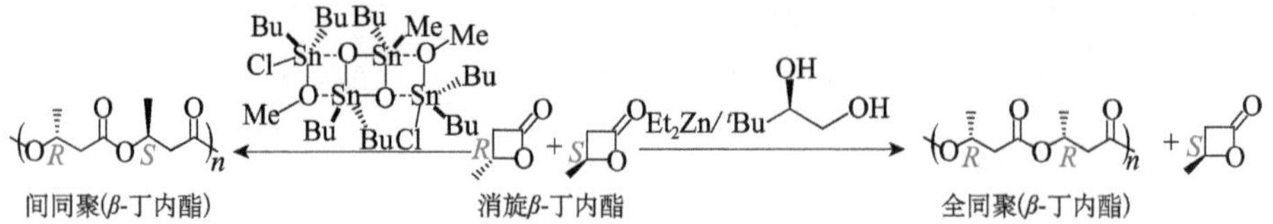

图 4-12　全同和间同聚（β-丁内酯）（PHB）的合成

　　Gross 等[71]第一次尝试用外消旋 β-丁内酯合成间同 PHB（图 4-12）。他们发现在 Bu$_3$SnOMe 催化下，PHB 的最高间同规整度为 70%，证明了聚合物链端机理控制聚合产物的立体化学。最重要的突破来自 Carpentier 课题组[72]，他们设计出高活性高立构规整度的胺基-烷氧基-双酚稀土配合物 **11** 和 **12**（图 4-13），聚合产物的间同规整度可达 94%，其熔点高达 183 ℃，高于全同的 PHB。该类型催化体系在 0.5 mol%～0.1 mol% 催化剂浓度下，于 20 ℃下反应 1～60 min 即可实现单体的完全转化，且聚合产物的分子量与理论计算值完全吻合，符合一个金属中心引发一条聚合物链的生长模型，聚合机理为典型的配位-插入机理，其断裂方式为酰氧键断裂。此外，他们还发现聚合产物的立构规整度与聚合反应所用的溶剂有很大关系，选用甲苯为溶剂时，聚合产物的间同规整度为 94%，而以四氢呋喃为溶剂时，间同规整度则降至 83%。

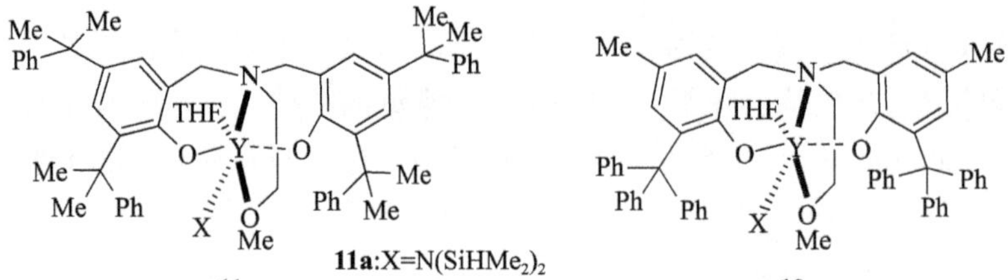

11a:X=N(SiHMe$_2$)$_2$
11b:X=O^{i}Pr

图 4-13　催化 β-丁内酯聚合的各种金属配合物

　　三元环的环氧化物分子中存在很大的环张力，化学性质活泼，与酸、碱或强亲核试剂作用均易发生开环反应，若发生连续开环或与其他小分子化合物共聚合则形成高分子。含取代基的环氧烷烃参与的反应还存在区域和立体选择性开环问题，从而形成不同结构的化合物。尽管早在 1955 年陶氏化学公司的科学家就发现了结晶性的全同聚环氧丙烷[73]，但可能由于高活性和高立构规整性催化剂发展缓慢，它并没有像同时期发现的全同聚丙烯那样获得大规模商业化应用。

　　1956 年，Price 等 [74] 报道了用 Fe(C₃H₆O)ₙCl₃-ₙ 催化 (R)- 环氧丙烷聚合，用丙酮处理聚合物，获得了无定形无光学活性的聚环氧丙烷和具有光学活性的半结晶性材料。该半结晶性材料与 KOH 聚合手性环氧丙烷得到的聚合物一样，X 射线衍射分析图上在 4.25 Å 和 5.20 Å 处均出现衍射峰，表现出了结晶性聚环氧丙烷的全同结构。1965 年，Tsuruta 等第一次尝试用手性催化剂通过动力学拆分方法直接由外消旋环氧丙烷合成光学活性聚合物 [75]。他们发现，残留单体的光学活性随着单体转化率的增加而升高。尽管动力学拆分系数 (K_{rel}) 只有 1.2，但还是获得了 5%～7% 半结晶性聚合物材料（图 4-14）。在接下来的 40 多年里，虽然发展了多种催化体系，但研究进展非常缓慢。直到 2008 年，Coates 等发现联萘桥连双金属钴配合物 13 和亲核性离子型季铵盐组成的催化体系，可以高效催化外消旋端位环氧烷烃立体选择性聚合。催化剂的活性和对映选择性非常高，动力学拆分系数超过 300，聚合物全同规整度高于 98%[76,77]。此外，外消旋双金属钴配合物 13 还可以高全同选择性聚合各种外消旋端位环氧烷烃，形成两种构型的高全同结构聚醚混合物（图 4-15 和表 4-3）[78]。

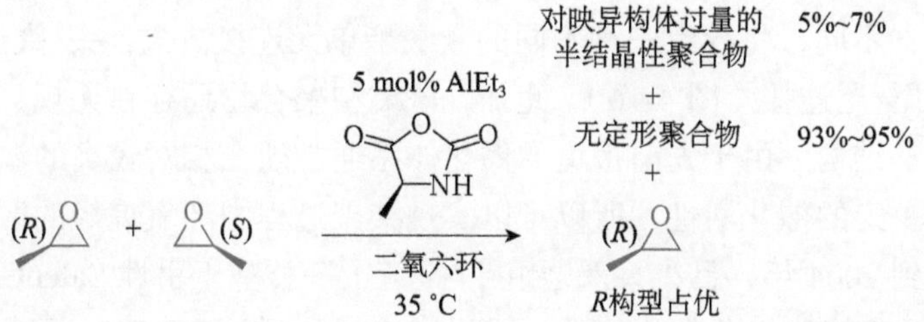

图 4-14　通过动力学拆分由外消旋环氧丙烷合成光学活性聚合物

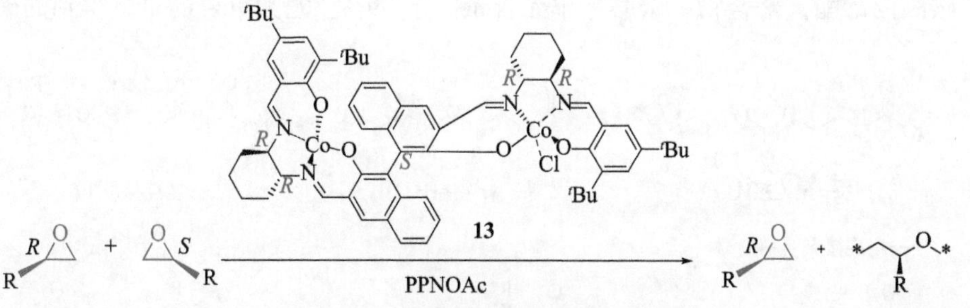

图 4-15　外消旋环氧烷烃对映选择性聚合

　　二氧化碳与环氧烷烃共聚形成降解性聚碳酸酯的反应是最具潜力的绿色过程之一。该聚合过程不但存在聚合物与环状碳酸酯的产物选择性、聚合物

表 4-3　联萘桥连双金属钴配合物催化外消旋端位环氧烷烃立体选择性聚合

环氧化物	转化频率 / min^{-1}	M_n/ ($\times 10^3$)	K_{rel}	环氧化物	转化频率 / min^{-1}	M_n/ ($\times 10^3$)	K_{rel}
O	91	26	>300	O—O—/	10	8	>50
O	16	61	>300	O—OPh	960	130	>70
O	6	77	>100	O	14	79	>20
O—OTBDMS	760	140	>70	O	21	46	>300
O—O—	14	33	>50	O—Ph	11	50	>70
O—O—	130	110	>100	O—CF₃	190	20	>300
O—O—furan	230	69	>80				

中碳酸酯单元与聚醚单元选择问题，还具有共聚过程中环氧烷烃开环的区域和立体选择性[79]。对于端位环氧烷烃与二氧化碳的交替共聚反应，环氧烷烃的开环位置不同，将导致三种不同的碳酸酯单元连接方式：头-头连接、头-尾连接和尾-尾连接（图 4-16）。此外，该类型聚合物还存在无规、全同和间同立体化学结构。由于先前报道的催化体系通常须在相对较高的温度和压力下才具有一定的催化活性，所以难以实现共聚过程中环氧烷烃的区域选择性开环。直到 2004 年，吕小兵课题组[80]报道了一类基于手性 SalenCo(Ⅲ) 配合物的亲电/亲核双组分催化体系，可以在室温和低至 0.2 MPa 压力下催化二氧化碳和外消旋环氧丙烷的聚合反应，高选择性得到呈窄分布的光学活性聚碳酸丙烯酯，聚合物中碳酸酯单元含量高于 99%。尤为重要的是，得到的聚

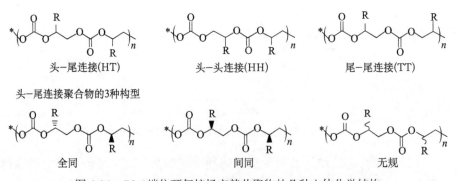

图 4-16　CO_2/ 端位环氧烷烃交替共聚物的几种立体化学结构

碳酸酯的头-尾相接单元含量高于 95%，意味着参与共聚的环氧烷烃高区域选择性地在亚甲基碳-氧键断裂开环。进一步通过在 SalenCo(Ⅲ) 配合物上引入大位阻型基团，成功实现了二氧化碳和环氧丙烷高区域选择性开环，高选择性地获得了完全交替结构的二氧化碳基聚碳酸酯，并拥有含量大于 99% 的头-尾连接单元，最高动力学拆分系数达到 24.3[81]。选用手性环氧丙烷，得到接近 100% 的全同结构聚碳酸丙烯酯。这些催化体系也可适用于二氧化碳和各种端位环氧烷烃的高区域选择性开环共聚，以获得立构规整性聚碳酸酯[82]。

因为内消旋环氧烷烃具有一个对称面的 2 个潜手性中心，在手性环境下的去对称化开环可以构建具有 2 个手性中心的化合物，是手性药物中间体制备和不对称催化领域应用最广泛的方法之一。若将这一策略用于二氧化碳和内消旋环氧烷烃的不对称共聚，通过控制亲核试剂选择性进攻内消旋环氧烷烃的一种构型碳并使其构型翻转，这样就获得主链手性的全同结构聚碳酸酯（图 4-17）。最早开展环氧环己烷与二氧化碳的不对称共聚是 Nozaki 课题组[83,84]，她们采用二乙基锌和手性胺醇组成的双核锌催化体系 14，获得的聚合产物水解后形成二醇的对映选择性为 50%～80% ee。2005 年，丁奎岭课题组[85] 发表了采用 Trost 配体与二乙基锌原位反应生成双核锌配合物 15 催化环氧环己烷与二氧化碳的交替共聚，但手性诱导不佳，只有 18% ee 的对映选择性。但后来 Wang 和 Chang 等发现使用 Azephenol（与 Trost 配体结构相似）的双核锌配合物 16 可获得最高为 93.8% ee 的聚碳酸环己烯酯[86]，他们认为刚性四元杂环结构具有使环氧环己烷配位和不对称开环的有利手性环境。Nozaki 和丁奎玲课题组使用的催化体系都具有完全相同的手性胺醇单元、链引发基团（—OEt）和双核结构，唯一不同之处是催化剂结构的对称性。Nozaki 课题组使用的催化剂中两个手性胺醇单元头尾交叉分布在双核锌的两侧，具有明显的非对称性结构；而丁奎玲课题组使用的 Trost 配体，两个手性胺醇单元头头连接，对称分布于双核锌中心的两侧，具有很好的对称性结构。值得注意的是，Coates 课题组也发现使用的具有非对称结构的手性锌催化剂 17 有利于该不对称共聚反应[87]。基于这一发现，吕小兵课题组[88] 将叔丁基固定在 Salen 配体中一个苯环的 3 位，在另一苯环的 3′ 位选用更大位阻型基团（如二甲基苯基、二甲基叔丁基硅基和 1-金刚烷基），设计合成了一系列具有非对称结构的四齿席夫碱钴配合物 18b、18c 和 18d 与氯化双（三苯基正膦基）亚铵（PPNCl）组成双组分催化体系，用于环氧环己烷与二氧化碳的不对称聚合研究。所有催化体系可以在非常温和的反应条件下（25 ℃、0.8～1.5 MPa CO_2）高效催化该聚合反应，选择性形成碳酸酯单元含量高于 99% 的聚碳酸环己烯酯；聚合物分散性指数

PDI<1.2，呈现可控的聚合特征。可以发现，随着催化剂非对称结构的不断变化，聚合反应的对映选择性逐渐提高，明显高于他们先前报道的基于简单手性的 SalenCo(Ⅲ) 配合物 18a[89]。使用手性诱导剂 (S)-2-甲基四氢呋喃，聚碳酸酯的对映选择性提高至 96% ee。尤为重要的是，该高立构规整性聚合物在 216 ℃时出现非常明显的熔融吸收峰，而在 120 ℃左右几乎难以观察到玻璃化转变温度，这是第一个结晶性的二氧化碳基聚碳酸酯。有趣的是，具有相反构型的全同结构聚碳酸环己烯酯通过共混形成了聚合物立体复合物，可以明显提高熔点和结晶度[90]，而且结晶行为完全不同于全同结构聚合物。原子力显微镜研究表明：(S)- 和 (R)- 聚碳酸环己烯酯的球晶分别以逆时针和顺时针方向生长，而立构复合混合物球晶为全新的板条状结晶形貌（图 4-18）。

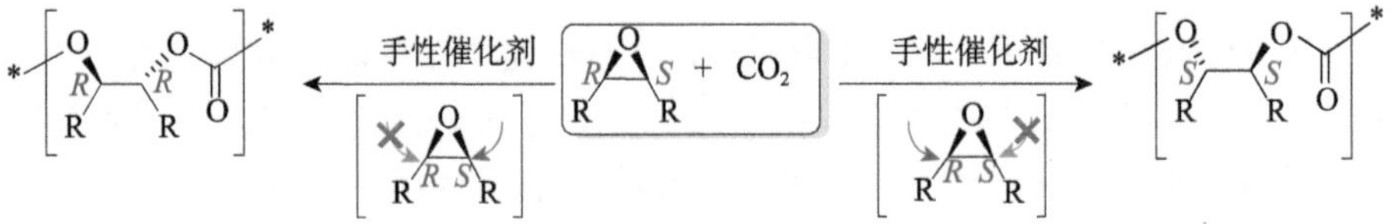

图 4-17　二氧化碳与内消旋环氧烷烃的不对称共聚

　　尽管大位阻型单核钴配合物 18d 在低温和手性诱导试剂存在下可以高对映选择性催化二氧化碳和环氧环己烷的不对称共聚，但催化活性为只有 3 转化数 1 h，难以获得高分子量聚合物。此外，该催化体系对其他内消旋环氧烷烃（如环氧环戊烷）几乎没有活性。最重要的进展是手性双核钴（Ⅲ）配合物 19 的设计，它们可以在非常温和的条件下高活性催化二氧化碳和环氧环戊烷的不对称催化，25 ℃时的催化活性约为 200 转化数 1 h，聚碳酸环戊烯酯对映选择性达到 99% ee[91]（图 4-19）。进一步研究发现，该类型催化剂对所有内消旋环氧烷烃与二氧化碳的不对称共聚均具有非常高的活性和对映选择性，是一种此类不对称聚合反应的优势手性催化剂[92-94]。他们还发现无论是可结晶的还是无定形的全同结构聚碳酸酯，其相反构型等质量混合，均容易形成紧密堆积结构的立体复合物，溶解性能和热稳定性与单一构型全同结构聚碳酸酯完全不同[95]。该课题组进一步发现具有不同结构和不同构型的无定形全同聚碳酸酯经过简单的自组装，也可以形成高结晶性的聚碳酸酯立体复合物[96]。利用增长聚合物链在不同构型催化剂分子之间的链穿梭，实现了外消旋催化剂直接制备出结晶性多嵌段立构规整性聚碳酸酯[97]。

　　环氧烷烃与环状酸酐的开环共聚反应形成的聚酯是一类新型降解性高分子材料。比二醇参与的直接酯化缩聚法和酯交换缩聚法合成聚酯具有更多优

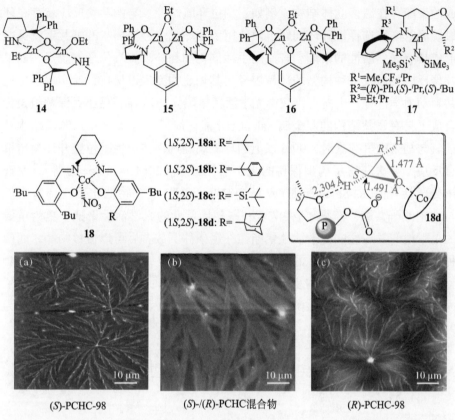

图 4-18 (*R*)- 和 (*S*)- 全同结构聚碳酸环己烯酯 (PCHC) 以及它们的立体复合物的 AFM 图

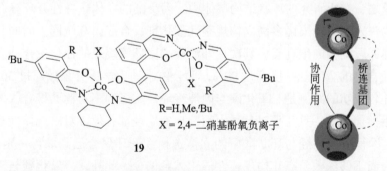

图 4-19 不对称催化二氧化碳和环氧环戊烷聚合的手性双核钴 (Ⅲ) 配合物

势，如分子量及其分布易于控制，而且这类反应的两种底物非常容易通过化学手段大规模廉价获得，具有较高的经济竞争性。反应底物之一环氧烷烃在开环过程中具有区域和立体化学选择性问题，这样就使得与环状酸酐共聚形成的聚酯存在诸多立体结构。例如，端位环氧烷烃参与的共聚反应就存在环氧烷烃的区域选择性开环问题，而使用手性环氧烷烃与环状酸酐共聚就可能形成具有光学活性的聚酯。若使用手性催化剂和外消旋端位环氧烷烃，如果共聚反应仅涉及一种构型的环氧烷烃而其相反构型得以保持，就实现了催化共聚动力学拆分，也能直接获得光学活性聚酯。2013 年，吕小兵课题组设计合成了具有联萘结构的双金属 SalenCrCl 催化剂[98]，在催化 (S)- 苯基缩水甘油醚与马来酸酐共聚时，99% 以上的环氧烷烃选择在亚甲基位置开环参与聚合反应，首次获得了构型保持的光学活性聚酯。2014 年，Coates 等[99] 发现用光学活性 (R,R)-SalenCo(III) 或 (S,S)-SalenCo(III) 配合物催化手性环氧丙烷与琥珀酸酐共聚，获得了含 97% 头-尾相接单元的光学活性聚酯。更为重要的是，他们发现这些光学活性聚酯在一定条件下放置后可以慢慢结晶，而两种相反构型的聚酯以 1:1 混合后可以很快结晶，且结晶度更高，熔点提高 40 ℃，是一类结晶性的立体复合物。2016 年，吕小兵课题组[100] 第一次实现了内消旋环氧烷烃与环状酸酐的不对称共聚合反应（图 4-20），获得了 ee 值为 91% 的全同结构聚酯。

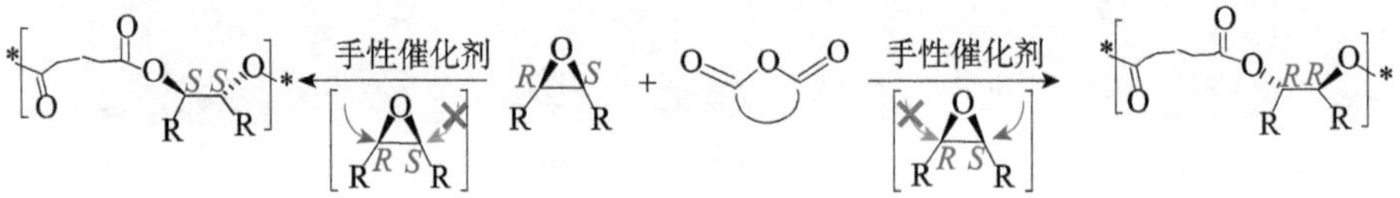

图 4-20　环状酸酐与内消旋环氧烷烃的不对称共聚

　　总之，在所研究的环状结构单体中，丙交酯的立体选择性开环聚合研究得最为深入，涌现出诸多高立构规整性催化剂，合成出高全同、间同、杂同和立体嵌段结构的聚乳酸。其次是外消旋端位环氧烷烃的催化聚合动力学拆分，聚合物的全同规整度高达 99%，部分体系动力学拆分系数超过 300。另一个比较成功的案例是二氧化碳与内消旋环氧烷烃的不对称共聚合，发现了优势手性催化剂，且几乎对各种内消旋环氧烷烃都有效，对映选择性都高于98%。尽管环氧烷烃与环状酸酐的立体选择性开环聚合已经取得一定进展，但研究尚不够深入，高立构规整性催化体系偏少。此外，一氧化碳与环氧烷烃的不对称共聚尚有望合成光学活性聚酯，但尚未见报道。

三、螺旋选择性聚合反应

　　螺旋是手性的一种重要表达方式，左、右手螺旋结构为相互不能重叠的镜像结构。很多天然大分子中都有螺旋结构存在，如蛋白质的 α 螺旋、脱氧核糖核酸 (DNA) 的双螺旋结构[101,102] 等。早在 20 世纪 50 年代人们就已经发现等规聚丙烯在固相中能够形成螺旋构象，但是在溶液中却以无规线团形式存在。随着高分子合成化学的发展，越来越多的螺旋高分子被开发出来，但是相对于大量的人工高分子来说，螺旋高分子仍然处于发展的初级阶段，还存在数量有限、种类较少等问题[103]。如前所述，根据螺旋翻转能垒的高低，螺旋高分子可以分为两种：一种是具有较低翻转能垒的动态螺旋高分子，这种高分子的螺旋构象是动态的，很容易实现左、右手螺旋的相互转变，如聚乙炔、聚酰胺、聚硅烷等；另一种则是具有较高螺旋翻转能垒的静态螺旋高分子，这种高分子的螺旋构象较为稳定，一旦形成，需要较高的能量才能实现左、右手螺旋构象的翻转，代表性的聚合物有聚异腈、聚（三联苯乙烯）及聚（甲基丙烯酸三苯甲酯）类等[104]。

　　当聚合反应中没有任何不对称因素存在时，会生成等当量的左、右手螺旋聚合物，虽然聚合物呈现螺旋构象，但是整体上不显示光学活性，相当于有机小分子的外消旋体。而螺旋选择性聚合反应 (helix-sense-selective polymerization, HSSP) 则是利用手性催化剂、手性溶剂或添加剂诱导单体聚合，生成单一螺旋方向或者某一螺旋方向过量的螺旋高分子聚合物。由于左、右手螺旋聚合物不等量，整个聚合物具有旋光性。

　　虽然利用手性单体制备光学活性的螺旋聚合物是较为常用的方法，但是利用平面手性单体制备手性螺旋聚合物却鲜有报道。2017 年，宛新华等设计合成了一种光学纯的平面手性的苯乙炔单体 [(S)-1 和 (R)-1]，利用 Rh(nbd)BPh$_4$ 和 MoCl$_5$ 作为催化剂，引发这两个单体聚合分别得到高分子量的聚苯乙炔 poly-(R)-1 和 poly-(S)-1[105]。有趣的是，单体 (S)-1 和 (R)-1 的比旋光度分别为 −95 和 +94，而形成的聚合物 poly-(S)-1 和 poly-(R)-1 的比旋光度增大了超过 35 倍，分别达到了 +3670 和 −3385。这种比旋光度的增加以及旋光方向的变化是因为聚合后形成某一螺旋方向过量的聚苯乙炔。单体和聚合物的 CD 光谱和紫外光谱也证明了聚合物主链的螺旋结构。如图 4-21 所示，由于芳环的离域，单体 (S)-1 和 (R)-1 在 306 nm 处有较明显的紫外吸收。因为其平面手性，会在该紫外吸收区域产生较弱的 Cotton 效应。聚合形成的 poly-(S)-1 和 poly-(R)-1 分别在 306 nm 和 505 nm 处有显著的紫外吸收，这两处的紫外吸收分别来自重复单元上的苯环和聚炔主链。在 CD 光谱上的长波长处非守恒的 Cotton 效应意味着聚合物形成了左-右螺旋主链，而在短波长处守恒的 Cotton 效应表明侧基上的苯环形成了螺旋状排列。这一研究工作首次实现了单体的平面手性向聚合物主链螺旋手性的传递和放大。

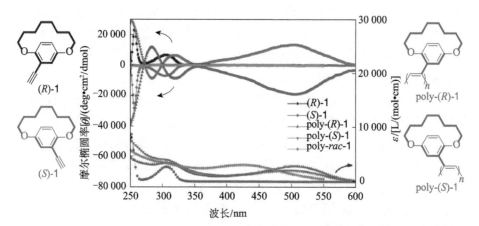

图 4-21　单体 (*S*)-**1**、(*R*)-**1** 和相应的聚合物 poly-(*S*)-**1**、poly-(*R*)-**1** 的紫外-可见吸收及圆二色光谱图

θ：椭圆率；ε：消光系数

利用手性催化剂催化非手性单体聚合也可以获得旋光性的螺旋高分子。2003 年，Aoki 等报道了一种非手性苯乙炔单体的螺旋选择性聚合反应[106]，以光学活性的 (*S*)- 或 (*R*)- 苯基乙胺 (PEA) 为共催化剂，用 [Rh(nbd)Cl]$_2$ 聚合非手性苯乙炔单体 **2** 得到光学活性螺旋聚苯乙炔（图 4-22）。这种聚合物的 CD 光谱图上在聚苯乙炔主链吸收区域显示出显著的 Cotton 效应，并有旋光性，表明这种聚合物在溶液中形成了手性螺旋构象。值得一提的是，在聚合反应后铑催化剂和手性胺都可以除去，聚合物上不含有任何手性中心，即聚合物的侧链或端基中没有其他手性单元，聚合物的旋光性完全来自其螺旋主链。

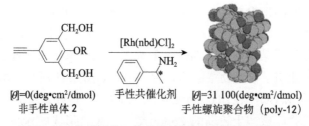

图 4-22　非手性苯乙炔单体的螺旋选择性聚合反应

虽然这种铑催化剂体系 [Rh(nbd)Cl]$_2$-(*R*)-PEA 非常简单，两种化合物均已商品化，但是适用于该催化体系的单体类型有限，普适性不高。因此，Aoki 等不断寻找适用于此类螺旋选择性聚合反应的新单体类型，以提高该手

性催化剂体系的普适性。2012 年，他们又报道了一种新的非手性苯乙炔单体 **3a～3c**，通过 [Rh(nbd)Cl]$_2$-(*R*)-PEA 或 (*S*)-PEA 催化体系进行螺旋选择性聚合反应 [107]。如图 4-23 所示，这种单体在苯环上的 3,5 位有两个 *N*-烷基酰胺基，有利于分子内氢键的形成。由于重复单元侧基上的氢键作用可以进一步稳定主链聚乙炔的螺旋构象，聚合物主链螺旋结构的稳定性得到提高。

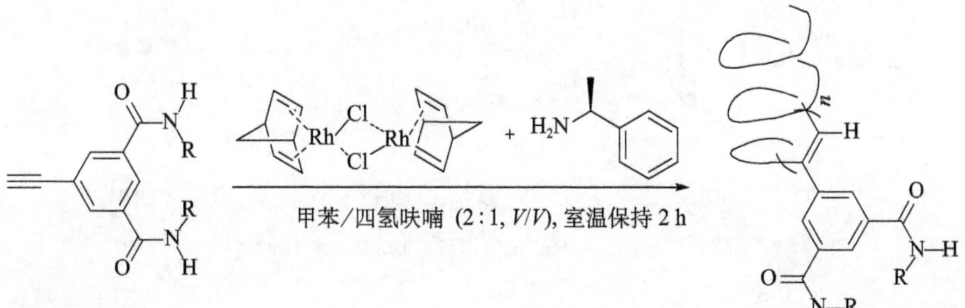

3a: R =^{n}C$_4$H$_9$
3b: R =^{n}C$_4$H$_{17}$
3c: R =^{n}C$_{12}$H$_{25}$

图 4-23　非手性二酰胺取代苯乙炔单体的螺旋选择性聚合反应

在螺旋选择性聚合反应研究领域，邓建平等建立了手性胶束中的螺旋选择性乳液聚合新方法 [108]。该方法使非手性的单体和催化剂在手性乳液的不对称微环境中实现螺旋选择性聚合反应，获得手性聚合物。例如，非手性乙炔基单体在十二烷基硫酸钠 (SDS) 与手性氨基酸构成的手性乳液微环境中，通过铑催化剂的作用聚合，得到了具有单一手性的螺旋聚合物纳米粒子。聚炔高分子在主链吸收区域产生很强的 Cotton 效应，并表现出很强的旋光性。在这种手性胶束诱导的不对称聚合中，聚合物在链增长过程中所采取的螺旋构象取决于所加氨基酸的绝对构型，且聚合物螺旋构象是由热力学控制的动态螺旋构象，因而得到的光学活性螺旋聚合物仅在固态时呈现光学活性，而在溶液状态时不具有光学活性。后来，邓建平等改进了原来的聚合方法，以十二烷基苯丙氨酸 (DPA) 作为手性乳化剂在水溶液中形成手性胶束，再与铑催化剂配位形成具有光学活性的配合物，非手性取代的乙炔单体 **4** 在手性胶束中经过螺旋选择性聚合反应得到具有单一手性的螺旋聚合物乳液，且得到的聚合物无论在固态还是在溶液状态下均具有光学活性（图 4-24）[109]，该高分子聚合物的螺旋构象由动力学所控制，是一种稳定的螺旋构象。值得注意的是，聚合体系中乳化剂的烷基链的长度及氨基酸的体积对螺旋选择性聚合反应均有重要的影响，结果表明：十二个碳的烷基链及位阻较大的氨基酸 7

组成的乳化剂更有利于形成单一螺旋的聚合物[110]。

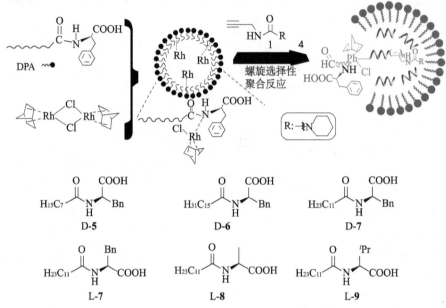

图 4-24　非手性乙炔单体在手性胶束中的螺旋选择性聚合反应及手性乳化剂

在已经发现的螺旋高分子中，聚异腈是静态螺旋高分子的典型代表，具有较高的化学和物理稳定性，螺旋聚异腈在手性识别、对映体分离、高分子液晶等领域都具有广泛应用。目前已报道的光学活性螺旋聚异腈大多是采用非手性的引发剂聚合手性异腈单体得到的，而利用手性催化剂、手性引发剂、手性添加剂、手性溶剂等手段聚合非手性异腈单体制备光学活性的螺旋聚异腈的研究相对较少。Yashima 等使用预制的单一手性螺旋聚异腈嵌段共聚非手性异腈单体来控制嵌段共聚物的螺旋方向，实现了螺旋选择性聚合反应[111]，这种共聚物的螺旋方向完全是由手性大分子引发剂（螺旋聚异腈嵌段）的螺旋方向控制的。

2014 年，吴宗铨等合成了一类新的炔钯配合物，这种配合物结构简单、性质稳定，且能够引发多种异腈单体活性聚合，生成的聚异腈具有较高的立构规整度[112]。他们利用这种钯配合物引发非手性单体聚合，在聚合反应中加入手性添加剂（手性丙交酯，LA），提供手性的聚合环境，诱导聚合反应产生具有光学活性的螺旋聚异腈[113]。在手性 L-/D-LA 存在条件下，他们实现了非手性 Pd(Ⅱ) 引发剂对非手性苯异腈单体 **10** 的螺旋选择性聚合反应，如图 4-25 所示。

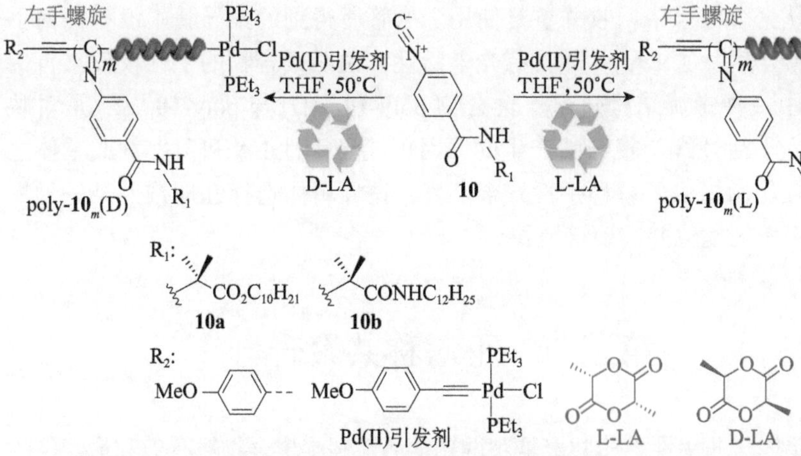

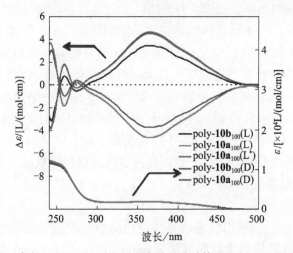

图 4-25 在 L-丙交酯和 D-丙交酯存在条件下 Pd(Ⅱ) 配合物引发苯异腈的
螺旋选择性聚合反应

在此条件下，非手性的 Pd(Ⅱ) 配合物引发非手性苯异腈单体 **10** 的聚合所得聚合物的光学活性如图 4-26 所示。CD 光谱研究表明，在 L-LA 存在下的聚合产物 poly-**10**$_{100}$(L) 在 364 nm 波长处有明显正的 Cotton 效应，说明聚合物主链形成了右手螺旋过量的螺旋构象；使用 D-LA 作为手性添加剂时，其产物 poly-**10**$_{100}$(D) 与 poly-**10**$_{100}$(L) 表现出互为镜像的 Cotton 效应，在 364 nm 波长处有明显负的 Cotton 效应。这些结果说明，相反构型的手性 LA 的加入，诱导聚合物形成相反的左手螺旋过量的螺旋构象。在聚合反应后，LA 可以

图 4-26 L-/D-LA 条件下，Pd(Ⅱ) 引发剂聚合苯异腈单体 **10a** 和 **10b** 得到的聚合物的 CD
和 UV-Vis 光谱

很方便地从聚合体系中回收并重复使用。尽管所得到的聚异腈中没有任何手性中心（聚合后除去 LA），却具有光学活性，说明聚合物的手性仅仅来自聚合物主链中一种螺旋结构过量，聚合物 poly-10_{100}(D) 与 poly-10_{100}(L) 是对映体。这种光学活性螺旋聚异腈产生的原因可能是手性 LA 和引发剂或单体之间的弱相互作用提供了一种手性聚合环境，诱导单体选择性地按照某一种螺旋方向与引发剂配位并实现链增长。

第三节 不对称共聚合

手性单体与非手性单体共聚是获得光学活性螺旋聚合物最有效和最经济的方法之一。根据 Green 等提出的"士兵与将军"规则和"少数服从多数"规则以及伊辛模型[34,35]，可以定性和定量地解释共聚物中的手性放大。最近几年，科学家们在可控的手性放大方面进行了较多的研究，取得了一些有趣的结果。

聚苯乙炔是一种常见的动态螺旋聚合物。早期的研究已经清楚，当结构相似的手性单体和非手性单体进行无规共聚时，遵循正常的"将军与士兵"手性放大规则；而当结构差别较大的手性单体与非手性单体无规共聚时，则遵循非正常的"将军与士兵"规则。通常情况下，一个共聚体系只会表现出一种手性放大效应。

2011 年，Riguera 等利用一价和二价金属离子与羰基或醚键中氧的配位作用来调控侧基的构象，实现了对聚炔烃主链螺旋方向的调控[114]。2014 年，他们将该方法应用到手性单体和非手性单体的共聚物中，实现了不同的手性放大[115]。如图 4-27 所示，Li^+ 只能和 C=O 单齿配合，此时 poly(1_r-co-2_{1-r}) 呈现左手螺旋但并没有明显的手性放大；而 Ba^{2+} 能和 C=O 与 OCH_3 形成螯合物，poly(1_r-co-2_{1-r}) 呈现右手螺旋，并具有非常明显的手性放大，当 r=0.2 时便能达到手性均聚物的光学活性。当非手性单体是 3 时，poly(1_r-co-3_{1-r}) 与 Li^+ 或 Ba^{2+} 配合分别形成左手或右手螺旋构象，但如图 4-28 所示，两者均表现出了明显的手性放大。之后，他们通过给体溶剂加入量的改变来调控一价离子如 Na^+ 与苯环间的阳离子 -π 相互作用，从而实现对"将军与士兵"规则的调控（图 4-29）[116]。

2014 年 Maeda 等利用长程的立体结构间的相互作用在以聚苯基异氰酸酯为侧链、聚苯乙炔为主链的共聚物刷中很好地实现了"将军与士兵"规则[117-119]。如图 4-30 所示，手性的和非手性的聚苯基异氰酸酯进行无规共聚，

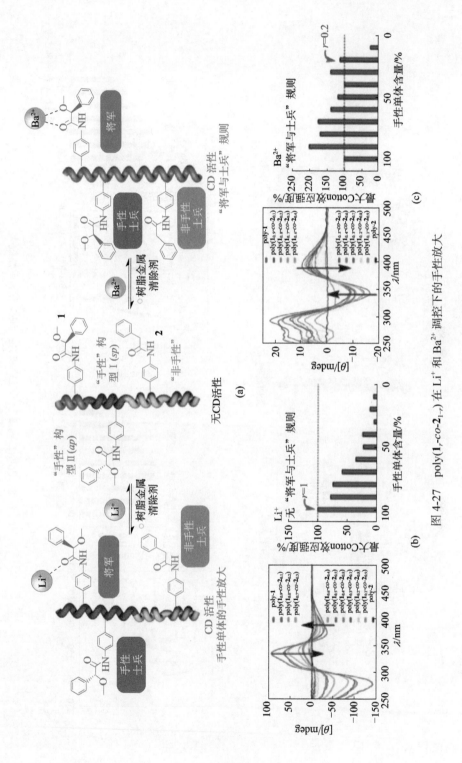

图 4-27 poly($\mathbf{1}_r$-co-$\mathbf{2}_{1-r}$) 在 Li$^+$ 和 Ba^{2+} 调控下的手性放大

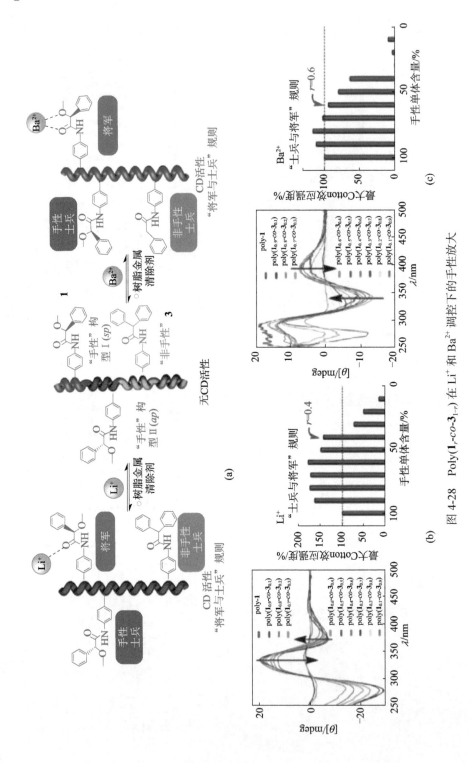

图 4-28　Poly(1_r-*co*-3_{1-r}) 在 Li$^+$ 和 Ba^{2+} 调控下的手性放大

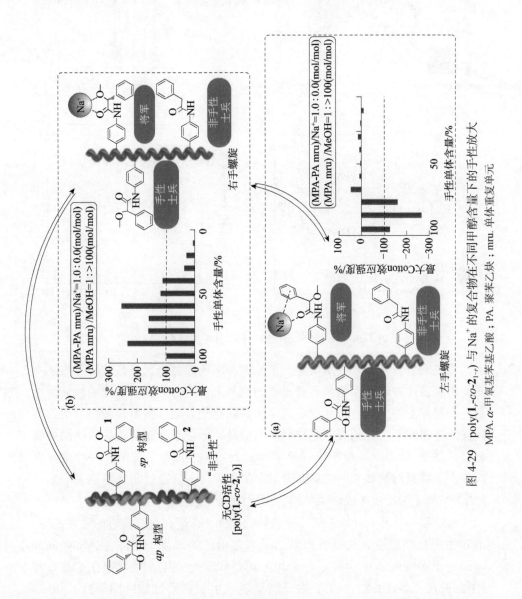

图4-29 poly(**1**ᵣ-*co*-**2**ₗᵣ) 与 Na⁺ 的复合物在不同甲醇含量下的手性放大
MPA. α-甲氧基苯基乙酸；PA. 聚苯乙炔；mru. 单体重复单元

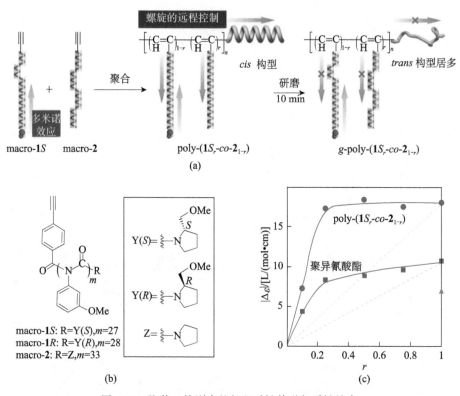

图 4-30　聚苯乙炔刷中的长程手性传递与手性放大

手性首先通过多米诺效应从聚异氰酸酯的一端诱导整个聚异氰酸酯形成某一螺旋构象占优并悬挂于聚苯乙炔主链的侧基上。这种侧基的螺旋手性又传递到整个聚苯乙炔主链，诱导形成光学活性的聚炔骨架。接着，聚炔骨架的手性又能传递到非手性的聚苯基异氰酸酯侧链，形成某一螺旋构象占优的螺旋侧链。如图 4-30（c）所示，这种手性放大同时出现在了聚苯乙炔和聚异氰酸酯上，并且与聚炔 C＝C 双键构型密切相关，一旦通过研磨使原来的顺式（cis）结构变为反式（trans）结构，手性放大将随之消失。

聚喹喔啉是另一种动态螺旋聚合物，Suginome 等在聚喹喔啉的手性诱导、不对称催化和手性发光等方面做出了非常出色的成果。2013 年，Suginome 等研究了聚喹喔啉中"将军与士兵"规则和溶剂效应，共聚物在 CHCl$_3$ 和 1,1,2-三氯乙烷（1,1,2-TCE）中分别呈现左手和右手螺旋（图 4-31），但是在这两种体系中共聚物的光学活性随着手性单体含量的提高呈现非线性的增长，表现出很好的"将军与士兵"规则[120]。而在 2015 年，他们首次在聚喹喔啉中发现了反常的"将军与士兵"规则（图 4-32），随着手性单体含量的提

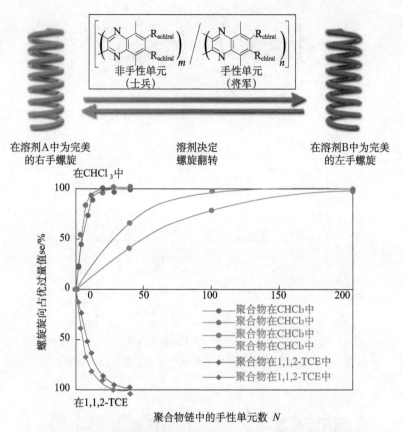

图 4-31　聚喹喔啉中溶剂调控的正常的"将军与士兵"规则

高出现了螺旋翻转，Suginome 将修正的伊辛模型用于解释这种反常现象[121]。图 4-32 中的红线是对应于聚合物主链 CD 光谱吸收峰值处（366 nm）的 se 值关于手性结构单元含量的变化关系的拟合结果，$\Delta G_{h,CC}$ 和 $\Delta G_{h,CA}$ 分别为 0.89 kJ/mol 和 −0.65 kJ/mol，两者符号相反，说明 CC 相互作用和 CA 相互作用倾向于诱导相反螺旋构象，所以出现了随着手性单体含量的提高螺旋方向发生翻转的现象。并且，这一聚喹喔啉的 $\Delta G_{h,i}$ 值要远大于聚异氰酸酯中的 $\Delta G_{h,i}$ 值，表明相应的手性结构单元具有很强的诱导主链产生某一螺旋结构的能力，故可以同时得到 se 值较大的右手螺旋和左手螺旋。

2016 年，Suginome 等发现喹喔啉手性单体和非手性单体无规共聚得到的共聚物在不同有机溶剂中表现出不同的手性放大现象。如图 4-33 所示，共聚物在 CHCl₃ 中是正常的"将军与士兵"规则，而在三氟甲苯中则表现出反常的"将军与士兵"规则，随着手性单体含量的提高，螺旋发生反转。在不

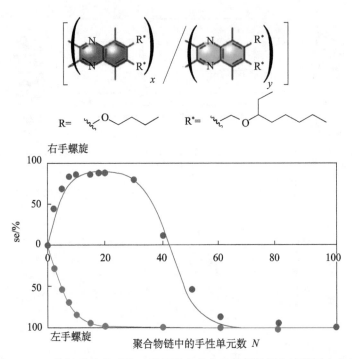

图 4-32 se 值随手性单元数 N 的增长变化实验数据结果和计算拟合曲线

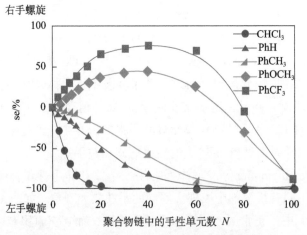

图 4-33 不同溶剂中 se 值随手性单体含量的变化

同的芳香族溶剂中，手性放大也各不相同。通过修正的伊辛模型，拟合出来的手性放大的曲线和实验数据吻合得很好。

　　Nagata 等利用这种反常的手性放大现象和聚喹喔啉的可控聚合特性，设计了两种手性单体和非手性单体含量比相同的共聚物，一种是无规共聚物 **4-3**，另一种是嵌段共聚物 **4-4**（中间是手性单体段，两边是非手性单体段）[122]。得益于聚喹喔啉较长的构象保持长度，嵌段聚合物很好地保持了中间手性单体均聚片段的螺旋旋向。故上述相同组成的无规共聚物和嵌段共聚物呈现出相反的螺旋旋向，CD 光谱在相应波长范围内表现为镜像对称，如图 4-34 所示。

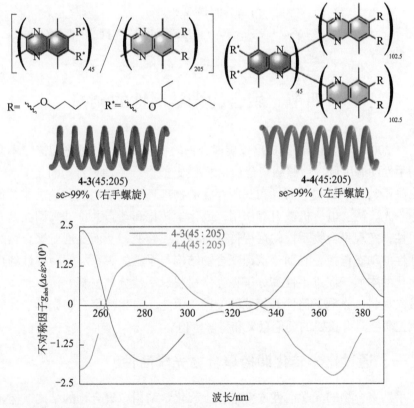

图 4-34　无规共聚物 **4-3**(45∶205) 和嵌段共聚物 **4-4**(45∶205) 的结构和在氯仿中的 CD 光谱

　　宛新华等通过调控 *cis-cisoid* 与 *cis-transoid* 构象间的转变，在一个共聚体系中实现了手性放大的可逆转变（图 4-35）[123]。

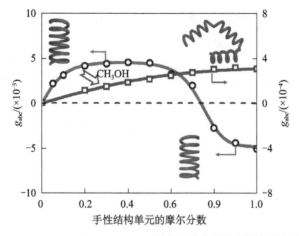

图 4-35　*cis-cisoid* 和 *cis-transoid* 聚苯乙炔中截然不同的手性放大

第四节　聚合物光学活性的调控

自 2008 年 Yashima 等提出螺旋聚合物的手性动态调控概念以来，不同类型的手性动态可调控性螺旋聚合物相继被报道[124]。手性聚合物的光学活性不仅取决于其化学结构，而且和其所存在的物理环境密切相关。通过非共价键诱导、光、磁、电、机械力等作用，或化学转化和动态共价键来调控聚合物的手性，实现聚合物手性的远程传递与放大或转变，从而实现对聚合物的光学活性的动态调控，有助于认识聚合物结构与手性的关系，阐明手性的形成与转化的本质，促进手性高分子在光学材料、手性分离材料、仿生材料、手性液晶材料、光电子器件等领域的应用。因此，对手性聚合物光学活性的动态调控研究具有重要的理论意义和科学价值。

一、通过化学转化调控聚合物光学活性

手性聚合物的光学活性通常依赖于其化学结构。聚合物的结构或构象在外界因素的作用下会发生转变，从而影响其光学活性。因此，通过化学转化的方法控制手性聚合物的结构或构象进而调控其光学活性，可以赋予手性聚合物光学活性的动态可调性，有助于发展制备光学活性聚合物的新方法，开发出理想的光学活性材料[125,126]。同时，通过化学转化的方法研究手性聚合物光学活性的变化规律，有助于深入理解聚合物手性的形成与转化和结构的

关系，阐释手性聚合物光学活性的基本原理。

聚合物光学活性的调控是发展功能手性聚合物材料重要的手段之一。通过动态调控使非光学活性的聚合物材料产生光学活性，不仅可以极大地简化光学活性聚合物的合成步骤，而且有助于将有重要应用潜力的聚合物材料开发成光学活性材料。化学转化法被认为是一种调控聚合物光学活性的有效策略，由于其能够将前驱物材料有效转化为具有光学活性的手性聚合物材料而受到研究者的广泛关注。

酶促反应具有选择性修饰手性底物的特点，通过酶促反应可实现外消旋混合物的单体手性偏好，并在聚合作用下产生手性放大效应，得到光学活性聚合物。聚合物经过后修饰作用，其螺旋手性发生了翻转（图 4-36）[127]。在反应中，外消旋混合物的单体醇（*rac*-**1**）通过脂肪酶促反应形成了 *R* 型酯化单体［(*R*)-**2**］和未反应的 *S* 型单体醇［(*S*)-**1**］，两者的浓度比例为 49.8∶50.2，手性拆分效果很好。然后，在催化剂作用下，手性单体聚合，产生了具有光学活性的螺旋聚合物 poly[(*S*)-**1**-*co*-(*R*)-**2**]。聚合物 poly[(*S*)-**1**-*co*-(*R*)-**2**] 的侧链

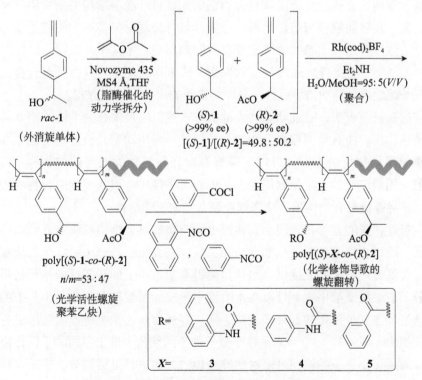

图 4-36　典型的化学转化法调控聚合物光学活性

具有可修饰的羟基基团，通过侧链修饰获得了系列聚合物 **3～5**。有趣的是，聚合物 **3～5** 展示了完全相反的螺旋手性光谱特征。修饰基团体积越大，形成的聚合物手性光谱信号越强。这是首例通过非手性基团的修饰调控聚合物光学活性的报道。

化学转化法调控聚合物光学活性具有挑战性，主要研究工作集中在通过后修饰调控其光学活性[128]。通过化学转化，实现手性转换与放大，可以使非手性的前驱聚合物在结构上表现出手性特征或光学活性，这是制备多功能手性高分子的重要路线之一。

二、通过动态共价键调控聚合物光学活性

动态共价键是一类在温和条件下可以可逆生成和断裂的化学键。它不仅具有共价键结构相对稳定的特征，同时也具有超分子结构灵活多变的特性，通过外界条件的改变，如光、热、pH、化学物质等，可以发生可逆的生成与断裂。动态共价键为制备新型功能性聚合物提供了一条有效途径。基于动态共价键构筑方式的动态键联聚合物在研究材料性能与结构关系方面具有重要意义，在智能响应与仿生材料、自愈合与自修复材料等不同研究领域得到广泛关注。常见的动态共价键主要有酰腙动态键、席夫碱动态键、取代环己烯、二硫键、肟键等。通过动态共价键方式来构筑动态键联螺旋聚合物，可以赋予螺旋聚合物动态可逆性，开辟构筑螺旋聚合物的新方式。

近来研究表明，通过动态共价键的方式可以实现聚合物主链或侧基的手性诱导作用，能有效调控聚合物的光学活性。利用动态共价键将手性中心引入螺旋聚合物主链末端，可以实现聚合物光学活性的动态调控[129]。然而，目前应用最广泛的方法是利用动态共价键将手性中心引入螺旋聚合物的侧基上，诱导螺旋聚合物构象，动态调控聚合物的光学活性。

最近，张阿方等在利用动态共价键调控螺旋聚合物构象研究方面取得了进展。通过将烷氧醚树枝化基元与动态反应基元（醛基等）引入苯乙炔聚合物，烷氧醚树枝化基元提供亲水性，使得聚苯乙炔上的动态反应基元与手性胺分子或聚赖氨酸中氨基可以在水溶液中形成动态亚胺共价键。小分子的手性通过动态共价键传递到聚苯乙炔主链，经过聚苯乙炔主链放大，形成有序螺旋结构（图 4-37）[129,130]。手性小分子的不同结构表现出不同的手性传递和诱导效果，小分子的构型可以对螺旋结构的方向进行灵活调节，亲疏水性不同的小分子手性诱导能力有差异，可以构筑具有不同螺旋程度的螺旋聚苯乙

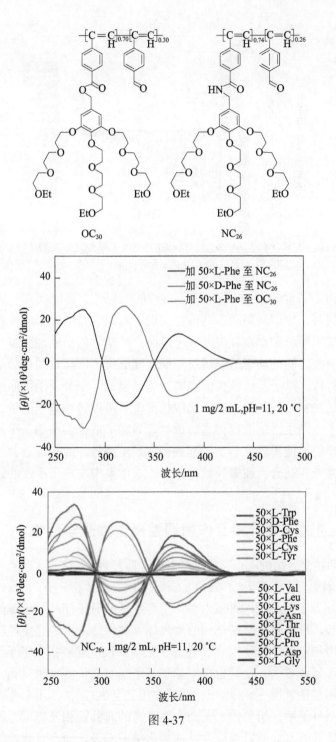

图 4-37

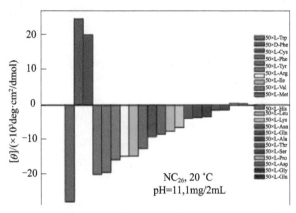

图 4-37　聚苯乙炔聚合物结构、动态共价键诱导 CD 光谱以及氨基酸诱导 Cotton 效应强度柱状图（326 nm）

炔。根据动态共价键对 pH 和温度等条件的响应性，还能实现螺旋结构的可逆调控。同时，他们利用动态共价键实现了对聚异腈的光学活性调控。侧基含有线性烷氧醚链和动态反应基元（酰肼、醛基）的高刚性异腈共聚物，通过酰腙和醛基之间的动态酰腙键反应同样能够将不同结构的小分子可逆键接到聚异腈链段，赋予其可调控的温敏行为。但是，小分子手性向聚合物主链的远程传递在室温下很难实现。温敏相变聚集可以将小分子的手性放大，实现小分子手性向主链的远程传递，诱导聚异腈形成螺旋结构。手性侧基的构型改变同样能够使得聚乙腈主链螺旋构象发生翻转。通过动态共价键调控与温敏相变性能相结合，在聚异腈和聚苯乙炔体系中实现了手性的远程传递和手性识别。

三、通过非共价相互作用调控聚合物光学活性

光学活性聚合物的动态调控既可以通过动态共价键实现，也可以通过超分子间非共价键作用来实现。1978 年，Lehn 首次提出"超分子"（supramolecule）的概念："超分子是指由两种或两种以上分子依靠分子间非共价键的相互作用结合在一起，形成复杂有序结构的聚集体，并保持一定的完整性，具有明确的微观结构和宏观特性"[131,132]。超分子化学的快速发展拓宽了手性聚合物的适用范围和制备方法，使其也可以基于分子间非共价键作用得到。这些非共价相互作用包括氢键、π-π 堆积、酸碱作用、金属-配体作用和范德瓦耳斯力等。由于超分子手性组装体的驱动力是可逆的非共价相互作用，因此超分子手性组装体具有良好的可调控性，这为化学家们设计动态可调控的刺激响应

超分子手性聚合物材料提供了理论依据。

　　经过几十年的发展，手性或非手性聚合物在手性或非手性环境下，通过非共价相互作用构建手性高分子材料已经成为一种灵活、简便的方法。这种非共价作用力由于具有动态可逆性，在外界环境刺激下可使手性聚合物产生动态、可逆的构象变化。在外界刺激源作用下，基于聚合物的动态超分子体系被广泛报道。下面着重介绍手性高分子中温度响应、溶剂响应、配位作用和超分子作用调控高分子手性的方法。

（一）温度调控螺旋聚合物手性翻转

　　动态螺旋聚合物由于具有较低的螺旋翻转能垒，且受热力学控制，这使得动态螺旋聚合物在外界温度的刺激下表现出明显的差异，甚至导致螺旋构象翻转。已经报道的这类聚合物包括聚异腈、聚硅烷、聚苯乙炔、聚异氰酸酯类等。Fujiki[133] 报道了主链为棒状结构、侧链含有手性柔性链的螺旋聚硅烷的温度响应行为，聚合物结构如图 4-38（a）所示。可以发现，在近紫外区域由于 σ-σ* 转变，主链具有相对较窄的紫外吸收峰，结合 CD 和 UV-Vis 光谱图观察到，随着温度的变化能够实现聚硅烷的左/右手螺旋结构的可逆变

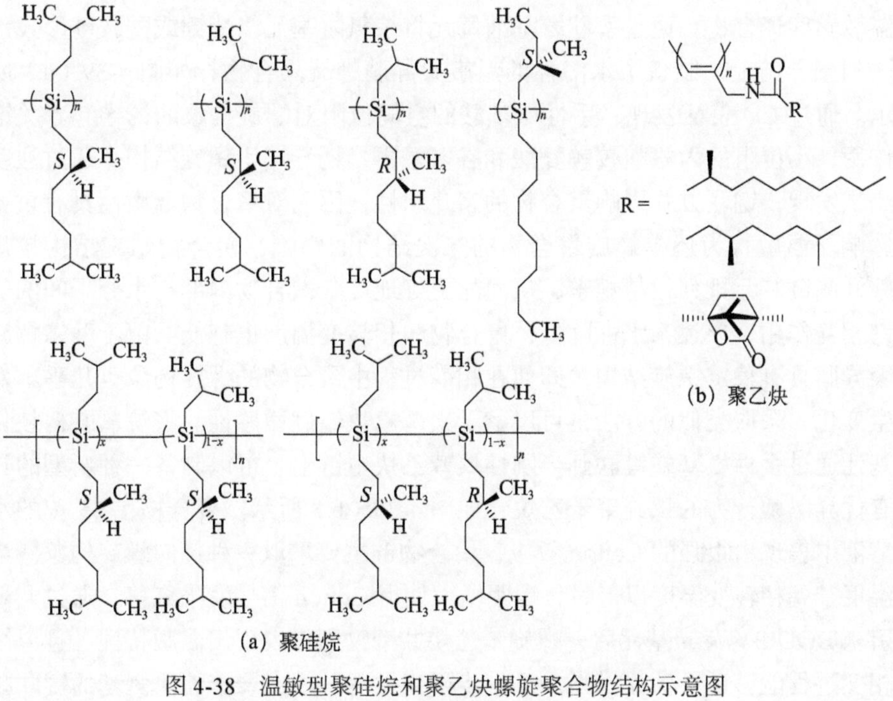

图 4-38　温敏型聚硅烷和聚乙炔螺旋聚合物结构示意图

化。通过模拟计算发现两种相反螺旋构象共同存在，由于相反螺旋构象的聚硅烷具有不同的热熵，温度的改变可以使聚硅烷侧链的排列方式发生变化，从而实现聚硅烷螺旋构象的翻转，并且通过共聚不同结构的手性硅烷，可以对螺旋构象转变温度进行调节（-64～79 ℃）。Masuda 等[134]研究了温度对侧链含有不同长度烷基的 N-异丙基丙烯酰胺类聚乙炔［图 4-38（b）］的螺旋构象的影响。可以发现，侧链酰胺键间的氢键作用，稳定了主链的螺旋构象。不同长度手性烷基链的乙炔均聚物在温度变化下并没有发生手性翻转。当不同比例手性单体共聚时，温度由 0 ℃升到 50 ℃，其 Cotton 效应由正变为负，螺旋构象发生翻转。通过调节不同单体比例，可以改变螺旋构象的平衡温度。热力学计算发现，不同长度烷基链手性聚合物的热熵差异是其螺旋构象翻转的主要原因。

除了通过温度变化调控动态螺旋聚合物主链构象，还可以在动态螺旋聚合物侧链上引入温敏性单元，达到调控的效果。具有低临界相转变温度（LCST）的温敏性聚合物在 LCST 以下，其在水中由于和水分子发生氢键作用而充分溶解，当温度升到 LCST 以上时，氢键作用被破坏，聚合物开始聚集变为非均相，这可以用来构建水溶性温敏性螺旋聚合物。张阿方等[135,136]将温敏性基元引入聚异腈类和聚苯乙炔类螺旋聚合物结构中，制备了一系列温敏螺旋聚合物。通过手性氨基酸基元将烷氧醚基元以酯键或酰胺键形式键联到聚异腈上，制备了水溶性的温敏聚异腈螺旋聚合物，如图 4-39（a）所示。通过 CD 表征发现，手性氨基酸的空间位阻对螺旋构象的诱导起着关键作用，小位阻的丙氨酸较赖氨酸和谷氨酸更易诱导产生螺旋结构。通过浊度测试发现，键联方式影响聚合物的亲疏水性，因而对聚合物温敏性具有重要影响。温敏行为还受螺旋聚合物的二次结构的影响，聚合物螺旋结构越规整，侧链基元排列也越规整，从而能更好地屏蔽聚合物内部与水分子间的氢键相互作用，导致亲水性降低，聚合物的相转变温度也越低。由于静态螺旋聚异腈具有稳定螺旋结构，即使在相变过程中聚合物的螺旋构象也几乎不发生变化。采取类似的方法也可以赋予聚苯乙炔温度敏感性。将烷氧醚树枝化基元通过手性氨基酸键联到半刚性聚苯乙炔主链上，可以制备一种新型的具有优异温敏行为的螺旋聚苯乙炔，如图 4-39（b）所示。聚合物在 25 ℃的水溶液中表现出很强的 Cotton 效应，聚合物链主要采取一种旋向螺旋构象。当温度升到相转变温度以上时，螺距增大使得 Cotton 信号发生红移。通过共聚引入 BODIPY 荧光基元后，螺旋苯乙炔共聚物同样表现出温敏特性，且温敏相变过程能够诱导荧光增强。进一步研究发现，改变聚苯乙炔侧基的键联顺序和键联方式，不仅可以有效地诱导主链形成螺旋结构和赋予温敏性能，而且可以通过温度变化调控水溶液中聚合物链与溶剂以及聚合物侧基之间和分子链之间的氢键相互作用，从而实现通过温敏相变过程来诱导聚苯乙炔螺旋构象发生可逆翻转，烷氧醚树枝化基元在形成氢键网络中起着重要作用。

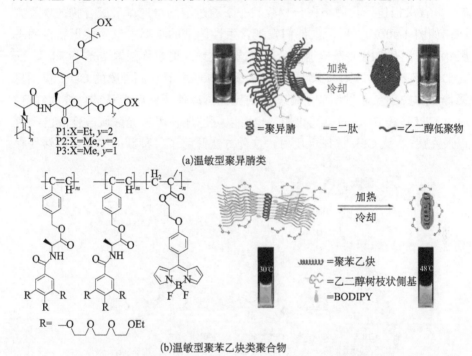

图 4-39 温敏型聚异腈类和温敏型聚苯乙炔类聚合物结构示意图

（二）溶剂调控螺旋聚合物手性翻转

溶剂是超分子手性组装中重要的组成部分，溶剂的基本特征包括黏度、极性、氢键供体能力以及溶解度。动态螺旋聚合物或超分子手性组装体受溶剂的影响非常大。例如，螺旋聚合物的螺旋构象所受到的侧基间的相互作用，如氢键、亲疏水作用和电荷作用等，在不同溶剂中被削弱或加强，从而对螺旋聚合物的构象起到调控作用。对于超分子手性组装体来说，溶剂甚至是组装的媒介。Riguera 等 [137] 报道了通过溶剂的极性和供体能力来调控动态螺旋聚合物聚苯乙炔的螺距和螺旋方向，如图 4-40（a）所示。聚合物在供体能力较强的溶剂（如 THF）中的螺距比在供体能力较弱的溶剂中（如 CHCl$_3$）明显增大，并且紫外-可见吸收光谱发生明显的红移。在极性较强的溶剂（如 DMF）中，其螺旋方向和在极性较弱的溶剂（如 THF）中相反，而在 CHCl₃ 中，其螺旋方向和在 DMF 中相同。这种转变是由于溶剂的极性和供体能力的变化，改变了侧链酰胺之间的相互作用以及溶剂和侧链酰胺的作用，主链和侧链分别发生旋转，导致其螺旋构象和螺距的变化。Suginome 等 [138] 首次报道了在固态聚合物膜状态下通过溶剂可逆调节聚合物的螺旋方向，如图 4-40（b）所示。他们发现含手性侧基的喹喔啉三元共聚物在固态膜状态下，在 CHCl₃ 蒸气退火后可以选择性地反射右旋圆偏振光（CPL），而在 DCE 蒸气退火后则选择性地反射左旋 CPL，并且这两种膜的 CD 光谱图呈镜像对称关系。通过调节手性基元的比例可以使膜的颜色从蓝色变为红色，改变 CHCl₃ 和 DCE 的蒸气比例，也可以可逆地在可见光区域改变膜的颜色以及左旋-右旋 CPL 选择性反射。这种方法开辟了一种新的构建手性转变材

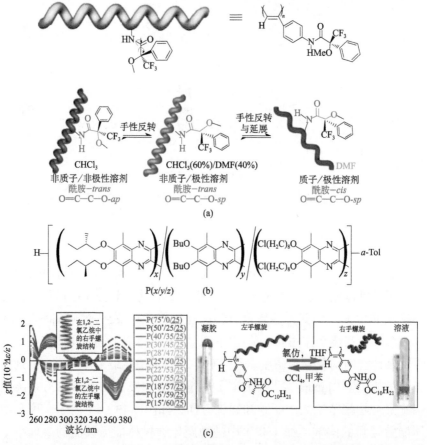

图 4-40　聚苯乙炔类 [（a）、（c）] 和聚喹喔啉类（b）螺旋聚合物的溶剂响应行为

料的途径。Yashima 等 [139] 根据不同溶剂中氢键的作用方式不同，制备了一种具有溶剂响应的聚苯乙炔，如图 4-40（c）所示。这种聚合物在非极性的四氯化碳和甲苯溶剂中，通过分子间酰胺基团之间的氢键相互作用形成稳定的螺旋构象，在 CD 光谱中表现出左手螺旋。当将溶剂换成极性的四氢呋喃和氯仿后，酰胺基团之间的氢键相互作用被减弱，溶剂与酰胺基团之间的作用被加强，诱导聚合物链从左手螺旋向右手螺旋翻转，但由于氢键作用被弱化，形成的螺旋结构的稳定性下降。

（三）离子作用调控螺旋聚合物手性翻转

科学家们一直试图通过离子和聚合物侧基间的非共价键作用（配位作用）来可逆调控聚合物螺旋构象，这种方法在手性传感、手性光开关、手性信息储存等方面具有潜在应用。近年来，由于主客体化学的发展，大量离子响应性基元被相继报道，如冠醚、酞菁、卟啉、脲基、酰胺基、磺酰胺基、酯基等。同时，离子响应性螺旋聚合物也相继被报道。在动态螺旋聚合物的侧链引入离子响应性基元，由于离子间价态、尺寸、电荷的不同，离子与侧基间的相互作用力和作用方式存在较大差异，这种差异通过螺旋构象翻转和手性放大的方式表达出来。Kakuchi 等 [140] 在阴离子响应型螺旋聚合物方面做了大量工作。他们合成了侧基带脲基的聚苯乙炔，如图 4-41（a）所示（poly-1、poly-2 和 poly-3），当在螺旋聚合物溶液中加入阴离子（Cl^-、Br^- 和 CH_3COO^-）时，通过 CD 和 UV-Vis 光谱图发现其 Cotton 效应增强和吸收谱图红移，并且可以看到明显的颜色变化（黄色到红色），这显示阴离子对聚合物螺旋构象具有明显的手性识别作用。阴离子与脲基识别后，使得聚苯乙炔螺旋结构的螺距发生变化，并且不同尺寸的阴离子引起的 CD 和 UV-Vis 光谱图变化不同。之后，Kakuchi 等 [141] 通过脲键将树枝化赖氨酸键联到聚苯乙炔上（poly-4 和 poly-5），进一步研究了侧基上阴离子识别基元的密度和外围侧基的尺寸对识别效果的影响。对比侧基含有不同代数的树枝化赖氨酸苯乙炔聚合物发现，与含有一个脲基的一代树枝化聚合物相比，含三个脲基的二代树枝化聚合物识别效果下降，对体积较大的阴离子表现得尤为明显。二代赖氨酸树枝化基元的屏蔽效果使得脲基被包埋，大尺寸阴离子难以穿越屏障与脲基作用，使得脲基含量对阴离子识别能力的促进效应不能表现出来。

金属离子与侧基间的络合作用也可以用来调控聚合物的手性螺旋结构。Riguera 等 [142] 在这方面做了相当系统的工作。侧基含有酰胺键的动态聚苯乙炔螺旋聚合物［图 4-41（b）中的 poly-6 和 poly-7］在非极性溶剂（$CHCl_3$）

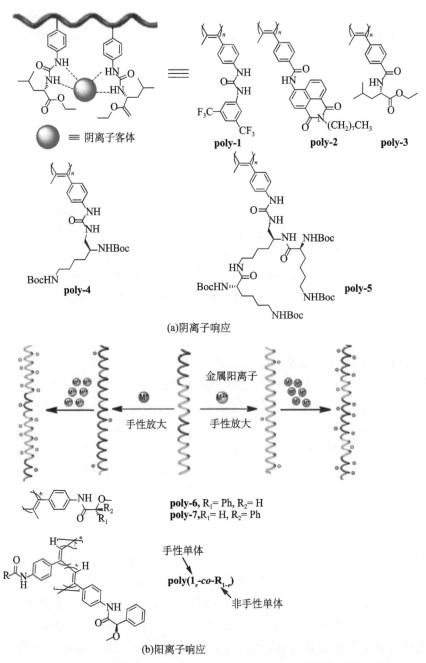

(a)阴离子响应

(b)阳离子响应

图 4-41　阴离子响应和阳离子响应聚苯乙炔类螺旋聚合物

中，由于顺叠构象（sp）和反叠构象（ap）平衡，即左右螺旋构象相等，并没有显示出 Cotton 效应。但是在加入一价金属离子（如 Ag⁺）时，聚苯乙炔侧链上的羰基和苯环与 Ag⁺ 配位，使得整个分子呈现以 ap 为主，从而在 CD 光谱上表现出左手螺旋的 Cotton 信号。当加入二价离子 Ba²⁺ 时，聚苯乙炔侧链上的羰基和甲氧基与 Ba²⁺ 配位，使得整个分子呈现以 sp 为主，从而在 CD 光谱上表现出右手螺旋的 Cotton 信号。并且还发现加入较少比例金属离子时，即可达到 CD 最大值，说明存在手性放大现象。这种聚合物是一种很好的一价和二价金属离子传感材料。

之后，Riguera 等[143]还报道了侧链含手性和非手性单元的聚苯乙炔共聚物 poly(1_r-co-R_{1-r})。由于其主链含有等量的左右手螺旋构象，poly(1_r-co-R_{1-r}) 并没有表现出 Cotton 信号。当加入金属离子后，金属离子与手性侧链的酰胺基发生配位作用，手性基元遵循"将军与士兵"规则，从而使整个聚合物链呈现单一螺旋结构。他们详细研究了不同共聚比例以及不同共聚单元的聚合物对一价和二价离子的手性识别作用。可以发现改变手性单体的比例和非手性基元的结构，在加入一价和二价离子后，其遵循的"将军与士兵"规则不同。Riguera 等[144]还报道了一价和二价金属离子可以有效调节纳米粒子的螺旋方向和粒子尺寸，详细讨论了不同溶剂、金属离子种类和聚合物-金属比例对其纳米球形貌、尺寸和螺旋方向的影响。这一系列工作拓宽了手性聚合物的应用领域和响应范畴。

（四）诱导产生螺旋聚合物手性

将手性小分子引入非手性聚合物中，诱导非手性聚合物产生诱导圆二色（induced circular dichroism, ICD）信号已经成为一种简单、灵活、经济的制备超分子手性聚合物材料的方法。这类聚合物包括聚异腈、聚异氰酸酯、聚苯乙炔、聚硅烷、聚芴以及偶氮苯聚合物等。1993 年 Green 等首次利用超分子间非共价键作用将溶剂的手性传递到非手性聚合物结构上。他们发现左/右手螺旋等量平衡、呈现外消旋的聚（正己基异氰酸酯）在多种手性氯代烃溶剂中表现出明显的 Cotton 效应。手性氯代烃溶剂与外消旋混合物中两个构象的作用有差别，从而打破了左/右手螺旋构象的动态平衡，使其呈现出明显的 Cotton 效应。聚苯乙炔和聚异腈是另一类动态螺旋聚合物，具有较低的螺旋翻转能垒，它们在手性小分子的超分子作用力下，聚合物主链能够产生螺旋构象。Yashima 等在手性诱导和螺旋聚合物的制备方面开展了大量研究，在国际手性领域享有较高的声誉。1995 年，Yashima 等[145]通过酸碱相互作用成功诱导聚苯乙炔主链形成螺旋结构［图4-42（a）］。当用酸性较强的三氟乙酸取代手性胺时，ICD信号消失，但是当用非手性胺取代手性胺分子时，ICD信号能够很好地保持，且具有螺旋记忆效应。若用相反构型的手性胺代替原有的手性胺，其螺旋的方向也会发生相应的反转。这种利用手性小分子和非手性聚合物间超分子作用力进行的螺旋构象构建、螺旋调控和手性记忆的策略，在手性聚合物制备和应用方面具有非常重要的意义。之后，Yashima等[146]在2004年报道了通过离子间相互作用成功诱导聚异腈主链形成单一手性螺旋结构，形成的螺旋结构受手性胺构型控制，即R构型手性胺分子诱导产生左旋（M型）超分子螺旋结构，S构型手性胺分子诱导产生右旋（P型）超分子螺旋结构［图4-42（b）］。但是和聚苯乙炔不同的是，聚异腈由于主链的刚性强，即使手性胺完全去除（无须加入非手性胺），其螺旋构象也能完全保持。但是在极性溶剂和高温下，离子间相互作用被破坏，螺旋构象也相应发生消旋。其他利用超分子作用力实现手性小分子的手性传递到主链共轭聚合物上的例子也相继被报道，所利用的超分子作用力也被拓宽，如金属-配体相互作用、主客体相互作用和静电相互作用等。

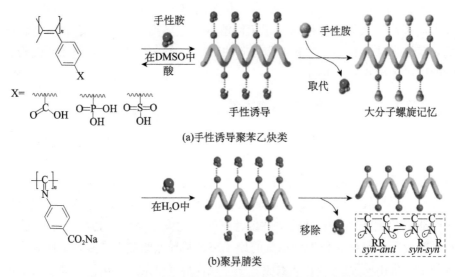

图4-42　手性诱导聚苯乙炔类和聚异腈类螺旋聚合物结构

手性溶剂诱导法利用超分子间非共价键作用，将溶剂手性传递到聚合物组装体上。近年来，通过手性溶剂诱导法已经成功实现了将溶剂的手性传递到π-和σ-共轭聚合物上。Fujiki等[147]报道了非手性聚硅烷类和聚芴类在三元混合溶剂（良溶剂/手性溶剂/不良溶剂）中产生聚集体手性，如图4-43（a）

所示。非手性聚硅烷在三元混合溶剂（甲苯/R-或S-手性溶剂/甲醇）中，其聚集体产生明显的手性信号，表明溶剂手性向超分子传递和放大。他们还详细研究了溶剂体积比和聚合物分子量对其超分子手性聚集体的影响，发现PSi1 和 PSi3 在不同的手性溶剂比例下可以发生手性翻转。之后，Fujiki 等[148]将溶剂手性诱导法扩展到手性 π 共轭聚合物上。他们利用廉价的手性柠檬烯和 α-蒎烯，在三元溶剂体系中成功制备了具有 CD 和 CPL 信号的聚芴及其衍生物的手性聚集体，并且考察了多种因素对其超分子手性聚集的影响。相邻芴环间的 H-H 排斥力使得相邻重复单元间发生内在扭曲，其刚性主链的π-π 堆积作用以及侧链烷基链与手性溶剂间的范德瓦耳斯力作用是其形成螺旋超分子结构排列的主要原因。

国内通过手性溶剂诱导方法构建非手性聚合物的超分子手性也有相关报道。张伟等[149,150]对手性溶剂诱导法适用的聚合物结构进行了深入研究。他们通过手性柠檬烯诱导聚芴类及其衍生物、偶氮苯类衍生物的超分子手性组装，拓宽了手性溶剂诱导法适用的聚合物的种类［图 4-43（b）］。其中，F8AZO 在手性溶剂的三元溶剂体系中表现出了偶氮苯反式手性聚集和顺式解聚集的有趣现象[151]。利用这一特性，他们通过不同波长光光照调控偶氮苯基团的顺反异构来控制聚集体的形态，实现了基于非手性主链偶氮苯聚合物进行超分子手性开关［"开"（on）和"关"（off）］的构建。手性柠檬烯诱导超支化 9,9-二辛基聚芴（HPF8s）超分子手性组装的研究结果表明，支化单元含量的增加会弱化聚合物链间的 π-π 堆积作用，导致聚合物聚集体手性信号减弱，当聚合物结构中支化单元含量为 7.5% 时，对应聚合物聚集体的Cotton 效应完全消失[152]。在手性柠檬烯/甲醇/三氯甲烷三元溶剂体系中，用 R 构型的柠檬烯诱导时，聚芴聚集体呈现出负的 Cotton 效应；用 S 构型的柠檬烯诱导时，聚合物聚集体呈现出正的 Cotton 效应，两者几乎呈镜面对称关系。但在相同条件下，聚硅芴的手性信号和聚芴相反，即聚芴和聚硅芴在同一构型的柠檬烯分子的诱导下呈现相反的Cotton效应。化学模拟计算表明，芴单元结构上 9 位的碳原子和硅芴单元结构上 9 位的硅原子的马利肯布电荷（Mulliken charge）分别为 -0.11 和 +0.62，这有可能是其对应聚合物在相同构型柠檬烯诱导下产生相反手性的原因之一。之后，他们将非手性聚芴加入单一手性溶剂柠檬烯中，发现通过加热-冷却的方法就可以实现非手性聚芴的手性溶液-凝胶转变，并且在膜状态下，其超分子手性可以很好地被记忆，通过 AFM 可以直接观察到聚芴聚集体的螺旋排列。他们还使用非手性的聚芴膜成功地构建了 CD 和 UV-Vis 传感器。这些研究结果为手性聚芴在光学电子器件上的应用奠定了基础。

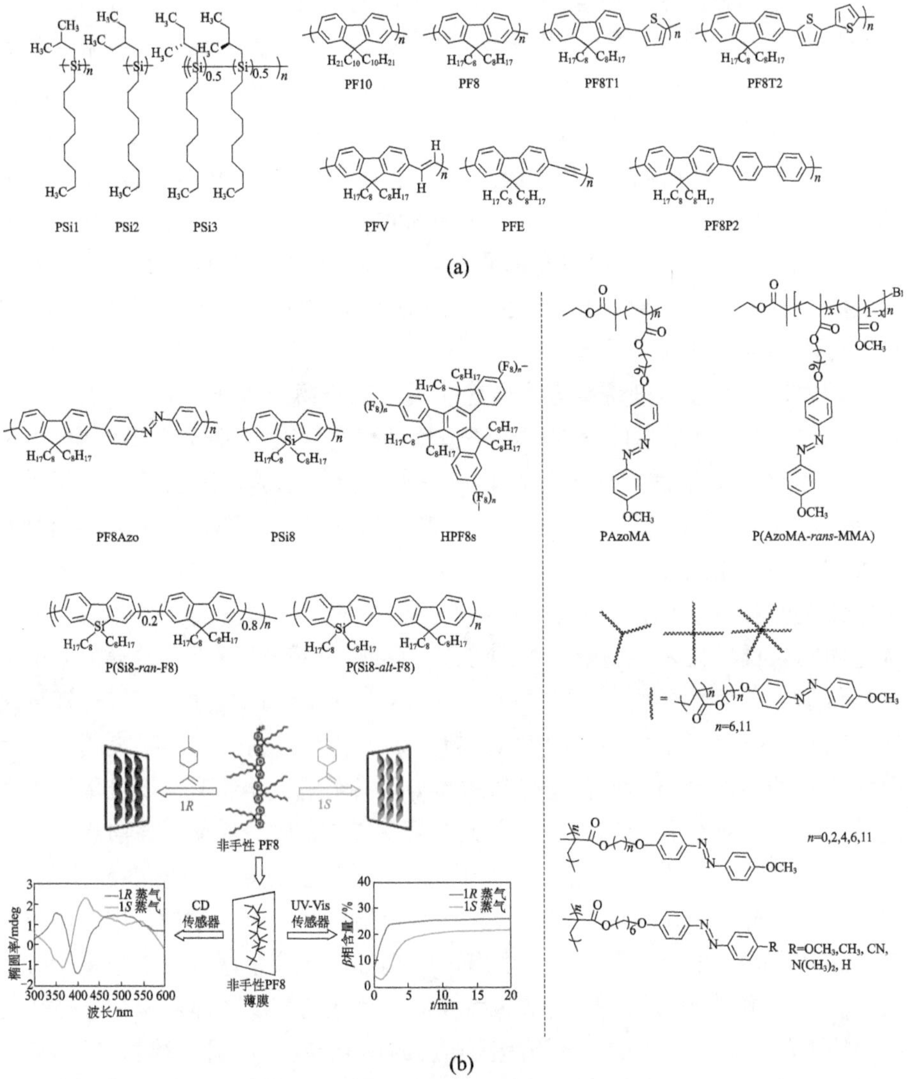

(a)

(b)

图 4-43　手性溶剂诱导共轭聚合物

　　张伟等继续将手性溶剂诱导法扩展到非手性侧链型偶氮苯聚合物上，发现了线型及星型侧链偶氮苯聚合物分别在二元溶剂 DCE/ 柠檬烯中的手性诱导现象[153,154]。进一步研究表明，该类聚合物的手性来源于侧链聚合物结构中偶氮苯单元的超分子有序组装。相似地，当用紫外光照射使反式共平面构型的偶氮苯基团变成顺式非共平面构型时，有序的超分子组装体被破坏，

Cotton 效应随之消失。消失的手性信号可以用加热-冷却的方法进行恢复，此时顺式构型的偶氮苯相应地转化为反式构型并再次进行超分子手性组装。侧链偶氮苯聚合物的结构对其超分子手性聚集的影响最近也有报道，即当烷基链较短或末端基供电子能力较弱时，其聚集体都没有明显的手性信号。

（五）通过光、磁等作用调控螺旋聚合物光学活性

通过非共价键的超分子作用实现手性从小分子化合物向聚合物的传递，主要基于主链立构规整性的聚苯乙炔衍生物。聚苯乙炔的特点是主链的立构规整性翻转位垒较低，从而在适当的外界诱导下实现立构规整性的可逆转变。当外界诱导是由手性分子导致时，聚苯乙炔则会从消旋螺旋体转变成单一手性螺旋体，或者从一种螺旋手性向另一螺旋手性转变，或者手性转变的同时实现手性记忆。具有这些手性动态转变的超分子体系包括：①酸碱离子复合；②金属离子复合；③主客体化学。

非手性分子或聚合物在没有手性分子或者溶剂参与下，通过一定方法使自身对称性被打破也可以得到手性结构。这些方法包括利用圆偏振光（CPL）、强磁场、机械搅拌、自旋极化电子等。1990 年，Kondepudi 等首次发现非手性的氯酸钠水溶液仅在搅拌的情况下就可以析出具有光学活性的氯酸钠晶体，Ribó 等发现卟啉类溶液在旋转蒸发的过程中就可以得到单一螺旋方向排列的聚集体，而且螺旋方向与旋转方向有关，并且通过 AFM 和 CD 光谱证明了螺旋带状结构排列的聚集体的存在。Scolaro 等发现非手性的卟啉聚集体在磁力作用下也可以形成手性聚集体，而且磁力方向可以调控螺旋聚集体的螺旋方向。然而，通过磁场、力和电场实现非手性化合物对称性被打破的报道往往集中于小分子化合物，有关高分子的报道相对较少。通过圆偏振光实现非手性聚合物的手性螺旋报道相对较多，如偶氮苯聚合物类、聚芴类和聚丁二炔类等。圆偏振光是自然界一种包含手性信息的光源，一直以来被科学家们认为是生命体手性物质的起源之一。当用圆偏振光照射非手性的超分子组装体时，光的手性信息可以传递到组装体上，使其表现出超分子手性。

偶氮苯基元是一类典型的光响应性发色团，在偏振光照射下能够进行光致取向，并且在相应波长光照射下可以可逆地发生从反式到顺式构型的转变。如图 4-44（a）所示，Nikolova 等[155]首次报道了侧基含偶氮苯的聚合物薄膜在 488 nm CPL 照射下就可以产生光学活性，当用连续变化的左旋或右旋 CPL 循环切换时，其手性信号可多次循环转变。这种光诱导手性与温度、

偶氮苯数量和偶氮苯的结合方式密切相关。例如，将手性偶氮苯高分子薄膜在液晶相淬火时，偶氮苯间的有序排列被破坏，Cotton 效应消失。2000 年，Iftime 等发现近晶 A 相非手性偶氮苯聚合物膜在 CPL 诱导下产生与 CPL 螺旋方向一致的手性信号，认为液晶态是 CPL 诱导非手性偶氮苯聚合物产生螺旋结构的前提条件，并且详细解释了偶氮苯单元与 CPL 电矢量的作用方式。Kim 等发现无定形非手性偶氮苯聚合物在椭圆偏振光（EPL）照射下也可以形成螺旋结构，而在 CPL 作用下不能形成螺旋结构。其原因在于椭圆偏振光具有长短轴之分，使无定形偶氮苯聚合物能够沿垂直于长轴方向进行层层螺旋排列，从而达到和 CPL 诱导液晶态偶氮苯聚合物同样的效果。Takezoe 等总结了 CPL 诱导侧链型和主链型偶氮苯光致手性的机理。他们认为前者是由于侧链非手性偶氮苯基团排列形成的超分子手性，后者是由于刚性主链中单个生色团轴向构象翻转产生的手性。非晶的偶氮苯聚合物在 CPL 照射下没有明显的手性信号，而需要 EPL 照射才能产生手性。这可能是因为非晶薄膜中偶氮苯分子排列无定向，CPL 不能诱导使其定向排列，而 EPL 有长短轴，能使非晶的薄膜表面产生定向排列，从而诱导偶氮苯基团呈现层层有序排列。张其锦等较早地研究了偶氮苯聚合物的液晶态、侧链长度和取代基对光致手性的影响[156]，聚合物结构如图 4-44（b）所示。结果显示，用 442 nm 的左旋 CPL 诱导非手性偶氮苯聚合物膜左旋螺旋排列，右旋 CPL 诱导右旋螺旋排列。向列相光致手性偶氮苯聚合物膜的 Cotton 效应比各向同性手性膜的Cotton 效应更强，并且末端基的极性越大，Cotton 效应越弱。同样，侧链烷基链长度较短时，其光致手性膜的 Cotton 效应相对较弱，这是由于烷基链越短，主链的约束使得侧链偶氮苯单元的有序排列更加困难。当侧链长度更长时，偶氮苯发色团的有序排列更加自由。除了在固体膜状态下，偶氮苯聚合物在溶液状态下也可以实现 CPL 诱导超分子组装。张伟和 Fujiki 等共同报道了 CPL 诱导非手性偶氮苯聚合物的超分子手性组装[157]，如图 4-44(c）所示。结果发现，在不同波长的手性 CPL（313 nm、365 nm、405 nm 和 436 nm）辐照下，线型偶氮苯聚合物均能进行手性超分子组装，同时得到的组装体具有较好的手性记忆行为。同时，313 nm 波长的手性 CPL 和其他波长的手性信号发生了翻转，即对于同一手性的 CPL，聚合物聚集体呈现相反的手性响应信号。

主链非手性 π 共轭聚合物在 CPL 作用下也可以产生具有特定螺旋结构的光学活性聚合物。Nakano 等 [158] 报道了非手性聚芴薄膜在氮气环境中经右旋 CPL 照射后，其 CD 光谱图上产生明显的负 Cotton 效应，如图 4-45 所示。当

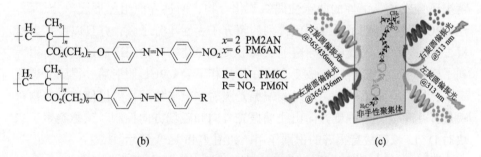

图 4-44　CPL 诱导主链和侧链偶氮苯聚合物

用左旋 CPL 照射后，薄膜的 CD 光谱图显示出 Cotton 效应由负变为 0，再变成正值的变化。通过 CPL 成功实现了聚芴的手性诱导及调控，并且发现该螺旋构象仅在薄膜状态下稳定存在，而在溶液中，其螺旋构象消失。

邹纲等对偶氮苯和丁二炔单元做了深入研究。他们首次利用圆偏振紫外光（CPUL）诱导非手性二炔酸单体制备了手性聚二炔薄膜[159-161]，如图 4-46（a）所示。利用真空沉降法将 TDA 沉积到石英片上得到 TDA 单体薄膜，发现用非偏振的普通紫外光照射聚丁二炔薄膜没有产生手性，而用 313 nm 左旋

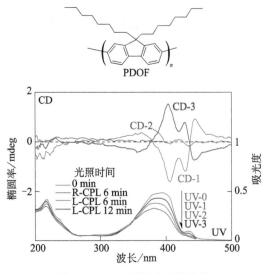

图 4-45　CPL 诱导非手性聚芴

和右旋的 CPUL 照射后，得到了左旋和右旋的手性聚二炔薄膜。为了提高手性聚二炔薄膜的热稳定性及可调控性，他们将具有光学活性的偶氮苯基团引入二炔单体中，合成了含不同偶氮苯取代基的二炔单体，如图 4-46（b）所示，并用左旋和右旋 CPUL 照射聚合技术制备了偶氮聚二炔手性薄膜。该课题组还合成了非手性的两亲性偶氮苯化合物，通过界面组装形成单分子膜。经 CPUL 照射得到了可控螺旋排列的超分子手性单分子膜，并且以此作为模板，在 UV 照射下成功诱导聚丁二炔形成螺旋结构。他们还通过氢键作用得到了碟状丁二炔复合物，该复合物在液晶相下经 CPUL 照射后，得到了螺旋聚丁二炔。有意思的是，通过线偏振光照射和磁场作用，可以使该复合物对映选择性聚合，且螺旋方向由线偏振光方向和磁场方向控制。该螺旋聚丁二炔对 D-/L-赖氨酸有很好的识别作用，如图 4-46（c）所示。

通过对高分子光学活性的动态调控不仅拓宽了构筑手性聚合物的方法，同时还探究了手性传递效应与聚合物种类、诱导分子结构、外界条件等方式的关系，对于研究手性的形成与传递具有重要意义，也拓展了手性聚合物在手性识别分离、药物控制释放、仿生智能材料和组织工程等领域的应用前景。

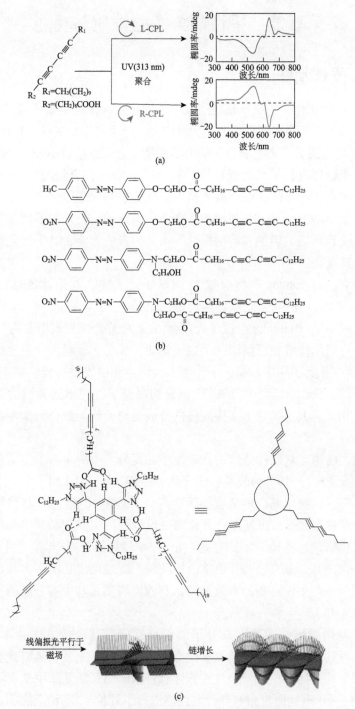

图 4-46　偏振光诱导丁二炔类单体选择性聚合

第五节　手性高分子的性质与功能

一、手性分离

基于手性识别的手性分离是获取单一构型对映体的重要手段。1952 年，Dalgliesh基于氨基酸在纸色谱上所实现的光学分离提出"三点相互作用"后，Lipkowitz 等运用分子力学、分子动力学和量子力学方法对小分子手性材料的对映体识别机理进行了系统研究[162,163]。关于小分子化合物的手性识别机理，在第五章将会详细介绍，在此就不赘述。高分子与对映体的相互作用位点多而复杂，很难精准确定固态和液态下高分子的结构。此外，手性高分子的识别性能还受到环境、温度和溶剂极性等诸多因素的影响，对手性化合物识别的机理极其复杂。

1971 年，Davankov 等将少量 L-脯氨酸分子键合在聚苯乙烯凝胶上制备手性固定相，并通过配体交换色谱法首次成功实现了对映体的基线分离[164,165]。同年，Blaschke 报道了光学活性聚丙烯酰胺和聚甲基丙烯酰胺的合成，并将其用作液相色谱中的手性固定相，成功实现对多种手性药物的有效分离[166]，开启了用手性高分子作为手性固定相的发展历程。Wulff 等[167]、Hesse 等[168]、Stewart 等[169]于 1973 年分别报道了三种不同类型的聚合物型手性固定相，极大地推动了立构规整的合成类与天然类聚合物型手性固定相的发展。

目前，已用于对映体分离的代表性手性高分子（图 4-47）主要包括合成类手性高分子（**1~10**）和改性后的天然手性高分子（**11,12**）[170]。

最早开发的聚甲基丙烯酰胺类手性高分子是在 20 世纪 80 年代末期，由Blaschke 等首先通过自由基聚合合成的一系列聚丙烯酰胺和聚甲基丙烯酰胺类手性聚合物，并将其作为手性固定相用于手性色谱分离[171]。运用光学活性的聚［N-(S)-(1-乙基环己基) 甲基丙烯酰胺］凝胶可成功实现多种手性化合物，特别是一些手性药物的有效分离，利沙度胺就是其中被分离的手性药物之一（图 4-48）。

聚甲基丙烯酰胺类手性高分子的识别性能受其合成方法的影响较大。Okamoto 等利用三氟甲磺酸稀土盐作为催化剂合成了一系列具有光学活性并具有全同立构或间同立构规整性的聚｛［N-(R)- 甲氧羰基苯甲基］甲基丙烯酰胺｝，并用作手性固定相对其分离性能进行了评价[172]。结果表明，这类聚合物的分离性能可能与其规整性所控制的二级结构存在密切联系。

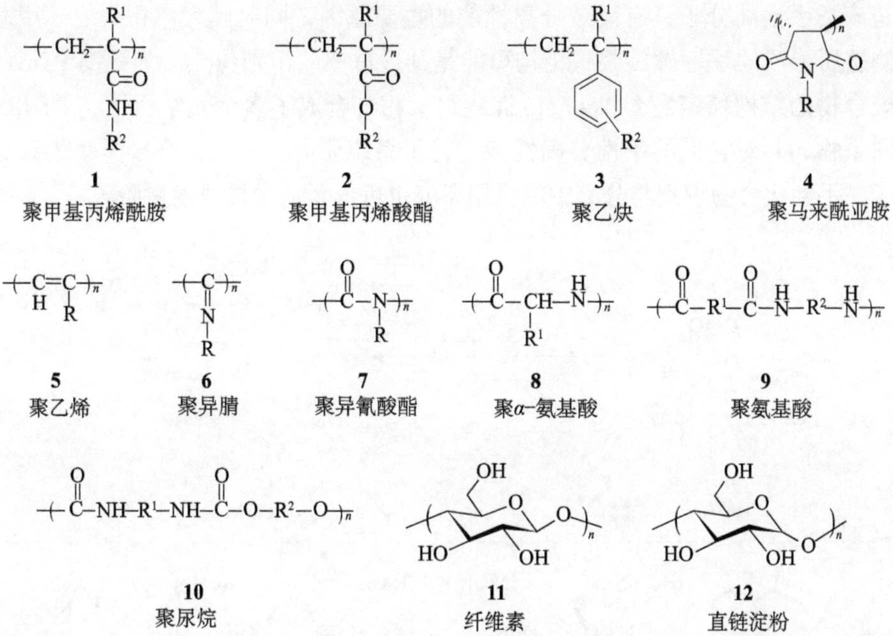

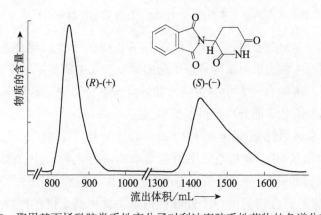

1
聚甲基丙烯酰胺

2
聚甲基丙烯酸酯

3
聚乙炔

4
聚马来酰亚胺

5
聚乙烯

6
聚异腈

7
聚异氰酸酯

8
聚α-氨基酸

9
聚氨基酸

10
聚尿烷

11
纤维素

12
直链淀粉

图 4-47　用于对映体分离的手性高分子类型

纵坐标 物质的含量

(R)-$(+)$　　(S)-$(-)$

横坐标 800 900 1000 1300 1400 1500 1600　流出体积/mL

图 4-48　聚甲基丙烯酰胺类手性高分子对利沙度胺手性药物的色谱分离谱图

　　首个单一手性螺旋的聚甲基丙烯酸酯类聚合物，是由 Okamoto 等在手性配体金鸡纳碱作用下，通过对甲基丙烯酸三苯甲酯（TrMA）单体实现螺旋选择性阴离子聚合合成了聚甲基丙烯酸三苯甲酯（PTrMA），所得聚合物的全同立构度几乎达到 100%（图 4-49）[173]。这也是第一种由烯烃单体人工合成的具有光学活性的手性高分子，具有里程碑意义。PTrMA 与外消旋体的非极性基团之间所产生的疏水作用对其识别性能具有重要影响，高度的立构规整性是该类手性高分子具有高效分离性能的重要原因，同时其大体积的三苯甲基侧链所形成的手性螺旋桨式结构可能是其最重要的识别位点。为提高 PTrMA 聚合物的结构稳定性，Okamoto 课题组又相继合成了多个光学活性的 PTrMA 同系物，并对它们的手性分离性能进行了系统研究。自此，合成类手性高分子在手性化合物识别与分离中的应用研究也进入了一个快速发展阶段。

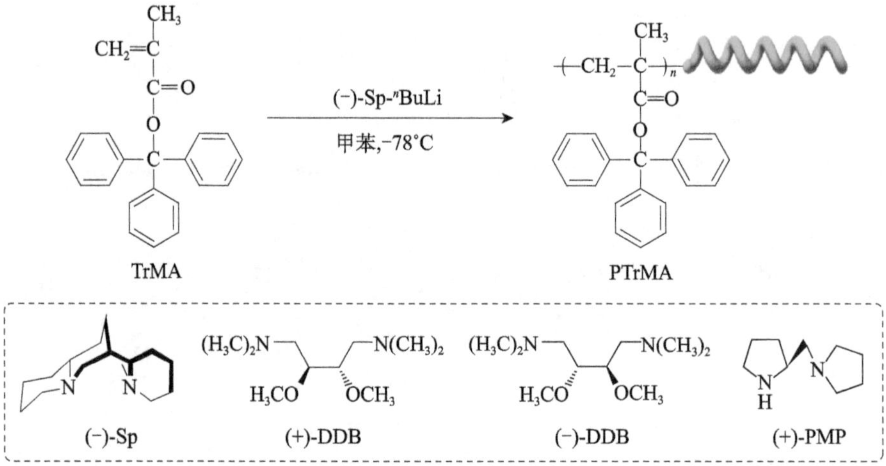

图 4-49　聚甲基丙烯酸三苯甲酯（PTrMA）的螺旋选择性聚合反应及手性配体

1994 年，Yashima 课题组利用 (S)-1-苯乙醇的手性诱导作用，将 C_{60} 成功引入单一手性螺旋聚甲基丙烯酸甲酯的螺旋空穴中制备了手性凝胶[174]。该手性凝胶可对不同直径大小的手性富勒烯分子进行对映选择性萃取，为不同系列手性富勒烯分子的分离提供了新思路。

Zhang 等利用铑系催化剂 {[RhCl(nbd)$_2$]} 合成了具有顺-反式规整结构的苯环对位取代 (R)- 苯基乙氨甲酰基聚苯乙炔衍生物，并首次将所得螺旋聚苯乙炔涂覆在硅胶表面制备了 HPLC 用手性固定相用于手性化合物的分离[175,176]。这类聚合物的单一手性螺旋构象主要由其主链的刚性共轭结构所控制，带有手性侧基的有规立构聚苯乙炔主链所引发的单一手性螺旋构象是其获得高效分离性能的必要保证。

（一）对映选择性吸附

邓建平等合成了带有蒎烷酸、松香酸、胆固醇基等不同光学活性侧链的螺旋聚炔丙酰胺，并制备成微球、水凝胶和聚合物 / 纳米金复合材料等不同类型的手性材料。研究表明，这些材料对于手性胺、手性醇和各类氨基酸具有对映选择性吸附性能[177,178]。将螺旋聚炔丙酰胺和四氧化三铁纳米粒子相结合所制得的磁性复合微球，对手性胺显示较好的对映选择性吸附性能，而且可在外加磁场作用下实现循环利用（图4-50）[179]。

Yashima等报道了一类用铑系催化剂合成的带有光学活性或外消旋螺烯侧链的有规立构聚乙炔，其手性螺烯侧链可成功诱导聚乙炔主链产生单一手性螺旋构象[180]。该手性螺旋聚乙炔对联萘酚等芳香族手性化合物表现出较好的对映选择性吸附性能，来自聚乙炔主链和螺烯侧链的规则螺旋构象对聚合物的对映选择性吸附性能具有重要贡献。

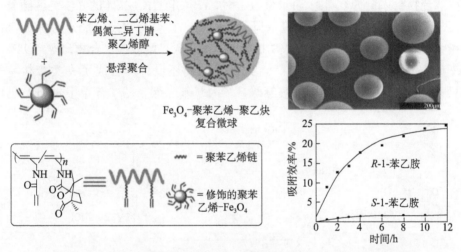

图4-50　Fe$_3$O$_4$-聚苯乙烯-聚乙炔复合微球的合成路线、扫描电子显微镜照片及手性苯乙胺在复合微球上的时间-吸附性能曲线

（二）对映选择性结晶

邓建平等合成了一类具有(R)-或(S)-10-樟脑磺酸侧基的手性聚炔丙酰胺，并与硅胶结合制备复合硅胶，将其作为手性添加剂用于水相溶液中丙氨酸外消旋体的对映选择性结晶，首次证明合成的手性螺旋聚合物对于手性化合物实现对映选择性结晶的诱导作用（图4-51）[181-183]。他们还通过乳液聚合法制备了含有氧化石墨烯或四氧化三铁的手性聚炔丙酰胺复合材料，并实现了氨基酸外消旋体的对映选择性结晶[184,185]。

宛新华等系统研究了分子量对聚（ε-4-乙烯基苯甲酰-(S)-赖氨酸）拆分谷氨酸盐酸盐外消旋体（rac-Glu·HCl）能力的影响，发现在聚合物投入量为0.5%（质量分数）的条件下均得到ee值为97%以上的(R)-Glu·HCl晶体；

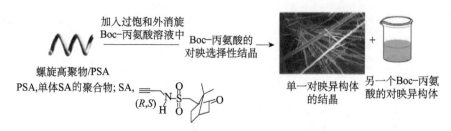

图 4-51　(*R*)-PSA 或 (*S*)-PSA 诱导单一手性螺旋聚炔丙酰胺的合成路线
和对 Boc-丙氨酸对映体的对映选择性结晶

在聚合物投入量为 0.1%（质量分数）时，(*R*)-Glu·HCl 晶体的光学纯度随着其分子量的增长，呈现先升高后降低的趋势。在聚合物投入量分别为 0.5% 和 1.0%（质量分数）时，可成功拆分苏氨酸、天冬酰胺一水合物，得到 98% ee 的 (*R*)- 对映体（图 4-52）[186]。此外，他们还设计、合成了一类接枝有 N^6- 丙烯酰-N^2-叔丁氧酰-L-赖氨酸、烯丙氧基二缩三乙二醇单甲醚和 1-已

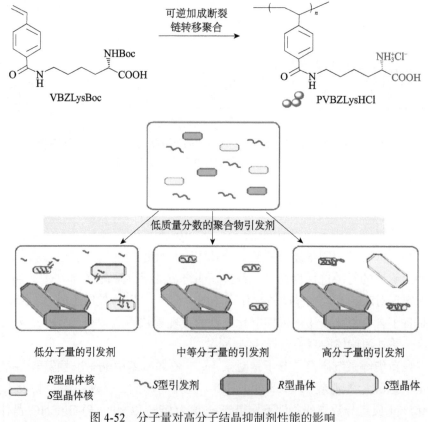

图 4-52　分子量对高分子结晶抑制剂性能的影响

烯的聚甲基硅氧烷温敏性结晶抑制剂，可在室温下调控结晶，在高温下通过液液萃取回收，大大提高了聚合物结晶抑制剂的可回收性（图 4-53）[187]。

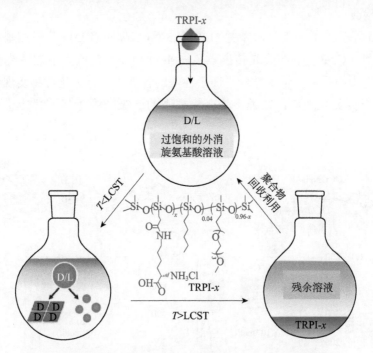

图 4-53 氨基酸拆分用热响应可回收高分子结晶抑制剂

二、手性传感

传统的手性传感器大多基于小分子设计而成，相关的研究已较为系统[187-189]，而基于高分子或超分子传感器实现的手性传感是近年来出现的一个新方向。

（一）聚合物的手性传感

基于 Green 提出的"少数服从多数"，Yashima 等合成了带有大体积冠醚侧基的有规立构顺-反式聚苯乙炔，并用于构筑检测氨基酸分子的手性传感器[190]。传感过程中观察到极为明显的"少数服从多数"效应，即使 L-丙氨酸的 ee 值只有 5%，已能够产生完全的 ICD 信号，该体系可对 19 种 L-氨基酸和 5 种手性胺醇类化合物成功实现检测。

Anslyn 等基于 Yashima 报道的螺旋聚苯乙炔提出一种可检测 ee 值高达

95% 以上且误差更低的新方法[191]。通过加入一定量的相反构型的对映体以降低样品的 ee 值，然后利用低 ee 值区域较为敏感的 Cotton 效应变化实现更精确的检测。

Ikai 等合成了一类带有苯并 (1,2-*b*:4,5-*b*′) 二噻吩 (BDT) 共轭侧基的新型纤维素类（Ce-**3**）手性荧光传感器（图 4-54）[192,193]。该类手性荧光传感器可对具有中心手性、轴手性和平面手性等的各类手性芳香化合物实现有效的对映选择性荧光响应，纤维素聚合物规则的二级结构对其手性传感有较大影响。

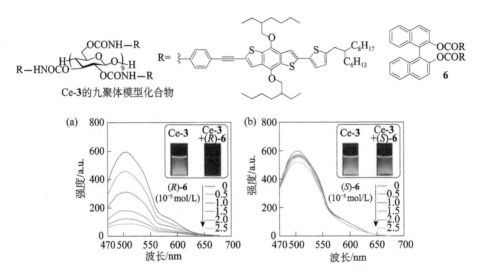

图 4-54　新型纤维素类手性荧光传感器的结构及其对 (R)/(S)-**6** 对映体的荧光响应

Maeda 等合成了一类带有 β-环糊精侧基的动态螺旋聚苯乙炔，这类大分子的螺旋构象对手性胺具有对映选择性响应，并且其识别性能受到环糊精的尺寸大小及其与苯环之间连接基团的影响较大[194,195]（图 4-55）。

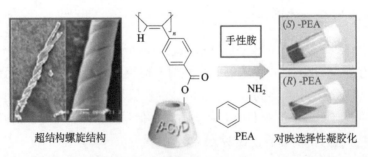

图 4-55　带有 β-环糊精侧基动态螺旋聚苯乙炔的分子结构与对映选择性胶凝现象

Reggelin 等发现带有 L-或D-缬氨酸侧基的聚苯乙炔由于具有较大的构象保持长度，也能在氯仿中形成胆甾型溶致液晶相[196]。而手性分子的两个对映体由于其空间取向的差异，可在该溶致液晶相溶液中进行不同的取向排列，从而产生不同的 nmR 信号。利用这一特点，他们将该类聚合物用作"手性校准器"，通过核磁共振波谱中偶极偶合常数的测定来确定异松蒎醇等手性分子的构型。

魏志祥和姚建林等利用手性樟脑磺酸作为手性掺杂剂诱导聚苯胺微纤维产生单一手性螺旋构象，并经自组装手性放大效应开发了一类导电聚苯胺螺旋微纤维用于对映选择性传感装置的建立，可对手性 2-氨基己烷实现对映选择性辨别[197]。

（二）低聚物的手性传感

黎占亭和赵新等利用氢键作用构建了由 1 个、2 个、4 个、6 个、12 个二苯甲酰肼重复单元组成的非手性酰肼类折叠体，并用于检测糖类的传感器[198]。应用该体系可使烷烃取代的单糖和二糖在氯仿溶液中诱导产生手性，且链段长短不同的低聚物呈现不同的螺旋构象，该构象对于手性分析物实现手性诱导作用具有重要影响。

Yashima 等报道了利用间苯二酚低聚物在碱性水溶液中经自组装形成单一手性螺旋构象，并用于手性客体分子的手性传感[199]。改变 pH 可有效调控低聚物的螺旋结构，且低聚物中的单元个数需达到一个最小值才能实现手性客体分子的有效结合和单一手性螺旋诱导。

与合成类聚合物和低聚物不同，超分子聚合物的构筑单元是通过氢键、芳香基团的 π-π 堆积及金属配位等非共价键作用结合在一起[200-203]，详情可见手性聚集体和组装体的介绍。

三、圆偏振发光材料

人们对于圆偏振发光的研究最早要追溯到 1948 年，Samoilov 在液氨中观察到醋酸铀酸钠晶体电子能级跃迁的圆偏振发光信号。Oosterhoff 第一次将圆偏振发光应用到分子激发态结构的探测上[204]。此后圆偏振发光材料的研究得到了各国科学家们的广泛关注。

（一）螺旋共轭聚合物

共轭聚合物在发光二极管、有机场效应晶体管、光伏电池、生物传感器等诸多领域都有着潜在应用[205-208]。引入螺旋结构，共轭聚合物将表现出许多独特的物理化学性质，如手性识别、光致和电致圆偏振荧光（CPF）等，并有望在极化感应电-光器件及对映选择性传感等领域取得应用。Akagi 等[209] 合成了含有手性基团、光响应的二芳基乙烯基团以及具有荧光特性的联苯或噻吩共轭主链的聚合物。手性侧基的引入能诱导共轭主链形成特定螺旋结构，从而控制体系的圆偏振荧光性质。通过紫外光或可见光辐照控制侧链二芳基乙烯基团的开闭环状态，当用紫外光辐照二芳基乙烯闭环时，侧基手性无法通过二芳基乙烯连接基团传递到共轭主链，体系无宏观圆偏振荧光。当用可见光辐照二芳基乙烯基团开环时，侧基手性通过二芳基乙烯连接基团传递到共轭主链，诱导共轭主链形成特定螺旋结构，体系圆偏振荧光恢复。通过外界光辐照控制二芳基乙烯基团的光致异构，从而实现对体系圆偏振荧光的可逆调控（图 4-56）。

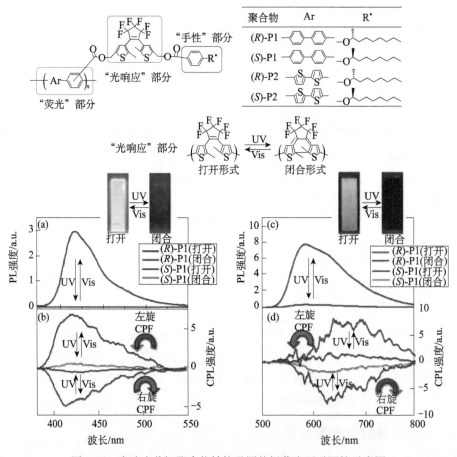

图 4-56　光响应共轭聚合物结构及圆偏振荧光可逆调控示意图

（二）手性聚合物复合材料

将手性小分子与聚合物共混是制备光学活性聚合物材料的常用方法之一。Fuchter 等[210]研究发现，将手性共轭小分子与非手性的共轭聚合物共混，能诱导共轭聚合物主链形成特定螺旋结构，复合体系实现圆偏振发光。含杂环的螺旋烃是共轭手性分子，将其按一定比例掺杂到聚合物 F8BT 中，通过 π-π 相互作用诱导聚芴共轭主链形成特定螺旋排列，体系能发射圆偏振荧光（图 4-57）。

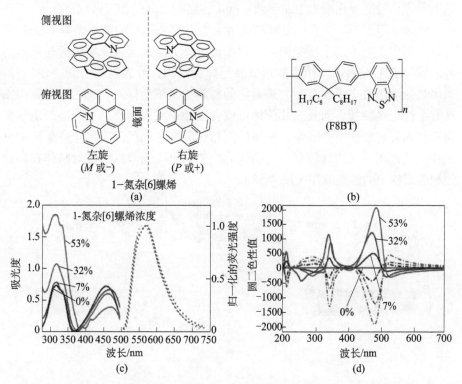

图 4-57 螺旋烃、F8BT 结构式及复合体系圆偏振发光研究

四、旋光开关

手性分子开关是指分子体系在特定的外界刺激（如光、电、热或化学刺激）下，其手性光学性质（CD 光谱、旋光度等）表现出可逆变化。手性分子开关的实现通常有两种方式：一种是手性光学信号反转，即两个稳定状态对应的 CD 光谱几乎是镜像对称的，具有相反的 Cotton 效应；第二种是手性光学信号的"开"（"ON"）和"关"（"OFF"），即光学活性的强度改变或消

失。本小节重点介绍通过不同外界刺激，实现高分子材料手性光学信号反转的几类相关研究。

（一）通过非共价键相互作用实现手性光学信号反转

手性光学信号反转最常见于超分子组装体[211]、螺旋聚合物[212]、折叠体[213]和金属配合物[214]等超分子体系中，原因是由氢键、π-π堆积、范德瓦耳斯力、配位键等维系的超分子结构具有动态特征，这些弱相互作用在外界刺激下容易发生变化或重组而导致不同手性结构之间的相互转化。

Maeda等[215]设计了一类聚乙炔衍生物，这类聚合物能够溶解在大多数有机溶剂中，但不溶于醇类溶剂。以手性醇作为溶剂通过非共价键相互作用可以诱导非手性聚乙炔衍生物形成特定螺旋结构，并表现出宏观手性信号。当用其他溶剂洗去手性醇后，聚合物的螺旋构象依然保持，说明该螺旋构象具有手性记忆特征，而且该螺旋体可以在固相中利用相反手性醇溶剂诱导实现两种螺旋构象的可逆转换。制备的固相螺旋聚合物可以应用于高效液相色谱柱，通过调节固相螺旋聚合物的螺旋构象，可以调节外消旋对映体在高效液相色谱柱中的洗脱顺序（图4-58）。

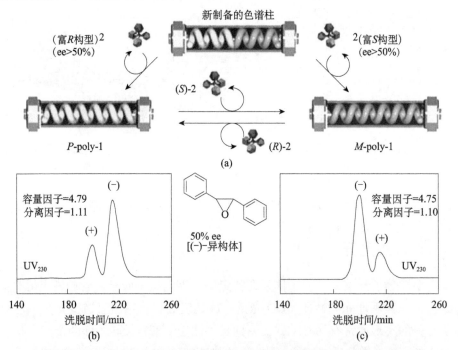

图4-58　具有手性记忆特征的螺旋聚合物构象可逆转换实现高效拆分外消旋分子、调节对映体洗脱顺序示意图

（二）通过 π 或 σ 共价键的可逆断裂–形成实现手性光学信号反转

某些特殊的光敏化合物，如偶氮苯[216]、螺吡喃[217]，以及二芳基乙烯[218]分子，在特定波长光照下可发生可逆的顺反异构或者环化反应，在这个过程中涉及 π 键甚至是 σ 键的断裂与形成。相比于溶剂、离子调控手段，以光为输入信号的光敏手性分子开关特别适用于构建分子水平上的信息存储器[219]。Feringa 等[220]报道了一类含噻吩的烯烃衍生物在光诱导下的手性光学开关行为。在 365 nm 和 435 nm 光照下可实现分子在 M 螺旋与 P 螺旋之间的相互转变，并表现出良好的开关稳定性。随后，Feringa 等将上述噻吩基烯烃衍生物作为端基引入聚异氰酸酯中，获得光调控的聚合物手性分子开关（图 4-59）[221]。

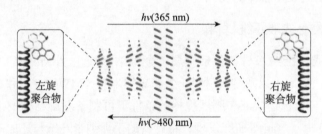

图 4-59　光调控聚异氰酸酯螺旋构象可逆变化示意图

（三）圆偏振光诱导聚合物主链螺旋构象实现手性光学信号反转

圆偏振光（CPL）辐照诱导法是在不需加入任何手性添加剂或采取其他手性辅助措施的情况下使外消旋化合物出现微量的对映体过量，具有可控性高、光化学过程纯净且附加效应小等独特的优势，近年来作为一种独特的外界光刺激应用于众多领域[222]。将圆偏振光作为刺激源调控聚合物螺旋结构的工作始于 1997 年，Nikolova 等[155]首次报道了利用圆偏振光诱导非手性偶氮苯液晶聚合物膜产生宏观光学活性。Nakano 等制备了聚（9,9-二正辛基芴-2,7-二亚基）非手性聚芴薄膜，用圆偏振紫外光辐照一定时间，聚芴薄膜表现出宏观光学活性，螺旋结构与入射圆偏振光的手性方向一致[223]。仅仅通过不断改变入射圆偏振光的旋转方向就可以调控聚芴主链构象在左旋、非手性及右旋结构间可逆切换。为了进一步揭示圆偏振光诱导聚芴主链螺旋构象可逆变化的机理，Nakano 等[224]通过理论计算模拟了聚芴主链在螺旋结构调控过程中的自由能变化。结果显示，聚芴链组装以及聚芴链与基片间相互作用是实现螺旋结构调控的关键。

五、光学活性高分子作为信息存储材料

在发现 DNA 的双螺旋结构不久，人们就发现 DNA 可作为新的高密度存储介质，1g DNA 能够存储的信息容量相当于 300 万张 CD。受此启发，人们开发了一系列新型手性功能材料以期应用于信息存储领域。Asakawa 等[225]利用手性二肽轮烷衍生物，第一次在单分子水平上实现了手性光信号的"ON"和"OFF"切换。日本 NT&T 公司将手性螺环化合物掺杂于高分子材料中，在外界条件变化下，利用旋光性的变化制备了可记录、读出又可擦除的光记录材料，其原理已经申请专利。本小节主要介绍近年来发展的几类用于信息存储的新型手性聚合物功能材料。

（一）螺旋纳米纤维材料

将一维或二维纳米材料包括金属（金银纳米线）、半导体（MoS_2、TiS_2、TaS_2、$TaSe_2$、WSe_2）以及富碳材料［多壁碳纳米管（MWCNT）和氧化石墨烯（GO）］等，与聚合物溶液在剧烈搅拌的条件下可制备左旋结构的手性纳米纤维（图 4-60）[226]。Tan 等研究发现，将制备的手性纳米纤维与还原氧化石墨烯（rGO）薄膜复合可制备成 rGO/ 活性层 /rGO 灵敏存储器，用于信息存储。

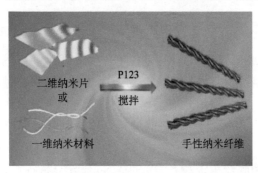

图 4-60　纳米材料与聚合物形成手性纳米纤维示意图

（二）金属配合物共轭高分子材料

除了基于石墨烯的高分子信息存储材料，其他高分子信息存储材料主要包括聚酰亚胺类、聚芴类、聚乙烯基咔唑类和含有稀土金属的高分子材料 4 大类。通过分子设计，将具有特定性能的官能团引入高分子链中[227-229]，是研究高分子信息材料的新方向。这些聚合物表现出电双稳态性质，以它们为基础的存储器的传导机制可以归属为电荷转移和捕获。

Wang 等[230]通过 Suzuki 偶联聚合制备了分别以芴和咔唑为主链，侧链带有 Pt（Ⅱ）配合物的共轭高分子材料。由 Al 电极、聚合物薄膜、ITO 电极组装成三明治结构的存储器，在电极两端连接变化的电压源，施加正向电压，电极之间形成电荷转移（CT），存储器处于"ON"状态，开启电压使电荷从聚合物主链转移到侧链的 Pt（Ⅱ）配合物单元上。断掉驱动电压后，由于 CT 态的稳定性，存储器仍然处于"开"（"ON"）状态。然而施加反向偏压可以解离 CT 态，使存储器恢复到初始的"关"（"OFF"）状态。

（三）DNA 复合材料

带正电的层状双羟基氢氧化物（LDH）纳米片是无机纳米片的一种，具有稳定、定向、可重排等特性。非手性发色团 TMPyP 插入 DNA 螺旋空穴中，带正电的 LDH 和带负电的 DNA 交替组装形成超薄膜（UTF）TMPyP-(DNA/LDH)$_{20}$，LDH 为 DNA 分子有序紧密地排列提供了恰当的电荷配对、平面以及稳定的微环境。

Shi 等[231]应用逐层（LBL）沉积法，使 DNA 和 MgAl-LDH 交替组装在石英基板上，形成紧密排列的手性 (DNA/LDH)$_n$UTF（图 4-61）。TMPyP 通过与 DNA 分子间的静电作用，插入 DNA 螺旋空穴中，使组装体在 449 nm 处产生负 Cotton 效应。当 UTF 暴露在 HCl 蒸气中时，UTF 质子化，TMPyP 从螺旋空穴中脱出，吸收波长红移（441～458 nm），膜的颜色从橘色变为绿色；当 UTF 暴露在 NH$_3$ 蒸气中时，UTF 去质子化，TMPyP 再次插入螺旋空穴中，吸收波长恢复原来状态。

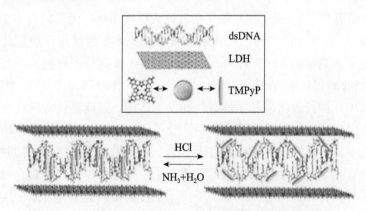

图 4-61　(DNA/LDH)$_{20}$UTF 中 TMPyP 分子插入和脱出的机理图

六、用光学活性高分子进行对映选择性控制释放

（一）对映选择性控制释放

"对映选择性控制释放"（enantioselectively controlled release，ESCR）的含义如图 4-62 所示，即将本来各自独立的两个过程——手性识别和控制释放，结合于同一个过程中。ESCR 概念最早是由 Duddu 等[232]在 1993 年提出的，其核心思想可理解为：将一对对映体构成的外消旋体包覆在手性载体（或含有手性辅料的药物制剂）中，在合适条件下，消旋体自载体内部扩散/释放出来。在扩散过程中，某一对映体和手性载体发生相互作用，该作用强于另一对映体和载体之间的作用，导致对映体中的某一个率先被释放出载体，以此达到对映体被选择性控制释放的目的。

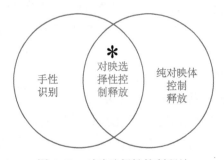

图 4-62　对映选择性控制释放

在 ESCR 研究初期阶段，研究者主要利用天然物质包括手性高分子（如纤维素和淀粉）和手性小分子（如环糊精）作为辅料进行手性药物的对映选择性释放研究[233,234]。近年来，除了传统的天然物质外，无机材料（如二氧化硅）和有机-无机杂化材料，尤其是合成手性高分子也被用作手性载体。对于以高分子为载体的 ESCR 而言，可将其分为手性高分子释放体系和手性分子印迹（molecular imprinting technology，MIT）释放体系[235,236]。在前一种释放体系中，被释放物质和手性载体间发生作用，以此实现对映选择性释放的效果；而在后一种释放体系中，手性分子印迹起到对映体选择作用。但在一些研究中，将手性高分子和 MIT 相结合，手性载体和分子印迹同时起到对映体选择作用。合成手性高分子的优势在于，可根据需要调控聚合物分子结构及其手性特征，因而近几年被广泛用于手性物质释放研究。基于所用合成手性高分子，下面将 ESCR 体系分为手性聚合物互穿网络/凝胶、纳米粒子、聚合物囊泡等体系，对其分别进行介绍。

（二）聚合物互穿网络 / 凝胶

Tiller 课题组[237]设计制备了由聚甲基硅氧烷（PDMS）和手性丙烯酰胺类聚合物所构成的两亲性聚合物网络（APCNs）。以 (+)-辛可宁和 (-)-辛可尼丁作为对映体，释放实验表明，前者从 APCNs 中释放速度是后者的 4 倍。邓建平、吴友平等[238, 239]基于氨基酸制备了手性两亲性聚合物网络，该网络结构具有温敏性、pH 敏感性和对映选择性吸附 / 释放性能（图 4-63）。

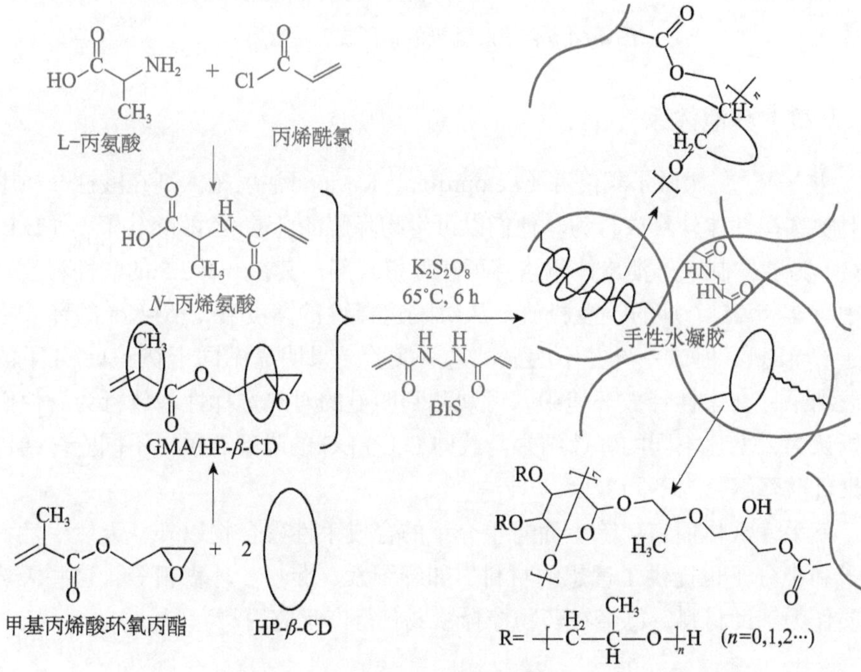

图 4-63　手性水凝胶

邓建平课题组利用悬浮聚合方法制备了系列由手性螺旋聚炔构成的纳米粒子，考察了手性吸附性能和对映选择性释放性能[240-242]。

（三）聚合物囊泡

Chen 等[243]合成了具有支化侧链结构的 α-肽链，在合适条件下，肽链可经自组装形成囊泡结构。若在自组装过程中存在对映体消旋体，肽链同时包裹一对对映体。但在随后的释放实验中，一个对映体优先释放，即释放过程具有对映体选择特征（图 4-64）。基于相同的策略，可设计制备多种具有对映选择性释放性能的聚合物自组装体系。

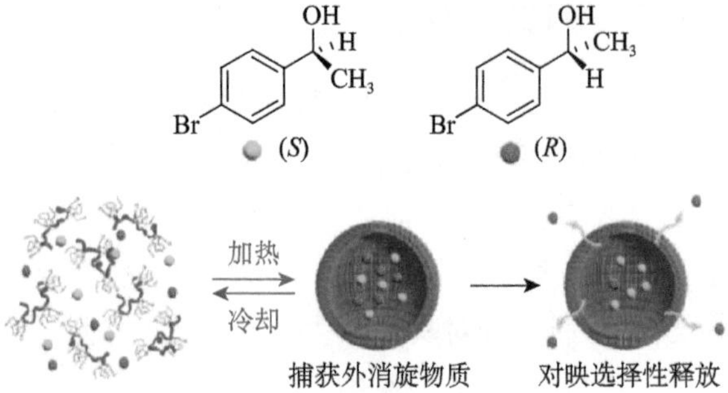

图 4-64　合成肽链包覆和释放手性物质

（四）其他体系

谢方等[244]探讨了酮洛芬（ketoprofen，Ket）可注射植入剂在酸性介质中的对映选择性体外释放行为。他们以可生物降解的乳酸-乙醇酸共聚物（D,L-PLG）为载体制成外消旋体酮洛芬可注射植入剂，其在 pH=2.5 的酸性释放介质中可维持 25 个月的缓慢释放。从对映选择性的角度看，(S)-Ket 的释放略快于 (R)-Ket，但该差异并不明显。这一实验结果明显不同于在 pH=7.4 下的释放结果，在中性释放环境中，可观测到明显的对映选择性释放行为。他们分析认为，上述不同的释放结果与载体 D,L-PLG 的降解有关（不同立体结构的聚乳酸降解行为不同）。

就手性载体而言，除上面着重介绍的合成手性聚合物以外，天然手性大分子和小分子也提供了理想的材料，如纤维素、淀粉、环糊精等，这些天然物质作为辅助材料，已经在药物控释领域获得广泛应用[245]。

七、不对称催化

不对称催化是有机化学的核心研究领域之一，在药物合成、精细化工等事关国计民生的重大需求方面起着关键作用。因此，大量的手性催化剂被开发出来，并被用于有机合成反应。依据分子的大小，手性催化剂可以分为小分子型和高分子型两类。

Feringa 和 Roelfes 等利用 DNA 双螺旋[246]提供一个很好的不对称三维环境，将非手性的二齿配体通过非共价键或共价键的方式嵌入 DNA 的凹槽中，当与金属铜离子络合后能催化一系列不对称有机反应，如不饱和酮的水合反应（图 4-65）、Diels-Alder 反应、Michael 加成反应、Friedel-Crafts 烷基化反应、环氧开环反应等，对映选择性 ee 值可达 90% 以上，说明手性很好地从 DNA

的双螺旋传递到铜催化剂上。

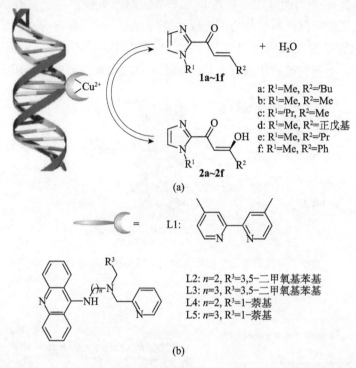

图 4-65 基于 DNA 的手性催化剂及其不对称催化不饱和酮的水合反应

Yashima 等 [247] 将具有催化功能的金鸡纳碱单元通过酰胺键或磺酰胺键连接到聚苯乙炔的侧基上，手性金鸡纳碱能诱导聚炔主链形成一种旋向占优的、伸展的 *cis-transoid* 螺旋构象，并且由于酰胺键间的氢键作用，螺旋构象非常规整且稳定，为催化反应的过渡态提供了一个稳定的手性环境，在催化不对称 Herry 反应时（图 4-66），ee 值高达 94%，而相应的单体催化剂的对映选择性仅有 28% ee。此外，他们还发展了一种利用"记忆"效应设计和合成螺旋链聚异氰酸酯催化剂的新方法，所得聚合物对不对称醇醛缩合反应有很好的催化活性。通过研磨可将主链从 *cis* 结构转变为 *trans* 结构，此时螺旋构象将消失，若再用于催化反应，ee 值仅有 18%。

聚（2,3-二取代喹喔啉）可以说是目前合成螺旋聚合物不对称合成催化剂中最为成功的例子，能高产率高对映选择性地催化多种不对称有机反应 [248-250]。利用手性引发剂或者采用手性单体，聚（2,3-二取代喹喔啉）能形成几乎完美的稳定螺旋结构。Suginome 等将具有催化活性的基团通过两种方式引入聚（2,3-二取代喹喔啉）的主链中。第一种是以嵌段共聚的方式，将一个具有配位能力的基团（通常是三苯基膦前体）放在一个具有 20 个重复单元的寡聚物中间；第二种是以无规共聚的方式。可以催化的反应类型较多，除了不对称硅氢化反应之外（图 4-67），还扩展到了不对称 Suzuki-Miyaura 偶联反应、不对称硅硼化反应、1,4-环氧-1,4-二氢萘的不对称开环反应等。

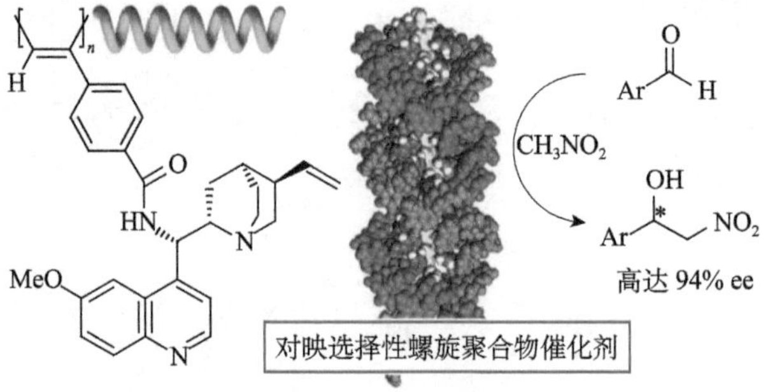

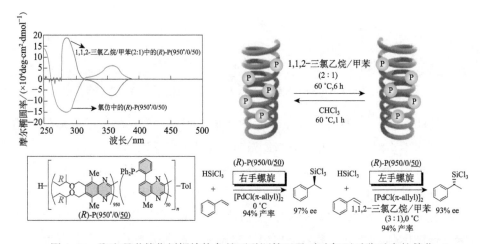

图 4-66　金鸡纳碱取代聚苯乙炔催化剂的结构以及在不对称 Herry 反应中的应用

图 4-67　聚喹喔啉催化剂螺旋构象的可逆调控以及对硅氢不对称反应的催化

此外，他们还将有机小分子催化领域中常用的 N,N-二甲氨基吡啶（DMAP）引入聚（2,3-二取代喹喔啉）的主链结构中，用于催化不对称 Steglich 重排反应，对映选择性在 90% 以上。

第六节 展 望

作为手性材料重要组成部分的手性高分子通常具有独特的光、电、磁及分子识别、不对称催化、力学性能等，在生物、医学、通信、信息、国防等方面具有广阔的应用前景。但是相对于研究较多的小分子的不对称合成来说，手性高分子的合成仍然处于研究的初级阶段。与品种繁多、数量巨大的合成高分子相比，手性高分子还存在种类和数量偏少、合成方法有限等诸多科学问题。就不对称反应聚合而言，虽然基于有机小分子不对称合成的手性科学与技术取得了巨大的成就，已经成为与人类健康密切相关、与实际应用紧密结合、追求"完美合成化学"的科学，但是，不对称聚合反应以及手性高分子的合成研究进展相对缓慢。许多有机反应在制备小分子时具有很高的转化率和对映选择性，但是应用到手性高分子的合成中往往效果并不理想，还需要发展新的、更加高效的不对称反应聚合新方法和新催化体系。近年来，对映选择性配位开环聚合取得了显著的进展，但是仅集中在少量的几种单体，单体普适性和对映选择性的原理还有待进一步的探索。在螺旋选择性聚合反应方面，螺旋聚合物的种类和数量还非常有限，难以获得单一旋向的螺旋聚合物，对其反应机理、手性放大和传递的基本原理、构型手性与构象手性之间的关系也有待更深入的理解和认识，链手性/宏观性质之间的关系不明朗等。

不对称催化研究的快速发展在很大程度上得益于分析技术水平的提高。例如，配有手性色谱柱的 HPLC 的普及使表征有机反应立体选择性变得容易，大大降低了从事不对称合成研究的门槛。与此形成强烈反差的是，高分子的手性表征仍以旋光和 CD 光谱为主。一方面很难定量知道重复单元的 ee 值，另一方面也很难了解不同构型重复单元的序列分布。扫描隧道显微技术（STM）的发展使精确表征高分子螺旋结构成为可能，但目前仅限于少数高分子体系，且不能给出主链构型手性信息。发展类似于 DNA 测序的技术，不仅对手性高分子的表征有重要意义，而且还会大大推动序列可控高分子合成的发展。

在过去的二三十年时间里，关于手性高分子的研究主要集中在螺旋选择性聚合反应和螺旋构象，以及相关性质与功能的表征方面，而对仅具有构型手性的光学活性高分子的研究较少。几乎所有的生物大分子都含有手性原子，并由其诱导手性二级结构和发挥生物功能。换而言之，仅有手性原子但没有高级结构，生物大分子并不能充分发挥其功能，这或许是构型手性光学活性高分子研究较少的一个主要原因，同时也影响了不对称合成化学家对合成手性高分子研究的兴趣。

今后的研究应围绕功能性（极性）单体不对称聚合的基本科学问题，系统开展新单体体系、新型高效不对称聚合催化剂、不对称聚合新反应、不对称聚合新概念和新方法以及手性高分子功能材料的研究，建立原创性的聚合反应和方法，制备具有自主知识产权的功能高分子材料。

（1）新单体体系：聚合反应植根于相应的有机小分子反应，所以有机小分子反应是手性高分子合成创新的源泉。然而，并不是所有的有机反应都能够发展为一种聚合反应。这就要求有机反应具有高效、单体易得等优点。此外，单体的结构往往决定了聚合物的结构和性能。因此，为了促进手性高分子合成的发展，应从设计、合成新型单体入手，开发新型高效的单体合成路线，探索相适应的催化体系，精确控制聚合方法，以及探索便于将功能基团引入的方法，优化聚合反应过程，研究反应机理以及反应历程对聚合物结构和性质影响的规律等。

（2）新型高效不对称聚合催化剂：开展新型手性配体和催化剂的设计和合成研究，发展具有自主知识产权的高效、高选择性不对称聚合催化剂，形成我国手性高分子合成与材料领域的核心技术。

（3）不对称聚合新反应：开展不对称聚合新反应研究，探索和认识聚合过程中手性放大和传递规律，发展并建立不对称聚合新反应，为我国手性高分子材料的控制合成提供自主创新的高效合成反应。

（4）不对称聚合新概念和新方法：针对目前效率和选择性低，以及尚未实现手性合成的聚合反应，建立并发展不对称聚合新概念和新方法，提高反应的效率和选择性，或者实现新的不对称聚合反应。

（5）手性高分子表征新技术：针对高分子的结构特点，发展基于 nmR、高分辨质谱、STM、计算机模拟等的高效立体结构和手性表征技术。

（6）手性高分子功能材料：手性高分子在我国的发展不仅需要前沿基础研究，更需要应用研究。例如，宏量制备手性高分子、提升螺旋高分子材料的弹性力学性能、构型手性高分子的设计与合成、提高巴斯德拆分的效率并拓宽其适用范围等。以手性高分子功能材料制备中的科学问题为导向，发展手性高分子合成与组装的新方法、新概念，揭示聚合反应和高分子聚集过程中手性传递、放大、调控的本质，实现手性材料的精准构筑，并赋予分子识别、手性分离、不对称催化以及立体选择性控释、信息显示与存储、多通道传感、旋光开关等性质和功能,或者开发手性高分子全新的性质与功能。

参 考 文 献

[1] Eliel E L, Wilen S H. Stereochemistry of Organic Compounds. New York: John Wiley & Sons, 1994.

[2] Farina M. The stereochemistry of linear macromolecules. Top Stereochem, 1987, 17: 1-111.

[3] Wulff G. Main-chian chirality and optical activity in polymers consisting of C—C chains. Angew Chem Int Ed, 1989, 28(1): 21-37.

[4] Selegny E. Optically Active Polymers. Charged and Reactive Polymers. Vol 5. Boston: Reidel Publishing Company, 1979.

[5] Pauling L, Corey R B. A proposed structure for the nucleic acids. P Natl Acad Sci USA, 1953, 39(2): 84-97.

[6] Watson J D, Crick F H C. Molecular structure of nucleic acids—a structure for deoxyribose nucleic acid. Nature, 1953, 171(4356): 737-738.

[7] Hanes C S. The action of amylases in relation to the structure of starch and its metabolism in the plant. Parts I-III. New Phytol, 1937, 36(2): 101-239.

[8] Freudenberg K, Schaaf E, Dumpert G, et al. New aspects of starch. Naturwissenschaften, 1939, 27: 850-853.

[9] Doty P, Lundberg R D. Polypeptides .10. Configurational and stereochemical effects in the amine-initiated polymerization of N-carboxy-anhydrides. J Am Chem Soc, 1956, 78(18): 4810-4812.

[10] Schmidt E. Optically active poly-beta-amides. Angew Makromol Chem, 1970, 14(6): 185-202.

[11] Chen F, Lepore G, Goodman M. Conformational studies of poly[(S)-beta-aminobutyric acid]. Macromolecules, 1974, 7(6): 779-783.

[12] Yuki H, Okamoto Y, Taketani Y, et al. Poly (beta-amino acid)s .4. Synthesis and conformational properties of poly(alpha-isobutyl-L-aspartate). J Polym Sci, Polym Chem Ed, 1978, 16(9): 2237-2251.

[13] Fernandez-Santin J M, Aymami J, Rodriguez-Galan A, et al. A pseudo alpha-helix from poly(alpha-isobutyl-L-aspartate), a Nylon-3 derivative. Nature, 1984, 311(5981): 53-54.

[14] Seebach D, Overhand M, Kuhnl F N M, et al. Beta-peptides: synthesis by arndt-eistert homologation with concomitant peptide coupling. Structure determination by nmR and CD spectroscopy and by X-ray crystallography. Helical secondary structure of a beta-

hexapeptide in solution and its stability towards pepsin. Helv Chim Acta, 1996, 79(4): 913-941.

[15] Gellman S H, Appella D H, Christianson L A, et al. Beta-peptide foldamers: robust helix formation in a new family of beta-amino acid oligomers. J Am Chem Soc, 1996, 118(51): 13071-13072.

[16] Natta G, Pino P, Corradini P, et al. Crystalline high polymers of alpha-olefins. J Am Chem Soc, 1955, 77(6): 1708-1710.

[17] Pino P, Lorenzi G P. Optically active vinyl polymers. II. The optical activity of isotactic and block polymers of optically active alpha-olefins in dilute hydrocarbon solution. J Am Chem Soc, 1960, 82(17): 4745-4747.

[18] Millich F, Baker G K. Polyisonitriles .3. Synthesis and racemization of optically active poly (alpha-phenylethylisonitrile). Macromolecules, 1969, 2(2): 122-128.

[19] Nolte R J M, Vanbeijnen A J M, Drenth W. Chirality in polyisocyanides. J Am Chem Soc, 1974, 96(18): 5932-5933.

[20] Okamoto Y, Suzuki K, Ohta K, et al. Optically-active poly (triphenylmethyl methacrylate) with one-handed helical conformation. J Am Chem Soc, 1979, 101(16): 4763-4765.

[21] Yuki H, Okamoto Y, Okamoto I. Resolution of racemic compounds by optically-active poly (triphenylmethyl methacrylate). J Am Chem Soc, 1980, 102(20): 6356-6358.

[22] Kouwer P H, Nolte R J, Rowan A E, et al. Responsive biomimetic networks from polyisocyanopeptide hydrogels. Nature, 2013, 493(7434): 651-655.

[23] Corley L S, Vogl O. Haloaldehyde polymers II Optically-active polychloral. Polym Bull, 1980, 3(4): 211-217.

[24] Nakano T, Okamoto Y. Synthetic helical polymers: conformation and function. Chem Rev, 2001, 101(12): 4013-4038.

[25] Yashima E, Maeda K, Iida H, et al. Helical polymers: synthesis, structures, and functions. Chem Rev, 2009, 109(11): 6102-6211.

[26] Yu Z N, Wan X H, Zhang H, et al. A free radical initiated optically active polymer with memory of chirality after removal of the inducing stereogenic centers. Chem Commun, 2003, (8): 974-975

[27] Green M M, Gross R A, Schilling F C, et al. Macromolecular stereochemistry - effect of pendant group-structure on the conformational properties of polyisocyanides. Macromolecules, 1988, 21(6): 1839-1846.

[28] Suzuki N, Fujiki M, Koe J R, et al. Chiroptical inversion in helical Si-Si bond polymer aggregates. J Am Chem Soc, 2013, 135(35): 13073-13079.

[29] Reuther J F, Novak B M. Evidence of entropy-driven bistability through (15)N nmR analysis

of a temperature- and solvent-induced, chiroptical switching polycarbodiimide. J Am Chem Soc, 2013, 135(51): 19292-19303.

[30] Moore J S, Gorman C B, Grubbs R H. Soluble, chiral polyacetylenes-syntheses and investigation of their solution conformation. J Am Chem Soc, 1991, 113(5): 1704-1712.

[31] Pino P. Optically active addition polymers. Adv Polym Sci, 1965, 4: 393-456.

[32] Pino P, Ciradelli F, Lorenzi G. Optically active vinyl polymers. IX. Optical activity and conformation in dilute solutions of isotactic poly-α-olefins. Macromolecular Chemistry & Physics, 1963, 61(1):207-224.

[33] Green M M, Park J W, Sato T, et al. The macromolecular route to chiral amplification. Angew Chem Int Ed, 1999, 38: 3138-3154.

[34] Green M M, Reidy M P, Johnson R D, et al. Macromolecular stereochemistry: the out-of-proportion influence of optically active comonomers on the conformational characteristics of polyisocyanates. The sergeants and soldiers experiment. J Am Chem Soc, 1989, 111(16): 6452-6454.

[35] Green M M, Garetz B A, Munoz B, et al. Majority rules in the copolymerization of mirror image isomers. J Am Chem Soc, 1995, 117(14): 4181-4182.

[36] Lifson S, Andreola C, Green M M, et al. Macromolecular stereochemistry: helical sense preference in optically active polyisocyanates. Amplification of a conformational equilibrium deuterium isotope effect. J Am Chem Soc, 1989, 111(24): 8850-8858.

[37] Lifson S, Felder C E, Green M M. Helical conformations, internal motion and helix sense reversal in polyisocyanates, and the preferred helix sense of an optically active polyisocyanate. Macromolecules, 1992, 25(16): 4142-4148.

[38] Selinger J V, Selinger R L B. Theory of chiral order in random copolymers. Phy Rev Lett, 1996, 76(1): 58-61.

[39] Gu H, Nakamura Y, Sato T. Optical rotation of random copolyisocyanates of chiral and achiral monomers: sergeant and soldier copolymers. Macromolecules, 1998, 31(18): 6362-6368.

[40] Maeda K, Okamoto Y. Synthesis and conformational characteristics of poly(phenyl isocyanate)s bearing an optically active ester group. Macromolecules, 1999, 32(4): 974-980.

[41] Koe J R, Fujiki M, Motonaga M, et al. Cooperative helical order in optically active poly(diarylsilylenes). Macromolecules, 2001, 34(4): 1082-1089.

[42] Tabei J, Shiotsuki M, Masuda T, et al. Control of helix sense by composition of chiral-achiral copolymers of N-propargylbenzamides. Chem Eur J, 2005, 11(12): 3591-3598.

[43] Takei F, Onitsuka K, Sato T, et al. Control of helical structure in random copolymers of chiral and achiral aryl isocyanides prepared with palladium-platinum μ-ethynediyl

complexes. Macromolecules, 2007, 40(15): 5245-5254.

[44] Morino K, Maeda K, Okamoto Y, et al. Temperature dependence of helical structures of poly(phenylacetylene) derivatives bearing an optically active substituent. Chem Eur J, 2002, 8: 5112-5120.

[45] Sanada Y, Terao K, Sato T. Double screw-sense inversions of helical chiral-achiral random copolymers of fluorene derivatives in phase separating solutions. Polym J, 2011, 43(10): 832-837.

[46] Green M M, Jha S K. The road to chiral amplification in polymers originated in Italy. Chirality, 1997, 9: 424-427.

[47] Tang K, Green M M, Selinger J V, et al. Chiral conflict. The effect of temperature on the helical sense of a polymer controlled by the competition between structurally different enantiomers: from dilute solution to the lyotropic liquid crystal state. J Am Chem Soc, 2003, 125(24): 7313-7323.

[48] Jha S K, Cheon K S, Green M M, et al. Chiral optical properties of a helical polymer synthesized from nearly racemic chiral monomers highly diluted with achiral monomers. J Am Che Soc, 1999, 121: 1665-1673.

[49] Green M M, Peterson N C, Sato T, et al. A helical polymers with a cooperative response to chiral information. Science, 1995, 268(5219): 1860-1866.

[50] Kajitani T, Okoshi K, Sakurai S, et al. Helix-sense controlled polymerization of a single phenyl isocyanide enantiomer leading to diastereomeric helical polyisocyanides with opposite helix-sense and cholesteric liquid crystals with opposite twist-sense. J Am Chem Soc, 2006, 128(3): 708-709.

[51] Schomaker E, Challa G. Complexation of stereoregular poly(methyl methacrylates). 14. The basic structure of the stereocomplex of isotactic and syndiotactic poly(methyl methacrylate). Macromolecules, 1989, 22(8): 3337-3341.

[52] Freire F, Quiñoá E, Riguera R. Supramolecular assemblies from poly(phenylacetylene)s. Chem Rev, 2016, 116(3): 1242-1271.

[53] Hoshikawa N, Hotta Y, Okamoto Y. Stereospecific radical polymerization of N-triphenylmethylmethacrylamides leading to highly isotactic helical polymers. J Am Chem Soc, 2003, 125(41): 12380-12381.

[54] Matsushima Y, Onitsuka K, Kondo T, et al. Asymmetric catalysis of planar-chiral cyclopentadienylruthenium complexes in allylic amination and alkylation. J Am Chem Soc, 2001, 123(42): 10405-10406.

[55] Kanbayashi N, Okamura T, Onitsuka K. New method for asymmetric polymerization: asymmetric allylic substitution catalyzed by a planar-chiral ruthenium complex.

Macromolecules, 2014, 47(13): 4178-4185.

[56] Coates G W. Precise control of polyolefin stereochemistry using single-site metal catalyst. Chem Rev, 2000, 100(4): 1223-1252.

[57] Ikada Y, Jamshidi K, Tsuji H, et al. Stereocomplex formation between enantiomeric poly(lactides). Macromolecules, 1987, 20(4): 904-906.

[58] Spassky N, Wisniewski M, Pluta C, et al. Hrghly stereoelective polymerization of *rac*-(D, L)-lactide with a chiral Schiff's base/aluminium alkoxide initiator. Macromol Chem Phys, 1996, 197: 2627.

[59] Zhong Z, Dijkstra P J, Feijen J. [(Salen)Al]-mediated, controlled and stereoselective ring-opening polymerization of lactide in solution and without solvent: synthesis of highly iso tactic poly lactide stereocopolymers from racemic D, L-lactide. Angew Chem Int Ed, 2002, 41: 4510.

[60] Ovitt T M, Coates G W. Stereochemistry of lactide polymerization with chiral catalysts: new opportunities for stereocontrol using polymer exchange mechanisms. J Am Chem Soc, 2002, 124: 1316-1326.

[61] Nomura N, Ishii R, Akakura M, et al. Stereoselective ring-opening polymerization of racemic lactide using aluminum-achiral ligand complexes: exploration of a chain-end control mechanism. J Am Chem Soc, 2002, 124: 5938-5939.

[62] Hormnirun P, Marshall E L, Gibson V C, et al. Remarkable stereocontrol in the polymerization of racemic lactide using aluminum initiators supported by tetradentate aminophenoxide ligands. J Am Chem Soc, 2004, 126: 2688-2689.

[63] Tang ZH, Chen XS, Pang X, et al. Stereoselective polymerization of rac-lactide using a monoethylaluminum Schiff base complex. Biomacromolecules 2004, 5: 965-970.

[64] Xu T Q, Yang G W, Liu C, et al. Highly robust yttrium bis(phenolate) ether catalysts for excellent isoselective ring-opening polymerization of racemic lactide. Macromolecules, 2017, 50: 515-522.

[65] Chamberlain B M, Cheng M, Moore D R, et al. Polymerization of lactide with zinc and magnesium β-diiminate complexes: stereocontrol and mechanism. J Am Chem Soc, 2001, 123(14): 3229-3238.

[66] Ma H, Okuda J. Kinetics and mechanism of L-lactide polymerization by rare earth metal silylamido complexes: effect of alcohol addition. Macromolecules, 2005, 38(7): 2665-2673.

[67] Liu X, Shang X, Tang T, et al. Achiral lanthanide alkyl complexes bearing N,O multidentate ligands. Synthesis and catalysis of highly heteroselective ring-opening polymerization of *rac*-lactide. Organometallics, 2007, 26(10): 2747-2757.

[68] Wang HB, Yang YY, Ma HY. Stereoselectivity switch between zinc and magnesium initiators

in the polymerization of *rac*-lactide: different coordination chemistry, different stereocontrol mechanisms. Macromolecules, 2014, 47(22): 7750-7764.

[69] Ovitt T M, Coates G W. Stereoselective ring-opening polymerization of meso-lactide: synthesis of syndiotactic poly(lactic acid). J Am Chem Soc, 1999, 121: 4072-4073.

[70] Le Borgne A, Spassky N. Stereoelective polymerization of beta-butyrolactone. Polymer 1989, 30: 2312-2319.

[71] Kemnitzer J E, McCarthy S P, Gross R A. Preparation of predominantly syndiotactic poly(beta-hydroxybutyrate) by the tributyltin methoxide catalyzed ring-opening polymerization of racemic beta-butyrolactone. Macromolecules, 1993, 26: 1221-1229.

[72] Amgoune A, Thomas C M, Ilinca S, et al. Highly active, productive, and syndiospecific yttrium initiators for the polymerization of racemic beta-butyrolactone. Angew Chem Int Ed, 2006, 45: 2782-2784.

[73] Pruitt M E, Baggett, J M. Catalysts for the polymerization of olefin oxides:USA, US 2706181.1955.

[74] Price C C, Osgan M, Hughes R E, et al. The polymerization of L-propylene oxide. J Am Chem Soc, 1956, 78: 690-691.

[75] Matsuura K, Inoue S, Tsuruta T. Asymmetric-selective polymerization of DL-propylene-oxide with triethylaluminum/*N*-carboxy-L(+)-alanine anhydride system. Macromol Chem Phys, 1965, 86(1): 316-319.

[76] Hirahata W, Thomas R M, Lobkovsky E B, et al. Enantioselective polymerization of epoxides: a highly active and selective catalyst for the preparation of stereoregular polyethers and enantiopure epoxides. J Am Chem Soc, 2008, 130(52): 17658-17659.

[77] Thomas R M, Widger P C B, Ahmed S M, et al. Enantioselective epoxide polymerization using a bimetallic cobalt catalyst. J Am Chem Soc, 2010, 132(46): 16520-16525.

[78] Widger P C B, Ahmed S M, Hirahata W, et al. Isospecific polymerization of racemic epoxides: a catalyst system for the synthesis of highly isotactic polyethers. Chem Commun, 2010, 46(17): 2935-2937.

[79] Lu X B, Ren W M, Wu G P. CO_2 Copolymers from epoxides: catalyst activity, product selectivity, and stereochemistry control. Acc Chem Res, 2012, 45: 1721-1735.

[80] Lu X B, Wang Y. Highly active, binary catalyst systems for the alternating copolymerization of CO_2 and epoxides under mild conditions. Angew Chem Int Ed, 2004, 43, 3574-3577.

[81] Ren W M, Zhang W Z, Lu X B. Highly regio- and stereo-selective copolymerization of CO_2 with racemic propylene oxide catalyzed by unsymmetrical (*S,S,S*)-SalenCo(Ⅲ) complexes. Sci China Chem, 2010, 53: 1646-1652.

[82] Ren W M, Liu Y, Wu G P, et al. Stereoregular polycarbonate synthesis: alternating

copolymerization of CO_2 with aliphatic terminal epoxides catalyzed by multichiral cobalt(III) complexes. J Polym Sci, Part A: Polym Chem, 2011, 49: 4894-4901.

[83] Nozaki K, Nakano K, Hiyama T. Optically active polycarbonates: asymmetric alternating copolymerization of cyclohexene oxide and carbon dioxide. J Am Chem Soc, 1999, 121: 11008-11009.

[84] Nakano K, Nozaki K, Hiyama T. Asymmetric alternating copolymerization of cyclohexene oxide and CO_2 with dimeric zinc complexes. J Am Chem Soc, 2003, 125: 5501-5510.

[85] Xiao Y, Wang Z, Ding K L. Copolymerization of cyclohexene oxide with CO_2 by using intramolecular dinuclear zinc catalysts. Chem-Eur J, 2005, 11: 3668-3678.

[86] Hua Y Z, Lu L J, Huang P J, et al. Highly enantioselective catalytic system for asymmetric copolymerization of carbon dioxide and cyclohexene oxide. Chem-Eur J, 2014, 20: 12394-12398.

[87] Cheng M, Darling N A, Lobkovsky E B, et al. Enantiomerically-enriched organic reagents via polymer synthesis: enantioselective copolymerization of cycloalkene oxides and CO_2 using homogeneous, zinc-based catalysts. Chem Commun, 2000, 20: 2007-2008.

[88] Wu G P, Ren W M, Luo Y, et al. Enhanced asymmetric induction for the copolymerization of CO_2 and cyclohexene oxide with unsymmetric enantiopure SalenCo(III) complexes: synthesis of crystalline CO_2-based polycarbonate. J Am Chem Soc, 2012, 134: 5682-5688.

[89] Shi L, Lu X B, Zhang R, et al. Asymmetric alternating copolymerization and terpolymerization of epoxides with carbon dioxide at mild conditions. Macromolecules, 2006, 39: 5679-5685.

[90] Wu G P, Jiang S D, Lu X B, et al. Stereoregular poly(cyclohexene carbonate)s: unique crystallization behavior. Chin J Polym Sci, 2012, 30: 487-492.

[91] Liu Y, Ren W M, Liu J, et al. Asymmetric Copolymerization of CO_2 with meso-epoxides mediated by dinuclear cobalt(III) complexes: unprecedented enantioselectivity and activity. Angew Chem Int Ed, 2013, 52: 11594-11598.

[92] Liu Y, Wang M, Ren W M, et al. Stereospecific CO_2 copolymers from 3,5-dioxaepoxides: crystallization and functionallization. Macromolecules, 2014, 47: 1269-1276.

[93] Liu Y, Ren W M, Liu C, et al. Mechanistic understanding of dinuclear cobalt(III) complex mediated highly enantioselective copolymerization of meso-epoxides with CO_2. Macromolecules, 2014, 47: 7775-7788.

[94] Liu Y, Ren W M, He K K, et al. Mechanistic understanding of dinuclear cobalt(III) complex mediated highly enantioselective copolymerization of meso-epoxides with CO_2. Nat Commun, 2014, 5: 5687.

[95] Liu Y, Ren W M, Wang M, et al. Crystalline stereocomplexed polycarbonates: hydrogen-

bond-driven interlocked orderly assembly of the opposite enantiomers. Angew Chem Int Ed, 2015, 54: 2241-2244.

[96] Liu Y, Wang M, Ren W M, et al. Crystalline hetero-stereocomplexed polycarbonates produced from amorphous opposite enantiomers having different chemical structures. Angew Chem Int Ed, 2015, 54: 7042-7046.

[97] Liu Y, Ren W M, Zhang W P, et al. Crystalline CO_2-based polycarbonates prepared from racemic catalyst through intramolecularly interlocked assembly. Nat Commun, 2015, 6: 8594.

[98] Liu J, Bao Y Y, Liu Y, et al. Binuclear chromium-salan complex catalyzed alternating copolymerization of epoxides and cyclic anhydrides. Polym Chem, 2013, 4: 1439-1444.

[99] Longo J M, DiCiccio A M, Coates G W. Poly(propylene succinate): a new polymer stereocomplex. J Am Chem Soc, 2014, 136: 15897-15900.

[100] Li J, Liu Y, Ren W M, et al. Asymmetric alternating copolymerization of meso-epoxides and cyclic anhydrides: efficient access to enantiopure polyesters. J Am Chem Soc, 2016, 138: 11493-11496.

[101] Pauling L, Corey R B, Branson H R. The structure of proteins: two hydrogen-bonded helical configurations of the polypeptide chain. Proc Natl Acad Sci USA, 1951, 37(4): 205-211.

[102] Watson J D, Crick F H C. Molecular structure of nucleic acids: a structure for deoxyribose nucleic acid. Nature, 1953, 171: 737-738.

[103] Yashima E, Ousaka N, Taura D, et al. Supramolecular helical systems: helical assemblies of small molecules, foldamers, and polymers with chiral amplification and their functions. Chem Rev, 2016, 116(22): 13752-13990.

[104] Yashima E, Maeda K, Iida H, et al. Helical polymers: synthesis, structures, and functions. Chem Rev, 2009, 109(11): 6102-6211.

[105] Zhao Z Y, Wang S, Ye X, et al. Planar-to-axial chirality transfer in the polymerization of phenylacetylenes. ACS Macro Lett, 2017, 6(3): 205-209.

[106] Aoki T, Kaneko T, Maruyama N, et al. Helix-sense-selective polymerization of phenylacetylene having two hydroxy groups using a chiral catalytic system. J Am Chem Soc, 2003, 125(21): 6346-6347.

[107] Teraguchi M, Tanioka D, Kaneko T, et al. Helix-sense-selective polymerization of achiral phenylacetylenes with two N-alkylamide groups to generate the one-handed helical polymers stabilized by intramolecular hydrogen bonds. ACS Macro Lett, 2012, 1(11): 1258-1261.

[108] Luo X F, Li L, Deng J P, et al. Asymmetric catalytic emulsion polymerization in chiral

micelles. Chem Commun, 2010, 46(16): 2745-2747.

[109] Luo X F, Deng J P, Yang W T. Helix-sense-selective polymerization of achiral substituted acetylenes in chiral micelles. Angew Chem Int Ed, 2011, 50(21): 4909-4912.

[110] Liu D, Li Y, Deng J P, et al. Helix-sense-selective polymerization of achiral substituted acetylene in chiral micelles for preparing optically active polymer nanoparticles: effects of chiral emulsifiers. Polymer, 2014, 55(3): 840-847.

[111] Wu Z Q, Nagai K, Banno M, et al. Enantiomer-selective and helix-sense-selective iving block copolymerization of isocyanide enantiomers initiated by single-handed helical poly(phenyl isocyanide)s. J Am Chem Soc, 2009, 131(19): 6708-6718.

[112] Xue Y X, Zhu Y Y, Gao L M, et al. Air-stable (phenylbuta-1,3-diynyl)palladium(II) complexes: highly active initiators for living polymerization of isocyanides. J Am Chem Soc, 2014, 136(12): 4706-4713.

[113] Chen J L, Yang L, Wang Q, et al. Helix-sense-selective and enantiomer-selective living polymerization of phenyl isocyanide induced by reusable chiral lactide using achiral palladium initiator. Macromolecules, 2015, 48(21): 7737-7746.

[114] Riguera R, Freire F, Seco J M, et al. Chiral amplification and helical-sense tuning by mono- and divalent metals on dynamic helical polymers. Angew Chem Int Ed, 2011, 50(69): 11692-11696.

[115] Riguera R, Bergueiro J, Freire F, et al. The ON/OFF switching by metal ions of the "sergeants and soldiers" chiral amplification effect on helical poly(phenylacetylene)s. Chem Sci, 2014, 5: 2170-2176.

[116] Riguera R, Arias S, Freire F, et al. Simultaneous adjustment of size and helical sense of chiral nanospheres and nanotubes derived from an axially racemic poly(phenylacetylene). Small, 2017, 13(2): 1602398.

[117] Maeda K, Wakasone S, Shimomura K, et al. Chiral amplification in polymer brushes consisting of dynamic helical polymer chains through the long-range communication of stereochemical information. Macromolecules, 2014, 47(19): 6540-6546.

[118] Maeda K, Wakasone S, Shimomura K, et al. Helical polymer brushes with a preferred-handed helix-sense triggered by a terminal optically active group in the pendant. Chem Commun, 2012, 48: 3342-3344.

[119] Himomura K, Ikai T, Kanoh S, et al. Switchable enantioseparation based on macromolecular memory of a helical polyaetylene in the solid state. Nat Chem, 2014, 6: 429-434.

[120] Nagata Y, Yamada T, Adachi T, et al. Solvent-dependent switch of helical main-chain chirality in sergeants-and-soldiers-type poly(quinoxaline-2,3-diyl)s: effect of the position

and structures onf the "sergeant" chiral units on the screw-sense induction. J Am Chem Soc, 2013, 135(27): 10104-10113.

[121] Nagata Y, Nishikawa T, Suginome M. Exerting control over the helical chirality in the main chain of sergeants-and-soldiers-type poly(quinoxaline-2,3-diyl)s by changing from random to block copolymerization protocols. J Am Chem Soc, 2015, 137(12): 4070-4073.

[122] Nagata Y, Nishikawa T, Suginome M. Solvent effect on the sergeants-and-soldiers effect leading to bidirectional induction of single-handed helical sense of poly(quinoxaline-2,3-diyl)s copolymers in aromatic solvents. ACS Macro Lett, 2016, 5(4): 519-522.

[123] Wang S, Zhang J, Wan X H, et al. Conformation shift switches the chiral amplification of helical copoly(phenylacetylene)s from abnormal to normal "Sergeants and Soldiers" effect. Macromolecules, 2017, 50(12): 4610-4615.

[124] Yashima E, Maeda K. Chirality-responsive helical polymers. Macromolecules, 2008, 41: 3-12.

[125] Yashima E, Matsushima T, Okamoto Y. Poly[(4-carboxyphenyl)acetylene] as a probe for chirality assig nment of amines by circular dichroism. J Am Chem Soc, 1995, 117: 11596-11597.

[126] Yashima E, Maeda K, Okamoto Y, Memory of macromolecular helicity assisted by interaction with achiral small molecules. Nature, 1999, 399: 449-451.

[127] Kobayashi S, Morino K, Yashima E. Macromolecular helicity inversion of an optically active helical poly(phenylacetylene) by chemical modification of the side groups. Chem Commun, 2007, (23): 2351-2353.

[128] Deike S, Binder W H. Induction of chirality in β-turn mimetic polymer conjugates via postpolymerization "click" coupling. Macromolecules, 2017, 50: 2637-2644.

[129] Li W F, Zhang C Y, Qi S W, et al. A folding-directed catalytic microenviro nment in helical dynamic covalent polymers formed by spontaneous configuration control. Polym Chem, 2017, 8: 1294-1297.

[130] Yan J T, Liu K, Li W, et al. Thermoresponsive dendronized polypeptides showing switchable recognition to catechols. Macromolecules, 2016, 49: 510-517.

[131] Yashima E, Matsushima T, Okamoto Y. Chirality assig nment of amines and amino alcohols based on circular dichroism induced by helix formation of a stereoregular poly [(4-carboxyphenyl) acetylene] through acid-base complexation. J Am Chem Soc, 1997, 119: 6345-6359.

[132] Inouye M, Waki M, Abe H. Saccharide-dependent induction of chiral helicity in achiral synthetic hydrogen-bonding oligomers. J Am Chem Soc, 2004, 126: 2022-2027 .

[133] Fujiki M. Helix magic. Thermo-driven chiroptical switching and screw-sense inversion of

flexible rod helical polysilylenes. J Am Chem Soc, 2000, 122: 3336-3343.

[134] Tabei J, Nomura R, Sanda F, et al. Design of helical poly (*N*-propargylamides) that switch the helix sense with thermal stimuli. Macromolecules, 2004, 37: 1175-1179.

[135] Li S, Liu K, Kuang G, et al. Thermoresponsive helical poly (phenylacetylene)s. Macromolecules, 2014, 47: 3288-3296.

[136] Hu G, Li W, Hu Y, et al. Water-soluble chiral polyisocyanides showing thermoresponsive behavior. Macromolecules, 2013, 46: 1124-1132.

[137] Leiras S, Freire F, Seco J M, et al. Controlled modulation of the helical sense and the elongation of poly (phenylacetylene)s by polar and donor effects. Chem Sci, 2013, 4: 2735-2743.

[138] Nagata Y, Takagi K, Suginome M. Solid polymer films exhibiting handedness-switchable, full-color-tunable selective reflection of circularly polarized light. J Am Chem Soc, 2014, 136: 9858-9861.

[139] Okoshi K, Sakurai S, Ohsawa S, et al. Control of main-chain stiffness of a helical poly (phenylacetylene) by switching on and off the intramolecular hydrogen bonding through macromolecular helicity inversion. Angew Chem Int Ed, 2006, 45: 8173-8176.

[140] Kakuchi R, Nagata S, Sakai R, et al. Size-specific, colorimetric detection of counteranions by using helical poly (phenylacetylene) conjugated to L-leucine groups through urea acceptors. Chem Eur J, 2008, 14: 10259-10266.

[141] Sakai R, Sakai N, Satoh T, et al. Strict size specificity in colorimetric anion detection based on poly (phenylacetylene) receptor bearing second generation lysine dendrons. Macromolecules, 2011, 44: 4249-4257.

[142] Freire F, Seco J M, Quiñoá E, et al. Chiral amplification and helical-sense tuning by mono- and divalent metals on dynamic helical polymers. Angew Chem Int Ed, 2011, 50: 11692-11696.

[143] Bergueiro J, Freire F, Wendler E P, et al. The on/off switching by metal ions of the "sergeants and soldiers" chiral amplification effect on helical poly (phenylacetylene)s. Chem Sci, 2014, 5: 2170-2176.

[144] Freire F, Seco J M, Quiñoá E, et al. Nanospheres with tunable size and chirality from helical polymer-metal complexes. J Am Chem Soc, 2012, 134: 19374-19383.

[145] Yashima E, Matsushima T, Okamoto Y. Poly [(4-carboxyphenyl) acetylene] as a probe for chirality assig nment of amines by circular dichroism. J Am Chem Soc, 1995, 117: 11596-11597.

[146] Ishikawa M, Maeda K, Mitsutsuji Y, et al. An unprecedented memory of macromolecular helicity induced in an achiral polyisocyanide in water. J Am Chem Soc, 2004, 126: 732-

733.

[147] Nakashima H, Koe J R, Torimitsu K, et al. Transfer and amplification of chiral molecular information to polysilylene aggregates. J Am Chem Soc, 2001, 123: 4847-4848.

[148] Kawagoe Y, Fujiki M, Nakano Y. Limonene magic: noncovalent molecular chirality transfer leading to ambidextrous circularly polarised luminescent π-conjugated polymers. New J Chem, 2010, 34: 637-647.

[149] Zhang W, Yoshida K, Fujiki M, et al. Unpolarized-light-driven amplified chiroptical modulation between chiral aggregation and achiral disaggregation of an azobenzene-alt-fluorene copolymer in limonene. Macromolecules, 2011, 44: 5105-5111.

[150] Liu J F, Zhang J, Zhang S S, et al. Chiroptical generation and amplification of hyperbranched π-conjugated polymers in aggregation states driven by limonene chirality. Polym Chem, 2014, 5: 784-791.

[151] Wang L B, Suzuki N, Liu J F, et al. Limonene induced chiroptical generation and inversion during aggregation of achiral polyfluorene analogs: structure-dependence and mechanism. Polym Chem, 2014, 5: 5920-5927.

[152] Zhao Y, Abdul Rahim N A, Xia Y, et al. Supramolecular chirality in achiral polyfluorene: chiral gelation, memory of chirality, and chiral sensing property. Macromolecules, 2016, 49: 3214-3221.

[153] Jiang S Q, Zhao Y, Wang L B, et al. Photocontrollable induction of supramolecular chirality in achiral side chain azo-containing polymers through preferential chiral solvation. Polym Chem, 2015, 6: 4230-4239.

[154] Yin L, Zhao Y, Liu M, et al. Induction of supramolecular chirality by chiral solvation in achiral azo polymers with different spacer lengths and push-pull electronic substituents: where will chiral induction appear? Polym Chem, 2017, 8: 1906-1913.

[155] Nikolova L, Todorov T, Ivanov M, et al. Photoinduced circular anisotropy in side-chain azobenzene polyesters. Optical Materials, 1997, 8: 255-258.

[156] Zheng Z, Wang L, Su Z, et al. Photoinduced chirality in achiral liquid crystalline polymethacrylates containing bisazobenzene and azobenzene chromophores. J Photochem Photobiol A Chem, 2007, 185: 338-344.

[157] Wang L, Yin L, Zhang W, et al. Circularly polarized light with sense and wavelengths to regulate azobenzene supramolecular chirality in optofluidic medium. J Am Chem Soc, 2017, 139: 13218-13226.

[158] Wang Y, Sakamoto T, Nakano T. Molecular chirality induction to an achiral π-conjugated polymer by circularly polarized light. Chem Commun, 2012, 48: 1871-1873.

[159] Zou G, Jiang H, Kohn H, et al. Control and modulation of chirality for azobenzene-

substituted polydiacetylene LB films with circularly polarized light. Chem Commun, 2010, 51(10): 2229-2235.

[160] Zou G, Wang Y, Zhang Q, et al. Molecular structure modulated properties of azobenzene-substituted polydiacetylene LB films: chirality formation and thermal stability. Polymer, 2010, 51: 2229-2235.

[161] Xu Y, Yang G, Xia H, et al. Enantioselective synthesis of helical polydiacetylene by application of linearly polarized light and magnetic field. Nat Commun, 2014, 5: 5050.

[162] Lipkowitz K B. A practical approach to chiral separations by liquid chromatography. Subramanian G. Cincoin: Wiley-VCH, 1994.

[163] Lipkowitz K. Theoretical studies of type II-V chiral stationary phases. J Chromatogr A, 1995, 694(1): 15-37.

[164] Hare P, Gil-Av E. Separation of D and L amino acids by liquid chromatography: use of chiral eluants. Science, 1979, 204(4398): 1226-1228.

[165] Rogozhin S V, Davankov V A. Ligand chromatography on asymmetric complex-forming sorbents as a new method for resolution of racemates. J Chem Soc, Chem Commun, 1971, (10): 490a.

[166] Blaschke G. Chromatographic resolution of racemates. Angew Chem Int Ed, 1971, 10(7): 520-521.

[167] Wulff G, Sarhan A, Zabrocki K. Enzyme-analogue built polymers and their use for the resolution of racemates. Tetrahedron Lett, 1973, 14(44): 4329-4332.

[168] Hesse G, Hagel R. Eine vollständige Recemattennung durch eluitons-chromagographie an cellulose-tri-acetat. Chromatographia, 1973, 6(6): 277-280.

[169] Stewart K, Doherty R. Resolution of DL-tryptophan by affinity chromatography on bovine-serum albumin-agarose columns. Proc Natl Acad Sci, 1973, 70(10): 2850-2852.

[170] Shen J, Okamoto Y. Efficient separation of enantiomers using stereoregular chiral polymers. Chem Rev, 2015, 116(3): 1094-1138.

[171] Blaschke G, Bröker W, Fraenkel W. Enantiomeric resolution by HPLC on silica-gel-bound, optically active polyamides. Angew Chem Int Ed, 1986, 25(9): 830-831.

[172] Morioka K, Suito Y, Isobe Y, et al. Synthesis and chiral recognition ability of optically active poly{N-[(R)-α-methoxycarbonylbenzyl] methacrylamide} with various tacticities by radical polymerization using Lewis acids. J Polym Sci, Part A: Polym Chem, 2003, 41(21): 3354-3360.

[173] Kawauchi T, Kitaura A, Kawauchi M, et al. Separation of C_{70} over C_{60} and selective extraction and resolution of higher fullerenes by syndiotactic helical poly(methyl methacrylate). J Am Chem Soc, 2010, 132(35): 12191-12193.

[174] Yashima E, Huang S, Okamoto Y. An optically active stereoregular polyphenylacetylene derivative as a novel chiral stationary phase for HPLC. J Chem Soc, Chem Commun, 1994, (15): 1811-1812.

[175] Zhang C, Wang H, Geng Q, et al. Synthesis of helical poly(phenylacetylene)s with amide linkage bearing L-phenylalanine and L-phenylglycine ethyl ester pendants and their applications as chiral stationary phases for HPLC. Macromolecules, 2013, 46(21): 8406-8415.

[176] Song C, Zhang C, Wang F, et al. Chiral polymeric microspheres grafted with optically active helical polymer chains: a new class of materials for chiral recognition and chirally controlled release. Polym Chem, 2013, 4(3): 645-652.

[177] Zhang C, Song C, Yang W, et al. Au@poly(npropargylamide) nanoparticles: preparation and chiral recognition. Macromol Rapid Commun, 2013, 34(16): 1319-1324.

[178] Liu D, Zhang L, Li M, et al. Magnetic Fe_3O_4-PS-polyacetylene composite microspheres showing chirality derived from helical substituted polyacetylene. Macromol Rapid Commun, 2012, 33(8): 672-677.

[179] Anger E, Iida H, Yamaguchi T, et al. Synthesis and chiral recognition ability of helical polyacetylenes bearing helicene pendants. Polym Chem, 2014, 5(17): 4909-4914.

[180] Chen B, Deng J, Cui X, et al. Optically active helical substituted polyacetylenes as chiral seeding for inducing enantioselective crystallization of racemic n-(tert-butoxycarbonyl) alanine. Macromolecules, 2011, 44(18): 7109-7114.

[181] Chen B, Deng J, Yang W. Hollow two-layered chiral nanoparticles consisting of optically active helical polymer/silica: preparation and application for enantioselective crystallization. Adv Funct Mater, 2011, 21(12): 2345-2350.

[182] Zhang D, Song C, Deng J, et al. Chiral microspheres consisting purely of optically active helical substituted polyacetylene: the first preparation via precipitation polymerization and application in enantioselective crystallization. Macromolecules, 2012, 45(18): 7329-7338.

[183] Li W, Liu X, Qian G, et al. Immobilization of optically active helical polyacetylene-derived nanoparticles on graphene oxide by chemical bonds and their use in enantioselective crystallization. Chem Mater, 2014, 26(5): 1948-1956.

[184] Chen H, Zhou J, Deng J. Helical polymer/Fe_3O_4 NPs constructing optically active, magnetic core/shell microspheres: preparation by emulsion polymerization and recycling application in enantioselective crystallization. Polym Chem, 2016, 7(1): 125-134.

[185] Li N, Wang H, Zhang J, et al. Controlled synthesis of chiral polymers for the kinetic resolution of racemic amino acids. Polym Chem, 2014, 5: 1702-1710.

[186] Ye X C, Zhang J, Cui J X, et al. Thermo-responsive recoverable polymeric inhibitors for

the resolution of racemic amino acids. Chem Commun, 2018, 54: 2785-2787.

[187] Zhang X, Yin J, Yoon J. Recent advances in development of chiral fluorescent and colorimetric sensors. Chem Rev, 2014, 114(9): 4918-4959.

[188] Wolf C, Bentley K. Chirality sensing using stereodynamic probes with distinct electronic circular dichroism output. Chem Soc Rev, 2013, 42(12): 5408-5424.

[189] Jo H, Lin C, Anslyn E. Rapid optical methods for enantiomeric excess analysis: from enantioselective indicator displacement assays to exciton-coupled circular dichroism. Acc Chem Res, 2014, 47(7): 2212-2221.

[190] Nonokawa R, Yashima E. Detection and amplification of a small enantiomeric imbalance in α-amino acids by a helical poly(phenylacetylene) with crown ether pendants. J Am Chem Soc, 2003, 125(5): 1278-1283.

[191] Seifert H, Jiang Y, Anslyn E. Exploitation of the majority rules effect for the accurate measurement of high enantiomeric excess values using CD spectroscopy. Chem Commun, 2014, 50(97): 15330-15332.

[192] Ikai T, Suzuki D, Kojima Y, et al. Chiral fluorescent sensors based on cellulose derivatives bearing terthienyl pendants. Polym Chem, 2016, 7(29): 4793-4801.

[193] Ikai T, Suzuki D, Shinohara K, et al. A cellulose-based chiral fluorescent sensor for aromatic nitro compounds with central, axial and planar chirality. Polym Chem, 2017, 8(14): 2257-2265.

[194] Maeda K, Mochizuki H, Osato K, et al. Stimuli-responsive helical poly(phenylacetylene)s bearing cyclodextrin pendants that exhibit enantioselective gelation in response to chirality of a chiral amine and hierarchical super-structured helix formation. Macromolecules, 2011, 44(9): 3217-3226.

[195] Kawamura H, Takeyama Y, Yamamoto M, et al. Chirality responsive helical poly(phenylacetylene) bearing L-proline pendants. Chirality, 2011, 1(23): E35−E42.

[196] Meyer N, Krupp A, Schmidts V, et al. Polyacetylenes as enantiodifferentiating alig nment media. Angew Chem Int Ed, 2012, 51(33): 8334-8338.

[197] Zou W, Yan Y, Fang J, et al. Biomimetic superhelical conducting microfibers with homochirality for enantioselective sensing. J Am Chem Soc, 2014, 136(2): 578-581.

[198] Zhang D, Zhao X, Li Z. Aromatic amide and hydrazide foldamer-based responsive host-guest systems. Acc Chem Res, 2014, 47(7): 1961-1970.

[199] Goto H, Furusho Y, Yashima E. Helicity induction on water-soluble oligoresorcinols in alkaline water and their application to chirality sensing. Chem Commun, 2009, 13(33): 1650-1652.

[200] Aida T, Meijer E, Stupp S. Functional supramolecular polymers. Science, 2012, 335(6070):

813-817.

[201] Huang Y, Ouyang W, Wu X, et al. Glucose sensing via aggregation and the use of "knock-out" binding to improve selectivity. J Am Chem Soc, 2013, 135(5): 1700-1703.

[202] Chen H, Huang Z H, Wu H, et al. Supramolecular polymerization controlled through kinetic trapping. Angew Chem Int Ed, 2017, 56: 16575-16578.

[203] Wu X, Chen X, Song B, et al. Induced helical chirality of perylenebisimide aggregates allows for enantiopurity determination and differentiation of α-hydroxy carboxylates by using circular dichroism. Chem -Eur J, 2014, 20(37): 11793-11799.

[204] Emeis C A, Oosterhoff L J. Emission of circularly-polarized radiation by optically-active compounds[J]. Chem Phys Lett, 1967, 1(4): 129-132.

[205] Brown B J, Barker N T, Sangster D F. Pulse-radiolysis of binary liquid alcohol systems containing benzene. Aust J Chem, 1974, 27(5): 1129-1132.

[206] Burn P L, Holmes A B. Chemical tuning of electroluminescent copolymers to improve emission efficiencies and allow patterning. Nature, 1992, 356(6364): 47-49.

[207] Halls J J M, Walsh C A, Greenham N C, et al. Efficient photodiodes from interpenetrating polymer networks. Nature, 1995, 376(6540): 498-500.

[208] Tessler N, Denton G J, Friend R H. Lasing from conjugated-polymer microcavities. Nature, 1996, 382(6593): 695-697.

[209] Hayasaka H, Miyashita T, Tamura K, et al. Helically π-stacked conjugated polymers bearing photoresponsive and chiral moieties in side chains: reversible photoisomerization-enforced switching between emission and quenching of circularly polarized fluorescence. Adv Funct Mater, 2010, 20(8):1243-1250.

[210] Yang Y, Costa R C D, Smilgies D, et al. Induction of circularly polarized electroluminescence from an achiral light-emitting polymer via a chiral small-molecule dopant. Adv Mater, 2013, 25(18): 2624-2628.

[211] Miao W, Qin L, Yang D, et al. Multiple-stimulus-responsive supramolecular gels of two components and dual chiroptical switches. Chem-Eur J, 2015, 21(3): 1064-1072.

[212] Kim J, Lee J, Kim W Y, et al. Induction and control of supramolecular chirality by light in self-assembled helical nanostructures. Nat Commun, 2015, 6: 6959-6966.

[213] Suk J, Naidu V R, Liu X, et al. A foldamer-based chiroptical molecular switch that displays complete inversion of the helical sense upon anion binding. J Am Chem Soc, 2011, 133(35): 13938-13941.

[214] Miyake H, Tsukube H. Coordination chemistry strategies for dynamic helicates: time-programmable chirality switching with labile and inert metal helicates. Chem Soc Rev, 2012, 41(21): 6977-6991.

[215] Shimomura K, Ikai T, Kanoh S, et al. Switchable enantioseparation based on macromolecular memory of a helical polyacetylene in the solid state. Nature Chem, 2014, 6(5): 429-434.

[216] Zhao H, Sen S, Udayabhaskararao T, et al. Reversible trapping and reaction acceleration within dynamically self-assembling nanoflasks. Nature Nanotech, 2016, 11(1): 82-88.

[217] Kundu P K, Lerner A, Kucanda K, et al. Cyclic kinetics during thermal equilibration of an axially chiral bis-spiropyran. J Am Chem Soc, 2014, 136(32): 11276-11279

[218] Yoon J, de Silva A P. Sterically hindered diaryl benzobis (thiadiazole)s as effective photochromic switches. Angew Chem Int Ed, 2015, 54(34): 9754-9756.

[219] Feringa B L, van Delden R A, Koumura N, et al. Chiroptical molecular switches. Chem Rev, 2000, 100(5): 1789-1816.

[220] Feringa B L. The art of building small: from molecular switches to molecular motors. J Org Chem, 2007, 72(18): 6635-6652

[221] Pijper D, Feringa B L. Molecular transmission: controlling the twist sense of a helical polymer with a single light-driven molecular motor. Angew Chem, 2007, 119(20): 3767-3770.

[222] Inoue Y. Synthetic chemistry: light on chirality. Nature, 2005, 436(7054): 1099-1100.

[223] Liang J, Deng J. A chiral interpenetrating polymer network constructed by helical substituted polyacetylenes and used for glucose adsorption[J]. Polym Chem, 2017, 8(8): 1426-1434.

[224] Pietropaolo A, Wang Y, Nakano T. Predicting the switchable screw sense in fluorene-based polymers. Angew Chem Int Ed, 2015, 54: 2688-2692.

[225] Asakawa M, Brancato G, Fanti M, et al. Switching "on" and "off" the expression of chirality in peptide rotaxanes. J Am Chem Soc, 2002, 124(12): 2939-2950.

[226] Tan C, Qi X, Liu Z, et al. Self-assembled chiral nanofibers from ultrathin low-dimensional nanomaterials. J Am Chem Soc, 2015, 137(4): 1565-1571.

[227] Ling Q D, Chang F C, Song Y, et al. Synthesis and dynamic random access memory behavior of a functional polyimide. J Am Chem Soc, 2006, 128(27): 8732-8733.

[228] Ling Q D, Song Y, Lim S L, et al. A dynamic random access memory based on a conjugated copolymer containing electron-donor and -acceptor moietie. Angew Chem, 2006, 118(18): 3013-3017.

[229] Ling Q, Song Y, Ding S J, et al. Non-volatile polymer memory device based on a novel copolymer of N-vinylcarbazole and Eu-complexed vinylbenzoate. Adv Mater, 2005, 17(4): 455-459.

[230] Wang P, Liu S J, Lin Z H, et al. Design and synthesis of conjugated polymers containing

Pt(II) complexes in the side-chain and their application in polymer memory devices. J Am Chem Soc, 2012, 22(19): 9576-9583.

[231] Shi W, Jia Y, Xu S, et al. A chiroptical switch based on DNA/layered double hydroxide ultrathin films. Langmuir, 2014, 30(43): 12916-12922.

[232] Duddu S P, Vakilynejad M, Jamali F, et al. Stereoselective dissolution of propanolol hydrochloride from hydroxypropyl methylcellulose matrices. Pharm Res, 1993, 10(11): 1648-1653.

[233] 王胜浩，曾苏. 手性药物制剂递释的对映体立体选择性作用. 中国药学杂志, 2005, 40(1): 10-12.

[234] 王晓青，高永良. 手性控释给药系统的研究进展. 中国医药导刊, 2008, 10(3): 426-427.

[235] Kupai J, Rojik E, Huszthy P, et al. Role of chirality and macroring in imprinted polymers with enantiodiscriminative power. ACS Appl Mater Interfaces, 2015, 7(18): 9516-9525.

[236] Suedee R, Jantarat C, Lindner W, et al. Development of a pH-responsive drug delivery system for enantioselective-controlled delivery of racemic drugs. J Control Release, 2010, 142(1): 122-131.

[237] Tobis J, Thomann Y, Tiller JC. Synthesis and characterization of chiral and thermo responsive amphiphilic conetworks. Polymer, 2010, 51(1): 35-45.

[238] Shi L, Xie P, Li Z, et al. Chiral pH-responsive amphiphilic polymer co-networks: preparation, chiral recognition, and release abilities. Macromol Chem Phys, 2013, 214(12): 1375-1383.

[239] Chen B, Song C, Luo X, et al. Microspheres consisting of optically active helical substituted polyacetylenes: preparation via suspension polymerization and their chiral recognition/release properties. Macromol Rapid Commun, 2011, 32(24): 1986-1992.

[240] Liang J, Wu Y, Deng J. Constructing of molecularly imprinted polymer microspheres by using helical substituted polyacetylene and application in enantio-differentiating release and adsorption. ACS Appl Mater Interfaces, 2016, 8(19):12494-12503.

[241] Liang J, Deng J. Chiral porous hybrid particles constructed by helical substituted polyacetylene covalently bonded organosilica for enantioselective release. J Mater Chem B, 2016, 4(39): 6437-6445.

[242] Deng X, Liang J, Deng J. Boronic acid-containing optically active microspheres: preparation, chiral adsorption and chirally controlled release towards drug Dopa. Chem Eng J, 2016, 306:1162-1171.

[243] Chen X, He Y, Kim Y, et al. Reversible, short α-peptide assembly for controlled capture and selective release of enantiomers. J Am Chem Soc, 2016, 138(18): 5773-5776.

[244] 谢方，王胜浩. 酮洛芬可注射植入剂在酸性介质中的立体选择性释放行为. 中国药学杂志，2010, 45(3): 199-202.

[245] 王军良，俞景译，张安平，等. 环糊精调控对映体选择性的研究进展. 理化检验: 化学分册，2014, 50(1): 140-144.

[246] Dijk E W, Feringa B L, Roelfes G. DNA-based hydrolytic kinetic resolution of epoxides. Tetrahedron Asymmetr, 2008, 19(20): 2374-2377.

[247] Tang Z L, Iida H, Hu H Y, et al. Remarkable enhancement of the enantioselectivity of an organocatalyzed asymmetric Henry reaction assisted by helical poly(phenylacetylene)s bearing cinchona alkaloid pendants via an amide linkage. ACS Macro Lett, 2012, 1(2): 261-265.

[248] Yamamoto T, Yamada T, Suginome M, et al. High-molecular-weight polyquinoxaline-based helically chiral phosphine (PQXphos) as chirality-switchable, reusable, and highly enantioselective monodentate ligand in catalytic asymmetric hydrosilylation of styrenes. J Am Chem Soc, 2010, 132(23): 7899-7901.

[249] Yamamoto T, Akai Y, Suginome M, et al. Highly enantioselective synthesis of axially chiral biarylphosphonates: asymmetric suzuki-miyaura coupling using high-molecular-weight, helically chiral polyquinoxaline-based phosphines. Angew Chem Int Ed, 2011, 50(38): 8844-8847.

[250] Nagata Y, Nishikawa T, Suginome M. Poly(quinoxaline-2,3-diyl)s bearing (*S*)-3-octyloxymethyl side chains as an efficient amplifier of alkane solvent effect leading to switch of main-chain helical chirality. J Am Chem Soc, 2014, 136(45): 15901-15904.

第五章
手性物质分离分析

周志强　袁黎明　章伟光　赵　亮　王　鹏

第一节　引　　言

随着对手性化合物认识的不断深入，目前对单一手性物质如医药、农药、香料等的需求量越来越大，对其光学纯度的要求也越来越高，对映体分离分析已成为一个亟待解决的问题。建立有效的对映体分离分析方法对研究对映体的生理活性、毒理，检测手性化合物的光学纯度，控制手性产品质量及研究其环境行为等具有十分重要的意义。对映体的物理化学性质在非手性环境下完全相同，如熔点、沸点、密度、化学反应、溶解度等，这使得手性物质对映体的分离很难实现，被认为是相关研究领域的难点问题。许多研究如单一对映体的生物活性、毒性毒理、代谢分布、残留降解、环境行为等均因无合适的分离分析方法而搁置。因此手性物质分离分析已成为国内外学术界研究的热点。如何进行外消旋体的拆分并提供单一的对映体以及准确进行定性定量分析，从而控制产品质量及进行其他研究，也日益成为人们关注的重大课题。

1848 年，Pasteur 研究了酒石酸钠铵的晶体及水溶液的旋光现象[1]，认为物质的旋光性与分子内在的不对称性结构有关，并提出了对映体的概念。他借助于放大镜，利用结晶法实现了酒石酸钠铵对映体的分离，这是历史上第一个对映体拆分实验。随后，手性物质分离分析工作得到了广泛重视，研究的重点是开发各种方法，致力于单一对映体的获得与定性定量表征。手性物质分离分析方法经过长时间不断的发展与完善，到目前，比较成熟的方法有直接结晶法、化学拆分法、生物拆分法、萃取拆分法、膜拆分法、毛细管电泳法、色谱拆分法等。化学拆分法历史悠久，目前在医药和农药等行业中仍然有较广泛的应用。化学拆分法可以分为经典化学拆分、族拆分、包结和包含拆分以及动力学拆分等。萃取拆分是在两相中至少有一相添加手性拆分剂，依赖分子间的相互作用实现对映体识别。生物拆分是利用酶、微生物、动植物组织和细胞等生物因素与手性化合物的一个对映体进行选择性作用，进而达到对映体分离。手性膜拆分法起步较晚，始于20世纪末，目前发展仍然缓慢。目前广泛应用的技术为手性色谱法，它不仅可进行对映体的定性定量分析，也可实现分离制备。手性色谱法主要包括气相色谱法、高效液相色谱法、模拟移动床法、逆流色谱法和超临界流体色谱法等。基于手性固定相的直接色谱分离方法是最为广泛的应用模式，核心技术在于手性固定相（OSP）的合成，研发高效手性固定相一直是该领域的研究重点。

1938年，Henderson和Rule在柱色谱中使用乳糖作为手性固定相，实现了外消旋樟脑衍生物对映体的部分分离[2]。该工作对于应用手性固定相法拆分外消旋化合物起到了重要的推动作用。1966年，Gil-Av等用气相色谱成功拆分了氨基酸衍生物，并用氢键作用力解释了手性分离机理，引起了巨大的关注[3]。用液相色谱技术拆分手性物质在1970年以后开始飞速发展。最初的液相色谱手性固定相只适用于具有特定基团的化合物。例如，配体交换色谱只适用于手性氨基酸、氨基醇、二元胺等物质的分离；1973年，Wulff等制备出酶模拟聚合物用于外消旋体的分离[4]；1973年，Hesse等制备出手性拆分的纤维素三乙酸酯[5]；1973年，Stewart等把琼脂糖键合的牛血清白蛋白（BSA）用于手性拆分[6]；1975年，Cram等利用冠醚发展出主客体手性色谱[7]；1979年，Pirkle等合成出硅胶键合的分子设计型手性固定相，并用于液相色谱的手性分离[8]；1979年，Okamoto等合成出单一手性螺旋聚合物（聚甲基丙烯酸三苯基甲酯，PTrMA），该聚合物对多种外消旋化合物有显著的手性分离效果，为高效液相色谱提供了一类实用的手性固定相[9]。1981年，刷型手性固定相色谱柱实现了商业化。次年，大赛璐公司对聚甲基丙烯酸三苯基甲酯色谱柱实现了商业化。1984年，硅胶键合纤维素-苯基异氰酸酯类色谱柱被大赛璐公司研发成功。时至今日，主要的手性固定相类型包括多糖类手性固定相、刷型手性固定相、环糊精类手性固定相、大环内酯抗生素类手性固定相、配体交换手性固定相、蛋白类手性固定相以及混合型手性固定相等。90%以上的手性化合物通过上述固定相能够得到良好的分离。随着手性药物的对映体差异的理念深入人心，手性分离分析变得更加重要。越来越多的色谱手性固定相被开发及应用，为解决手性化合物的分离问题提供了现实可行的方案。

建立有效、灵敏的手性化合物分析检测方法对于控制产品质量以及进行毒性毒理、代谢行为研究等都具有重要意义。目前，手性化合物的分离分析方法主要依赖于高效液相色谱、气相色谱、毛细管电泳、超临界流体色谱等手段。最新的研究主要集中于不同分离模式的创新、手性固定相的创制、色谱拆分条件的探索等。随着对手性化合物的立体选择性研究的不断深入，对映体的分离分析必然会越来越受到人们的重视，有着广阔的发展空间。

第二节 色 谱 法

一、高效液相色谱法

高效液相色谱法（high performance liquid chromatography，HPLC）是目前分离分析手性化合物对映体广泛使用的方法，不仅可用于手性化合物的分析，也可用于光学纯异构体的制备。

高效液相色谱法可分为直接法和间接法，无论何种方法都是通过引入不对称原子或创造手性环境使光学活性对映体间呈现出物理化学特异性的差异，并以此作为高效液相色谱手性拆分对映体分子的理论基础。直接法有两种方式：手性流动相添加剂法和手性固定相法。间接法也可分为两种方式：用手性衍生化试剂将对映体衍生化，并用非手性固定相将其分离；将对映体用非手性试剂衍生化后用手性固定相进行拆分。

（一）手性流动相添加剂法

手性流动相添加剂（chiral mobile phase additives，CMPA）法是指使用常规的非手性色谱柱，通过向流动相中加入手性添加剂来达到分离手性化合物的效果。

手性流动相添加剂法拆分对映体的机理可以分为两大类：第一类是流动相中的手性添加剂和化合物对映体通过氢键、离子键、配位键等作用（也可能是几种作用同时存在）形成非对映复合物，由于其分配和保留时间不同而得到分离；另一类是手性添加剂吸附到固定相表面形成动态的手性固定相，因其对化合物对映体具有不同的作用而达到拆分目的。

根据不同类型的手性添加剂，具体的分离机理有七种：手性包合复合、手性配合交换、手性离子对、手性氢键试剂、手性诱导吸附、蛋白质复合物和动态手性固定相。

1.手性包合复合

该类型的手性流动相添加剂主要是环糊精及其衍生物和大环糖肽类抗生素，它们的拆分机理是基于手性流动相添加剂和对映体在流动相中发生包合作用。

（1）环糊精及其衍生物

环糊精（cyclodextrin，CD）是由数个 D-吡喃葡萄糖单元组成的一种低聚糖，常见的有 α、β 和 γ 三种类型，分别含有 6 个、7 个、8 个葡萄糖单元。其中 β-环糊精（β-CD）的应用最为广泛。β-环糊精是由 7 个葡萄糖分子通过 α-1,4-糖苷键构成的具有"圆台状"结构的化合物，葡萄糖的碳链骨架构成其疏水空腔，其外腔因存在羟基而具有亲水性。因此，手性分子的对映体的亲水部分可以和外腔的羟基发生氢键等作用，疏水部分则可以进入环糊精空腔发生包合作用形成稳定性不同的非对映复合物实现分离，如图 5-1 所示。环糊精及其衍生物是使用最为广泛的手性流动相添加剂。环糊精在较大的 pH 范围都能表现其稳定性，在常用的检测波长范围无吸收，也不会干扰紫外检测。和其他材料相比，环糊精的毒性更小，所以更为安全。近些年，国内利用环糊精及其衍生物手性流动相添加剂法在手性药物对映体拆分方面进行了大量研究，利用 β-环糊精、羧甲基-β-环糊精（CM-β-CD）、磺丁基醚-β-环糊精、羟丙基-β-环糊精（HP-β-CD）手性流动相添加剂法对爱维莫潘、美索巴莫、盐酸安非他酮、美托洛尔等多种手性药物对映体进行了拆分。

图 5-1 环糊精结构及手性拆分示意图

（2）大环糖肽类抗生素

1994 年，万古霉素（结构见图 5-2）首次作为手性选择剂应用于高效毛细管电泳分离超过 100 种化合物对映体，包括非甾体类抗炎药物、抗肿瘤化合物和氨基酸。研究结果表明，其中许多化合物都得到了较好的手性拆分。万古霉素是一种具有多个手性中心和多官能团的糖肽类抗生素，呈篮状结构，并且有一个可折盖的糖基。被拆分的手性化合物可以通过包合作用进入万古霉素的篮状结构中，与周围的羧基和仲胺基团发生氢键、静电作用等。

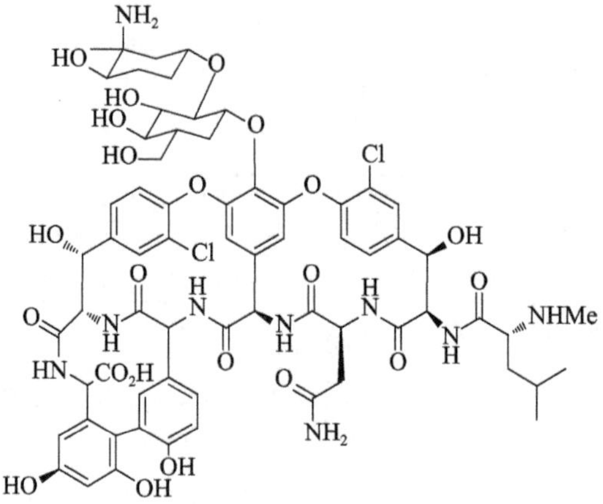

图 5-2　大环糖肽类抗生素万古霉素的化学结构

2. 手性配合交换

手性配合交换的流动相添加法是在流动相中引入某种手性配体和某种金属离子，在非手性柱上实现化合物对映体分离。配体交换的机制是手性配体（CL）和金属离子（M）形成配合物，并且和对映体（CS）发生交换作用，从而在流动相中形成三元非对映配合物而得以分离。

$$[\text{CL}]_n \text{M} + \text{CS} \rightleftharpoons [\text{CL}]_{n-1}[\text{M}][\text{CS}] + [\text{CL}]$$

常用的手性配体为氨基酸及其衍生物，它们可以和过渡金属进行配位。而最常用的金属离子是铜离子。除了氨基酸可以作为手性配体外，手性离子液体作为手性流动相添加剂也具有广泛的前景。

3. 手性离子对

手性离子对试剂在低极性的有机流动相中可以和化合物对映体通过氢键、静电作用等形成非对映离子对，利用其不同的稳定性和在两相之间不同的分配行为而达到分离的效果。常用的手性离子对试剂为奎宁、奎尼丁、10-樟脑磺酸等。被分离的化合物有氨基醇类，如阿普洛尔；羧酸类，如托品酸和萘普生；氨基酸类，如色氨酸等。

4. 手性氢键试剂

基于手性氢键试剂的液相色谱流动相添加剂法的机理是，当手性添加剂分子中含有两个以上可以形成氢键的官能团时，与其结构互补的化合物对映体可以通过氢键作用形成非对映体而得以分离。常见的手性氢键试剂有氨基酸及其衍生物、氨基醇类化合物，如 N-乙酰基-L-缬氨酸-四丁酰胺、(R,R)-N,N-双异丙基酒石酸酰胺等。

5. 手性诱导吸附

手性诱导吸附原理是通过在流动相中加入手性诱导剂，其和化合物对映体共同竞争性地吸附在固定相的表面，形成不稳定的非对映复合物，利用其能量及稳定性差异进行拆分。手性诱导剂可以作为置换物将化合物对映体区分性地从固定相上"挤出"，例如，(-)-α-甲苄胺作为手性诱导剂可在硅胶柱上成功分离 2-氨基庚烷。

6. 蛋白质复合物

蛋白质类化合物作为手性流动相添加剂，可以通过疏水性、静电作用、氢键和电荷转移等作用和化合物对映体形成蛋白质-溶质复合物对化合物对映体进行分离。牛血清白蛋白（BSA）、α-酸性糖蛋白（α-AGP）和胆酸盐都可以作为高效液相色谱手性流动相添加剂。

7. 动态手性固定相

当向流动相中添加某些手性流动相添加剂，如 $(2R,3R)$-双正丁基酒石酸和甲基化环糊精等时，它们能够强烈地吸附在固定相表面，使固定相表面手性化，形成动态的手性固定相，化合物对映体因在两相中的分配行为不同而达到分离的效果。

使用高效液相色谱手性流动相添加剂法进行手性化合物对映体分离的优点是经济易行、不需要使用昂贵的手性柱，且操作简便，不需要进行柱前衍生化处理。但是，它也有缺点，该方法的重现性不好、检出限有限、系统平衡时间长，手性流动相添加剂的消耗量较大且无法循环使用，而且某些手性流动相添加剂会干扰检测等。

（二）手性固定相法

在手性拆分领域，高效液相色谱手性固定相法以其高效、快速、操作方便等优点，成为目前发展最快、应用最广的一种方法。

高效液相色谱手性固定相法的分离机理是，两个对映体与手性固定相发生作用，生成的暂时复合物的稳定性不同，当流动相经过时，稳定性差的对映体被优先洗脱，流出色谱柱，从而实现对映体的分离。

目前，已经商品化的液相色谱手性固定相已经有上百种，一般可分为以下几类：刷型（或称为 Pirkle 型）手性固定相、多糖及其衍生物类手性固定相、蛋白类手性固定相、大环类手性固定相、分子印迹手性固定相、配体交换手性固定相等。其中，刷型手性固定相、多糖及其衍生物类手性固定相的应用最为广泛。

1. 刷型手性固定相

刷型手性固定相也称 Pirkle 型手性固定相，是液相色谱手性固定相中发展较早且非常重要的一类。这类固定相一般是通过一定长度的间隔臂将单分子层的手性分子连接到硅胶载体上（图 5-3）。对于硅胶基质的刷型手性固定相，小分子的手性分子与硅羟基相连，在硅胶的表面形成一均匀的单分子层，类似于"刷子"。刷型手性固定相的化学结构特点是在手性中心附近含有下列官能团：①π-酸性（带吸电子取代基）或π-碱性（带推电子取代基）的芳香基团；②能形成氢键的原子或官能团；③能发生偶极-偶极相互作用的极性键或官能团；④能提供立体排斥、范德瓦耳斯相互作用或构型控制的非极性大基团。

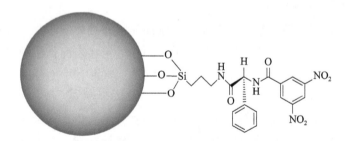

图 5-3　刷型手性固定相结构示意图

刷型手性固定相的主要拆分机理是基于 1952 年 Dalgliesh 提出的"三点相互作用"原理（图 5-4）[10]。根据这一理论，在手性选择剂和对映体之间，为了形成稳定的非对映的分子间复合物，需要三个分子间作用力同时发生才能保持复合物的空间取向，而且其中一个作用力必须是立体相互作用。当对映体之一与手性选择剂同时形成三个相互作用力，且其中一个为空间吸引力时，则该对映体保留时间较长。反之，若为空间排斥力时，则该对映体保留时间较短。所有分子之间的相互作用类型（如氢键、偶极-偶极相互作用、电荷转移络合、位阻排斥、疏水吸引等）都会对手性化合物对映体的分离造成巨大影响。

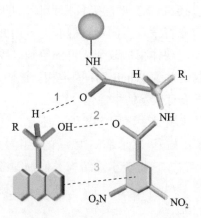

图 5-4 刷型固定相拆分示意图

Pirkle 首先用这种模型解释了 N-萘基氨基酸酯手性固定相对对映体的分离机理。此后，有人系统地研究了刷型手性固定相在结构上的细微变化对手性识别的影响，发现通过改变间隔臂的长度，手性中心附近取代基的大小以及手性选择剂键合到硅胶载体上的方式、取向等均会对拆分效果造成影响。

1976 年，Mikeš 等[11]将四硝基-9-亚芴基氨基氧化丙酸 (TAPA) 键合到氨丙基硅烷化硅胶上，制得了第一个用于高效液相色谱的刷型固定相，并用于分离螺烯对映体。此后，Pirkle 等[8]发现 9-芴基-三氟甲基甲醇作为 NMR 手性溶剂时能与某些手性化合物的对映体形成复合物。他们认为，所形成的复合物中有可以提高其稳定性的 π-π 相互作用，并以此制备了第一个 π-碱性的刷型手性固定相，成功应用于多种亚砜类、胺及氨基酸等 π-酸性对映体的拆分。这类固定相被称为第一代刷型手性固定相。随后，Pirkle 等[12]提出了制备刷型手性固定相的互为相反作用原则，认为如果一个固定的化合物 A 的对映体之一能在另一个化合物 B 的对映体之间进行手性拆分的话，那么反之亦然。基于此原理，他们先后合成了亮氨酸、缬氨酸、(R)-苯基甘氨酸的 DNB（3,5-二硝基苯甲酰）衍生物，并制备成手性固定相，构成了第二代刷型手性固定相。该类手性固定相多应用于拆分带有烷基、醚基或氨基取代的给电子芳香环的对映体。后来，Pirkle 等在对比研究第二代刷型手性固定相对不同种类的手性分子的对映体的识别能力时发现，对于含有 N-芳基-α-氨基酸酯与 2-羧基-2-烷基吲哚结构的物质，第二代刷型手性固定相有良好的拆分效果，故利用互为相反作用原则，合成了第三代刷型手性固定相。含有酸性大π键的衍生物在此类固定相上有良好的拆分，并且拆分效果及范围远大于第一代刷型固定相。

此外，Pirkle等[13]还提出了"直接目标设计"的思想。基于手性拆分的互为相反作用原则，先将萘普生固定到硅胶上，用此固定相拆分系列对映体，取拆分效果最好的对映体稍加改变，再固定到硅胶上作为固定相，用来拆分萘普生及其类似物，此为Whelk-O1固定相。该固定相具有广泛适用性，尤其适合不对称碳原子连有羧基的手性化合物。

除Pirkle研发的经典刷型手性固定相外，还有其他种类的刷型手性固定相，如由3,5-二硝基苯甲酰基-二苯基-二酰胺的衍生物制备的ULMO固定相（适宜分离芳香醇类化合物）、将奎宁及结构类似物固载到载体上制备的刷型固定相，以及将光学纯1-(4-甲氧基萘)甲基苯基氧化磷键合到硅胶上得到的含手性磷原子的固定相等。

近年来，新型刷型手性固定相多是在经典的手性源基础上进行研发，如氨基酸寡肽等的修饰、排列方式的改变、手性选择剂的固定化方法的优化等。此外，以奎宁-3,5苯基氨基甲酸酯、O,O′-二芳酰基酒石二酰胺、O,O′-二芳基氨甲酰基酒石二酰胺、苯甲酰化酒石酸、1,2-二苯基二胺、3,5-二硝基苯甲酰衍生物、氧杂蒽酮衍生物、药物辛伐他汀等制备的新型固定相也有所报道[14-16]。

刷型手性固定相在手性化合物的分离中具有广泛的应用，具有经久耐用、高色谱性能、宽线性范围、广泛的溶剂适应性等优点。国内一些学者如刘东晖等将刷型手性固定相应用于手性药物、农药等物质的对映体拆分[17]。刷型固定相是一类方便易得，且分离机理较为明确的固定相，在一定程度上可以预测某一具体手性化合物在某种手性固定相上是否能够分离。但对于不含芳香环的化合物，在用刷型手性固定相分离之前先要对其进行芳香化。刷型手性固定相今后的发展方向应该是通过大量手性选择剂的筛选，找到更为广谱高效的刷型手性固定相。

2.多糖及其衍生物类手性固定相

多糖类手性固定相因具有分离能力强、稳定好等特点，是目前应用最为广泛的手性固定相之一。多糖类手性固定相是将多糖键合至硅胶上，通过在羟基上连接各种不同取代基团，得到具有不同识别能力的手性固定相。多糖含有众多的可能作用位点，其手性识别能力被归因到具有手性的碳水化合物单体及其螺旋型二级结构。

纤维素的手性拆分能力最早是在纸色谱上分离氨基酸时被发现的，其本身的手性识别能力较差。第一个作为手性固定相使用的多糖衍生物是纤维素三乙酯，是 1973 年 Hesse 和 Hagel[5] 首先制备的，可用于拆分芳香族和脂肪族的一些化合物，后来由 Okamoto 等 [18] 将其涂敷于硅胶上，表现出了与其本身完全不同的拆分特性。随后，Okamoto 等 [19,20] 又制备了一系列的纤维素苯酯和氨基甲酸酯的衍生物，涂敷于氨丙基硅胶载体上制得了大量的手性固定相。

在纤维素的苯酯类衍生物中，纤维素-三（4-甲基苯酯）（OJ）具有较高的选择性，纤维素的氨基甲酸酯手性固定相中纤维素-三（3,5-二甲基苯基氨基甲酸酯）（OD）具有非常好的立体选择性，直链淀粉-三（3,5-二甲基苯基氨基甲酸酯）（AD）也具有较好的对映体分离能力。目前，多种多糖衍生物手性固定相都已商品化，如名称为 Chiralcel OD、Chiralcel OC、Chiralcel OF、Chiralcel OG、Chiralcel CTA、Chiralcel OA、Chiralcel OJ、Chiralcel OK 和 Chiralpak AD、Chiralpak AR、Chiralpak AS、Chiralpak IA、Chiralpak IB、Chiralpak IC、Chiralpak ID、Chiralpak IE、Chiralpak IF 的手性色谱柱，其固定相都为多糖类衍生物手性固定相。此外，还有其他一些品牌，如 CellCoat（Kromasil）、RegisCell（Regis）、Eurocel 01（Knauer）、Lux Cellulose-1（Phenomenex）、Sepapak-1（Sepaserve）和 Chiroal Cellulose-C（YMC）等。

多糖及其衍生物类手性固定相（涂敷型）一般由多糖与苯酰氯或苯基异氰酸酯反应，生成相应的苯酯或氨基甲酸酯（图 5-5），溶解于溶剂中，涂敷到氨丙基硅胶上。该涂敷型的多糖衍生物手性固定相可使用烃／醇、烃／醚流动相，或使用反相的极性溶剂。但多糖的衍生物易溶于一些极性溶剂中，由于溶解性问题，限制其使用溶剂如氯仿、四氢呋喃、吡啶等，否则会导致溶解或溶胀。键合型多糖类手性固定相克服了涂敷型手性固定相的缺点，扩大了流动相的选择范围，提高了手性固定相的稳定性，成为近年来手性物质分离领域的研究热点。

国内学者彭桂明等采用施陶丁格反应将含叠氮的多糖衍生物键合到硅胶基质表面，得到一系列新型键合型多糖手性固定相材料，发现脲键键合型多糖手性固定相与具有相同衍生基团的涂敷型手性固定相在分离性能上表现出一定的互补性 [21,22]。但是，键合型多糖类手性固定相的手性识别能力通常低于相应的涂敷型手性固定相。因此，开发手性识别能力强的多糖类衍生物的高效键合方法仍具有重要意义。

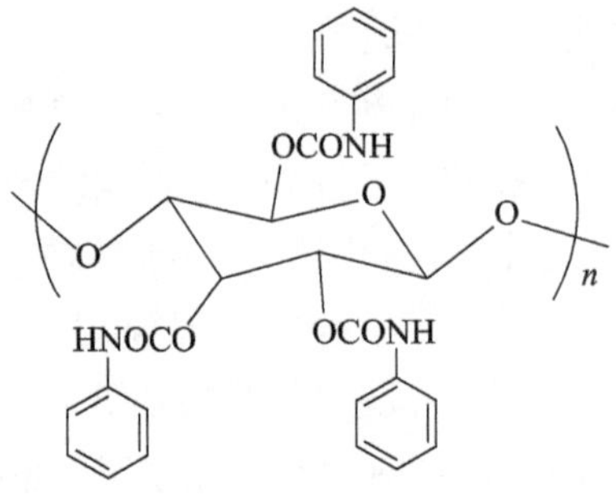

图 5-5　多糖类手性固定相［支链淀粉–三（苯基氨基甲酸酯）固定相］

关于多糖及其衍生物类手性固定相的拆分机理目前已有很多研究。通常认为，手性固定相和对映体之间存在氢键、π-π 相互作用和偶极–偶极相互作用，这些都有助于对映体分离。由手性固定相内的葡萄糖单元形成的多糖的单一螺旋结构和溶质的空间适应性也对拆分造成重要影响。几种相互作用的综合效应可以导致手性固定相和对映体之间的作用差异，并且影响非对映体复合物的稳定性，使得对映体得以分离。在多糖类衍生物中，手性识别体的选择性来自氨基甲酸酯基团上的羰基、氨基以及苯环。多糖衍生物作为一种长链大分子，其氨基甲酸酯基团位于主干形成的空腔之中，苯环取代基则修饰空腔外围，对即将进入空腔的外消旋体产生特定的位阻效应，从而实现对对映体的手性识别。醇类改性剂，如异丙醇或乙醇，通过与对映体的竞争和相互作用，在烷烃／醇流动相系统的手性识别中起到非常重要的作用。流动相中的异丙醇或乙醇可能削弱分析物和固定相之间的相互作用，并降低对映体与手性固定相之间的相互作用差异。

在国内，手性拆分工作从 20 世纪 90 年代开始逐渐被重视。从实验室自主合成各种手性柱到各种商业化手性柱的使用，国内学者对手性拆分的研究做出了不可忽视的贡献，其主要工作集中于环境污染物、天然化合物、内源化合物、药物等方面。例如，中国农业大学周志强研究团队[23-27]利用自制及商品化的多糖类手性固定相对氯氰菊酯等数十种手性农药对映体进行了深入系统的分离分析研究，开发了多种手性农药对映体分析方法，为手性农药生物活性、毒性毒理、降解代谢、环境行为等研究奠定了基础。

随着涂敷型和键合型固定相制备技术的日益成熟，多糖衍生物类手性固定相的手性识别能力和稳定性有了显著进步。今后的研究重点将主要包括：手性整体柱制备；非常规载体上的固载方法以及适用于超临界流体色谱和超高压液相色谱的小粒径色谱填料，使其在分离效果、处理能力以及溶剂消耗量等指标上表现出更优异的性能；新型多功能手性识别剂的开发，如双手性识别剂的引入、以聚亚苯基乙撑作为主轴嵌入多糖结构获得具有规整螺旋结构的手性识别剂等，为制备具有更高识别能力的多糖类手性固定相开辟新方向。在应用方面，除了拆分手性药物、中间体及内源化合物外，多糖类手性固定相用于分离天然产物以及鉴定农业废物也将是今后的重要发展方向。

3. 蛋白类手性固定相

蛋白类化合物是天然的手性高分子物质，蛋白质分子中的氨基酸结构提供了多个手性结合位点，利用手性化合物对映体与这些作用位点间产生氢键、疏水作用、静电作用等可以实现对映体的拆分。

1973 年，Stewart 等[6]首次将牛血清白蛋白（BSA）键合到琼脂糖上，并成功拆分了 D/L-色氨酸。其后，Hermansson[28] 将 α1-酸性糖蛋白（α1-AGP）和牛血清白蛋白化学键合到硅胶载体粒子上，用于 HPLC 拆分手性化合物。目前已报道的用于 HPLC 分离手性化合物的蛋白质有白蛋白［如牛血清白蛋白、人血清白蛋白（HSA）］、糖蛋白（如 α1-酸性糖蛋白、卵黏蛋白、卵糖蛋白、类卵糖蛋白、抗生物素蛋白、核黄素结合蛋白等）、酶（如纤维素二糖水解酶 I、溶解酵素、胃蛋白酶、真菌纤维素酶、淀粉葡萄糖苷酶）和其他蛋白（如酪蛋白、人血清转铁蛋白、卵铁传递蛋白、β-乳球蛋白等）。其中，人血清白蛋白固定相常用于化合物与蛋白质相互作用的研究，适用于酸性手性化合物的分离；α1-酸性糖蛋白固定相、天然卵黏蛋白（OVM）固定相可用于多种酸性、碱性及中性手性化合物的拆分；纤维素二糖水解酶 I 适用于碱性手性化合物的分离。

蛋白类手性固定相的优点在于可使用水性流动相、样品不需要衍生化、能够直接拆分大量的手性化合物。缺点是柱容量低、固定相耐用性差、拆分机理不很清楚。蛋白类手性固定相主要用于分析目的，而不适合光学纯对映体的制备。近年来，国内一些研究者也开展了蛋白类手性固定相的研究。例如，吕春光将南极假丝酵母脂肪酶键合到硅胶上，制备的脂肪酶手性固定相对手性化合物具有较好的拆分能力[29]。目前，蛋白类手性固定相的研究多集中于在手性拆分方面的应用，而寻找新型的固定相蛋白质和相对比表面积大、易制备的载体基质也将会成为今后研究的重点。

4. 大环类手性固定相

大环类手性固定相包括经修饰的环糊精、手性冠醚和大环糖肽抗生素，可作为手性选择剂的固定相。

（1）环糊精类手性固定相

该类固定相的手性识别主要来自环内腔对芳香烃或脂肪烃类侧链的包容作用，以及环外壳上的羟基与对映体发生的氢键作用。在液相色谱中，通常是将环糊精及其衍生物作为手性流动相添加剂使用，但也有一些研究报道将其键合到硅胶等基质上制备成手性固定相。通过化学修饰改变 β-环糊精的内腔深度和氢键作用位点，引入静电作用和 π-π 相互作用位点，满足识别不同类型和结构的底物要求，可以提高 β-环糊精衍生物的手性识别能力。目前研究主要集中在开发环糊精与基质材料间新型键合方式和探讨衍生基团对手性固定相的分离能力的影响。国内学者章伟光课题组 [30-32] 采用施陶丁格反应将6-单叠氮或多叠氮-2,3-苯氨基甲酰化环糊精与硅胶键合，得到一系列新型单脲键或多脲键环糊精手性固定相，并应用于巴比妥酸、金属铱苯配合物、生物碱、氨基酸及衍生物、黄酮化合物、芳香醇和一些手性药物对映体的分析和分离。点击化学反应原理也被用于制备环糊精手性固定相。以天然环糊精和苯氨基甲酰化环糊精等为手性选择剂的点击式环糊精类手性固定相在酸性和碱性介质中稳定性都比较好，并且具有较好的拆分性能 [33,34]。

（2）大环抗生素类手性固定相

1994 年，Armstrong 等 [35] 首次将大环抗生素作为手性固定相，用于氨基酸对映体的分离。大环抗生素类手性固定相作为一种常用的固定相，具有多个手性中心和不同的官能团，可以通过多种相互作用，如疏水作用、偶极-偶极相互作用、π-π 相互作用、氢键及立体位阻等，实现手性化合物对映体的分离。

大环抗生素类手性固定相具有高效、高选择性和大载样量等独特的优势，而且可以在多种流动相模式下进行对映体分离，已经成为目前最具发展潜力的一类新型手性固定相。由于在每种模式中可以溶解的物质是完全不同的，每种情形下的手性识别机理也是不同的。反相条件下去甲万古霉素键合手性固定相对酰化氨基酸对映体的拆分、疏水作用和静电作用是影响溶质保留和手性选择性的重要因素；在键合型替考拉宁和万古霉素固定相对盐酸马布特罗和盐酸克伦普罗的拆分中，离子相互作用是实现对映体分离的主要机制。常用的大环抗生素类手性固定相可分为安莎霉素类、糖肽类、多肽类和氨基糖苷类，其中糖肽类抗生素具有较高的对映选择性、较广泛的手性识别能力，而且在固定相键合和装柱过程中较稳定，所以大环抗生素类手性固定相的研究也主要集中在糖肽类抗生素上。

大环抗生素类手性固定相被广泛应用于氨基酸、药物、农药等手性化合物的分离。大环抗生素类手性固定相有以下优点：①应用范围广；②可稳定键合于硅胶上，有较高的柱容量，不仅可用于分析，也可用于制备；③由于具有精确结构，故可进行手性拆分机理研究。大环抗生素类手性固定相有着广阔的发展前景。

（3）大环冠醚类手性固定相

冠醚是具有空腔的大环聚醚，冠醚结构上的氧作为接受电子基团，分布在空腔的内侧壁，金属或铵离子可以进入该空腔内（图5-6）。冠醚本身没有手性，需要引入手性基团才能对手性化合物进行拆分。根据引入基团的不同，手性冠醚可分为手性联萘修饰的冠醚、有机酸为手性中心的冠醚、插入糖类化合物的冠醚和有机醇为手性中心的冠醚等。

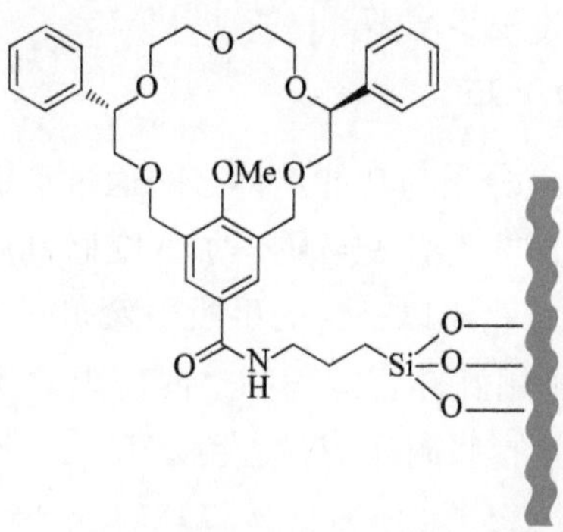

图 5-6　大环冠醚类手性固定相示意图

手性冠醚的合成和作为手性固定相的历史要追溯到20世纪70年代。Cram等[36]首次合成了手性冠醚，并将其用作手性识别子，对α-氨基酸对映体及其衍生物进行了拆分。冠醚类手性固定相主要用于分离含初级胺基手性中心的物质及一些次级胺类物质，如α, β, γ-氨基酸、氨基醇、氟喹诺酮化合物等。第一个商品化的手性冠醚固定相 CROWNPAK CR 由于涂敷的特点，能应用的流动相有限，因而应用范围受到限制。目前，被广泛应用的冠醚类固定相主要有两种，一种结合了 1,1′-联萘，另外一种结合了酒石酸。近年来，一些手性冠醚固定相被相继合成并用于手性物质的分离，如 1,1′-二-2-萘基手性冠醚固定相、(+)-(18-冠-6)-2,3,11,12-四羧酸手性固定相、联萘酚手性冠醚固定相等，被用来分离铵盐、氨基醇等[37-40]。国内学者近些年也开发了多种新型冠醚类手性固定相，例如，涂敷型 (R)-(1,1′)-二萘基-20-冠-6 手性固定相可对缬氨酸、苯甘氨酸、对羟基苯甘氨酸、谷氨酸、色氨酸对映体进行拆分[41]；奎宁—冠醚组合型手性固定相可对 12 种氨基酸对映体进行直接拆分[42]。

到目前为止，手性冠醚类固定相对于手性胺化合物的准确识别机制并不完全清楚，但是对于某些化合物的手性识别行为还是能够很好地解释。例如，对于 $1,1'-$ 联萘修饰的冠醚类固定相，空间交互作用被认为是主要的手性识别作用。而对于含有 NH_3^+ 基团的化合物，其手性中心和冠醚的三脚架结构之间的相互作用被认为是重要的手性识别机制。除此之外，固定相上的羧酸基团与氨基酸的氢键作用也是重要的手性识别机制。对于次级胺类物质，分析物的阳离子和固定相上的阴离子羧酸根离子相互作用是重要的识别机制。

手性冠醚对手性化合物有良好的识别作用，以有机酸、联萘酚、糖类、有机醇及其他天然产物等手性源修饰的手性冠醚能较好地拆分含伯胺基的手性化合物对映体。随着新型手性冠醚的合成，大环冠醚类手性固定相在手性化合物分析领域的应用将逐步增多。

5. 分子印迹手性固定相

分子印迹技术是印迹分子与功能单体之间通过氢键、静电和疏水作用等超分子作用自组装形成的主客体配合物。加入交联剂后功能单体在印迹分子周围的空间结构得以固定，再以一定的手段去除印迹分子，聚合物会依靠对印迹分子的"记忆"，利用互补官能团和空间位阻效应与待分离混合物中的印迹分子进行特异性的选择吸附作用，达到分离、纯化的目的（图5-7）。

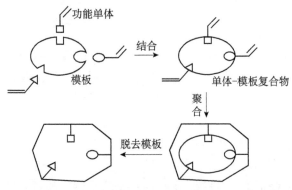

图 5-7　分子印迹手性固定相拆分原理示意图

分子印迹聚合物的手性识别，本质上是分子印迹聚合物与印迹分子的空间结构和化学基团的相互匹配。但该过程的具体机理目前还没有定论，比较认可和受到关注的机理主要分以下几类：①分子印迹聚合物的热力学机理。这是目前普遍被接受的一种理论，该机理认为若分子印迹聚合物与印迹分子之间通过非共价键结合，其分离过程则为焓控制过程；若分子印迹聚合物对印迹分子的"形状记忆"是结合的主要动力，则分离过程是熵控制过程。

②空间几何构型的影响。分子印迹聚合物与印迹分子的空间结构和化学基团的相互匹配是影响手性识别能力的主要因素之一。吸附等温线模型理论是通过分子印迹聚合物对印迹分子的吸附等温线得到关于它们之间的结合能、结合位点类型及分布信息。分子簇理论认为印迹聚合物与印迹分子之间以共价键的形式结合，先产生一个晶核，然后形成分子簇而被填充在分子印迹聚合物的空腔里，从而对手性印迹分子产生识别。

1978年，Wulff等[43]首先用分子印迹聚合物作为液相色谱手性固定相拆分了模板 α-D-甘露吡喃糖苯苷的外消旋体。1985年，Sellergren等[44]用医药中间体 D-苯丙氨酸乙酯为模板分子，得到一种大孔的分子印迹聚合物并成功将其用作 HPLC 固定相拆分 D, L-苯丙氨酸乙酯，分离因子最大达到1.30，这首次确立了分子印迹色谱柱用于药物分离的可行性。1990年，Andersson等[45]使用本体聚合法，分别以 L-苄氧羰基天冬氨酸和 L-苄氧羰基谷氨酸为模板分子合成分子印迹聚合物，并将其用于对映体的拆分。他们指出，分子印迹聚合物作为 HPLC 填料，较为适合分离易形成氢键的羧酸类、氨基甲酸盐类、杂原子类及羧酸酯类化合物，进一步丰富了分子印迹色谱柱分离的理论基础。此后，分子印迹聚合物作为手性固定相的应用越来越广泛。例如，欧俊杰等在常规不锈钢色谱管中以甲基丙烯酸为功能单体，采用原位聚合法制备了 (5S,11S)- 特罗格尔碱的印迹整体柱，实现了对特罗格尔碱消旋体的快速拆分[46]。

分子印迹手性固定相因其具有较高的选择性及较好的分离效果，受到国内外科研工作者的重视。分子印迹手性固定相对小分子药物表现出良好的识别和分离性能，其在分离分析等领域有着重要的科研价值和商业潜力。然而分子印迹手性固定相也存在一些局限性，如活性单一对映体模板价格昂贵，应用成本过高，且单一对映体模板制备的分子印迹手性固定相特异性较强，只能拆分单一的手性药物，只能在有机相中制备等。所以分子印迹手性固定相未来的研究应该倾向于开发多种廉价模板，降低应用成本；改良材料，实现多分析物手性拆分；发展水相中合成的方法，增强其在水相中的分散性，拓宽其在亲水性药物中的应用。

6. 配体交换手性固定相

配体交换手性固定相由 Davankow 首先提出，通常以光学活性氨基酸或哌可酸为手性配体，可键合或涂渍到载体上制备成手性固定相。其拆分机理是基于固定相手性配体、中心金属离子与被分离对映体形成一对非对映的三元配合物，两个对映体形成的配合物之间的热力学稳定性差异导致了对映体的分离。适当的对映体配体能给出电子到过渡金属的 d 轨道，且占据有利空间，形成一定构型的配合物，因此要求被分离的手性化合物对 Cu^{2+} 或其他金属离子必须具有双配位基。除配位作用外，其他的作用如氢键、偶极-偶极相互作用、疏水作用等也对分离效果有影响，而且对于不同的分离模式，影响因素也有差别。所以，金属离子的种类及浓度、流动相 pH 以及离子浓度、有机改性剂、温度等都会影响对映体的选择性。

以往最为常用的改性固定相的金属离子为 Cu^{2+}，近年来，Ti^{4+} 也常作为改性的固定相金属离子进行应用。配体交换手性固定相是拆分氨基酸、羟基酸、二胺及其衍生物、生物小分子对映体的一种有效方法，其选择性高，无须进行柱前衍生化，流动相多采用水，对环境无污染，实验成本低，是一种高效、绿色的分离技术。寻找更加高效且通用的手性配体试剂是手性配体交换色谱今后研究的重要方向。手性配体、金属离子与对映体之间形成三元配合物的稳定性受多种因素的综合影响，如空间位阻、热力学稳定性及动力学可逆性等。寻求众多因素之间的平衡点会使手性物质分离更加高效快速，各种模拟软件的利用则会使手性配体的机制更加清晰。

（三）间接法

间接法主要是指手性试剂衍生化法，其原理是利用对映体混合物在预处理柱或前置柱中先与高光学纯度的手性衍生化试剂反应，衍生化生成一对非对映体，然后利用它们在理化性质上的差异，用 HPLC 法在非手性柱上得以分离。此方法也称柱前衍生化法或手性衍生化试剂法。

常用的衍生化试剂有光学活性氨基酸、异硫氰酸酯、羧酸衍生物等。选用手性试剂衍生化法对手性化合物进行分离通常基于以下几种原因：第一，不易直接拆分，例如，游离胺类在手性固定相上往往具有较弱的色谱性质，生成中性化合物则可获得显著改善；第二，添加某些基团，以增加色谱系统的对映体选择性；第三，改善紫外或荧光检测的效果。

一般手性试剂衍生化法需要满足以下条件：第一，溶质分子至少有一个官能团供衍生化，如果具有多个可供衍生化的官能团，则其性质需各不相同；第二，手性衍生化试剂尽可能达到光学纯，并且没有选择性地与溶质的两个对映体反应；第三，反应须温和、简便、完全，在溶质与衍生化试剂间无消旋化发生；第四，手性中心与其反应基团间的距离必须恰当，产物的立体构型及其极性利于色谱分离；第五，手性试剂须带有发色或荧光基团。此外，衍生化试剂的结构特点要利于衍生物非对映体的分离，衍生物非对映体之间的构象差异越大，分离效果越好。这种差异主要取决于：第一，两个手性中心之间的距离（最好为 2~4 个原子）；第二，手性中心附近基团的体积（在手性中心附近多含环状结构）；第三，极性或可极性化基团的存在导致氢键或其他分子内相互作用的产生，从而稳定构象。

二、气相色谱法

气相色谱法（gas chromatography，GC）是利用被分离组分在固定相和载气之间的分配有差异使这些组分得到分离的方法，该法适用于分离一些易挥发的、稳定性好的化合物。利用气相色谱分离手性化合物的研究始于 20 世纪 50 年代末期，在绝大多数情况下利用气相色谱分离手性化合物对映体都是在毛细管手性柱上直接进行的，气相色谱手性柱固定相主要有以下几种类型。

（一）氨基酸衍生物类手性固定相

气相色谱第一次成功地分离手性化合物是 1966 年 Gil-Av 等 [3] 首次报道的氨基酸对映体的分离，他们用 N-三氟乙酰基-D-异亮氨酸月桂醇酯作为手性固定相，利用静态涂渍法将其涂在长 100 m、内径 250 μm 的毛细管的内壁上。氨基酸样品用三氟乙酸酐和异丙醇衍生化，以 100:1 的分流比进样，在 90 ℃ 等温下进行，分离总共花了 4 个多小时。尽管气相色谱较早地应用于对映体分离，但其在随后的年代里发展较慢，主要是由于该类固定相热不稳定。

1977 年，Frank 等 [47] 将二甲基硅氧烷、L-缬氨酸-叔丁基胺和（2-羧丙基）甲氧基硅烷进行共聚，产生了一种新的固定相，该固定相远较上述 Gil-Av 固定相稳定，直到现在仍在商品化，商品名为 Chirasil-Val（图 5-8）。该固定相的性能非常优秀，涂渍到石英毛细管柱上，可在 30~230 ℃ 的温度范围内使

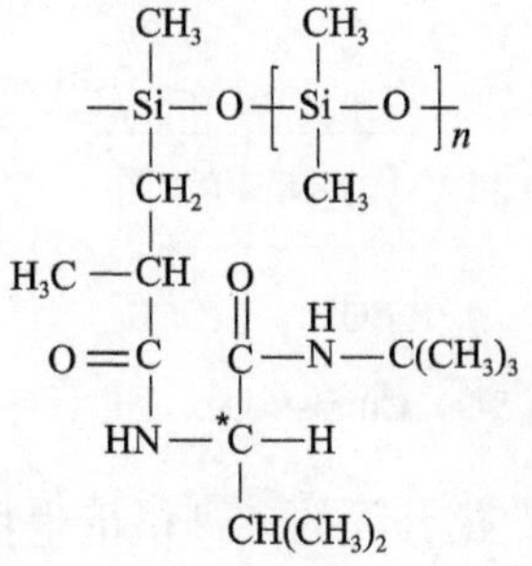

图 5-8 商品 Chirasil-Val 柱手性固定相

用。Chirasil-Val 柱特别适合拆分氨基酸的衍生物，也可以拆分一些羟基酸、氨基醇、氨、醇的衍生物以及部分其他手性化合物。Chirasil-Val 柱的最大优点是能拆分开全部 19 种人体必需的手性氨基酸衍生物。

（二）金属配合物类手性固定相

1971 年，Gil-Av 和 Schurig[48] 证实了对映体与光学活性的金属配合物作用可实现对映体分离。他们将二羰基-铑(I)-3-三氟乙酰基 -(1R)- 樟脑与角鲨烷混合涂渍在一根不锈钢毛细管柱内壁上，实现了 3-甲基环戊烯的分离，首次确定了络合气相色谱有手性识别能力。在后面的一段时间，又有多种该类手性固定相被报道，但因种种原因，该类手性柱至今未见商品化产品。

（三）环糊精衍生物类手性固定相

环糊精作为气相色谱手性固定相的研究始于 1983 年。Kościelski 等 [49] 将天然 α-环糊精与甲酰胺的混合物用作填充柱气相色谱固定相，对 α-、β-蒎烯的外消旋体进行了分离。1987 年，Juvancz 等 [50] 首次将非稀释的全甲基 β-环糊精涂渍到玻璃毛细管柱上，分离二取代苯和一些手性化合物。为了克服全甲基 β-环糊精熔点高的缺点，Schurig 等 [51] 将其用 OV-1701 进行稀释，使其固有的手性选择性同聚硅氧烷优良的色谱性能相融合，使多种不同种类的手性化合物得以成功分离。稀释法现在已经成为常规方法。1990 年，Schurig 等和 Fischer 等 [52,53] 把全甲基 β-环糊精接枝到聚硅氧烷固定相上，此固定相称为 Chirasil-Dex（图 5-9）。Chirasil-Dex 还可以热交联到石英毛细管柱的表面。该柱还可用于超临界流体色谱。

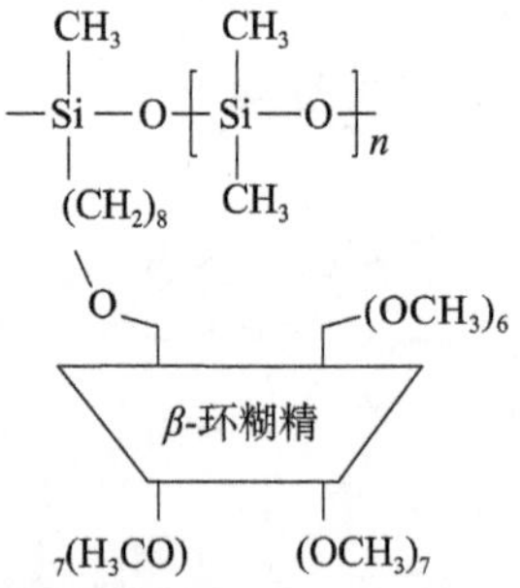

图 5-9　Chirasil-Dex 手性固定相

用于气相色谱分离手性化合物的环糊精衍生物固定相有数十种之多，按衍生化基团分为：烃基（甲基、乙基、丙基、丁基、正戊基、异戊基、己基、庚基、辛基、壬基）、酰基（乙酰基、三氟乙酰基、丁酰基等）、烯丙基、光活性羟丙基和叔丁基二甲基硅基等。以衍生化的位置不同分为：2,3,6 位衍生化基团都相同的环糊精；2,6 位衍生化基团相同，3 位不同的环糊精；2,3 位衍生化基团相同，6 位不同的环糊精；2,3,6 位衍生化基团都不相同的环糊精。

（四）多孔手性材料类手性固定相

2011 年，袁黎明等[54]将手性金属-有机框架材料作为毛细管气相色谱固定相，制备毛细管色谱柱，用于分离系列有机物。该材料具有三维单一手性螺旋通道，对很多化合物具有良好的分离能力，尤其对外消旋体化合物表现出良好的手性选择性，分离样品的时间较短，具有非常优秀的热稳定性。具有三维钻石网络状手性通道的手性多孔有机笼 CC3-R 毛细管气相色谱柱（图 5-10）[55-57]，对手性一元醇、二元醇、胺、醇胺、酯、酮、醚、卤代烃、有机酸、氨基酸甲酯和亚砜等具有非常优异的手性拆分效果。国内还有一些学者开展了手性共价框架材料用于毛细管气相色谱对映体分离的研究，展示了该类多孔材料在气相色谱固定相中应用的可能性。除上述介绍的固定相外，也曾有离子液体、多糖、环肽、杯芳烃等固定相的研究报道，但至今都未得到商业化应用[58]。

 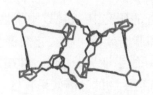

（a）单个分子笼结构　　　（b）两个相邻分子间排列结构

图 5-10　CC3-R 手性笼的分子结构

气相色谱由于具有操作简单、快速、设备价格相对低廉而深受广大科研工作者的欢迎，已经成为现代色谱分离技术中必不可少的技术之一。与高效液相色谱手性固定相相比，气相色谱手性固定相的种类要少得多，得到商品化应用的手性固定相就更少。还有很多手性化合物难以用常规的手性色谱柱进行拆分，所以气相色谱手性固定相还需要进一步的研究和开发。

三、超临界流体色谱法

（一）超临界流体色谱原理

超临界流体色谱法（supercritical fluid chromatography，SFC）是以超临界流体为流动相，以固体吸附剂（如硅胶、氧化铝）或键合在载体（或毛细管壁）上的高聚物为固定相的一种新型色谱分离技术，色谱仪器主要包括高压流动相传送系统、色谱分离系统和检测系统三个部分。

在众多的超临界流体中，CO_2 最为易得，并且无毒，没有燃烧性，使用也最广。SFC 使用的流动相主要是超临界 CO_2。在很多分离过程中，单纯靠超临界 CO_2 是很难实现分离的，往往需要加入一些极性助剂，如乙醇、丙酮等。

1985 年，Mourier 等[59]首次采用 SFC 拆分手性化合物，随后 SFC 在手性物质分离分析领域逐渐被应用。SFC 与 HPLC 具有一定的互补性，并在制备方面体现出独特的优势。SFC 在手性药物、农药分析中应用广泛。

（二）SFC 对手性物质分析中的固定相

SFC 是通过手性固定相对手性物质进行分离，其中很大部分是用于 HPLC 的固定相，主要有三类，即环糊精、多糖、氨基酸。

1. 环糊精类手性固定相

在 SFC 最近的研究中，β-CD 类手性固定相应用较为广泛，主要是羟基取代的芳香族和脂肪族衍生物。它们键合到硅胶表面，可以提高热稳定性，在 SFC 中有很好的手性拆分能力。β-CD 类手性固定相对黄酮类、噻嗪类、氨基酸类外消旋衍生物的分离效果较好。加入酸性改性剂，可以显著提高分辨率，有助于手性拆分。

2. 多糖类手性固定相

多糖类手性固定相是手性 SFC 分析中应用最成功、最广泛的一类固定相，当前的工作主要集中研究具有广泛应用价值的纤维素和直链淀粉类固定相。当在纤维素上连接不同的取代基时，则得到分离效能不同的固定相。这类固定相的性能稳定，加之 SFC 的分析条件温和，一般柱温为 40℃ 左右，使得用该类固定相制备的色谱柱寿命长，固定相流失少，分析重现性好。

3. 氨基酸类固定相

氨基酸类固定相的手性识别主要通过形成氢键实现，分离受到流动相中添加剂的分子大小和极性的影响。将少量水加到有机添加剂中既可以缩短保留时间，还可以提高分离效能和选择性。该类手性固定相用于 HPLC 和 SFC 分析时，色谱柱不受流动相中酸或者胺类物质的影响，SFC 表现出比 HPLC 高的分离效能和短的分析时间，并且特别适合于未衍生化的手性二醇类物质分离。

（三）SFC 手性物质分析中的流动相及分离参数

在超临界 CO_2 流体中常常添加改性剂作为流动相，以增强流动相的极性和酸碱性，提高分离效果。改性剂种类、溶解样品的溶剂种类、柱温、背压和流速都会对分离产生影响。通常情况下，随着温度的升高，手性化合物对映体的保留因子和选择因子都有所降低。

SFC 不仅可以使用高效液相色谱的检测器，还可与气相色谱、质谱、傅里叶变换红外光谱等仪器在线连接，因而可方便地进行定性和定量分析。SFC 作为制备色谱，比普通制备色谱样品处理量大。由于使用 CO_2 超临界流体，污染小，SFC 方法绿色环保。SFC 应用于手性化合物对映体的分离并实现工业化制备是未来的发展趋势。

四、模拟移动床色谱法

单柱高效制备色谱分离是分离纯化的前沿技术之一。但它还存在不能连续进样、固定相利用率低、流动相消耗大和样品后处理能耗高等不足，严重制约了液相色谱大规模发展及更为广泛的应用。

1961 年，美国 UOP 公司推出了模拟移动床色谱法（simulated moving bed chromatography，SMBC），通过多根色谱柱串联，周期性改变进出口的位置，模拟固定相与流动相的逆流流动，实现组分的分离。它具有连续进样、溶剂和流动相可循环使用、操作成本低等的优点，对于分离度较小的难分离体系其优势更加明显，近年来备受关注。美国 UOP 和 AST、法国 Novasep、德国 Knauer 和日本 Soken 等公司都推出了商品化的模拟移动床设备和技术。国内江苏汉邦科技有限公司、大庆宏源分离技术研究所和北京创新通恒科技有限公司等单位也开展了模拟移动床分离设备的研发和应用。

随着医药和生物技术的快速发展，越来越多的手性化合物需要分离。1992 年，Negawa 等 [60] 将模拟移动床色谱首次用于 1-苯基乙醇对映体分离。

（一）模拟移动床分离基本原理

传统的模拟移动床系统包括进料（feed）口、洗脱液（desorbent）入口、提取液（extract）出口和提余液（raffinate）出口，因而对应将模拟移动床系统分为四区，每区一根或多根色谱柱，在整个系统运行中每区作用各不相同（图 5-11）。

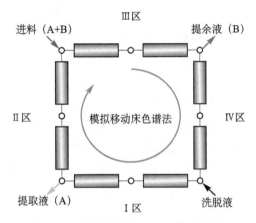

图 5-11　传统模拟移动床色谱法原理图

1. 每区的作用

Ⅰ区：在洗脱液入口与提取液出口之间，为固定相再生区。在此区内，被分离的组分需全部被洗脱，使固定相得到净化；Ⅱ区：在提取液出口和进料口之间；Ⅲ区：在进料口和提余液出口之间。Ⅱ区和Ⅲ区为分离区，组分在固定相和流动相作用下向相反的方向运动，弱保留组分 (A) 被洗脱，随流动相移动，强保留组分 (B) 被吸附，随固定相移动。在Ⅱ区，弱保留组分 (A) 必须全部洗脱，而在Ⅲ区，强保留组分 (B) 完全吸附。Ⅳ区位于洗脱液入口与提余液出口之间，为洗脱液再生区。在Ⅳ区两种组分必须被吸附，以便使再生的淋洗液再循环到Ⅰ区。

模拟移动床系统切换主要有两种模式，首先是固定进出口阀位置，周期性切换色谱柱位置［图 5-12（a）］，该法有利于缩小系统死体积，但工业放大较难。其次是固定色谱柱位置不变，周期性切换进出口阀［图 5-12（b）］，此时易实现工艺放大和规模化，但可能出现交叉污染。

2. 评价

在模拟移动床色谱分离时，根据操作参数确定不同操作点，采用纯度、

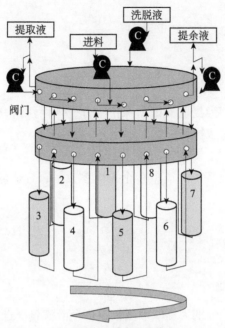

(a) 周期性切换色谱柱模式

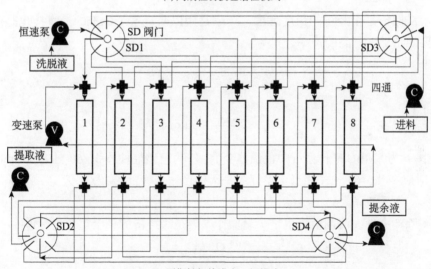

(b) 周期性切换进出口阀模式

图 5-12　两种典型的模拟移动床系统切换方式

回收率、产率、溶剂消耗等来评价操作点选择是否合适。

（1）纯度

在两组分分离体系中，提取液、提余液在达到稳态后的纯度计算公式为

$$\text{Pu}(\text{E}) = \frac{100C_{\text{B}}^{\text{E}}}{C_{\text{A}}^{\text{E}} + C_{\text{B}}^{\text{E}}}$$

$$\text{Pu}(\text{R}) = \frac{100C_{\text{A}}^{\text{R}}}{C_{\text{B}}^{\text{R}} + C_{\text{A}}^{\text{R}}}$$

式中：C_{A}^{E}、C_{B}^{E}分别为提取液中弱保留组分、强保留组分的浓度；C_{A}^{R}、C_{B}^{R}分别为提余液中弱保留组分、强保留组分的浓度。

（2）回收率

目标产物的回收率也是衡量一个操作参数是否合适的重要评价指标，其计算公式为

$$Y_{\text{E}} = \frac{2Q_{\text{E}}C_{\text{B}}^{\text{E}}}{Q_{\text{F}}C^{\text{F}}}$$

$$Y_{\text{R}} = \frac{2Q_{\text{R}}C_{\text{A}}^{\text{R}}}{Q_{\text{F}}C^{\text{F}}}$$

式中：Q_{E}、Q_{R}、Q_{F}、C^{F}分别为提取液流量、提余液流量、进料流量、进料浓度。

（3）产率

从操作是否经济的角度考虑，产率是用以衡量这个标准的最直接也是最重要的指标，样品的产率公式为

$$P_{\text{E}} = \frac{C_{\text{B}}^{\text{E}}Q_{\text{E}}}{n \cdot V_{\text{c}}} \times 60 \times 24$$

$$P_{\text{R}} = \frac{C_{\text{A}}^{\text{R}}Q_{\text{R}}}{n \cdot V_{\text{c}}} \times 60 \times 24$$

式中：n为 SMBC 操作系统中色谱柱个数；V_{c}为色谱柱柱体积；60 对应 60 min，24 对应 24 h，60×24 相当于换算为一天的产率。

（4）溶剂消耗

除产率外，溶剂消耗也是衡量操作参数是否经济的一个重要指标。

$$E_{\text{E}} = \frac{Q_{\text{F}} + Q_{\text{D}}}{C_{\text{B}}^{\text{E}}Q_{\text{E}}}$$

$$E_{\text{R}} = \frac{Q_{\text{F}} + Q_{\text{D}}}{C_{\text{A}}^{\text{R}}Q_{\text{R}}}$$

式中：Q_{F}、Q_{D}分别为进料、洗脱液的流量。

（二）手性固定相在模拟移动床上的分离应用

目前，多糖衍生物手性固定相具有来源方便、制备简单、手性识别能力强、载样量高、适用范围广等优点，是最具有应用潜力的一类手性固定相。作为制备色谱新的发展方向，目前很多学者已将其运用到模拟移动床色谱对映体分离中，并取得了很好的效果。例如，以 EnanotioPak OD 为固定相[61]，正己烷-乙醇为流动相，在四区模拟移动床色谱上分离甲霜灵外消旋体，得到了纯度大于 99% 的单一对映体。环糊精手性固定相在正相、反相、极性有机相和极性离子模式下都表现出良好的手性识别和分离性能，然而环糊精手性固定相在模拟移动床色谱分离中的应用还较少。苯异氰酸酯取代环糊精衍生物手性固定相在五区模拟移动床色谱上可分离具有三个手性中心的 β 阻断剂 Nadolol 的部分异构体[62]。单脲键（3,5-二甲基苯氨基甲酰化）环糊精手性固定相在四区八柱模拟移动床上对盐酸舍曲林中间体、雷贝拉唑等可进行制备分离[63]。人血清白蛋白、牛血清白蛋白、$\alpha 1$-酸性糖蛋白和各种酶类等手性固定相也有一定的应用。例如，$\alpha 1$-酸性糖蛋白手性固定相在模拟移动床色谱上可分离吲哚洛尔对映体[64]。大环抗生素类伊瑞霉素手性固定相可应用于模拟移动床色谱上分离甲硫氨酸对映体[65]。

（三）模拟移动床操作模式研究进展

随着研究的深入，通过改进模拟移动床的操作模式（如梯度模式、间歇操作、改变浓度等），模拟移动床色谱的分离效果得到提高。2000 年，Ludemann-Hombourger 等[66]提出了进口阀和出口阀不同步切换的 Varicol 工艺，经法国诺华赛（Novasep）公司开发，成为最成功的非传统模拟移动床模式。因为物质的分离主要集中在模拟移动床的Ⅱ区和Ⅲ区，通过增加Ⅱ区和Ⅲ区的色谱柱的数目可以提高分离效果，提高固定相的利用率。在该模式下，以 Chiralpak AD 为固定相、乙腈-异丙醇为流动相，成功分离得到对映体纯度大于 97% 的米托坦[67]，以 Chiralcel OD 为固定相、正己烷-乙醇为流动相[68]，可分离得到对映体纯度大于 99% 的愈创木酚甘油醚。

模拟移动床工艺容易操作，易于放大到工业生产中，因此在对映体分离生产中得到越来越多的应用。

五、逆流色谱法

逆流色谱法（counter current chromatography，CCC）是一种新型的分离

技术。与传统色谱不同，逆流色谱是一种独特的液液分配色谱，它不需要使用固体作为固定相，利用物质在互不相溶的两相溶剂中的分配比例不同实现不同的化合物分离，而各物质在两相溶剂中的分配比例则由各化合物本身在两相溶剂中的分配系数的差别来决定。

逆流色谱仪器理论的发展主要有两大方向，分别是流体静力学平衡体系和流体动力学平衡体系。流体静力学逆流色谱仪是通过单一的旋转轴产生恒定的重力场，进行类似恒星的运动；而流体动力学逆流色谱仪是通过多层聚四氟乙烯管螺旋缠绕形成的线轴同时绕线轴本身做自转运动和绕大的中心轴做公转运动，为整个分离系统提供多级的可变的离心力场。

（一）流体静力学逆流色谱

根据流体静力学平衡设计的逆流色谱仪主要有逆流分溶色谱仪（counter current distribution chromatography，CCDC）、液滴逆流色谱仪（droplet counter current chromatography，DCCC）和离心分配色谱仪（centrifugal partition chromatography，CPC）。CCDC 最早起源于 1949 年 Craig 发明的非连续式逆流分溶装置，通过管路将一系列的分液漏斗单元连接起来，以两相溶剂系统的上层溶剂作为流动相，流经所有的连接管路。在逆流分溶模型的基础上，提出 DCCC 的概念，流动相以液滴的方式在细玻璃管柱中连续不断地与互不相溶的固定相进行高效的接触和反复分配，从而实现溶质在两相溶剂中的连续分配。CCDC 和 DCCC 均是逆流色谱的早期形式，主要用于天然药物或者天然产物的分离。但是因为设备操作复杂、溶剂使用量大、分离时间长等问题，在应用上具有很大的局限性。CPC 是流体静力学平衡体系中发展最完善、应用最为广泛的逆流色谱。19 世纪 70 年代，世界上第一台离心分配色谱仪被研制成功，其分离系统是由一系列刻在圆盘或者圆筒内的导管相互串联组成的，而圆盘或圆筒绕中心轴旋转产生的恒定离心力是物质分离的主要动力来源，该离心力可以将固定相稳定地保留在管道内。由于离心分配色谱在分离纯化方面具有高效、快速、制备量大等优点，已经广泛地应用于天然产物、有机合成化合物、抗生素、生物活性成分、蛋白质等的分离纯化。

（二）流体动力学逆流色谱

流体动力学逆流色谱中最重要的则是高速逆流色谱的问世，为逆流色谱的发展提供了全新的发展道路。高速逆流色谱最早是由 Yoichiro Ito 课题组于 20 世纪 80 年代研制和开发出来的，它利用螺旋管同时发生自转和公转运动来实现同步星式运动，使得两相溶剂体系在高速旋转的螺旋管内产生流体动力学平衡，即液态的固定相可以稳定地保留在高速逆流色谱柱中，而流动相则是以一定的速度和固定相混合后再穿过固定相流出。目前，高速逆流色谱主要应用于中药有效成分和天然产物的分离制备，并且在环境分析检测、生物工程、生物化学等领域都具有广泛的应用[69]。

（三）逆流色谱对手性化合物对映体的分离分析

手性逆流色谱一次分离进样量大，而且仪器的操作简便且运行的成本较低，对于手性化合物分离来说是一种理想的制备色谱技术。与高效液相色谱相比，利用逆流色谱分离手性化合物的研究报道较少，主要限制因素在于合适的溶剂体系和高选择性的手性添加剂。并且由于逆流色谱不使用固体载体作为固定相，手性添加剂的选择和应用与高效液相色谱有所不同。现有的逆流色谱手性选择剂主要有β-环糊精及其衍生物、L-脯氨酸、纤维素与直链淀粉、萘普生、冠醚、酒石酸、万古霉素、金鸡纳碱等。

由于β-环糊精可以和大部分的药物产生很好的主客体作用，因此逆流色谱对映体分离中使用的最为广泛的手性选择剂之一为β-环糊精衍生物。L-脯氨酸衍生物在逆流色谱手性拆分中的应用也有较多的报道，例如，Tong 等[70]利用分析型高速逆流色谱（HSCCC），以丁醇-水或者正己烷-丁醇-水为溶剂体系，将N-十二烷酰基-L-脯氨酸作为手性选择剂添加到有机相，对扁桃酸、2-氯扁桃酸、4-甲氧基扁桃酸等衍生物对映体进行了拆分。牛血清白蛋白与卵黏蛋白作为手性试剂，基于聚乙二醇/右旋糖酐-40组成的双水相体系作为溶剂体系，可以成功地分离氧氟沙星对映体[71]。

逆流色谱具有制备性拆分的优点，但是相对于高效液相色谱来说，其在手性拆分领域发展较为缓慢，实际应用不多。主要限制因素在于该方法的手性试剂选择困难，而且手性试剂使用量较大，得到的单体中往往会含有一定量的手性试剂而需要进一步的纯化。

第三节 毛细管电泳法

毛细管电泳（capillary electrophoresis，CE）是以弹性石英毛细管为分离通道，以高压直流电场为驱动力，依据样品中各组分之间淌度和分配行为上的差异而实现分离的新型色谱技术。作为 20 世纪 80 年代初发展起来的一种微型分离分析技术，CE 由于具有分析速度快、操作简单、样品和试剂用量少以及分离模式多等优点，已广泛应用于医药、食品、环境和生物等领域。毛细管电泳的各种分离模式被应用于手性化合物的分离，如毛细管区带电泳（CZE）、毛细管电色谱（CEC）、毛细管凝胶电泳（CGE）、毛细管等速电泳（CITP）、毛细管等电聚焦（CIEF）及胶束电动毛细管电泳（MEKC）等，其中以 CEC 及 CZE 在手性物质分离分析中应用最为广泛。

一、毛细管区带电泳

毛细管区带电泳（CZE）是毛细管电泳分离最常用的方法之一。CZE 是基于离子或者荷电粒子在一定 pH 的自由溶液中以电场为驱动力，在毛细管中按照电泳淌度不同进行分离的一种方式。将手性选择剂加入缓冲溶液中，采用 CZE 分离模式，可实现多种手性异构体的分离。目前主要的手性拆分剂为环糊精及其衍生物、冠醚、抗生素、糖类及蛋白质等。环糊精是最重要的一类手性选择剂，也是毛细管电泳手性物质分离中应用最多的一类。冠醚主要为 18-冠-6-四羧酸(18C6H4)，可对氨基酸等化合物对映体实现分离。抗生素作为手性添加剂与对映体之间产生静电、氢键和立体位阻等作用，实现对映体分离。例如，万古霉素手性添加剂可对酮洛芬和非诺洛芬对映体实现基线分离。环状低聚糖也可用于 CZE 手性药物分离。CZE 具有分辨率高、分析时间短和试样用量少的优点。开发和研究新型手性添加剂仍是 CZE 的研究方向。

二、毛细管电色谱

毛细管电色谱以内含色谱固定相的毛细管为分离柱，兼具毛细管电泳及高效液相色谱的双重分离机理，是用电渗流或电渗流结合压力流推动流动相的一种液相色谱法，它不仅克服了高效液相色谱中压力流本身流速不均匀引起的峰扩展问题，而且柱内无压降，使峰扩展只与溶质扩散系数有关，从而获得了高柱效，同时还具备了高效液相色谱的选择性。因此，毛细管电色谱是手性化合物分离中最常用的电泳方法。根据手性固定相在毛细管内存在形式的不同，大致可将毛细管电色谱柱分为三大类:填充柱、开管柱以及整体柱。

毛细管填充柱是指将色谱填料直接填充到毛细管内而制备的一类色谱柱。手性毛细管填充柱主要是将制备好的手性色谱填料采用高压匀浆填充法和电动填充法以及拉伸法等技术填充于毛细管柱内，用柱塞将毛细管两端封住，反应完成以后用于毛细管色谱技术的分离检测。近年来用于毛细管填充柱的主要手性材料包括：多糖及其衍生物、碳材料、金属-有机框架（MOFs）材料及新型聚合物材料。多糖是应用最早且最广泛的手性拆分试剂之一，最常用的有环糊精、淀粉、纤维素以及它们的衍生物等，目前主要采用将多糖类材料功能化实现更好的对映体分离。碳材料尤其是碳纳米材料由于具有独特的结构和优异的物理化学性能而成为色谱分析领域的研究热点。例如，通过动态吸附的方式将超短单壁碳纳米管附载在整体柱基质上，很好地保存了碳纳米管 sp^2 杂化的结构和物理化学性质，再通过键合菲基衍生物作为手性选择剂，最终利用该新颖的手性固定相成功拆分了 10 种手性氨基酸。金属-有机框架材料是一种有机-无机杂化材料，兼有无机材料的刚性和有机材料的柔性特征，是对映体分离的新型材料。

　　毛细管开管柱是指毛细管内壁通过涂敷或键合手性材料而制成的毛细管柱。毛细管开管柱的出现有效地克服了毛细管填充柱需制备柱塞、填充过程复杂的缺点，减少了产生气泡和涡流扩散的可能，是毛细管电色谱对映体分离最常用的方法。但开管柱的弊端也很明显，由于内壁涂敷或键合的手性材料量有限，开管柱的相比小、柱容量低且检测灵敏度低，因此开管柱对手性材料的选择和制备方法的要求更为严苛。随着对毛细管电色谱手性选择剂的深入研究，一些将手性纳米材料、蛋白质、聚合物以及 MOFs 材料等涂敷或键合于开管柱上的应用越来越多。云南师范大学袁黎明和兰州大学陈兴国研究团队制备了手性 MOFs 材料毛细管开管柱，成功应用于神经递质肾上腺素、去甲肾上腺素、异丙肾上腺素和脱氧肾上腺素以及其他手性药物的分离[72,73]。2017 年，有机-无机杂化固定相涂敷毛细管开管柱也取得了较好的对映体拆分效果。例如，中国科学院兰州化学物理研究赵亮研究团队开展了纳米纤维素有机-无机杂化材料的开管柱的研究，实现了 13 种手性化合物的分离[74]。

　　20 世纪 80 年代，Hjerten 等率先提出了整体柱的概念。1992 年，Frechet 等制备并证明整体介质修饰手性选择剂在 CEC 模式下能很好地拆分手性化合物。目前手性整体柱主要分为有机聚合物整体柱和硅胶整体柱两大类型。有机聚合物整体柱取材较广、使用 pH 范围宽、生物兼容性好、容易进行化学修饰。例如，β-环糊精甲基丙烯酸酯类毛细管整体柱可对苯丙氨酸对映体进行分离；毛细管内原位引发聚合反应制备的 N-甲基丙烯酰氯-L-组氨酸甲酯修饰的聚甲基丙烯酸酯毛细管整体柱可分离苯丙氨酸、酪氨酸和色氨酸对映体。硅胶整体柱由于其表面带有大量的硅羟基，具有一定的反应活性，为进一步的衍生修饰提供了丰富的作用位点，有效提高了手性拆分效率。通过溶胶-凝胶方法制备的万古霉素修饰的二氧化硅整体柱和克林霉素磷酸盐修饰

的二氧化硅/氧化锆有机-无机杂化硅胶手性毛细管电色谱整体柱[75]，可用于
β 阻断剂和碱性手性药物的对映体的分离。手性毛细管电色谱今后的发展仍
然依赖于新型手性材料的研发，并且主要集中在不同维度的新型碳材料、框
架材料及生物大分子材料方面。

三、胶束电动毛细管电泳

胶束电动毛细管电泳（MEKC）是指在缓冲溶液中加入临界胶束浓度的
表面活性剂形成胶束，常用来分离中性分子，也有将其功能化后，实现对
映体分离分析，主要分为单胶束法、双胶束法及微乳法。除表面活性剂外，
线型多糖，如麦芽糖糊精、麦芽寡聚糖也用于非甾体抗炎药等的手性拆分。
MEKC 在手性物质分离分析中的发展日趋缓慢，主要是由于表面活性剂形成
的胶束通常只能分离中性化合物，而对于手性化合物的分离则需要将表面活
性剂功能化或者形成修饰的微乳体系，实验过程复杂且容易堵塞毛细管，造
成定性定量的不准确性，实验难以重复。因此，近年来国内很少采用该方法
进行手性物质的分离分析。

四、芯片电泳

利用微加工技术在玻璃、石英、硅、塑料等基片上刻蚀出扁平的管道网
络、反应器、检测单元等的布局和结构，实现样品的进样、反应、分离和检
测，使毛细管电泳分离物质的整个过程可以在一块几平方厘米的基质上得
以实现。近几年，基于芯片电泳的对映体分离研究也备受关注，很多手性小
分子药物和氨基酸衍生物在数秒甚至是毫秒内快速地实现了分离，为高通量
手性药物筛选提供了新方法。由于芯片电泳和毛细管电泳有着相似的分离原
理，很多在手性毛细管电泳中使用的选择剂也可用在手性芯片电泳中。新型
的手性拆分材料也得到越来越广泛的应用，例如，纳米材料与蛋白的复合材
料修饰的芯片通道可实现氨基酸对映体的拆分[76,77]。检测技术的完善及进行
实时在线的样品分析，是这一领域今后发展面临的主要挑战。

近年来，毛细管电泳技术在手性物质分离方面已经得到广泛应用，但仍
存在不足之处，如重现性差、灵敏度低、手性分离选择性低等。因此，毛细管
电泳手性分离技术发展的整体趋势就是要不断探索新的分离模式、拓展分离对
象，实现高重现性、高灵敏度和高选择性及长色谱柱寿命的广谱手性分离分
析。目前研究的重点集中在以新型手性分离材料研究及开发为核心的毛细管电

色谱及芯片电泳技术。主要关注的新型手性材料包括纳米手性功能化复合材料如纳米多糖、纳米碳材料、纳米手性聚合物材料等，有机多孔骨架聚合物材料如 COFs 等，有机-无机杂化材料如 MOFs、手性杂化材料等。这些手性材料在色谱分离方面极具潜力，在手性分离方面的应用才刚刚起步，将成为毛细管电泳手性分离领域未来的研究热点。另外，设计开发与其他各种分析仪器、分离模式的联用技术以及利用理论分析、理论计算和表征技术等对手性识别机理进行深入阐述与探索的研究，也是今后毛细管电泳手性分离研究的重点领域。

第四节　化学拆分法

自 Pasteur[1] 发现由有机酸、碱形成的非对映体盐经逐级结晶而拆分手性化合物的现象以来，化学拆分法便逐渐建立和发展起来。目前，在医药和农药等行业中化学拆分法仍然有较广泛的应用。根据手性试剂与外消旋体反应得到的产物类型，化学拆分法可以分为经典化学拆分法、族拆分法、包结和包含拆分法以及动力学拆分法等。

一、经典化学拆分法

经典化学拆分法主要包括几个步骤：首先，利用某一手性试剂（又称拆分剂）与外消旋体进行化学反应，生成两个非对映体盐或其他复合物；其次，利用这两个非对映体的物理性质（如溶解度、蒸气压等）的差异进行分离；最后，通过化学方法将手性试剂去除，得到光学活性的手性化合物。选择合适的手性拆分剂是拆分成功与否的关键。合适的拆分剂应具备以下条件：①拆分剂与外消旋体之间既要容易生成非对映体，经拆分后又必须容易反应得到原来的对映体化合物；②反应得到的两个非对映体的物理性质必须有足够大的差异，例如，其中之一能形成较好的结晶，另一种则留在溶液中；③拆分剂自身需具有较高的旋光纯度，而且廉价易得或容易回收利用。

适用经典化学拆分方法的外消旋体通常有酸、碱、醇、酚、醛、酮、酰胺及氨基酸等。拆分酸性化合物用手性碱拆分剂，而拆分碱性化合物用手性酸拆分剂。常见外消旋体及其手性拆分剂见表 5-1，部分拆分剂的结构式如图 5-13 和图 5-14 所示。

表 5-1　常见外消旋体及其手性拆分剂

外消旋体	拆分方法与拆分剂
酸类化合物	与生物碱、萜类化合物、胺类化合物、氨基酸及其碱性衍生物等形成盐进行拆分
碱类化合物	与酒石酸及其酰基衍生物、扁桃酸及其衍生物和 Mosher 酸、樟脑磺酸、(S)-(+)-1,1′-联萘基磷酸、脱氧胆酸等形成盐再进行拆分
氨基酸	将氨基保护，形成 N-酰基衍生物，再用手性碱拆分；碱性氨基酸直接用手性酸拆分
羟基化合物	利用邻苯二甲酸酐和醇反应制成邻苯二甲酸单酯，再用手性碱拆分；与手性酸形成酯再进行拆分
醛和酮化合物	利用邻位手性二羟基和醛、酮缩合生成非对映体的缩醛或缩酮进行拆分；利用手性胺、氨基酸酯和肼与醛或酮形成非对映体的席夫碱、腙进行拆分；与邻羟胺或邻二胺反应生成非对映体的噁唑烷或咪唑烷进行拆分

经典的化学拆分方法所需的设备和操作方法都比较简单，因此得到广泛的应用。但这种方法也有明显的局限性，例如，拆分剂和拆分溶剂的选择还较为盲目，缺少行之有效的选择规则；大部分拆分剂价格昂贵，不容易应用于工业生产；此外，还有产率和 ee 值不高等缺点。因此，随着主客体化学和组合化学的研究，人们开发出了包结和包含拆分、组合拆分、族拆分等新的化学拆分方法，在一定程度上弥补了经典化学拆分方法的不足。

二、族拆分法

随着组合化学在药物先导化合物筛选中的作用日益显著，人们开始将组合化学方法引入手性拆分的设计和筛选中，发展出了族拆分的方法（Dutch 拆分）。简而言之，族拆分与经典的化学拆分的主要差别在于，族拆分中利用一组结构相关的拆分剂代替经典化学拆分中的单一拆分剂对消旋体进行拆分，取得了更好的效果。

该方法是 Vries 等于 1998 年首次提出的[78]，2000 年将拆分方法命名为"Dutch 拆分"。此后，Dutch 拆分迅速成为拆分研究的热点。人们利用 Dutch 拆分成功地拆分了许多消旋体。

Dutch 拆分可以定义为采用一组同一结构类型的手性衍生物的拆分剂家族代替单一的手性拆分剂，进行外消旋化合物的拆分。可以看到，与经典化学拆分类似，Dutch 拆分成功的关键是拆分剂家族的选择。通常，拆分剂家族可以为同一原料经结构修饰得到的一系列衍生物，也可以是含有不同取代基的某一类结构类型的化合物。拆分剂家族中各个拆分剂之间有非常明显的结构类似性和立体化学的均一性[79]。图 5-15 给出了常见的拆分剂家族。通常，酸性化合物用碱性的拆分剂家族，而碱性化合物用酸性的拆分剂家族。

番木鳖碱（Brucine）　　　　　　马钱子碱（Strychnine）

奎尼丁（Quinidine）　　　　奎宁（Quinine）　　　　辛可宁（Cinchonine）

辛可尼丁（Cinchonidine）　　　脱氢枞胺（dehydroabietylamine）

(+)-3-氨甲基蒎烷　　　松香烯胺　　　(1R)-3-endo-氨基冰片　　　endo-冰片胺

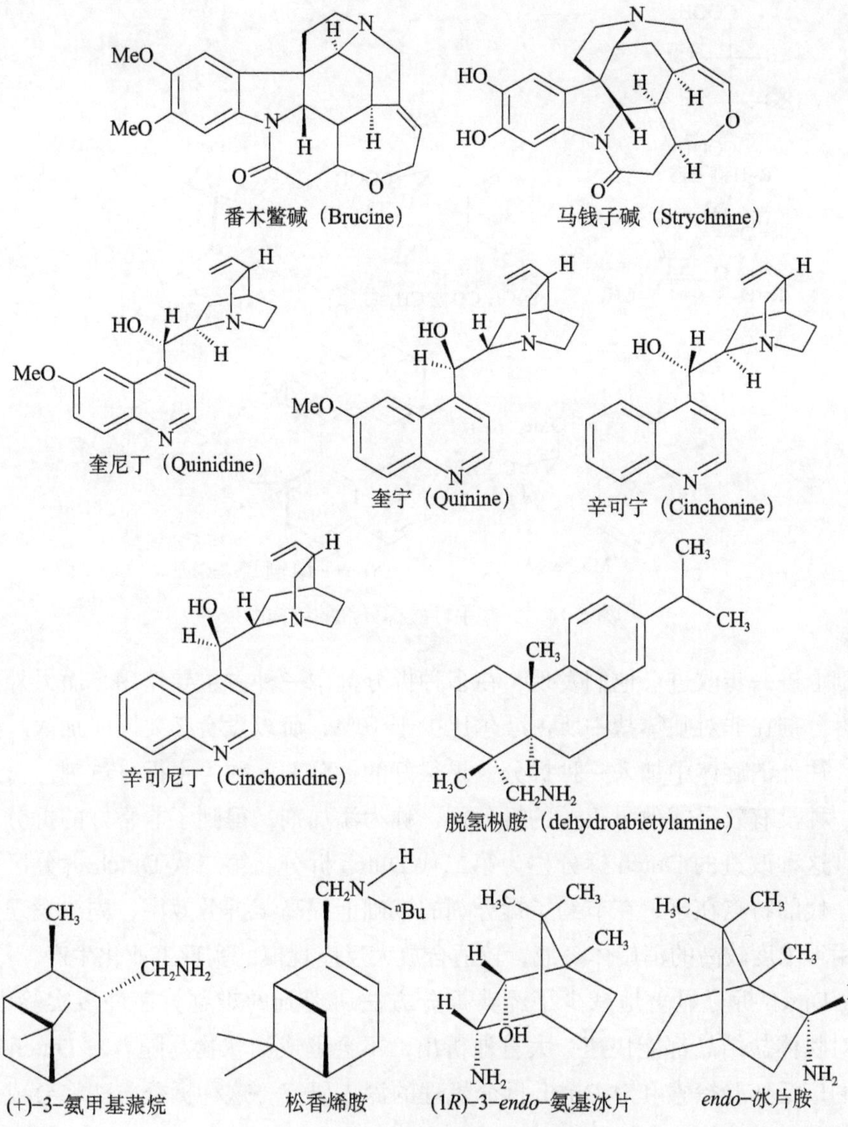

图 5-13　一些手性碱拆分剂的结构图

　　研究表明，Dutch 拆分方法与经典的拆分方法相比，具有结晶速度快、产率高、纯度高的优点。但也存在着可以改进的空间，例如，实验发现消旋体的浓度越小越容易得到光学纯度高的异构体盐，这样就限制了大量生产以及拆分剂的回收。

　　随着对族拆分的研究越来越深入，2002 年，Nieuwenhuijzen[80] 在原有的

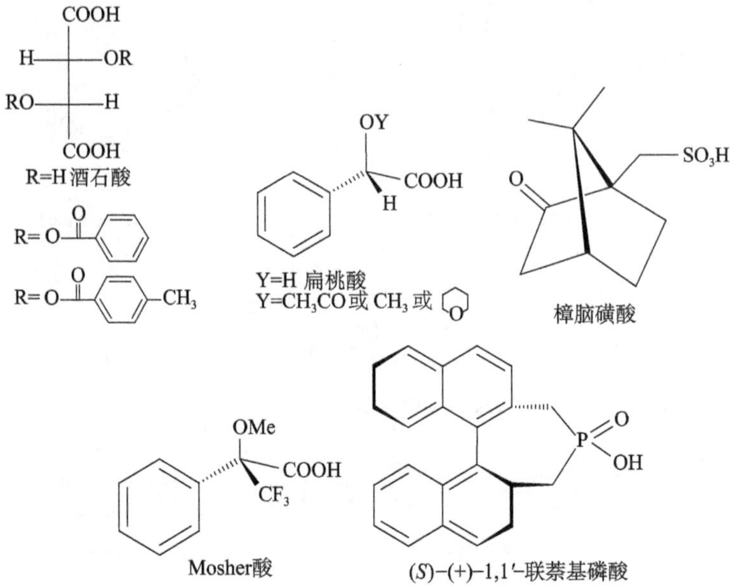

图 5-14　一些手性酸拆分剂的结构图

基础上进一步改进。他们发现，在多种拆分剂中一种占主导作用，而另外两种拆分剂在非对映体盐中所占摩尔比少于10%，所以没有必要同时加入。因此，往外消旋体中加入一种拆分效果很好的拆分剂，称为主拆分试剂，再加入一种没有效果或效果很差的拆分剂，称为添加剂，得到了非常好的拆分结果。这种改进的 Dutch 拆分称为第二代 Dutch 拆分。第二代 Dutch 拆分区别于一代的特点在于，在节约了拆分剂的基础上提高了拆分效率，同时发现它适用于浓度较高的消旋体溶液，较适合放大反应规模，实现工业化生产。

　　Dutch 拆分显著地减少了经典拆分方法所遇到的难题。在许多实验中，非对映体盐结晶都能快速、大量地析出，不会形成油状物。随着对 Dutch 拆分的广泛实验探索和对 Dutch 拆分机理的深入研究，这种拆分方法将会成为制备单一对映体的有效方法。

三、包结和包含拆分法

　　包结拆分和包含拆分是利用手性主体与客体之间的分子间相互作用形成超分子体系来实现的。包结拆分是 Toda 首先发现并予以报道的[81]，其拆分原理是利用手性主体化合物通过非共价键作用，如氢键作用、π-π 相互作用等选择性地与外消旋体中的一种对映体发生包结作用，形成稳定的超分子，

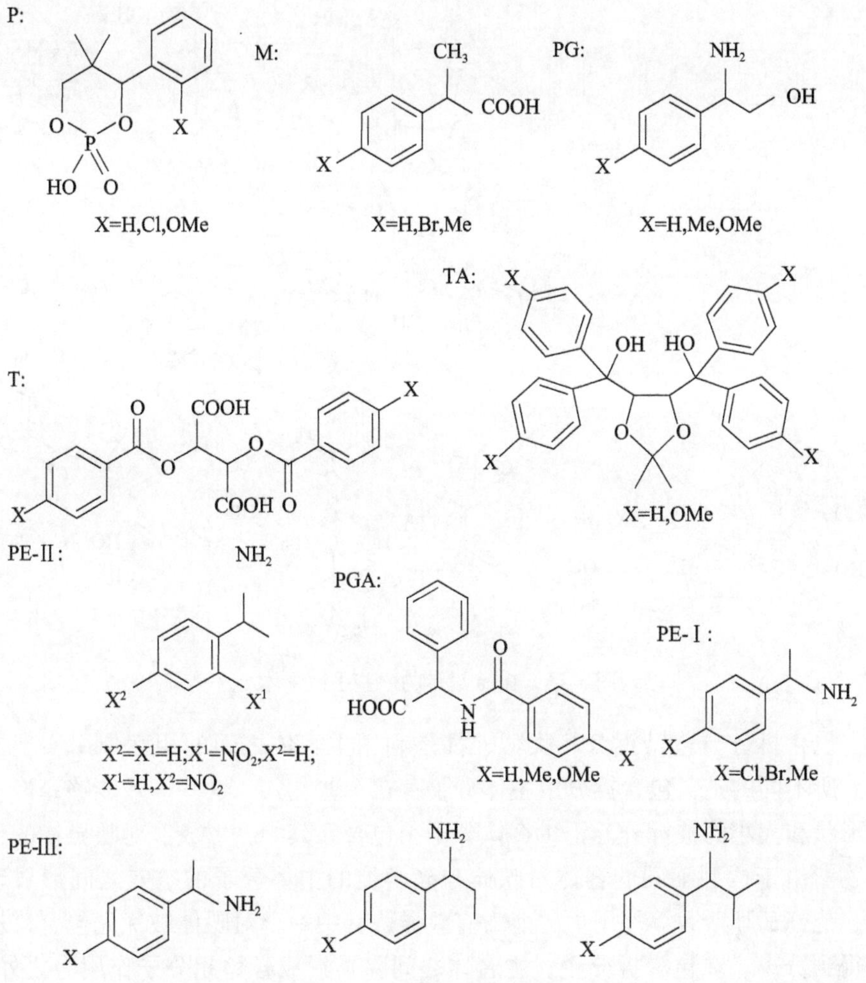

图 5-15 常见的拆分剂家族

而后采用结晶的方法将包结物析出，从而实现对映体之间的分离。根据拆分过程中所使用的拆分剂的不同，可以将包结拆分分为双羟基化合物作为主体分子的包结拆分、酰胺类化合物作为主体分子的包结拆分和其他类拆分剂的包结拆分。其中，含羟基官能团的芳香主体分子的包结拆分应用最为广泛（图 5-16）。

与经典成盐拆分方法不同，包结拆分过程中无化学反应的发生。拆分过程的驱动力源自主客体分子之间的相互作用，作用力相对较弱，可以通过柱层析、溶剂交换或逐级蒸馏等方法实现主客体间的分离。包结拆分具有操作简单、成本低廉、易于规模生产等优点，具有很高的工业价值。

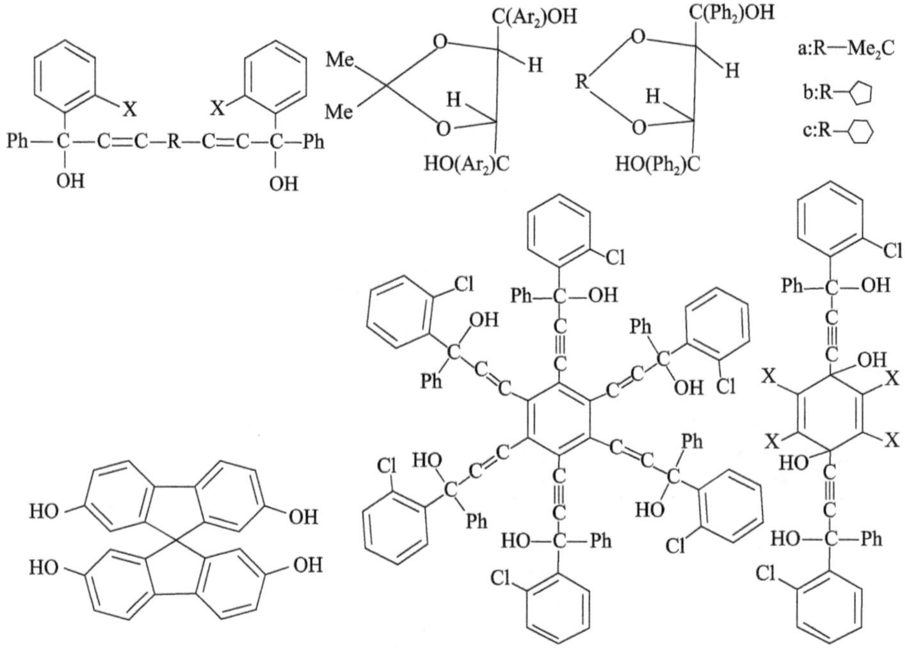

图 5-16　Toda 设计的一些手性主体

　　包含拆分与包结拆分相类似，都是利用主客体之间的相互作用实现拆分。所不同的是，包含拆分中主体分子存在一些空穴，这些空穴能够允许一定形状和大小的被拆分分子（客体分子）包合在其中，形成非对映异构的包合物。由于构型不同的客体对映体与光学纯的主体分子的空穴之间形成氢键、范德瓦耳斯力等作用力的能力有差异，其中一个对映体被优先包合，从而得到分离。在包含拆分中，主客体之间除了形成各种超分子作用力之外，还存在几何匹配的因素。常见的具有包含拆分性能的是一些具有空穴的手性分子。除了传统的有机化合物主体分子之外，近年来迅速发展的手性金属-有机框架材料（MOFs）和手性金属-有机笼（MOCs）也作为主体被用于消旋化合物的拆分。

四、动力学拆分法

　　1858 年，Pasteur 发现用灰绿青霉发酵消旋酒石酸铵时，右旋对映体的代谢要比左旋体快，以此进行分离，得到了光学活性化合物[82]。这被认为是化学史上第一个动力学拆分的例子。1874 年，Label 第一次提出了利用对映体反应速率的不同进行动力学拆分的设想[83]。1899 年，Marckward 和 Mckenzie

首次报道了用纯化学手段对扁桃酸进行动力学拆分[84]。1981年，Sharpless等报道了用不对称环氧化反应对外消旋的烯丙基仲醇进行动力学拆分，回收未反应底物的光学纯度达到90%以上，使得动力学拆分在有机合成中具有了实际意义。

动力学拆分是利用外消旋混合物中两个对映体与手性催化剂的反应速率不同实现的，其中反应速率快的对映体转化为产物，而反应速率慢的对映体仍以原有的形式存在，通过分离产物和原料就可以达到拆分目的。

经典动力学拆分方法存在以下不足：①光学纯产物最大产率只有50%；②只有一个对映体是所需的，而另一个对映体很少有用或几乎无用，这从经济学角度和环境保护角度来看，都是不合适的；③回收底物和产物的对映体纯度受反应转化程度影响，底物转化为产物的量超过50%时，转化率越高，产物的ee值越低；④拆分反应选择性与时间有关。为了克服以上缺点，人们开始尝试采用动态动力学拆分方法。它将经典的动力学拆分和手性底物消旋化相结合，即在拆分过程中使反应底物在反应条件下或在酶存在下发生消旋化，这样底物的两个对映体就可以全部转化为所需的产物。动态动力学拆分的一大优点就在于能够使底物的两个对映体全部得到利用。该方法已经在不对称合成中得到广泛的应用。

第五节 生物拆分法

利用酶、微生物、动植物组织和细胞等生物因素与手性化合物其中一个对映体进行选择性作用，达到对映体分离的方法称为生物拆分法。目前在对映体生物拆分领域，应用较多的是酶拆分法和微生物菌体拆分法。

一、酶拆分法

酶拆分法广泛应用于手性醇、酸、胺、酯等物质的制备。对映体在酶的催化作用下以不同的反应速率进行反应，酶具有高度的立体选择性，故能将其中一种对映体转化，对另一种基本不反应，从而达到拆分目的。生物酶催化反应具有高度的立体选择性和底物专一性，而且具有反应条件温和、副反应少、产率高、产物光学纯度高以及环境污染小等优点。可用于手性化合物拆分的酶的种类有很多，如脂肪酶、腈水合酶、酯酶、酰胺酶、蛋白酶、酰化酶、转氨酶等，其中以脂肪酶的应用最为广泛，它能催化酯水解、酯交换、酯化、氧化、还原、氨解等多种反应[85]。酶拆分法在手性医药及中间体对映体的分离中应用较多。酶拆分法的关键在于高效酶的筛选及反应体系的构建。酶拆分法的缺点是酶活性不稳定，回收困难，使得应用受到限制。但研究者们通过改造酶、修饰反应底物、改变反应溶剂、酶固定化等手段改进了酶拆分法的性能，扩大了应用范围。

二、微生物菌体拆分法

微生物活体菌体能够进行外消旋体的拆分，方法符合生物催化所需环境与条件，简单直接，绝大多数情况下依赖于活体微生物产生的酶。微生物细胞是一个方便且稳定的酶源，这些酶通常在细胞与底物同时存在的条件下合成。而且，它能够在生成酶的同时生成辅助因子，以满足某些涉及生物催化反应的条件。高效立体选择性微生物菌体的筛选、分离、培养及反应体系的构建是该方法的一般程序。国内多个单位的研究学者对此方法进行了广泛的研究，并取得了较好的进展[86-91]。

三、化学法／酶法集成系统

将化学法与酶法联合形成集成系统可实现很多复杂的不对称催化和拆分，主要分为基于动态动力学拆分化学法／酶法集成系统和基于去消旋化的化学法／酶法集成系统。动态动力学拆分化学法／酶法集成系统，是在动力学拆分的基础上，通过对非目标对映体进行消旋处理后再次进行拆分，并经过多次拆分—消旋—拆分循环后，能够使理论转化率达到100%[92]。基于去消旋化的化学法／酶法集成系统，又称为对映体收敛转化法，是将两种对映体通过独立的路线转化为相同的立体异构体产物，在保持其中一种对映体的构型不变的条件下，改变另一种对映体[93]。化学法／酶法集成系统结合了比较成熟的化学催化剂与生物酶两者的长处，应用范围广，工业化应用较为容易，但存在联合系统反应条件不易控制、机理研究难等问题。

随着酶固定化、多相反应器等新技术的日趋成熟，越来越多的酶已用于外消旋体的拆分。酶催化反应立体选择性强、反应条件温和、操作简便、副反应少、产率高、成本低、环境污染较小，这些都使得用酶拆分外消旋体成为理想的选择。但是酶法拆分也存在局限性，例如，可利用的酶制剂品种不够丰富、筛选困难、酶制剂易失活、不易保存、产物后处理工作量大以及通常只能得到一种对映体等。在未来的发展中应以基因工程、发酵工程、酶工程等为基础,大力开展高效高选择性酶的筛选,并将其应用于工业生产;同时依靠分子力学模型与计算机模拟技术,使酶反应系统的设计更加合理化与标准化;加强微生物菌体的直接利用,省去繁琐的酶纯化过程,设计高效、简单的反应体系;重视多酶联用系统、化学/酶联用系统,解决复杂手性化合物外消旋体的分离问题,扩大生物拆分法的应用。

第六节 萃取拆分法

萃取拆分是研究较多的一种方法,其中又以液-液萃取研究最为普遍。手性液-液萃取拆分法是在油水两相中至少有一相添加手性拆分剂,依赖分子间的相互作用,包括配位作用、氢键、π-π 相互作用、偶极-偶极相互作用、范德瓦耳斯相互作用等实现对映体识别[94]。目前的研究主要集中于高效手性萃取剂的开发。现有的手性萃取剂包括酒石酸类、冠醚类、环糊精类、金属配合物类及蛋白质等。其中酒石酸的单一对映体虽然十分廉价易得,但是立体选择性不高,工业应用受到了限制。冠醚 18-冠-6 的衍生物是常用的手性萃取剂,对胺类、氨基酸类、氨基醇类的选择性较高,但是其价格昂贵、毒性大,不适合当今绿色化学的理念。环糊精类手性萃取剂价格低廉,立体选择性高,具有非常广泛的应用前景,是目前研发最多的手性萃取剂。金属配合物作为手性萃取剂具有一定的发展潜力,但是由于有些金属价格昂贵、成本高,应用受限。蛋白质也是手性萃取剂的一种,如 α1-酸性糖蛋白等,但也因成本较高阻碍其进一步应用。不同类型的手性化合物需要选择相应的手性拆分剂和萃取拆分体系。目前主要有 3 种常用的萃取拆分体系:配位萃取拆分、亲和萃取拆分和形成非对映体的萃取拆分体系[95]。

一、配位萃取拆分

配位萃取拆分是以手性试剂为配体,与中心离子(多数为过渡金属离子)形成的配合物(络离子)作拆分剂,其与对映体形成螯合物。根据对映体构型上的差异、所形成的螯合物的稳定性不同、物理性质差异及在两相间分配行为不同,从而实现对映体的分离。常用酒石酸类、冠醚类、金属配合物作为手性配位体[96],以第Ⅷ族或镧系金属作为配位金属离子。有关配位萃取拆分体系的研究报道主要集中在新型配体的选择以及对氨基酸的对映体的拆分。配位萃取手性拆分发展趋势是制备并筛选出更多的手性配体，并将其应用于其他手性物质的分离分析。

二、亲和萃取拆分

亲和萃取拆分体系需要在手性拆分剂与外消旋体之间有不少于两个作用点存在。由于对映体构型的不同，在拆分剂的作用下形成有差异的非对映体复合物而实现分离，对映体的拆分效果随着作用点的增多而提高。亲和萃取拆分常用的萃取剂为酒石酸类、环糊精类、冠醚及一些超分子化合物。亲和萃取拆分方法的发展依靠亲和拆分剂的制备和选择，酒石酸类、环糊精类、冠醚及一些超分子化合物的功能化衍生物是未来亲和萃取拆分方法研究的重点领域。

三、其他类型萃取手性拆分方法

除了上述手性萃取体系，还有一些萃取体系，如离子交换及反相胶团体系等。这些体系对于一些手性化合物实现萃取手性拆分也很重要。例如，许多手性化合物是离子型化合物，但所呈现的净电荷为零，这类形态几乎不溶于普通有机溶剂，采用通常的溶剂萃取法是无效的，而用离子交换萃取手性拆分方法可以解决。目前，新型拆分方法仍然是萃取手性拆分领域的重要研究方向 [97]。

第七节 膜 拆 分 法

一、手性固膜技术

1986 年，Osada 等 [98] 首次报道了手性固膜，他们用等离子体技术将 L-薄荷醇或者 D-樟脑固载在高分子基膜的表面，以水为分离介质、压力为推动力，D 型及 L 型对映体显示出了明显不同的透过能力。随后，在 20 世纪 90 年代国际上手性固膜的研究出现了一个小的高潮。我国在 90 年代后期也开始了手性固膜的研究，有多个课题组先后开展了该领域的探索。手性固膜的研究已经有 30 多年，平均每年发表的论文数在 3 篇左右，发展很慢。总体而言，手性固膜领域目前仍处于起步阶段 [99]。

二、手性固膜基本结构

手性高分子固膜主要有致密膜、相转化膜及复合膜。致密膜主要是将一些具有手性识别性能的材料与成膜性能好的高分子混合后的溶液浇铸成膜，或者直接将手性识别材料溶解后浇铸成膜。相转化法制膜主要是采用浸没沉淀相转化法。复合膜主要是将手性识别小分子与交联剂在基膜表面进行界面聚合，其次是直接将具有一定成膜性的手性高分子材料涂覆在基膜表面或者将手性分子键合在基膜表面。另外还有无机手性固膜等。手性固膜研究中使用的手性材料主要包括天然高分子衍生物、主链含手性中心的合成高分子、含手性侧链的合成高分子、合成的单一手性螺旋高分子、蛋白质、DNA、手性小分子、手性印迹聚合物、手性金属-有机框架材料及手性笼等[100]。

三、手性固膜拆分

目前手性固膜拆分手性化合物主要是使用平面膜，但都还局限在实验室阶段。所采用的分离模式主要有两种：一种是利用压力为推动力，根据压力的大小应该处于纳滤的范畴，也有将其归于超滤范畴的。一般情况下，随着压力的升高，通量增加，但对映选择性降低。另一种是采用浓度差为推动力，应该属于渗析范畴。除此之外，也有电渗析的手性固膜拆分被报道。

研究手性固膜较多的国家是中国、日本以及印度。另外美国、西班牙、意大利等国家也有少量研究。袁黎明等在多糖及大环类手性固膜方面有诸多研究[101]；褚良银等将 β-环糊精引入热敏感的聚（N-异丙基丙烯酰胺）链中，然后将该高分子接枝到尼龙基膜上，该膜的手性选择性具有温度控制特性[102,103]；金万勤等首先采用手性金属-有机框架材料制备了手性无机固膜，对手性砜类物质进行了手性分离[104]；裘式纶等采用原位生长法制备出均一手性的金属-有机框架膜，并拆分了 2-甲基-2,4-戊二醇[105]。

今后，手性固膜拆分法的研究重点将集中在如下几点：①研究出手性选择性高并且再现性好的固膜，目前报道的绝大多数膜在这两个方面都还有很大的不足；②进一步研究手性固膜的识别机理，指导高效能膜材料的研制；③研究手性固膜的制膜工艺，如浸没沉淀、界面聚合、表面改性等方法；④研究手性固膜的膜组件和分离模式，如根据手性固膜应用的特点，采用平面、卷式或者管式分离，采用压力差、浓度差或者电位差推动等；⑤研究分离条件如 pH、溶剂、溶液组成、温度、浓度、流速等多种因素对对映体分离的影响；⑥研究手性固膜的工业应用，尤其是在手性药物工业中的应用。

第八节 展 望

近几十年，手性化合物对映选择性问题在各个领域都得到了重视。成功地进行对映体分离分析往往是其他研究的前提与保障，有时对映体分析会成为这些研究的瓶颈。建立有效的对映体分离分析方法对研究手性化合物的生理活性、毒理、检测光学纯度、控制产品质量及其环境影响和健康安全效应评价等具有十分重要的意义。对手性化合物对映体进行分离分析通常有两个目的，一是对单一对映体分别进行定性定量测定，二是对单一对映体进行分离制备，得到光学纯的产品。对单一对映体进行定性与定量测定目前主要有高效液相色谱法、气相色谱法、超临界流体色谱法、毛细管电泳法、色质联用技术等。对单一对映体进行不同规模的分离制备的技术主要有逆流色谱、模拟移动床色谱、超临界流体色谱、高效液相色谱、化学拆分、生物拆分、萃取拆分、膜分离等。未来在手性化合物分离分析领域面临的挑战主要有几方面：①发展新型色谱固定相，扩大手性化合物拆分能力与范围，服务于各领域中常见手性化合物对映体分离及定量测定的需要；②发展手性化合物对映体微量检测技术，增强基质中痕量对映体的检出能力，满足要求越来越高的环境、毒性毒理、食品安全等领域的需求；③结合计算机软件辅助技术，开发手性化合物分离分析的预测模型，进行机理研究；④结合新材料或免疫技术，开发手性化合物对映体的快速甄别与检测技术；⑤大力发展高效、简单、绿色环保的对映体宏量分离制备技术；⑥发展手性高分子材料或聚集体的分析测定技术。

一、新型手性固定相/手性选择剂

目前，对手性化合物对映体进行分离分析检测主要依赖于色谱法，采用色谱手性固定相的直接分析方法使用得十分广泛。而在这一技术中，手性固定相是关键。近20年来，国内外研究者致力于开发高效手性固定相，制备了无数种手性固定相，已经商品化的色谱手性固定相就有上百种，然而，由于手性化合物种类繁多、结构复杂、理化特性差异大等，现有的手性固定相并不能完全满足日益增长的分离分析要求。另外，一些手性固定相存在拆分能力有限、使用条件苛刻、稳定性差、易耗损、成本昂贵等局限。因此仍需要开发拆分能力强、适应范围广、稳定、便宜易得的新型手性固定相，以适应多种体系下各类手性化合物的分析。

目前可用于高效液相色谱、超临界流体色谱的手性固定相较多，而气相色谱手性固定相相对较少，品种有限。商品化的手性气相色谱柱固定相主要为环糊精衍生物，该类手性固定相最高使用温度有限，热稳定性不够好。因此，气相色谱法在手性化合物分析方面的应用远不如高效液相色谱法，但气相色谱在手性持久性有机污染物（POPs）、多氯联苯（PCBs）等化合物立体选择性研究中发挥着重要作用。在未来的研究工作中应加大力度开发对映体识别能力强、热稳定性好的气相色谱手性固定相，发挥气相色谱的独特优势，扩大气相色谱在立体选择性领域中的应用。近些年，一些学者尝试将多孔手性材料、手性金属-有机框架材料、离子液体、杯芳烃等材料应用于气相色谱固定相，并取得了较好的对映体拆分效果，希望这些材料能够被开发成商业化气相色谱手性固定相。

毛细管电泳技术在手性物质分离方面展现了独特的优势，不足之处是重现性差、灵敏度较低、选择性低等，应用受到限制。开发新型材料作为手性选择剂是未来毛细管电泳技术的重点发展方向，目前关注的新型手性选择剂包括纳米手性功能化复合材料如纳米多糖、纳米碳材料、纳米手性聚合物材料等，有机多孔骨架聚合物材料如 COFs 等，有机-无机杂化材料如 MOFs、手性杂化材料等。这些手性材料在色谱分离方面极具潜力，将成为未来毛细管电泳手性物质分离领域的研究热点。

二、手性色谱质谱串联技术

随着手性化合物立体选择性领域研究的不断深入，对于复杂基质中痕量水平目标物检测的要求越来越高，例如，对各种环境基质中手性污染物的监测分析、手性药物在生物体内的代谢分析、手性农药的环境行为研究等。传统的手性色谱拆分多采用高效液相色谱法，通常使用紫外-可见光检测器，对于含量低或者吸收弱的化合物的检测灵敏性欠佳。气相色谱法虽然具有多种检测器，但商品化手性色谱柱种类少，对于手性化合物对映体的拆分能力有限。因此，传统的色谱技术已不能满足需要。质谱具有同时进行定性与定量分析的独特优势，且灵敏度高、分析速度快、选择能力强，已广泛应用于化学、环境、药物、农药、生命科学等各个领域。手性色谱/质谱或色谱/质谱-质谱技术是今后手性物质分析领域的一个发展方向，能够准确进行微量手性化合物的定性定量检测，满足各领域发展的需求。很多学者已将手性色质联用技术应用于农药、医药领域的研究，该方法除了能够同时定性定量检测低含量水平的对映体，还可允许使用简单的样品前处理方法，排除干扰能力强，节省分析时间与成本。另外，通过使用高效的手性固定相结合色谱质谱技术，可开发高通量对映体拆分方法。

三、手性化合物分离分析预测模型与机理研究

目前对于手性化合物对映体分离多采用"试"的策略或根据经验判断，利用常用的方法及手性色谱柱对目标化合物进行对映体拆分，变换条件以期得到分离效果。通常对于一种手性化合物需要尝试多种手性色谱柱或多种方法才能获得理想的分离效果，因而需要花费大量的时间、精力与资源。目前的研究水平还不能对手性化合物对映体的分离事先进行准确的判断。现在的计算机发展水平已经可以计算更为复杂、庞大的体系，如手性选择剂和对映体的复合物。利用量子化学、分子力学方法等多种手段可建立特定手性固定相模型，对对映体分离机制进行模拟，并对分离进行预测。例如，有学者建立了 Whelk-O1 手性固定相在包含溶剂、手性选择剂和硅胶表面在内的分子模型，采用分子动力学方法计算了手性固定相在不同溶剂中的结构特征，模拟了手性化合物对映体与手性选择剂之间的结合方式，所预测的分离因子与实测值较为吻合。通过分子模拟方法建立手性固定相的分子模型，对实验中的对映体的识别过程进行模拟，提出手性固定相的分离机制及影响因素，最终对手性化合物对映体的分离进行准确预测将是手性物质分析领域的一个重要发展方向。

手性化合物对映体的分离机理并不十分明确，一直是限制该领域发展的一个主要因素。计算机辅助模拟及核磁共振、荧光光谱、CD 光谱等技术未来将会在对映体识别机理研究方面发挥重要作用。

四、手性化合物对映体的快速识别与检测技术

快速识别及检测技术是分析领域的研究热点，尤其是近年来发展迅速的基于光学、电学等的传感技术，在快速检测药物、农药、重金属等化合物方面有着广泛的应用。手性化合物对映体的快速识别及检测技术的研究相对较少，检测的手性化合物的种类也相对单一。随着材料科学和分析仪器的发展，手性化合物对映体的快速识别及检测技术有可能成为对映体分析领域的一个发展趋势。具体表现在如下几个方面：①开发新型材料作为光学传感器、电化学传感器等，如基于纳米金属的可视化手性识别技术、基于手性材料

（手性 MOF 材料、手性磁性微球、手性聚合物等）的手性识别技术、基于新型碳材料（石墨烯、碳纳米管等）的电化学传感技术等；②扩大手性化合物快速检测的化合物种类，使其适用于种类繁多的手性化合物如医药、农药等的快速检测；③手性化合物快速检测技术将会朝着自动化、高通量趋势发展，实现多种手性化合物的同时快速检测。

五、对映体分离制备技术

超临界流体色谱不仅可以使用高效液相色谱的检测器，还可与气相色谱、质谱、傅里叶变换红外光谱等仪器在线连接，因而可方便地进行各种定性和定量分析。超临界流体色谱作为制备色谱，有着比普通制备色谱样品处理量大、污染小、时间短、溶剂使用量少等优点，被称为"绿色科技"。因此，研究者们一直努力把超临界流体色谱应用于工业生产。但由于超临界状态的条件不易控制，超临界流体色谱在规模化工业生产中的应用目前尚未实现，是今后的努力方向。

逆流色谱具备制备性拆分的优点，但是发展较为缓慢，主要限制因素在于手性试剂选择困难，而且拆分时手性试剂使用量较大，拆分得到的单体中往往会含有一定量的手性试剂，因此需要进一步的纯化。只有这些问题得到解决，逆流色谱手性物质分离才能真正应用于科研和生产。

化学拆分方法具有设备和操作简单的优势，在今后的工业生产中仍然会被广泛使用。利用组合化学、超分子化学、主客体化学以及材料化学等新兴学科的研究成果，发展更多的新型化学拆分剂是该领域的发展重点之一。理想的化学拆分剂需要有更广泛的适用性，甚至可以实现对多类化合物的同时拆分，同时需要有高的拆分效率且能够方便地进行回收使用。

手性溶剂萃取法具有分离效率高，生产能力大，分离、回收率高，试剂消耗量少，设备简单，生产过程易于实现自动化、连续化、规模化等优点。但是，目前的萃取拆分主要还只是针对氨基酸对映体，其手性拆分的广谱性还有待提高。因此，普适性的手性选择剂的制备及开发、新型萃取分离体系的拓展及研究对于提高萃取拆分效果非常重要，也是目前手性萃取拆分的主要任务及挑战。

手性固膜拆分外消旋体的工业化应用还远未实现，其瓶颈主要是拆分外消旋体的手性选择性太低、再现性差。高选择性的手性固膜客观存在于生命体中，一些高手性选择性的固膜研究已有报道，新的材料正在不断涌现，因此手性固膜拆分法仍具有很好的发展前景。

参 考 文 献

[1] Pasteur L. Sur les relations qui peuvent exister entre la forme cristalline, la composition chimique et le sens de la polarisation rotatoire. Annales de Chimie et de Physique, 1848, 24(6): 442-459.

[2] Henderson G M, Rule H G. A new method of resolving a racemic compound. Nature, 1938,141: 917-918.

[3] Gil-Av E, Feibush B, Charles-Sigler R. Separation of enantiomers by gas liquid chromatography with an optically active stationary phase. Tetrahedron Lett, 1966, 7(10): 1009-1015.

[4] Wulff G, Sarhan A,Zabrocki K. Enzyme-analogue built polymers and their use for the resolution of racemates. Tetrahedron Lett,1973, 14:4329-4332.

[5] Hesse G, Hagel R. Eine vollstandige recemattennung durch eluitons-chromagographie an cellulose-tri-acetat. Chromatographia,1973, 6:277-280.

[6] Stewart K K, Doherty R F. Resolution of DL-tryptophan by affinity chromatography on bovine-serum albumin-agarose columns. Proc Nat Acad Sci, 1973, 70(10): 2850-2852.

[7] Dotsevi G, Sogah, Y, Cram D J. Chromatographic optical resolution through chiral complexation of amino ester salts by a host covalently bound to silica gel. J Am Chem Soc, 1975, 97:1259-1261.

[8] Pirkle W H, House D W. Chiral high-performance liquid chromatographic stationary phases. 1. Separation of the enantiomers of sulfoxides, amines, amino acids, alcohols, hydroxy acids, lactones, and mercaptans. J Org Chem, 1979, 44(12): 1957-1960.

[9] Okamoto Y, Suzuki K, Ohta K, et al. Optically active poly(triphenylmethyl methacrylate) with one-handed helical conformation. J Am Chem Soc, 1979, 101: 4763-4765.

[10] Dalgliesh C E. 756. The optical resolution of aromatic amino-acids on paper chromatograms. J Chem Soc (Resumed), 1952: 3940-3942.

[11] Mikeš F, Boshart G, Gil-Av E. Resolution of optical isomers by high-performance liquid chromatography, using coated and bonded chiral charge-transfer complexing agents as stationary phases. J Chromatogr A, 1976, 122: 205-221.

[12] Pirkle W H, Däppen R. Reciprocity in chiral recognition: comparison of several chiral stationary phases. J Chromatogr A, 1987, 404: 107-115.

[13] Pirkle W H, Brice L J, Caccamese S, et al. Facile separation of the enantiomers of diethyl N-(aryl)-1-amino-1-arylmethanephosphonates on a rationally designed chiral stationary phase. J Chromatogr A, 1996, 721(2): 241-246.

[14] Wu H, Ji S, Yang B, et al. Investigation of brush-type chiral stationary phases based on *O,O'*-diaroyl tartardiamide and *O, O'*-bis-(arylcarbamoyl) tartardiamide. J sep sci, 2012, 35(3): 351-358.

[15] Pinto M, Tiritan M E, Fernandes C, et al. Fases estacionárias quirais baseadas em derivados xantónicos. Boletim da P I, 2011, (2011/01): 21.

[16] 李杨，李连杰，蒋登高，等. 新型刷型固定相的制备与评价. 化学试剂，2016, 38(9): 829-833.

[17] 刘东晖. 手性农药在（*R, R*）Whelk-O1 手性柱上的分离分析及其环境行为研究. 北京：中国农业大学，2008.

[18] Okamoto Y, Kawashima M, Yamamoto K, et al. Useful chiral packing materials for high-performance liquid chromatographic resolution. Cellulose triacetate and tribenzoate coated on macroporous silica gel. Chem Lett, 1984, 13: 739-742.

[19] 赵敬丹，狄斌，冯芳. 纤维素类高效液相色谱手性固定相. 药学进展，2008, 32(10): 447-453.

[20] Okamoto Y, Yashima E. Polysaccharide derivatives for chromatographic separation of enantiomers. Angew Chem Int Edit, 1998, 37 (8): 1020 -1043.

[21] Peng G M, Wu S Q, Zhang W G, et al. Cellulose 2, 3-di (*p*-chlorophenylcarbamate) bonded to silica gel for resolution of enantiomers. Anal Sci, 2013, 29(6): 637-642.

[22] Tan Y, Fan J, Lin C, et al. Synthesis and enantioseparation behaviors of novel immobilized 3,5-dimethylphenylcarbamoylated polysaccharide chiral stationary phases. J Sep Sci, 2014, 37(5): 488-494.

[23] 王鹏. 手性农药对映体分析及土壤中选择性降解行为研究. 北京：中国农业大学，2006.

[24] 田芹. 反相条件下手性农药在多糖类手性固定相上的分离分析研究. 北京：中国农业大学，2007.

[25] 刁金玲. 手性农药乳氟禾草灵及禾草灵的立体选择性环境行为研究. 北京：中国农业大学，2010.

[26] 黄笋丹. 几种手性农药在栅藻和蝌蚪中的选择性富集及毒性效应研究. 北京：中国农业大学，2015.

[27] 齐艳丽. 几种手性农药对映体环境行为及污染特性研究. 北京：中国农业大学，2016.

[28] Hermansson J. Liquid chromatographic resolution of racemic drugs using chiral α 1 -acid glycoprotein column. J Chromatogr A, 1984, 298(1):67-78.

[29] 吕春光. 手性农药衍生物和代谢物的分离研究以及新型脂肪酶固定相的制备与应用. 北京：中国农业大学，2009.

[30] Lin C, Liu W, Fan J, et al. Synthesis of a novel cyclodextrin-derived chiral stationary phase

with multiple urea linkages and enantioseparation toward chiral osmabenzene complex. J Chromatogr A, 2013, 1283(6):68-74.

[31] Lin C, Fan J, Liu W, et al. Comparative HPLC enantioseparation on substituted phenylcarbamoylated cyclodextrin chiral stationary phases and mobile phase effects. J Pharmaceut Biomed, 2014, 98(10): 221-227.

[32] Fang Z, Guo Z, Qin Q, et al. Semi-preparative enantiomeric separation of ofloxacin by HPLC. J Chromatog Sci, 2013, 51(2): 133-137.

[33] Wang Y, Young D J, Tan T Y, et al. "Click" preparation of hindered cyclodextrin chiral stationary phases and their efficient resolution in high performance liquid chromatography. J Chromatogr A, 2010, 1217(50): 7878-7883.

[34] Fan Q, Zhang K, Tian L W, et al. Preparation and enantioseparation of a new click derived β-cyclodextrin chiral stationary phase. J Chromatogr Sci, 2014, 52(5):453-459.

[35] Armstrong D W, Tang Y, Chen S, et al. Macrocyclic antibiotics as a new class of chiral selectors for liquid chromatography. Anal Sci, 1994, 66(9): 1473-1484.

[36] Sousa L R, Sogah G D Y, Hoffman D H, et al. Host-guest complexation. 12. Total optical resolution of amine and amino ester salts by chromatography. J Am Chem Soc, 1978, 100(14): 4569-4576.

[37] Hirose K, Nakamura T, Nishioka R, et al. Preparation and evaluation of novel chiral stationary phases covalently bound with chiral pseudo-18-crown-6 ethers. Tetrahedron Lett, 2003, 44(8): 1549-1551.

[38] Hirose K, Yongzhu J, Nakamura T, et al. Preparation and evaluation of a chiral stationary phase covalently bound with chiral pseudo-18-crown-6 ether having 1-phenyl-1, 2-cyclohexanediol as a chiral unit. J Chromatogr A, 2005, 1078(1): 35-41.

[39] Hyun M H, Cho Y J. Preparation and application of a chiral stationary phase based on (+)-(18-crown-6)-2, 3, 11, 12-tetracarboxylic acid without extra free aminopropyl groups on silica surface. J Sep Sci, 2005, 28(1): 31-38.

[40] Cho E N R, Li Y, Kim H J, et al. A colorimetric chiral sensor based on chiral crown ether for the recognition of the two enantiomers of primary amino alcohols and amines. Chirality, 2011, 23(4): 349.

[41] 伍鹏, 汤波, 路振宇, 等. 冠醚固定相的制备及手性拆分. 化学研究, 2015, (1):49-53.

[42] 吴海霞, 王东强, 赵见超, 等. 奎宁-冠醚组合型手性固定相直接拆分氨基酸的机理. Chin J Chromatogr, 2016, 34(1): 62-67.

[43] Wulff G, Vesper W. Preparation of chromatographic sorbents with chiral cavities for racemic resolution. J Chromatogr A, 1978, 167: 171-186.

[44] Sellergren B, Ekberg B, Mosbach K. Molecular imprinting of amino acid derivatives

in macroporous polymers: demonstration of substrate-and enantio-selectivity by chromatographic resolution of racemic mixtures of amino acid derivatives. J Chromatogr A, 1985, 347: 1-10.

[45] Andersson L I, Mosbach K. Enantiomeric resolution on molecularly imprinted polymers prepared with only non-covalent and non-ionic interactions. J Chromatogr A, 1990, 516(2): 313-322.

[46] 欧俊杰,董靖,吴明火,等.分子印迹整体柱在高效液相色谱和电色谱手性分离中的应用.色谱, 2007, 25(2): 129-134.

[47] Frank H, Nicholson G J, Bayer E. Rapid gas chromatographic separation of amino acid enantiomers with a novel chiral stationary phase. J Chromatogr Sci, 1977, 15(5): 174-176.

[48] Gil-Av E, Schurig V. Gas chromatography of monoolefins with stationary phases containing rhodium coordination compounds. Anal Chem, 1971, 43(14): 2030-2033.

[49] Kościelski T, Sybilska D, Jurczak J. Separation of α- and β-pinene into enantiomers in gas-liquid chromatography systems via α-cyclodextrin inclusion complexes. J Chromatogr A, 1983, 280: 131-134.

[50] Juvancz Z, Alexander G, Szejtli J. Permethylated β-cyclodextrin as stationary phase in capillary gas chromatography. J High Res Chromatogr, 1987, 10(2): 105-107.

[51] Schurig V, Nowotny H P. Separation of enantiomers on diluted permethylated β-cyclodextrin by high-resolution gas chromatography. J Chromatogr A, 1988, 441(1): 155-163.

[52] Schurig V, Schmalzing D, Mühleck U, et al. Gas chromatographic enantiomer separation on polysiloxane-anchored permethyl-β-cyclodextrin (Chirasil-Dex). J High Res Chromatogr, 1990, 13(10): 713-717.

[53] Fischer P, Aichholz R, Bölz U. Permethyl-β-cyclodextrin, chemically bonded to polysiloxane: a chiral stationary phase with wider application range for enantiomer separation by capillary gas chromatography. Angew. Chem Int Ed, 1990, 29(4): 427-429.

[54] Xie S M, Zhang Z J, Wang Z Y, et al. Chiral metal-organic frameworks for high-resolution gas chromatographic separations. J Am Chem Soc, 2011, 133(31): 11892-11895.

[55] 袁黎明,章俊辉.一种用于光学异构体拆分的手性多孔有机笼石英毛细管柱:中国, 104645668 A. 2015.

[56] Zhang J H, Xie S M, Chen L, et al. Homochiral porous organic cage with high selectivity for the separation of racemates in gas chromatography. Anal Chem, 2015, 87(15): 7817-7824.

[57] Qian H L, Yang C X, Yan X P. Bottom-up synthesis of chiral covalent organic frameworks and their bound capillaries for chiral separation. Nat Comm, 2016, 7: 12104.

[58] Xie S M, Yuan L M. Recent progress of chiral stationary phases for separation of enantiomers in gas chromatography. J Sep Sci, 2017, 40(1):124.

[59] Mourier P A, Eliot E, Caude M H, et al. Supercritical and subcritical fluid chromatography on a chiral stationary phase for the resolution of phosphine oxide enantiomers. Anal Chem, 1985, 57(14): 2819-2823.

[60] Negawa M, Shoji F. Optical resolution by simulated moving bed adsorption technology. J Chromatogr A, 1992, 590(1): 113-117.

[61] 陈韬, 陈贤铬, 徐俊烨, 等. 模拟移动床色谱法拆分甲霜灵对映体. 色谱, 2016, 34(1): 68-73.

[62] Wang X, Ching C B. Chiral separation of β-blocker drug (nadolol) by five-zone simulated moving bed chromatography. Chem Eng Sci, 2005, 60(5): 1337-1347.

[63] 章伟光, 陈贤铬, 范军, 等. β-环糊精手性固定相模拟移动床色谱制备分离盐酸舍曲林中间体 (±)-Tetralone// 中国化学会. 中国化学会第六届全国分子手性学术研讨会论文集, 2014: 1.

[64] Zhang Y, Hidajat K, Ray A K. Enantio-separation of racemic pindolol on α1-acid glycoprotein chiral stationary phase by SMB and Varicol. Chem Eng Sci, 2007, 62(5): 1364-1375.

[65] Zhang L, Gedicke K, Kuznetsov M A, et al. Application of an eremomycin-chiral stationary phase for the separation of dl-methionine using simulated moving bed technology. J Chromatogr A, 2007, 1162(1): 90-96.

[66] Ludemann-Hombourger O, Nicoud R M, Bailly M. The "VARICOL" process: a new multicolumn continuous chromatographic process . Sep Sci Technol, 2000, 35(12): 1829-1862.

[67] Silva A C, Salles A G, Perna R F, et al. Chromatographic separation and purification of mitotane racemate in a varicol multicolumn continuous process. Chem Eng Technol, 2012, 35(1): 83-90.

[68] 龚如金, 林小建, 李平, 等. 异步控制 Varicol 工艺分离愈创木酚甘油醚对映体过程研究 . 化工学报, 2015, 66(1): 157-163.

[69] 李媛媛, 李灵犀, 崔艳, 等. 高速逆流色谱法分离红葡萄皮中的花色苷. 中国酿造, 2017, 36(2): 157-161.

[70] Tong S, Shen M, Cheng D, et al. Chiral ligand exchange high-speed countercurrent chromatography: mechanism and application in enantioseparation of aromatic α-hydroxyl acids. J Chromatogr A, 2014, 1360: 110-118.

[71] Arai T, Kuroda H. Distribution behavior of some drug enantiomers in an aqueous two-phase system using counter-current extraction with protein. Chromatographia, 1991, 32(1-2): 56-60.

[72] Fei Z X, Zhang M, Zhang J H, et al. Chiral metal-organic framework used as stationary

phases for capillary electrochromatography. Anal chim acta, 2014, 830: 49-55.

[73] Pan C J, Wang W F, Zhang H G, et al. *In situ* synthesis of homochiral metal-organic framework in capillary column for capillary electrochromatography enantioseparation. J Chromatogr A, 2015, 1388: 207-216.

[74] Dong S Q, Sun Y M, Zhang X, et al. Nanocellulose crystals derivative-silica hybrid sol open tubularcapillary column for enantioseparation. Carbohyd Polym, 2017, 165(8): 359-367.

[75] Tran L N, Park J H. Enantiomer separation of acidic chiral compounds on a quinine-silica/zirconia hybrid monolith by capillary electrochromatography. J Chromatogr A, 2015, 1396: 140-147.

[76] Weng X, Bi H, Liu B, et al. On-chip chiral separation based on bovine serum albumin-conjugated carbon nanotubes as stationary phase in a microchannel. Electrophoresis, 2006, 27(15): 3129-3135.

[77] Bi H, Weng X, Qu H, et al. Strategy for allosteric analysis based on protein-patterned stationary phase in microfluidic chip. J Proteome Res, 2005, 4(6): 2154-2160.

[78] Vries T, Wynberg H, van Echten E, et al. The family approach to the resolution of racemates. Angew Chem Int Edit, 1998, 37(17): 2349-2354.

[79] Hu Y, Yuan J, Sun X, et al. Resolutions of sibutramine with enantiopure tartaric acid derivatives: chiral discrimination mechanism. Tetrahedron Asymmetr, 2015, 26(15): 791-796.

[80] Nieuwenhuijzen J W. Resolutions with families of resolving agents: principles and practice. Groningen: University of Groningen, 2002.

[81] Gokel G W. Advances in Supramolecular Chemistry. Greenwich: JAI Press, 1997.

[82] Vedejs E, Jure M. Efficiency in nonenzymatic kinetic resolution. Angew Chem Int Edit, 2005, 44(26): 3974-4001.

[83] Robinson D E J E, Bull S D. Kinetic resolution strategies using non-enzymatic catalysts. Tetrahedron Asymmetr, 2003, 14(11): 1407-1446.

[84] Mitch C H, Zimmerman D M, Snoddy J D, et al. Synthesis and absolute configuration of LY255582, a potent opioid antagonist. J Org Chem, 1991, 56(4): 1660-1663.

[85] 王博. 具有手性选择性酯酶/脂肪酶的筛选，催化特点及应用研究. 杭州：浙江大学，2011.

[86] 郑磊, 何军邀, 黄金, 等. 利用产脂肪酶B的毕赤酵母工程菌生物拆分制备西司他丁关键手性中间体的体系优化. 生物加工过程, 2015, 14(3): 70-75.

[87] 李冬桂, 马丽, 刘雄民, 等. 生物法拆分 α-苯乙醇. 应用化工, 2011, 40(2): 239-242.

[88] 鞠鑫. 假单胞菌酯酶的发现及其在制备手性扁桃酸中的应用. 上海：华东理工大学，2011.

[89] 吴薇 . 微生物转化法制备普瑞巴林手性中间体 . 杭州：浙江大学 , 2011.

[90] 孟彦 . 生物法非对映体选择性拆分制备 L-薄荷醇 . 杭州：浙江大学 , 2010.

[91] 郑建永 . 有机相微生物酶法拆分制备手性生物素中间体内酯 . 杭州：浙江工业大学 , 2007.

[92] 李伟翔 , 李春 , 刘桂艳 , 等 . 酶促不对称催化手性合成系统研究进展 . 分子催化 , 2014, 28(6):581-594.

[93] Kitamura M, Tokunaga M, Noyori R. Quantitative expression of dynamic kinetic resolution of chirally labile enantiomers: stereoselective hydrogenation of 2-substituted 3-oxo carboxylic esters catalyzed by BINAP-ruthenium (Ⅱ) complexes. J Am Chem Soc, 1993, 115(1): 144-152.

[94] 叶秀林 . 立体化学 . 北京：北京大学出版社 , 1999.

[95] 尤启冬 , 林国强 . 手性药物 . 北京：化学工业出版社 , 2004.

[96] 徐亚兰 . 基于高速逆流过程、络合反应的萃取强化过程研究 . 杭州：浙江大学 , 2010.

[97] Zhou J L, Maskaoui K, Lufadeju A. Optimization of antibiotic analysis in water by solid-phase extraction and high performance liquid chromatography-mass spectrometry/mass spectrometry. Anal Chim Acta, 2012, 731: 32-39.

[98] Osada Y, Ohta F, Mizumoto A, et al. Specific permeation and adsorption of aqueous amino acids by plasma-polymerized membranes of D-camphor and L-menthol. J Chem Soc Japan,1986,(7): 866-872.

[99] 袁黎明 . 手性固膜研究中面临的挑战 . 膜科学与技术 , 2012, 32(6): 1-7.

[100] 袁黎明 . 手性识别材料 . 北京：科学出版社 , 2010.

[101] Yuan L M, Ma W, Xu M, et al. Optical resolution and mechanism using enantioselective membranes of cellulose, sodium alginate and hydroxypropyl-β-cyclodextrin. Chirality, 2017, 29: 315-324.

[102] Yang M, Chu L, Wang H, et al. A thermoresponsive membrane for chiral resolution. Adv Funct Mater, 2008, 18(4): 652-663.

[103] Xie R, Chu L Y, Deng J G. Membranes and membrane processes for chiral resolution. Chem Soc Rev, 2008, 37(6): 1243-1263.

[104] Wang W, Dong X, Nan J, et al. A homochiral metal-organic framework membrane for enantioselective separation. Chem Commun, 2012, 48(56): 7022-7024.

[105] Kang Z, Xue M, Fan L, et al. "Single nickel source" in situ fabrication of a stable homochiral MOF membrane with chiral resolution properties. Chem Commun, 2013, 49(90): 10569-10571.

第六章
手性物质表征

刘鸣华　杨永刚　张　贞　高　昊　王　栋

第一节　手性物质的光谱表征基本原理概述

手性现象无论是在物理、化学还是在生物领域都得到了广泛的研究。对于手性物质的结构判断，谱学分析是一个重要的分析测试手段。左旋和右旋圆偏振光通过手性介质时，不但由于介电常数、折射率和传播速度不同而导致旋光现象，而且还由于吸收系数不同而导致"圆二色性"。如图 6-1 所示，手性物质对左旋和右旋圆偏振光产生不同的吸收，从而产生圆二色性。依照检测波长和原理不同可以分为：X 射线磁圆二色谱、旋光色散谱（ORD）、电子圆二色谱（ECD）、振动圆二色谱（VCD）和拉曼光学活性光谱（ROA）等。针对电偶极很小的手性小分子化合物，近年来又发展了利用微波光谱识别手性化合物的方法[1]。而近几年发展的圆偏振发光（CPL）光谱是一种与材料发光性能相关的手性光谱，可用来研究手性材料发射左旋和右旋圆偏振光的强度差别。针对手性界面，二次谐波-圆二色谱（second harmonic generation circular dichroism，SHG-CD）和二次谐波-线二色谱（SHG-LD）等测试方法也得到了发展（表 6-1）。

一束平面偏振光通过光学活性分子后，由于左、右旋圆偏振光的折射率不同，偏振面将旋转一定的角度，这种现象称为旋光，偏振面旋转的角度称为旋光度。在有机化学领域，表征手性小分子化合物时一般会给出旋光度。旋光度通常是采用钠的 D 线（589.3 nm）用旋光仪测量。当旋光仪作为旋光检测器与液相色谱相连时，为了提高检测的灵敏度，通常会采用更短的

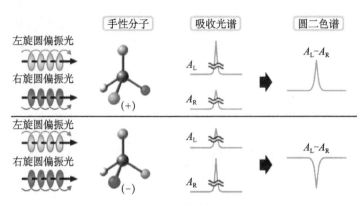

图 6-1 光学活性来源

表 6-1 光学活性检测方法

名称	圆二色谱 (CD)	旋光色散 (ORD)	拉曼光学活性光谱(ROA)	SHG-CD、SFG-CD	SHG-LD、SFG-LD	SHG-ORD、SFG-ORD
光源	圆偏光	线偏光	圆偏光	圆偏光	线偏光	线偏光
测量依据	吸光系数	折射系数	散射	非线性响应	非线性响应	非线性响应
测量值	吸光度	旋光度	散射强度	偏振强度	偏振强度	偏振平移角度
区分手性对映体	可以			可以		
分子的立体化学	敏感			敏感		
界面选择性	无			有		
适用范围	多层膜，固体界面			单层膜，液、固界面都可以		
检测灵敏度	低，1/1000（手性/非手性信号）			高（高于20%）		
原位单分子膜	困难			容易		
作用原理	电偶极+磁偶极+电四极			电偶极占主导		
商品化仪器	有			无		

波长。ORD 是随着波长变化样品的旋光度发生变化的图谱，利用其可以确定化合物或材料的绝对构型。重要的是 ECD 谱图可以由 ORD 经 Kronig-Krammers 转换方程计算得到。ECD 是用来研究分子手性结构和手性组装体以及手性材料的重要分析测试仪器。它不仅可以用来解析具有紫外–可见光吸收的分子的绝对构型，也可以判断其构象，如芳香环化合物在环糊精内部的位置和取向以及轴手性化合物的左右手螺旋构象。对于手性超分子自组装体，

其生色团的堆积手性也可以通过 ECD 谱图表征出来，通常会出现强的激子偶合信号，从激子偶合信号的正负可以判断生色团堆积的手性。在进行超分子自组装体和螺旋高分子 ECD 测试时，通常会伴随着线二色谱（LD）的产生。LD 的产生与手性组装体和高分子主链的取向相关。为了消除 LD，需要通过旋转样品，进行多次测试，然后取平均值。对于手性液晶化合物，当其进入胆甾相和蓝相时，液晶相的螺距通常会与可见光的波长相匹配，而显示出各种颜色。这样的手性结构也可以通过 ECD 进行表征。样品处于胆甾相时，可以在 ECD 谱图中观察到一个宽的信号，并且该信号随着温度的提高向短波长移动；样品处于蓝相Ⅱ时，通常可以观察到两个 ECD 信号，主要来源于蓝相的双轴螺旋结构。ECD 在手性固体材料的光学活性表征方面，也处于重要位置。其检测方法包括悬浮法、石蜡油法和溴化钾（或氯化钾）压片法。通过不同方法进行测试，其 ECD 信号会有所不同，这主要与分散剂与手性颗粒表面的相互作用有关。

　　ECD 仪器的功能拓展附件也较多，可以进行 ORD、LD、取向圆二色谱（OCD）、漫反射圆二色谱（DRCD）、漫透过圆二色谱（DTCD）、荧光检测圆二色谱（FDCD）以及磁圆二色谱（MCD）测试。目前已经实现了 ECD 和 LD 的同步测试。加上 FDCD 附件后，也可以实现荧光和 ECD 光谱的同步测试，并且 ECD 信号会略有增强。如果使用同步辐射光源，可以测试真空紫外圆二色谱（VUV-CD），该光谱非常有利于蛋白质结构的解析。利用 OCD，即通过倾斜比色皿的方法，可以测试蛋白质或多肽 α 螺旋的取向。基于法拉第效应，在外加磁场作用下，许多没有光学活性的物质也具有了光学活性，原来可以测得 ECD 谱的，在磁场中 ECD 信号可以增大几个数量级。因此，利用 MCD 可以研究蛋白质与小分子之间的相互作用，对新药研制非常有用。对于光散射较强的样品，虽然部分样品可以通过放在检测器较近的位置而获得较强的 ECD 信号，但有一些样品还是难以给出明显的信号，并且有时还会由于分子取向出现假信号。这时可以利用 DTCD 和 DRCD 进行表征，通过在样品仓中加入积分球尽可能收集更多的散射光。

　　虽然在手性光谱中，ECD 的发展较为成熟，但还存在一些问题：①仪器的圆偏振光的强度还有待提高。提高强度有利于低电偶极化合物和微量手性结构的检测。②多光谱同时检测还不方便。多光谱同时检测可以减少由附件更换而导致的时间浪费。③对于积分球的使用还存在一些争议，主要针对由镜面反射导致的光波手性。对于非均相体系，包括小分子胶体和纳米粒子分散体系等，同一样品的 ECD、DTCD 和 DRCD 谱图往往会存在差异，这种差异的来源还不清楚，有可能是采用不同测试方法所观察到的电子跃迁不同。④激子偶合的量化计算困难。在超分子自组装体系中，经常会出现激子偶合信号，但由于激子偶合的计算量过大，难以对其进行精确的解析。因此，非常需要发展新的量化计算方法。

VCD 是 ECD 在近红外和红外区域的延伸。VCD 是在红外波长区域测定分子圆二色性的方法，它极大地拓展了 ECD 光谱。通过构象搜索和量化计算预测的 VCD 光谱与实测光谱进行对比可以确定分子绝对构型。VCD 的原理与 ECD 基本相同，只是检测波长有差别。它是由红外偏振光中的左旋圆偏振光和右旋圆偏振光的吸收系数之差 $\Delta \varepsilon$ 随波长变化所给出的谱图。相比于 ECD，VCD 的优势在于不需要分子含有生色团。因此，VCD 几乎适合所有手性分子的检测。当手性中心距离生色团 3 个碳原子以上时，利用 ECD 很难进行构型确定。目前要求所申报的手性药物必须给出其 VCD 谱图。

ROA 用来研究拉曼散射右旋和左旋圆偏振光强度的差值。用 ROA 确定分子立体构型和手性催化活性中心也受到关注，它是通过测量分子分别在左旋和右旋圆偏振光下拉曼散射截面的差别，进而确定分子绝对构型的一种光谱方法。ROA 可以提供分子振动的信息。分子内和分子间的非共价键对ROA 谱图都有影响。因此，其谱图解析相对难度较大。ROA 可以表征蛋白质在水溶液中的三维结构。对于蛋白质的拉曼光谱，其谱带主要来源于氨基酸侧链，并且通常会掩盖主链谱带，而对于 ROA，其信号主要来源于主链。因此，ROA 对于判断蛋白质三维结构具有重要意义。同 VCD 一样，ROA 谱图也需要密度泛函理论模拟，才能给出清晰的结构信息。近年来，运用 CPL研究化合物或材料的手性发光行为成为热点，需要的测量附件包括高温、低温、近红外拓展检测器和永磁体等。与其他手性光谱不同，它可以反映出化合物第一激发态的结构。该光谱不仅可以反映材料的结构，也反映出材料的发光性质。最近，随着计算能力的提高，其谱图的理论模拟也成为可能。一般用不对称因子和发光量子效率表征材料的手性发光性能。此法对于溶液体系，一般没有争议，但是对于固体样品，还有很多值得探讨的方面，如分子取向对 CPL 有很大的影响。

手性光谱的发展已经有上百年的历史。伴随着 ORD、ECD 和 VCD 等仪器的广泛使用，越来越多的手性样品和材料得以研究。但是，必须对手性光谱的局限性加以关注[2]，除了仪器本身所带来的实验假象外，还包含测试方面和理论解析方面的局限性。目前，只有极少数化合物能够在气相条件下进行表征，绝大部分化合物需要在溶剂中进行表征。在溶剂中的测试结果受溶剂的介电性质、溶质分子的聚集、溶质分子的分子内氢键以及溶剂-溶质分子的分子间氢键等的影响。另外，对于多手性中心化合物，需要通过多种手性光谱进行解析。在手性光谱的理论解析方面需要注意的是：①构象分析。理论计算谱图的前提是构象分析，由于预设结构和软件的问题，有可能直接导致构象搜索出现偏差。②构象异构体分布。该分布通过电子能量或吉布斯自由能确定。受低频振动的影响，构象异构体分布会出现偏差，从而影响计算所得到的手性光谱。③激子偶合。该方面的计算方法尚未完善，很容易出现偏差。④能级数量的选取。能级太多，计算量太大，对于运算速度、内存和存储空间要求较高；能级太少，谱图计算不准。

第二节 光谱表征方法

一、ORD 和 ECD

ORD 和 ECD 仪器从 20 世纪 60 年代开始发展至今，并不断完善。依照分光系统不同，这些仪器可以分为光栅和棱镜两类。单就光散射而言，光栅的性能优于棱镜。由于光散射与波长的三次方成反比，对于有光散射的样品，可以通过公式 $y=ax^{-3}+b$ 去除光散射的影响，也可以通过调整溶剂的折射率消除光散射。例如，可以通过调整水和乙二醇的比例调整折射率。对于分子具有特定取向或者非均匀的体系的样品而言，需要通过旋转样品消除光散射。仪器的参数设置也十分关键，扫描速度增加时，相应时间要缩短，狭缝和带宽也需要合理设置。

ORD 是最早研究和应用的手性光谱。结合理论计算，可以给出手性化合物的绝对构型。由于 ECD 谱图简洁，ORD 的使用减少。也正是此原因，商业化的 ORD 是作为附件安装在 ECD 仪器上。ORD 仪器的检测机理主要包括强度法和光学衡消法两种。新的检测方法也正逐步研发[3-5]，目前的仪器设计主要是依照强度法。近年来，随着理论计算能力的提升，以及相关解析软件的开发[6,7]，ORD 又重新得到关注[8]。其检测波长也拓展到近红外和红外区域[9,10]，并有望应用于手性表面和界面的检测[11,12]，这对于手性材料的研究具有重要意义。在外加脉冲磁场条件下，可以得到法拉第旋光色散谱[13]。该谱图可以用来区分脂肪类化合物、苯基衍生物和萘基衍生物。

ORD 可以用来检测没有紫外-可见光吸收的手性物质。化合物无发色团时，对于旋光度为负值的化合物，ORD 谱线从紫外区到可见区呈单调上升，而旋光度为正值的化合物是单调下降。两种情况都趋向和逼近旋光度 $[\alpha]=0$ 的线，但不与零线相交，即谱线只是在一个相内延伸，没有峰也没有谷，这类 ORD 谱线称为正常的或平坦的旋光谱线。分子中有一个简单的发色团（如羰基）的 ORD 谱线，在紫外光谱 λ_{max} 处越过零点，进入另一个相区，形成一个峰和一个谷组成的 ORD 谱线，称为简单 Cotton 效应（CE）谱线。当波长由长波向短波方向移动时，ORD 谱线由峰向谷变化，称为正的 Cotton 效应；而 ORD 谱线由谷向峰变化则称为负的 Cotton 效应。ORD 与零线相交点的波长称为 λ_K，谷至峰之间的高度称为振幅。ORD 和 ECD 是同一现象的两种表征，都反映光与物质的作用。ECD 光谱反映光和分子间的能量转换。当这种相互作用只在短波范围内的一个共振波长周围发生，而且在这个共振波长处产生最大能量交换时，则 ECD 光谱仅在这个区域可以被测量。ORD 光谱主要与电子运动有关，因此，即使在离共振波长很远的地方，$[\alpha]$ 也不可忽略。当 ORD 呈正的 Cotton 效应时，相应的 ECD 也呈正的 Cotton 效应；当 ORD 呈负的 Cotton 效应时，相应的 ECD 也呈负的 Cotton 效应。

图 6-2 显示了 CD 光谱与吸收光谱的关系。吸收光谱呈现一个向上的吸收。CD 光谱可以与吸收光谱类似，但是可以是向上的（正 Cotton 效应），也可以是向下的（负 Cotton 效应）。另外，当发色团有相互作用时，可产生分裂型的有正有负的 Cotton 效应。从长波长往短波长移动，光出现波峰，也出现波谷的称为正 Cotton 效应，反之称为负 Cotton 效应。

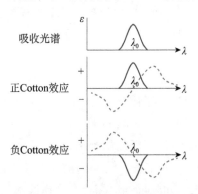

图 6-2　CD 光谱及 Cotton 效应

一个化合物的 ORD 谱图，受浓度、温度和溶剂的极性的影响[14]。高浓度时，溶质分子间相互作用增强，从而导致长波长处比旋光度增加。温度的改变，可以改变构象异构体的分布，从而使 ORD 谱图发生改变。受溶

剂的偶极 / 极化率以及溶剂-溶质分子间氢键的影响，构象异构体的分布发生改变，从而也使 ORD 谱图发生改变。相关的理论模拟软件还有待于进一步开发[15]。对于柔性并且含有多个手性中心的天然产物，为了确定其构型，往往需要利用生色团对其进行衍生，并利用多种手性光谱进行表征[16-18]。例如，无紫外-可见光吸收的化合物 (–)-Seiricardine A，其 2 位被对溴苯甲酰酯化后，通过 ECD、VCD 和 ORD 进行表征[16]，最终确定其构型为（2S, 2R, 3aS, 4S, 5R, 7aS）。另外，为了减少计算量，可根据其合成过程初步判断其手性中心的构型。

如果样品有多个紫外-可见吸收谱带，ORD 就会变得非常复杂。对于这样的样品，通常会选用 ECD。ECD 是针对具有紫外-可见光吸收谱带的样品，考察其对于左旋、右旋圆偏振光吸收的差值。ORD 和 ECD 是同时产生的，他们包括同样的分子立体化学信息，并且可以由 Kronig-Kra mmers 转换方程相互转换。有机物分子中发色团能级跃迁受到不对称环境的影响，是产生 ECD 和 ORD 谱图中的 Cotton 效应的本质原因。造成 Cotton 效应的立体因素大致可分为三类：①由固有的手性发色团产生的，如不共平面的取代联苯化合物、螺烯等。②原发色团是对称的，但由于处于手性环境中而被扭曲。③由分子轨道不互相交叠的发色团偶极-偶极相互作用产生的。最初使用经验规则，如八区律和扇形规则等判断手性化合物或超分子的构型。随着计算能力的提升，目前主要是通过理论计算判断手性化合物的构型。尤其是随着有机化学中不对称催化的发展和手性化合物的合成，理论计算 ECD 已经成为判断产物构型的重要手段[19,20]。先前判断错误的手性化合物的构型也逐渐得到纠正[21]。与 ORD 谱图相同，ECD 谱图也受溶剂的偶极 / 极化率以及溶剂-溶质分子间氢键的影响[22]。因此，对于 ECD 谱图一定要给出明确的测试条件，如温度、浓度和溶剂，可用于测定没有紫外-可见光吸收的样品（如石英）。

光学活性有机分子对组成平面偏振光的左旋圆偏振光和右旋圆偏振光的摩尔吸光系数是不同的，即 $\varepsilon_L \neq \varepsilon_R$。两种摩尔吸光系数之差 $\Delta\varepsilon=\varepsilon_L-\varepsilon_R$ 随入射偏振光波长的变化而变化。以 $\Delta\varepsilon$ 或有关量为纵坐标，波长（通常用紫外-可见光区）为横坐标，得到的图谱就称为 ECD。圆二色谱仪示意图如图 6-3 所示。光源一般采用氙灯。单色器一般为棱镜或光栅系统，用来进行分光。光经过偏振片后，得到线偏振光。调制器一般为 50 MHz，依次产生左旋圆偏振光和右旋圆偏振光。如果样品为手性并具有紫外-可见光吸收，它会对左旋圆偏振光和右旋圆偏振光有不同程度的吸收。吸收的差值 $\Delta\varepsilon$ 可以通过检测器检测到。

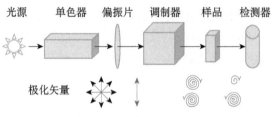

图 6-3　圆二色谱仪示意图

ECD 光谱已经成功应用于蛋白质二级和三级结构的解析（图 6-4），并有相应的数据库[23]。在 190～230 nm 处，ECD 光谱主要来源于肽键的 n-π* 电子跃迁（220 nm）和 π-π* 电子跃迁（190 nm），与蛋白质的二级结构 α 螺旋、β-折叠、β-转角和无规结构相关；在 230～320 nm 处，ECD 光谱主要来源于侧基芳香基团，与三级结构相关。当存在光散射时，ECD 光谱会发生变形，影响分析结果。因此需要经过梯度测试进行矫正[24]。研究表明，利用 ECD 光谱研究蛋白质结构转变可以了解生物钙化的过程[25]。

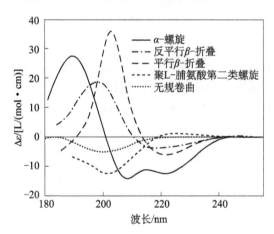

图 6-4　蛋白质二级结构的 ECD 谱图

由小分子组装得到的手性组装体的 ECD 表征发展迅速。其 ECD 信号主要来源于各生色团的手性堆积，这一点需要与分子的左手螺旋和右手螺旋堆积进行区分，否则会得出错误的结论。只有与分子模拟和相关理论计算结合，才能真正解析手性小分子组装体。组成手性小分子组装体的基本单元可以是手性小分子[26-29]，也可以是非手性小分子[30]。在进行 ECD 表征时，遇到的最大问题是分子组装体的螺旋取向，这需要通过旋转样品的方法进行消除。日本的 Jasco 公司和美国的 AVIV 公司都有相应的附件，只是旋转的刻度略有不同。在进行 ECD 光谱解析时，激子偶合信号的解析还不成熟。一般说来，如果第一个 ECD 信号是负的，生色团堆积为左手螺旋，反之为右手螺旋。手性液晶化合物可以形成多种手性液晶相。由于结构色的出现，ECD 信号会变得非常强[31]。当出现蓝相 II 时，会观察到两个 ECD 信号，分别对应两个螺旋轴的螺距。

　　螺旋高分子的 ECD 表征也已经有几十年的历史。"将军与士兵"规则和"少数服从多数"规则也得到了完善和发展。近几年，螺旋高分子的合成方法也得到了发展[32,33]。值得注意的是，主链的左、右手螺旋与整个分子的左、右手螺旋，有的相同，有的不同。对于稀溶液，ECD 信号的来源与主链的左、右手螺旋密切相关。对于浓溶液和聚集体，ECD 信号主要来源于分子间的激子偶合。其他因素，如温度和搅拌方向也对 ECD 信号有影响[34]。例如，聚正癸基（2-甲基）丙基硅烷在四氢呋喃和异丙醇中可以形成聚集体，其聚集体的光学活性依赖于测试时的搅拌方向（图 6-5）。换句话说，聚硅烷主链的左右手堆积依赖于流体流动的方向。对于螺旋高分子，不对称因子 g 是一个非常关键的数据，它与左、右手螺旋的比例密切相关。

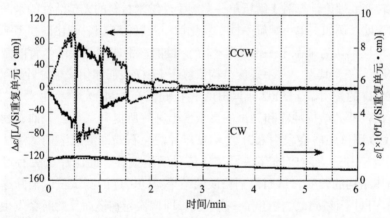

图 6-5　聚正癸基（2-甲基）丙基硅烷聚集体 ECD 信号强度与时间和搅拌方向的关系
CCW: 逆时针；CW: 顺时针

　　目前，ECD 已经应用到手性纳米材料的表征[35]。近年来，关于手性纳米粒子的光学活性的研究越来越深入[36]。纳米粒子的光学活性来源可能是：①本征手性，即原子或分子堆积为手性结构；②手性分子印迹，纳米粒子表面由于手性印迹而形成手性结构；③手性配体；④手性配体与纳米粒子表面原子或分子的相互作用，其诱导 ECD 与配体的最高占有分子轨道和纳米粒子的空穴的相互作用有关，磁偶极的贡献也不能忽略[37]。在溶液中，手性纳米粒子之间的相互作用以及堆积方式也对 ECD 有很大的影响[38]，这与粒子之间的偶极-偶极相互作用有着密切的关系。对于手性等离子体而言，等离子圆二色谱（PCD）也得到了深入研究[39-41]。PCD 的产生与手性分子和非手性金属纳米粒子之间的静电作用力有关，也与非手性金属纳米粒子之间的偶极-偶极相互作用有关。

手性纳米阵列由于其在手性检测和隐身领域的潜在应用价值也得到了广泛关注[42-44]。所需仪器的检测波长往往需要拓展到微米尺度[45-47]，目前尚无商业化产品，通常是自己搭建。通过掠角沉积的方法可以制备多种螺旋纳米阵列[48-51]。这些阵列通常是生长在蓝宝石的表面，这样可以通过 ECD 光谱进行表征。对于手性纳米阵列样品，光散射是影响测试的关键因素，倾斜的螺旋阵列很难进行表征。对于银纳米弹簧阵列，其光学活性来源于螺距（结构色）和银原子的手性堆积。该阵列已经成功应用于对映体识别。

手性探针分子和理论计算的结合促进了对手性纳米材料的光学活性来源的研究。这些手性探针分子一般选用具有轴手性的分子[52,53]。轴手性分子如联苯，两个苯环的夹角为 30°～45°，随着外界手性环境的改变，联苯的构型也发生转变。理论计算对于解析单一螺旋手性纳米材料的光学活性的来源也有很大的帮助。例如，单一螺旋手性二氧化钛、五氧化二钽、碳化硅和碳纳米管的光学活性被认为来源于手性缺陷[54-57]。目前，手性单壁碳纳米管的制备还是个难题[58,59]，其左、右手螺旋结构依赖于 ECD 表征和相关理论计算[60,61]。

DRCD 的使用始于 2002 年黑田玲子用其测试微晶的光学活性[62]。之后，DRCD 在仪器的结构性能和测试的灵敏度上都有所提升[63,64]。先前，固体样品的 ECD 测试一般会采用 KCl 或 KBr 压片法、石蜡油法或溶剂悬浮法。由于溶剂效应和边界效应的存在，ECD 信号发生偏移。而压片法更有可能会导致晶体结构的转变，从而得到错误的结果。DRCD 的测试可以消除这些影响[65]。但对于该测试方法还有一些争议，即偏振光在镜面反射时会发生手性反转。在测试过程中会发现，有些样品的 ECD 和 DRCD 信号基本相同，有些样品的 CD 和 DRCD 信号完全相反，还有些样品的 ECD 和 DRCD 信号只有部分相同。因此，仅仅使用 DRCD 进行光学活性的分析很有可能得到错误的结论。同时，粉体颗粒的形貌、尺寸和堆积结构也会对 DRCD 产生影响，这些也是不能忽略的[66]。例如，对同一螺旋纳米管分别进行悬浮 ECD 测试和粉体 DRCD 测试时会发现，DRCD 信号较宽[54]，这很有可能与纳米管的堆积有关。对于 DRCD，当使用 $BaSO_4$ 作为空白时，由于其在短波长处有强吸收，通常只能检测至 250 nm。如果使用聚四氟乙烯（Spectralon）作为空白，可以检测至 200 nm。DRCD 已经广泛应用于粉体材料或片状材料的原位检测，尤其是一些复杂的混合手性体系和手性表面[67-70]。对于由非手性化合物组装成的手性组装体的光学活性表征，DRCD 具有明显优势[71,72]。虽然 DRCD 的发展已经有十几年的历史，但是相关的理论解析还十分欠缺[73]，CD 和 DRCD 之间的关系还没有完全建立，这些都需要深入研究。近期研究结果表明，在对一些手性小分子胶体进行测试时，样品的透明性，即光散射对测试结果有重要影响。对于一些样品，DTCD 测试结果更接近理论计算结果（图 6-6）。

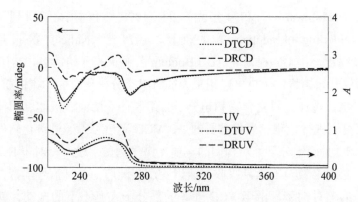

图 6-6 一个小分子自组装体的 CD、DTCD、DRCD、UV、DTUV 和
DRUV 光谱对比图[73]

伴随 DRCD 的发展，DTCD 也得到了初步研究[73,74]。对于光散射较强的样品，在进行 ECD 表征时，需要将样品放置在靠近光电倍增管的位置。如果远离光电倍增管，其 CD 信号会减弱。如果将积分球放置在样品后面用来收集散射光，所得到的 DTCD 信号会明显增强，同时也会减少光散射的影响。目前的结果表明，DTCD 测试结果要比 ECD 测试结果更为准确[74]。DTCD 测试的主要缺陷来自积分球，还不能进行 200 nm 以下波长的测试。关于 DTCD 的报道极少，还需要做系统的研究。

FDCD 的使用早于 DRCD[75-77]。在进行样品的荧光测试的同时，ECD 信号也得到了增强[78]，并且可以只检测与荧光基团相关的手性，包括基团手性和堆积手性。因此，利用双光谱同时检测可以同时研究聚合物主链和侧链的手性[77]。FDCD 也可以用于含有稀土离子的手性晶体的检测[79]。在蛋白质上引入荧光基团，通过 FDCD 测试可以对蛋白质的构象有深入的了解[80]。

虽然关于 FDCD 的报道较少，但关于 MCD 的报道却非常多，它可以检测到 ECD 所检测不到的弱信号。MCD 的发展起始于 20 世纪 30 年代，可以用来检测溶液、固体以及气体分子的手性[81-83]，相关的理论计算也有所发展[84]。尤其重要的是，它可以用于金属酶和含有金属原子的蛋白质以及纳米颗粒的表征[85,86]。此外，空间分辨 ECD 已经成功应用于手性高分子薄膜中的分子链堆积的表征[87]，其分辨尺度为 1.0 mm，并有望达到 0.1 mm。该测试方法对于手性光电材料的制备具有重要意义。

二、VCD 和 ROA

VCD 是 Holzwarth 于 1974 年发现的，1975 年和 1976 年得到了 Nafie、Cheng、Keiderling 和 Stephens 等的确认。1978 年，Nafie 首次报道了 FT-VCD。1997 年，由 Biotools 和 ABB Bomem 公司正式开始销售。2010 年，第二代光谱仪开始销售。VCD 可以用来表征有机小分子化合物、蛋白质、多肽、DNA、RNA、过渡金属复合物和超分子自组装体。溶液、液体、固体粉末和薄膜等都可以进行检测。最为重要的是，VCD 光谱可以通过量化软件精确计算[88]。VCD 是确定分子绝对构型的重要光谱学测试手段。相对于 ECD 而言，VCD 不需要化合物具有紫外吸收，所以应用范围广，并且信号丰富，更容易判断分子的绝对构型。由于 VCD 计算的是分子在基态下的振动，就目前而言，其计算谱图更准确。相比 ECD，VCD 仪器发展较晚，主要是 Biotools 公司和 Jasco 公司的产品。通过外加磁场的方法，可以提高其分辨率。Nicolet/Thermo 公司的仪器，由于光路问题尚未得到认可。

FT-VCD 的基本原理如图 6-7 所示。非偏振光经过一个红外滤光片和一个偏振片后被转化为平面偏振光。该平面偏振光再经过光弹调制器，光弹调制器能在固定频率下将平面偏振光在左旋圆偏振光和右旋圆偏振光之间进行转换。经过光弹调制器的光穿过样品，引起红外光强度的改变，利用碲镉汞（mercury cadmium telluride，MCT）红外检测器记录光强的变化。这个红外检测器有两个通道，一个是普通的记录红外光谱的通道，另一个包括一个与光弹调制器频率保持一致的锁相放大器，通过它调节光弹调制器频率下的光谱信息，并生成 VCD 图谱[89]。新一代傅里叶变换 VCD 光谱仪（Chiral IR-2XFT-VCD）在样品之后增加了一个光弹调制器，极大地减少了由仪器和空气引起的噪声信号。

VCD 已经成功解析了多种手性小分子立体结构。目前，VCD 主要是用

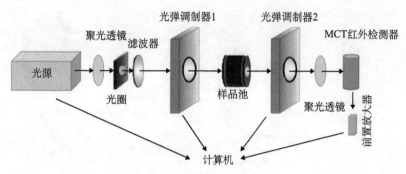

图 6-7　振动圆二色谱仪示意

来解析天然产物及其相关化合物的立体结构[90-94]。2017 年的一项研究结果表明，VCD 能够解析溶液体系中手性分子是以单分子状态存在还是以双分子状态存在[95]，其表征结果明显优于 ECD 测试。该工作为手性分子间相互作用的研究奠定了基础[96]。离子对的手性传递通过 VCD 也得到了深入解析[97]，这对于不对称催化的机理研究非常有意义。激子偶合不仅对于解析 ECD 光谱有重要意义，对于解析 VCD 图谱也十分关键，尤其是空间相互临近的两个羰基或两个芳香环之间的偶合[98,99]。通过偶合信号的正负可以判断分子的绝对构型，但相关的量化计算还需要加强[100]。对于含有烷基链的化合物，由于其构象丰富，并且很多构象对于 VCD 图谱都有贡献，其结构解析需要系统研究。对于手性烷基乙烯基醚，研究结果表明，1300～1460 cm⁻¹区间是判断其绝对构型的关键波段[101]，并且随着烷基链长度的变化，VCD光谱中也会出现明显的奇偶性[102]。金属离子与配体可以形成多种手性结构，其中一些已经成功利用手性液相色谱柱进行分离。实验结果表明，VCD可以用来检测这些金属配位化合物的手性结构[103-106]，而且对于金属离子的电子结构也有更清晰的解析。这对于手性金属配合物的发展有极大的推动作用。

VCD 也可以用来研究分子组装，但并不适用于所有样品[107]。氟碳链是螺旋链，因其无紫外吸收，无法用 ECD 进行表征，而用 VCD 可以（图 6-8）。VCD 测试结果表明，含有氟碳链的手性化合物在组装时可将手性传递到氟碳螺旋上[108,109]。VCD 也可以用来研究反应过程中的手性组装[110]。利用 VCD可以深入研究多肽二级结构[111,112]，以及多肽与表面活性剂之间的相互作用[113]，可以清晰地看到手性向非手性表面活性剂的传递。多肽组装结构不同，其 VCD 信号也不同[114]。

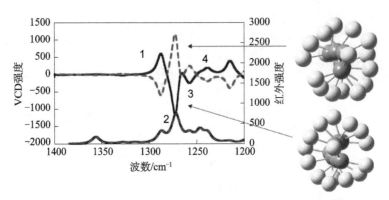

图 6-8 全氟己烷的螺旋结构示意图及其理论计算的 VCD 图[108]

1、3 对应 *RR* 构型分子的 VCD 光谱；2、4 对应 *SS* 构型分子的红外光谱

VCD 在手性材料表征方面也有很大的优势，尤其是针对无紫外吸收的样品。关于手性二氧化硅纳米颗粒和螺旋手性二氧化硅纳米管的结构先前一直停留在猜测阶段，VCD 图谱给出了清晰的解析[68,115]，观察到了 Si—O—Si 在 1150～1000 cm^{-1} 处的不对称伸缩振动[115]。手性 MOFs 和 COFs 是当前研究的热点，其结构可以通过 VCD 进行解析（图 6-9）[116]。手性纳米粒子向非手性小分子的手性传递也用 VCD 得到了清晰解析[117]。

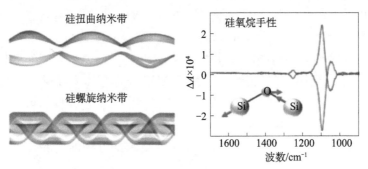

图 6-9 手性二氧化硅纳米带及其 VCD 图[115]

关于 VCD 的理论计算也有所发展。利用核速微扰理论（nuclear velocity perturbation theory，NVPT）对溶液中手性化合物的动力学 VCD 光谱的从头计算[118]，可以得到由手性化合物诱导产生的溶剂分子手性。利用 TURBOMOLE 软件包对 VCD 谱图进行计算，适用于高分子量的分子和含有重元素的分子[119]。为了解析 VCD 谱图，电偶极和磁偶极跃迁矩夹角被定义为鲁棒性（Robust）参数。对于不对称因子较大的 VCD 谱带，其鲁棒性变化缓慢。这对于理解分子立体结构和谱带的强弱之间的关系有很大帮助[120]。

关于激子偶合的计算，还存在一些问题，有待进一步研究[100]。如果化合物分子量较大，可以采取分段计算的方法[121]。

测试的样品，如果常温下是液体，可以直接测试。如果常温下是固体，可以溶解在重水、四氯化碳、氯仿或二甲基亚砜里进行测试。如果不能溶解或熔融，也可以进行溴化钾压片测试，但计算上会遇到分子构象问题。对于常温异构化非常快的化合物，可以采用低温方法进行测试[122]。该测试方法为分子引擎的发展奠定了分析测试基础。VCD 还需在以下两方面进行发展：①功能拓展附件的引入。目前，固体样品和自组装体的 VCD 分辨率和信噪比还较低，针对手性表面的反射附件还有待研制，MVCD（磁振动圆二色谱）也还有待于市场化。②更加精确的计算化学密度函数的发展，尤其是针对柔性分子的光谱计算。

ROA 和 VCD 几乎是同步发展起来的。ROA 是 1973 年由 Barron 和 Buckingham 发现的，1975 年得到了 Hug 的确认，1987 年，Nafie 首次采用散射圆偏振调制方式研发了 SCP/DCP-ROA 测试方法。1999 年，Hug 给出了 ROA 仪器的新设计方案。将入射光完全去偏振，调制散射光的左旋和右旋圆偏振状态，通过不同的光学路径分离左旋和右旋圆偏振散射光，两者分别分布在多通道 CCD 检测器的上下两部分，同时被检测。2003 年，Biotools 公司正式开始销售 ROA 仪器，2009 年推出第二代产品。目前，ROA 也可以实现有机小分子化合物、蛋白质、多肽、DNA、RNA 和糖肽的检测。尤其伴随表面增强拉曼光谱的发展，表面增强拉曼光学活性光谱（SEROA）也得到了研究。ROA 也可以通过量化软件精确计算[88]。

ROA 已经成功地解析了一些手性结构[123]。例如，ROA 可以用来区分差向异构体 β-D-半乳糖和 β-D-葡萄糖[124]，其光谱可以用分子动力学和量子力学/分子力学进行模拟。ROA 也可以区分同分异构体[125]。(S)-萘普生和 (S)-布洛芬分子结构只有细微的差别，通过 ROA 可以轻易地将它们区分[126]。这些结果表明，ROA 在医药领域有重要的应用价值。ROA 可以用来表征蛋白质和多肽的二级结构[127,128]和三级结构[129]，以及二级结构之间的转变[130]。ROA 也可以用来检测小分子的堆积结构。叶黄素及其衍生物的 J 聚集体和 H 聚集体的 ROA 谱图有非常明显的差别[131]。在不同的条件下，玉米黄素可以堆积成不同的手性结构[132]。单壁碳纳米管具有多种手性结构，这些结构也有望利用 ROA 进行解析[133]。在外加磁场条件下，非手性分子也可以体现出手性，因而可以用 ROA 进行表征[134]。在特定的激发波长下，拉曼光谱中会有荧光谱带出现。因此，利用 ROA 可以测试样品的 CPL[135,136]，其中激发波长的选择十分关键[137]。

近年来，关于 ROA 解析的方法发展很快。对于分子量较大的分子可以利用片段分析的方法进行 ROA 解析[121,138]。密度泛函微扰理论和基于分子动力学的密度泛函理论也被应用于 ROA 解析[139]。伴随表面增强拉曼光谱的发展，表面增强 ROA 也得到了发展[140]，该测试方法很有可能成为未来研究手性化合物的重要手段。此外，共振 ROA 也是值得关注的研究方向[141]。

第三节　界面超分子手性的非线性光谱学方法

一、界面手性非线性光谱学发展历史与进展

近年来，同步辐射的掠入射 X 射线衍射（GIXD）[142,143]和其他手性敏感的显微镜或光谱技术，如圆二色谱（CD）、二次谐波（second harmonic generation，SHG）及和频光谱（sum frequency generation，SFG）[144-146]等已经被用来表征界面的手性。文献对表征 Langmuir 膜手性的现代物理化学方法进行了很好的综述[147]。

Hicks 等[148]在 1993 年首次报道了用于检测界面手性的二次谐波-圆二色谱（SHG-CD）方法。将手性二羟联萘分子（BN）吸附于纯水表面，用波长可调的圆偏振光入射，检测界面产生的二次谐波信号。当谐波信号的波长与 BN 分子的电子能级跃迁共振时，左旋和右旋的入射光产生的谐波信号强度有明显差异。若吸附的分子为 (R)-BN，左旋圆偏振光产生的谐波信号增强；若吸附的分子为 (S)-BN，信号减弱；若为外消旋混合物，信号强度相同。在此基础上，Hicks 等提出了 SHG-CD 的概念，用于定量描述这种手性导致的信号差异。定义如下：

$$I_{\text{SHG-CD}} = \frac{\left| I_{\text{left}}^{\text{SHG}} - I_{\text{right}}^{\text{SHG}} \right|}{\frac{1}{2}\left(I_{\text{left}}^{\text{SHG}} + I_{\text{right}}^{\text{SHG}} \right)}$$

当谐波信号波长与分子电子能级跃迁共振时，$I_{\text{SHG-CD}}$ 可达 100%，而对应的 CD 光谱中信号差异的相对值仅为 0.1%，这说明 SHG-CD 方法作为界面手性检测手段，具有相当高的灵敏度。随后，Hicks 等利用 SHG-CD 方法研究了吸附在熔融石英表面 BN 分子的手性[149]。SHG-CD 方法可看作是光谱光

学方法 CD 的非线性光学类比。类似地，旋光色散谱（ORD）也有其非线性光学光谱类比，即 SHG-ORD。Hicks 等在 1994 年报道了利用 SHG-ORD 方法研究空气／水界面 BN 分子的手性[150]。

虽然 SHG 方法非常适用于检测界面手性，但 Persoons 等在 1996 年的一篇文章中指出，对于各向异性的界面，即使没有手性，也会产生 SHG-CD 手性信号[151]。因此，在用 SHG 检测界面手性时，对实验数据的分析必须十分小心。对于界面各向异性的影响，王鸿飞等于 2009 年提出了另一个解决方案[152,153]。通过检测界面上相邻若干位置 SHG 信号的偏振依赖曲线，拟合得到界面非线性极化率的手性项和非手性项，比较这两者的变化幅度。若非手性项的变化幅度远小于手性项，则可排除面内各向异性的干扰。同年，Huttunen 等提出了另一种解决方法[154,155]。他们采用垂直入射的构型，将入射圆偏振光聚焦到样品表面，在透射方向检测二次谐波信号强度。若界面具有手性，则左旋和右旋偏振光入射产生的信号大小不同；反之，即使界面有各向异性，产生的谐波信号也相同。

作为 SHG 方法的推广，利用 SFG 检测手性的方法也逐渐建立和完善起来。SFG 方法最初被用来检测溶液中的手性分子[156-160]，后来被应用到界面手性的检测[161-165]。由于许多生物分子，如蛋白质都具有手性结构，这些结构很多是由酰胺基团通过氢键形成，科学家们自然地联想到用手性 SFG 方法对这些结构进行检测。近年来，Yan 等利用手性 SFG 方法成功检测到了蛋白质分子在界面折叠[166,167]、质子交换[168]和自组装等过程[169]的动力学。

实践证明，在研究界面手性方面，表面 SHG 和 SFG 技术比光谱光学技术更敏感、更具选择性。一般而言，光谱技术通过测量左旋、右旋圆偏光对样品吸光度的差值来表征光学活性，这个差值通常是样品平均吸光度的千分之一或万分之一。而在 SHG 测量中，左旋、右旋圆偏光产生的差值最大可达 SHG 平均手性表面信号的 100%[148-149]。因此，表面 SHG 和 SFG 是探测气液界面 Langmuir 膜手性的理想技术。文献中已有许多用 SHG 或 SFG 研究气液界面手性分子形成手性 Langmuir 膜或 Gibbs 吸附膜的例子[170-176]。

总之，为了理解分子在表面的集体自发对称性破缺行为，对产生手性的实验和理论以及在 Langmuir 膜中的动力学进行深入研究是值得的。这些结果也表明 SHG-LD 技术及其他非线性光学光谱技术，如 SFG-LD 和 SHG/SFG-CD 等，不仅是探测界面手性的有效的、定量的技术，而且也是研究凝聚态膜或自组装膜中动力学过程的有效技术。

二、界面超分子手性信号的来源

尽管已有大量利用 SHG 和 SFG 检测界面手性的实验研究工作，然而其中手性信号的来源尚有争议。一般认为，手性信号来源于三种机理：螺旋单电子机理 [图 6-10（a）][177]、偶合谐振子机理 [图 6-10（b）][178] 和超分子取向的电偶极效应 [图 6-10（c）][179]。

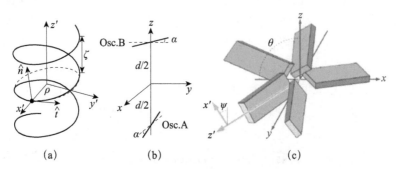

(a)   (b)   (c)

图 6-10　SHG 和 SFG 研究中描述手性光学效应的三种机理
（a）产生于螺旋单电子运动的磁偶极效应；（b）产生于发色团本身手性的电偶极效应，
如分子中存在一对偶合谐振子；（c）产生于超分子取向的电偶极效应

螺旋单电子机理认为分子中产生电子跃迁的发色团是不对称的。当分子受激跃迁时，同一个发色团中电偶极和磁偶极的跃迁会互相干涉，因此必须同时考虑电偶极和磁偶极的贡献。偶合谐振子机理则认为，分子中存在相互分离的发色团。当分子受激跃迁时，两个发色团的电偶极跃迁产生不对称偶合，于是产生手性信号。

以上的两种机理都是基于单分子手性，并且要求入射光的频率与电子态共振。实际上，当入射光波长远离共振时，一些手性分子的聚集体也能产生手性信号，甚至一些分子本身是非手性的，但是可以通过自组装形成手性聚集体，产生手性信号。这种情况下，单分子手性机理不再适用，必须考虑宏观结构效应对手性信号的贡献。

由于外界环境的影响或分子间相互作用，单轴分子会以一定的主轴取向显示出宏观的手性现象，这样产生的手性是一种群体效应，分子本身不必具有手性的发色团，也不需要存在多个偶合谐振子，如图 6-10 中（c）所示。这种宏观手性即为本章研究的重点。

近年来，在手性膜的研究中，尽管磁偶极的贡献被广泛地应用于解释手性 SHG 实验，但是有大量的证据表明，在有取向的体系中，磁偶极的贡献很小[180]。例如，在传统的吸收圆二色谱测量中，磁偶极跃迁矩比电偶极跃迁矩小几个数量级，由此可以推测，在 SHG-CD 中，磁偶极的贡献最多占电偶极贡献的几个百分比，在取向手性薄膜的 SHG 测量中，超过 50%～100% 的实验结果跟这一推测吻合。另外，Fischer 等[181] 和 Belkin 等[182] 用 SFG 定量研究了各向同性手性溶液中来自高阶效应（磁偶极和电四极）的贡献，研究发现，高阶效应的贡献比电偶极允许的贡献小得多。那么该不该考虑磁偶极的贡献，又应该在什么情况下考虑它对信号的贡献呢？ Hache 等[178,183] 用经典模型计算了表面的 SHG 信号，计算结果表明，对呈现"单电子光学活性"的分子来说，占主导地位的手性表面极化率源于磁偶极的贡献，而具有"偶合谐振子光学活性"的分子，电偶极贡献占主导。这些计算也解释了当时已有的实验现象。Hicks 等研究的体系呈现出偶合谐振子手性，因此没必要考虑非局域（磁性的）的贡献。Fischer 等利用 SFG 来区分局域和非局域的响应时，也表明对于 1,1'-联-2-萘酚来说，前者明显占主导地位。然而，Kauranen 和 Schanne-Klein 等为了解释单电子手性的情况，考虑到了非局域的宏观极化率。更有趣的是，Hache 等从模拟计算中总结出了分辨手性分子所基于的相关机理的方法。如果在分子跃迁中电偶极占主导，也就是说分子是 Λ 型的，SHG-CD 和 SHG-ORD 将能测量出分子膜的手性，而对于磁偶极跃迁占主导的单电子模型，这两种实验对于检测手性则变得无能为力[145]。

宏观手性来源于分子发色团的不对称堆积。手性界面的二阶极化率包含不为零的手性项 χ_{yzx}，写成分子超极化率张量元线性组合的形式如下：

$$\chi_{xyz}^{(2)} = -\chi_{yxz}^{(2)} = \frac{1}{2}N_{\mathrm{S}} \begin{bmatrix} \langle\cos^2\theta\rangle(\beta_{abc}^{(2)}-\beta_{bac}^{(2)}) + \langle\sin^2\theta\sin^2\psi\rangle(\beta_{cab}^{(2)}-\beta_{acb}^{(2)}) \\ +\langle\sin^2\theta\cos^2\psi\rangle(\beta_{bca}^{(2)}-\beta_{cba}^{(2)}) \\ +\langle\sin\theta\cos\theta\sin\psi\rangle(\beta_{abb}^{(2)}-\beta_{bab}^{(2)}+\beta_{acc}^{(2)}-\beta_{cac}^{(2)}) \\ +\langle\sin\theta\cos\theta\cos\psi\rangle(\beta_{baa}^{(2)}-\beta_{aba}^{(2)}+\beta_{cbc}^{(2)}-\beta_{bcc}^{(2)}) \\ +\langle\sin^2\theta\cos\psi\sin\psi\rangle(\beta_{aca}^{(2)}-\beta_{caa}^{(2)}+\beta_{cbb}^{(2)}-\beta_{bcb}^{(2)}) \end{bmatrix}$$

该公式右边包含了分子超极化率的手性项和非手性项。对于非手性分子，其超极化率的手性项为零，这时可简化为

$$\chi_{yzx}^{(2)} = \frac{1}{2}N_{\mathrm{S}} \begin{Bmatrix} (\sin\theta\cos\theta\sin\psi)(\beta_{acc}^{(2)}-\beta_{cca}^{(2)}+\beta_{bbc}^{(2)}-\beta_{abb}^{(2)}) \\ +(\sin^2\theta\cos\psi\sin\psi)(\beta_{caa}^{(2)}-\beta_{aac}^{(2)}+\beta_{bbc}^{(2)}-\beta_{cbb}^{(2)}) \end{Bmatrix}$$

该简化公式说明了非手性的分子如何形成宏观手性聚集体，从而产生手

性信号。值得注意的是，公式右边包含了扭转角 ψ，若按照之前的假设，ψ 在（0，2π）之间均匀分布，则等式右边的积分恒为零。这说明，当非手性分子聚集形成手性结构时，分子的发色团绕轴扭转受到限制。正是发色团之间的相互扭转导致了手性信号的产生。

三、非线性光学实验方法测量界面手性

相较于传统的圆二色谱（CD）和旋光色散谱（ORD）等方法，非线性光学，如光学二次谐波-线二色谱（SHG-LD）和手性和频光谱方法有如下特点和优势：①具有界面选择性和手性敏感性；②可对液体界面（如气液界面和液液界面）原位检测；③灵敏度和准确度高。

SHG-LD 实验中采用反射式模型。一定频率的线偏振光入射到界面，在反射方向检测倍频二次谐波或者和频光谱信号。固定检测偏振，连续改变入射光的偏振角得到信号的偏振依赖曲线。对于非手性界面，当入射光偏振角为 ±45° 时，信号强度相同；相反，对于手性界面，信号强度不同。为定量描述界面手性强度，引入界面手性过量（DCE）的概念[148]，其定义为

$$\text{DCE}=\frac{\Delta I}{I}=\frac{2\left(I_{-45°}-I_{+45°}\right)}{I_{-45°}+I_{+45°}}$$

对于 SHG-CD，$I_{+45°}$ 和 $I_{-45°}$ 分别为 +45° 和 –45° 入射圆偏振 SHG 谐波信号强度。对于 SHG-LD，$I_{+45°}$ 和 $I_{-45°}$ 分别为 +45° 和 –45° 入射线偏振 SHG 谐波信号强度。对于手性和频振动光谱，$I_{+45°}$ 和 $I_{-45°}$ 分别为 +45° 和 –45° 时的入射偏振，通过检测 $p\pm mp$（m=45°）或者 $s-mp$ 偏振组合，计算得到 DCE 值。对于非手性的 Langmuir 膜或 Gibbs 吸附膜，$I_{+45°}=I_{-45°}$，且 $\Delta I/I=0$；然而，对手性的 Langmuir 膜或 Gibbs 吸附膜，$I_{+45°}\neq I_{-45°}$，且 $\Delta I/I\neq0$。很明显，当 $I_{-45°}>I_{+45°}$ 时，$\Delta I/I>0$；当 $I_{-45}<I_{+45°}$ 时，$\Delta I/I<0$。这样，尽管不能通过 SHG 的测量得到界面的绝对手性，但通过 $\Delta I/I$ 的符号可以区分界面手性的两种不同状态，而且 $\Delta I/I$ 值对判断界面手性的相对符号和大小是一个定量而直接的标准。因此，DCE 的绝对值反映出界面手性的强度，相反的符号代表两种对映的手性状态。DCE 值的变化能够用于表征气/液界面非手性分子构成的 Langmuir 膜手性的形成和变化。

（一）SHG-LD 原位检测界面超分子手性应用举例

非手性分子 PARC18 形成手性 Langmuir 膜已有报道[184,185]。如图 6-11 所

示，王鸿飞等采用 SHG-LD 的技术手段发现了非手性分子 PARC18 在气液界面形成的 Langmuir 膜存在自发手性，其手性是非均一的。而 8CB 液晶分子在气液界面所形成的 Langmuir 膜不存在超分子手性。实验结果表明，同一批次不同表面密度的 PARC18 Langmuir 膜中，手性在两种相反的构型之间自由转换，而且 PARC18 膜手性的非均一性不受激光能量、激光波长、表面密度和表面压的影响。在 PARC18 膜不同位置处的手性也揭示，即使 PARC18 膜的密度和取向结构在毫米尺度内是均匀的，在同样尺度内的手性结构也是不均匀的，这暗示着手性"域"的形成。

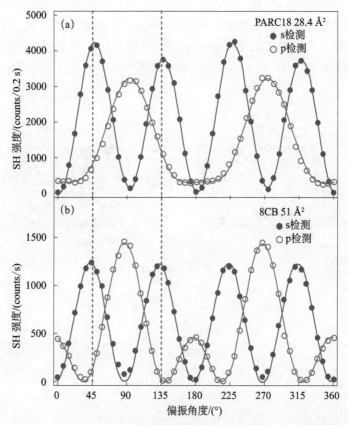

图 6-11　(a)SHG-LD 定量分析方法研究 PARC18 分子界面上手性特征；
(b)8CB 分子界面手性检测表明该分子无界面超分子手性特征

从实验方法及理论分析方面排除了界面各向异性的影响，从而发展了区分扭转"真手性"(true chirality) 和方位"假手性"(false chirality) 的方法，凸显 SHG-LD 方法用于研究界面手性的优势；针对文献报道的"压缩诱导手性"

和"磁偶极贡献手性"做了进一步分析讨论，结果表明，这两个机理均不能用于解释超分子手性形成机理。实验数据支持自组装或自聚集导致的对称性破缺，而不是压缩诱导手性。此外，磁偶极贡献比电偶极贡献小 2~3 个数量级，还没有数据支持磁偶极对手性信号的贡献。

　　随后，郭源等利用 SHG-LD 方法检测 L-DPPC 单分子膜的界面结构手性随时间的变化（图 6-12），研究表明，手性磷脂分子二棕榈酸磷脂酰胆碱（DPPC）在空气 / 纯水界面通过聚集形成具有手性的宏观结构。利用该手段检测了 L-DPPC 单分子膜的手性随时间的变化。在铺膜的第一天，L-DPPC形成的手性结构均匀而稳定。而从第二天开始，有相反的手性结构出现，并且放置时间越久，检测到的相反手性结构越多。由此推测这是由于 L-DPPC在表面水解，水解产物聚集形成了相反的手性结构。结合理论计算和模型分析，进一步确定是 A1 位点的水解产物聚集形成了具有相反手性状态的宏观结

(a) L-DPPC界面上手性反转示意图

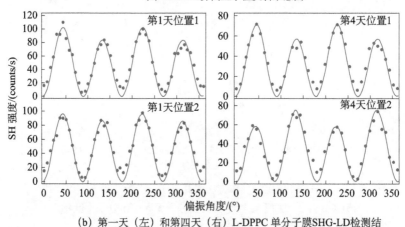

(b) 第一天（左）和第四天（右）L-DPPC 单分子膜SHG-LD检测结

图 6-12　L-DPPC 界面上手性反转示意图以及第一天和
第四天 L-DPPC 单分子膜 SHG-LD 检测结果

（b）图中上下两条曲线对应于膜上两个不同位置；圆点为实验数据，实线为拟合结果

构。因此，本研究发现了磷脂单分子膜的宏观结构也处于动态变化过程中，外界环境对磷脂单分子膜的结构有重大影响。这些结果对于理解生物膜的结构与功能具有重大意义[184]。

刘鸣华等利用该技术手段，对不同手性的氨基酸衍生物对映体诱导非手性 TPPS 分子在界面形成不同手性的超分子自组装结构的手性放大进行了深入研究。如图 6-13 所示，TyrC18 分子是一个手性分子，能够在气液界面上形成单分子层，但利用 SHG-LD 方法几乎检测不到明显的手性信号，说明该分子在气液界面不能形成宏观的手性结构。在此界面的亚相中加入 TPPS 分子，调节溶液的 pH，非手性的 TPPS 分子可以通过和氨基酸衍生物两亲分子发生相互作用，在气液界面形成 J 聚集，形成超分子自组装体 TPPS，从而形成宏观手性结构，导致 SHG 信号显著增强，进而界面手性过量 (DCE) 也有很大的增加。这表明了 TyrC18 在界面形成的宏观手性结构被 TPPS 超分子聚集体放大。这是用非线性光学方法研究手性放大的唯一一篇文献，对于开拓非线性光学方法研究界面手性具有重要的意义[185]。以上的研究充分表明，SHG-LD 方法不仅可以原位测量不同聚集状态下的 Langmuir 膜的手性结构，具有表面敏感、手性敏感和单分子层灵敏度等特性，更重要的是可以通过二次谐波的分析方法获取微观信息，为深入理解 Langmuir 膜手性结构的形成提供依据。

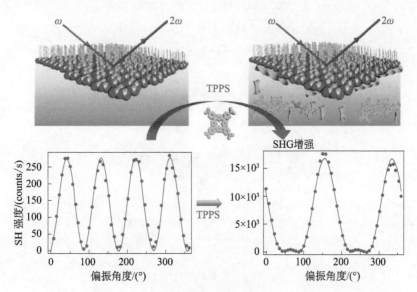

图 6-13　气液界面原位检测 SHG 方法示意图

TPPS 分子可以与界面两亲分子形成超分子自组装结构，此时，SHG 信号强度显著增大，表现出放大的手性信号

（二）手性和频光谱原位检测界面分子手性应用举例

光学二次谐波-线二色谱（SHG-LD）方法是检测界面分子生色团的偶极，但其不能对特定的分子基团进行检测，因此得到的信息有限。为了从分子水平更深入地理解界面手性，将手性二次谐波与和频光谱结合起来，能够获取界面上手性分子的不同官能团取向，对界面分子的绝对手性进行识别和标定，进一步阐明界面手性结构的形成机理。为定量描述界面手性强度，和频光谱方法也引入前述的界面手性过量（DCE）的概念。

如图 6-14 所示，美国西北大学 Geiger 等利用手性和频光谱研究了两种不同杂交位点的 DNA 双链 T_{15}：A_{15} 在熔融石英界面上形成双螺旋结构的手性行为[186]，如图 6-14（b）所示，通过手性和频光谱能够识别双链序列特异性寡核苷酸在第三个位点和第五个位点杂交形成的双螺旋结构，如位于 2960 cm^{-1}

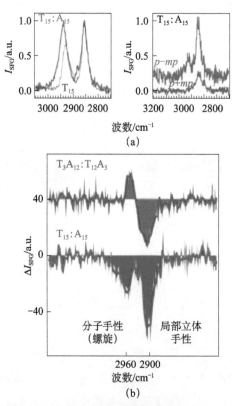

图 6-14 （a）左图和右图分别为 T_{15}：A_{15} 双链偏振组合为 *ssp*、*pmp* 时的和频振动光谱；（b）T_{15}：A_{15} 和 T_3A_{12}：$T_{12}A_3$ 双链不同结合位点的 *p+mp* 和 *p−mp* 手性和频光谱

的甲基非对称伸缩振动表现出一个正峰和一个负峰，而这两个符号相反的峰主要源于 T 型核苷酸杂交形成双螺旋结构时位点不同，使得螺旋结构中位于结合位点的甲基的偶极方向与界面法线之间夹角呈现出朝上和朝下引起。该研究进一步证明了手性和频光谱不仅能够用于研究界面手性结构，而且还能用于原位研究界面手性结构的自组装过程中分子间相互作用的分子机理，为理解界面手性结构形成机理提供重要的微观信息。

第四节　核磁共振方法

核磁共振（nuclear magnetic resonance，NMR）是结构研究的重要方法和手段，在立体化学确定中发挥着重要作用。常规的核磁共振方法不能区分对映异构体，也不能确定手性化合物的绝对构型，需在手性环境下测试或者对样品进行衍生化，才能用于绝对构型测定。

核磁共振是指处于外磁场中的某些物质的原子核（磁性核）受到一定频率的射频电磁波作用时，在其磁自旋能级之间发生的共振跃迁现象（图6-15）。检测电磁波被吸收的情况就可以得到核磁共振波谱。1924 年，Pauli预言了核磁共振的基本理论，指出某些物质的原子核具有自旋量子数 I 和磁量子数 m。1945 年，Purcell 和 Bloch 课题组同时独立地发现并证实了核磁共振现象。1950 年，Proctor 和虞春福发现原子核所处的化学环境对核磁共振信号有影响，而这种影响与物质的分子结构有关，这为化学位移概念的提出奠定了基础。1951 年，Gutowsky 等发现了自旋核之间的标量偶合现象。1953 年，Overhauser 发现了自旋核之间的矢量偶合现象，即 NOE 效应。1953 年，瓦里安（Varian）公司推出了第一台高分辨核磁共振谱仪。1970 年，脉冲傅里叶变换核磁共振谱仪推向市场。1971 年，Ernst 等首次成功完成了二维核磁共振实验，从此核磁共振技术进入了一个全新发展的时代。

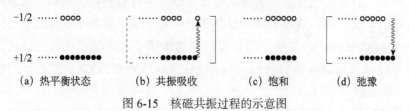

图 6-15　核磁共振过程的示意图

一、核磁共振方法用于手性化合物相对构型、构象的分析和确定

在确定手性化合物相对构型和构象之前，首先需要确定化合物的平面结构。根据化合物结构中所含的元素种类，选择相应的一维和二维核磁共振实验。氢和碳原子是有机化合物的基本元素，它们的自旋量子数 I 为 1/2，有磁性，但无电四极矩，谱线窄，易于检测，因此，氢谱（^1H NMR）和碳谱（^{13}C NMR）是最常用的一维核磁共振实验。对于含氟、磷元素的化合物，还可检测氟谱（^{19}F NMR）和磷谱（^{31}P NMR）。氢谱、碳谱、氟谱和磷谱都是一维单脉冲实验。以氢谱的解析为例，可通过氢信号的化学位移值判别所对应的氢原子所处的化学环境（核外电子云密度大小），通过其积分面积判断对应的氢原子的数目，通过对信号裂分情况以及偶合常数（标量偶合）的分析判别氢原子之间的邻近关系。对于常规碳谱，因为是全氢去偶，所以观测不到氢核对碳的偶合裂分，碳信号的积分面积也不严格正比于所对应的碳原子数目，解析的重点在于对碳信号化学位移值的分析。

无畸变极化转移增强实验（DEPT 谱）是常用的一维多脉冲核磁共振实验，不同角度的 DEPT 谱联合碳谱，能很方便地区分出不同级数的碳原子。例如，在和碳谱关联分析的 DEPT135 实验中，季碳消失、CH 和 CH_3 向上、CH_2 向下。

常见的二维核磁共振实验有 ^1H-^1H COSY、HMQC、HSQC、HMBC、NOESY、ROESY、TOCSY 等。有些二维实验反映的是同种自旋核之间的相互作用，有些反映的是异种自旋核之间的相互作用。反映的相互作用可以是标量偶合，也可以是矢量偶合。例如，^1H-^1H COSY 实验反映的是氢核和氢核之间的标量偶合，HMQC 和 HSQC 实验反映的是氢核和杂核（常见为碳核）之间的一键标量偶合，NOESY 和 ROESY 实验反映的则是氢核和氢核之间的矢量偶合。

对于一般有机化合物，通过氢谱和碳谱化学位移分析，推断各氢、碳原子所处的化学环境；通过 DEPT 谱和碳谱关联分析，推断各碳原子的级数；通过 HMQC 或 HSQC 实验，将直接相连的碳原子和氢原子关联；通过氢谱峰的裂分以及偶合常数的分析，联合 ^1H-^1H COSY 或 TOCSY 实验，构建出分子中的各偶合系统片段；通过 HMBC 实验，将季碳和杂原子间隔开的各偶合系统片段进行关联；结合质谱的分子量、分子式信息，最终确定出化合物的平面结构。

核磁共振的一些参数与化合物空间三维结构密切相关,这些参数可用于相对构型和构象的构建和分析,如氢核和氢核之间的三键标量偶合($^3J_{H,H}$)、氢核和碳核之间的三键标量偶合($^3J_{H,C}$)、氢核和碳核之间的两键标量偶合($^2J_{H,C}$)、NOE 效应、残留偶极偶合(residual dipolar coupling,RDC)、碳的化学位移值等。

如果化合物或拟解析的结构片段构象易于分析,且标量偶合有相应的经验值可参考或获得,最常用的方法是标量偶合关联 NOE 分析。一般采用 $^3J_{H,H}$ 关联 NOE 分析,也可在经典 $^3J_{H,H}$ 与 NOE 分析基础上再结合 $^{2,3}J_{H,C}$ 进行构象分析,确定化合物的主要构象异构体,进而确定化合物的相对构型,即基于偶合常数的构型分析方法(J-based configuration analysis,JBCA)[187]。2010 年,Orjala 等从海洋巨大鞘丝藻(*Lyngbya majuscula*)中分离得到了两种具有长柔性链结构单元的聚酮 Nhatrangins A 和 B,他们通过 HSQMBC 核磁实验,获得了 $^3J_{H-4',C-2'}$ 与 $^3J_{H-3',C-5'}$ 数据,结合 $^3J_{H,H,}$ 和 NOE 分析,确定了柔性链上 C-2、C-3 及 C-4 位的相对构型[188]。

如果构象复杂、标量偶合参考数据无法获得,量子化学计算是有效的解决途径。量子力学理论的发展奠定了量子化学的理论基础,计算能力的大幅提升,使得量子化学计算得以广泛应用。核磁共振量子化学计算理论研究最早始于 1937 年 London 对抗磁性芳香类化合物的分析及处理[189]。目前,针对化学位移的量子化学计算,GIAO 方法是使用最广泛且有效的方法[190]。

密度泛函理论(density functional theory,DFT)的不断发展,大大缩短了计算电子结构的时间。目前,DFT 已广泛应用于有机化合物多电子体系电子结构研究[191]。GIAO,DFT/Basis Function 已成为化学位移量子化学计算的最常用方法。2011 年,罗晓东和朱华结从植物 *Psychotria pilifera* 分离到一个新颖骨架化合物 Psychotripine,他们采用碳谱化学位移计算方法[GIAO,B3LYP/6-311++G(2d,p)],验证了其相对构型的正确性[192]。

关于标量偶合常数的计算,即自旋偶合常数(spinspin coupling constant,SSCC)的计算,主要是用基于能量对相互作用两核磁矩的二阶导数来表示。SSCC 涉及 4 种不同的机制,分别是 Fermi 接触项(Fermi contact,FC)、抗磁自旋轨道(diamagnetic spin-orbit,DSO)偶合、顺磁自旋轨道(paramagnetic spin-orbit,PSO)偶合、自旋偶极(spin-dipole,SD)偶合[193],其中 FC 对 SSCC 贡献最大。目前,学界对计算 SSCC 时只考虑起主导作用的 FC 项达成共识,这种处理使得计算过程简化[194-196]。2017 年,高昊、姚新生等从真菌 *Biscogniauxia* sp. 中分离到一个新颖结构的杂萜 Biscognienyne B,C1 到 C4

存在 4 种可能的相对构型，他们分别对 $^3J_{H-3,H-4}$、$^4J_{H-3,H-5}$、$^3J_{H-4,H-5}$ 进行了计算，采用了 B3LYP/6-311+ G（2d, p）、APFD/6-311+ G（2d, p）、B3PW91/6-311+ G（2d, p）三种计算方法，最后确定了 C1 到 C4 的相对构型[197]。

无论是标量偶合还是矢量偶合（NOE），提供的都是局部结构约束信息，对分子中相距较远片段或被惰性核阻断的相对构型进行分析时就会遇到困难。残留偶极偶合（RDC）是指两个直接相连或者非直接相连的核间结构信息，其大小与两核之间的距离以及核间的键矢量相对于外加磁场的角度有关，与原子的空间排列相关，其值通常用 D_{is} 表示。因此它可以提供非局部的、强有力的结构信息，反映了分子的构造、构型及构象，是研究分子立体结构的一个重要核磁共振参数，与标量偶合及矢量偶合的短程信息互补（图6-16）[198-204]。残留偶极偶合早期主要应用于生物大分子的结构测定及分子动力学研究，并发挥了重要作用，2003 年后才引起了有机化学家的注意，随后该理论被引入有机小分子的立体化学分析领域[205-207]。该理论在我国起步较晚，2012 年，谭仁祥、戈惠明等在对小叶青皮 *Vaticaparvifolia* 的化学成分研究时，发现了一种结构新颖的天然产物 Vatiparol，他们与德国 Griesinger 教授合作利用 RDC 成功确定了其构型，该成果是应用 RDC 技术对国内天然产物构型研究的首例报道[208]。尽管 RDC 具有强大的解析立体结构能力，但实际测量它是一件非常费力的工作，国内雷新响、李高伟等在方法学发展方面取得一些重要进展[209-210]。

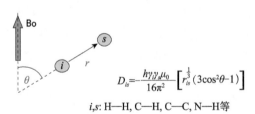

$$D_{is}=-\frac{h\gamma_i\gamma_s\mu_0}{16\pi^2}\left[r_{is}^{\frac{1}{3}}(3\cos^2\theta-1)\right]$$

i,s: H—H, C—H, C—C, N—H等

图 6-16　残留偶极偶合值计算原理及公式

对于已知结构或者已知的结构片段，通过与文献报道的核磁数据进行比较，若数据相同，则可鉴定为同一结构或对映异构体。这一过程的前提是需要有大量参比数据的积累。早年，以于德泉、杨峻山主编的《分析化学手册第七分册：核磁共振波谱分析》（化学工业出版社，第二版，1999 年）为代表的重要工具书的出版形成了重要的核心参比数据。近年，大型核磁数据库的出现，使得基于核磁数据比较的鉴定过程更为快捷。随着网络技术的飞速发展和大数据时代的到来，核磁数据库越来越完善和强大。国内较有代表性

的是微谱数据库，由上海微谱信息技术有限公司开发和维护，2010 年投入使用。微谱数据库是一个碳谱数据库，收载了 78 万种化合物的碳谱数据，可用于和实测碳谱数据的直接比较，为已知化合物的鉴定提供了非常便捷的途径。国际上较有代表性的是 ACD/Labs 的数据库，其氢谱数据库中化合物超过 24 万种，碳谱数据库中化合物超过 22 万种。这些越来越完善的核磁数据库使得基于核磁数据比较的鉴定过程更为快捷。

值得指出的是，在基于核磁数据比较的结构鉴定过程中，一般认为具有相同的核磁数据则意味着两化合物为同一化合物或互为对映异构体，但一些特殊的非对映异构体也可呈现相同的核磁数据。高昊等提出"表观等价非对映异构体"（apparent-equivalent diastereoisomer）概念，用于描述具有相同核磁数据的非对映异构体，并提出了判定条件[211]。这一概念及其判定条件的提出规范了基于核磁数据比较的结构鉴定过程，保证了比较方法和结构鉴定结论的可靠性，发展和完善了基于数据比较的结构鉴定方法学。

二、手性化合物绝对构型的确定

常规的核磁共振方法不能区分对映异构体。确定手性化合物的绝对构型需在手性测试环境下或衍生化以后进行。手性环境可以是直接采用手性氘代溶剂或者加入手性添加剂。衍生化是在化合物中引入新的手性单元，使之转变成非对映异构体。其中衍生化法是最常用的方法，下面以 Mosher 法为例加以说明。早在 1973 年，Mosher 提出基于手性的 2-甲氧基-2-三氟甲基苯基乙酸（MTPA）酯的 ^{1}H- nmR 的 Mosher 法和 ^{19}F- nmR 的 Mosher 法，主要解决手性仲醇的手性中心或伯胺的 β 手性中心的绝对构型问题。采用一对手性试剂 (R)-MTPA 和 (S)-MTPA 分别与仲醇或伯胺反应，生成相应的 Mosher 酯，然后进行核磁共振实验，并归属这对非对映异构体 Mosher 酯的氢谱信号。Mosher 酯中苯环对 β 位基团屏蔽和去屏蔽效应的选择性（各向异性）不同，从而导致 β 位基团 L1 与 L2 质子的化学位移存在差异 $\Delta\delta$，根据经验规则，从 MTPA 平面向待测仲醇部分观察，$\Delta\delta_{S-R}$ 为正值的基团位于 MTPA 平面的右侧，而 $\Delta\delta_{S-R}$ 为负值的则位于 MTPA 平面的左侧，进一步根据基团的优先次序判断仲醇的构型[212]。例如，从益母草中发现的一个新骨架螺酮缩醇二萜 Leonuketal，就是用 Mosher 法确定了手性中心 C15 的绝对构型为 R[213]。

MTPA 酯构象变化多样且屏蔽效应弱，有时会导致 $\Delta\delta_{S-R}$ 的值小，或者

正 $\Delta\delta_{S-R}$ 和负 $\Delta\delta_{S-R}$ 不能对称地排列于手性中心的两侧，从而限制了 Mosher 法的使用。针对基于 MTPA 试剂的 Mosher 法的缺点，目前主要从两个方面进行了改进：①寻找形成 Mosher 酯构象少或屏蔽作用强的新 Mosher 试剂，如基于 MPA（2-甲氧基苯乙酸）试剂的 Mosher 法、基于 AMA（芳基甲氧基乙酸）试剂的 Mosher 法、基于 MNCB［2-（2-甲氧基萘基）-3，5-二氯苯甲酸］试剂的 Mosher 法等[212]；②为减少 Mosher 酯的构象，采用低温方法测试衍生物 ^{1}H-NMR[212]。从以上两点出发对 Mosher 法进行优化，在增大 $\Delta\delta_{S-R}$ 的同时，NMR 信号分离更清楚，有利于区分各质子信号的归属，进一步扩大了 Mosher 法的适应范围。目前，Mosher 法不仅应用于结构中含单个仲醇或仲胺的手性碳绝对构型的确定（单衍生化 Mosher 法），还能应用于结构中含两个以上仲醇或仲胺基团手性碳的绝对构型的确定（双衍生化 Mosher 法），包括 sec/sec-1,2-二醇、sec/sec-1, n-二醇、sec/sec-1,2-氨基醇、prim/sec-1,2-二醇、sec/prim-1,2-氨基醇或 prim/sec-1,2-氨基醇等[214]。

第五节　手性结构与形貌表征

一、X 射线和中子散射

1895 年，伦琴发现了 X 射线。1912 年劳厄（Laue）、弗里德里希（Friedrich）和克里平（Knipping）发现晶体的 X 射线衍射现象。这一重要发现在物理学发展的历史上具有举足轻重的作用。劳厄衍射实验及理论解释深刻揭示了 X 射线的本质和晶体的原子结构特征，为晶体结构分析奠定了基础，引起了世界科学家的关注。1913 年，也就是劳厄发现晶体 X 射线衍射现象的第二年，英国布拉格（Bragg）父子为了更有效地测定晶体结构，提出了一个比劳厄方程更简单、更直接的公式，即人们现在所熟知的布拉格方程：

$$2d\sin\theta = n\lambda$$

式中：d 为晶面间距；θ 为衍射角；n 为衍射级数（自然整数）；λ 为靶射线的波长。

采用 X 射线技术可以研究超分子凝胶中聚集体的精确结构，通常包括 X 射线单晶衍射、小角 X 射线散射（SAXS）、广角 X 射线散射（WAXS）以及小角中子散射（SANS）等。由于采用 X 射线单晶衍射技术可以精确地得到共价键和非共价键作用信息。在超分子水凝胶研究中，通过 X 射线单晶衍射技术可以得到组装体中氢键、π-π 堆积等的作用大小和方式，因而可以得到分子组装的机理。由于小角 X 射线散射检测的散射角接近 0°，可以对凝胶中聚集体的纳米到微米范围内的精确结构进行探测，得到回转半径、平均粒径、形貌等信息。广角 X 射线散射也称 X 射线粉末衍射，与小角 X 射线散射技术相类似，不同的是广角 X 射线散射得到的是散射角大于 5° 时聚集体的结构信息，因此根据布拉格方程主要是分析亚纳米级的微结构。采用小角中子散射技术则可以得到凝胶薄膜的晶体结构、化学组成以及物理性质等信息。

　　手性在我们的日常生活及不同的功能材料中扮演了重要的角色，将手性引入固体材料中，其可以在分子水平起到调节作用，从而在镜像选择、不对称催化、非线性光学、制药和手性磁体等方面有广泛的应用。自然界中存在着许多手性小分子，如手性氨基酸分子、酒石酸、苹果酸等，将这些手性小分子及其衍生物引入体系中，最终可以直接得到具有一定性能的手性配位聚合物。张光菊等由铜盐、二苯甲酰-L/D-酒石酸（L/D-DBTA）、4,4′-联吡啶通过自组装合成了一对纯手性的无孔配位聚合物，XRD 表征证明这两个化合物在结构上展示出了 3D 非手性栅栏构型，是一对对映体[215]。更进一步的结构分析表明，在化合物的 3D 超分子栅栏结构中存在着沿 a 轴方向两种类型的 1D 手性孔道。第一种类型是椭圆形的 type A 型孔道，由苯酰基相互连接而成，第二种类型是长方形 type B 型孔道，由 Cu-4,4′-联吡啶链和苯酰基组成。更有意思的是，游离水分子和配位水分子分别都填充在了 type A 和 type B 这两种类型的孔道中。

　　X 射线单晶衍射是解析固态分子结构最为准确也最为直观的重要工具。特别是对于具有相对稳定规整且极易结晶的芳香螺旋结构，单晶衍射显得更加重要。大量模型分子和短的低聚物的晶体结构已经被报道。例如，Zeng 等将合成的间苯酰胺五聚体和六聚体进行晶体学研究，发现这一分子采取每圈五个单元的螺旋结构，与通过计算机模拟的结果完全吻合[216]。晶体结构对于长的、复杂的杂环螺旋结构的构象表征也是非常成功的。Huc 等通过对合成的喹啉八聚体进行晶体学研究发现，晶体结构显示了大于三圈的螺旋结构，五个单元能形成两圈，这是报道的芳香螺旋寡聚物中最大的曲率。除此之外，Huc 等对间吡啶酰胺七聚体在低极性混合溶剂中结晶获得的晶体进行解析得到了一个双螺旋的构象（图 6-17）[217]。

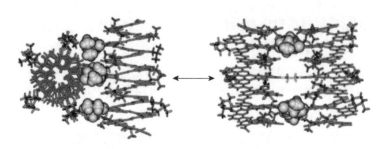

图 6-17　吡啶酰胺七聚体的手性双螺旋结构

螺旋聚合物作为一个混合物，很难生长出单晶。尽管如此，它们构筑基元的结构参数仍然可以通过晶体学分析得到。对于由重复单元构成的长寡聚物，整个骨架结构可以被视为所有局部构筑基元的组合。使用结构基元中得到的结构参数，结合分子动力学模拟就可以预测出这些长的苯基寡聚物的二级结构。尽管晶体学能给出螺旋分子最准确的结构信息，但是也具有很大的局限性。对于大尺寸、复杂的螺旋结构，尤其是螺旋聚合物，它就显得无能为力了。与此同时，晶体给出的是固态单晶中的结构，却无法给出溶液态中的具体构象。因此发展新的表征手段显得非常重要。

1932 年查德威克发现了中子[218]，之后美国橡树岭国家实验室的 Shull 和加拿大乔克河国家实验室的 Brockhaus 等科学家分别在弹性和非弹性中子散射领域做出了开创性的工作。经过多年的发展，目前中子散射技术已经在物理、化学、材料、生物、地矿、能源、环境等诸多领域得到了广泛应用，甚至在某些方面发挥着不可替代的作用。

所谓中子散射技术就是以中子源引出的中子束为探针，通过中子探测器收集与被研究对象相互作用后中子能量与动量的变化以及相应中子强度的分布情况，获取被研究对象内部组分、结构和动力学等相关信息。

中子散射能无损地获取材料内部微结构与三维内应力分布信息，建立材料内部微结构与宏观性能之间的关系。中子为电中性，具有强穿透力和非破坏性，从而可以探测物质的内力场信息（如残余应力），也利于在复杂和集成的特殊样品环境下进行实验研究；中子与原子核的作用并不随原子序数的增加而有规律地增大，从而可以通过中子散射或成像技术更好地分辨轻元素或相邻的元素；中子具有内禀的自旋性质，使其可以准确地揭示其他手段难以给出的微观磁结构信息[219]。

中子散射是一种研究手性生物大分子结构以及动力学运动规律的必要手段。利用散射中子的强度函数可以得到生物大分子的原子成分、质量、形状、体积、回转半径，特定原子所处的位置及其分布，生物大分子的动力学运动信息等。与 X 射线方法相比，中子散射技术对生物材料的损伤较小。牟伯中等利用小角中子散射技术结合冷冻蚀刻透射电镜等技术，研究了表面活性素 surfaction-C15 与生物大分子之间的相互作用[220]。研究发现，随着表面活性素浓度的增加，不仅能够使蛋白质紧密的结构展开，最终发生变性形成珍珠链结构，而且能够改变蛋白质的二级结构，使蛋白质分子结构中的螺旋结构含量减少。牛血清白蛋白和 surfaction-C15 的特殊的相互作用表明，surfaction-C15 能成为研究蛋白质的重要工具，尤其是在膜蛋白分离过程中，由于具有温和的生物适应性，可替代传统的表面活性剂。因此，理解它们之间的相互作用不仅在生命科学中而且在工业应用中都具有重要的实际意义。

中子具备不带电、穿透力强、可鉴别同位素、对轻元素灵敏、具有磁矩等优点，因此中子散射技术作为一种独特的、从原子和分子尺度上研究物质结构和动态特性的表征手段，在多学科交叉领域正发挥着不可替代的作用，也将推动基础科学研究的进步。

二、AFM 和 STM

以扫描隧道显微镜（STM）和原子力显微镜（AFM）为代表的扫描探针显微术是 20 世纪 80 年代发展起来的新型表面分析技术。该技术具有原位、实时、实空间及原子或分子分辨的特点，是研究各种表面和界面物理化学现象的重要手段，十分适用于表面手性问题的研究。作为一种新型仪器技术手段，原子力显微镜自 1986 年首次发明并投入商业应用以来，因其具有独特的高分辨成像能力（可在原子、分子水平及亚微观即介观水平上进行观测），观察样品不受样品导电性限制，可在大气、真空及液体环境条件下进行成像观察等优点，在生物医学、高分子材料、纳米材料及表面科学（如半导体材料、催化剂等）以及原子、分子操纵和纳米加工等领域得到了广泛应用。原子力显微镜不仅可给出样品表面微观形貌的直观的三维结构信息，而且还可探测样品表面或界面在纳米尺度上表现出来的物理、化学性质等。同时，原子力显微镜还可直接记录溶液体系中液-固界面上的一些生物或化学反应的动态变化过程，研究测定各种相互作用力，如胶体颗粒间的 DLVO 作用力、蛋白质膜及生物细胞的黏附力、蛋白质分子间及分子内作用力等。

作为开创性的技术，Yashima 等首次将 AFM 应用到单分子螺旋结构的成像中（图 6-18）。通过对螺旋聚合物的合理设计，在 AFM 下直接观察到了聚合物外侧侧链的螺旋形态。并且最新的技术已经能将 AFM 对螺旋结构的成像分辨率提升到 1.03 nm，这是目前 AFM 对螺旋结构观测能达到的最大分辨率[221]。

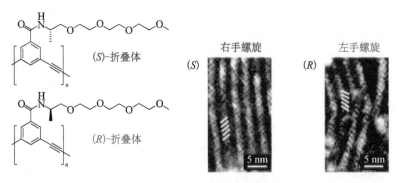

图 6-18　螺旋聚合物的 AFM 表征

　　近些年来，由于 AFM 在纳米科学方面的重要地位，在原位观察方面的应用也越来越多，在 AFM 的帮助下，微观现象的许多详细信息包括步速、杂质的影响、团聚等都可以在微观尺度下进行原位观察。李冰石等就利用 AFM 在大气环境下原位观察到手性纳米螺旋纤维的生长过程，并进一步研究了纤维生长的动力学。可以发现，纤维的生长经过了初期的快速组装和后期的缓慢组装两个阶段，最终达到稳定，初期的组装速度约每秒 8 个分子。样品表面上覆盖的液膜以及针尖的搬运作用为大气环境下的纤维生长提供了帮助。

　　AFM 以其操作简便、对样品处理要求不高、具有原子级的分辨率、样本可在空气或液体中直接观察、可检测样品的范围很广且配套设备很少、安装条件比较简单等优点，赢得了越来越广阔的应用前景，利用 AFM 可以很好地研究薄膜表面的形貌及进行粉体材料颗粒分析与成分分析、研究晶体生长等。随着计算机技术的进步及数据处理软件的开发和完善，AFM 将在纳米材料领域的研究中发挥更大的作用。

　　1982 年 IBM 公司两位科学家 H. Rohrer 和 G. Binnig 及其同事成功研制了世界上第一台具有原子级分辨率的表面分析仪器——扫描隧道显微镜（STM）[222]，它在垂直和水平方向上的分辨率可以分别达到 0.01 nm 和 0.1 nm。STM 的问世，实现了人们实时、原位观察单个原子或分子的愿望，并可以从分子水平上对表面上单个的原子或者分子进行加工操纵，从而打开了探索纳米尺度表面现象的新途径[223]。也正因如此，国际科学界将 STM 技术认可为 20 世纪 80 年代的十大经典科学技术成就之一，1986 年，瑞典皇家科学院为 STM 技术的两位发明者颁发了诺贝尔物理学奖，以奖励他们为纳米科技的发展所做出的贡献。

与常规的显微镜不同，STM 采用的不是物镜成像的方法，其工作原理是基于量子力学中的隧道效应[224]。在 STM 装置中，将原子级尺度的极细的金属探针置于被研究的导电基底上方，二者分别充当两个电极。当探针距离样品非常近（通常小于 1 nm），以致电子可以穿过两个电极之间的势垒而从一极流向另一极时，就产生了隧道电流 I。隧道电流的大小与样品到探针的距离 S 之间呈指数关系，S 若减小 0.1 nm，那么隧道电流 I 会相应增大一个数量级。由于隧道电流的大小对针尖到基底的距离极为敏感，这一特性造就了 STM 技术高分辨率的表征优势。

为了实现对螺旋聚合物内部骨架的直接观测，刘俊秋等以 1,3,4-噁二唑为键连单元，1,8-二氮杂-9-甲基-2,7-蒽二甲酸为结构基元构建了一类新型的芳香螺旋聚合物。通过 STM 成像技术，成功地在单分子水平观察到了带有 π-π 堆积条纹的螺旋聚合物的内部骨架，这是目前可观测到的最小螺旋，其直径大约为 1.3 nm[225]。

表面手性现象是物理化学科学研究的重要内容之一，陈婷等成功利用结构简单的手性共吸附小分子实现了对表面组装过程的手性调控，构筑了具有整体左手性或者整体右手性的二维表面多孔蜂窝状超分子结构，该研究首次在固液界面上提出了基于非手性组装基元的手性非线性放大现象，并在分子层次上系统研究了非手性分子在表面组装过程中手性的产生、传递和放大的过程[226]（图 6-19）。非手性的间苯二酸枝状分子（BIC）与手性辛醇通过分子间的氢键以及范德瓦耳斯作用可以在石墨表面上形成具有手性特征的超分子网格结构。引入的醇分子手性决定了最终形成的超分子网格的手性特征，形成了全手性的表面。此外，研究者还发现了一种典型的非线性手性放大现象：在溶液相中，手性醇极小的对映体过量（ ≥ 5.2%），就足以诱导整个表面组装结构表现出其对应的手性特征，而另一种与其成镜像的手性网格结构则会完全消失，这也是迄今在固液界面上基于非手性分子构筑基元的"少数服从多数"效应的首次报道。

上述结果表明，通过 STM 可以直接观察和研究表面分子吸附和组装，是二维表面手性现象研究的重要分析手段。虽然手性分子与前手性分子种类繁多，结构复杂各异，但大多数情况下可用 STM 区分其表面组装手性，这一优势为直接研究表面手性拆分、手性分子吸附规律和表面手性反应提供了可能。

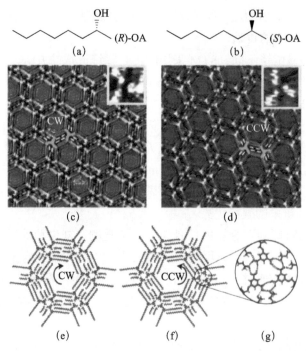

图 6-19　BIC 分子在手性 2-辛醇 /HOPG 界面形成的手性蜂窝状结构

三、SEM 和 TEM

在 19 世纪 20 年代，科学家 H. Busch 提出了电子运动理论。1932 年，德国的 M. Knoll 和 E. Ruska 在这种理论的指导下成功地研制出了第一台扫描电子显微镜（SEM）。SEM 的主要功能是对固态物质的形貌显微分析和对常规成分的微区分析，广泛应用于化工、材料、医药、生物、矿产、司法等领域。

螺旋结构在众多自组装结构中最受关注，赋予噻咯组装体手性是一个具有重要研究意义的课题，是连接超分子化学和聚集诱导发光单分子的桥梁。李红坤等将手性的氨基酸修饰到噻咯上，有效地诱导噻咯分子产生手性构象及手性聚集[227]（图 6-20）。通过 SEM 测试可以清楚地看到几条由丝带扭曲形成的右手和左手螺旋纤维，证明荧光显微镜下所观察到的珠帘状发光体为螺旋纤维。采用这种方法修饰后的分子可同时具有手性、荧光及手性偏振荧光等性质，并展现出超凡的自组装能力，在特定条件下可形成长达数百微米发蓝光的螺旋纤维。

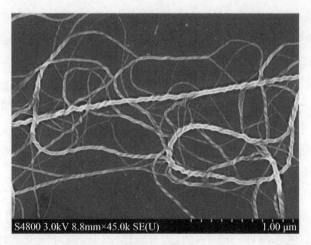

S4800 3.0kV 8.8mm×45.0k SE(U)　　　　　1.00 μm

图 6-20　手性螺旋纤维的 SEM 照片

傅英姿等发展了一种具有手性识别能力的 β-环糊精-铂/ 石墨烯手性纳米复合物纳米复合材料[228]。利用 SEM 对手性识别过程中复合材料的表界面形貌进行表征，进一步结合差分脉冲伏安法研究了该纳米复合物修饰电极对色氨酸对映异构体的手性识别作用。该传感界面有着制作简单、稳定性好等优点，为手性电化学传感器的研究发展提供了理论依据。

SEM 在纳米材料的形貌观察和尺寸检测方面依靠其高分辨率、良好的景深、简易的操作等优势，已被大量应用。目前的 SEM 已经发展为不仅仅只用于形貌观察，还可以与许多其他分析测试仪器进行组合，实现对样品形貌、微区成分和晶体结构等多种组织结构信息的同时分析，使其功能大大扩展，这也是 SEM 得到如此广泛应用的原因之一。

透射电子显微镜（TEM）是利用高能电子束充当照明光源而进行放大成像的大型显微分析设备。1933 年，德国科学家卢斯卡（Ruska）和克诺尔（Knoll）研制出了世界上第一台透射电子显微镜。从此，人类对微观世界的科学研究有了更强有力的工具。到今天，透射电子显微镜已经诞生了 70 多年，由电镜应用而形成的交叉性学科——电子显微学已经日趋完善，电镜的分辨能力也比最初提高了超过 100 倍，达到了亚埃级，并且在自然科学研究中起到日益重要的作用。

螺旋碳纳米材料因其有较大的比表面积、较好的机械和热力学等性能，在不对称催化、手性传感器和电磁波吸收等领域有重要的研究和实用价值。目前，螺旋碳纳米材料的形貌观测主要借助于扫描电镜和透射电子显微镜，Oda 等利用透射电镜实现了对表面自组装纳米线的螺旋反转现象的原位观察[229]。但单纯利用扫描电镜和透射电镜的二维图像作为判断螺旋材料手性的依据还不够准确完善。近几年，透射电镜的三维重构技术在结构生物学及材料学中取得了快速发展，已广泛用于研究蛋白质的结构及对一些材料的内部结构的分析。苏州大学的陈木子等利用三维重构技术作为螺旋碳纳米材料手性确定的方法，收集倾转不同角度后的螺旋碳纳米材料透射电镜图像，对每张投影图进行傅里叶变换，按照投影方向填充到三维傅里叶空间对应的切面，再进行反傅里叶变换，成功得到了螺旋碳纳米材料实空间的三维结构模型，从而分析和确认了材料手性[230]。

除此之外，TEM 技术在研究手性化合物的生物效应的对映选择性等方面也发挥着重要作用。手性农药的各对映体在生物过程中存在着较大的差异，表现出不同的生态毒性。由手性农药对映体所引发的环境安全行为和手性选择性的生态毒性效应已成为全球关注的新问题。刘惠君等利用 TEM 评价了异丙甲草胺手性农药对水生生态系统的手性差异性影响。手性农药的两种对映体都会破坏蛋白核小球藻的细胞结构，抑制细胞的正常生长和代谢，但是两种对映体对蛋白核小球藻的毒性作用却表现出明显的手性差异，(S)- 异丙甲草胺比 (R)- 异丙甲草胺毒性作用更大[231]。该结果为评价这种手性农药的生态风险提供了相关理论依据。

研究手性结构，是为了掌握手性形成规律；构筑手性结构，是为了更好地利用手性结构。在过去数年里，由于包括 STM 在内的多种分析技术的发展，科学家已深入研究了多种多样的手性现象，并取得了许多重要成果。这些成果对于从原子分子水平确定手性结构、掌握手性结构变化规律、研究手性反应等具有重要价值。但是，由于手性体系的复杂性，对多相手性催化、手性分离和拆分等与实际应用直接相关的研究工作还很少，手性科学中的许多现象和问题还有待深入研究和解释。要真正认识并利用表面手性现象，还有待更多的实验及理论成果的积累，有待于新技术的发展，有赖于多领域科学家的共同努力。

第六节　展　　望

手性测量是研究手性科学的基础。分子层次的手性依赖于多种手性，如果能够获得单晶，那么 X 射线单晶结构解析将是十分重要的手段；如果不能获得单晶，那么各种光谱的方法将十分有效。例如，传统的 ECD 可以用来测量手性分子的绝对构型，而近年来不断得到应用的 VCD 将是一种十分重要的方法，尤其是对于多手性中心的体系。但是，这些不仅依赖于仪器的信号强度（要获得好的光谱需要不断尝试测量），还依赖于理论模拟。而对于超分子体系，ECD 是一种十分重要的手段，对于发色团和发色团相互作用的有效分析和利用，以及理解分子组装具有十分重要的意义。

非线性光学技术对于测量界面的手性非常有效，但是相关设备不像传统的光学活性测量方法一样有商用设备并被普遍有效地应用，原因是非线性光学技术对实验条件的要求比较高，它要求用脉冲激光且需要通过共振来提高信号强度。但是非线性过程能够揭示线性光学所不能得到的信息，对于表界面，纳米体系的手性研究将十分重要。此外，该技术可以将表面的手性与体相分离开。用 SHG 和 SFG 研究界面上手性分子的单层膜可以不考虑来自溶液体相的贡献。手性非线性光学信号比线性光学 CD 或 ORD 实验中的测量值大几个数量级。

直接观察手性结构是一种最为有效的方法，对于手性分子，选择合适的基底，利用 STM 技术有可能直接看到分子，也就确定了分子的绝对构型。在过去数十年里，得益于 STM 等多种分析技术的发展，科学家深入研究了多种手性现象，并取得了许多重要成果。这些结果对于从原子、分子水平确定手性结构，掌握手性结构变化规律，研究不对称合成反应等具有重要价值。而对于超分子组装体，SEM、TEM、AFM 的综合运用可以为手性的结构解析提供丰富的手段。这也是近年来超分子手性发展的重要原因。

但是不管哪种分析方法，都有一定的局限性，因此，要很好地对手性分子、手性结构进行测量和表征，多种方法的综合运用是关键。另外，将理论计算有效地结合是一个十分重要的途径。因此，未来十分重要的方向包括进一步提升 VCD 的检测灵敏度与分辨率，加强理论计算的有效结合，并且发展新的测量方法，近期东京大学 Fujita 等开发的利用 MOF 晶体为模板测量多中心手性结构的方法是一个重要的发展方向。

参 考 文 献

[1] Patterson D, Schnell M, Doyle J M. Enantiomer-specific detection of chiral molecules via microwave spectroscopy. Nature, 2013, 497: 475-478.

[2] Polavarapu P L. Molecular structure determination using chiroptical spectroscopy: where we

may go wrong. Chirality, 2012, 24(11): 909-920.

[3] Han Z, Xu Z, Chen L. New spectroscopic method for the determination of optical rotatory dispersion. Chin Opt Lett, 2014, 12(8): 081202.

[4] Tischler N, Krenn M, Fickler R, et al. Quantum optical rotatory dispersion. Sci Adv, 2016, 2(10): e1601306.

[5] Ginya M, Kimura M, Iwata T. Optical-rotatory-dispersion measurement approach using the nonlinear behavior of the geometric phase. Opt Express, 2017, 25(4): 3024-3037.

[6] Haghdani S, Åstrand P O, Koch H. Optical rotation from coupled cluster and density functional theory: the role of basis set convergence. J Chem Theory Comput, 2016, 12(2): 535-548.

[7] Haghdani S, Gautun O R, Koch H, et al. Optical rotation calculations for a set of pyrrole compounds. J Phys Chem A, 2016, 120(37): 7351-7360.

[8] Castiglioni E, Abbate S, Longhi G. Experimental methods for measuring optical rotatory dispersion: survey and outlook. Chirality, 2011, 23(9): 711-716.

[9] Pereira C F, Gonzaga F B, Pasquini C. Near-infrared spectropolarimetry based on acousto-optical tunable filters. Anal Chem, 2008, 80(9): 3175-3181.

[10] Lombardi R A, Nafie L A. Observation and calculation of vibrational circular birefringence: a new form of vibrational optical activity. Chirality, 2009, 21(1E): E277-E286.

[11] Dressler D H, Landau A, Zaban A, et al. Sub-micrometer polarimetry of chiral surfaces using near-field scanning optical microscopy. Chem Co mmun, 2007, 9: 945-947.

[12] Ghosh A, Fischer P. Phys. Chiral molecules split light: reflection and refraction in a chiral liquid. Rev Lett, 2006, 97: 173002.

[13] Suwa M, Miyamoto K, Watarai H. Faraday rotation dispersion measurements of diamagnetic organic liquids and simultaneous determination of natural optical rotatory dispersion using a pulsed magnetic field. Anal Sci, 2013, 29: 113-119.

[14] Alenaizan A, Al-Basheer W, Musa M M. Solvent, temperature and concentration effects on the optical rotatory dispersion of (R)-3-methylcyclohexanone. J Mol Struct, 2017, 1130(15): 19-25.

[15] Lahiri P, Wiberg K B, Vaccaro P H, et al. Large solvation effect in the optical rotatory dispersion of norbornenone. Angew Chem Int Ed, 2014, 53(5): 1386-1389.

[16] Santoro E, Mazzeo G, Petrovic A G, et al. Absolute configurations of phytotoxins seiricardine A and inuloxin A obtained by chiroptical studies. Phytochemistry, 2015, 116: 359-366.

[17] Qiu S, Gussem E D, Tehrani K A, et al. Stereochemistry of the tadalafil diastereoisomers: a critical assessment of vibrational circular dichroism, electronic circular dichroism, and

optical rotatory dispersion. J Med Chem, 2013, 56(21): 8903-8914.

[18] Junior F M S, Covington C L, de Amorim M B, et al. Absolute configuration of a rare sesquiterpene: (+)-3-ishwarone. J Nat Prod, 2014, 77: 1881-1886.

[19] Li L, Si Y K. Study on the absolute configurations of 3-alkylphthalides using TDDFT calculations of chiroptical properties. Chirality, 2012, 24(12): 987-993.

[20] Mayer B, Zhang X, Nau W M, et al. Co-conformational variability of cyclodextrin complexes studied by induced circular dichroism of azoalkanes. J Am Chem Soc, 2001, 123: 5240-5248.

[21] Bihlmeier A, Bourcet E, Arzt S, et al. Structure revision of pakotenin based on computational investigation of transition states and spectroscopic properties. J Am Chem Soc, 2012, 134(4): 2154-2160.

[22] Marquardt D, Van Oosten B J, Ghelfi M, et al. Vitamin E circular dichroism studies: insights into conformational changes induced by the solvent's polarity. Membranes, 2016, 6(4): 56.

[23] Whitmore L, Miles A J, Mavridis L, et al. PCDDB: new developments at the protein circular dichroism data bank. Nucleic Acids Res, 2017, 45(D1): D303-D307.

[24] Vermeer L S, Marquette A, Schoup M, et al. Simultaneous analysis of secondary structure and light scattering from circular dichroism titrations: application to vectofusin-1. Sci Rep, 2016, 6: 39450.

[25] Harikrishna P, Thomas J, Shende A M, et al. Calcium binding ability of recombinant buffalo regucalcin: a study using circular dichroism spectroscopy. Protein J, 2017, 36(2): 108-111.

[26] Cao H, Zhu X, Liu M. Self-assembly of racemic alanine derivatives: unexpected chiral twist and enhanced capacity for the discrimination of chiral species. Angew Chem Int Ed, 2013, 52(15): 4122-4126.

[27] Liu C, Yang D, Jin Q, et al. A chiroptical logic circuit based on self-assembled soft materials containing amphiphilic spiropyran. Adv Mater, 2016, 28(8): 1644-1649.

[28] Fu Y, Li B, Huang Z, et al. Terminal is important for the helicity of the self-assemblies of dipeptides derived from alanine. Langmuir, 2013, 29(20): 6013-6017.

[29] Li Y, Li B, Fu Y, et al. Solvent-induced handedness inversion of dipeptide sodium salts drived from alanine. Langmuir, 2013, 29(31): 9721-9726.

[30] Yuan J, Liu M. Chiral molecular assemblies from a novel achiral amphiphilic 2-(heptadecyl) naphtha[2,3]imidazole through interfacial coordination. J Am Chem Soc, 2003, 125(17): 5051-5056.

[31] Cheng Z, Zang Y, Li Y, et al. A chiral luminescent liquid crystal with a tolane unit. Liq Cryst, 2016, 43(6): 777-782.

[32] Yu Z P, Liu N, Yang L, et al. One-pot synthesis, stimuli responsiveness, and white-light

emissions of sequence-defined ABC triblock copolymers containing polythiophene, polyallene, and poly(phenyl isocyanide) blocks. Macromolecules, 2017, 50(8): 3204-3214.

[33] Chen Y, Zhang Z H, Han X, et al. Oxidation and acid milieu-disintegratable nanovectors with rapid cell-penetrating helical polymer chains for programmed drug release and synergistic chemo-photothermal therapy. Macromolecules, 2016, 49(20): 7718-7727.

[34] Tang X, Ji X, Li Y, et al. Achiral polydialkylsilane aggregates that record stirring direction. Chem Asian J, 2016, 11(6): 852-857.

[35] Cseh L, Mang X, Zeng X, et al. Helically twisted chiral arrays of gold nanoparticles coated with a cholesterol mesogen. J Am Chem Soc, 2015, 137(40): 12736-12739.

[36] Kitaev V. Chiral nanoscale building blocks—from understanding to applications. J Mater Chem, 2008, 18: 4745-4749.

[37] Ben-Moshe A, Teitelboim A, Oron D, et al. Probing the interaction of quantum dots with chiral capping molecules using circular dichroism spectroscopy. NanoLett, 2016, 16(12): 7467-7473.

[38] Han B, Zhu Z, Li Z, et al. Conformation modulated optical activity enhancement in chiral cysteine and Au nanorod assemblies. J Am Chem Soc, 2014, 136(46): 16104-16107.

[39] Govorov A O. Plasmon-induced circular dichroism of a chiral molecule in the vicinity of metal nanocrystals. Application to various geometries. J Phys Chem C, 2011, 115(16): 7914-7923.

[40] Fan Z, Govorov A O. Helical metal nanoparticle assemblies with defects: plasmonic chirality and circular dichroism. J Phys Chem C, 2011, 115(27): 13254-13261.

[41] Jin X, Jiang J, Liu M. Reversible plasmonic circular dichroism via hybrid supramolecular gelation of achiral gold nanorods. ACS Nano, 2016, 10(12): 11179-11186.

[42] Wang X, Tang Z. Circular dichroism studies on plasmonic nanostructures. Small, 2017, 13(1): 1601115.

[43] Zhao Y, Belkin M A, Alù A. Twisted optical metamaterials for planarized ultrathin broadband circular polarizers. Nat Co mmun, 2012, 3: 870.

[44] Zhao Y, Askarpour A N, Sun L, et al. Chirality detection of enantiomers using twisted optical metamaterials. Nat Co mmun, 2017, 8: 14180.

[45] Hu J, Zhao X, Lin Y, et al. All-dielectric metasurface circular dichroism waveplate. Sci Rep, 2017, 7: 41893.

[46] Yan B, Zhong K, Ma H, et al. Planar chiral metamaterial design utilizing metal-silicides for giant circular dichroism and polarization rotation in the infrared region. Opt Co mmun, 2017, 383(15): 57-63.

[47] Ji R, Wang S W, Liu X, et al. Hybrid helix metamaterials for giant and ultrawide circular

dichroism. ACS Photonics, 2016, 3(12): 2368-2374.

[48] Huang Z, Bai F. Wafer-scale, three-dimensional helical porous thin films deposited at a glancing angle. Nanoscale, 2014, 6: 9401-9409.

[49] Lau W F, Yang L, Bai F, et al. Weakening circular dichroism of plasmonic nanospirals induced by surface grafting with alkyl ligands. Small, 2016, 12(48): 6698-6702.

[50] Deng J, Fu J, Ng J, et al. Tailorable chiroptical activity of metallic nanospiral arrays. Nanoscale, 2016, 8: 4504-4510.

[51] Bai F, Deng J, Yang M, et al. Two chiroptical modes of silver nanospirals. Nanotechnology, 2016, 27: 115703.

[52] Conley K, Whitehead M A, van de VenT G M. Probing the structural chirality of crystalline cellulose with induced circular dichroism. Cellulose, 2017, 24(2): 479-486.

[53] Li B, Xu Z, Zhuang W, et al. Characterization of 4, 4'-biphenylene-silicas and a chiral sensor for silicas. Chem Co mmun, 2011, 47: 11495-11497.

[54] Zhang C, Wang Y, Qin J, et al. Chiral defects on single-handed helical Ta_2O_5 nanotubes prepared using a supramolecular templating approach. RSC Adv, 2015, 5: 59384-59389.

[55] Wang S, Zhang C, Li Y, et al. Chirality of single-handled twisted titania tubular nanoribbons prepared through sol-gel transcription. Chirality, 2015, 27(8): 543-550.

[56] Chen H, Li Y, Tang X, et al. Preparation of single-handed helical carbonaceous nanotubes using 3-aminophenol-formaldehyde resin. RSC Adv, 2015, 5(50): 39946-39951.

[57] Zhang C, Li B, Li Y, et al. Optical activity of SiC nanoparticles prepared from single-handed helical 4, 4'-biphenylene-bridged polybissilsesquioxane nanotubes. New J Chem, 2015, 39(11): 8424-8429.

[58] Yang F, Wang X, Zhang D, et al. Chirality-specific growth of single-walled carbon nanotubes on solid alloy catalysts. Nature, 2014, 510(7506): 522-524.

[59] Sanchez-Valencia J R, Dienel T, Gröning O, et al. Controlled synthesis of single-chirality carbon nanotubes. Nature, 2014, 512(7512): 61-64.

[60] Hidalgo F, Sánchez-Castillo A, Noguez C. Efficient first-principles method for calculating the circular dichroism of nanostructures. Phys Rev B, 2009, 79(7): 075438.

[61] Sánchez-Castillo A, Román-Velázquez C E, Noguez C. Optical circular dichroism of single-wall carbon nanotubes. Phys Rev B, 2006, 73(4): 045401.

[62] Bilotti I, Biscarini P, Ferranti F, et al. Reflectance circular dichroism of solid-state chiral coordination compounds. Chirality, 2002, 14(9): 750-756.

[63] Harada T, Hayakawa H, Kruda R. Vertical-type chiroptical spectrophotometer（Ⅰ）: instrumentation and application to diffuse reflectance circular dichroism measurement. Rev Sci Instrum, 2008, 79(7): 073103.

[64] Harada T, Miyoshi Y, Kruda R. High performance diffuse reflectance circular dichroism spectrophotometer. Rev Sci Instrum, 2009, 80(4): 046101.

[65] Castiglioni E, Biscarini P, Abbate S. Experimental aspects of solid state circular dichroism. Chirality, 2009, 21(1E): E28-E36.

[66] Harada T, Nakano T, Moriyama H, et al. A new method for separating configurational and constitutional chiralities using diffuse reflectancecircular dichroism (DRCD). Appl Spectrosc, 2013, 67(10): 1210-1213.

[67] Matsukizono H, Jin R H. High-temperature-resistant chiral silica generated on chiral crystalline templates at neutral pH and ambient conditions. Angew Chem Int Ed, 2012, 51(24): 5862-5865.

[68] Liu X L, Tsunega S, Jin R H. Self-directing chiral information in solid-solid transformation: unusual chiral-transfer without racemization from amorphous silica to crystalline silicon. Nanoscale Horiz, 2017, 2(3): 147-155.

[69] Liu B, Han L, Che S. Silica mineralisation of DNA chiral packing: helicity control and formation mechanism of impeller-like DNA-silica helical architectures. J Mater Chem B, 2013, 1: 2843-2850.

[70] Liu S, Han L, Duan Y, et al. Synthesis of chiral TiO_2 nanofibre with electron transition-based optical activity. Nat Co mmun, 2012, 20(3): 1215.

[71] Asano N, Harada T, Sato T, et al. Supramolecular chirality measured by diffuse reflectance circular dichroism spectroscopy. Chem Co mmun, 2009, 8: 899-901.

[72] Khatua S, Stoeckli-Evans H, Harada T, et al. Helicity induction through hydrogen bonding and spontaneous resolution of a bimetallic nickel complex coordinated to an octahedral metalloligand. Inorg Chem, 2006, 45(24): 9619-9621.

[73] Sun H, Qin J, Li Y, et al. Characterization of a chiral low molecular weight gelator in gel state using various circular dichroism methods. Chem Res Chin Univ, 2017, 33(1): 119-121.

[74] Górecki M. Transmission *vs* diffuse transmission incircular dichroism: what to choose for probing solid-state samples. Chirality, 2015, 27(7): 441-448.

[75] Burns P A, Foote C S. Fluorescence detected circular dichroism. J Am Chem Soc, 1974, 96(13): 4340-4342.

[76] Muto K, Mochizuki H, Yoshida R, et al. Circular dichroism of the backbone and side chains separated from natural circular dichroism of poly-L-tryptophan by the fluorescence detected circular dichroism method. J Am Chem Soc, 1986, 108: 6416-6417.

[77] Geng L, McGown L B. Determination of enantiomeric excess by fluorescence-detected circular dchroism. Anal Chem, 1994, 66: 3243-3246.

[78] Dong J G, Wada A, Takakuwa T, et al. Sensitivity enhancement of exciton coupling by fluorescence detected circular dichroism (FDCD). J Am Chem Soc, 1997, 119(49): 12024-12025.

[79] Miller G, Muller F C, Maupin C L, et al. The measurement of the fluorescence detected circular dichroism (FDCD) from a chiral Eu(Ⅲ) system. Chem Co mmun, 2005, 28: 3615-3617.

[80] Nehira T, Ishihara K, Matsuo K, et al. A sensitive method based on fluorescence-detected circular dichroism for protein local structure analysis. Anal Biochem, 2012, 430(2): 179-184.

[81] Ikeno H. First-principles analysis of X-ray magnetic circular dichroism for transition metal complex oxides. J Appl Phys, 2016, 120: 142104.

[82] Rhoda H M, Akhigbe J, Ogikubo J, et al. Magnetic circular dichroism spectroscopy of meso-tetraphenylporphyrin-derived hydroporphyrins and pyrrole-modified porphyrins. J Phys Chem A, 2016, 120(29): 5805-5815.

[83] Ishida M, Furuyama T, Lim J M, et al. Structural, photophysical, and magnetic circular dichroism studies of three rigidified meso-pentafluorophenyl-substituted hexaphyrin analogues. Chem Eur J, 2017, 23(27): 6682-6692.

[84] Kaminský J, Kříž J, Bouř P. On the magnetic circular dichroism of benzene. A density-functional study. J Chem Phys, 2017, 146: 144301.

[85] Baker T M, Nakashige T G, Nolan E M, et al. Magnetic circular dichroism studies of iron(Ⅱ) binding to human calprotectin. Chem Sci, 2017, 8: 1369-1377.

[86] Schneider S, Pohl D, Löffler S, et al. Magnetic properties of single nanomagnets: electron energy-loss magnetic chiral dichroism on FePt nanoparticles. Ultramicroscopy, 2016, 171: 186-194.

[87] Zinna F, Resta C, Górecki M, et al. Circular dichroism imaging: mapping the local supramolecular order in thin films of chiral functional polymers. Macromolecules, 2017, 50(5): 2054-2060.

[88] Nafie L A. Vibrational Optical Activity Principle and Applications. New York: John Wiley & Sons, 2011.

[89] 甘礼社, 周长新. 振动圆二色谱：一种确定手性分子绝对构型的新方法. 有机化学, 2009, 29(6): 848-857.

[90] Massa A, Rizzo P, Scorzelli F, et al. Determination of the absolute configuration of a novel tetrasubstituted isoindolinone by vibrational circular dichroism. J Pharm Biomed Anal, 2017, 114: 52-58.

[91] Pardo-Novoa J C, Arreaga-González H M, Gómez-Hurtado MA, et al. Absolute configuration of menthene derivatives by vibrational circular dichroism. J Nat Prod, 2016,

79(10): 2570-2579.

[92] Burgueño-Tapia E, Chávez-Castellanos K, Cedillo-Portugal E, et al. Absolute configuration of diterpenoids from Jatropha dioica by vibrational circular dichroism. Tetrahedron Asymmetr, 2017, 28(1): 166-174.

[93] Taniguchi T, Nakano K, Baba R, et al. Analysis of configuration and conformation of furanose ring in carbohydrate and nucleoside by vibrational circular dichroism. Org Lett, 2017, 19(2): 404-407.

[94] Polavarapu P L. Determination of the absolute configurations of chiral drugs using chiroptical spectroscopy. Molecules, 2016, 21(8): 1056.

[95] Yang Q, Liang M M, Wang H J, et al. Investigating cyclic sotolon, maple furanone and their dimers in solution using optical rotation, electronic circular dichroism and vibrational circular dichroism. Tetrahedron, 2017, 73(17): 2432-2438.

[96] Pérez-Mellor A, Zehnacker A. Vibrational circular dichroism of a 2,5-diketopiperazine (DKP) peptide: evidence for dimer formation in cyclo LL or LD diphenylalanine in the solid state. Chirality, 2017, 29(2): 89-96.

[97] Merten C, Pollok C H, Liao S, et al. Stereochemical co mmunication within a chiral ion pair catalyst. Angew Chem Int Ed, 2015, 54(30): 8841-8845.

[98] Bautista-Hernández C I, Cordero-Rivera R E, Zúñiga-Estrada E A, et al. Absolute configuration assig nment of oxindole derivatives by vibrational circular dichroism exciton coupling. Tetrahedron Asy mmetr, 2016, 27(14-15): 623-638.

[99] Taniguchi T, Manai D, Shibata M, et al. Stereochemical analysis of glycerophospholipids by vibrational circular dichroism. J Am Chem Soc, 2015, 137(38): 12191-12194.

[100] Covington C L, Nicu V P, Polavarapu P L. Determination of the absolute configurations using exciton chirality method for vibrational circular dichroism: right answers for the wrong reasons. J Phys Chem A, 2015, 119(42): 10589-10601.

[101] Zinna F, Pescitelli G. Towards the limits of vibrational circular dichroism spectroscopy: VCD spectra of some alkyl vinylethers. Chirality, 2016, 28(2): 143-146.

[102] Izumi H, Yamagami S, Futamura S, et al. Direct observation of odd-even effect for chiral alkyl alcohols in solution using vibrational circular dichroism spectroscopy. J Am Chem Soc, 2004, 126(1): 194-198.

[103] Li X, Dai J, Wang H, et al. Chiral and achiral vanadyl lactates with vibrational circular dichroism: toward the chiral metal cluster in nitrogenase. Chim Acta, 2016, 453(1): 501-506.

[104] Mazzeo G, Fusè M, Longhi G, et al. Vibrational circular dichroism and chiroptical properties of chiral Ir(Ⅲ) luminescent complexes. Dalton Trans, 2016, 45: 992-999.

[105] Takimoto K, Watanabe Y, Mori S, et al. Vibrational circular dichroism and single crystal X-Ray diffraction analyses of $[Ir(bzq)_2(phen)]^+$(bzq=benzo[h]quinoline; phen= 1, 10-phenanthroline): absolute configuration and role of CH-π interaction in molecular packing. Dalton Trans, 2017, 46: 4397-4402.

[106] Wu T, Hudecová J,You X Z, et al. Comparison of the electronic and vibrational optical activity of a europium (Ⅲ) complex. Chem Eur J, 2015, 21(15): 5807-5813.

[107] Vijay R, Polavarapu P L. Fmoc-amino acid surfactants: discovery, characterization and chiroptical spectroscopy. J Phys Chem A, 2012, 116(44): 10759-10769.

[108] Sato H, Yajima T, Yamagishi A. Chiroptical studies on supramolecular chirality of molecular aggregates. Chirality, 2015, 27(10): 659-666.

[109] Sato H, Yajima T, Yamagishi A. Helical inversion of gel fibrils by elongation of perfluoroalkyl chains as studied by vibrational circular dichroism. Chirality, 2016, 28(5): 361-364.

[110] Chekini M, Guénée L, Marchionni V, et al. Twisted and tubular silica structures by anionic surfactant fibers encapsulation. J Colloid Interf Sci, 2016, 477(1): 166-175.

[111] Cieślik-Boczula K. Alpha-helix to beta-sheet transition in long-chain poly-L-lysine: formation of alpha-helical fibrils by poly-L-lysine. Biochim, 2017, 137: 106-114.

[112] Góbi S, Magyarfalvi G, Tarczay G. VCD robustness of the amide-Ⅰ and amide-Ⅱ vibrational modes of small peptide models. Chirality, 2015, 27(9): 625-634.

[113] Novotná P, Urbanová M. A solid phase vibrational circular dichroism study of polypeptide-surfactant interaction. Chirality, 2015, 27(12): 965-975.

[114] Kurouski D, Handen J D, Dukor R K, et al. Supramolecular chirality in peptide microcrystals. Chem Co mmun, 2015, 51: 89-92.

[115] Okazaki Y, Buffeteau T, Siurdyban E, et al. Direct observation of siloxane chirality on twisted and helical nanometric amorphous silica. Nano Lett, 2016, 16(10): 6411-6415.

[116] Zhang S Y, Li D, Guo D, et al. Synthesis of a chiral crystal form of MOF-5, cmOF-5, by chiral induction. J Am Chem Soc, 2015, 137(49): 15406-15409.

[117] Dolamic I, Varnholt B, Bürgi T. Chirality transfer from gold nanocluster to adsorbate evidenced by vibrational circular dichroism. Nat Co mmun, 2015, 6: 7117.

[118] Scherrer A, Vuilleumier R, Sebastiani D. Vibrational circular dichroism from *ab initio* molecular dynamics and nuclear velocity perturbation theory in the liquid phase. J Chem Phys, 2016, 145: 084101.

[119] Reiter K, Kühn M, Weigend F. Vibrational circular dichroism spectra for large molecules and molecules with heavy elements. J Chem Phys, 2017, 146(5): 054102.

[120] Longhi G, To mmasini M, Abbate S, et al. The connection between robustness angles and

dissy mmetry factors in vibrational circular dichroism spectra. Chem Phys Lett, 2015, 639(16): 320-325.

[121] Jose K V J, Raghavachari K. Molecules-in-molecules fragment-based method for the calculation of chiroptical spectra of large molecules: vibrational circular dichroism and raman optical activity spectra of alanine polypeptides. Chirality, 2016, 28(12): 755-768.

[122] Pollok C H, Riesebeck T, Merten C. Photoisomerization of a chiral imine molecular switch followed by matrix-isolation VCD spectroscopy. Angew Chem Int Ed, 2017, 56(7): 1925-1928.

[123] Shi J, Shen H, Zhang L, et al. Intramolecular enantiomerism as revealed from Raman optical activity spectrum. J Raman Spectrosc, 2015, 46(12): 1303-1309.

[124] Mutter S T, Zielinski F, Johannessen C, et al. Distinguishing epimers through Raman optical activity. J Phys Chem A, 2016, 120(11): 1908-1906.

[125] Profant V, Jegorov A, Bouř P, et al. Absolute configuration determination of a taxol precursor based on Raman optical activity spectra. J Phys Chem B, 2017, 121(7): 1544-1551.

[126] Krausbeck F, Autschbach J, Reiher M. Calculated resonance vibrational Raman optical activity spectra of naproxen and ibuprofen. J Phys Chem A, 2016, 120(49): 9740-9748.

[127] van de Vondel E, Mensch C, Johannessen C. Direct measurements of the crowding effect in proteins by means of Raman optical activity. J Phys Chem B, 2016, 120(5): 886-890.

[128] Furuta M, Fujisawa T, Urago H, et al. Raman optical activity of tetra-alanine in the poly(L-proline) II type peptide conformation. Phys Chem Chem Phys, 2017, 19: 2078-2086.

[129] Thiagarajan G, Widjaja E, Heo J H, et al. Use of Raman and Raman optical activity for the structural characterization of a therapeutic monoclonal antibody formulation subjected to heat stress. J Raman Spectrosc, 2015, 46(6): 531-536.

[130] Kessler J, Yamamoto S, Bouř P. Establishing the link between fibril formation and Raman optical activity spectra of insulin. Phys Chem Chem Phys, 2017, 19: 13614-13621.

[131] Zajac G, Lasota J, Dudek M, et al. Pre-resonance enhancement of exceptional intensity in aggregation-induced Raman optical activity (AIROA) spectra of lutein derivatives. Spectroc Acta Pt A-Molec Biomolec Spectr, 2017, 173(15): 356-360.

[132] Dudek M, Zajac G, Baranska M. Resonance Raman optical activity of zeaxanthin aggregates. J Raman Spectrosc, 2017, 48(5): 673-679.

[133] Nagy P R, Koltai J, Surján P R, et al. Resonance Raman optical activity of single walled chiral carbon nanotubes. J Phys Chem A, 2016, 120(28): 5527-5538.

[134] Šebestík J, Kapitán J, Pačes O, et al. Diamagnetic Raman optical activity of chlorine, bromine, and iodine gases. Angew Chem Int Ed, 2016, 55(10): 3504-3508.

[135] Wu T, Kapitán J, Mašek V, et al. Detection of circularly polarized luminescence of a Cs-Eu^{III} complex in Raman optical activity experiments. Angew Chem Int Ed, 2015, 54(49): 14933-14936.

[136] Wu T, Kessler J, Bouř P. Chiral sensing of amino acids and proteins chelating with Eu^{III} complexes by Raman optical activity spectroscopy. Phys Chem Chem Phys, 2016, 18(34): 23803-23811.

[137] Haraguchi S, Hara M, Shingae T, et al. Experimental detection of the intrinsic difference in Raman optical activity of a photoreceptor protein under preresonance and resonance conditions. Angew Chem Int Ed, 2015, 127(39): 11717-11720.

[138] Jovan J K V, Raghavachari K. Raman optical activity spectra for large molecules through molecules-in-molecules fragment-based approach. J Chem Theory Comput, 2016, 12(2): 585-594.

[139] Luber S. Raman optical activity spectra from density functional perturbation theory and density-functional-theory-based molecular dynamics. J Chem Theory Comput, 2017, 13(3): 1254-1262.

[140] Pour S O, Bell S E J, Blanch E W. Use of a hydrogel polymer for reproducible surface enhanced Raman optical activity (SEROA). Chem Co mmun, 2011, 47(16): 4754-4756.

[141] Nafie L A. Theory of resonance Raman optical activity: the single electronic state limit. Chem Phys, 1996, 205(3): 309-322.

[142] Kuzmenko I, Rapaport H, Kjaer K, et al. Design and characterization of crystalline thin film architectures at the air/liquid interface: simplicity to complexity. Chem Rev, 101(6): 1659-1696, 2001.

[143] Kuzmenko I, Kjaer K, Als-Nielsen J, et al. Detection of chiral disorder in langmuir monolayers undergoing spontaneous chiral segregation. J Am Chem Soc, 1999, 121(12): 2657-2661.

[144] Simpson G J. Molecular origins of the remarkable chiral sensitivity of second-order nonlinear optics. Chemphyschem, 2004, 5(9): 1301-1310.

[145] Fischer P,Hache F. Nonlinear optical spectroscopy of chiral molecules. Chirality, 2005, 17(8): 421-437.

[146] Sioncke S, Verbiest T, Persoons A. Second-order nonlinear optical properties of chiral materials. Mater Sci Eng R-Rep, 2003, 42(5-6): 115-155.

[147] Dynarowicz-Latka P, Dhanabalan A, Oliveira O N. Modern physicochemical research on langmuir monolayers. Adv Colloid Interface Sci, 2001, 91(2): 221-293.

[148] Petrallimallow T, Wong T M, Byers J D, et al. Circular-dichroism spectroscopy at interfaces a surface 2nd harmonicgeneration study. J Phys Chem, 1993, 97(7): 1383-1388.

[149] Byers J D, Yee H I, Petrallimallow T, et al. 2nd-harmonic generation circular-dichroism spectroscopy from chiral monolayers. Phys Rev B, 1994, 49(20): 14643-14647.

[150] Byers J D, Yee H I, Hicks J M. A 2nd-harmonic generation analog of optical-rotatory dispersion for the study of chiral monolayers. J Chem Phys, 1994, 101: 6233-6241.

[151] Verbiest T, Kauranen M, Van Rompaey Y, et al. Optical activity of anisotropic achiral surfaces. Phys Rev Lett, 1996, 77(8): 1456-1459.

[152] Xu Y Y, Rao Y, Zheng D S, et al. Inhomogeneous and spontaneous formation of the chirality in the Langmuir monolayer of achiral molecules at the air/water interface probed by *in-situ* surface second harmonic generation linear dichroism. J Phys Chem C, 2009, 113(10): 4088-4098.

[153] Xu Y Y, Wei F, Wang H F. Co mment on "compression induced chirality in dense molecular films at the air-water interface probed by second harmonic generation". J Phys Chem C, 2009, 113(10): 4222-4226.

[154] Huttunen M J, Erkintalo M, Kauranen M. Absolute nonlinear optical probes of surface chirality. J Opt A: Pure Appl Opt, 2009, 11(3): 034006.

[155] Huttunen M J, Virkki M, Erkintalo M, et al. Absolute probe of surface chirality based on focused circularly polarized light. J PhysChem Lett, 2010, 1(12): 1826-1829.

[156] Yang P K, Huang J Y, Sum-frequency generation from an isotropic chiral medium. J Opt Soc Am B, 1998, 15(6): 1698-1706.

[157] Belkin M A, Han S H, Wei X, et al. Sum-frequency generation in chiral liquids near electronic resonance. Phys Rev Lett, 2001, 87(11): 113001.

[158] Belkin M A, Shen Y R, Harris R A. Sum-frequency vibrational spectroscopy of chiral liquids off and close to electronic resonance and the antisy mmetric raman tensor. J Chem Phys, 2004, 117(18): 10118-10126.

[159] Ji N, Shen Y R. Optically active sum frequency generation from molecules with a chiral center: amino acids as model systems. J Am Chem Soc, 2004, 126(46): 15008-15009.

[160] Ji N, Ostroverkhov V, Belkin M, et al. Toward chiral sum-frequency spectroscopy. J Am Chem Soc, 2006, 128(27): 8845-8848.

[161] Han S H, Ji N, Belkin M A, et al. Sum-frequency spectroscopy of electronic resonances on a chiral surface monolayer of bi-naphthol. Phys Rev B, 2002, 66(16): 165415.

[162] Belkin M A, Shen Y R. Doubly resonant IR-UV sum-frequency vibrational spectroscopy on molecular chirality. Phys Rev Lett, 2003, 91(18): 213907.

[163] Oh-e M, Yokoyama H, Yorozuya S, et al. Sum-frequency vibrational spectroscopy of a helically structured conjugated polymer. Phys Rev Lett, 2004, 93(26): 267402.

[164] Wei F, Xu Y Y, Guo Y, et al. Quantitative surface chirality detection with sum frequency

generation vibrational spectroscopy: twin polarization angle approach. Chin J Chem Phys, 2009, 22(6): 592-600.

[165] NagaharaT, Kisoda K, Harima H, et al. Chiral sum frequency spectroscopy of thin films of porphyrin J-aggregates. J Phys Chem B, 2009, 113(15): 5098-5103.

[166] Fu L, Ma G, Yan E C Y. *In situ* misfolding of human islet amyloid polypeptide at interfaces probed by vibrational sum frequency generation. J Am Chem Soc, 2010, 132(15): 5405-5412.

[167] Fu L, Liu J, Yan E C Y. Chiral sum frequency generation spectroscopy for characterizing protein secondary structures at interfaces. J Am Chem Soc, 2011, 133(18): 8094-8097.

[168] Fu L, Xiao D, Wang Z, et al. Chiral sum frequency generation for *in situ* probing proton exchange in antiparallel β-sheets at interfaces. J Am Chem Soc, 2013, 135(9): 3592-3598.

[169] Wang Z G, Fu L, Yan E C Y. C—H stretch for probing kinetics of self-assembly into macromolecular chiral structures at interfaces by chiral sum frequency generation spectroscopy. Langmuir, 2013, 29(12): 4077-4083.

[170] Crawford M J, Haslam S, Probert J M, et al. 2nd-harmonic generation from the air-water-interface of an aqueoussolution of the dipeptide boc-trp-trp. Chem Phys Lett, 1994, 230(3): 260-264.

[171] Ji N, Shen Y R. A novel spectroscopic probe for molecular chirality. Chirality, 2006, 18(3): 146-158.

[172] Mitchell S A. Origin of second harmonic generation optical activity of a tryptophan derivative at the air/water interface. J Chem Phys, 2006, 125(4): 14.

[173] Mitchell S A, McAloney R A, Moffatt D, et al. Second-harmonic generation optical activity of a polypeptidealpha-helix at the air/water interface. J Chem Phys, 2005, 122(11): 114707.

[174] Mitchell S A, McAloney R A. Second harmonic optical activity of tryptophan derivatives adsorbed at the air/water interface. J Phys Chem B, 2004, 108(3): 1020-1029.

[175] Manaka T, Fujimaki H, Ohtake H, et al. Shg and mdc spectroscopy of chiral organic monolayer at the air-water interface. Colloid Surf A-Physicochem Eng Asp, 2005, 257(58): 79-83.

[176] Tamura R, Manaka T, Iwamoto M, et al. Optical chirality of citronelloxy-cyanobiphenyl monolayer at an air-water interface studied by the mdc and shg measurement. Chem Phys Lett, 2005, 407(46): 337-341.

[177] Kauranen M, Verbiest T, Maki J J, et al. 2nd-harmonic generation from chiral surfaces. J Chem Phys, 1994, 101(9): 8193-8199.

[178] Hache F, Mesnil H, Schanne-Klein M C. Application of classical models of chirality to surface second harmonic generation. J Chem Phys, 2001, 115(14): 6707-6715.

[179] Burke B J, Moad A J, Polizzi M A, et al. Experimental confirmation of the importance of orientation in the anomalous chiral sensitivity of second harmonic generation. J Am Chem Soc, 2003, 125(30): 9111-9115.

[180] Belkin M A, Shen Y R. Non-linear optical spectroscopy as a novel probe for molecular chirality. Int Rev Phys Chem, 2005, 24(2): 257-299.

[181] Fischer P, Beckwitt K, Wise F W, et al. The chiral specificity of sum-frequency generation in solutions. Chem Phys Lett, 2002, 352(5-6): 463-468.

[182] Belkin M A, Kulakov T A, Ernst K H, et al. Sumfrequency vibrational spectroscopy on chiral liquids: a novel technique to probe molecular chirality. Phys Rev Lett, 2000, 85(21): 4474-4477.

[183] Schanne-Klein M C, Boulesteix T, Hache F, et al. Strong chiroptical effects in surface second harmonic generation obtained for molecules exhibiting excitonic coupling chirality. Chem Phys Lett, 2002, 362(1-2): 103-108.

[184] Lin L, Liu A, Guo Y. Heterochiral domain formation in homochiral α-dipalmitoylphosphat idylcholine (DPPC) langmuir monolayers at the air/water interface. J Phys Chem C, 2012, 116(28), 14863-14872.

[185] Lv K, Lin L, Wang X, et al. Significant chiral signal amplification of Langmuir monolayers probed by second harmonic generation. J Phys Chem Lett, 2015, 6: 1719-1723.

[186] Stokes G Y, Gibbs-Davis J M, Boman F C, et al. Making "sense" of DNA. J Am Chem Soc, 2007, 129: 7492.

[187] Bifulco G, Dambruoso P, Gomez-paloma L, et al. Determination of relative configuration in organic compounds by nmR spectroscopy and computational methods. Chem Rev, 2007, 107: 3744-3779.

[188] Chlipala G E, Tri P H, Hung N V, et al. Nhatrangins A and B, aplysiatoxin-related metabolites from the marine cyanobacterium lyngbya majuscula from Vietnam. J Nat Prod, 2010, 73: 784-787.

[189] London F. Theorie quantique des courants interatomiques dans les combinaisons aromatiques. Journal De Physique Et Le Radium, 1937, 8(10): 397-409.

[190] Michael W, Lodewyk M R. Computational prediction of ^{1}H and ^{13}C chemical shifts: a useful tool for natural product, mechanistic, and synthetic organic chemistry. Chem Rev, 2012, 112(3): 1839-1862.

[191] Parr R G, Yang W. Density-functional theory of atoms and molecules. Oxford: Oxford University Press, 1989.

[192] Luo X D, Zhu H J. Psychotripine: a new trimeric pyrroloindoline derivative from *Psychotria pilifera*. Org Lett, 2011, 13(21): 5896-5899.

[193] Hierso J C. Indirect nonbonded nuclear spin-spin coupling: a guide for the recognition and understanding of "through-space" nmR J constants in small organic, organometallic, and coordination compounds. Chem Rev, 2014, 114(9): 4838-4867.

[194] Onak T, Jaballas J. Density functional theory/finite perturbation theory calculations of nuclear spin-spin coupling constants for polyhedral carboranes and boron hydrides. J Am Chem Soc, 1999, 121(12): 2850-2856.

[195] Scheurer C, Bruschweiler R. Quantum-chemical characterization of nuclear spin-spin couplings across hydrogen bonds. J Am Chem Soc, 1999, 121(37): 8661-8662.

[196] Del Bene J E, Perera S A, Bartlett R J. Predicted nmR coupling constants across hydrogen bonds: a fingerprint for specifying hydrogen bond type? J Am Chem Soc, 2000, 122(14): 3560-3561.

[197] Zhao H, Chen G D, Zou J, et al. Dimericbiscognienyne A: a meroterpenoid dimer from *Biscogniauxia* sp. With new skeleton and its activity. Org Lett, 2017, 19(1): 38-41.

[198] Yan J, Zartler E R. Application of residual dipolar couplings in organic compounds. Magn Reson Chem, 2005, 43: 53-64.

[199] Luy B, Kessler H. Partial Alig nment for structure determination of organic molecules. Modern Magn Reson, 2006, 34: 1279-1285.

[200] Thiele C M. Residual dipolar couplings (RDCs) in organic structure determination. Eur J Org Chem, 2008, 34: 5673-5685.

[201] Ku mmerlöwe G, Luy B. Residual dipolar couplings as a tool in determining the structure of organic molecules. Trends Anal Chem, 2009, 28: 483-493.

[202] Böttcher B, Thiele C M. Determining the stereochemistry of molecules from residual dipolar couplings (RDCs). eMagRes, 2012, 1: 169-180.

[203] Batista Jr J M, Blanch E W, de Silva Bolzani V. Recent advances in the use of vibrational chiroptical spectroscopic methods for stereochemical characterization of natural products. Nat Prod Rep, 2015, 32: 1280-1302.

[204] Schmidts V. Perspectives in the application of residual dipolar couplings in the structure elucidation of weakly aligned small molecules. Magn Reson Chem, 2017, 55: 54-60.

[205] Thiele C M, Berger S. Probing the diastereotopicity of methylene protons in strychnine using residual dipolar couplings. Org Lett, 2003, 5: 705-708.

[206] Verdier L, Sakhaii P, Zweckstetter M, et al. Measurement of long range H, C couplings in natural products in orienting media: a tool for structure elucidation of natural products. J Magn Reson, 2003, 163: 353-359.

[207] Aroulanda C, Boucard V, Guibe F, et al. Weakly oriented liquid-crystal NMR solvents as a general tool to determine relative configurations. Chem Eur J, 2003, 9: 4536-4539.

[208] Ge H M, Sun H, JiangN, et al. Relative and absolute configuration of vatiparol (1 mg): a novel anti-infla mmatory polyphenol. Chem Eur J, 2012, 18: 5213-5221.

[209] Li G W, Cao J M, Zong W, et al. Helical polyisocyanopeptides as lyotropic liquid crystals for measuring residual dipolar couplings. Chem Eur J, 2017, 23: 7653-7656.

[210] Lei X, Qiu F, Sun H, et al. A self-assembled oligopeptide as a versatile nmR alig nment medium for the measurement of residual dipolar couplings in methanol. Angew Chem Int Ed, 2017, 56: 12857-12861.

[211] Wang C X, Chen G D, Feng C C, et al. Same data, different structures: diastereoisomers with substantiallyidentical nmR data from nature. Chem Co mmun, 2016, 52(6) : 1250-1253.

[212] Seco J M, Quinoa E, Riguera R. The assig nment of absolute configuration by nmR. Chem Rev, 2004, 104: 17-117.

[213] Xiong L, Zhou Q M, Zou Y, et al. Leonuketal, a spiroketal diterpenoid from *Leonurus japonicas*. Org Lett, 2015, 17: 6238-6241.

[214] Seco J M, Quiñoá E, Riguera R. Assig nment of the absolute configuration of polyfunctional compounds by nmR using chiral derivatizing agents. Chem Rev, 2012, 112: 4603-4641.

[215] Zhang G, Zhao F, Hu H, et al. Nonporous homochiral copper-based coordination polymers for enantioselective recognition and electrocatalysis. Inorg Chem Co mmun, 2014, 40: 31-34.

[216] YanY, QinB, ShuY, et al. Helical organization in foldable aromatic oligoamides by a continuous hydrogen-bonding network. Org Lett, 2009, 11: 1201-1204.

[217] Delsuc N, Massip S, Léger J M, et al. Relative helix-helix conformations in branched aromatic oligoamide foldamers. J AmChem Soc, 2011, 133: 3165-3172.

[218] Chadwick J. Possible existence of a neutron. Nature, 1932, 129: 312.

[219] Lu X, Park J, Zhang R, et al. Nematic spin correlations in the tetragonal state of uniaxial-strained $BaFe_{2-x}Ni_xAs_2$. Science, 2014, 345: 657-660.

[220] Zou A, Liu J, Garamus V M, et al. Interaction between the natural lipopeptide [Glu1, Asp5] surfactin-C15 and hemoglobin in aqueous solution. Biomacromolecules, 2010, 11: 593-599.

[221] Banno M, Yamaguchi T, Nagai K, et al. Optically active, amphiphilic poly(meta-phenylene ethynylene)s: synthesis, hydrogen-bonding enforced helix stability, and direct AFM observation of their helical structures. J Am Chem Soc, 2012, 134: 8718-8728.

[222] Binnig G, Rohrer H. Gerber C, et al. Surface studies by scanning tunnelling microscopy. Phys Rev Lett, 1982, 49: 57-61.

[223] Jung T A, Schlittler R R, Gimzewski J K, et al. Controlled room-temperature positioning of

individual molecules: molecular flexure and motion. Science, 1996, 271: 181-184.

[224] Tersoff J, Hamann D R. Theory of scanning tunneling microscope. Phys Rev B, 1985, 31: 805-813.

[225] Zhu J, Dong Z, Lei S, et al. Design of aromatic helical polymers for STM visualization: imaging of single and double helices with a pattern of π-π stacking, Angew Chem, 2015, 127: 3140-3144.

[226] Chen T, Yang W H, Wang D, et al. Globally homochiral assembly of two-dimensional molecular networks triggered by co-absorbers. Nat Co mmun, 2013, 4: 1389.

[227] Li H, Xue S, Su H, et al. Click synthesis, aggregation-induced emission and chirality, circularly polarized luminescence, and helical self-assembly of a leucine-containing silole. Small, 2016, 12: 6593-6601.

[228] Xu J, Wang Q, Xuan C, et al. Chiral recognition of tryptophan enantiomers based on β-cyclodextrin-platinum nanoparticles/graphene nanohybrids modified electrode. Electroanalysis, 2016, 28: 868-873.

[229] Tamoto R, Daugey N, Buffeteau T, et al. In situ helicity inversion of self-assembled nano-helices. Chem Commun, 2015, 51: 3518-3521.

[230] 陈木子, 朱兴, 唐明华, 等. 透射电镜三维重构技术在螺旋纳米材料手性判断中的应用. 分析科学学报, 2016, 32(5): 619-623.

[231] Liu H, Xiong M. Comparative toxicity of racemic metolachlor and S-metolachlor to *Chlorella pyrenoidosa*. Aquat Toxicol, 2009, 93: 100-106.

第七章

手 性 药 物

曾 苏　尤启冬　杨 波　何俏军　王海钠　余露山　朱狄峰

第一节 引 言

　　临床上使用的化学合成手性药物大部分以消旋体的方式给药，而天然和半合成的手性药物绝大多数以单一对映体给药（图 7-1）。2010～2016 年美国FDA 批准的 175 种新化学实体药物中，单一对映体药物为 111 种，占 63.4%（图 7-2）。可见，在新开发的药物中单一对映体手性药物占多数。

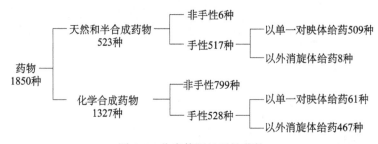

图 7-1　临床使用的手性药物

　　由于药物的作用过程涉及与生物体的相互作用，而手性是生物系统的基本特征，很多内源性大分子如酶、受体、血浆蛋白、多糖和离子通道等都具有手性特征，这些生物大分子是由 L- 氨基酸或 D- 糖类构成。手性药物对映体进入生物体内，将被作为不同的分子加以识别匹配，另外还存在单一对映体进入体内发生手性转化等复杂情况，这些均能造成对映体之间在药效学、药物代谢动力学和毒理学方面存在对映选择性。因此，若忽视手性药物的立

图 7-2　2010～2016 年美国 FDA 批准的手性药物

体化学因素，实验数据将失去临床意义并有被错误解释的可能。特别是在阐明不同类型患者的血药浓度与作用的关系时，对手性药物，只要有可能，就应该分别研究各对映体的药效学、毒理学和药物代谢动力学性质。在评价手性药物和研制手性新药时，应采取对映选择性实验方法对不同对映体分别做出评价。同时，对服用的外消旋体药物进行血药浓度检测时，也应分别检测各个对映体的血药浓度。分离生物体液中的对映体曾是分离科学上的难题之一，常规分析方法无法同时测定手性药物的两个对映体，但是要研究手性药物的生物转化及其机理，就必须建立能同时分离和测定手性药物两个对映体的分析方法，使整个研究过程始终处于对映选择性的监控之中，保证实验结果的准确性与对映体专属性。

目前，美国、加拿大、欧盟、日本和中国的药监部门已要求在申报具有手性的新药时，需同时呈报各个对映体的药理学、毒理学和药物代谢动力学资料。因此，采用对映选择性方法研究手性药物各个对映体的药效学及作用机理、药物代谢动力学行为、手性药物的相互作用和毒理学，可以为临床合理使用手性药物、研制开发新手性药物或其对映体提供科学依据。

第二节　手性药物设计和原理

手性药物由于其分子的不对称性，在作用于人体的生物大分子时，不同的对映异构体在生物体内手性环境中引起不同的分子识别，造成"手性识别"现象。手性药物的对映异构体与药物作用靶标的手性识别，导致了药效学上的差异；与影响吸收、分布、代谢与排泄（ADME）相关的生物大分子的手性识别，导致了药物代谢动力学上的差异；与药物治疗靶标之外的生物大分子的手性识别，导致了不同的脱靶效应，进而导致毒理学上的差异。如何利用手性药物对映异构体与生物大分子的手性识别进行药物分子的设计，对创新药物的研究具有重要意义[1]。

一、基于内源性活性物质结构的手性药物设计

体内有很多内源性的活性化合物，这些化合物基本都是体内生物信号转导的递质，当这些化合物作用于受体、酶、离子通道、核酸等生物靶标后，引发一系列生物效应，从而对生物体的功能起到调节作用。有不少药物就是依据体内内源性生物活性物质的结构进行设计的。

（一）手性氨基醇类药物设计

肾上腺素（epinephrine，E）和去甲肾上腺素（norepinephrine，NE）是具有手性氨基醇结构的内源性生物活性物质，通过作用于肾上腺素能受体产生作用。天然肾上腺素为 R 构型，表明 R 构型适合这种受体结构，两者具有较强的相互作用。天然肾上腺素（图 7-3）是通过下列基团与受体发生相互作用的：① 氨基与体液中质子结合成铵离子，为带正电荷的质点，与受体上的带负电荷的部位产生静电引力；②侧链分子上的羟基可与受体上相应基团产生氢键作用；③苯环上的羟基带有弱酸性，可与受体上的原子产生螯合作用等。在 (R)- 肾上腺素分子中，侧链上的羟基向受体方向伸展，分子上的铵离子、侧链上的羟基和苯环上羟基都可以与受体上相应的基团或原子发生作用，但 (S)- 肾上腺素的羟基向受体相反的方向伸展，与受体的距离较远，因而与受体间的作用只能通过铵离子与苯环上的羟基相互作用，结合程度不及 (R)- 肾上腺素，表现出弱的活性。

程卯生等在总结传统的 β_2 肾上腺素受体激动剂构效关系的基础上，通过基团变换的形式，设计了新型的 2- 苯基-2- 氨基乙醇类化合物，从中得到了长效的 β_2 肾上腺素受体激动剂川丁特罗（图 7-4），临床用于治疗支气管哮喘，研究表明 (S)- 川丁特罗的抗哮喘的效果优于 (R)- 川丁特罗[2,3]。

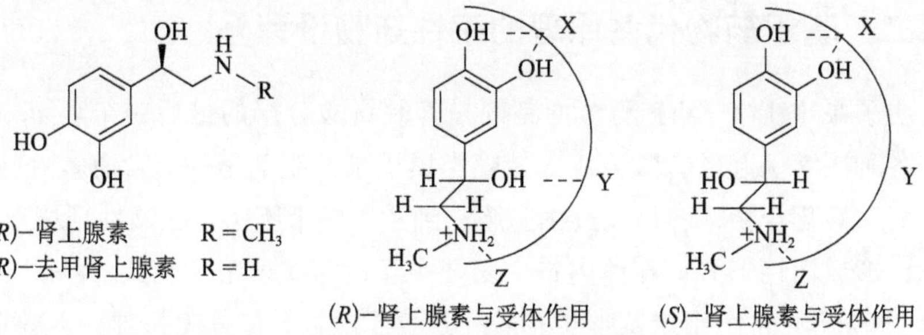

(R)-肾上腺素　　　R = CH₃
(R)-去甲肾上腺素　R = H

(R)-肾上腺素与受体作用　　　(S)-肾上腺素与受体作用

图 7-3　肾上腺素与受体作用示意图

X、Y、Z 为受体上的结合位点

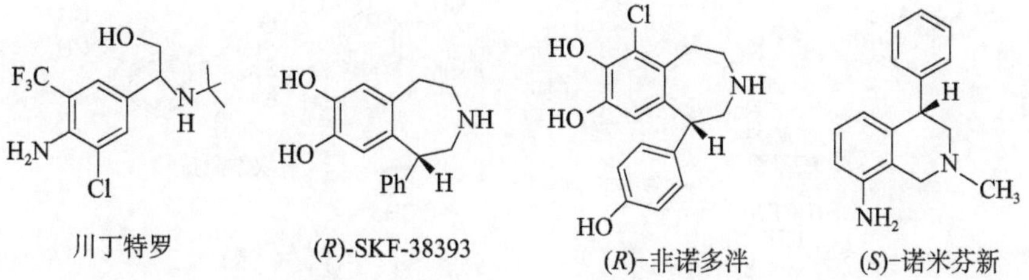

川丁特罗　　　(R)-SKF-38393　　　(R)-非诺多泮　　　(S)-诺米芬新

图 7-4　川丁特罗、(R)-SKF-38393、(R)- 非诺多泮和 (S)- 诺米芬新的结构

（二）手性胺类药物设计

体内内源性的生物活性胺类化合物，如多巴胺、5- 羟色胺、组胺、乙酰胆碱等，都是重要的神经递质，通过作用在 G- 蛋白偶联受体上发挥作用。

多巴胺作为内源性神经递质，对维护机体正常功能，影响帕金森病的发生、发展等方面有十分重要的作用。多巴胺是以 trans-α 构象与受体结合，能保持这种构象的化合物具有多巴胺受体的激动活性。依据这项原则，药物化学科学家设计了一些对 D_1 受体有选择性的七元环化合物，如 SKF-38393（图 7-4），是多巴胺 D_1/D_5 的部分激动剂，其活性主要由 R 体（优劣比 ER > 150）引起，具有兴奋中枢和抑制食欲的作用[4]。D_1 受体激动剂非诺多泮（Fenoldopam）以消旋体的形式用于肾血管扩张和抗高血压。(R)- 非诺多泮（图 7-4）具有活性，而 S 体对于该受体基本无作用[5]。诺米芬新（Nomifensine）是去甲肾上腺素和多巴胺重摄取抑制剂，用作抗抑郁药，其 S 体（图 7-4）具有活性，R 体无活性。

二、基于药物代谢原理的手性药物设计

质子泵（H^+/K^+-ATP 酶）抑制剂是抑制胃酸分泌的最后一个环节，能够抑制各种因素引起的胃酸分泌。拉唑类质子泵抑制剂是一类含有苯并咪唑结构的弱碱性化合物，容易通过细胞膜，到达胃壁细胞后，在酸性环境下被 H^+ 激活，形成活性形式，在体内胃中泌酸小管口与质子泵发生共价结合，达到抑制胃酸分泌的作用。拉唑类药物（图 7-5）主要有奥美拉唑、兰索拉唑、泮托拉唑、埃索美拉唑、雷贝拉唑、艾普拉唑和雷米拉唑等。

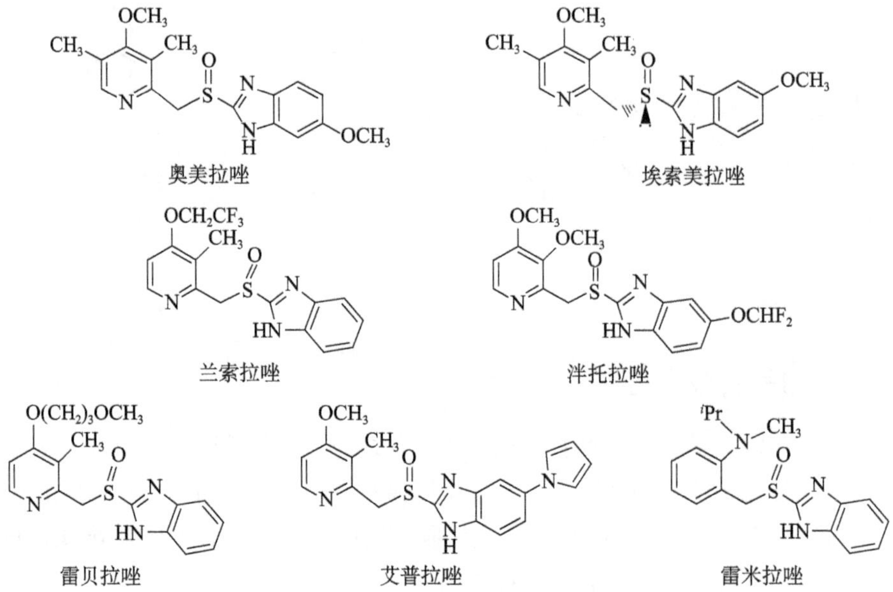

奥美拉唑　　　　　　　　　　　埃索美拉唑

兰索拉唑　　　　　　　　　　　泮托拉唑

雷贝拉唑　　　　　艾普拉唑　　　　雷米拉唑

图 7-5　拉唑类药物的结构

拉唑类药物结构中都含有一个手性硫原子，分子存在一对对映异构体。分子的外消旋化能垒为 104.1 kJ/mol，即使在较高温下也不会产生外消旋化。奥美拉唑上市时使用的是外消旋形式。奥美拉唑的 R 和 S 异构体作用于 H^+/K^+-ATP 酶时，产生作用强度相同的抗酸分泌作用。但是两种异构体的代谢途径有对映选择性差异，R 异构体在体内主要经肝细胞色素 P450 系统代谢，98% 经由 CYP2C19 催化代谢，而 S 异构体对 CYP2C19 的依赖性下降，经由 CYP3A4 途径代谢的比例增加至 27%（图 7-6）。由于 S 异构体比 R 异构体在体内的代谢慢，并且经体内循环更易重复生成，维持时间更长，有更优良的药理活性。

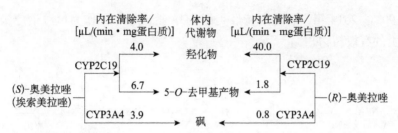

图 7-6 奥美拉唑的两种对映异构体在离体人肝微粒体中的代谢机理

在此基础上，将奥美拉唑的 S 异构体拆分上市得到埃索美拉唑（Esomeprazole），它是第一个上市的光学活性质子泵抑制剂。与奥美拉唑消旋体相比，本品抑酸作用强 1.6 倍，持续控制胃酸时间更长，肝脏首过效应较小，内在清除率低，代谢较慢，易经体内循环重复生成，血药浓度较高，$t_{1/2}$ 更长。这也为手性拉唑类药物的研发奠定了基础[6]。

三、基于靶标选择性的手性药物设计

对于手性药物，当只有一种对映体有效，且另一对映体产生毒副作用时，就非常有必要使用纯的单一对映体，增加药物的选择性，以达到降低药物的毒副作用目的。例如，沙利度胺（图 7-7）的两个对映体中只有 R 异构体具有镇静作用，而 S 异构体是一种强力致畸剂。在作为镇静药使用时，可以发现沙利度胺对麻风结节性红斑病可减轻症状，后来还发现沙利度胺对许多疾病表现有免疫调节和抗炎作用，如风湿性关节炎、炎性大肠炎和艾滋病恶病质等。1991 年证实这些抗炎作用的表现是由其抑制免疫系统巨噬细胞产生的肿瘤坏死因子 α（TNF-α）所致。1994 年又发现沙利度胺具有抗血管生成作用和抗肿瘤活性。在以沙利度胺为先导物的结构修饰中发现，虽然沙利度胺衍生物都可不同程度地抑制 TNF-α，但含有二烷氧苯基片段的化合物还具有抑制磷酸二酯酶 4（PDE4）的活性。进一步的实验表明，沙利度胺衍生物同时产生抑制 PDE4 和 TNF-α 的活性，构成抑制炎症的级联反应，更有利于治疗与炎症相关的疾病。在此基础上，获得的阿普斯特（图 7-7）是 S 构型的手性药物，抑制 PDE4 和 TNF-α 的 IC_{50} 分别为 0.074 μmol/L 和 0.077 μmol/L，其活性是 R 异构体（抑制 PDE4 和 TNF-α 的 IC_{50} 分别为 0.61 μmol/L 和 0.34 μmol/L）的 5 倍以上。动物实验表明，S 异构体的阿普斯特具有良好的药物代谢动力学性质，对雌性大鼠的口服生物利用度 F = 64%，半衰期 $t_{1/2}$ = 5 h，且具有中等程度的分布容积和低清除率，对多种 CYP 氧化酶无抑制作用，血浆蛋白结合率为 90%。2014 年，阿普斯特经美国 FDA 批准上市，作为口服治疗银屑病关节炎的有效药物[7]。

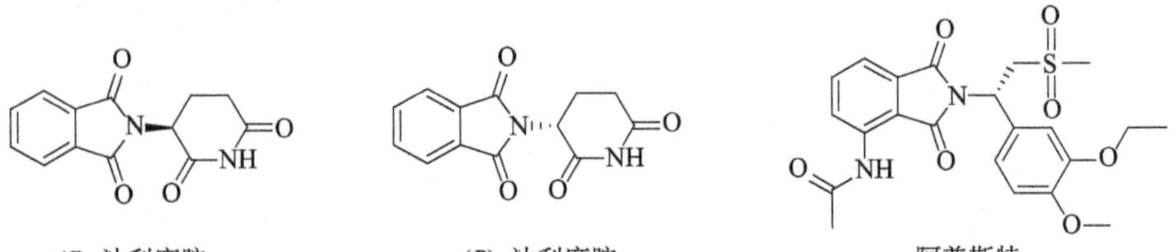

图 7-7　沙利度胺和阿普斯特的结构

第三节　手性药物药效学的立体选择性

手性药物的结构特异性是其发生生物作用的一个关键性因素[8]。手性药物的药效与化学结构有密切关系，这类药物与机体的三维结构紧密结合而产生药理效应，化学结构稍加改变，往往就会直接影响其药效学性质[9]。

一、手性药物立体选择性的亲和力与药效学活性

手性药物的对映异构体应看作不同的化合物，它们在亲和力和（或）内在活性、药效等方面有所不同。1950 年，Dalgliesh 提出"三点作用模式"，揭示了对映体之间存在受体结合点差异[10]。中国学者首先从茄科植物中分离出左旋山莨菪碱（图 7-8），并将其用于临床，发现左旋山莨菪碱比消旋体有更强的解痉活性[11]。

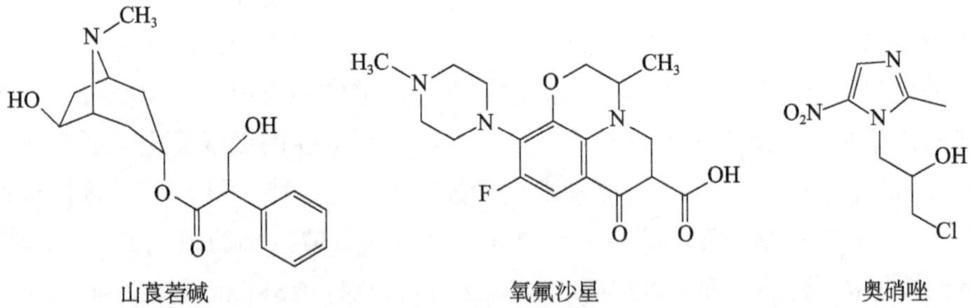

图 7-8　山莨菪碱、氧氟沙星和奥硝唑的结构

两种异构体之间的内在活性存在对映选择性差异。王维剑等发现氧氟沙

星（图 7-8）体外抗菌活性主要由左旋对映体产生，而右旋对映体无活性，无亲和力，表明两者可能产生竞争性拮抗[12]。另外，表观亲和力等于两个对映体亲和力的平均值。假设两个对映体与它们的作用部位有相同的亲和力，一个对映体是完全激动剂，而另一个对映体是竞争性拮抗剂，内在活性为零。由这样的外消旋体获得的剂量-效应曲线，如果受体部分已经饱和，则 50% 的受体被一种对映体激活，50% 的受体被另一种对映体阻断，结果外消旋体混合物就表现为一个部分激动剂。在没有空余受体的情况下，它是一个表观内在活性为 0.5 的"假部分激动剂"（pseudo-partial agonist）。显然，基于对映体可能具有的亲和力和内在活性数值，其混合物会呈现出任意程度的假部分激动作用。

Srinivas 等首次证明了对于手性药物的药效活性评价应该使用立体选择性方法[13]。若对映体药效的种类和强度均相同（如奥硝唑，图 7-8），则可测定消旋体；当仅有一种对映体产生药效，或主要由一种对映体产生药效时，则测定活性对映体；而当对映体有不同的作用或一种对映体与另一种对映体的药效学或动力学发生相互转化时，则需要测定每一种对映体，这样才能较好地反映活性成分与药效的相关性。

二、手性药物药效学的立体选择性差异

对于手性药物而言，两个对映体并非具有相同的药效。手性药物中对映体间药效上的差异非常复杂，大致可分为以下情况。

（一）一种对映体为另一对映体的竞争性拮抗剂

如抗精神病药扎考必利（Zacopride，图 7-9）通过抑制 5-HT3 受体而发挥作用，但 R 异构体为 5-HT3 受体的拮抗剂[14]，S 异构体为 5-HT3 受体的激动剂。许多巴比妥类药物的 S 异构体主要起中枢神经系统抑制作用，R 异构体主要起中枢神经系统兴奋作用。这类手性药物的一个异构体能起到拮抗另一个异构体的作用。例如，5-（1，3-二甲基丁基）-5-乙基巴比妥酸（图 7-9），其 S 异构体是镇静药，对中枢神经系统有抑制作用；而 R 异构体则是惊厥剂，具有中枢神经系统兴奋作用。李同荟等也发现 α 受体阻断药多沙唑嗪（图 7-9）的两个对映体对心肌收缩力具有相反作用[15]。

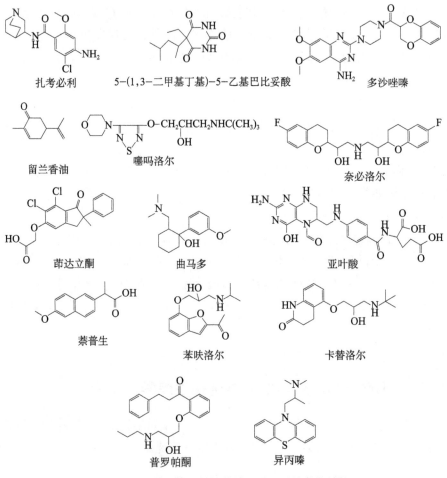

图 7-9　具有立体选择性药效差异的手性药物结构

（二）一种对映体主要具有治疗作用，另一种对映体主要产生副作用

当手性药物对映体作用于不同受体或受体亚基时，可以产生不同的药理作用或毒副反应，有些药物虽然作用于同一受体，但对映体对受体也可以呈现不同的效应，从而产生不同的药理作用。对于这类药物需要严格控制其光学纯度，例如，氯胺酮（ketamine）是非巴比妥类中枢抑制药，其 S 异构体麻醉作用是其 R 异构体的 2～4 倍，而兴奋中枢产生精神症状的是其 R 异构体 [16]。有时对映体在体内可代谢成有不良反应的产物，如 (S)- 丙胺卡因是比较安全的麻醉剂，但 (R)- 丙胺卡因代谢能产生邻苯甲胺而导致高铁血红蛋白血症中毒。

（三）两个对映体具有完全不同或相反的生物活性，都可作为治疗药

手性药物噻吗洛尔（图 7-9）的两个对映体有各自专一的治疗作用，*S* 异构体治疗心血管疾病，*R* 异构体治疗青光眼[17]。留兰香油（spearmint oil，图 7-9）及黄蒿油（caraway oil）互为对映体，前者具有抗痉挛、治疗肠绞痛及抗菌作用，后者具有抗头晕（眩晕）、耳痛及强化肝功能作用，特别是对哺乳妇女具有催乳作用，两者的气味也不同[18,19]。

（四）两个对映体具有互补性

降压药奈必洛尔（Nebivolol，图 7-9）的右旋体为 β 受体阻滞剂，而左旋体能降低外周血管的阻力，并对心脏有保护作用[20]。抗高血压药物茚达立酮（Indacrinone，图 7-9）的 *R* 异构体具有利尿作用，但却有增加血中尿酸的副作用，而 *S* 异构体却可促进尿酸排泄，降低 *R* 异构体的副作用，两者合用可"取长补短"。进一步的研究表明，*S* 与 *R* 异构体的比例为 1 : 4 或 1 : 8 时治疗效果最好。

（五）两个对映体具有协同作用

反式曲马多（*trans* Tramadol，*trans* T，图 7-9）是一种作用机制独特的镇痛药。(+) -*trans* T 主要抑制 5-HT 的再摄取和加强 5-HT 的基础释放, (–)-*trans* T 主要抑制去甲肾上腺素（NA）的再摄取和加强刺激诱发 NA 释放，*trans* T 的两个对映体有协同镇痛作用[21]。

（六）药物的生物活性完全或主要由一个对映体产生

化疗药物左亚叶酸钙临床用量仅需亚叶酸钙的一半，避免了非活性的右亚叶酸钙在体内蓄积。左氧氟沙星（Levofloxacin）是广谱抗菌药物，可用于治疗艾滋病病毒引起的感染，其体外抗菌活性是它的对映体的 8～128 倍。一些非甾体抗炎药物如萘普生（Naproxen，图 7-9），*S* 异构体的抗炎和解热镇痛活性为 *R* 异构体的 10～20 倍。对于这类芳基烷酸类药物，高活性成分为 *S* 异构体，低活性成分是 *R* 异构体。但这类药物的 *R* 异构体往往可在体内转化为 *S* 异构体。

（七）不同的作用靶点表现不同的药理特性

药物作用于不同的组织（靶点、受体）呈现不同的特性，这类药物往往是多功能的，作用是多方面的。β 受体部分激动剂苯呋洛尔（Befunolol，

图 7-9）和卡替洛尔（carteolol，图 7-9）在豚鼠睫状体中，*S* 异构体的作用与 *R* 异构体的作用相同，但在右主动脉和气管标本中，*S* 异构体的作用活性是 *R* 异构体的 10 倍[22]。

（八）两个对映体具有相同的生物活性

例如，普罗帕酮（Propafenone，图 7-9）的两个对映体具有相同的抗心律失常作用[23]，异丙嗪（promethazine，图 7-9）的两个对映体都有抗组胺活性[24]。

三、影响手性药物立体选择性作用的因素

药物代谢动力学立体选择性的存在使得药物的不同剂型、不同给药途径，甚至用药患者的生理特征都可能影响对映体的药理作用[25]。

（一）给药途径

钙通道阻滞剂 (*S*)- 维拉帕米（图 7-10）的血管扩张活性是 *R* 异构体的 2.5~20 倍。单一对映体的药物代谢动力学性质表明，低活性的 *R* 异构体口服后血药浓度是 *S* 异构体的 5 倍，静脉注射是 *S* 异构体的 2 倍，并有不同的清除率和分布体积[26]。氟司喹南（Flosequinan，图 7-10）对映体在大鼠体内可以通过相同的代谢产物发生转化。其中，*S* 异构体转化成为 *R* 异构体的速率大于 *R* 异构体转化成为 *S* 异构体的速率，而且与给药方式有关。口服的对映体转化速率大于静脉注射的对映体转化速率。可见，血浆中药物的立体化学组成明显影响其血浆浓度-效应关系。

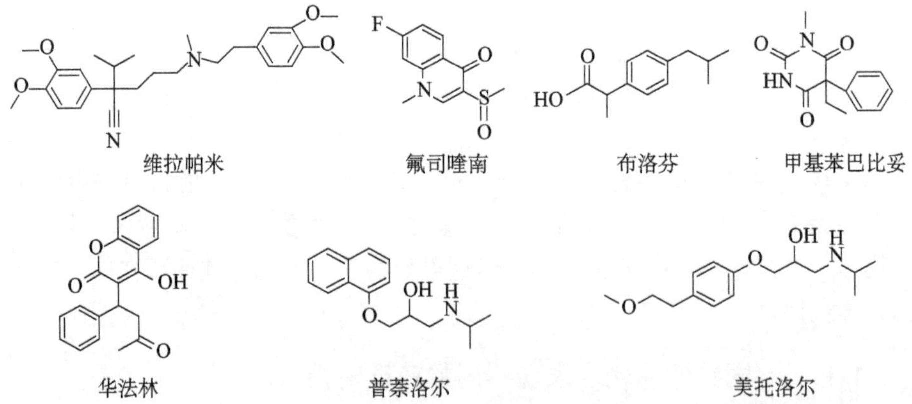

维拉帕米　　　　氟司喹南　　　　布洛芬　　　　甲基苯巴比妥

华法林　　　　普萘洛尔　　　　美托洛尔

图 7-10　对不同影响因素具有立体选择性药物代谢动力学差异的手性药物结构

（二）生理与病理状况

许多手性药物对映体对体内一些重要器官发挥作用，这些器官发生病变将影响对映体的疗效，其中尤以肝硬化最为明显。由于肝硬化患者肝功能性细胞数减少，首过效应减弱，从而口服药的生物利用度增加。

具有对映选择性首过代谢的药物，对肝硬化患者的药效学和药物代谢动力学性质均有差异。肝硬化患者体内布洛芬（图7-10）的两个对映体血浆半衰期都增加约2倍。肝病组血浆中具有活性的 S 异构体浓度低于 R 异构体，健康组则相反[27]。其他疾病状态，特别是与肾功能损害者有关的疾病，也会改变布洛芬对映体的处置。在肾功能不全者体内，S/R 布洛芬浓度比和 AUC（药时曲线下面积）比值都大于正常人。其主要原因是患者的 R 异构体向 S 异构体的转化率增加，而且肾清除率降低。由于 S 异构体浓度升高，通过抑制肾环氧化酶，可加剧肾局部缺血，因而这些患者发生布洛芬肾毒性的风险增加[28]。

（三）年龄（发育）和性别的影响

药物处置与年龄和性别有关，不同年龄和性别具有不同的酶表达能力，可对外消旋体药物中对映体的药物代谢动力学产生不同的影响[29]。例如，甲基苯巴比妥（图7-10）对映体，无论是男女性青年组还是老年组，R 异构体均比 S 异构体清除更快。但是，青年男性组 R 异构体的口服清除率显著高于青年或老年女性组或老年男性组。青年女性组与老年女性组之间，老年男性组与女性组之间无显著性差异，这表示 R 异构体清除率呈现年龄和性别依赖性。相反，青年男性组的 (S)- 甲基苯巴比妥血浆清除半衰期显著小于其他组。对于 (R)- 华法林和 (S)- 华法林，老年猴口服后体内血药浓度均明显高于年轻猴[30]。

（四）种属和个体差异

已有研究表明，药物的立体选择性存在动物种属性差异，因而，将有种属间立体选择差异的药物仅从动物中获得的实验结果推论到人的情况是有风险的。在实验狗体内 (S)- 普萘洛尔（图7-10）的清除率大于 R 异构体，而人体中情况相反。类似地，(R)- 华法林（图7-10）清除率在大鼠体内大于 S 异构体，但在人体内后者清除率高于前者[31]。

（五）遗传因素

由于药物代谢酶在一定的人群中存在活性缺陷，某些药物的代谢呈现多态（样）性，酶活性表达缺陷者称为弱（慢）代谢型（PM），正常者称为强（快）代谢型（EM）。分型的指标有：①代谢比（MR）；②对映体比（ER）。β受体阻断药美托洛尔（图7-10）的代谢由CYP2D6控制，有1%~10%的人群属于PM。因为非活性的(R)-美托洛尔具有首过代谢，外消旋体美托洛尔的血药浓度与其药效关系曲线在PM人群中发生左移[32]。

第四节　手性药物毒理学的立体选择性

　　手性药物对映体与人体内的酶、受体、离子通道等生物大分子作用，表现出错综复杂的对映选择性，它们的药物代谢动力学、药效学特征将对临床应用手性药物带来极大的挑战，往往会产生意想不到的不良反应[33]。不同的对映体在生物体内的毒性存在着显著性差异。奥硝唑（图7-11）作为治疗敏感厌氧菌引起的多种感染性疾病的新型药物，其右旋奥硝唑可使小鼠呈现中枢抑制状态，影响其运动协调能力，左旋奥硝唑组则无此作用[34]。在犬神经毒性研究中也发现右旋奥硝唑毒性较大[35]。右旋奥硝唑的中枢抑制作用可能与其抑制脑内Na^+-K^+-ATP酶、Ca^{2+}-ATP酶和呼吸链关键酶琥珀酸脱氢酶（SDH）的活性有关[36]。芬氟拉明（Fenfluramine，图7-11）是食欲抑制药，作为减肥药物，它的药理活性主要由S异构体产生，而R异构体无活性，还会导致头晕、催眠的不良反应。手性药物的不同对映体与生物大分子的作用

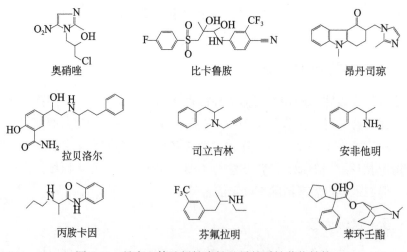

奥硝唑　　　　比卡鲁胺　　　　昂丹司琼

拉贝洛尔　　　　司立吉林　　　　安非他明

丙胺卡因　　　　芬氟拉明　　　　苯环壬酯

图7-11　具有立体选择性毒性差异的手性药物结构

具有立体选择性，能够对机体产生不同的毒性反应，因此手性药物毒性和安全性已经日益成为新药的研究热点。

一、手性药物毒性的立体选择性

药物的毒性综合了许多因素，如对受体的选择性、药物及其代谢物的体内过程和代谢物对副作用的选择性等，因此外消旋体与对映体、对映体之间的毒性可有较大差异[37]。在所有这些相互作用中都牵涉到立体化学，因此，手性也用于预防药物的毒副作用。

（一）一种对映体有效而另一种对映体产生毒性

麻醉药比卡鲁胺（Bicalutamide，图 7-11）消旋体，是一种强效的抗雄激素药物，其抗雄激素作用仅仅出现在 R 异构体上[38]。5- 羟色胺受体拮抗剂昂丹司琼（Ondansetron，图 7-11）是消化系统常用药，由于存在延长 QT 间期的危险性而限制了其临床应用[39,40]。张鲲等发现 (R)- 昂丹司琼几乎没有延长 QT 间期的作用，临床试验显示 (R)- 昂丹司琼的药效明显强于 (S)- 昂丹司琼，而且只需要消旋体的一半剂量就可以达到同等的疗效[41]。

（二）对映体生物转化增加毒性

(R)- 司立吉林（deprenyl，图 7-11）是一种具有选择性和不可逆的 MAO-B 抑制剂，用作抗帕金森病和抗抑郁药，S 异构体对 MAO-B 仅有微弱活性，经代谢生成的 (S)- 甲基安非他明和 (S)- 安非他明（图 7-11）会引起中枢兴奋的副作用，而两者的 R 异构体仅具有很弱的中枢作用[42]。局麻药丙胺卡因（Prilocaine，图 7-11）两种对映体的局麻作用相近，其 S 异构体水解缓慢，但 R 异构体可迅速水解生成可导致高铁血红蛋白血症的甲苯胺，具有血液毒性[43]。

（三）手性转化增加毒性

常用的非甾体抗炎药（NSAIDs）可在体内发生手性转化。例如，对于布洛芬，起作用的是 (S)- 布洛芬，但低活性的 R 异构体可在生物体内转化为高活性的 S 异构体。由于个体差异等原因，使用 NSAIDs 外消旋体不易控制有效剂量，特别是当肾功能减弱时，S 异构体易在体内蓄积，通过抑制肾环氧化酶，加剧肾局部缺血，发生毒副反应。现已有 (S)- 布洛芬上市。

（四）毒性或不良反应与药理活性不可分离

有些消旋体药物的毒副作用是药理作用的延伸，评价消旋体和光学异构体的毒性，选择毒性较小的单一活性异构体，可以降低药物的毒副作用。非洛地平是选择性钙离子拮抗药，左旋体和右旋体均有头痛和面部潮红的不良反应，右旋体发生率更高。盐酸苯环壬酯（phencynonate，图 7-11）是抗晕动病药物，其药效与东莨菪碱接近，中枢抑制作用较弱，但临床使用过程中仍发现少数人出现中枢抑制等不良反应。研究发现，(R)- 盐酸苯环壬酯为其活性异构体，与 M 受体的亲和性强于消旋体; (S)- 盐酸苯环壬酯虽然没有中枢的抑制作用，但也没有药效活性[44]。

（五）活性异构体具有潜在的毒性

在手性药物研发中，传统的方法是比较消旋体和其光学异构体的毒性，从而得到毒性较小的单一异构体，被选择的单一异构体往往认为是比较安全的。然而需要注意的是，即使是从消旋体中分离出的单一异构体也可能产生意想不到的毒性作用[45,46]。在降血压药拉贝洛尔（Labetalol，图 7-11）的研发过程中发现其 R 异构体是药理活性最强的异构物，且不发生体内转化。但遗憾的是，(R)- 拉贝洛尔药理活性增高的同时，肝脏毒性也随之增加，单一异构体在日本上市不到一年就因为 IV 期临床中出现明显的毒副作用而撤出[47]。减肥药芬氟拉明（Fenfluramine）的 S 异构体在美国上市时，被认为临床毒性会明显低于芬氟拉明，然而一年后也由于明显的毒副作用撤出市场[48]。

二、手性药物安全性研究

目前，中国、美国、加拿大、欧盟和日本对手性药物的毒性评价都有了相关指导性文件。不同国家的要求有很多一致之处，但侧重点不同。

美国食品药品监督管理局（FDA）于 1992 年颁布了"FDA's Policy Statement for the Development of New Stereoisomeric Drugs"，已成为研发手性药物的重要参考文件。手性药物除了符合一般新药的规定以外，还分别对单一光学异构体、消旋体以及从已上市的消旋体中进一步研发的单一光学异构体提出具体的要求。对于单一光学异构体，需要提供其光学异构体的体内稳定性报告，如果光学异构体是在体内形成的，则当成代谢产物处理，并在药物研发中注明；临床前评价研究中，光学异构体代谢与分布的研究应利用手性选择的检测方法，如果可以证明不会发生外消旋化或者光学异构体转化，后续研究可不再用手性选择的检测方法。对于消旋体，药物代谢动力学研究要用手性选择的检测方法，在动物实验中证实消旋体药物的急性毒性和长期毒性试验结果；药物代谢动力学研究使用的剂量、给药途径以及动物种属应与毒性试验相同，后续研究要继续使用手性选择的检测方法。对于从已上市的消旋体中进一步研发的单一光学异构体，由于已上市的消旋体已经可以提供很多资料，如果进行了充分的桥接研究，很多试验就不必重复。对映体的药理活性在主要药理作用及任何其他重要的药理作用如效价、特异性及最大的效用、生物等效性等方面应加以研究。

对消旋化合物进行毒性研究时，如果在相对较少的临床试验条件下药物的毒性有比较明显的变化，应对不同对映体进行毒性研究，以确定是否只有其中一个对映体有毒性。可以尝试通过开发有预期药理作用的单一异构体并使毒性消除。

从混合物中发展一个单一的对映体已经有较多研究，进行药理学/毒理学评价前，科研人员应预先把现有的外消旋化合物知识提供给药物合成或分离人员，进而用于纯化立体异构体。

对映体的毒理研究通常会包括长期毒性实验，即重复剂量毒性研究（最多3个月）。某些特殊的动物如猕猴等应使用单一对映体进行生殖毒性研究。这些研究应包括一个外消旋体组成的阳性对照组。如果单一对映体和外消旋体的毒理学结果没有差异，就没有进一步研究的必要。如果单一的对映体具有更大的毒性，则应该寻求解释并考虑用药影响。

中国食品药品监督管理局（CFDA）于2006年颁布了《手性药物质量控制研究技术指导原则》，以规范和指导手性药物的研究开发。2007年，CFDA正式发布《药物研究技术指导原则》，对于手性药物，要求研究光学活性纯异构体的药物代谢动力学、药效和毒理学性质，择优进行临床研究和批准上市[49]。2007年版《药品注册管理办法》对光学异构体按1.3类要求进行管理，要求的申报资料"应当报送消旋体与单一异构体比较的药效学、药物代谢动力学和毒理学（一般为急性毒性）等反映其立题合理性的研究资料或者相关文献资料。在消旋体安全范围较小、已有相关资料可能提示单一异构体的非预期毒性（与药理作用无关）明显增加时，还应当根据其临床疗程和剂量、适应证以及用药人群等因素综合考虑，提供消旋体与单一异构体重复给药毒性（一般为3个月以内）或者其他毒理研究资料（如生殖毒性）"。

　　手性药物的研制首先应考虑药物的安全性。国内目前主要参考国外相关指导原则，结合国内研发实际情况和审评要求，开发有效而毒性明显减小或疗效明显增强而毒性没有明显增加的对映体，或在药物代谢动力学方面有优势，明显增加药效和/或减小毒性的消旋体药物中的对映体。CFDA 提醒研究者注意：手性药的两个对映体之间的药物代谢动力学性质可能不同；两个对映体之间的药理作用的性质和程度可能不同；药物的毒性可能只与两个对映体中的一个相关。

第五节　手性药物代谢动力学的立体选择性

　　人体内绝大部分内源性大分子物质如受体、酶、血浆蛋白等都具有手性，手性药物需要和人体内复杂的手性环境相匹配才能得到理想的疗效 [50]。以消旋体给药后，对映体在血浆中的浓度可能表现出显著性差异，因此，在评价手性药物动力学参数或测定手性药物血浆浓度-效应关系时，应考虑到手性药物代谢动力学过程的立体选择性。2015 年版《中华人民共和国药典》对于手性原料药加强了光学异构体杂质的测定，进一步加大了对手性药物安全性的控制。随着全球手性药物市场份额的增加，手性药物的研究与评价成为重点关注领域之一。手性新药一般分为三种情况：①新的单一对映体；②新的消旋体；③从已有消旋体药物中拆分的单一对映异构体。我国 CFDA 新药审评中心对此类药物的非临床研究评价思路中要求药物代谢动力学研究应贯穿始终，对比研究所有单一对映体和消旋体的药物代谢动力学特征，从而为药理毒理研究提供参考。了解手性药物对映体代谢动力学的立体选择性，包括其在体内吸收、分布、代谢、排泄和转运方面的立体选择性，对了解药物在体内代谢过程、研究药物体内处置机制、指导临床合理用药都有着重要意义 [51]。

一、手性药物吸收与转运的立体选择性

　　药物通过被动运输或主动运输两种方式被吸收进入体内。对于被动运输过程来说，药物的脂溶性决定了其吸收程度和速度，由于手性药物对映体之间的水溶性和脂溶性差异较小，一般并不会表现出立体选择性。但某些药物外消旋体的水溶性和晶型可能与其单一对映体存在一定的差别，因而会使得它们在给药部位的溶出速率产生差异。对于吸收过程是依靠载体或者经历主动过程的手性药物来说，其吸收就出现了明显的立体选择性。细胞膜载体或

酶的手性识别作用使得对映体在吸收方面可能存在着显著差异。

早期发现 L-多巴（图 7-12）在肠道中主要通过氨基酸转运系统进行主动吸收，其吸收速率比通过简单扩散的 D-多巴快得多[52]。王建忠等[53]在对前列腺癌药物比卡鲁胺的研究中发现，大鼠静脉注射比卡鲁胺后，R 异构体的 AUC 是 S 异构体的 18 倍，两者峰浓度 $_{cmax}$ 比值接近 1.5，证实比卡鲁胺的吸收具有立体选择性，(R)-比卡鲁胺在血浆中消除较慢。左旋氨甲蝶呤（MTX）在肠中几乎完全吸收，右旋体仅有 3% 的药物被吸收，可以简单解释为当主动转运效率远远高于被动吸收时，两者综合作用引起了生物利用度的明显差异。

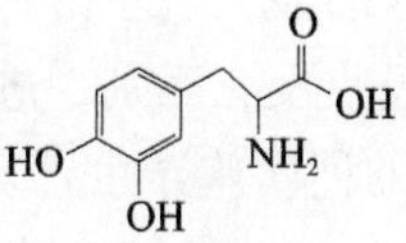

多巴 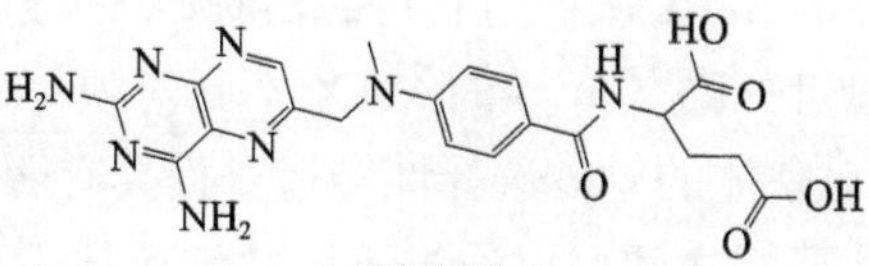　　　　　　　　　　甲氨蝶呤

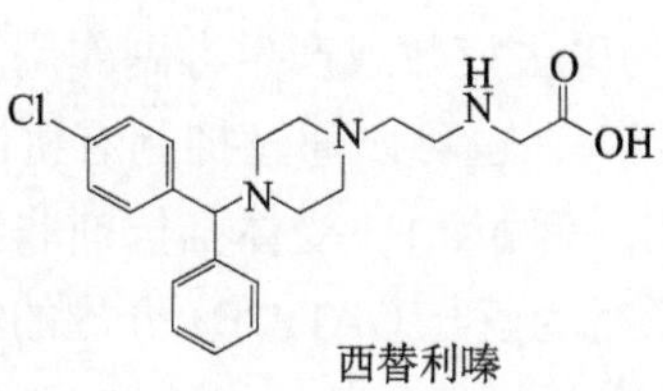

西替利嗪 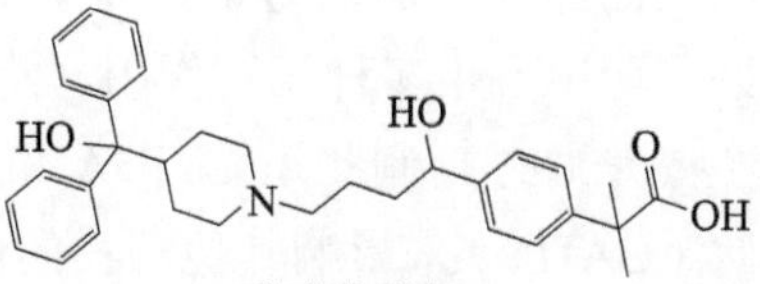　　　　　　　　　非索非那定

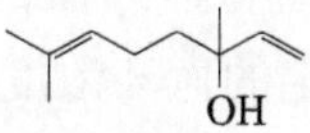

芳樟醇 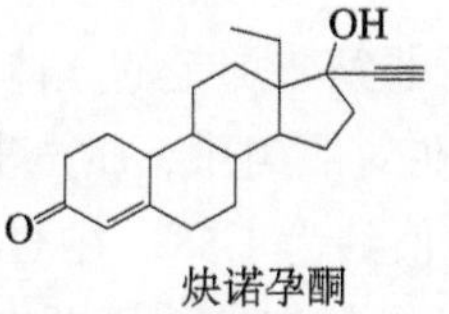　　　　　　　　炔诺孕酮

图 7-12　具有立体选择性吸收和转运差异的手性药物结构

天然氨基酸、糖类、离子或者其他内源性化学物质转运需要通过与生物膜上的载体相互作用来进行，可见载体转运系统在药物吸收过程中发挥了非常重要的作用，由此推测具有类似结构的药物转运过程中可能也会存在立体选择性。转运蛋白主要介导生物膜内外的信号或化学物质交换，其中乳腺癌耐药蛋白、多药耐药相关蛋白、P 糖蛋白（P-gp）、有机阴/阳离子转运蛋白、肽转运蛋白、人质子偶联叶酸转运体（PCFT）等均被报道具有立体选择性底物识别现象[54]。

以 P-gp 为例，P-gp 是一种在多药耐药肿瘤细胞和胃肠道高度表达的 ATP 依赖性外排转运蛋白。曾苏等[55]研究发现，(R)- 西替利嗪（图 7-12）提高了紫杉醇对 Caco-2 细胞生长的半数抑制浓度（IC_{50}），增大了转运蛋白底物的外排比率，上调了四种转运蛋白 MDR1、MRP1、MRP2、MRP3 相应 mRNA 的表达水平和 P-gp 的表达量，作用相当于转运蛋白的诱导剂。而同样浓度的 (S)- 西替利嗪降低了 IC_{50}，减小了外排比率，下调了细胞中 mRNA 的表达水平和 P-gp 的表达量，作用类似于转运蛋白的抑制剂。

氨甲蝶呤（图 7-12）在人体内主要通过质子偶联叶酸转运体（PCFT）介导吸收，叶酸与其呈竞争性抑制关系，L-MTX 的米氏常数 K_m 值（4.98 μmol/L）显著低于 D-MTX 的 K_m（211 μmol/L），不同对映体与转运体亲和力的不同导致了不同对映体的吸收程度差异较大。与此同时，在不同人体还原型叶酸载体介导的 MTX 吸收过程中，L-MTX 的吸收为 D-MTX 的 15～30 倍，而大鼠还原型叶酸载体介导的 MTX 不同对映体的吸收没有区别，进一步说明 MTX 不同对映体的立体选择性转运过程具有明显的种属差异性[56]。

药物和药物之间可以通过不同的转运体发生相互作用，有时甚至可以使得口服药物的药物代谢动力学行为产生显著变化。葡萄柚汁（GFJ）被证明可以和许多药物产生多种相互作用，使药物失去疗效或产生毒副作用。其作用机制主要是通过抑制肠道 CYP3A 和 P-gp[57]，也可以通过抑制有机阴离子转运多肽（OATPs）来影响其他药物的作用。例如，H1 受体拮抗剂非索非那定（图 7-12）的立体选择性药物代谢动力学行为就与 OATP2B1 介导的转运有关，外消旋体给药后，(R)- 非索非那定的血浆浓度约为其 S 构型的 1.5 倍。当其与 GFJ 合用时，非索非那定的立体选择性血药浓度-时间曲线发生了一定的改变（图 7-13）。在对照组中，(R)- 非索非那定的血药浓度始终高于 S 构型，$AUC_{0\sim24h}$ 的 R/S 比值约为 1.58。在 GFJ 组中，两个对映体除 $t_{1/2}$ 和 t_{max} 外所有的药物代谢动力学参数都发生了改变，血药浓度显著降低，$AUC_{0\sim24h}$ 的 R/S 比值提升至 1.96。这可以解释为 GFJ 抑制了肠道 OATP2B1 介导的药物转运，降低了 OATP2B1 的活性，从而对非索非那定的立体选择性吸收产生影响[58]。

转运过程具有能量依赖性、温度依赖性和浓度依赖性，对于不同药物表现出的立体选择性强度和（或）其对于对映体的偏好往往具有种属或组织特异性、浓度依赖性和转运蛋白家族依赖性。同时，转运具有底物依赖性，OATP2B1 具有多种结合位点，GFJ 通过抑制 OATP2B1 的高亲和力位点显著抑制了普伐他汀的吸收，而对低亲和力位点抑制作用微弱。但是其对于非索非那定吸收的结合位点则呈现出相反的抑制作用。

另外，药物的给药途径、pH、剂型、制剂处方因素等的差异也会影响药物的选择性吸收。Thorn 等[59]建立了一种新的以猪专属生理为基础的药物代

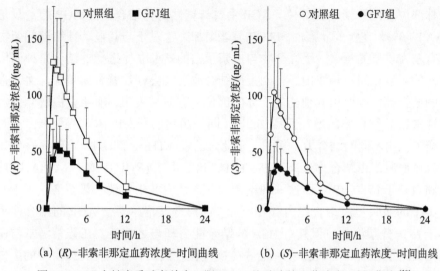

(a) (*R*)-非索非那定血药浓度-时间曲线　　(b) (*S*)-非索非那定血药浓度-时间曲线

图 7-13　14 个健康受试者单次口服 60 mg 盐酸片的血药浓度-时间曲线[58]

谢动力学模型，并用该模型解释了维拉帕米给药途径（静脉注射和口服给药）依赖型立体选择性药物代谢动力学的机理。叶金翠等[60]研究发现，手性促透剂芳樟醇（图 7-12）会对炔诺酮类手性药物经皮渗透对映选择性产生影响。以炔诺孕酮（图 7-12）为例，当供给液含有 0.3 mol/L 的芳樟醇消旋体时，(*S*)- 炔诺孕酮是 (*R*)- 炔诺孕酮稳态经皮吸收速率的 126%，这可能是芳樟醇消旋体、炔诺孕酮和角质蛋白等皮肤手性物质之间存在的立体选择性相互作用所导致的。

二、手性药物分布的立体选择性

一般而言，药物的脂溶性、药物与血浆蛋白或组织结合能力的强弱决定了药物在体内的分布程度。对于大多数药物，其理化性质影响了药物的分布，基本不存在立体选择性。但是某些药物与血浆蛋白结合以及与组织结合存在立体选择性，影响了药物在体内的分布水平。

（一）手性药物与血浆蛋白结合的立体选择性

手性药物对映体与蛋白质的结合力和亲和力的差异造成了其与血浆蛋白结合的立体选择性现象。药物与血浆蛋白结合的过程主要涉及白蛋白和 α1-酸性糖蛋白（AGP）两种血浆蛋白，白蛋白是药物结合的主要血浆蛋白，人血清白蛋白（HSA）主要与酸性药物结合，有两个主要的结合部位，即华法林部位和地西泮吲哚部位。AGP 主要与碱性药物结合，但 AGP 的量只是 HSA 的 3%，在疾病状态时，AGP 显著增加，这对于与其显著性结合的药物具有较为重要的意义。手性药物与血浆蛋白的这种立体选择性结合是种属依赖性的，且在同一种属内，血浆蛋白结合率可能会存在着个体差异，血浆蛋白的结合部位类似于其他药物受体的部位。有研究表明，血浆蛋白的立体选择性随着总结合率的增加而增加[61]。同一药物两种对映体对两种蛋白有时也会表现出不同的结合力。例如，延胡索乙素（THP，图 7-14）[62]，(R)-THP 与人体血浆蛋白结合率远高于 (S)-THP，这是由于 (R)-THP 对 HSA、AGP 的亲和力高于 (S)-THP，而这一现象在大鼠血浆内并未发现。普萘洛尔对于不同类型的血浆蛋白结合能力存在差异。(R)- 普萘洛尔对于 AGP 的结合能力小于 (S)- 普萘洛尔，但其对 HSA 的结合能力却与之相反。在普萘洛尔与血浆蛋白的结合中，与 AGP 的结合占主要地位，因而 S 异构体在血浆中的蛋白结合力大于 R 异构体。余露山等发现[63]，抗心律失常药物美西律（图 7-14）与蛋白结合的立体选择性是 HSA 与 AGP 综合作用的结果。pH 的差异会影响 HSA 与美西律对映体的结合，当 pH 为 7.4～11.0 时，HSA 对美西律对映体表现出手性识别能力，当 pH 为 5.0～6.0 时，HSA 对美西律的结合能力降低且手性识别能力消失。美西律与 AGP 的立体选择性结合表现出浓度依赖性。AGP 是由 3 个遗传变异体组成的混合物，美西律主要与 AGP 的 F1-S 变异体结合，对不同对映体的识别也主要与该变异体有关。在不同种属中，美西律对映体与血浆蛋白结合的立体选择性不同，与人血浆蛋白结合是 R 构型 >S 构型，在鼠和兔中 S 构型 >R 构型，在 HAS 和牛血清白蛋白中 S 构型 >R 构型，在人 AGP 和牛 AGP 中 R 构型 >S 构型。多沙唑嗪（图 7-14）对人、鼠、犬的血浆蛋白结合力也有明显差异，均表现为消旋体用药后 (S)- 多沙唑嗪非结合态浓度大于 (R)- 多沙唑嗪。在不同种属中，多沙唑嗪的蛋白结合力顺序为鼠 < 人 < 犬，两个对映体之间血浆结合能力的不同可能导致三个种属间药物代谢动力学有所差异[64]。

　　大多数药物在一定程度上可逆地与血浆蛋白结合，高结合的对映体可显著影响药物的血药浓度。手性药物与血浆蛋白立体选择性结合的程度还可能会影响药物代谢动力学参数，如分布容积、总清除率等。对于手性药物的研发来说，其与血浆蛋白结合的立体选择性已经成为非常重要的研究内容。

（二）手性药物与组织结合的立体选择性

　　药物经过吸收后，血浆中药物不同的游离分数、药物与组织结合能力、

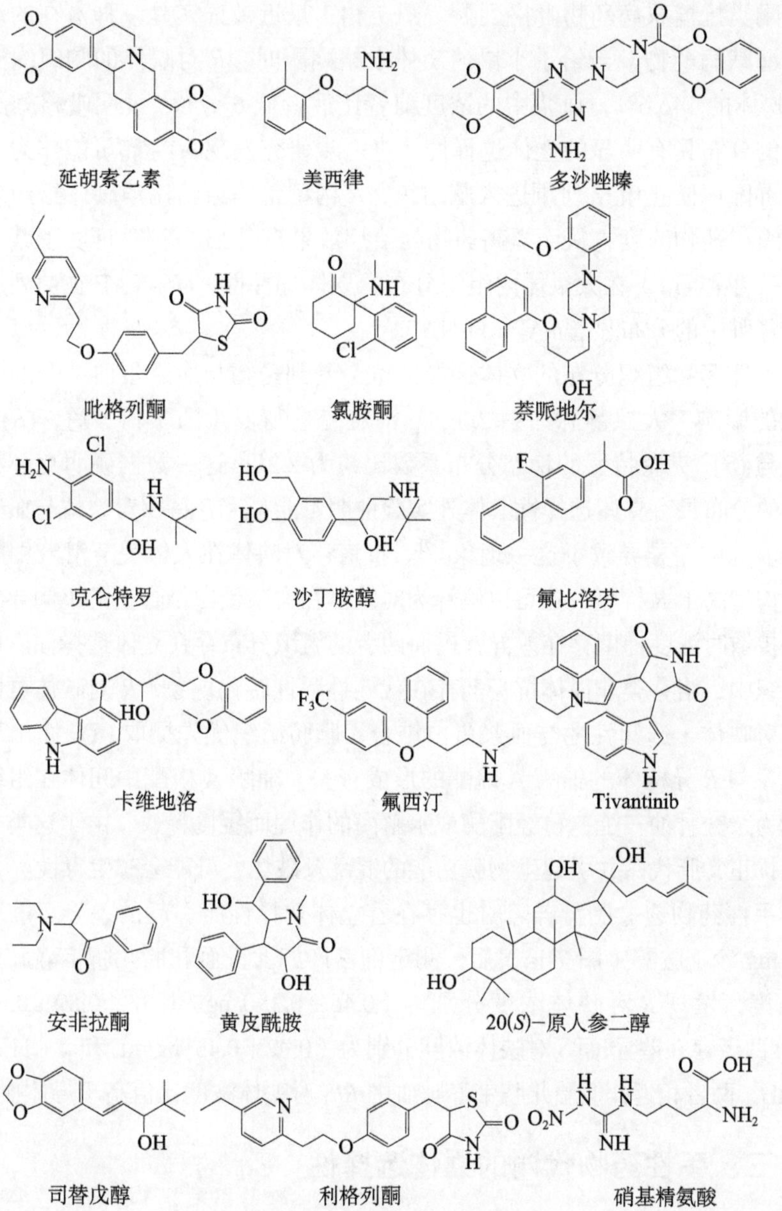

图 7-14 具有立体选择性分布、代谢和排泄差异的手性药物结构

跨膜转运的差异、组织中膜和磷脂等提供的立体选择性环境使药物在不同组织间分布也存在立体选择性。大鼠静注氯胺酮（图 7-14）后，血浆中 S 对映体浓度小于 R 对映体，说明 S 对映体的组织分配系数要大于 R 对映体。噻唑

烷二酮类抗糖尿病药物吡格列酮（图 7-14）最近被证实是一种潜在的治疗阿尔茨海默病药物，当给予小鼠消旋体吡格列酮时，R 对映体的脑组织浓度是 S 对映体的 146.6%，血浆中的浓度前者比后者低 67.7%，证明吡格列酮在脑组织的分布具有明显的立体选择性。进一步研究发现，P-gp 可能作为立体选择性屏障以防止吡格列酮进入脑组织，R 构型单体给药比消旋体给药更能提高脑组织药物浓度，从而提高药物的治疗效果[65]。Liu 等[66]证实了萘哌地尔（NAF，图 7-14）在大鼠体内组织分布的立体选择性，(R)-NAF 在前列腺、肝脏和肾脏中的分布显著高于 (S)-NAF。

手性药物组织分布的立体选择性也会受到药物与血浆蛋白结合的立体选择性的影响。大鼠静脉注射 2mg/kg 消旋克仑特罗（图 7-14）后，(R)- 克仑特罗与 (S)- 克仑特罗的稳态分布系数比约为 2.21，这一数据说明克仑特罗在体内的分布具有立体选择性。体外实验证明可能是克仑特罗对映体与血浆蛋白结合能力的差异导致了这一现象[67]。布洛芬对映体在人体关节滑液中的浓度为 S 构型高于 R 构型，这可以解释为对映体在血浆蛋白结合上的不同导致游离药物扩散时浓度梯度存在差异，进而两者的组织分布存在立体选择性。而在脂肪组织中，洛芬类非甾体抗炎药存在代谢性手性转化现象，R 对映体可以转化为 S 对映体，选择性地与血浆蛋白结合，脂肪组织优先摄取 (R)- 布洛芬，这种现象与 R 异构体的辅酶 A 硫酯的形成有关，辅酶 A 硫酯中间体在组织中结合成为杂交甘油三酯，再经酯酶或水解酶的作用而缓慢释放。由于这类甘油三酯干扰正常脂代谢并引起生物膜功能的混乱及破坏，可能会产生毒性。

手性药物透过胎盘屏障时也存在着立体选择性所引起的差异。静脉注射 0.25 mg 沙丁胺醇（图 7-14）后，测定剖宫产妇女母血和胎儿脐带静脉血中药物浓度，发现 R 对映体浓度分别为（0.46 ± 0.35）ng/mL 和（0.89 ± 0.50）ng/mL，两者存在差异;而 S 对映体浓度分别为（0.92 ± 0.45）ng/mL 和（1.11 ± 0.67）ng/mL，两者相近；但胎儿脐带静脉血中 R/S 对映体浓度比值高于母体血[68]。

三、手性药物代谢的立体选择性

手性药物代谢的立体选择性会影响药物的临床疗效。代谢可以分为三种类型，底物立体选择性、产物立体选择性和底物-产物立体选择性。当代谢产物具有活性时，产物立体选择性就具有重要的意义。

在肝脏中，细胞色素 P450 酶（CYP）和尿苷二磷酸葡萄糖醛酸转移酶（UGT）是影响药物代谢最为主要的酶类。其中 CYP 酶主要参与药物的 I 相代谢，底物广泛且立体化学敏感性强，已被广泛研究。CYP 的多种亚型包括 CYP1A2、CYP2B6、CYP2C9、CYP2C19、CYP2D6、CYP3A4 等均已被证实对多种手性药物表现出立体选择性代谢过程。手性药物的代谢过程很复杂，通常多种代谢途径以不同立体选择性代谢药物的各个对映体，而参与代谢过程的多种酶作用的选择性相互平衡导致药物内在清除率的差异。例如，普萘洛尔有广泛的代谢途径，均表现出了立体选择性。在人体中代谢时 N-脱羟基和对位羟化的选择性是 R 构型 >S 构型，脱氨基和葡萄糖醛酸化的选择性是 S 构型 >R 构型，总的结果是血浆中 S 异构体占优势。然而在犬体内代谢时，N-脱羟基和脱氨基的选择性是 R 构型 >S 构型，对位羟化和葡萄糖醛酸化的选择性是 S 构型 >R 构型，总的结果是 R 异构体占优势。

对映体在代谢过程中，由于与生物大分子形成非对映体复合物而导致底物立体选择性。两种对映体的代谢速率差异会引起两者相对浓度的差异，因而单一对映体和外消旋体的治疗效果可能不同。并且，由于代谢酶的种属差异及可能存在的基因多态性，手性药物的作用难以预测。

苯环壬酯（PC）和噻环壬酯（TC）是我国具有自主知识产权的手性药物和先导化合物。刘颖等[69]分别对两种手性药物在大鼠肝微粒体内的立体选择性代谢进行研究后发现，R 对映体代谢快于 S 对映体，且不同对映体的大鼠体内代谢产物的种类和相对丰度不同，其中 R 对映体代谢产物更为多样，证明代谢酶对 R 对映体的生物转化作用强于 S 对映体。进一步的研究表明，(R)-PC 组 P-gp 的相关基因 Abcb1 和 CYP17A1、CYP1B1、CYP27B1、CYP2B6 和 CYP2C7 基因表达水平均高于 (S)-PC 组。在确定了药物被动转运的跨膜吸收方式以及血浆蛋白结合能力近似相同的情况下，此结果显示了 (R)- 和 (S)-PC 代谢动力学所出现的立体选择性主要产生于体内代谢酶催化的生物转化过程中的立体选择性差异。

UGT 是人体内非常重要的催化 II 相结合反应的酶。选择性 $\alpha1$-肾上腺素受体阻断剂萘哌地尔（NAF）消旋体口服生物利用度很低（大鼠中 9%，人体内 18%），这可能是由肝内广泛且具有立体专一性的代谢所致。Liu 等[70]的研究表明，葡萄糖醛酸化是 NAF 最为主要的代谢途径，(S)-NAF 的葡萄糖醛酸化速率快但程度低。(S)-NAF 的口服生物利用度是 (R)-NAF 的两倍，可能原因是 (S)-NAF 的葡萄糖醛酸化为 (R)-NAF 的一半。在肝微粒体中，卡维地洛（图 7-14）消旋体中的 S 对映体与葡萄糖醛酸结合的活性远高于 R 对映体。在肠微粒体中 S 对映体与葡萄糖醛酸结合的活性在低于 100 μmol/L 底物浓度时高于 R 对映体，但在 200 μmol/L 以上底物浓度的情况下表现出相反的立体选择性（$R>S$）。卡维地洛葡萄糖醛酸结合在人体肝脏和小肠微粒体中具有明显的立体选择性，这可以解释为卡维地洛葡萄糖醛酸化的 UGT 亚型的组织特异性表达。

代谢过程往往是相互竞争的，当药物涉及多种途径共同进行时，两种对映体对于不同代谢途径的倾向性不同，不同的代谢过程可能具有相反的底物立体选择性，而其代谢清除率的差异会通过不同的代谢途径的选择性表现出来。例如，人体内 (S)-华法林主要进行 7-羟化代谢，而 (R)-华法林主要进行 6-羟化代谢与羰基还原代谢反应。若药物可以通过一种以上的途径进行代谢，其内在清除率的立体选择性反映的是各种不同酶的选择性平衡的结果。另外，如果几种同工酶代谢产生相同的产物，每种同工酶也可能会表现出不同的立体选择性。例如，普萘洛尔在两种不同同工酶的作用下进行 4-羟化代谢，只有一种表现出立体选择性，对于氟比洛芬（图 7-14）[71] 的葡萄糖醛酸化反应来说，两种同工酶表现出了相反的立体选择性。

药物代谢酶的基因多态性会对手性药物的代谢产生立体选择性，使得手性药物的代谢过程更为复杂。曾苏等在体外构建了多种 I 相及 II 相药物代谢酶重组酶（包括 CYP2C8、CYP2C9、CYP2C19、CYP2D6 和 UGT1A9 和 UGT2B7 等）及其突变体，应用这些重组酶对氟西汀（图 7-14）[72,73]、普萘洛尔 [74]、布洛芬 [75] 等手性药物的立体选择性代谢进行了相关研究，证实了药物代谢酶的不同亚型对手性药物的代谢呈现出不同程度的立体选择性，手性药物的不同异构体之间的相互作用也会影响药物与酶的结合能力，为深刻理解手性药物的立体选择性代谢机制及临床个体化用药提供了大量的实验数据。

有研究者研究了基因多态性对华法林在短尾猴体内 7-羟基化反应的影响 [76]。(R)-华法林的 7-羟基化反应由 CYP2C19 介导，短尾猴体内的 CYP2C19 与人类具有高度同源性。(S)-华法林的药物代谢动力学参数在突变型纯合子（mut/mut）组、突变型杂合子（wt/mut）组和野生型（wt/wt）组并未表现出明显差异，但是 (R)-华法林的消除半衰期、总清除率等出现了明显的差异。其中 wt/wt 组合中 (R)-华法林的清除率高达 mut/mut 组的 8.14 倍。总体而言，(R)-华法林在短尾猴体内的 7-羟基化作用在 mut/mut 组中较野生型和杂合体中速度较慢。这是由于体外 (R)-华法林的 7-羟基化作用主要由猴肝微粒体中多态 CYP2C19 相互作用，共同催化。相反，由于多种 CYP 酶共同参与了 (S)-华法林的 7-羟基化作用，(S)-华法林在短尾猴中与 CYP2C19 的遗传性变异无关。

此外，性别差异也会对立体选择性代谢造成影响。例如，伊曲康唑四种异构体在大鼠体内代谢存在雌雄差异，相比于雄鼠，雌鼠经过灌胃给药后体内的药时曲线下面积（AUC）、峰浓度高，半衰期长，消除过程缓慢[77]。

通常情况下，若代谢过程中涉及酮还原、卤化、前手性取代基氧化、水解代谢等反应过程，药物可能会发生产物立体选择性，其主要特征为代谢过程中出现手性中心。Tivantinib（图 7-14）是一种口服有效的靶向抗肿瘤药，Nishiya 等[78] 研究了该药物及其四种主要代谢产物的体外代谢情况，证明了 CYP2C19 可以催化 Tivantinib 羟基化代谢物 M5 的生成，但对于 M5 的立体异构体 M4 的生成却没有催化活性。CYP3A4/5 对于 M4 和 M5 的生成均存在催化活性。另外，相比于 M5，抗利尿剂（ADH）倾向于催化 M4 成为酮代谢物 M6。因此，在 Tivantinib 的代谢过程中，CYP2C19 具有立体选择性羟基化作用，同时 ADH 的催化氧化作用具有明显的底物立体选择性。

近年来，有关核受体与药物代谢酶基因诱导表达机制的研究成了热点。核受体在体内分布广泛，调控的靶基因涉及众多药物代谢酶及转运体，可对药物或毒物在体内的处置，如吸收、分布、代谢及排泄等过程产生重要的影响[79]。以孕烷 X 受体（PXR）为例，PXR 调控的药物代谢酶非常广泛，包括 I 相代谢酶 CYP3A4、CYP2B6、CYP2C9、CYP2C18、CYP2C19、CYP7A1 等，II 相代谢酶 UGT、谷胱甘肽-S-转移酶（GSTs）和硫酸基转移酶（SULTs）。Rulcova 等[80] 考察了华法林对映体与 PXR 的相互作用，采用 RT-PCR 研究原代人肝细胞中华法林对映体对 PXR 靶基因 mRNA 的上调作用，证明 (R)- 华法林是 PXR 强配体，可以显著上调原代人肝细胞中 CYP3A4 和 CYP2C9 的 mRNA 表达，推断 (R)- 华法林及其羟基化代谢物会导致药物-药物相互作用并影响 (S)- 华法林的代谢过程。这也为我们研究手性药物的立体选择性代谢机理及药物-药物相互作用提供了一个非常有益的启示。

四、手性药物排泄的立体选择性

肾脏是药物排泄的主要器官，除了肾小球过滤没有立体选择性外，肾小管主动分泌、主动和被动重吸收过程均表现出立体选择性，使得某些药物的肾脏清除率表现出一定的立体选择性，也可以认为多种原因造成了立体选择性排泄。安非拉酮葡萄糖醛酸代谢物的尿药实验证明，苏式氢化安非拉酮是游离安非拉酮（图 7-14）主要的代谢产物，赤式和羟基化安非拉酮次之。苏式氢化安非拉酮约占尿中总体安非拉酮代谢物的 50%，表现出明显的立体选择性。另外，尿中主要的安非拉酮葡萄糖醛酸代谢物中 (R, R)- 羟基化安非拉酮葡萄糖醛酸化物最多，其余代谢产物浓度也存在不同程度的差异。葡萄糖醛酸代谢物分别约占尿中羟基化安非拉酮、赤式氢化安非拉酮、苏式氢化安非拉酮总浓度的 40%、15% 和 7%[81]。甲基苯丙胺（MA）的代谢产物安非他明（AMP）和对羟甲基苯丙胺（pOH-MA）的形成和消除表现出明显的对映选择性。(S)-AMP 的形成量（7%）约为 (R)-AMP 的（2%）的 3.5 倍,(S)-MA（42%）的排泄量低于 (R)-MA（52%），(S)-pOH-MA 的尿排泄量略高于 (R)-pOH-MA。介导这一转化的药酶 CYP2D6，对于 MA 的类似物亚甲二氧基甲基苯丙胺的 S 异构体具有更好的亲和力[82]，可以推测这一现象可能是由于 MA 转化为 AMP 过程具有立体选择性,(R)-MA 转化成为 (R)-AMP 和 (R)-pOH-MA 的量较少[83]。

目前对于药物胆汁分泌的主动过程中所呈现出的立体选择性报道较少，但该过程已被证明存在立体选择性。吴祥猛等[84]通过考察口服灌胃给予大鼠 20(S)-原人参二醇（图 7-14）24R 差向异构体或 24S 差向异构体在尿液、粪便和胆汁中的排泄情况发现，其具有显著的立体选择性胆汁排泄现象。在口服给药后 48 h 内，24R 差向异构体和 24S 差向异构体胆汁排泄累积量分别为给药剂量的 8.01% 和 1.47%，R 构型为 S 构型的 5.4 倍。由于在相同给药剂量下，R 构型的药时曲线下面积是 S 构型的 20 倍，可以推测胆汁排泄中这对异构体的立体选择性差异可能是由它们的吸收差异造成的。Zhu 等[85]的研究表明，口服和静脉注射黄皮酰胺（CLA，图 7-14）对映体的大鼠存在代谢动力学立体选择性，主要表现为排泄和首过代谢的差异。(S)-CLA 的粪便排泄量占给药量的 13.9%，(R)-CLA 仅占 6.1%。而 (R)-CLA 的胆汁排泄量占给药量的 17.2%，(S)-CLA 仅为 5.5%。这可能与肝脏上皮细胞的 P-gp 转运蛋白的主动流出或肝肠循环的再吸收有关。

五、手性转化

有部分手性药物在体内会发生手性转化现象，使一种对映体转化为另一种对映体，最终代谢过程会相对复杂化，目前这方面研究较少，研究难度较大。其机理主要有两个，其一是对映体存在可以与中间体结合的基团从而引起差向立体异构化，代表药物为布洛芬；其二是存在相反的代谢结果从而引起差向立体异构化，司替戊醇（图 7-14）就是经过此机制进行手性转化的。利格列酮（图 7-14）[86]是一种新型的过氧化物酶体增殖物激活受体 γ 激动剂，在体外具有明显的可逆性手性转化现象。在磷酸盐缓冲液（PBS）中 R 异构体和 S 异构体的手性转化速率大致相同，可观察到明显的外消旋化作用。在大鼠血浆中，R 异构体转化率高于 S 异构体，k_{RS} 与 k_{SR} 比值为 3.81。在人体和猴的血浆中，上述比值分别为 0.547 和 0.665，说明该药物具有明显的手性转化现象，且手性转化存在种属差异。

早期的研究表明，D-硝基精氨酸（D-NNA，图 7-14）和 L-NNA 存在着手性转化 [87]。以往人们认为高等生物只选择利用 L-氨基酸，随着研究的深入，D-氨基酸在人、大鼠、小鼠等的大脑中被检测出，并且证明了其参与并影响着一定的生理功能。王永祥等 [88] 首次提出并证明了约有 40% 的 D-NNA 在体内存在单向手性转化现象，提出 D-NNA 手性转化的两步反应机制，并证明了肾源性 D-氨基酸氧化酶和特异转氨酶共同介导此手性转化作用，这是一个全新的手性体内药物转化通路的发现。

手性药物代谢动力学过程较为复杂，种属与个体差异、生理和病理情况、剂型与给药途径等都会对对映体的药理作用产生影响。有研究者考察了炎症对布洛芬在大鼠体内立体选择性药物代谢动力学及手性转化的影响 [89]，给予佐剂性关节炎（AA）大鼠静脉注射消旋体、(R)-布洛芬和 (S)-布洛芬，AA 大鼠体内布洛芬的总清除率（CL_{tot}）显著增大，推测可能与在 AA 大鼠体内血清白蛋白水平降低从而导致血浆中游离布洛芬增加有关。静脉注射消旋体布洛芬后，(R)-布洛芬的 CL_{tot} 显著增加，证实炎症会对布洛芬的立体选择性药物代谢动力学产生影响，进而影响药物的疗效。

手性药物的对映体有着类似的理化性质，在体内外手性环境中却表现出高度的立体选择性，导致药效学和药物代谢动力学存在较大差异。生物活性及体内过程的立体选择性共同影响了手性药物的临床应用。随着手性药物的发展，其立体选择性的研究不断进行，手性识别的分析方法必不可少。极为复杂的手性转化和手性相互作用研究，更加需要建立具有立体特异性的测定方法，以获得正确的结果。

第六节　手性药物的相互作用

由于体内生物大分子（如蛋白质、核酸、多糖）常常具有不同的立体构型，手性药物对映体间空间构象上的差异可导致与生物大分子的亲和力显著不同。当两个对映体与血浆蛋白、靶受体发生竞争性结合时，两者之间将发生相互作用。

手性药物的相互作用，主要有以下类型。

一、外消旋体药物中对映体间发生的相互作用

（一）药效学相互作用

1. 协同作用

手性药物对映体由于与不同受体的亲和力不同，当联合给药时可能会产生药效协同作用。例如，(S)- 普萘洛尔的 β 受体激动作用比 R 异构体强 100 倍，而 R 异构体对钠通道具有阻断作用。两者在治疗心律失常时有协同作用，消旋体治疗心律失常的作用较单一对映体效果好。(S)- 多巴酚丁胺（图 7-15）为 α 受体激动剂，对 β 受体激动作用较轻微；而 R 异构体为 β 受体激动剂，对 α 受体激动作用较轻微。因此消旋体给药能增加心肌收缩力，但不加快心率和升高血压。曲马多（图 7-15）由于其中枢性镇痛效果显著而成瘾性低，故而在临床上得到广泛使用。(R)- 曲马多可抑制 5-羟色胺的再摄取和促进 5-羟色胺的基础释放，其活性代谢物 (R)-O-去甲基曲马多还可激动 μ-阿片受体。(S)- 曲马多可抑制去甲肾上腺素的再摄取和加强刺激诱发去甲肾上腺素的释放。曲马多两个对映体功能上互补，可改善患者的耐受性和增强镇痛效果。在乙酸诱发小鼠腹部收缩试验中，曲马多消旋体、R 异构体和 S 异构体的 ED_{50} 分别为 8.9 μg、14.1 μg 和 35.0 μg，表明两个对映体具有协同作用[90]。

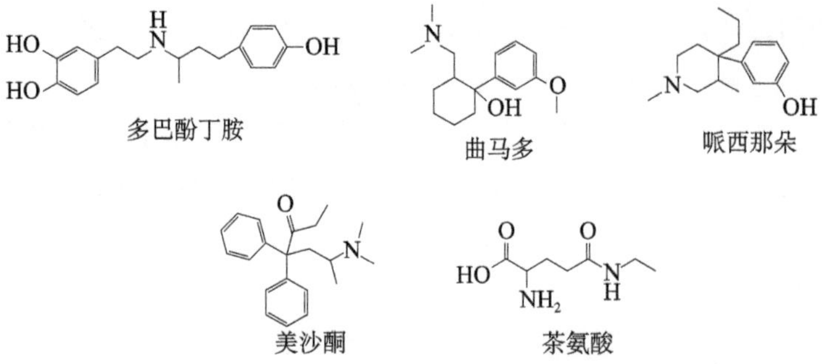

图 7-15 对映体之间药物相互作用具有立体选择性差异的手性药物结构

2. 拮抗作用

研究发现，有些手性药物的两个对映体作用于同一受体，其中一个对映体产生激动作用，而另一个则产生拮抗作用。例如，(R)- 哌西那朵（图 7-15）是阿片受体激动剂，而 (S)- 哌西那朵是阿片受体拮抗剂，只是 (R)- 哌西那朵的激动作用比 (S)- 哌西那朵强，所以消旋体表现出的整体作用仍为激动作用。又如，(R)- 扎考必利是 5-HT3 受体拮抗剂，而 (S)- 扎考必利则为受体激

动剂[91]。一些二氢吡啶类钙通道阻滞剂对映体之间有拮抗作用。(S)- 美沙酮（图 7-15）能显著减弱其对映异构体的缩瞳作用和对呼吸的影响。多巴酚丁胺消旋体给药能增加心肌收缩力，但不加快心率和升高血压。表现出对映体药效拮抗作用的还有依托唑林、Bay-K-8644、异丙肾上腺素等。

（二）药物代谢动力学相互作用

1. 吸收

药物吸收主要有主动转运和被动扩散两种方式，由于对映体本身的理化性质相同，以被动扩散吸收为主的手性药物一般不呈现立体选择性。但是，由于细胞膜载体（转运体）可立体选择性识别手性药物的对映体，部分以主动转运吸收为主的对映体的吸收行为出现显著的差异[55]。茶氨酸（图 7-15）具有降压和辅助抑制肿瘤的作用，研究发现口服给予茶氨酸单一对映体后，右旋茶氨酸的药时曲线下面积（AUC）低于左旋茶氨酸。口服给予茶氨酸消旋体与单一对映体相比，两个对映体的峰浓度 c_{max} 均显著降低，而腹腔注射给予茶氨酸消旋体后血浆中左旋和右旋茶氨酸的药物浓度相近，说明茶氨酸两对映体肠道吸收呈现竞争性。(R)- 多沙唑嗪可以竞争性抑制 (S)- 多沙唑嗪在大鼠肠道的吸收，导致 (S)- 多沙唑嗪的系统暴露水平明显增加[92]。

人体胃肠道表达了大量的摄取型和外排型药物转运体，手性药物的对映体与这些转运体结合时常发生竞争性抑制作用，导致对映体吸收具有立体选择性。例如，非甾体抗炎药氟比洛芬、布洛芬和萘普生等对人体有机阴离子转运体 1（hOAT1）具有立体选择性抑制作用，S 异构体的抑制作用强于 R 异构体，且两个对映体间显示竞争性抑制作用[93]。另外，一些手性药物还可以调节药物转运体的表达水平，对映体间的这种调节作用通常是同向的，只是作用强弱可能存在立体选择性，但也可能是相反的。(R)- 西替利嗪能提高磷酸糖蛋白（P-gp）的表达，而 (S)- 西替利嗪则是降低 P-gp 的表达[94]。当这类手性药物与其他药物联合用药时，需注意由对映体对药物转运体表达和功能影响的立体选择性而导致的其他药物的吸收差异。

2. 分布

药物在体内的分布主要由药物分子跨膜分配系数和血浆、组织蛋白结合力所决定。酸性药物主要与白蛋白结合，而碱性药物主要与 α1-酸性糖蛋白结合。手性药物对映体与血浆和组织蛋白的结合力或亲和力不同造成了对映体分布的选择性。血浆蛋白结合的立体选择性主要是由于对映体在与血清白蛋白或α1-酸性糖蛋白的结合上发生竞争，从而影响某些药物的代谢动力学参数，如分布容积、总清除率等。例如，布洛芬对映体竞争性地与血清白蛋白结合，R异构体的蛋白结合能力显著高于S异构体，使游离药物浓度中S/R的比值显著升高，有助于提高外消旋体的疗效。美西律对映体可同时与血清白蛋白和α1-酸性糖蛋白结合，但是它们的立体选择性却是相反的。与血清白蛋白结合时，S异构体的结合率大于R异构体，但与α1-酸性糖蛋白结合时却相反[63]。此外，一些手性药物的组织分布也表现出立体选择性，这种选择性除与血浆蛋白中药物游离分数有关外，也和药物与组织结合、跨膜转运等表现出来的立体选择性相互作用相关。

3. 代谢

手性药物对映体在代谢过程中常发生相互作用，这是导致两个对映体在药理活性、毒性和药物代谢动力学上不同的重要原因之一。Afshar等研究抗心律失常药物普罗帕酮代谢立体选择性时发现，单独给药S异构体和R异构体的体内清除率分别是服用等量外消旋体的1.42倍和1.55倍，说明(R)-普罗帕酮能竞争抑制(S)-普罗帕酮的代谢清除[95]。体外微粒体孵育实验也表明，(R)-普罗帕酮能竞争抑制S异构体的代谢，且抑制常数小于S异构体，其机制可能是因为R体竞争性地抑制它们共同的代谢酶CYP2D6。对映体间的相互作用可导致服用消旋普罗帕酮比等量S异构体表现出更明显的β受体阻滞作用。CYP2D6慢代谢型者体内普罗帕酮的浓度较高，β受体阻滞作用较强，R异构体对S异构体的代谢清除抑制作用将使其β受体阻滞性更明显，容易引起有关不良反应。苯丙胺的两个对映体可在肝微粒体水平发生相互抑制作用，(R)-苯丙胺的羟化代谢速率高于(S)-苯丙胺，但(S)-苯丙胺与氧化酶具有较强的亲和力，从而竞争性抑制了(R)-苯丙胺与酶的结合，故当以消旋体形式给药时，(S)-苯丙胺反而被优先代谢。临床上对映体间可能发生代谢性相互作用的药物（化合物）还有很多，如华法林、奥美拉唑、氯安非他明、氧氟沙星、尼古丁、尼群地平、西沙必利、布尼洛尔等。

药物代谢酶的遗传多态性使得不同个体间药物代谢特征可能存在明显的差异，这是临床精准药学研究的一个重要方面。手性药物对映体间代谢性相互作用在代谢酶的不同亚型中也可能存在明显的差异。例如，CYP2C9是催化氟西汀代谢生成诺氟西汀的酶之一，人体中CYP2C9存在多种突变体酶。研究发现，氟西汀对映体经CYP2C9代谢的过程中存在代谢性相互作用，而且这种相互作用在野生型和突变体酶中存在差异[73]。(S)-氟西汀对(R)-氟西

汀代谢抑制 IC_{50} 值在 CYP2C9 野生型、CYP2C9*2、CYP2C9*3、CYP2C9*13 和 CYP2C9*16 五种酶中都大于 57 μmol/L，表现为较弱的抑制作用。但是，(R)- 氟西汀对 (S)- 氟西汀代谢抑制 IC_{50} 值在 CYP2C9*2 中为 6.3 μmol/L，在 CYP2C9 野生型和 CYP2C9*16 中为 21 μmol/L 左右，在 CYP2C9*3 和 CYP2C9*13 中大于 57.8 μmol/L。

二、其他药物与对映体发生选择性的相互作用

外消旋体药物给药时除了应考虑对映体之间的相互作用外，各对映体与合用药间是否存在立体选择性相互作用也是一个需要关注的方面。早期的临床研究已经报道了许多手性药物与其他药物合用导致药物代谢动力学发生立体选择性改变的现象。随着药物代谢技术水平的不断提高，人们发现对映体与合用药间的相互作用可发生在 ADME 的各个环节，药物转运体和药物代谢酶在其中发挥了重要的作用。

（一）改变对映体的立体选择性

奎尼丁能使异喹胍快代谢者美托洛尔的药物代谢动力学立体选择性消失。维拉帕米对普萘洛尔和美托洛尔的抑制作用具有立体选择性。与维拉帕米合用后，(R)- 普萘洛尔的口服清除率下降更为明显，但由于对 (S)- 普萘洛尔的血药浓度影响较小，所以合并用药并未发生具有临床意义的相互作用。若发生类似的药物代谢动力学变化，且一个对映体的毒性较大，就有可能发生不良反应。人肝微粒体孵育试验表明，维拉帕米能抑制美托洛尔的 α-羟化反应和 O-去甲基化反应，但对 α-羟化反应的抑制无对映选择性，而对 O-去甲基化反应的抑制有对映选择性，(R)- 美托洛尔的受抑制程度大于 S 异构体。维拉帕米消旋体和西咪替丁合用后，人血浆中 (S)- 维拉帕米的浓度增加幅度（150.4%）明显高于 (R)- 维拉帕米的增加幅度（117.8%）。因为 (S)- 维拉帕米的药理活性是主要的，所以合用西咪替丁使血中维拉帕米的有效对映体比值增高，使其药效增加，应考虑减少维拉帕米的用药剂量。保泰松（图7-16）与华法林消旋体合用，能增强华法林的抗凝作用，对华法林对映体的测定结果表明，保泰松抑制高活性的 (S)- 华法林的清除，同时促进 (R)- 华法林的清除，而使消旋体药物总血浆浓度无变化，这也解释了临床上的这一矛盾。

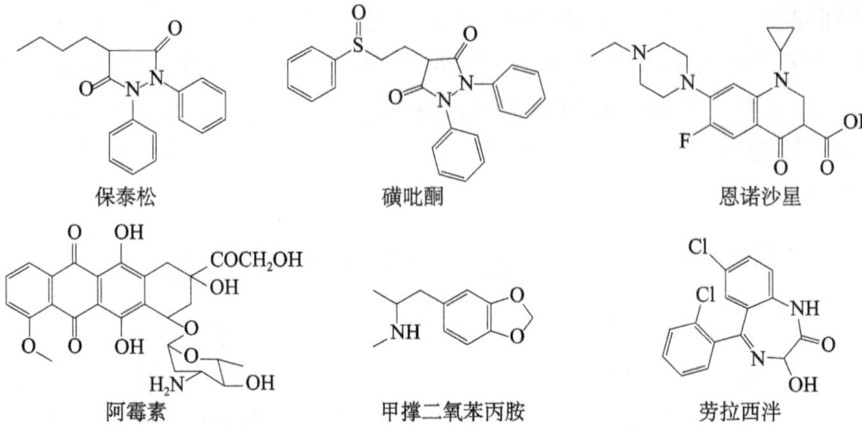

图 7-16　与其他药物的相互作用具有立体选择性的手性药物结构

保泰松　　磺吡酮　　恩诺沙星
阿霉素　　甲撑二氧苯丙胺　　劳拉西泮

（二）对映体间立体选择性竞争作用

当同时与其他药物合用时，对映体之间的代谢也可存在立体选择性竞争作用，导致对映体间的代谢表现出显著的差异。抗凝剂华法林 R 异构体主要由 CYP3A4 介导代谢为 10-羟基华法林，部分经 CYP1A2 代谢为 6-羟基华法林，而 (S)- 华法林由 CYP2C9 代谢为 7-羟基华法林。因此，经这些酶代谢的许多药物与华法林合用时会产生潜在的代谢性相互作用，从而影响华法林的抗凝效应。保泰松和磺吡酮（图 7-16）能选择性地与 (S)- 华法林作用；恩诺沙星（图7-16）则与 (R)- 华法林作用；苯磺丁脲显著抑制 (S)- 华法林的代谢清除，但促进 (R)- 华法林的清除，这就导致 (S)- 华法林浓度的维持时间增加且 S/R 比例改变，使抗凝作用时间延长。西咪替丁与 (S)- 华法林的作用不明显，但抑制 (R)- 华法林的氧化代谢，显著增加其血浆半衰期。卡马西平对华法林对映体代谢抑制作用也具有立体选择性，(S)- 华法林受抑制程度远大于 R 异构体，其机制为卡马西平选择性地抑制了 (S)- 华法林的代谢酶 CYP2C9，而 (R)- 华法林代谢产物 10-羟基华法林血药浓度较高，使得抗凝血活性显著增加[96]。抗心律失常药物维拉帕米体内立体选择性代谢主要发生首过效应，与抗真菌药物酮康唑联用可抑制维拉帕米肠代谢，对 S 异构体较 R 异构体作用显著。因此对映体与并用药经共同代谢酶调节时，应尽可能避免活性对映体受影响，或通过调整用药剂量，减轻不良反应。

（三）药物转运的立体选择性

药物的跨膜转运，如胃肠道的吸收和肾小管的排泄和重吸收常受药物转运体的介导。药物对映体与合用药物可在药物转运体结合位点上发生直接相互作用，也可通过调节药物转运体的表达水平间接发生相互作用。非索非那定对映体在体内均依靠 P-gp 转运，同时服用 P-gp 抑制剂伊曲康唑或维拉帕米，(S)- 非索非那定的转运更易受影响。维拉帕米、吲哚美辛、雷尼替丁和丙磺舒能立体选择性调节西替利嗪对映体的跨膜转运，这与 P-gp 和 MRP 转运体相关 [54]。延胡索乙素对映体能立体选择性降低 P-gp 的蛋白表达水平，提高 P-gp 底物阿霉素（图 7-16）进入细胞的浓度，从而增强其细胞毒性 [97]。非甾体抗炎药可立体选择性降低氨甲蝶呤的体内清除率，研究发现，非甾体抗炎药及其葡萄糖醛酸代谢物是通过抑制肾脏中多药耐药蛋白 MRP2 和 MRP4 的功能导致了甲氨蝶呤清除率降低 [98]。一些内源性物质的转运也可能受到手性化合物的立体选择性作用。例如，甲撑二氧苯丙胺（图 7-16）对映体可立体选择性抑制大鼠多巴胺和去甲肾上腺素转运体，S 异构体的抑制作用明显高于 R 异构体，导致体内神经递质的转运发生异常。该结果表明，神经化学类物质的 ADME 立体选择性研究不应被忽视 [99]。

（四）血浆蛋白结合的立体选择性

一般认为只有游离型药物才具有药物活性。当两种药物联合应用时，蛋白结合能力较强的药物分子占领结合部位，使其他药物不能得到充分的结合，以致后者的游离部分增多、药效 / 毒性增强。同时，一些药物还可使血浆蛋白发生变构，增加其他药物的蛋白结合率 [100]。例如，(S)- 劳拉西泮（图 7-16）乙酸酯可使 HSA 发生变构，引起(S)-华法林与 HSA 的结合率增加。

（五）代谢途径的立体选择性

研究手性药物相互作用有时能意外地发现一些体内过程的特异性。合用 CYP1A2 专属抑制剂氟伏沙明后，美沙酮两个对映体的血药浓度均增加，且增加幅度相同。而合用 CYP2D6 强抑制剂氟西汀后，两个对映体中只有 (R)-美沙酮的血药浓度显著增加。相互作用结果表明，美沙酮经 CYP2D6 代谢有立体选择性（$R>S$），而经 CYP1A2 的代谢无立体选择性。因此，若消旋体药物有多条代谢途径，应考虑并用药物对每条代谢途径有无立体选择性影响。

第七节 展　望

手性药物的研制可以导致药效作用的增加，或者毒副作用的减少，或导致一个具有全新药理作用的药物产生，在新药研发中具有重要意义，是未来新药研发的方向之一[101]。目前，手性药物研究已经取得了巨大的成就，其中中国科学家也做出了突出贡献，特别是在手性药物设计[102]、手性药物代谢及体内过程[68]研究领域，如国内上市的具有自主知识产权的高血压药物苯磺酸左旋氨氯地平。尽管通过手性合成或者手性拆分技术可以获得对映体纯的药物原料，但是，在我国手性药物研发中，手性药物设计的理论和技术还缺乏原始创新和智能化，手性药物与生物大分子的相互作用机理、体内过程的立体选择性更是复杂多变，需要构建新的研究体系。另外，手性药物研发的全程创新还需要与手性化合物立体选择性制备（包括生物合成）、分析技术和手性药用材料等加强学科交叉，紧密结合。

一、手性药物设计展望

（一）通过引入非常规氨基酸设计手性药物

氨基酸的结构中同时含有氨基和羧基官能团，还连有可以变化的侧链，这些官能团和侧链氨基酸的手性中心结合在一起，形成三维的立体空间结构。这些氨基酸，特别是非常规的氨基酸，可直接用，也可以作为手性合成子参与手性药物结构的构建，为手性药物的设计提供更多的空间[103]。

（二）通过螺环引导的方法设计手性药物

螺环是含有手性轴的分子结构，构成螺环的两个环以中心的螺碳原子为核心呈互为垂直关系，具有特定的结构特征。在药物设计中，一方面可以利用天然产物或分子中已有的螺环结构进行手性药物的设计，形成特定空间三维结构的手性药物。例如，新型的质子泵（H^+/K^+-ATP 酶）抑制剂 7-1 中的取代苯乙基侧链和氢化萘酮母核分别有效地占据了 H^+/K^+-ATP 酶的 LP-1 和 LP-2 口袋，显示出很好的抑制胃酸分泌作用（图 7-17）[104]。

另一方面，通过引入小螺环结构还可以起到固定侧链空间走向的作用。在进行一些对空间具有特定构象需求的药物设计时，可引入含有三元环的螺环结构以起到固定侧链空间走向的作用[105]。

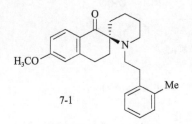
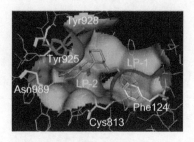

图 7-17　化合物 7-1 与 H⁺/K⁺-ATP 酶结合示意图

（三）通过结构固定方法设计手性药物

对药物分子的立体结构或药效构象进行分析，通过引入环状结构，利用环状化合物的刚性特点，起到固定药效基团和手性中心的作用。例如，Zhou 等在分析微管抑制剂抗肿瘤药物秋水仙碱（图 7-18）和考布他汀 A4（Combretastatin A4，CA-4，图 7-18）结构的基础上，设计含有 β-内酰胺环的化合物，利用 β-内酰胺环对 CA-4 中的药效基团起到固定作用，获得具有较好活性的抗肿瘤化合物 7-2（图 7-18）[106]。

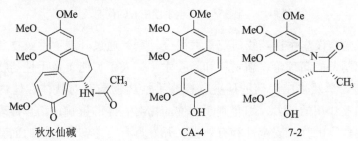

图 7-18　秋水仙碱、考布他汀 A4 和化合物 7-2 的结构

二、手性药物体内处置机理

目前，手性药物的药理学和毒理学立体选择性作用机理，手性药物的转运、吸收、分布、代谢和排泄的立体选择性机理的研究还不够系统、深入。例如，含有前手性碳原子的药物进入生物体内也可能发生多种立体选择性的生物化学反应，生成新的手性中心（图 7-19）。而上述立体选择性生物学效应所涉及的酶及其催化机理、基因调节网络、酶蛋白与酶蛋白的相互作用及机理等都有待深入研究[107,108]。

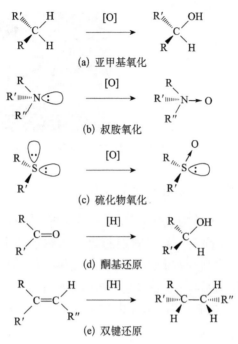

(a) 亚甲基氧化

(b) 叔胺氧化

(c) 硫化物氧化

(d) 酮基还原

(e) 双键还原

图 7-19　生物体内产生手性中心的代谢反应

　　建议国家设立手性药物研究重大研究计划，通过开展手性药物及其制剂的设计和制备的新理论、新材料和新技术（如人工智能）及手性药物代谢动力学、药效学及临床用药的研究，探究手性药物与其对映体在体内处置和与靶标相互作用的差异，综合判断手性药物对人体的影响，结合毒理学数据阐明手性药物的临床安全性和有效性，开发具有自主知识产权的创新手性药物。同时，在手性药物选择时，明确对映体间生物活性的差异，找出立体异构体的最优组成，制定有效的质量控制手段，保证手性成分的稳定性和安全性。

参 考 文 献

[1] Imaeda T, Ono K, Nakai K, et al. Discovery, synthesis, and structure-activity relations of 3,4-dihydro-1*H*-spiro(naphthalene-2,20-piperidin)-1-ones as potassium-competitive acid blockers. Bioorg Med Chem, 2017, 25(14): 3719-3735.

[2] 刘丹，潘莉，李晓强，等. 盐酸川丁特罗的合成工艺研究. 中国药物化学杂志，2012，22(4): 282-285.

[3] 郝智慧, 张予阳, 潘丽, 等. 新型 β₂ 受体激动剂 2-(4-氨基-3-氯-5-三氟甲基苯基)-2-叔丁氨基-乙醇盐酸盐对映异构体抗哮喘作用的比较. 沈阳药科大学学报, 2008, 25(6): 484-488.

[4] Dubois A, Savasta M, Curet O, et al. Autoradiographic distribution of the D1 agonist [^{3}H]SKF 38393, in the rat brain and spinal cord. Comparison with the distribution of D2 dopamine receptors. Neurosci, 1986, 19(1): 125-137.

[5] Oliver W C, Nuttall G A, Cherry K J, et al. A comparison of fenoldopam with dopamine and sodium nitroprusside in patients undergoing cross-clamping of the abdominal aorta. Anesth Analg, 2006, 103(4): 833-840.

[6] Li J, Zhao J, Hamer-Maansson J E, et al. Pharmacokinetic properties of esomeprazole in adolescent patients aged 12 to 17 years with symptoms of gastroesophageal reflux disease: a randomized, open-label study. Clin Ther, 2006, 28(3): 419-427.

[7] Man H W, Schafer P, Wong L M, et al. Discovery of (*S*)-*N*-{2-[1-(3-ethoxy-4-methoxyphenyl)-2-methanesulfonylethyl]-1,3-dioxo-2,3-dihydro-1*H*-isoindol-4-yl}acetamide (Apremilast), a potent and orally active phosphodiesterase 4 and tumor necrosis factor-α inhibitor. J Med Chem, 2009, 52(6): 1522-1524.

[8] Siegrist R, Pozzi D, Jacob G, et al. Structure-activity relationship, drug metabolism and pharmacokinetics properties optimization, and *in vivo* studies of new brain penetrant triple t-type calcium channel blockers. J Med Chem, 2016, 59(23): 10661-10675.

[9] Chu S, Liu S, Duan W, et al. The anti-dementia drug candidate, (−)-clausenamide, improves memory impairment through its multi-target effect. Pharmacol Ther, 2016, 162: 179-187.

[10] Bao X Y, Snurr R Q, Broadbelt L J. Insights into the complexity of chiral recognition by a three-point model. Micropor Mesopor Mat, 2013, 172: 44-50.

[11] Zhu C P, Jiang F, Wang R Q, et al. Comparison of efficacy and safety of hyoscine butylbromide versusanisodamine for acute gastric or intestinal spasm-like pain: a randomized, double-blind and multi-center Phase III trial. J Dig Dis. 2017,18(8): 453-460.

[12] 王维剑, 杨娜, 黄萍. 左氧氟沙星-*N*-氧化物对映体的手性分离研究. 中国药学杂志, 2015, 50(9): 814-815.

[13] Srinivas N R, Barr W H, Shyu W C, et al. Bioequivalence of two tablet formulations of nadolol using single and multiple dose data: assessment using stereospecific and nonstereospecific assays. J Pharm Sci, 1996, 85(3): 299-303.

[14] Carley D W, Depoortere H, Radulovacki, M. *R*-zacopride, a 5-HT3 antagonist/5-HT4 agonist, reduces sleep apneas in rats. Pharmacol Biochem Behav, 2001, 69(1-2): 283-289.

[15] 李同荟, 高玲娜, 孙家安, 等. 多沙唑嗪对映体诱发大鼠心房肌收缩力变化的作用机制. 中国药理学通报, 2014, 30(7): 989-994.

[16] Yang B K, Zhang J C, Han M. Comparison of *R*-ketamine and rapastinel antidepressant effects in the social defeat stress model of depression. Psychopharmacology, 2016, 233(19-20): 3647-3657.

[17] Marley A, Connolly D. Determination of (*R*)-timolol in (*S*)-timolol maleate active pharmaceutical ingredient: validation of a new supercritical fluid chromatography method with an established normal phase liquid chromatography method. J Chromatogr A, 2014, 1325: 213-220.

[18] Titus J, Siehl H U, Zeller, K P, et al. The enantiomeric carvone of krause mint and caraway: no disputes about taste. Chemie In Unserer Zeit, 2017, 51(2): 96-105.

[19] Ravid U, Putievsky E, Katzir I, et al. Chiral GC analysis of (*S*)(dextro)- and (*R*)(levo)-carvone with high enantiomeric purity in caraway, dill and spearmint oils. J Flavour and Fragrance, 1992, 7(5): 289-292.

[20] Khandavalli P C, Spiess O, Boehm O M. Synthesis of desfluorinated nebivolol isomers. J Org Chem, 2015, 80(8): 3965-3973.

[21] Haage P, Kronstrand R, Carlsson B, et al. Quantitation of the enantiomers of tramadol and its three main metabolites in human whole blood using LC-MS/MS. J Pharm Biomed Anal, 2016, 119: 1-9.

[22] Budău M, Hancu G, Rusu A, et al. Chirality of modern antidepressants: an overview. Adv Pharm Bull, 2017, 7(4): 495-500.

[23] Hong Y J, Tang Y H, Zeng S. Enantioselective plasma protein binding of propafenone: mechanism, drug interaction, and species difference. Chirality, 2009, 21(7): 692-698.

[24] Borowiecki P, Paprocki D, Dranka M. First chemoenzymatic stereodivergent synthesis of both enantiomers of promethazine and ethopropazine. Beilstein J Org Chem, 2014, 10: 3038-3055.

[25] Shen Z W, Lv C, Zeng S. Significance and challenges of stereoselectivity assessing methods in drug metabolism. J Pharm Anal, 2016, 6(1): 1-10.

[26] Patel N S, Alain R S. Pharmacokinetics of metformin and *R,S*-verapamil in four lineages of mini-swine. Drug Metab Rev, 2015, 47(S1): 85-86.

[27] Ikuta H, Kawase A, Iwaki M. Stereoselective pharmacokinetics and chiral inversion of ibuprofen in adjuvant-induced arthritic rats. Drug Metab Dispo, 2017, 45(3): 316-324.

[28] Nielsen C U, Rasmussen R N, Mo J Y. A transporter of ibuprofen is upregulated in MDCK I cells under hyperosmotic culture conditions. Mol Pharmaceut, 2016, 13(9): 3119-3129.

[29] Kulo A, Smits A, Maleškić S, et al. Enantiomer-specific ketorolac pharmacokinetics in young women, including pregnancy and postpartum period. Basic Med Sci, 2017, 17(1): 54-60.

[30] Koyanagi T, Nakanishi Y, Murayama N. Age-related changes of hepatic clearances of cytochrome P450 probes, midazolam and *R*-/*S*-warfarin in combination with caffeine, omeprazole and metoprolol in cynomolgus monkeys using *in vitro-in vivo* correlation. Xenobiotica, 2015, 45(4): 312-321.

[31] Chan E, Hegde A, Chen X. Effect of rutin on warfarin anticoagulation and pharmacokinetics of warfarin enantiomers in rats. J Pharm Pharmacol, 2009, 61(4): 451-458.

[32] Menard C, Lamiable D, Vistelle R, et a1. Stereoselective biotransfomation of cicletanine in cultured rat and human hepatocytes. Pharmacol Res, 2000, 42(1): 87-92.

[33] Stepankova M, Pastorkova B, Bachleda P, et al. Itraconazole cis-diastereoisomers activate aryl hydrocarbon receptor AhR and pregnane X receptor PXR and induce CYP1A1 in human cell lines and human hepatocytes. Toxicology, 2017,383: 40-49.

[34] 孙继红, 王志强, 顾兴丽, 等. 左旋和右旋奥硝唑对小鼠中枢神经系统毒副作用的比较研究. 中国药科大学学报, 2008, 39(4): 343-347.

[35] 滕再进, 王志强, 马荔, 等. 左旋和右旋奥硝唑对犬神经毒性的比较研究. 中国抗生素杂志, 2014, 39 (10): 791-794.

[36] 陈珂, 孙继红, 王志强, 等. 奥硝唑对映体对小鼠中枢抑制作用研究. 中国药科大学学报, 2012,43(3): 271-274.

[37] Mane S. Racemic drug resolution: a comprehensive guide. Anal Methods,2016, 8(42): 7567-7586.

[38] Lin T H, Lee S O, Niu Y J. Differential androgen deprivation therapies with anti-androgens casodex/bicalutamide or MDV3100/enzalutamide versus anti-androgen receptor ASC-J9 (R) lead to promotion versus suppression of prostate cancer metastasis. J Biol Chem, 2013, 288(27): 19359-19369.

[39] Fro mmeyer G, Fischer C, Ellermann C, et al. Additive proarrhythmic effect of combined treatment with QT-prolonging agents. Cardiovasc Toxicol, 2018 ,18(1): 84-90.

[40] Trivedi S, Schiltz B, Kanipakam R, et al. Effect of ondansetron on QT interval in patients cared for in the PICU. Pediatr Crit Care Med, 2016 ,17(7): e317-323.

[41] 张鲲, 解华, 田月洁. 昂丹司琼致 QT 间期延长的研究进展. 中国新药杂志, 2013, 22(13): 1525-1529.

[42] Magyar K, Szende B, Jenei V. *R*-deprenyl: pharmacological spectrum of its activity. Neurochem Res, 2010, 35(12): 1922-1932.

[43] Tran A N, Koo J Y. Risk of systemic toxicity with topical lidocaine/prilocaine: a review. J Drugs Dermatol, 2014, 13(9): 1118-1122.

[44] 李更, 王丽韫, 郑建全, 等. 盐酸苯环壬酯左旋体及光学异构体抗动物晕动病药效学研究. 中华航空航天医学杂志, 2004, 4 (2): 87-91.

[45] Ye X Q, Liu Y, Li F X. Biomarkers of oxidative stress in the assessment of enantioselective toxicity of chiral pesticides. Curr Protein Pept Sci, 2017,18(1): 33-40.

[46] Ribeiro A, Afonso C, Castro P, et al. Chiral pharmaceuticals in diverse enviro nmental matrices: occurrence, removal and toxicity. Quimica Nova,2016,39(5): 598-607.

[47] Stott D, Bolten M, Paraschiv D, et al. Maternal ethnicity and its impact on the haemodynamic and blood pressure response to labetalol for the treatment of antenatal hypertension. Open Heart, 2016, 3(1): e000351.

[48] Malergue M C, Bruneval P, Czitrom D, et al. Fatal dynamic mitral regurgitation as a presentation of benfluorex-induced valvular heart toxicity. Int J Cardiol, 2015,184: 549-551.

[49] 吴晓明, 王勇. 手性药物的开发、审评与评价. 药品评价, 2011, 8(2): 24-26.

[50] USFDA. Development of New Stereoisomeric Drugs. 1992

[51] Krasulova K, Siller M, Holas O, et al. Enantiospecific effects of chiral drugs on cytochrome P450 inhibition *in vitro*. Xenobiotica, 2016, 46(4): 315-324.

[52] Wade D N, Mearrick P T, Morris J L. Active transport of L-Dopa in the intestine. Nature, 1973, 242(5398): 463-465.

[53] 王建忠. 比卡鲁胺对映异构体的手性拆分与药物代谢动力学研究. 上海:上海交通大学, 2011.

[54] Zhou Q, Yu L S, Zeng S. Stereoselectivity of chiral drug transport: a focus on enantiomer-transporter interaction. Drug Metab Rev, 2014, 46(3): 283-290.

[55] He Y, Liu Y, Zeng S. Stereoselective and multiple carrier-mediated transport of cetirizine across Caco-2 cell monolayers with potential drug interaction. Chirality, 2010, 22(7): 684-692.

[56] Narawa T, Yano T, Itoh T. Stereoselective recognition of amethopterin enantiomers by the rat proton-coupled folate transporter. Drug Metab Pharmacokinet, 2015, 38(4): 545-551.

[57] Hanley M J, Cancalon P, Widmer W, et al. The effect of grapefruit juice on drug disposition. Expert Opin Drug Metab Toxicol, 2011, 7(3): 267-286.

[58] Akamine Y, Miura M, Komori H, et al. The change of pharmacokinetics of fexofenadine enantiomers through the single and simultaneous grapefruit juice ingestion. Drug Metab Pharmacokinet, 2015, 30(5): 352-357.

[59] Thorn H A,Sjogren E,Dickinson P A, et al. Binding processes determine the stereoselective intestinal and hepatic extraction of verapamil *in vivo*. Mol Pharmaceut, 2012, 9(11): 3034-3045.

[60] 叶金翠. 手性药物经皮渗透的对映选择性及其制剂处方因素研究. 杭州：浙江大学, 2010.

[61] Yu L, Pu J, Zuo M, et al. Hepatic glucuronidation of isoneochamaejasmin a from the

traditional Chinese medicine *Stellera chamaejasme* L. Root. Drug Metab Dispos, 2014, 42(4): 735-743.

[62] Sun D L, Huang S D, Wu P S, et al. Stereoselective protein binding of tetrahydropalmatine enantiomers in human plasma, HSA, and AGP, but not in rat plasma. Chirality, 2010, 22(6): 618-623.

[63] Yu L, Hong Y, Li L, et al. Enantioselective drug-protein interaction between mexiletine and plasma protein. J Pharm Pharmacol, 2012, 64(6): 792-801.

[64] 孙家安. 多沙唑嗪对映体在动物心血管系统的手性药理学研究. 石家庄: 河北医科大学, 2013.

[65] Chang K L, Pee H N, Yang S, et al. Influence of drug transporters and stereoselectivity on the brain penetration of pioglitazone as a potential medicine against Alzheimer's disease. Sci Rep, 2015, 5: 9000.

[66] Liu X, Zhang X, Huang J, et al. Enantiospecific determination of naftopidil by RRLC-MS/MS reveals stereoselective pharmacokinetics and tissue distributions in rats. J Pharm Biomed Anal, 2015, 112(1): 147-154.

[67] Hirosawa I, Mai I, Ogino M, et al. Enantioselective disposition of clenbuterol in rats. Biopharm Drug Dispo, 2014, 35(4): 207-217.

[68] 曾苏, 王胜浩, 杨波. 手性药理学与手性药物分析. 北京: 科学出版社, 2009.

[69] 刘颖. 手性分子苯环壬酯和噻环壬酯立体选择性代谢差异的机制研究. 北京: 首都医科大学, 2011.

[70] Liu X, Zhu L, Huang B, et al. Poor and enantioselective bioavailability of naftopidil enantiomers is due to extensive and stereoselective metabolism in rat liver. J Pharm Biomed Anal, 2017, 132(1): 165-172.

[71] Wang H N, Yuan L M, Zeng S. Characterizing the effect of UDP-glucuronosyltransferase (UGT) 2B7 and UGT1A9 genetic polymorphisms on enantioselective glucuronidation of flurbiprofen. Biochem Pharmacol, 2011, 82(11): 1757-1763.

[72] Wang Z, Wang S, Huang M, et al. Characterizing the effect of cytochrome P450 (CYP) 2C8, CYP2C9, and CYP2D6 genetic polymorphisms on stereoselective *N*-demethylation of fluoxetine. Chirality, 2014, 26(3): 166-173.

[73] Yu L, Wang S, Jiang H, et al. Simultaneous determination of fluoxetine and norfluoxetine enantiomers using isotope discrimination mass spectroscopy solution method and its application in the CYP2C9-mediated stereoselective interactions. J Chromatogr A, 2012, 1236: 97-104.

[74] Kong L M, Qian M R, Hu H H, et al. Comparison of catalytical activity and stereoselectivity between the recombinant human cytochrome P450 2D6. 1 and 2D6. 10. Pharmazie, 2012,

67(5): 440-447.

[75] Yu L, Shi D, Ma L, et al. Influence of CYP2C8 polymorphisms on the hydroxylation metabolism of paclitaxel, repaglinide and ibuprofen enantiomers *in vitro*. Biopharm Drug Dispo, 2013, 34(5): 278-287.

[76] Utoh M, Yoshikawa T, Hayashi Y, et al. Slow *R*-warfarin 7-hydroxylation mediated by P450 2C19 genetic variants in cynomolgus monkeys *in vivo*. Biochem Pharmacol, 2015, 95(2): 110-114.

[77] 臧云娜, 孙建国, 阿基业, 等. 伊曲康唑 4 种异构体在大鼠体内的药物代谢动力学比较. 中国药科大学学报, 2015, 46(3): 339-344.

[78] Nishiya Y, Nakai D, Urasaki Y, et al. Stereoselective hydroxylation by CYP2C19 and oxidation by ADH4 in the metabolism of tivantinib. Xenobiotica, 2016, 42(2): 1-10.

[79] 刘志浩, 李燕. 核受体对药物代谢酶和转运体的调控. 药学学报, 2012, 47(12): 1575-1581.

[80] Rulcova A, Prokopova I, Krausova L, et al. Stereoselective interactions of warfarin enantiomers with the pregnane X nuclear receptor in gene regulation of major drug-metabolizing cytochrome P450 enzymes. J Thromb Haemost, 2010, 8(12): 2708-2717.

[81] Gufford B T, Lu J B, Metzger I F, et al. Stereoselective glucuronidation of bupropion metabolites *in vitro* and *in vivo*. Drug Metab Dispo, 2016, 19(6): 694-701.

[82] Li L, Everhart T, Iii P J, et al. Stereoselectivity in the human metabolism of methamphetamine. Br J Clin Pharmacol, 2010, 69(2): 187-192.

[83] Meyer M R, Peters F T, Maurer H H. The role of human hepatic cytochrome P450 isozymes in the metabolism of racemic 3,4-methylenedioxyethylamphetamine and its single enantiomers. Drug Metab Dispo, 2009, 36(11): 2345-2354.

[84] 吴祥猛, 王莉, 倪莹莹, 等. 20(*S*)- 原人参二醇奥克梯隆型差向异构体大鼠排泄研究. 中国中药杂志, 2014, 39(7): 1306-1310.

[85] Zhu C J, Wang L J, Hua F, et al. Stereoselective excretion and first-pass metabolism of clausenamide enantiomers. Eur J Pharm Sci, 2013, 49(4): 761-766.

[86] Takashi I, Fujiko T, Tomoko I, et al. Stereoselectivity in pharmacokinetics of rivoglitazone, a novel peroxisome proliferator-activated receptor γ agonist, in rats and monkeys: model-based pharmacokinetic analysis and *in vitro-in vivo* extrapolation approach. J Pharm Sci, 2013, 102(9): 3174-3188.

[87] 辛艳飞. D-硝基精氨酸体内手性转化机制的研究. 上海: 上海交通大学, 2005.

[88] Wang Y X, Gong N, Xin Y F, et al. Biological implications of oxidation and unidirectional chiral inversion of D-amino acids. Curr Drug Metab, 2012, 13(3): 321-331.

[89] Ikuta H, Kawase A, Iwaki M. Stereoselective pharmacokinetics and chiral inversion of

ibuprofen in adjuvant-induced arthritic rats. Drug Metab Dispos, 2017, 45(3): 316-324.

[90] Raffa R B, Friderichs E, ReimannW, et al. Complementary and synergistic antinociceptive interaction between the enantiomers of tramadol. J Pharmacol Exp Ther, 1993, 267(1): 331-340.

[91] Middiefell V C, Price T L. 5-HT3 receptor agonist may be responsible for the emetic effects of zacopride in the ferret. Br J Pharmacol, 1991, 103(1): 1011-1012.

[92] Li Q, Kong D, Du Q, et al. Enantioselective pharmacokinetics of doxazosin and pharmacokinetic interaction between the isomers in rats. Chirality, 2015, 27(10): 738-744.

[93] Honjo H, Uwai Y, Aoki Y, et al. Stereoselective inhibitory effect of flurbiprofen, ibuprofen and naproxen on human organic anion transporters hOAT1 and hOAT3. Biopharm Drug Dispos, 2011, 32(9): 518-524.

[94] Shen S, He Y, Zeng S. Stereoselective regulation of MDR1 expression in Caco-2 cells by cetirizine enantiomers. Chirality, 2007, 19(6): 485-490.

[95] Afshar M, Thormann W. Capillary electrophoretic investigation of the enantioselective metabolism of propafenone by human cytochrome P-450 supersomes: evidence for atypical kinetics by CYP2D6 and CYP3A4. Electrophoresis, 2006, 27 (8): 1526-1536.

[96] Herman D, Locatelli I, Grabnar I, et al. The influence of co-treatment with carbamazepine, amiodarone and statins on warfarin metabolism and maintenance dose. Eur J Clin Pharmacol, 2006, 62(4): 291-296.

[97] Sun S Y, Chen Z J, Li L, et al. The two enantiomers of tetrahydropalmatine are inhibitors of P-gp, but not inhibitors of MRP1 or BCRP. Xenobiotica, 2012, 42(12): 1197-1205.

[98] Kawase A, Yamamoto T, Egashira S, et al. Stereoselective inhibition of methotrexate excretion by glucuronides of nonsteroidal anti-inflammatory drugs via multidrug resistance proteins 2 and 4. J Pharmacol Exp Ther, 2016, 356(2): 366-374.

[99] Kolanos R, Partilla J S, Baumann M H, et al. Stereoselective actions of methylenedioxypyrovalerone (MDPV) to inhibit dopamine and norepinephrine transporters and facilitate intracranial self-stimulation in rats. ACS Chem Neurosci, 2015, 6(5): 771-777.

[100] Shen Q, Wang L, Zhou H, et al. Stereoselective binding of chiral drugs to plasma proteins. Acta Pharmacol Sin, 2013, 34(8): 998-1006.

[101] Calcaterra A, D'Acquarica I. The market of chiral drugs: chiral switches versus de novo enantiomerically pure compounds. J Pharm Biomed Anal, 2018, 147: 323-340.

[102] 尤启冬, 林国强. 手性药物研究与评价. 北京: 化学工业出版社, 2011.

[103] Blaskovich M A T. Unusual amino acids in medicinal chemistry. J Med Chem, 2016, 59(24): 10807-10836.

[104] Wu S C, Li Y, Xu G X, et al. Novel spiropyrazolone antitumor scaffold with potent activity:

design, synthesis and structure-activity relationship. Eur J Med Chem, 2016, 115(1): 141-147.

[105] Micheli F, Bacchi A, Braggio S, et al. 1,2,4-triazolyl 5-azaspiro[2.4]heptanes: lead identification and early lead optimization of a new series of potent and selective dopamine D3 receptor antagonists. J Med Chem, 2016, 59(18): 8549-8576.

[106] Zhou P F, Liu Y, Zhou L, et al. Potent antitumor activities and structure basis of the chiral β-lactam bridged analogue of combretastatin A-4 binding to tubulin. J Med Chem, 2016, 59(22): 10329-10334.

[107] Bhateria M, Rachumallu R, Yerrabelli S, et al. Insight into stereoselective disposition of enantiomers of a potent antithrombotic agent, S002-333 following administration of the racemic compound to mice. Eur J Pharm Sci, 2017, 101(1): 107-114.

[108] Singh J B. Antidepressant efficacy and dosing comparisons of ketamine enantiomers: response to hashimoto. Am J Psychiatry, 2016, 173(10): 1045-1046.

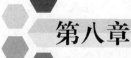

第八章
手性农药的环境行为与生态安全

刘维屏　赵美蓉　赵　璐

第一节　引　言

手性农药（chiral pesticides）是指分子具有手性的农用化学品，分为外消旋和非外消旋手性农药，单一对映体组成的手性农药称为光学纯手性农药[1]。由于单一对映体合成、分离技术及成本等原因，市场上大量手性农药为高效对映体过量的非外消旋手性农药，称为高效对映体过量手性农药（农用化学品中称为富高效手性农药）。由于生物体内的蛋白质、酶、核酸、糖类等大分子具有高度的立体选择性，手性农药在进入生物体后，对映体的生物吸收、转化及与功能蛋白的相互作用都可能显示出较大的差异，从而使手性农药对靶标生物活性、非靶标生物毒性及环境行为（迁移、转化及归趋等）都可能具有对映选择性[2]。

手性农药使用量大、面广，环境介质中均有不同水平的残留，对生态安全和人类健康造成了影响。近年来，国内外学者在对映体水平上对手性农药的环境行为、生物转化、毒性效应及其可能的分子机理进行了系统的研究。尤其是我国科学家先后建立了对近百种手性农药分离分析的方法，获得了纯的对映体标样，为随后的毒理学评价和机制研究提供了强大的技术支持[3]。同时在不同的研究模型上，就手性农药的急慢性毒性、氧化损伤、内分泌干扰效应、神经毒性、生殖发育毒性、免疫毒性等的对映选择性进行了系统的研究。目前的研究已经充分证实了手性农药在靶标活性、非靶标毒性及环境安全等方面普遍存在对映选择性，即某一个对映体的靶标活性和非靶标毒性效应有明显的差异，环境过程中的代谢、降解有明显的差异。已有的研究为准确评价手性农药的活性、环境安全性、健康风险和开发手性农药的高效安全构型提供了重要的理论和技术支持[4]。

手性农药占农药市场的份额逐年上升，特别是我国，手性农药市场占有率已超过了 40%[3]。在市售的近千个农药品种中，近 200 个品种被证实其某个对映体具有较高的活性，其中包括拟除虫菊酯类、有机磷类、三唑类、苯氧羧酸类和酰胺类农药等。尽管已经证实手性农药环境安全存在对映体差异，由于单一对映体合成方面存在技术瓶颈，仅有很少数的手性农药以单一对映体的形式销售。酰胺类除草剂异丙甲草胺（又称都尔，Dual）和杀菌剂甲霜灵、苯氧丙酸类除草剂和拟除虫菊酯类杀虫剂，以及十几个来源于自然界的提取物，如鱼藤酮、春雷霉素等的富高效手性农药商业化产品相对较多。除草剂 (S)- 异丙甲草胺（精都尔）和杀菌剂 (R)- 甲霜灵（精甲霜灵）是其中的典型代表，也是最早实现商业化的高效对映体过量手性农药。精都尔含 80% 的 (S)- 异丙甲草胺，精甲霜灵含 70% 的 (R)- 甲霜灵。

除了正在使用的手性农药，手性农药环境安全还存在另一个特别值得重视的问题，即已经被禁用，但环境中检出率极高的持久性有机污染物（persistent organic pollutants，POPs）类农药（如 o, p'-DDT、α-六六六、氯丹以及三氯杀虫酯等）的生态安全和健康风险的评价还缺少基于对映体的数据。目前，关于手性农药的环境法规和限量标准仍然把手性农药的不同对映体视为同一化合物。这些法规的科学性亟待提升，以实现对手性农药环境安全的精准评估。同时，开展手性农药药效和环境安全的研究也将促进手性农药合成和生产向更加精准的方向发展。

第二节　手性农药对映体生物效应评价方法

早期为满足发展手性农药高效对映体的需求，对手性农药的评价主要集中在对靶标的生物活性（即药效）评价上。这方面的研究方法和体系相对成熟，主要是用对映体纯的小样根据药理进行模拟试验（半制备小样）和靶标生物药效直接试验（工业拆分技术产品）相结合。近年来，随着研究的深入，手性农药对非靶标生物环境安全性的研究体系依托于化合物风险评价方法有了长足的发展，先后建立了多种环境流行病学、试验动物、模式植物、细胞等体外模型和计算毒理学相结合的综合评价体系，完成了数十种手性农药对非靶标生物体内分泌系统、免疫系统、神经系统等毒性效应的对映选择性研究。现有研究结果表明拟除虫菊酯、有机磷、有机氯、苯氧丙酸及咪唑啉酮等手性农药引起的非靶标毒性效应都呈现不同程度的对映选择性。

至今，手性农药的环境安全研究一直受分析方法和对映体纯标样获取的制约。制备单一对映体或者某一对映体过量的手性农药通常有下列两条途径：一是手性拆分，二是定向不对称合成。

手性农药的拆分方法很多，主要有结晶法、化学拆分法、生物拆分法、色谱拆分法等。色谱拆分法是最有效的一种，色谱分离对映体主要有薄层色谱、气相色谱、高效液相色谱、毛细管电色谱和超临界流体色谱等。虽然色谱拆分法在手性农药的拆分上应用比较广泛，但要考虑固定相、流动相、柱温、流速、待测物性质等因素，而且操作过程费时费力，投入经费较多。

手性农药的合成已成为立体选择性合成领域的研究热点。手性拟除虫菊酯类杀虫剂早期的合成技术是差向异构技术。除此之外，酶催化合成或水解、不对称环丙烷化反应、不对称羟氰化反应等也被用于手性拟除虫菊酯类杀虫剂的合成。手性除草剂 (S)- 异丙甲草胺、杀菌剂 (R)- 甲霜灵等合成采用的是不对称催化加氢技术。光学活性农药合成过程中往往需要一些手性中间体。例如，手性三氟甲基胺、手性氰醇、2,3-二丁醇、1-（4-甲氧基）苯基乙醇（MOPE）、硝基仲醇等光学纯手性醇及其衍生物都是手性农药合成的重要中间体。在生产加工中，可以根据需求选择相应的中间体，利用适当的合成方法得到手性农药。手性农药不对称合成技术还需进一步提升，为后续研究和应用提供基础。

手性农药的急性毒性：手性农药急性毒性的研究是认识其环境安全性的基础，也是对非靶标生物高浓度、短期暴露毒性效应甄别的主要手段。急性毒性主要是指机体（人或试验生物）一次或 24 h 内多次接触外源化学物质后在短期内所产生的毒性效应。这种毒性效应包括外观改变、大体形态变化、行为方式改变及死亡效应等，最主要的观察指标是半数致死量（50% lethal dose，LD_{50}）。研究者常以对农药作用敏感、遗传背景清晰、操作简单的生物为模式生物，如大型溞、网纹水溞、蛤蜊、小龙虾、草虾、斑马鱼等水生生物，蝌蚪、青蛙等两栖类生物以及小鼠等哺乳动物等。

手性农药的慢性毒性：慢性毒性是指化学物质对生物体长期低剂量作用后所产生的毒性，手性农药慢性毒性的研究主要是评估非靶标生物及人类长时间暴露于低剂量手性农药中产生毒性效应的对映选择性及机制。常用的评价手性农药潜在慢性毒性的指标有内分泌干扰效应、神经毒性、免疫毒性、生殖毒性、发育毒性和肝细胞毒性等。其中内分泌干扰效应及生殖毒性和发育毒性近年来研究较为深入。

外源性内分泌干扰物通过模拟或拮抗内源性激素、改变天然激素的合成和代谢模式、改变激素受体表达水平等途径产生的内分泌干扰作用逐渐引起了人们的关注[5]。神经内分泌系统和免疫系统通过共用细胞因子、激素、神经递质、神经肽等构成复杂网络体系，以下丘脑—垂体—肾上腺（HPA）轴为中心，调节生物体各项功能，使其内环境保持相对稳定[6,7]。生殖系统作为内分泌系统三大分支之一，下丘脑—垂体—性腺（HPG）轴通过各种激素参与实现反馈与负反馈，在生物体生殖调控中起着关键作用。HPG 轴上的关键分子无论从结构上还是功能上都可能是环境污染物的潜在靶点，尤其是具有内分泌干扰作用的化合物[8]。胚胎期和幼年时期是生物体发育的重要敏感窗口期，该时期外源性污染物的吸收和积累可能会严重影响到胚胎发育和器官形成，导致发育畸形甚至死亡等不可逆转的伤害。手性农药中联苯菊酯、氟虫腈、三氯杀虫酯、o,p'-DDT 等引起的内分泌干扰效应及生殖发育毒性的对映体差异已被证实。产生这些效应的原因主要是手性农药不同对映体与受体或其他靶标生物大分子作用模式的差异，或手性农药在生物体内生物转化与吸收的对映体差异。

第三节　手性农药的种类与发展

一、有机氯类手性农药

有机氯农药（organochlorine pesticides，OCPs）是一系列分子结构中含有氯元素的有机农药。2001 年 5 月 23 日，联合国环境署（UNEP）在瑞典首都通过的《斯德哥尔摩公约》确认了第一批 12 种持久性有机污染物（POPs），其中艾氏剂（aldrin）、狄氏剂（dieldrin）、异狄氏剂（endrin）、氯丹（chlordane）、滴滴涕（DDT）、七氯（heptachlor）、灭蚁灵（mirex）、毒杀酚（toxaphene）、六氯苯（hexachlorobenzene）都是有机氯农药。从立体化学结构看它们大多具有手性。例如，o,p'-DDT、cis-氯丹（CC）、trans-氯丹（TC）、环氧七氯、氧化氯丹、七氯和毒杀酚等分子中存在手性中心。又如，后来被提议增列为 POPs 的六六六（HCH）也具有手性。这些农药具有 POPs

的特点：持久性、半挥发性、能够进行长距离迁移、易生物积累并沿着食物链逐级放大以及高毒性效应（包括生殖毒性、神经毒性和内分泌干扰特性）等。这类农药已成为全球性的环境问题。

二、苯氧羧酸类手性农药

苯氧羧酸类农药是第一类投入商业生产的选择性除草剂，主要用作茎叶处理剂，用于防除一年生和多年生的阔叶杂草。1941 年，波科尼合成了第一个苯氧羧酸类除草剂 2,4-滴，1942 年，齐默尔曼和希契科克首次报道了 2,4-滴具有植物激素的作用。1944 年，美国农业部报道了 2,4-滴的除草效果，后因其用量少、成本低而一直是世界主要的除草剂品种之一。苯氧羧酸类除草剂的基本化学结构如图 8-1 所示。

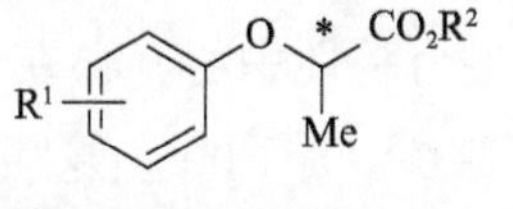

图 8-1　苯氧羧酸类除草剂的基本化学结构

由于苯环上的取代基和取代位置不同，以及羧酸碳原子数目的不同，会形成不同的苯氧羧酸类除草剂品种。当对位是芳氧基时就会形成重要的芳氧苯氧羧酸酯类除草剂，其中最普遍使用的是芳氧苯氧丙酸酯类（aryloxyphenoxypropionate，APP）除草剂。芳氧苯氧羧酸酯类除草剂基本的化学结构如图 8-2 所示。

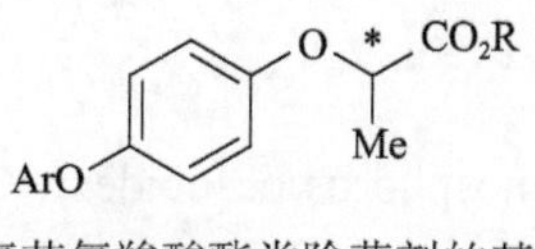

图 8-2　芳氧苯氧羧酸酯类除草剂的基本化学结构

从化学结构式可以看出，苯氧羧酸类除草剂一般至少含有一个手性中心，其 R 对映体能有效抑制靶酶活性，阻断杂草体内赤霉素和生长素的形成，比 S 对映体表现出更高的除草活性。常用的苯氧羧酸类除草剂主要有苯氧羧酸类的 2,4-滴、2,4-滴丙酸、2,4-氯丙酸、2,4-滴异辛酯等，以及 APP 类的禾草灵、吡氟禾草灵、噁唑禾草灵和喹禾草灵等。APP 类除草剂的 R 对映体为高效异构体，S 对映体比 R 对映体的药效低甚至无效。因此，以 R 对映体为主的光学活性苯氧羧酸类除草剂产品得到了广泛的开发和使用，如精喹禾灵、精吡氟禾草灵、高效氟吡禾草灵、精噁唑禾草灵、炔草酯、氰氟草酯等。

三、三唑类手性农药

三唑类农药是 20 世纪 60 年代初期发展起来的杀菌剂，具有广谱、高效等优点。人们发现 N-甲基碳上的取代基团可以被其他很多基团所取代，而其生物活性保持不变或有所提高。通过取代基的变化（如苯基可以被五元或六元杂环、各种饱和或不饱和的烷基、酯、酮等官能团或桥连基团所取代），合成并筛选出一批具有高效杀菌活性的三唑类化合物。同时，部分三唑类农药可用作植物生长调节剂，如烯效唑、多效唑等。

目前，在各类杀菌剂中，三唑类杀菌剂的销售量居首位。目前商品化的 30 多种三唑类农药产品中，75% 以上具有手性结构，但大部分三唑类手性农药仍以外消旋体形式销售和使用，仅有烯唑醇和烯效唑实现了光学纯形式的商品化应用。三唑类农药化学结构上的共同特点是含有 1,2,4-三唑环（图 8-3），分子中一般含有 1 个手性中心，存在 1 对对映体，如戊唑醇、己唑醇、烯唑醇、粉唑醇、三唑酮、腈菌唑、氟咪唑、戊菌唑、硅氟唑等；或含有 2 个手性中心，存在 2 对对映体，4 个立体异构体，如三唑醇、环唑醇、多效唑、丙环唑、双苯三唑醇、抑霉唑、抑芽唑等。

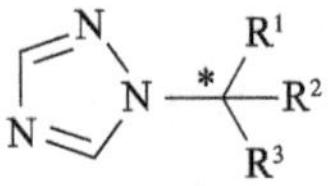

图 8-3　手性三唑类杀菌剂的基本结构

四、有机磷类手性农药

有机磷农药（organophosphorus pesticides，OPs）是目前世界上使用最广的农药类别之一，被广泛用作杀虫剂、杀菌剂和除草剂。OPs 对昆虫、哺乳动物及其他生物产生急性毒性的主要原因是其对乙酰胆碱酯酶（acetylcholinesterase，AChE）的抑制，导致神经元突触信号传递的化学物质乙酰胆碱（acetylcholine，ACh）累积。手性 OPs 可分为三类：一是手性中心在磷原子上，二是在碳原子上，三是同时具有碳、磷 2 个手性中心。当磷原子上有 3 个不同基团和一个氧原子（或者硫原子）时，称为手性磷原子，它与手性碳原子一样具有正四面体结构，可以形成对映异构体（图 8-4）。具有磷手性中心的 OPs 包括灭虫威、灭蝇磷等磷酸酯，丙硫磷、甲丙硫磷、丙溴磷等硫代硫酸酯，对溴磷等磷酸酯，沙林、索曼等氟磷酸酯，苯硫磷、溴苯磷、苯腈磷和地虫硫磷等硫逐磷酸酯，甲胺磷、乙酰甲胺磷、异柳磷、育畜磷、克线磷和水胺硫磷等磷酰胺，蔬果磷、噻唑磷和吡唑硫磷等含杂环 OPs。具有碳手性中心的 OPs 包括敌百虫、二溴磷、马拉硫磷、稻丰散、草铵膦等。同时具有碳、磷两个手性中心的 OPs 包括噻唑磷、氯胺磷、甲基氯胺磷、异马拉硫磷等。极少数 OPs 含有硫手性中心，如丰索磷。

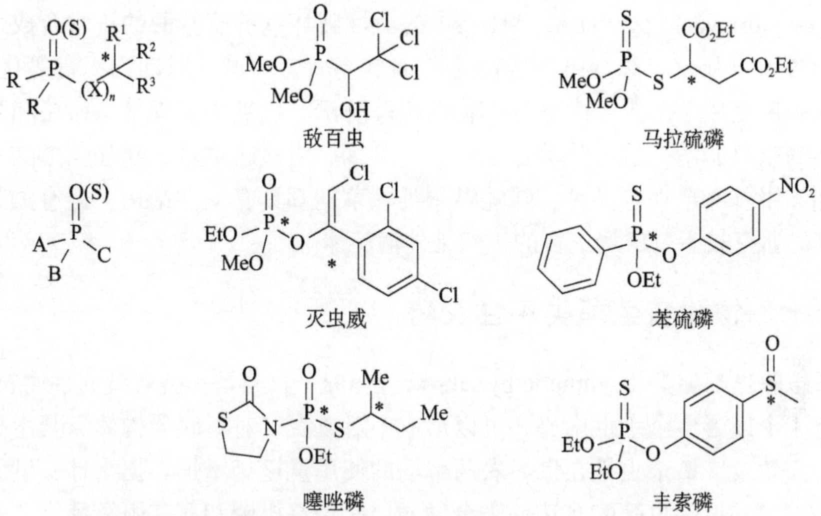

图 8-4 典型手性有机磷农药的结构和代表性手性有机磷农药

五、酰胺类手性农药

酰胺类手性农药都具有共同的酰胺基团（—CONH—），可分为两类，一类是甲霜灵、苯霜灵、氟霜灵等杀菌剂，用于防治霜霉病菌、疫霉病菌和腐病菌引起的霜霉病以及果蔬疫霉病，一般具有 1 个手性中心；另一类是甲草胺、乙草胺、丙草胺、丁草胺等除草剂，是目前广泛应用的芽前阔叶杂草除草剂，一般具有阻转异构的手性轴。酰胺类除草剂在近代农田化学除草剂中占有重要的地位，2010~2011 年平均销售额达 26 亿美元，仅次于世界第一大类除草剂有机磷除草剂。异丙甲草胺具有 1 个手性轴和 1 个手性碳，有 4 个立体异构体，其除草活性主要来自碳手性中心为 S 构型的两个异构体，而 R 构型的两个异构体具有致突变的作用。目前，以 S 异构体为主的精异丙甲草胺正逐步取代外消旋异丙甲草胺。

六、咪唑啉酮类手性农药

咪唑啉酮类除草剂是 20 世纪 80 年代由美国氰胺公司（现归属德国巴斯夫公司）开发成功的一类高效、广谱、低毒除草剂。该类除草剂主要通过叶和根迅速被吸收，经木质部与韧皮部传导，积累于分生组织中，通过抑制其靶标酶乙酰乳酸合成酶（acetolactate synthase，ALS）或乙酰羟酸合成酶（acetohydroxyacid synthase，AHAS）的活性破坏直链氨基酸的正常合成，从而导致植物死亡。咪唑啉酮类除草剂因其高效、广谱、对动物无毒等优点，不仅被广泛用于玉米、大豆等作物的杂草防治，也被用于森林、铁路和高速公路的杂草防治，现有咪唑乙烟酸、灭草烟、甲氧咪草烟、咪唑喹啉酸、咪草酯和甲基咪草烟等品种。咪唑啉酮类除草剂都具有手性结构，但有关其手性问题研究较少，市场销售的仍然是外消旋体。

七、拟除虫菊酯类手性农药

拟除虫菊酯类（synthetic pyrethroids，SPs）农药是一类典型的手性农药，含有 1 个或者多个手性中心，可以形成 1 对或者多对对映异构体，其由于安全、高效及广谱杀虫性在世界农药市场的使用量逐年增加。据统计，世界上已研发出的拟除虫菊酯多达一千余种，仅次于有机磷和氨基甲酸酯类，是第三大类杀虫剂，产量约占世界杀虫剂总量的 20%。这类农药既作农用，又是家庭和公共场所杀蚊、杀蚤、杀蜱等（家庭与公共卫生应用）最主要的杀虫剂，对生态系统和人类健康造成了潜在影响。

天然除虫菊酯的基本分子结构中含有 3 个手性碳原子，理论上有 8 个立体异构体。但是在自然界中，由于生物体内酶的定向催化合成作用，天然的除虫菊素都以单一异构体形式存在。在拟除虫菊酯类杀虫剂开发过程中，研究者在保留天然除虫菊素菊酸结构的前提下，对醇部分进行化学结构改造，开发出了烯丙菊酯、胺菊酯、苄呋菊酯、甲醚菊酯等。这类菊酯因为保留了菊酸部分，结构中含有三元环，至少含有 2 个手性中心、4 个立体异构体，其中烯丙菊酯与天然除虫菊素一样含有 α 位手性碳，因此含有 3 个手性中心、8 个立体异构体。但是这类 SPs 对光仍然不稳定，研究者用二醚结构代替了天然除虫菊素醇部分的不饱和结构，大大提高了 SPs 的稳定性，其中代表性化合物有氯氰菊酯和溴氰菊酯，它们都不具有 α 位手性碳。在早期的拟除虫菊酸及其他羧酸环戊烯酮的研究中，人们认为菊酸的三元环结构是菊酯具有杀虫活性必不可少的因素。

1973 年，第一种对日光稳定的拟除虫菊酯苯醚菊酯被开发成功。Elliot 等合成的二氯苯醚菊酯、氯氰菊酯、溴氰菊酯比天然除虫菊酯活性强，且对日光稳定 [6,7]。此后，日本住友公司的大野信夫对菊酸部分进行了彻底改造，用取代苯基异戊酸代替三元环菊酸，成功合成了具有优良杀虫活性的氰戊菊酯。随后几年，研究人员开发出了一系列不含有三元环菊酸基团的拟除虫菊酯，如氟胺氰菊酯、溴氰戊菊酯等。这些拟除虫菊酯结构中不含三元环，也就没有了三元环常带有的 2 个手性中心，但是氰戊菊酯、氟氰戊菊酯、氟胺氰菊酯的菊酸部分含有 1 个手性碳，同时也具有 α 位手性碳，因此它们也是手性农药，含有 2 个手性中心、4 个立体异构体。此外，还有结构中只含有 α 位手性碳的 SPs，如甲氰菊酯等，其分子结构中的酸部分不含手性中心，只在 α 位存在 1 个手性碳，因此有 1 对对映异构体。

八、其他类手性农药

据 2012 年统计，在全球 1693 种农药中手性农药占 482 种。其中，杀虫剂占 34%（163 种），除草剂占 27%（131 种），杀菌剂占 18%（87 种），杀螨剂占 10%（49 种），其他农用化学品约 52 种。在这些手性农药中，270 种具有 1 个手性中心，105 种具有 2 个手性中心，30 种具有 3 个手性中心，77 种具有 4 个以上的手性中心。随着不对称合成技术的进步，目前已经有一些手性农药以单一对映体或富高效异构体的形式生产。

手性除草剂：包括①二苯醚类除草剂，如硝基联苯醚，具有手性结构；氯氟草醚是近期开发成功的单一对映体的高效旱田苗后除草剂。②环己烯酮类除草剂，主要有噻草酮、烯草酮和烯禾啶。③其他一些手性除草剂，如三唑啉酮类内吸性除草剂唑酮草酯、新型有机磷果园生物除草剂双丙氨酰膦、嘧啶水杨酸类除草剂环酯草醚、三嗪胺类除草剂三嗪氟草胺等。

手性杀虫剂：包括苯基吡唑类杀虫剂氟虫腈和乙虫腈、丁虫腈，烟碱类农药茚虫威、呋虫胺、哌虫啶，有机氯杀虫剂三氯杀虫酯、环氧虫啶等。

手性杀菌剂：包括 2,6-- 二甲基苯胺类杀菌剂苯霜灵、杀螨剂乙螨唑、咪唑类杀菌剂稻瘟酯、哌啶类内吸性杀菌剂苯锈啶、吗啉类杀菌剂丁苯吗啉、取代胺类杀菌剂螺环菌胺、咪唑啉酮类杀菌剂咪唑菌酮等。

第四节　手性农药对映选择性环境过程

　　手性农药各对映体在非手性环境下具有相同的物理化学性质，但当手性农药与生物环境相互作用时，各个对映体通常会表现出不同的环境行为。美国环境保护署（EPA）Lewis 等 1999 年在 *Nature* 上发文指出 [9]："由于没有考虑到手性农药的环境特点，当前的一些手性环境污染物监测数据是不可靠的，如果没有手性污染的概念，那么以减少环境污染为目的的环境监测就是盲目的。"进入环境中的手性农药必然会经历一系列动物、植物、微生物等生物的吸收，并分布在生物体内各个器官中，进而在不同的部位表现出不同的富集作用。因此，在对映体水平上研究手性农药的环境行为和生态效应，对提高药效、保护环境及保障人类健康具有重要的意义。

　　目前，常用对映体比率（enantiomeric ratio，ER）、对映体分数（enantiomer fraction，EF）、对映选择性（enantiomeric selectivity，ES）、对映体过量（enantiomer excess，ee）或对映体纯度（enantiomeric purity，EP）作为评价对映体混合物比例的指标。

　　对映体比率（ER）：ER 值是根据核磁共振光谱或色谱得到的对映体含量直接得到，定义如下：

$$ER = \frac{E_1}{E_2}$$

　　一般情况下，ER 值都是用右旋体和左旋体含量的比值来表示 [10]。在没有光学纯对映体，同时也没有对映体流出顺序信息的情况下，ER 就定义为第一个出峰的对映体含量（E_1）和第二个出峰的对映体含量（E_2）的比值。ER=1 即为外消旋体，ER 值的变化范围是 0～∞。ER 值偏离 1 时，即存在立体选择性，偏离值越大选择性越好。

　　对映体分数（EF）：EF 值是指某一对映体的含量占总对映体含量的比值，其定义为

$$EF = \frac{E_1}{E_1 + E_2}$$

　　当不确定对映体的流出顺序时，E_1 和 E_2 分别是根据色谱图上的第一个峰和第二个峰得到的物质含量。EF 值的变化范围为 0～1，当 EF = 0.5 时，表示为外消旋体。Harner 等 [10] 认为 EF 作为评价指标比 ER 更准确，因为当 ER 值达到无穷大时，则其用图形表示的形式就没有差异，并且 ER 在 [0,1]

以及 $[1,+\infty)$ 两个方向变化的单位值也是不同的;而 EF 值在大于 0.5 和小于 0.5 两个方向之间变化的单位却是相同的。相比之下，EF 值的阈值范围窄且更直观，因而更适合多个样本间的比较。

对映选择性（ES）：ES 值定义为

$$ES = \frac{k_1 - k_2}{k_1 + k_2}$$

当手性农药对映体降解符合一级动力学时，k_1 和 k_2 分别表示单一对映体的降解速率常数，且 ES 值的范围为 $[-1,1]$，其绝对值越大，说明对映体选择性降解越显著。ES 为 0 则表示两个对映体降解速率相同，没有立体选择性；ES=±1 说明只有一个对映体降解[10]。

对映体纯度（EP）表示外消旋体中某一对映体的纯度，其表达式为

$$EP = \frac{E_1}{E_1 + E_2} \times 100\%$$

对映体过量（ee）表示一个对映体比另一个对映体过量的百分数，其定义为

$$ee = \frac{E_1 - E_2}{E_1 + E_2} \times 100\%$$

其中，E_1 和 E_2 均代表已确定的对映体（相应数值对应含量），E_1 代表主要对映体。混合物为外消旋体时，ee=0，当 ee=100% 时，表示只有 E_1。

ER 与 ee 及 EF 之间的关系为

$$ER = \frac{1 + ee}{1 - ee}$$

$$ee = \frac{ER - 1}{ER + 1}$$

$$EF = \frac{ER}{ER + 1}$$

一、手性农药在环境中的分布特征

α-HCH 是工业 HCHs 的主要成分之一。在所有 HCHs 异构体中，只有 α-HCH 具有手性结构。徐杨[11]对中国农田土壤中 HCHs 的调查研究发现，不同区域采集的农田土壤中手性 α-HCH 的 EF 值有一个较大的变化范围，从 0.10 到 0.84，存在比较大的对映体差异性。Jantunen 等[12]发现 trans-氯丹在

北极的表层水中，EF 接近 0.5，在楚科奇海中的 EF 值小于 0.5，而在格陵兰海中，EF 值却大于 0.5。Zipper 等[13]检测了一个瑞典垃圾站的沥出液和下游的地下水样品中的 2-甲基-4-氯苯氧丙酸的 R 和 S 对映体含量，垃圾站的沥出液中 R 和 S 对映体含量相同，但下游的地下水样品中超过 50% 显示了 R 对映体过量。

Kurt-karakus 等[14]测定了 2003～2004 年安大略湖流域的城市、农田等不同水域的 393 个样品中的苯氧基丙酸、2,4-滴丙酸和异丙甲草胺的残留量和 EF 值，结果苯氧基丙酸的 EF 是 0.236～0.928，2,4-滴丙酸的 EF 为 0.152～0.549，异丙甲草胺的 S/R 平均值为 6.73 ± 2.28，其变化范围为 1.08～12.7。

1988 年之前，持久性有机污染物氯丹作为杀虫剂、除草剂、杀螨剂被广泛使用，Mattina 等[15]证实了氯丹对映体在南瓜不同部位残留比例不同：根中 trans-氯丹的绝对含量是土壤中的 5 倍，cis-氯丹是土壤中的 8 倍，九氯为土壤中的 2.5 倍，这说明南瓜吸收对映体存在选择性。

二、生物对手性农药的选择性降解

目前，关于手性农药在水体中的对映选择性行为研究最多的是 OCPs。1991 年，Faller 等测定了北海海水中 α-HCH 的 ER 值，首次证实了手性农药在水体环境中的选择性降解[16]。Lüdwing 等研究了海水微生物对手性苯氧羧酸类农药 2-（2,4-二氯苯氧基）丙酸（DCPP）的选择性降解，(R)-DCPP 被海水微生物群降解，而 (S)-DCPP 含量则变化甚微[17]。Liu 等对水中的 (Z)-cis-联苯菊酯和 cis-氯氰菊酯对映体的降解进行了模拟，发现两种农药都是 1S,3S 比 1R,3R-异构体优先降解[18]。曹巧等研究了三唑醇两种对映体在水体中的光化学降解情况。结果发现，其 4 个立体异构体的降解速率大小为 (+)- 三唑醇 A > (–)- 三唑醇 B > (+)- 三唑醇 B > (–)- 三唑醇 A[19]。

随着食品安全日益受到人们的重视，与人类健康有密切关系的手性物质在植物体内的选择性行为开始引起广泛的关注。人们对植物体内源性手性物质如生物碱天仙子胺、植物雌激素类物质如木质体以及一些亚油酸类在植物体内的代谢进行了研究，发现它们在苹果、胡萝卜、曼陀罗、烟草等植物体内或体外培养过程中的选择性降解非常普遍[20-22]。Müller 和 Ruhland 等[23,24]研究了草铵膦在转基因（bar 基因）和非转基因植物细胞培养液（如甜菜根、胡萝卜、紫色毛地黄和荆棘、苹果、玉米和油菜）中的代谢，结果都表现出了对映选择性。

Schneiderheinze 等在研究 2-（2,4-二氯苯氧基）丙酸（2,4-DP）和 2-（4-氯-2-甲基苯基）丙酸（MCPP）的生物降解时发现，2,4-DP 和 MCPP 的外消旋体在 3 种草坪草、4 种阔叶杂草和土壤中施用后，在大多数阔叶杂草和土壤中，两种除草剂的 S 对映体都被优先降解，而在草坪草中则未表现出选择性 [25]。Zhang 等发现腈苯唑在草莓体内的降解不具有对映选择性，而腈菌唑右旋对映体在草莓中的降解速率比左旋对映体快 [26]。Sun 等在安徽和北京两地对茚虫威在白菜中的降解情况进行研究，发现在安徽地区的白菜中右旋茚虫威优先被降解，而在北京的白菜中左旋茚虫威降解较快 [27]。

Hegeman 等研究表明，生物体与空气、土壤和水体等环境介质相比对手性农药表现出了高度的立体选择性，而且越是位于食物链高等级的生物其选择性越明显。手性农药在生物体中的富集趋势为：较高营养级 > 较低营养级，脑组织 > 肾器官 > 肝脏。他们还建立了手性污染物在不同环境介质中的立体选择性行为的模型 [28]。

Maruya 等研究了毒杀芬污染物在鱼体内的对映体残留情况，发现代谢物具有选择性的降解 [29]。Pfaffenberger 等报道在北海德国湾内不同海域中绒鸭与比目鱼对 α-HCH 有选择性降解，在绒鸭、比目鱼肝脏中，(–)-α-HCH 比 (+)-α-HCH 降解得快，而高污染海域的比目鱼肝脏中的 ER 值要高于低污染海域，这说明污染物可能会诱导降解酶的活性 [30]。两年后，该组人员收集了两个不同地区狍的肝脏样品，分析结果表明它们均优先降解 (+)-α-HCH，并且优先富集 (+)- 氧化氯丹和 (+)-顺-环氧七氯，后者的 EF 值更高，达 0.92～0.95，几乎以单一对映体存在 [31]。

Kenneke 等考察了虹鳟鱼肝微粒体选择性催化三唑酮生成三唑醇的过程 [32]。结果发现，虹鳟鱼肝微粒体对 (S)- 三唑酮的代谢速率较 (R)- 三唑酮快 27%，且生成三唑醇 4 个立体异构体的速率各不相同。Konwick 等研究手性三唑类杀菌剂及 α-HCH 在幼体虹鳟鱼体内的选择性富集和代谢行为，结果显示，虹鳟鱼对各种化合物的富集都没有选择性，除了腈菌唑，手性化合物降解也没有选择性 [33]。Ueji 等研究了异硫磷在离体大鼠肝微粒体悬浮液中的选择性降解，结果表明，左、右旋异硫磷的代谢产物量存在着明显的差异 [34]。Lee 等发现，高活性的 (R)- 地虫硫磷在肝脏多功能氧化酶作用下定向生成 (S)- 氧化地虫硫磷，S 对映体则被氧化为 (R)- 氧化地虫硫磷，R 对映体的氧化速率大大超过 S 对映体。而此前的研究表明，R 对映体的代谢产物 (S)- 氧化地虫硫磷的杀虫活性更高，这一结果部分解释了 (R)- 地虫硫磷的活性增大的原因 [35]。Takamastu 等利用 ^{14}C 分别标记氰戊菊酯的 4 个旋光异构体后，一部分进行大鼠口服处理，另一部分添加至肝微粒体悬浮液中进行孵育。结果显示，氰戊菊酯在不同脏器内残留均存在选择性，且选择性方式不同。其中离体肝微粒体培养的结果与体内实验保持一致，表明肝脏是氰戊菊酯降解的主要器官[36]。Qu 等研究了外消旋氟虫腈及其对映体对蚯蚓的急性毒性以及在自然土壤和人工土壤中的选择性富集和降解行为。结果表明，氟虫腈对映体对蚯蚓的急性毒性有明显的差异，为 (R)-氟虫腈 > rac-氟虫腈 > (S)-氟虫腈；降解实验中发现，氟虫腈在蚯蚓体内的降解有明显的对映选择性，(S)-氟虫腈的降解速率明显大于 (R)-氟虫腈[37]。

手性农药对哺乳动物神经系统的急性毒性具有对映选择性。1983 年，Cremer 在研究 SPs 对哺乳动物的神经毒性时发现，苄呋菊酯对哺乳动物的神经毒性具有对映选择性；氯菊酯中 C3 手性中心的立体结构也被认为是直接导致哺乳动物急性神经毒性的原因，在 4 个立体异构体中，只有 1R 和 3S 异构体对动物的中枢神经系统具有明显的急性毒性[38,39]。

虽然大量研究表明，手性农药在生物体内具有吸收、分布、残留的对映选择性。手性农药的对映选择性生物学效应归因于各个对映体在生物体内选择性的吸收、排泄和特异酶对不同对映体催化降解效率，以及对映体在生物体内的转化速率等的不同。尽管人们还无法确定上述因素中哪一个是最主要因素，手性农药在生物体内对映选择性生物转化效率的不同是其产生对映选择性生物学效应的一个非常重要的原因，这一点是无疑的。但令人遗憾的是，关于这方面的研究还非常有限，仅仅限于零散的研究和报道。

使用的农药 80%～90% 最终进入土壤[40]，土壤是农药在环境中的储藏库和集散地，土壤中农药的残留量与持留时间是评价农药对生态环境影响的一个重要指标。农药进入土壤中后会通过降解、移动、挥发以及被植物吸收等途径逐渐在土壤中降解，而农药在土壤中的主要降解是通过微生物作用进行的。除农药本身的结构外，土壤性质、温度、含水量等环境因素的变化都会影响到微生物的种类和活性，改变化合物的生物有效性也会影响微生物对农药的降解。

Aigner 等研究了美国谷物种植带 40 种土壤样本中 OCPs 的浓度以及对映体比率，在 30 种土壤样本中发现了对映体的选择性[41]。Kurt-Karakus 等调查了 65 种土壤中氯丹、HCH 和 o,p'-DDT 的对映体分数，发现多数样品中 trans-氯丹的 (+)-对映体比 (−)-对映体降解更快[42]。Wiberg 等在对 Alabama 地区 32 种农业和 3 种墓地附近土壤中残留的 OCPs 的研究中发现，o,p'-DDT 的 EF 值为 0.41～0.57，而氯丹及其代谢产物接近外消旋；在多种样品中还发

现 (+)-*trans*-氯丹、(−)-*cis*-氯丹优先被降解，而 (+)-环氧七氯和 (+)-氧化氯丹具有富集现象；α-HCH 的对映体和外消旋体基本没有差别[43]。Qin 等通过研究美国加利福尼亚南部土壤中的 SPs，发现土壤经过灭菌处理后，氯菊酯和氯氰菊酯的降解速率都降低了，且对映体的降解速率几乎是一样的，这说明土壤微生物、氧气含量、基质类型（pH、有机碳含量等）影响了对映体降解的速率和方向[44]。

Harrisona 等在实验室有氧条件下进行了 2-甲基-4-氯苯氧丙酸对映体的降解试验，发现 S 对映体和 R 对映体的降解速率分别为 1.90 mg/(L·d) 和 1.32 mg/(L·d)，为零级动力学，在缺乏硝酸盐的情况下，S 对映体不降解，而 R 对映体以 0.65 mg/(L·d) 的速率降解，遵循零级动力学，产生 4-氯-2-甲基苯酚[45,46]。Wink 等发现禾草灵和噁唑禾草灵在有氧条件下的两种土壤中降解均产生过量的 S 对映体酸[47]。Jarman 等研究了佐治亚和俄亥俄州的三个土壤样品匀浆液对灭草喹和 2,4-滴丙酸对映体的选择性降解，发现灭草喹降解没有对映选择性，而 2,4-滴丙酸的 R 对映体优先被降解[48]。

Buser 和 Müller 等研究甲霜灵分别在土壤和淤泥中的降解，发现甲霜灵在这两种环境介质中表现出了相反的立体选择性。淤泥中，S 对映体降解更快，而在土壤中则是 R 对映体降解更快[10,49]。Marucchini 等发现在土壤中 (R)-甲霜灵的半衰期为 23 天，S 对映体为 61 天，没有出现对映体之间的转化[50]。Monkiedje 等研究了外消旋甲霜灵和对映体在德国和喀麦隆土壤中的降解行为，结果表明，德国土壤中 R 对映体降解比 S 对映体快，且有更多的甲霜灵酸代谢物产生；而在喀麦隆土壤中，R 对映体比 S 对映体降解慢，说明不同的细菌或微生物群落组成会导致手性农药降解的对映选择性不同[51]。

三、手性农药在生物体中的富集与放大

马瑞雪等发现 α-HCH 在麦穗鱼体内迅速富集，平均 1~2 天达到最大的富集浓度，最大的 BDF_{1d} 为 830，之后浓度逐渐降低并伴随重吸收的过程。麦穗鱼在富集和代谢的过程中均有不同程度的对映选择性，(+)-α-HCH 和 (−)-α-HCH 在不同组织选择性地吸收和代谢，导致富集阶段麦穗鱼体内的 EF 值大于 0.5，而头部的 EF 值在代谢过程中逐渐减小至 0.5 以下[52]。

对单次经口暴露 α-HCH 在鲫鱼体内的富集动态和分布规律的研究发现，鲫鱼对 α-HCH 的富集很快，各组织器官中均可以检测到 α-HCH 的分布，且肝胰脏、肾脏和脑组织的富集能力最高，肝脏等组织器官中 α-HCH 的药物

代谢动力学用二室模型拟合结果较好；α-HCH 在鲫鱼肝脏中富集和代谢最快，各组织器官中的半衰期从数小时到数天不等；α-HCH 在鲫鱼体内的分布和代谢具有一定立体选择性，其中，肝胰脏、肾脏和脑组织中选择性最明显，且脑组织中的对映体分布和其他器官不同，仅对 (−)-α-HCH 有选择性积累。

Chu 等研究了 OCPs 在肝脏、肌肉、脑、肾几种人体组织中的立体异构体分布[53]。研究发现，α-HCH 在肝脏中是外消旋体，基本不存在对映体差异。Kallenborn 等以能大量富集污染物的贻贝类和绒鸭为研究对象，发现 (+)-α-HCH 在绒鸭的肝脏、肾脏和肌肉组织中有明显的富集，其中肝脏样品中的 (+)-α-HCH 几乎为光学纯，肌肉样品中 ER 值约为 7.0，肾脏中约为 1.6[54]。

具有 POPs 特性的手性农药在食物链中的生物放大效应存在对映选择性。Wiberg 等的研究表明，在北极熊的食物链：鲟—环斑海豹—北极熊中，α-HCH 和氯丹的对映体浓度存在生物放大现象。从鳕鱼样品（ER 接近 1）到环斑海豹的肝脏、鲸脂样品再到北极熊的肝脏样品（ER 约为 2.3），ER 逐级增加。对日本太平洋海岸海豹和美国五大湖区双冠鸬鹚的 α-HCH 对映选择性富集研究显示，不同年龄雌海豹脂肪组织中 α-HCH 的 ER 明显高于以往报道的其他低营养级物种，且 ER 值不受海豹年龄影响。在北极海域，氯丹和 o,p'-DDT 在底栖无脊椎动物体内表现出明显的选择性生物累积，而在浮游动物和冰面动物体内 EF 值却接近外消旋体，且这一现象与地理因素和摄食习惯无关。这表明除了选择性生物累积外，水体和沉积物中手性 POPs 类农药的 EF 垂直分布也会影响其在生物体内的对映体比率[55]。

四、手性农药环境过程机制

Lewis 等在 *Nature* 上发表论文，呼吁必须考虑环境微生物降解过程中的手性选择性及其因环境变化而引起的变化，尤其是手性农药[9]。Buergel 等研究了 20 种不同的土壤对甲霜灵的立体选择性降解，发现在 pH>5 的好氧土壤中，活性的 R 对映体比 S 对映体降解快，在 pH=1～5 的好氧土壤中对映体的降解速率接近，而在 pH<4 的好氧土壤和所有厌氧土壤中 R 对映体比 S 对映体降解得慢，如果改变土壤 pH，也会使原本没有选择性降解的土壤产生选择性，证明手性农药选择性降解与土壤的 pH 有直接关系[56]。

Li 等对甲氰菊酯和氰戊菊酯在不同 pH 的土壤中的对映体稳定性和选择性降解的研究发现，甲氰菊酯和氰戊菊酯外消旋体在碱性土壤中降解非常缓慢，而 (S)- 甲氰菊酯和 ($\alpha S,2R$)- 氰戊菊酯却降解迅速，在碱性土壤中降解还

伴随着 α-C 位手性中心发生消旋化；而在酸性土壤中却没有发生外消旋化[57]。Xu 等发现，吡唑硫磷在不同类型的土壤中表现出了不同的对映选择性降解行为[58]。

第五节　手性农药对映选择性毒理

长期以来手性农药都被当作单一化合物进行环境行为和生态毒性的研究，但是由于蛋白质、酶、核酸、糖类等生物大分子均具有高度专一的立体选择性，手性农药不同对映体与生物大分子的相互作用存在立体选择性，因此手性农药在进入生物体后，各个对映体的吸收、代谢以及潜在的生物毒性常常表现出较大的对映体差异[5]。手性农药对动植物以及人类的各种潜在毒性，尤其是对内分泌系统、免疫系统、神经系统等毒性的对映选择性已经引起了越来越多的关注。研究表明，SPs、OPs、OCPs、苯氧丙酸以及咪唑啉酮类手性农药引起的非靶标毒性都呈现不同程度的对映选择性。

一、手性农药对映体急性毒性差异

手性农药在使用过程中可能会对非靶标生物造成危害。早期对手性农药毒性效应对映选择性的研究多以急性毒性试验为主。多数手性农药都表现出了比较明显的急性毒性，且各对映体对不同的受试生物的毒性存在一定的差异。大部分的手性农药中一个对映体比其外消旋体显示出更强的急性毒性，并且与另一个对映体的急性毒性存在显著差异，相差数倍甚至上百倍，某个对映体的毒性占外消旋体的贡献率高达 90% 以上。例如，OPs 地虫磷和丙溴磷的 (−)- 对映体占对网纹水蚤毒性的 92%～94%，占对大型蚤毒性的 87%～94%[59]。

氟虫腈对网纹水蚤、草虾和克氏原螯虾等[60-63]表现出了明显的对映选择性毒性差异，而对非洲爪蟾、蛤蜊、斑马鱼和日本青鳉等[64-66]的毒性无明显的对映选择性。此外，氟虫腈对映体对意大利蜜蜂和稻螟赤眼蜂的急性毒性和对小菜蛾、谷象、棉红蟀、家蝇等靶标生物的活性也没有显著性差异[65]，可见，生物物种对氟虫腈对映体毒性选择性有很大的影响。

三唑类杀菌剂苯醚甲环唑对斜生栅藻、大型蚤、斑马鱼的毒性大小顺序都为 $SS>SR>RR>RS$[67-70]。此外，三唑酮、三唑醇、腈菌唑和戊唑醇对斜生栅藻、大型蚤、斑马鱼的立体选择性毒性的研究发现: (SR)- 三唑醇对斜生栅藻的毒性为 SS 对映体的 8.2 倍; (R)- 戊唑醇毒性是 S 对映体的 5.9 倍; 腈菌唑对映体之间的毒性相差不大，但外消旋体的毒性是单个对映体的 6～7 倍，这可能是不同对映体混合导致的增毒效应[71-73]。丙环唑的 4 个立体异构体对斜生栅藻和大型蚤的最大毒性差别分别为 2.25 倍和 2.13 倍[74,75]。粉唑醇对映体对斜生栅藻和蚯蚓的毒性研究表明，(R)- 粉唑醇的毒性是 S 对映体的 2.17～3.52 倍[76]。三唑类手性杀菌剂对映体对斜生栅藻、大型蚤、斑马鱼往往存在显著的毒性差异，并且沿着水生食物链由低到高，对映体间的毒性差异逐渐减小。

氯菊酯 1R 构型的异构体对于家蝇的毒性大约是 1S 构型异构体的 25 倍。Liu 等在对角突网纹蚤和大型蚤的急性毒性试验中发现，SPs 具有强烈的生物毒性对映选择性[77]。其中对于 cis-联苯菊酯、cis-苄氯菊酯、trans-苄氯菊酯，1R-cis 异构体的活性是 1S-cis 异构体的 15～38 倍。而 cis-氯菊酯和 trans-氯菊酯的 1S 异构体活性很低，1R 异构体在外消旋体中对角突网纹蚤和大型蚤毒性的贡献率分别为 95%～97% 和 94%～96%[78]。在 cis-联苯菊酯中，只有 1R-cis-联苯菊酯对角突网纹蚤有活性[79]。氰戊菊酯靠近羧基基团的手性碳位 S 构型的异构体对于家蝇的毒性是 R 构型的 10～100 倍。2S, αS-氰戊菊酯活性最强，对大型蚤和斑马鱼的急性毒性大小顺序为: 2S,αS>2R,αS>2S,αR> 2R,αR[79]。

乙腈菊酯 1R, αR 异构体对东方黏虫蚜虫的毒性是外消旋体的 4～6 倍[80]。氯氰菊酯仅有 1R, αS-cis 和 1R, αS-trans 异构体具有杀虫活性，而其他 6 个异构体已经被证实没有活性[81]。氯氰菊酯对水生生物的毒性存在着对映选择性，8 个立体异构体中 1R, αS-cis 和 1R, αS-trans 对角突网纹蚤的毒性最强[82]，该结果与 Leicht 等之前在氟氯氰菊酯对大型蚤及几种鳞翅目靶标害虫的毒性试验的结果类似[81]，说明氯氰菊酯及氟氯氰菊酯的毒性主要来自 1R, αS-cis 和 1R, αS-trans 异构体。Xu 等报道了高效氯氰菊酯的对映体对斑马鱼的毒性差异，1S, αR-cis 的毒性比 1R, αR-cis 异构体强 60 倍以上。此外，cis-异构体的毒性比 trans-异构体强。联苯菊酯、氯氟氰菊酯的商业化制剂是 cis-异构体，顺/反式混合物的急性毒性取决于两者数量上的比例。

吡唑硫磷对斑马鱼的毒性试验表明，(R)- 吡唑硫磷是 (S)- 吡唑硫磷的 1.6 倍；对大型蚤的毒性，(S)- 吡唑硫磷是 (R)- 吡唑硫磷的 6 倍[84,85]。因此，吡唑硫磷对不同的受试生物的毒性表现出了不同的对映体差异。

二、手性农药对映体慢性毒性差异

手性农药慢性毒性效应主要集中在其内分泌干扰效应和生殖发育毒性方

面。美国 Our Stolen Future 网站公布的"具有内分泌干扰效应的普遍污染物清单"中 87 种化合物包括了 57 种农药，其中绝大部分都具有手性[86]。

手性农药的对映选择性内分泌干扰作用研究首先在 SPs 中展开。1S-cis-联苯菊酯比 1R-cis-联苯菊酯具有更强的雌激素效应，其诱导青鳉鱼肝脏产生卵黄原蛋白（vitellogenin，VTG）的能力是 1R-cis 对映体的 123 倍[83]。Zhao 等利用类似的评价模型研究表明，其他 SPs 也能引起选择性的内分泌干扰效应。例如，1S-cis-氯菊酯比 1R-cis-氯菊酯诱导更高的 β-半乳糖苷酶活性和 VTG 的 mRNA 的表达；S,S-氰戊菊酯比其他对映体的雌激素效应更加明显[88,89]。多数研究者认为，手性农药引起的内分泌干扰效应的对映选择性主要是源于不同对映体与雌激素受体结合的亲和力具有差异性[87]。

关于 o,p'-DDT 雌激素效应对映选择性的研究也有一些报道。Mcblain 等在大鼠和日本鹌鹑的体内实验中发现，R-o,p'-DDT 的类雌激素活性大于其 S 对映体[90-92]。Hoekstra 等利用含有人雌激素受体的重组酵母报告基因系统也证实了这一研究结果[93]。此外，Miyashita 等研究了甲氧滴滴涕的一个代谢产物单羟基甲氧滴滴涕的雌激素受体结合活性，发现其 S 对映体的活性为 R 对映体的 3 倍多[94]。Hoekstra 等发现 R-o,p'- 三氯杀螨醇的雌激素效应大于外消旋体，而 S-o,p'- 三氯杀螨醇几乎不具有雌激素效应。

神经内分泌系统和免疫系统通过共用细胞因子、激素、神经递质、神经肽等构成复杂网络体系，以下丘脑—垂体—肾上腺（HPA）轴为中心调节生物体各项功能，使内环境保持相对稳定。研究表明，手性农药能引起对映选择性的神经毒性。作为乙酰胆碱酯酶的抑制剂，OPs 对靶标生物和非靶标生物的作用方式类似。OPs 进入生物体后抑制 AChE 活性，引起神经递质乙酰胆碱的积累，从而导致神经毒性。Bertolazzi 等研究表明，D-(+)- 甲胺磷具有潜在的神经毒性，而 L-(−)- 甲胺磷则不会引起迟发性的神经损伤[95]。

目前对手性农药引起的对映选择性免疫毒性的研究仍然较少。Zhao 等首次发现三氯杀虫酯抑制小鼠巨噬细胞 RAW246.7 的生长，诱导氧化损伤和遗传损伤，并通过激活 P53 介导的凋亡通路引起免疫毒性，其中 (S)- 三氯杀虫酯的免疫毒性显著高于其对映异构体和外消旋体[96]。(−)- 氯氟氰菊酯和 1S-cis-联苯菊酯能更强烈地诱导免疫细胞凋亡，使其免疫毒性高于另一个对映体及外消旋体[88]。cis-联苯菊酯对映体通过对映选择性的氧化损伤和 DNA 损伤机制引起人羊膜 FL 细胞对映体特异性的细胞毒性[97]。

三、手性农药对映体差异的毒理学机制

手性农药引起的各种对映选择性毒性已被广泛研究，但是产生这种立体选择性的机制尚不明确。根据已有的研究结果，手性农药对映体的毒性差异可能是由手性农药选择性的生物吸收、转化、代谢或积累过程引起的，也可能是手性农药不同对映体与酶或受体相互作用的差异引起的。

尽管手性农药通常以外消旋的形式被施用到环境或者生物体中，但是通过对映选择性的跨膜吸收和生物积累，对映体产生的毒性作用可能并不是等量的，单一对映体的累积在生物体内被广泛观察到。联苯菊酯对映体在青鳉鱼体内的吸收实验表明，无论是在肝脏中，还是在其他组织中，1S-cis-联苯菊酯的吸收明显低于 1R-cis-联苯菊酯，但却引起了更强烈的雌激素效应 [87]。手性农药对肝细胞毒性及其分子机制的研究已逐渐展开，以肝癌细胞 HepG2 为体外模型研究联苯菊酯引起对映体特异性细胞凋亡的原因发现，1S-cis-联苯菊酯选择性地诱导活性氧产生，激活 JNK/MAPK 信号通路，引起细胞凋亡并抑制细胞增殖，而 1R-cis-联苯菊酯则对该通路没有显著的影响 [98]。对映体比例的细微变化表明，α-HCH 在脑组织中代谢、吸收与分泌并不是引起 (+)-HCH 在生物体内累积的原因，其对映选择性地穿过血脑屏障可能是引起对映选择性差异的主要原因 [99]。

手性农药在进入生物体之后，通过对映选择性地生物转化、代谢和降解等过程，某一对映体可能会被优先降解或转化，而最终的毒性作用很有可能由代谢产物所引起。Nillos 等研究表明，不同的氯菊酯异构体在体内的酯解速率不同，且细胞色素 P450 在氯菊酯降解中的羟化作用及酯解作用存在对映选择性，这些选择性降解产生了雌激素效应更强的代谢产物，使 1S-cis-氯菊酯无论在体内的 VTG 诱导，还是在体外诱导 VTG 相关基因表达中都表现出比 1R-cis-氯菊酯更强的雌激素效应 [100]。Lehmler 等认为，手性农药对映体在与 P450 等生物大分子作用时可能存在对映选择性，这导致生物转化及毒性效应中的对映选择性 [101]。

对农药的内分泌干扰作用研究显示，农药都能通过雌激素受体或雄激素受体介导产生潜在的雌/雄激素效应或抗雌/雄激素效应，而其他类似的人工合成化合物也可能通过类似的通路产生内分泌干扰作用 [102]。而对 SPs 和 OCPs 的对映选择性雌激素效应的研究都显示，与雌激素受体结合的亲和力的差异性可能是手性农药选择性的内分泌干扰作用产生的主要原因。这些结果也提示与雌激素受体或雄激素受体通路相关的毒性效应，如内分泌干扰作

用、免疫毒性、生殖毒性等的立体选择性可能都和单一对映体与受体的选择性结合相关。

第六节　展　　望

我国属农业病虫害高发、生态环境脆弱的农业大国，在可以预见的将来化学农药依然是防治病虫害最主要的手段。随着生态健康和食品安全要求的提升，面向国家粮食与食品安全、生态保护等重大需求，对手性农药开展深入而系统的研究有重要的理论和现实意义。手性农药环境行为和生态安全的研究是基础研究和应用研究的结合点，总体发展趋势是在深化基础研究的基础上，逐渐将基础研究成果转化为应用型成果，应用于安全高效新农药创制、环境监测、农产品质量安全、公共卫生等领域。为了使我国手性农药学科健康快速发展，未来在学科发展布局时要注意以下几方面。

（一）手性农药高效安全构型的甄别及农药减量

新农药创制耗资巨大、风险高。建立快速、精确、高效的手性农药高效安全甄别技术，创制自主知识产权的绿色化学农药，是绿色农药创制的一个重要思路。选择量大、面广的手性农药为研究对象，根据对靶标和非靶标生物作用的对映选择性差异，获得靶标高效、环境安全的构型，并开展手性农药构型优化与减量施药关系的研究，旨在获得高效安全的异构体，为我国绿色农药创制提供技术支持。

（二）手性农药在不同环境介质中的环境行为、残留特征

随着进入环境中的新农药不断增加，开展手性农药在水、气、土、不同生物体中环境行为的对映体差异研究显得尤为重要。在我国开展手性农药环境行为研究需要特别重视两方面：①揭示手性农药在我国不同作物体系中的环境行为、残留动态及潜在风险，明确施药的阈值及作用机制；②明确新型手性农药在水生、陆生、人体中的残留特征和对映选择性，构建手性农药残留的生态风险评估体系及相应技术标准，为后续新型手性农药环境安全和健康风险评估提供技术支持。

（三）建立手性农药环境限值标准和环境基准

我国土壤和水体农药污染都很严重，特别是农田土地和饮用水源地污染对人群健康危害极大。环境限值标准和环境基准是准确评估农药风险和管理的重要依据。我国目前农药限值和标准主要是参考发达国家已有标准制定的，环境基准制定还是空白。由于我国至今尚未就建立国家农药环境质量基准与标准开展过系统的生态毒理学和环境健康学方面的研究，对国内外相关研究成果也未进行过充分的科学整合，我国对手性农药的风险评估与管理工作很难进行。鉴于此，我国急需在手性农药环境行为和生态毒性对映体差异研究的基础上，建立符合我国不同区域特征的手性农药环境基准，尽快实现对手性农药的风险评估和管理。

（四）手性农药毒性机制研究

手性农药的毒性研究是从最初的毒性效应评估逐渐深入到不同对映体致毒机制差异的研究。深入开展手性农药对靶标生物体和非靶标生物体毒性分子机制的研究，不但可以揭示手性化合物生物学效应差异的分子机制，而且可以系统地理解手性农药活性、抗性及生物选择性等内在的科学问题，指导新农药靶标和农药先导的发现。

（五）其他手性化合物环境安全性研究

从手性污染物的角度而言，除了手性农药以外还有许多其他手性污染物。例如，曾作为工业化学品的多氯联苯、溴代和其他阻燃剂、全氟和多氟烷基化合物，以及药物与个人护理用品等都可能成为影响人类健康和环境生态安全的污染物，而手性特征更增加了这些物质在生态环境中的复杂性。但是，在对映体水平上开展手性化合物环境化学及其环境安全效应的研究很少，相关环境标准和限值也非常欠缺。因此，需要开展手性化合物尤其是新型手性污染物的跨界面过程研究，根据其对映体比率研究手性污染物残留特征及污染源解析，为后续明确这类化合物的污染源、减少环境排放提供依据。

（六）手性农药研究保障措施

我国手性农药环境安全研究尽管取得了很大进展，但整体研究队伍偏小，科研平台也亟待提升。就队伍建设和人才培养而言，要通过政策制定与制度创新，建设以手性农药环境安全与人群健康为主题的高水平研究队伍，加大对国家杰出青年基金和优秀青年基金等人才项目的支持力度，实施以高层次人才和青年学者为核心的支持计划，同时加强海外优秀学者的引进，注重国际交流，培养一批学术基础扎实、学风端正、具有创新能力的学术骨干，逐渐形成一支能够承担学科建设和国家重大任务的研究队伍。

就科研项目的组织和管理而言，需要瞄准农药学学科前沿和国家重大需求，组织手性农药重大科研项目设计。通过重大科研项目实施，开展全国范围内手性农药研究的大协作，集中国内优势力量，联合攻关，以取得重大原创性成果。另外，目前国家自然科学基金有关农药研究的课题设置和经费管理主要针对室内研究课题，不利于在野外开展长期定点研究的项目。因此，建议针对我国农药施用量大、农产品丰富的地区开展长期研究，加强野外课题的资助力度和年限。

参 考 文 献

[1] Ye J, Zhao M R, Liu J, et al. Enantioselectivity in enviro nmental risk assessment of modern chiral pesticides. Environ Pollut, 2010, 158(7): 2371-2383.

[2] Soto A M, Sonnenschein C, Chung K L, et al. The E-screen assay as a tool to identify estrogens—an update on estrogenic environmental-pollutants. Environ Health Perspect, 1995, 103(7): 113-122.

[3] 王道全, 席真, 刘维屏, 等. 手性农药的毒理学及环境行为研究. 2010—2011 植物保护学科发展报告. 北京: 中国植物保护学会, 2011: 119-121.

[4] 马云, 刘维屏, 王亚伟, 等. 持久性有机污染物研究进展. 2010—2011 化学学科发展报告. 北京: 中国植物保护学会, 2011: 2008-2012.

[5] Jiang C L, Lu C L, Liu X Y. Multiple actions of cytokines on the cns. Trends Neurosci, 1995, 18(7): 296-296.

[6] Straub R H, Miller L E, Scholmerich J, et al. Cytokines and hormones as possible links between endocrinosenescence and i mmunosenescence. J Neuroi mmunol, 2000, 109(1): 10-15.

[7] Gore A C. Enviro nmental toxicant effects on neuroendocrine function. Endocrine, 2001, 14(2): 235-246.

[8] 刘维屏, 张颖. 手性农药毒性评价进展. 浙江大学学报农业与生命科学版, 2012, 38(1): 63-70.

[9] Lewis D L, Garrison A W, Wo mmack K E, et al. Influence of enviro nmental changes on degradation of chiral pollutants in soils. Nature, 1999, 401(6756): 898-901.

[10] Harner T, Wiberg K, Norstrom, R. Enantiomer fractions are preferred to enantiomer ratios for describing chiral signatures in environmental analysis. Environ Sci Technol, 2000, 34(1): 218-220.

[11] 徐杨. 中国农田土壤中鞘氨醇单胞菌的多样性及丰度与 HCHs 残留的相关性. 杭州: 浙江大学, 2016.

[12] Jantunen L M, Bidleman T. Air-water gas exchange of hexachlorocyclohexanes (HCHs) and the enantiomers of α-HCH in Arctic regions. J Geophys Res Atmo, 1996, 101(D22): 28837-28846.

[13] Zipper C, Suter M J F, Haderlein S B, et al. Changes in the enantiomeric ratio of R- to S-mecoprop indicate in situ biodegradation of this chiral herbicide in a polluted aquifer. Environ Sci Technol, 1998, 32(14): 2070-2076.

[14] Kurt-Karakus P B, Bidleman T F, Muir D C G, et al. Chiral current-use herbicides in ontario streams. Environ Sci Technol, 2008, 42(22): 8452-8458.

[15] Mattina M I, White J, Eitzer B, et al. Cycling of weathered chlordane residues in the enviro nment: compositional and chiral profiles in contiguous soil, vegetation, and air compartments. Environ Toxicol Chem, 2002, 21(2): 281-288.

[16] Faller J, Huehnerfuss H, Koenig W A, et al. Do marine bacteria degrade alpha-hexachlorocyclohexane stereoselectively? Environ Sci Technol, 1991, 25(4): 676-678.

[17] Lüdwing P, Gunkel W, Hühnerfuss, H. Chromatographic separation of the enantiomers of marine pollutants. Part 5: enantioselective degradation of phenoxycarboxylic acid herbicides by marine microorganisms. Chemosphere, 1992, 24(10): 1423-1429.

[18] Liu W P, Gan J J. Determination of enantiomers of synthetic pyrethroids in water by solid phase microextraction-enantioselective gas chromatography. J Agric Food Chem, 2004, 52(4): 736-741.

[19] 曹巧, 董丰收, 刘新刚, 等. 手性农药三唑醇不同对映体在水体中的光解行为研究. 农业环境科学学报, 2008, 27(6): 2475-2477.

[20] Kato M J, Chu A, Davin L B, et al. Biosynthesis of antioxidant lignans in Sesamum indicum seeds. Phytochemistry, 1998, 47(4): 583-591.

[21] Beuerle T, Schwab W. Metabolic profile of linoleic acid in stored apples: formation of 13(R)-hydroxy-9(Z),11(E)-octadecadienoic acid. Lipids, 1999, 34(4): 375-380.

[22] Mesnard F, Girard, S, Fliniaux O, et al. Chiral specificity of the degradation of nicotine by Nicotiana plumbaginifolia cell suspension cultures. Plant Sci, 2001, 161(5): 1011-1018.

[23] Müller B P, Zumdick A, Schuphan I, et al. Metabolism of the herbicide glufosinate-a mmonium in plant cell cultures of transgenic (rhizomania-resistant) and non-transgenic sugarbeet (Beta vulgaris) carrot (Daucus carota) purple foxglove (Digitalis purpurea) and

thorn apple (*Datura stramonium*). Pest Manag Sci, 2001, 57(1): 46-56.

[24] Ruhland M, Engelhardt G, Pawlizki K A. Comparative investigation of the metabolism of the herbicide glufosinate in cell cultures of transgenic glufosinate-resistant and non-transgenic oilseed rape (*Brassica napus*) and corn (*Zea mays*). Environ Biosafe Res, 2002, 1(1): 29-37.

[25] Schneiderheinze J M, Armstrong D W. Berthod A plant and soil enantioselective biodegradation of racemic phenoxyalkanoic herbicides. Chirality, 1999, 11(4): 330-337.

[26] Zhang H, Wang X Q, Qian M R, et al. Residue analysis and degradation studies of fenbuconazole and myclobutanil in strawberry by chiral high-performance liquid chromatography-tandem mass spectrometry. J Agric Food Chem, 2011, 59(22): 12012-12017.

[27] Sun D L, Qiu J, Wu Y J, et al. Enantioselective degradation of indoxacarb in cabbage and soil under field conditions. Chirality, 2012, 24(8): 628-633.

[28] Hegeman W J M, Laane R W P M. Enantiomeric enrichment of chiral pesticides in the environment. Rev Environ Contam Toxicol, 2002, 173: 85-116.

[29] Maruya K A, Smalling K L, Vetter W. Temperature and congener structure affect the enantioselectivity of toxaphene elimination by fish. Environ Sci Technol, 2005, 39(11): 3999-4004.

[30] Pfaffenberger B, Hühnerfuss H, Kallenborn R, et al. Chromatographic-separation of the enantiomers of marine pollutants. Part 6: comparison of the enantioselective degradation of α-hexachlorocyclohexane in marine biota and water. Chemosphere, 1992, 25(5): 719-725.

[31] Pfaffenberger B, Hardt I, Huhnerfuss H, et al. Enantioselective degradation of α-hexachlorocyclohexane and cyclodiene insecticides in roe-deer liver samples from different regions of germany. Chemosphere, 1994, 29(7): 1543-1554.

[32] Kenneke J F, Ekman D R, Mazur C S, et al. Integration of metabolomics and *in vitro* metabolism assays for investigating the stereoselective transformation of triadimefon in rainbow trout. Chirality, 2010, 22(2): 183-192.

[33] Konwick B J, Garrison A W, Avants J K, et al. Bioaccumulation and biotransformation of chiral triazole fungicides in rainbow trout (*Oncorhynchus mykiss*). Aquat Toxicol, 2006, 80(4): 372-381.

[34] Ueji M, Tomizawa C. Metabolism of chiral isomers of isofenphos in the rat liver microsomal system. J Pest Sci, 1987, 12(2): 269-271.

[35] Lee P W, Allahyari R, Fukuto T R. Studies on the chiral isomers of fonofos and fonofos oxon: Ⅲ. *In vivo* metabolism. Pest Biochem Physiol, 1978, 9(1): 23-32.

[36] Takamatsu Y, Kaneko H, Abiko J, et al. *In vivo* and *in vitro* stereoselective hydrolysis of four

chiral isomers of fenvalerate. J Pest Sci, 1987, 12(3): 397-404.

[37] Qu H, Wang P, Ma R X, et al. Enantioselective toxicity bioaccumulation and degradation of the chiral insecticide fipronil in earthworms (*Eisenia feotida*). Sci Total Environ, 2014, 485: 415-420.

[38] Ray D E, Fry J R A. reassessment of the neurotoxicity of pyrethroid insecticides. Pharmacol Therap, 2006, 111(1): 174-193.

[39] 黄海凤, 周炳, 赵美蓉, 等. 拟除虫菊酯类农药对哺乳动物神经毒理的研究进展. 农药学学报, 2007, 9(3): 209-214.

[40] 牟树森, 青长乐. 环境土壤学. 北京: 农业出版社, 1993.

[41] Aigner E J, Leone A D, Falconer R L. Concentrations and enantiomeric ratios of organochlorine pesticides in soils from the US corn belt. Environ Sci Technol, 1998, 32(9): 1162-1168.

[42] Kurt-Karakus P B, Bidleman T F, Jones K C. Chiral organochlorine pesticide signatures in global background soils. Environ Sci Technol, 2005, 39(22): 8671-8677.

[43] Wiberg K, Harner T, Wideman J L, et al. Chiral analysis of organochlorine pesticides in Alabama soils. Chemosphere, 2001, 45(6-7): 843-848.

[44] Qin S J, Budd R, Bondarenko S, et al. Enantioselective degradation and chiral stability of pyrethroids in soil and sediment. J Agr Food Chem, 2006, 54(14): 5040-5045.

[45] Harrison I, Williams G M, Carlick C A. Enantioselective biodegradation of mecoprop in aerobic and anaerobic microcosms. Chemosphere, 2003, 53(5): 539-549.

[46] Williams G M, Harrison I, Carlick C A, et al. Changes in enantiomeric fraction as evidence of natural attenuation of mecoprop in a limestone aquifer. J Contam Hydrol, 2003, 64(3-4): 253-267.

[47] Wink O, Luley U. Enantioselective transformation of the herbicides diclofop-methyl and fenoxaprop-ethyl in soil. Pest Manag Sci, 2010, 22(1): 31-40.

[48] arman J L, Jones W J, Howell L A, et al. Application of capillary electrophoresis to study the enantioselective transformation of five chiral pesticides in aerobic soil slurries. J Agric Food Chem, 2005, 53(16): 6175-6182.

[49] Buser H R, Müller M D. Enviro nmental behavior of acetamide pesticide stereoisomers 1 stereoselective and enantioselective determination using chiral high-resolution gas-chromatography and chiral high-performance liquid-chromatography. Environ Sci Technol, 1995, 29(8): 2023-2030.

[50] Marucchini C, Zadra C. Stereoselective degradation of metalaxyl and metalaxyl-M in soil and sunflower plants. Chirality, 2002, 14(1): 32-38.

[51] Monkiedje A, Spiteller M, Bester K. Degradation of racemic and enantiopure metalaxyl in

tropical and temperate soils. Environ Sci Technol, 2003, 37(4): 707-712.

[52] 马瑞雪. 两种手性农药在水生生物体内的立体选择性环境行为研究. 北京：中国农业大学, 2014.

[53] Chu S G, Covaci A, Schepens P. Levels and chiral signatures of persistent organochlorine pollutants in human tissues from Belgium. Environ Res, 2003, 93(2): 167-176.

[54] Kallenborn R, Hühnerfuss H, König W A. Enantioselective metabolism of (±)-α-123456-hexachlorocyclohexane in organs of the eider duck. Angew Chem Int Ed, 2010, 30(3): 320-321.

[55] Wiberg K, Oehme M, Haglund P, et al. Enantioselective analysis of organochlorine pesticides in herring and seal from the Swedish marine enviro nment. Mar Pollut Bull, 1998, 36(5): 345-353.

[56] Buerge I J, Poiger T, Müller M D, et al. Enantioselective degradation of metalaxyl in soils: chiral preference changes with soil pH. Environ Sci Technol, 2003, 37(12): 2668-2674.

[57] Li Z Y, Zhang Z C, Zhang L, et al. Isomer- and enantioselective degradation and chiral stability of fenpropathrin and fenvalerate in soils. Chemosphere, 2009, 76(4): 509-516.

[58] Xu Y X, Zhang H, Zhuang S L, et al. Different enantioselective degradation of pyraclofos in soils. J Agric Food Chem, 2012, 60(17): 4173-4178.

[59] Zhang Q, Wang C, Zhang X F, et al. Enantioselective aquatic toxicity of current chiral pesticides. J Environ Monitor, 2010, 14(2): 465-472.

[60] Liu W P, Lin K D, Gan J Y. Separation and aquatic toxicity of enantiomers of the organophosphorus insecticide trichloronate. Chirality, 2006, 18(9): 713-716.

[61] Konwick B J, Fisk A T, Garrison A W, et al. Acute enantioselective toxicity of fipronil and its desulfinyl photoproduct to *Ceriodaphnia dubia*. Environ Toxicol Chem, 2005, 24(9): 2350-2355.

[62] Wilson W A, Konwick B J, Garrison A W, et al. Enantioselective chronic toxicity of fipronil to *Ceriodaphnia dubia*. Arch Environ Con Tox, 2008, 54(1): 36-43.

[63] Overmyer J P, Rouse D R, Avants J K, et al. Toxicity of fipronil and its enantiomers to marine and freshwater non-targets. J Environ Sci Heal B, 2007, 42(5): 471-480.

[64] 赵琳, 包琛, 杨代斌, 等. 氟虫腈对斑马鱼和小菜蛾毒性的手性选择性研究. 环境科学学报, 2010, 30(7): 1451-1456.

[65] Nillos M G, Lin K, Gan J, et al. Enantioselectivity in fipronil aquatic toxicity and degradation. Environ Toxicol Chem, 2009, 28(9): 1825-1833.

[66] Teicher H B, Kofoed-Hansen B, Jacobsen N. Insecticidal activity of the enantiomers of fipronil. Pest Manag Sci, 2003, 59(12): 1273-1275.

[67] 李晶. 三唑类手性杀菌剂苯醚甲环唑的立体选择性生物活性与环境行为研究. 北京：

中国农业科学院, 2012.

[68] Dong F, Li J, Chankvetadze B, et al. Chiral triazole fungicide difenoconazole: absolute stereochemistry stereoselective bioactivity aquatic toxicity and environmental behavior in vegetables and soil. Environ Sci Technol, 2013, 47(7): 3386-3394.

[69] Li J, Dong F S, Xu J, et al. Enantioselective determination of triazole fungicide simeconazole in vegetables fruits and cereals using modified QuEChERS (quick easy cheap effective rugged and safe) coupled to gas chromatography/tandem mass spectrometry. Anal Chim Acta, 2011, 702(1): 127-135.

[70] 刘维屏, 赵美蓉, 牛丽丽, 等. 手性污染物的环境化学与毒理学. 北京: 科学出版社, 2018: 216-224.

[71] Li Y B, Dong F S, Liu X G, et al. Enantioselectivity in tebuconazole and myclobutanil non-target toxicity and degradation in soils. Chemosphere, 2015, 122: 145-153.

[72] Li Y B, Dong F S, Liu X G, et al. Development of a multi-residue enantiomeric analysis method for 9 pesticides in soil and water by chiral liquid chromatography/tandem mass spectrometry. J Hazars Mater, 2013, 250-251: 9-18.

[73] 程有普. 手性农药丙环唑立体异构体稻田环境行为及其生物活性、毒性研究. 沈阳: 沈阳农业大学, 2014.

[74] Dong F S, Li J, Chankvetadze B, et al. Chiral triazole fungicide difenoconazole: absolute stereochemistry, stereoselective bioactivivity, aquatic toxicity, and environmental behavior in vegetables and soil. Environ Sci Technol, 2013, 47(7): 3386-3394.

[75] Cheng Y P, Dong F S, Liu X G, et al. Stereoselective separation and determination of the triazole fungicide propiconazole in water soil and grape by normal phase HPLC. Analyt Meth, 2013, 5(3): 755-761.

[76] Sun M J, Liu D H, Qiu X X, et al. Acute toxicity bioactivity and enantioselective behavior with tissue distribution in rabbits of myclobutanil enantiomers. Chirality, 2014, 26(12): 784-789.

[77] Liu W P, Gan J J, Qin S. Separation and aquatic toxicity of enantiomers of synthetic pyrethroid insecticides. Chirality, 2005, 17: S127-S133.

[78] Liu W P, Gan J Y, Schlenk D, et al. Enantioselectivity in enviro nmental safety of current chiral insecticides. P Natl Acad Sci USA, 2005, 102(3): 701-706.

[79] Ma Y, Chen L H, Lu X T, et al. Enantioselectivity in aquatic toxicity of synthetic pyrethroid insecticide fenvalerate. Ecotox Environ Saf, 2009, 72(7): 1913-1918.

[80] Jiang B, Wang H, Fu Q M, et al. The chiral pyrethroid cycloprothrin: stereoisomer synthesis and separation and stereoselective insecticidal activity. Chirality, 2008, 20(2): 96-102.

[81] Leicht W, Fuchs R, Londershausen M. Stability and biological activity of cyfluthrin isomers. Pestic Sci, 1996, 48(4): 325-332.

[82] Liu W P, Gan J J, Lee S J, et al. Isomer selectivity in aquatic toxicity and biodegradation of cypermethrin. J Agric Food Chem, 2004, 52(20): 6233-6238.

[83] Xu C, Wang J, Liu W, et al. Separation and aquatic toxicity of enantiomers of the pyrethroid insecticide lambda-cyhalothrin. Environ Sci Technol, 2008, 27(1): 174-181.

[84] 张志生. 吡唑硫磷雌激素效应及其斑马鱼胚胎发育毒性对映选择性. 杭州：浙江工业大学, 2013.

[85] Zhuang S L, Zhang Z S, Zhang W J, et al. Enantioselective developmental toxicity and immunotoxicity of pyraclofos toward zebrafish (*Danio rerio*). Aquat Toxicol, 2015, 159: 119-126.

[86] Hanson L. Our Stolen Future: A Review. https://pdfs.semanticscholar.org/4544/ca8b7a3c77d-d7dbb0cd7f423b16d80fabf07.pdf. 2000.

[87] Wang L, Liu W, Yang C, et al. Enantioselectivity in estrogenic potential and uptake of bifenthrin. Environ Sci Technol, 2007, 41(17): 6124-6128.

[88] Zhao M R, Chen F, Wang C, et al. Integrative assessment of enantioselectivity in endocrine disruption and i mmunotoxicity of synthetic pyrethroids. Environ Pollut, 2010, 158(5): 1968-1973.

[89] Wang C, Zhang Q, Zhang X F, et al. Understanding the endocrine disruption of chiral pesticides: the enantioselectivity in estrogenic activity of synthetic pyrethroids. Sci China Chem, 2010, 53(5): 1003-1009.

[90] Mcblain W A. The levo enantiomer of o, p′-DDT inhibits the binding of 17 β-estradiol to the estrogen receptor. Life Sci, 1987, 40(2): 215-221.

[91] Mcblain W A, Lewin V. Differing estrogenic activities for the enantiomers of o, p′-DDT in immature female rats. J Physiol Pharmacol, 1976, 54(4): 629-632.

[92] McBlain W A, Lewin V, Wolfe F H. Estrogenic effects of the enantiomers of o, p′-DDT in Japanese quail. J Zool, 1977, 55(3): 562-568.

[93] Hoekstra P F, Burnison B K, Neheli T, et al. Enantiomer-specific activity of o, p′-DDT with the human estrogen receptor. Toxicol Lett, 2001, 125(1-3): 75-81.

[94] Miyashita M, Shimada T, Nakagami S, et al. Enantioselective recognition of mono-demethylated methoxychlor metabolites by the estrogen receptor. Chemosphere, 2004, 54(8): 1273-1276.

[95] Bertolazzi M, Caroldi S, Moretto A, et al. Interaction of methamidophos with hen and human acetylcholinesterase and neuropathy target esterase. Arch Toxicol, 1991, 65(7): 580-585.

[96] Zhao M R, Liu W P. Enantioselectivity in the immunotoxicity of the insecticide acetofenate in an *in vitro* model. Environ Toxicol Chem, 2009, 28(3): 578-585.

[97] Liu H G, Zhao M R, Zhang C, et al. Enantioselective cytotoxicity of the insecticide bifenthrin on a human amnion epithelial (FL) cell line. Toxicology, 2008, 253(1-3): 89-96.

[98] Liu H G, Xu L H, Zhao M R, et al. Enantiomer-specific bifenthrin-induced apoptosis mediated by MAPK signalling pathway in Hep G2 cells. Toxicology, 2009, 261(3): 119-125.

[99] Yang D B, Li X Q, Tao S, et al. Enantioselective behavior of alpha-HCH in mouse and quail tissues. Environ Sci Technol, 2010, 44(5): 1854-1859.

[100] Nillos M G, Chajkowski S, Rimoldi J M, et al. Stereoselective biotransformation of permethrin to estrogenic metabolites in fish. Chem Res Toxicol, 2010, 23(10): 1568-1575.

[101] Lehmler H J, Harrad S J, Huhnerfuss H, et al. Chiral polychlorinated biphenyl transport metabolism and distribution: a review. Environ Sci Technol, 2010, 44(8): 2757-2766.

[102] Kojima H, Katsura E, Takeuchi S, et al. Screening for estrogen and androgen receptor activities in 200 pesticides by *in vitro* reporter gene assays using Chinese hamster ovary cells. Environ Health Perspect, 2004, 112(5): 524-531.

第九章
手性聚集体材料

刘鸣华　范青华　唐智勇　杨　槐

第一节　手性聚集体的构筑原理及方法

　　分子聚集体主要是由非共价弱相互作用力形成的复杂有序且具有特定功能的超分子体系。当手性因素引入分子聚集体中就产生了手性聚集体。手性聚集体的形成有三种可能：①完全由手性分子构成；②由手性分子和非手性分子共同构成；③由非手性分子构成。

　　分子聚集体的手性，一方面是通过分子间的相互作用实现分子手性信息的传递和放大，另一方面在分子聚集或者组装的不同层次逐级形成和递进。很多过程可以形成纳米尺度的手性结构，如纳米螺旋带、螺纹线、螺旋管状结构等。对手性聚集体的研究，一方面可以模拟自然界的手性结构如 DNA 的双螺旋、蛋白质的 α 螺旋等，另一方面可以构筑潜在的手性材料，如手性催化剂和手性液晶显示材料等。Tachiban 等较早关注到分子手性和纳米结构手性的关系[1]，他发现 D 型 12-羟基硬脂酸锂形成右手螺旋结构，而 L 型 12-羟基硬脂酸锂形成左手螺旋结构，外消旋型 12-羟基硬脂酸锂只能形成平带结构，这充分说明分子的手性决定了纳米结构的手性。自此，有关手性聚集体结构，特别是纳米尺度的手性结构的组装、调控及功能化的研究开始发展起来。

　　自组装结构是自组装基元的内在信息的表达。因此除了具有中心手性、轴手性等分子手性因素以外，其他因素，如 π-π 堆积、静电相互作用、氢键、空间位阻、范德瓦耳斯力以及分子的构象等均对手性聚集体的形成和结构产生巨大影响，从而导致了分子聚集体手性的复杂性。在分子设计时，通常要赋予组装基元不同的作用位点，如通过引入多肽、脲键等提供丰富的氢键作用位点，引入 π 共轭体系提供 π-π 堆积作用，引入长烷基链提供疏水相互作用等。图 9-1(a) 描述了常见的能形成手性纳米结构的组装基元的结构示意图，包括各种两亲分子、C_3 对称性分子、香蕉型分子、线-棒-线型分子、金属配合物、π 共轭分子及盘状分子等。在这些分子中引入手性中心或手性轴，通过非共价相互作用，如氢键、π-π 堆积、金属-配体相互作用、疏水相互作用等，初步形成基本结构。两亲分子易于形成双层膜或者单层结构，C_3 对称性分子、盘状分子或含刚性基团的 π 共轭分子自组装形成柱状基本基元。这些基本基元进一步组装，在手性中心或者手性轴的作用下，按一定方向扭曲，最终使手性信息在纳米结构上得以表达，形成多尺度的纳米螺旋纤维、螺旋线圈、螺旋管状结构等。

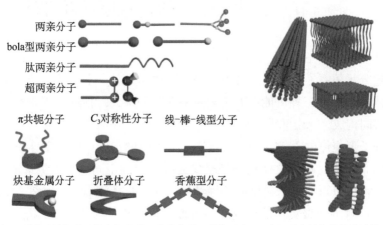

(a) 可形成手性超分子基本组装单元的组装基元结构示意图　(b) 形成的各类组装结构

图 9-1　可形成手性超分子基本组装单元的组装基元结构示意图以及形成的各类组装结构

两亲分子是自组装形成手性聚集结构的一类重要分子，从结构上讲，两亲分子是指同时带有亲水基团和疏水基团（一般是长的烷基链）的分子，使分子同时具有亲水性和疏水性，在有机溶剂和水中都能进行有效的组装。在进行分子设计的时候，可从亲水基团及疏水基团两部分同时着手，例如，可以通过改变疏水尾链的不饱和度、长度、刚柔性、奇偶性、不对称性等来调控分子的疏水性，从而达到调控组装结构的目的。此外，亲水头基的结构设计也是非常重要的。根据疏水烷基链与亲水基团的连接方式和亲水基团的特殊结构，易于形成手性聚集结构的两亲分子可进一步分为以下几类：①传统两亲分子，即含有一根疏水尾链和一个亲水基团的两亲分子。其中亲水头基为肽衍生物的称为肽两亲分子，是自组装形成手性纳米结构的重要组装基元。②双头基两亲分子，即两个极性基团通过一根或多根疏水链共价连接的一类特殊两亲分子。③ Gemini 型两亲分子，即通过连接基团将两个具有亲水亲油性质的两亲结构单元在其亲水头基上或靠近亲水头基处以共价键方式连接而成的一类两亲分子。④超两亲分子等。一般来讲，两亲分子通过两种方式组装演变形成手性纳米结构。第一种，水溶性的传统两亲分子易于形成胶束，胶束纵向堆叠扭曲形成手性纤维；另一种，两亲分子手性堆积形成双层膜或稳定的单层结构，再进一步形成多层膜，在头基手性中心的诱导下，多层膜朝一个方向扭曲，最终形成手性超分子结构，如图 9-1(b) 所示。

第二节　手性聚集体的超分子手性效应

一、手性传递

在研究手性分子聚集体的过程中，一个重要的问题是分子聚集体的超分子手性是如何产生的，手性信息是如何通过特定的相互作用传递到超分子体系、组装结构及最后形成的功能材料上的。手性从分子层次传递到超分子体系是超分子手性的重要来源。通常来讲，这种手性传递主要包括两种情况：①手性信息从手性单元（通常是中心手性或轴手性）借助形成的聚集结构传递到远程的发色团上，表现出可见光区域可检测出的 CD 信号及各种手性纳米结构；②在手性分子和非手性分子的共组装体系中，手性组分的不对称信息通过非共价相互作用传递到非手性组分上，表现为手性信息转移到非手性成分上，形成复杂的具有超分子手性的分子聚集体。在这些系统中的手性传递有一个明显的优点，不需要用烦琐的步骤合成手性分子，而是通过简单地混合实现手性传递，达到产生手性功能材料的目的。

如同超分子组装建立在各种非共价键的协同作用下，手性传递也要借助各种非共价相互作用，如氢键、静电相互作用、π-π 堆积、金属离子-配体配位作用、主客体作用、疏水作用、给体-受体相互作用等。

（一）手性中心到远程发色团的传递

手性分子相互作用形成组装结构时，手性碳原子的中心手性能有效地传递到远端的发色团上。例如，在一系列含有芳香环的树枝状谷氨酸两亲分子的组装研究中发现，所有谷氨酸两亲分子的四氢呋喃溶液都没有 CD 信号，但是在自组装形成超分子凝胶之后，都表现出强的手性信号。这说明在溶液状态或者说在单分子状态下，手性中心远离发色团而不能转移到发色团上，但是，通过多重氢键作用形成水凝胶或有机凝胶，手性则可以通过谷氨酸两亲分子的自组装而转移到芳香环上，进而在 CD 光谱中得以表达，表现出清晰的超分子手性信号。

（二）手性信息从手性分子到共组装的非手性组分的传递

在单尾链的谷氨酸两亲分子与联吡啶分子的共组装中发现（图 9-2）[2]，通过吡啶和羧基之间的氢键作用，联吡啶与手性的谷氨酸两亲分子 L-C_{18}GAc 形成超分子复合物，并表现出光学活性。L-C_{18}GAc/4-,4′- 联吡啶（4BPy）的 CD 光谱表现出了正的 Cotton 效应，表明 L-C_{18}GAc/4BPy 在超分子层次上是一种右手螺旋型的排列。同时在纳米层次上也观察到右手螺旋纳米带，L 型谷氨酸的分子手性得到了从分子到超分子再到纳米尺度的逐级传递与放大。柔性谷氨酸的酰胺衍生物之间的氢键作用、疏水尾链间的范德瓦耳斯力和刚性联吡啶分子之间的 π-π 堆积作用，还有二者之间的羧酸-吡啶氢键桥等超分

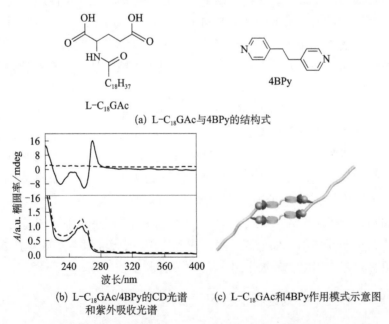

(a) L–C_{18}GAc 与 4BPy 的结构式

(b) L–C_{18}GAc/4BPy 的 CD 光谱
和紫外吸收光谱

(c) L–C_{18}GAc 和 4BPy 作用模式示意图

图 9-2 手性谷氨酸两亲分子 L-C_{18}GAc 到非手性联吡啶的手性传递

子相互作用相互协同，使复合物形成了规则的双层膜结构。这些有利于谷氨酸分子间手性相互作用的积聚，最后足以使得整个双层膜发生卷曲形成螺旋结构，以释放积聚在一起的张力。然而，正因为这种张力的积聚才形成了超分子、纳米尺度的螺旋结构。所以说，最后形成的稳定螺旋结构是各种超分子力竞争和协同所达到的能量最低点。

静电相互作用在手性传递中也发挥了重要作用，例如，利用抗溶剂法可以实现阴离子型卟啉 TPPS 在氯仿和甲醇混合溶剂中的组装[3]，得到一维纳米纤维结构（图 9-3）。通过手性环己二胺 (DAC) 分子的诱导，可以获得具有明显光学活性信号和螺旋结构特征的 TPPS 的纳米结构。研究表明，所构筑纳米结构的光学活性以及螺旋方向受控于所使用的环己二胺的本征手性，证实了环己二胺手性信息到 TPPS 超分子结构及纳米结构的有效传递。

此外，金属-配体之间的配位作用、主客体作用等都能有效地实现手性传递。值得一提的是，疏水链之间的疏水作用也可被用来进行手性组分到非手性组分的信息传递，并已实现如手性开关、识别等相关功能。总体而言，基于疏水相互作用的手性传递报道较少，这可能是由于疏水作用相对于其他非共价相互作用更弱。然而，在两亲分子形成的超分子凝胶体系中经常能观察到这一现象，例如，在一种带有长烷基链的谷氨酸衍生物［N,N'-二十八烷基-L-Boc-谷氨酸二酰胺（LBG）］形成的超分子凝胶中[4]，通过 LBG 与非手性卟啉分子的烷基链的缠结引起手性传递，使超分子凝胶表现出卟啉发色团的明显 CD 信号。如果在 LBG 形成的超分子凝胶中掺杂无长链的卟啉分子，则不能检测到相应的卟啉的 CD 信号，证实了这种手性传递的模式是来自疏水烷基链的缠结。这种作用模式可拓展到其他带长烷基链的功能基团上。例如，在手性凝胶因子［L(D)BG］和带有长烷基链的非手性席夫碱分子（OMP）的混合体系中，Lv 等发现超分子手性可以通过烷基链的相互缠结由手性凝胶因子传递到非手性的席夫碱分子上（图 9-4）[5]，并且利用席夫碱分子的动态化学键，实现手性传递通道的"开"与"关"，进一步丰富了对超分子手性光学开关的设计。在这里，疏水相互作用在手性传递过程中起到了很重要的作用。

这种疏水链的缠结还可应用到手性小分子胶凝剂到非手性主链高分子的信息传递。当把手性小分子凝胶因子［L(D)BG］与非手性的主链型聚芴高分子掺杂形成超分子凝胶时，在共组装的过程中，凝胶因子的手性成功地传递到整个超分子组装体上，进而在超分子层次上诱导高分子形成手性螺旋结构，而且掺杂所得的凝胶能够发射圆偏振荧光，偏振光的方向由小分子胶凝剂分子的手性决定。

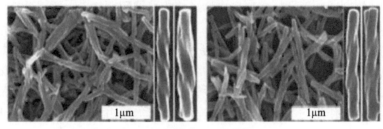

（a）卟啉分子与手性分子结构

（b）组装体的扫描电镜图

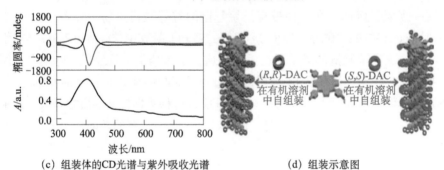

（c）组装体的CD光谱与紫外吸收光谱　　（d）组装示意图

图 9-3　TPPS 在环己二胺的诱导下形成的手性纳米结构

在有些体系中，手性信息无法直接从手性分子传递到相关的功能基团上，但如果在手性主体分子和非手性的功能基团上搭建一个桥梁，则有望实现介导传递。刘鸣华等在研究四种非手性核酸碱基［腺嘌呤（A）、胸腺嘧啶（T）、鸟嘌呤（G）、胞嘧啶（C）］与芴甲氧羰基（Fmoc）保护的谷氨酸（Fmoc-Glu）的二元组装中发现[6]，非手性的嘌呤碱基（A、G）能够与Fmoc-Glu 共组装形成水凝胶并构筑螺旋纳米结构，然而嘧啶碱基（T、C）则不具备这个能力，表明构筑基元之间形成的氢键作用和 π-π 堆积作用以及两组分组装体的疏水作用对凝胶与螺旋结构的形成起着重要的作用（图9-5）。

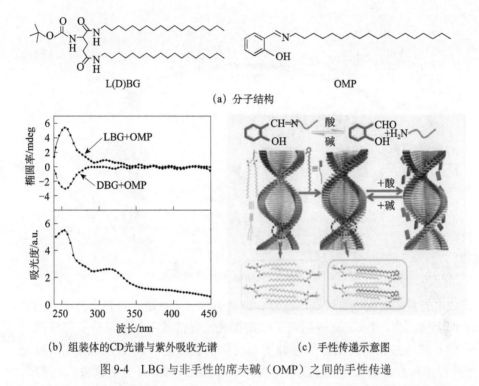

（a）分子结构

（b）组装体的CD光谱与紫外吸收光谱　　　（c）手性传递示意图

图 9-4　LBG 与非手性的席夫碱（OMP）之间的手性传递

但是更重要的是嘌呤碱基可作为桥梁，将 Fmoc-Glu 的手性传递给非手性荧光探针分子（硫磺素，ThT），非手性的 ThT 分子呈现出明显的 CD 信号和圆偏振发光信号，证实了非手性嘌呤碱基不仅起到了手性纳米结构形成的引发剂作用，还作为桥梁辅助实现手性传递过程。

（三）不对称物理场到自组装体之间的手性传递

手性物理场可以分为圆偏振光、涡流等，这些物理场在与物质作用的过程中将自身携带的不对称性传递给化学物质，从而引起原本非手性或外消旋的物质在分子层次或者聚集体层次上产生手性。Ribó 等 [7] 在 2001 年首先报道了宏观涡流搅拌导致的对称性破缺，并实现了对超分子手性的控制。在搅拌的情况下，一种非手性的卟啉分子在水溶液中形成超分子手性组装体，且超分子的手性受搅拌方向控制，相反搅拌方向引起的卟啉组装体的超分子手性信号完全相反。这种由持续的涡流诱导的对称性破缺的介观手性微纳结构，引发了人们对生命起源以前的原始手性因素的探索。随后，D'Urso 等都验证了涡流搅拌确实引发了卟啉超分子体系的对称性破缺 [8,9]。

此外，圆偏振光一直被认为是有机物手性起源的重要因素之一。它是指

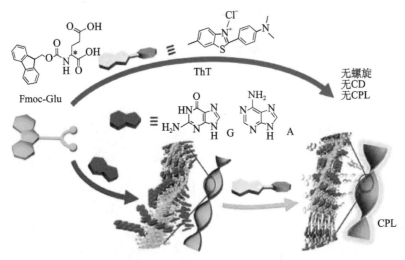

图 9-5 非手性的嘌呤碱基介导谷氨酸 Fmoc-Glu 到硫磺素 ThT 的手性传递示意图

光波电矢量随时间做有规则的改变，即电矢量末端轨迹在垂直于传播方向的平面上呈圆形。Takezoe 等报道了圆偏振光诱导的非手性介晶分子在液晶相中的对映体过剩，提出非手性分子系统在手性功能材料中实际应用的可能性[10]。Iwamoto 等在实验中发现，当用非偏振的普通紫外光辐照联二炔薄膜，使其发生光聚合，聚合后的聚联二炔薄膜未能检测到手性信号，而当用左旋或右旋圆偏振紫外光辐照后，能分别得到左旋或右旋的手性聚联二炔薄膜，聚联二炔薄膜的手性信息受圆偏振光的旋转方向控制[11]。Meinert 等报道了通过圆偏振光照射分解外消旋的丙氨酸，他们发现圆偏振光对两种对映体的分解速率不同，最终产生某种对映体过量的氨基酸混合物。Kim 等报道了通过圆偏振光照射具有 C_3 对称性的联二炔化合物[12]，诱导其产生具有螺旋排布的超分子聚集体（图 9-6），然后进一步通过圆偏振紫外光照射使其发生聚合，将诱导产生的手性固定，得到纳米尺度的手性组装体。

二、手性放大

手性放大是一种独特且有趣的现象，它与生命体系中同手性现象的起源相关，也体现在通过不对称催化获得光学活性产物的合成化学中。1988 年，Green 等在螺旋聚合物体系中第一次发现了手性放大现象[13]。他们发现聚异氰酸酯中右旋螺旋构象和左旋螺旋构象彼此之间会发生相互转换，并且由于螺旋构象的反转而得到大量的单一螺旋构象聚合物。上述现象是由于单体之间强烈的协同相互作用以及少量的某一种螺旋构象过量，使得聚异氰酸酯的

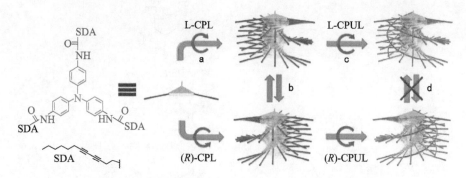

图 9-6 圆偏振光诱导并控制非手性联二炔分子产生手性

螺旋手性显著放大，从而产生具有单一螺旋构象的聚合物。

Green 和同事在手性放大的开创性研究中提出了两个被称为"sergeants and soldiers"（将军与士兵）规则和"majority"（少数服从多数）规则[14]的基本概念（图 9-7）。其中，"将军与士兵"规则指的是，通过引入少量的手性单元，可以使得大量的非手性单元诱导产生手性。而"少数服从多数"规则意味着少数手性单元会服从大多数手性单元的构象。手性放大作为一种普适性的现象，除了聚合物体系，在超分子组装体系中也是广泛存在的。

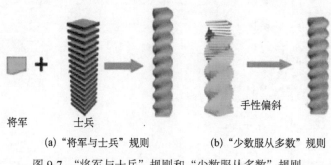

(a)"将军与士兵"规则　　　　(b)"少数服从多数"规则

图 9-7 "将军与士兵"规则和"少数服从多数"规则

1997 年，Meijer 等将"将军与士兵"规则首次引入超分子组装体系中[15]，如图 9-8 所示。手性分子 BiPy-BTA 1a 在非极性溶剂中可以形成单一螺旋方向的柱状堆叠结构，并表现出对应于联吡啶部分的 $\pi-\pi^*$ 吸收的强烈 CD 信号，非手性的 1b 则形成外消旋结构，没有 CD 信号。然而，在 1b 的正己烷溶液中仅加入 2.5% 的 1a 就会产生显著的 CD 信号，其强度与正己烷中纯 1a 的强度相当。其理论模型说明，一个手性分子 1a 就足以诱导 80 个非手性分子 1b 产生单一手性。这样，手性分子 1a 作为"将军"分子，引发了非手性分子 1b 的"士兵"分子（图 9-8）。

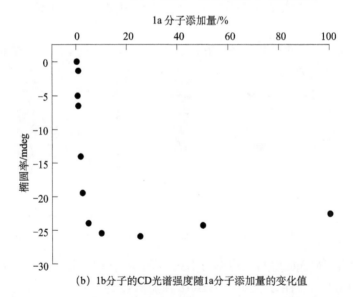

(a) 手性分子1a和非手性分子1b的结构式

(b) 1b分子的CD光谱强度随1a分子添加量的变化值

图 9-8　手性分子 1a 和非手性分子 1b 的结构式以及 1b 分子的 CD 光谱强度随 1a 分子添加量的变化值

　　Ishi-i 等[16]合成了多种盘状三嗪类分子，这些分子在非极性溶剂如己烷、辛烷、甲苯和对二甲苯中，可以通过分子间的 π-π 堆积、氢键以及范德瓦耳斯力形成柱状螺旋结构的凝胶，但是这些螺旋结构的方向是不可控的，当在体系中加入 1% 的手性盘状三嗪类分子后，形成的聚集体就只有一种螺旋结构，手性得到了放大。这个例子也很好地体现了"将军与士兵"规则。

关于超分子手性组装体中的"少数服从多数"规则，Meijer 课题组在 2005 年报道了一个很具有代表性的工作[15]。他们研究了两种不同手性的 C_3 分子，(S)-1a 和 (R)-1b 分子 [图 9-9(a)]，两种分子可以在非极性溶剂中通过分子之间的 π-π 堆积以及氢键相互作用力形成螺旋方向完全相反的超分子手性聚集结构，如图 9-9(b) CD 谱图所示。但是当两者按照不同比例进行混合，形成不同对映体过量的体系时，超分子结构的 CD 信号强度会随着 ee 值的减小而降低，当两者等物质的量混合形成外消旋的混合物时，没有 CD 信号产生。这说明在两者形成外消旋混合物时，加入的量多的对映体决定整个超分子组装体的手性，这也充分体现了超分子手性组装体中的重要原则——"少数服从多数"规则。

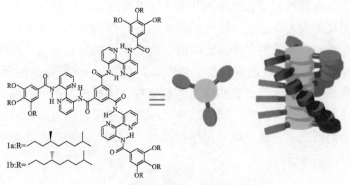

(a) C_3 对称分子结构及其自组装结构

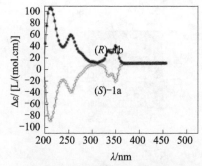

(b) 两种构型相反的分子在非极性溶剂正辛烷中形成超分子手性组装体的CD谱图

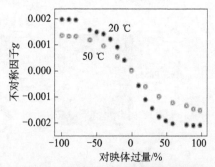

(c) 在两个不同温度下，不同对映体过量的超分子体系的g值，遵循"少数服从多数"规则

图 9-9　C_3 对称分子的分子结构、两种对映体在辛烷中的 CD 光谱图以及对映体在不同温度、不同比例下混合后的 g 值与对映体过量之间的关系

三、刺激响应性

手性聚集体是极性有机小分子、高分子以及纳米颗粒等基本构筑基元之间通过氢键、π-π 堆积、疏水（溶剂）、静电、偶极和主客体系等非共价相互作用形成的立体结构，具有对外界微小作用的敏感性和非线性响应、空间缩放对称性等。手性组装体的刺激响应包括对温度、光、剪切力、电场等外界物理条件的刺激响应性以及对 pH、盐、化学试剂等化学环境的刺激响应性，为调控手性相关功能带来灵活性。

溶剂是发生手性自组装的重要场所，通过改变溶剂的极性、形成氢键的能力等可以有效地调控聚集体的手性信息。例如，刘鸣华等合成了含有氮杂环的谷氨酰胺小分子胶凝剂分子（PPLG），发现 PPLG 分子能在从非极性溶剂到极性溶剂的广谱范围内形成有机凝胶，且手性能在超分子体系中从不对称碳原子传递到 PPLG 的氮杂环发色团上[17]（图 9-10）。但超分子手性表现出明显的溶剂依赖性，非极性溶剂中超分子表现正的 CD 信号，极性溶剂中表现与其相反的负 CD 信号。这一结果表明，溶剂诱导 PPLG 采取不同的排列方式。此外，在不同溶剂中 PPLG 的自组装体形貌变化很大，且呈现规律性：从非极性溶剂到极性溶剂，自组装体形貌依次为纳米纤维、纳米螺旋带、纳米管、螺旋微米纳米管，表明除了溶剂极性，溶剂的氢键形成能力也影响了 PPLG 的自组装结构。在不同溶剂蒸气环境中自组装体的形貌可以实现可逆转换。他们还发现，通过向有机溶剂中加入水，可以调控含有吡啶盐的谷

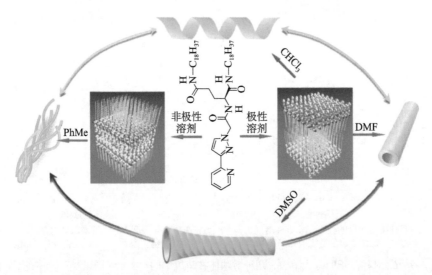

图 9-10　含有氮杂环的谷氨酰胺小分子 PPLG 在不同溶剂中的排布及组装结构

氨酸两亲分子的亲水头基的极化能力及疏水尾链的疏水作用，从而实现纳米结构的手性信息的从无到有，并能精确调控纳米螺旋的螺距。

在组装基元中引入一些光致异构、光致变色的基团（如偶氮苯、螺吡喃、二芳基乙烯等），不仅能提供 π-π 堆积作用，还能表现出手性超分子结构的光响应性[18]。朱为宏等将能发生光致异构的二芳基乙烯基团共价连接到手性氨基酸衍生物上[19]，利用氢键作用实现了手性从氨基酸到二芳基乙烯基团的传递，并放大手性特征形成螺旋结构（图 9-11）。用紫外光和可见光交替照射下调制的二芳基乙烯的开环与闭环反应，不仅实现了二芳基乙烯分子结构的可逆调控，还实现了超分子螺旋结构的调控，在分子与超分子之间的手性传递和动态响应方面取得了突破性进展。

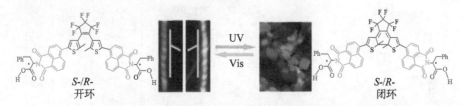

图 9-11　光对二芳基乙烯分子组装结构及其超分子螺旋结构的调控

四、手性记忆

手性记忆现象描述的是超分子体系中手性源或者手性诱导剂被移除或替换之后，超分子的手性信息仍然得以保留的特性。这一性质体现了构筑超分子体系是基于分子间弱相互作用，可以选择性地移除手性源。在最近的几十年里，已经通过合理地设计手性诱导剂和非手性组装基元开发出很多超分子手性记忆系统。实现手性记忆要满足两个重要条件：首先，诱导形成的手性超分子结构应该具有一定的稳定性。因此，即使移除了手性物种，相应的超分子结构和手性也可得以保持。其次，少量的手性物质即可诱导产生手性超分子系统。目前，成功报道的手性超分子系统包括：①非共价相互作用诱导的螺旋聚合物；②手性添加剂诱导的有机小分子形成的 J 或者 H 聚集体；③基于金属-配体配位作用形成的手性笼。

Yashima 等[20]首先报道了手性胺诱导的带有磷酸乙酯侧基的聚苯乙炔螺旋聚合物的形成。通过与侧基磷酸形成离子对，手性胺将手性转移到磷酸基团上，再在聚合物骨架上得到放大，形成单一手性的螺旋聚合物。当手性胺被非手性胺取代后，聚苯乙炔的手性信息得以保留，表现出手性记忆性质。

在后续的工作中，他们继续利用这种策略，利用 (S)-苯乙醇与聚苯乙炔侧基的弱氢键作用诱导其形成螺旋聚合物，用甲醇彻底洗涤除去手性诱导剂 (S)-苯基乙醇，发现聚苯乙炔的螺旋信息得以保留，证实了其手性记忆功能。在固态下该螺旋高分子的手性记忆性质比其在溶液态下稳定得多，可稳定存在11 个月以上。如果将 (S)-苯乙醇诱导的聚苯乙炔高分子用 (R)-苯乙醇置换，手性信息发生反转。因此，如图 9-12 所示，通过将固态螺旋高分子浸泡在苯乙醇的任一对映体溶液中，超分子手性信息可被记忆及切换，这一研究结果有助于开发分离对映异构体的手性固定相 [21]。

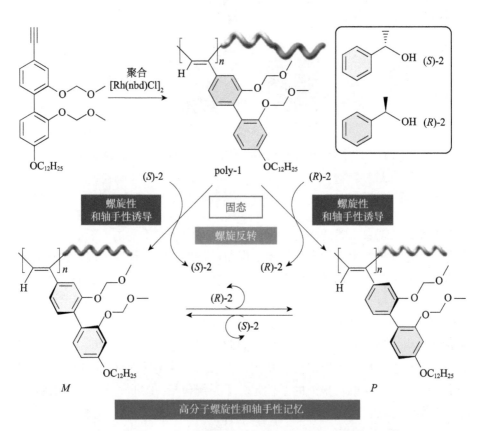

图 9-12　聚苯乙炔与手性苯乙醇作用后的手性记忆效应和手性反转

五、对称性破缺

"对称性破缺"是指组装过程中由于对称性被随机打破而形成某一对映

组装体过量或仅仅存在单一对映组装体，使整个体系表现出超分子手性或者光学活性。通常，不对称的环境是对称性破缺发生的必要条件。但是，某些分子自组装体系在非手性环境下也可发生自发对称性破缺产生超分子手性[22]。这是超分子手性研究中最有趣的现象，该现象在液晶（liquid crystal，LC）、溶液中的聚集体、超分子凝胶和 LB（Langmuir-Blodgett）膜等分子组装体系中都有报道。

（一）液晶体系

Young 和其同事首先通过偏光显微镜研究了液晶体系中的对称性破缺现象[23]。随后，Tschierske 等研究了香蕉型及弯曲型非手性分子在液晶相中的自发对称性破缺[24]。Cheng 等也通过非手性分子（BPCA-C_n-PmOH）的自组装构筑了手性螺旋桨结构，该非手性分子是由 4-联苯甲酸和苯酚通过不同长度的烷氧基链连接得到，可以形成独立的头对头二聚体，该二聚体的扭转导致手性向列相液晶的形成（图 9-13）[25]。

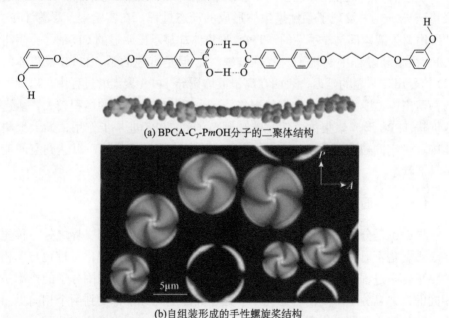

(a) BPCA-C_7-PmOH分子的二聚体结构

(b)自组装形成的手性螺旋桨结构

图 9-13　BPCA-C_7-PmOH 分子的二聚体结构及其自组装形成的手性螺旋桨结构

（二）溶液中的聚集体

染料分子通过分子间 π-π 堆积作用、静电作用等自组装形成 J 聚集体或者 H 聚集体，从而在溶液中发生对称性破缺的报道多见于花菁衍生物和卟啉衍生物。分子间形成密堆积的 J-或H-聚集体及过度紧密是产生超分子手性的必要条件。例如，Kirstein 等研究发现通过调节异花菁烷基链的长度，可在稀溶液中得到手性的 J 聚集体[26]。通常在花菁或异花菁形成的 J 聚集体中，分子以线型方式聚集排列，形成的是非手性的聚集体，而在这个体系中手性聚集体的形成受到亲水端和疏水端烷基链长的影响，因而他们认为手性聚集体采取的是一种螺旋胶束结构，正是这种螺旋超分子结构导致了超分子手性的形成。刘鸣华等报道了非手性卟啉分子在油 / 水体系中基于表面活性剂辅助自组装方法形成手性聚集体的现象[27]。在搅拌情况下，非手性卟啉分子的氯仿溶液逐滴滴加到十六烷基三甲基溴化铵（CTAB）水溶液中，组装过程中氯仿挥发形成微乳液，最终形成不同纳米结构的超分子组装体。研究表明，通过改变表面活性剂的浓度和熟化时间可以分别制备卟啉纳米球、纳米管和纳米线，而且在合适的表面活性剂浓度下所制备的纳米棒表现出了明显的超分子手性信号。而且在咪唑型离子液体中对四磺酸基四苯基卟啉（TPPS）的聚集诱导研究中发现了手性聚集体形成的动态过程。在实验中，尽管 TPPS 和所用离子液体都是非手性的，TPPS 聚集体却显示出明显的 CD 信号，表明 TPPS 在组装过程中实现了对称性破缺[28]。但是有趣的是，TPPS 聚集体的 CD 信号出现明显的延迟，表明在离子液体诱导 TPPS 聚集的过程中，出现了两种聚集体，线型聚集体和螺旋聚集体。由于咪唑阳离子的体积较大，能迅速促进 TPPS 形成聚集体，然后咪唑阳离子和 TPPS 进一步作用，插入聚集体中。受空间位阻的影响，TPPS 自身调整形成螺旋聚集体，以达到空间能量最低状态。

（三）界面对称性破缺

界面也是分子对称性打破的重要场所，因为界面为两相交界之处，首先在宏观上是不对称的。界面本身的特性决定了界面上的物理化学过程与体相的物理化学过程不同。处于体相中的分子，每个分子所受周围分子的作用是相同的，并且分子所受的合力为零。处于界面上的分子，受到两个相向界面分子的作用力不同，界面分子处于一个力场中，因此不能像体相分子一样自由运动。因此无论是气液界面还是固液界面都提供了实现对称性破缺的重要环境。

1994 年，Viswanathan 等发现了花生酸 LB 膜上的对称性破缺现象[29]。在观察其转移 LB 膜的原子力图像时，他们发现花生酸分子呈现出相反排列的晶格结构，表明在转移膜中形成了手性畴区。Werkman 等 [30] 研究了联二炔分子的酯衍生物，当它铺展在 $Cu(ClO_4)_2$ 溶液表面上时，在一定压力下可以用布鲁斯特角显微镜（BAM）观察到螺旋的羽状形貌。这是由于在气液界面分子被压缩时相邻分子间发生一定方向的倾斜，对称性被打破，产生手性微观形貌。

2003 年，刘鸣华等在研究具有 π 共轭体系的非手性分子 2-十七烷基萘并咪唑在气液界面组装形成 LB 膜时发现 [31]，这一非手性分子可以与银离子配位形成具有宏观手性的超分子薄膜，产生界面对称性破缺，在 CD 光谱上表现很强的手性信号［图 9-14（a）］。他们还对其形成机理进行了研究，初步探明相邻分子之间的堆积，尤其是当分子在界面被压缩时产生过度堆积而形成螺旋排列是导致超分子手性的原因。界面压缩诱导的相邻分子间的过度堆积等促进了基元的螺旋排列，导致对称性破缺的发生。在此基础上，他们将体系发展到了以氢键相互作用、π-π 堆积作用、疏水相互作用为主导驱动力的非手性长链巴比妥酸衍生物的界面组装上。结果发现，氢键作用的参与有效地促进了基元的协同螺旋性堆积 [32]。通过原子力显微镜所观察到的二维螺旋结构［图 9-14（b）］直接证实了气液界面上对称性破缺的发生。

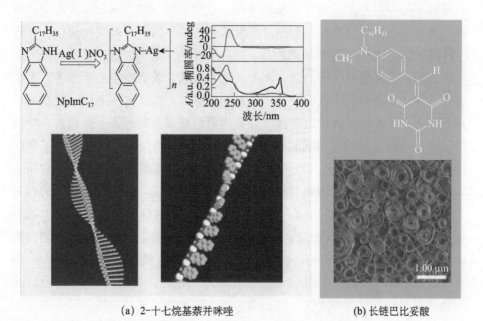

(a) 2-十七烷基萘并咪唑　　　　(b) 长链巴比妥酸

图 9-14　非手性的 2-十七烷基萘并咪唑和长链巴比妥酸在
气液界面组装中形成具有超分子手性的 LB 膜

他们通过设计、合成或选择系列具有 π-π 堆积特征的非手性分子体系，研究它们在界面的组装规律，证实了界面对称性破缺的普遍性。例如，研究了能够进行有效 π-π 堆积的 TPPS 卟啉分子、具有原位聚合能力的长链联二炔分子、能够因顺反异构而发生不同堆积的偶氮分子、带有不同尺寸芳香取代基的苯并咪唑分子的组装，发现这些非手性分子均可以发生界面对称性破缺，产生超分子手性。同时还发现，通过在酸亚相上原位界面质子化，系列非手性卟啉分子可以形成螺旋手性超分子。该方法可以拓展到系列非金属卟啉及轴向反式双配位的金属卟啉，成为构筑卟啉手性聚集体的普适性手段。这些研究证实了界面对称性破缺的普遍性，阐明了分子间非共价作用的协同性在界面对称性破缺过程中的贡献，为揭示基元分子结构与超分子手性的内在关联奠定了基础。

（四）超分子凝胶体系中的对称性破缺

更进一步，基于对气液界面上非手性分子发生对称性破缺的认识，刘鸣华等研究了超分子凝胶体系，发现在 C_3 对称的 π 体系组装成超分子凝胶的过程中，尽管其是非手性分子，但是它能在无任何手性掺杂物的情况下自组装形成不等量的左手和右手螺旋纳米带。这表明分子通过 π-π 堆积作用，分子间芳香环倾向相互重叠，空间位阻使邻近芳香环间会有轻微的错位，导致手性偏向的出现[22]。需要说明的是，这种手性偏向既可以是左旋的，也可以是右旋的。手性偏向分子的进一步生长或者放大，就会产生左手或者右手螺旋组装体。如果两种手性偏向分子的起始数量或者生长速率不同，就会形成不等量的左手和右手螺旋组装体，导致体系最终展示超分子手性或者光学活性。通过该衍生物与手性有机胺分子的酰胺-酯交换反应，成功控制了螺旋纳米带的手性和凝胶的宏观手性（图 9-15），这为理解和调控非手性构筑基元形成手性组装体过程中的对称性破缺提供了新方法。在组装作用力的探索上，他们也发现了仅通过 π-π 堆积作用就能发生对称性破缺的实例[33]，这与通常分子组装体系中对称性破缺的驱动力为氢键、静电和配位作用不同，因而拓展了组装作用力的范围，发展了 π 体系在对称性破缺中的应用。

这种自发产生的对称性破缺通常表现出随机性，即超分子手性不可控，因此研究者们寻求各种手段，包括引入手性物种和不对称物理场等，力图实现超分子手性的可控。

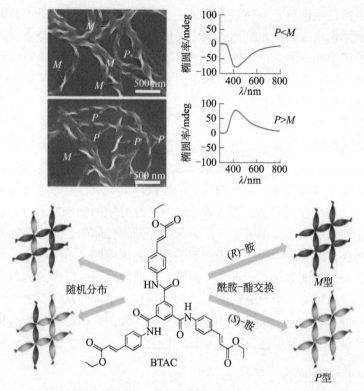

图 9-15 非手性 C_3 对称性分子自组装形成超分子凝胶中的对称性破缺

第三节 手性聚集体的功能

超分子化学的快速发展拓宽了手性研究领域的范围,使分子手性向超分子手性和纳米手性延伸,使手性材料的制备从传统的共价合成发展到利用超分子方法进行组装。人们从手性或非手性的组装基元出发,通过分子间的非共价相互作用构筑手性聚集体。利用聚集体的动态可调特性,实现了其在手性识别、手性催化、手性开关等方面的功能应用。因此,手性超分子自组装在化学、材料和生物学等领域具有广阔的应用前景[34]。

一、超分子手性识别

分子识别一直是超分子化学的主要研究内容之一,早期经典的例子当属冠醚对碱金属离子的识别。手性是生命过程的基本特征,构成生命体的有机分子许多都是手性分子。最直接的例子就是手性药物的不同对映异构体在人体内有不同作用效果，明确地体现出人体对手性分子的识别能力。因此，对手性分子识别的研究有助于解开自然界手性的秘密，是分子识别研究最为重要的内容之一。在过去的二十多年里，基于主客体相互作用的手性识别及传感研究报道很多，取得了重要的进展[35]。

近年来，手性组装体作为新一代的手性识别"主体"，显示出与小分子主体不同的独特性和优点：①构筑超分子手性组装体的驱动力是具有可逆性的非共价相互作用，手性环境可调；②自组装后，手性自组装体所具有的手性放大效应、协同效应以及所构筑的手性微环境效应，能够更真实地模拟酶空腔的功能和手性微环境，能有效提高对手性分子的识别能力；③超分子组装体的手性识别过程是组装基元的分子手性到组装体的超分子手性再到分子手性的历程，这有助于更深一步理解手性的起源问题。由于超分子组装体在手性识别上具有诸多优点，近几年得到了迅速的发展，已经成为超分子化学和手性科学领域的一个研究热点[36]。限于篇幅，下面将从几类典型的手性组装体，如液晶、LB（Langmuir-Blodgett）膜、高分子螺旋纳米结构和超分子聚合物来对这一新型手性识别"主体"进行总结。

（一）手性液晶与手性 LB 膜

Shinkai 等较早开展了组装体的手性识别研究。1993 年，他们报道了首例手性液晶膜对单糖的手性识别，并设计合成了含有苯硼酸的胆甾衍生物，通过颜色变化可以直观地检测单糖的构型[37]。随后，他们首次利用 LB 膜技术，将修饰有冠醚主体结构的胆甾衍生物在空气-水界面制备成手性 LB 单层膜，成功实现了手性氨基酸甲酯分子的识别（图 9-16）[38]。此工作开启了利用手性 LB 单层膜进行手性识别研究的序幕。2006 年，Michinobu 等报道了首例动态 LB 单层膜手性识别水相中的亮氨酸和缬氨酸[39]。

（二）高分子螺旋纤维与手性超分子聚合物

由手性高分子组装构筑的手性纳米材料，由于分子排列更为规整，具有比非手性材料更好的光电性能。同时，手性的存在使得所制备的器件在手性信号的传感等领域具有独特的优势。2014 年，魏志祥等开展了利用手性超分子微纳米结构进行手性传感的应用研究[40]。他们以光学活性的樟脑磺酸为诱导剂，诱导导电聚苯胺组装形成了单一手性的纳米螺旋纤维，多根纳米螺旋纤维再进一步组装成超有序的、超长的微米螺旋纤维（图 9-17），并以此一

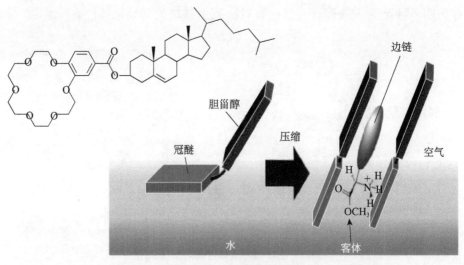

图 9-16　手性 LB 单层膜对手性氨基酸甲酯分子的手性识别

图 9-17　手性螺旋纤维对手性气体的传感

维螺旋结构的聚苯胺微米纤维为活性材料构筑手性气体传感器，实现了对手性分子氨基己烷的在线快速识别与检测。此工作揭示了手性导电聚合物材料在手性检测领域的潜在应用前景和价值。

　　手性超分子聚合物因具有多重作用位点、多样性的结构骨架和独特的手性微环境，能够有效放大手性信号，提高选择性，在手性分子识别方面展示了诱人的前景。1996 年，Shinkai 等首次报道了利用非手性的卟啉化合物与手性糖分子相互作用，通过在溶液中组装成手性超分子聚合物，能够表现出特征的诱导圆二色性（induced circular dichroism，ICD），从而间接地反映出这些手性分子的空间构型，达到手性识别的目的[41]。基于相同的原理，2014 年，江云宝等将卟啉拓展到苝衍生物（图 9-18），设计合成了一类外围含有硼酸的两亲性化合物，通过加入不同种类与构型的 α-羟基羧酸分子与其识别后在水相中组装，制备了一类新型的手性超分子组装体系，该体系能

够识别多种 α-羟基羧酸，并且能够对 α-羟基羧酸的对映选择性进行测定[42]。

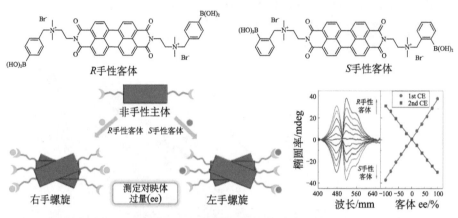

图 9-18　手性超分子聚合物的手性识别

CE：Cotton 效应

（三）手性有机凝胶

除了在溶液态中进行手性识别外，超分子凝胶中的手性识别也取得了重要进展[43]。2001 年，Feringa 等详细研究了环己二胺二脲衍生物凝胶体系中的手性识别现象[44]。凝胶因子的立体构型会显著影响组装模式和光谱性能，这是较早在凝胶体系中研究手性分子识别的研究报道。

2010 年，余孝其和蒲林等报道了首例利用凝胶塌陷作为可视化识别手性分子的新方法[45]。他们设计合成了手性 BINOL-三联吡啶-铜 [(R)-1] 的有机金属化合物，该化合物的氯仿溶液在超声条件下可形成稳定的绿色凝胶。当向该凝胶中分别加入不同构型的苯甘氨醇后发现，(S)-苯甘氨醇明显破坏了凝胶现象，而 (R)-苯甘氨醇则保持了凝胶状态，成功实现了凝胶对手性分子的可视化手性识别（图 9-19）。随后，涂涛等也报道了钳型 Pt(II) 金属有机配合物凝胶对 BINAP 手性分子的可视化识别[46]。在利用超分子凝胶的塌陷实现对手性分子的可视化识别研究报道中，上述两例是典型代表。

2013 年，刘鸣华等报道了利用外消旋分子组装手性结构进行手性分子识别与检测（图 9-20）[47]。他们设计合成了一类 Fmoc 保护的丙氨酰胺类分子，其外消旋体能自组装成螺旋纳米带。此螺旋纳米结构对一系列氨基酸衍生物具有非常灵敏的响应性，即微量的手性氨基酸衍生物的添加就能在 CD 光谱上产生明显的超分子手性变化。利用此特性，他们将该组装体作为一种广谱

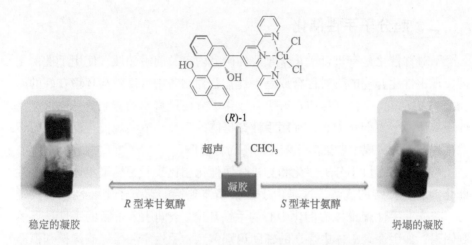

图 9-19　铜配合物金属凝胶对手性氨基醇分子的可视化识别

的手性传感器，成功实现了多种手性分子的检测甚至对映选择性（ee 值）的测定。作为一类非金属有机凝胶体系，此体系识别手性分子的广谱性强，为以后的研究提供了新的思路和借鉴。

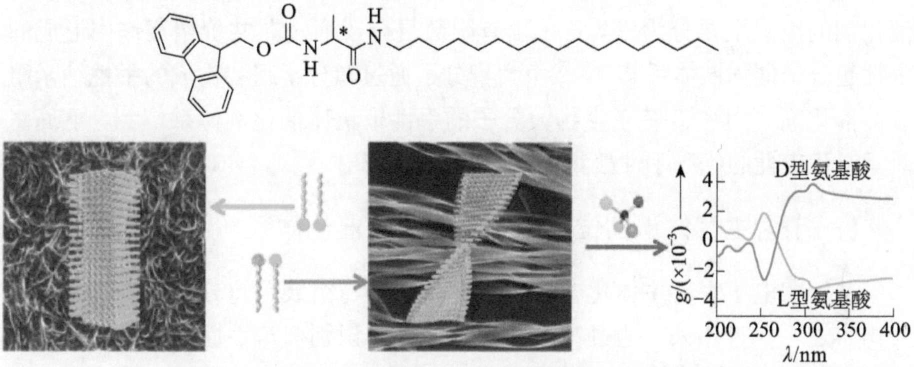

图 9-20　外消旋体自组装的手性纳米结构的手性识别现象

除了有机小分子凝胶外，也有少数高分子凝胶对手性分子识别的研究报道。最具有代表性的是，2011 年 Yashima 等报道了基于聚苯乙烯修饰 β-环糊精的高分子化合物对手性苯乙胺选择性的识别成胶[48]。扫描电镜结果显示该化合物在 DMSO 和水的混合溶液中形成了超螺旋结构，并且该溶液对 S 构型苯乙胺分子表现出特异响应性，即向其中加入 (S)-苯乙胺或包含有 (S)-苯乙胺的消旋体都可形成凝胶，而对 (R)-苯乙胺则无此响应。

二、超分子手性催化

不对称催化是有机合成化学重要的研究内容及前沿领域，使用手性催化剂实现手性化合物的不对称合成是手性化合物制备中最高效与环境友好的途径之一。所以，手性聚集体在有机合成化学方面最重要的应用就是通过在手性聚集体中引入催化中心，利用手性聚集体的手性环境实现催化反应中的不对称诱导，即实现手性聚集体催化的不对称反应。

与传统的有机小分子催化和有机金属催化相比较，手性聚集体作为手性催化剂有其独特的优势，这是由手性聚集体独特的超分子组装性质所决定的。首先，手性聚集体为催化中心的手性环境/空间引入了新的手性诱导控制因素，如手性聚集体中存在的辅助识别位点、手性空腔、螺旋沟槽和弧形表面等；其次，由于在手性聚集体中存在手性放大及多位点协同效应，所以手性聚集体催化剂中手性诱导基团的用量可以大大下降；最后，通过分子的理性设计，可以实现对手性聚集体催化剂组成与结构（包括其微观形貌）的精确控制，为催化反应的催化剂筛选提供更多的选择。

在手性聚集体催化研究方面已有很多成功的实例报道。按照手性聚集体催化剂的组成主要分为三类：①由有限数目分子通过非共价相互作用形成的手性超分子催化剂体系[49]；②由大量分子通过超分子组装构成的手性纳米组装体催化剂[34,50]；③基于生物大分子的手性聚集体催化剂体系[51,52]。下面将对具有代表性的优秀手性聚集体催化剂进行介绍。

（一）含主客体识别位点的手性组装体催化体系

基于富电子大环主体化合物的主客体识别与组装是超分子化学研究的主要内容之一。近年来，通过富电子大环主客体识别构筑手性组装体催化剂用于不对称催化反应研究已有很多报道。研究发现，主客体识别在催化反应中发挥着独特的作用，能够对催化反应的活性和选择性产生显著影响，甚至能够实现一些常规催化无法完成的反应。

冠醚是一类重要的超分子主体化合物，可以通过静电作用与阳离子受体发生自组装。Nishibayashi 小组[53]和范青华小组[54]先后独立报道了通过手性亚膦酸酯单齿配体修饰的苯并-24-冠-8 与三苯基膦修饰的二苄胺盐的主客体自组装（图 9-21），成功实现了准轮烷骨架双齿膦配体的制备，并成功应用于铑催化 α-脱氢氨基酸酯的不对称氢化，反应的活性和对映选择性优于对应的手性单齿亚膦酸酯配体/铑金属催化剂。

　　随后，范青华等通过在开链冠醚的两端修饰手性亚磷酸酯配体，进而与过渡金属配位，实现了系列手性金属冠醚催化剂的制备[55,56]，并应用在 α-脱氢氨基酸酯和 α-烯酰胺的不对称氢化反应中。他们发现碱金属离子的加入能够显著提高催化反应的活性和对映选择性（图 9-22）。

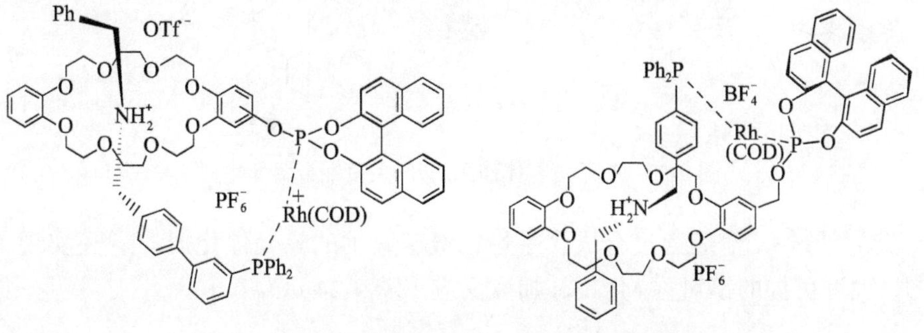

图 9-21　基于准轮烷骨架的手性超分子催化剂体系

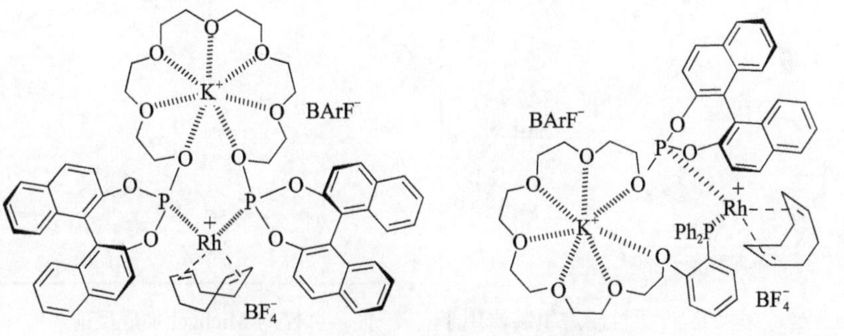

图 9-22　手性金属冠醚催化剂体系

　　基于冠醚的手性超分子组装体可以作为手性催化剂，实现"开-关"可控的不对称催化反应。例如，2015 年，范青华等报道了一类含有氮杂冠醚环的手性单齿亚磷酰胺配体[57]，并用在铑催化脱氢氨基酸酯的不对称氢化反应中。他们发现通过外加金属阳离子客体或穴醚主体分子，调控氮杂冠醚参与的不同主客体相互作用，能够实现不对称氢化反应可逆、高效的"开-关"控制（图 9-23）。这是首例"开-关"可控的金属催化反应报道。

　　Leigh 等最早使用基于轮烷骨架的组装体催化剂开展"开-关"可控催化反应研究。他们设计合成了含有二级苄胺及三唑盐轴的轮烷小分子催化剂[58]，通过体系的酸碱调控，使得冠醚环在轴上来回移动，进而使催化活性中心（二级苄胺基团）在裸露和包裹状态间切换，实现了一系列基于不同催化机制（亚胺或烯胺催化）的醛类化合物的"开-关"可控反应（包括串联

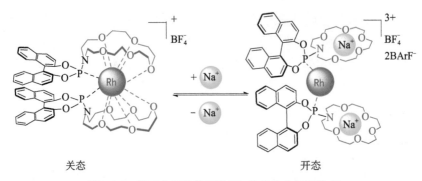

关态   开态

图 9-23   基于主客体作用的开-关手性金属催化剂

反应）。另外，他们通过合成含手性二级苄胺轴的轮烷催化剂[59]，还实现了"开-关"可控的不对称 Michael 加成反应（图 9-24）。

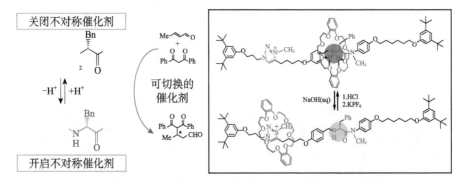

图 9-24   手性轮烷组装体用于"开-关"可控的 Michael 加成反应

环糊精是另一类重要的超分子主体化合物，具有疏水内腔和外部亲水的特性，不仅能够与许多有机和无机分子通过主客体识别形成包合物及分子组装体，而且可用于水相反应。与冠醚不同的是，环糊精是一类具有手性的大环主体化合物，近年来，含有环糊精基元的手性组装体也被应用于不对称催化反应研究。

2004 年，Woggon 等使用非手性氨基醇衍生化的 β-环糊精，在钌催化芳基酮的水相转移氢化反应中成功实现了手性诱导（图 9-25）。研究发现，底物与 β-环糊精疏水空腔的预组装是实现手性诱导的重要影响因素。进而，他们通过引入手性氨基醇基元，使反应的对映选择性得到大幅提升，以高产率和高对映选择性实现了系列芳基酮和烷基酮的不对称转移氢化[60]。

2010 年，罗三中等合成了系列 β-环糊精功能化的双胺有机分子催化剂，并详细研究了其在水相不对称直接羟醛反应中的表现（图 9-26）。在 pH 为 4.8 的缓冲溶液中，单质子化的双胺催化剂分别活化被 β-环糊精包裹的两类底物

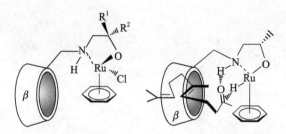

图 9-25　手性环糊精金属催化剂用于不对称转移氢化反应

分子，进而烯胺发生对醛羰基的亲核进攻，最终得到手性 β-羟基酮化合物，从 β-环糊精空腔中释放出来。催化剂构效关系研究表明，产物的对映选择性由 β-环糊精和二胺基团的手性共同决定[61]。

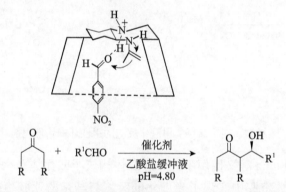

图 9-26　手性环糊精有机催化剂用于不对称直接羟醛反应

2014 年，Armspach 和 Matt 等以 α-环糊精和 β-环糊精为骨架合成了两种空间受限的单齿膦配体，并应用于铑催化苯乙烯的不对称氢甲酰化反应（图 9-27）。当配体与金属铑配位以及进一步通入合成气后，生成的金属配合物／金属负氢物种中的铑金属离子被嵌在环糊精的空腔中，最终以高区域选择性、高对映选择性得到支链产物[62]。

（二）手性分子笼组装体催化体系

纳米尺度的分子笼的空腔具有独特的化学微环境，可以稳定一些活泼物种，近年来得到了广泛关注。通过超分子自组装构建分子笼，最早由 Fujita 等于 1995 年报道[63]。他们通过金属配位作用，用 4 个配体分子和 6 个金属离子制得了直径为 2～5 nm 的四面体型的分子笼组装体，这个组装体可以包裹 4 个金刚烷羧酸离子。

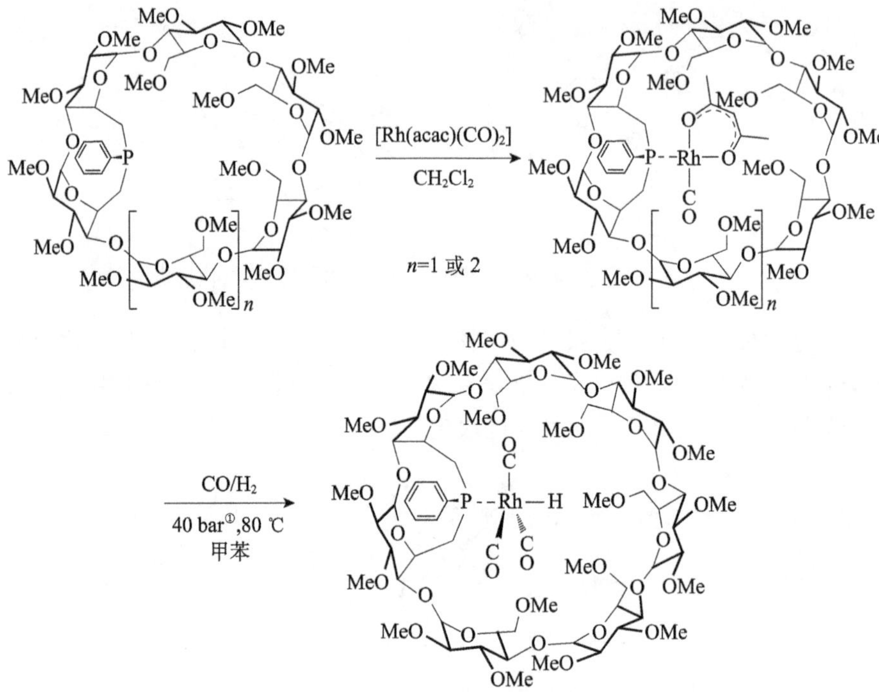

图 9-27 用于烯烃氢甲酰化反应的手性环糊精催化剂

2008 年，Fujita 等又使用手性二胺配体构筑了四面体型手性分子笼组装体，并在其手性空腔中实现了光催化的荧蒽与马来酰亚胺衍生物的不对称 [2+2] 环加成反应，产物的对映选择性最高达 50% ee。荧蒽作为一类惰性的芳香化合物，其光催化的周环反应在此前还未见报道[64]。

Bergman 和 Raymond 等通过双齿儿茶酚配体与镓离子的配位构筑了四面体超分子组装体，并拆分得到 ΔΔΔΔ 和 ΛΛΛΛ 构型的两个手性组装体（图 9-28）。使用催化量的手性分子笼，他们成功实现了亚胺盐底物的不对称氮杂 Cope 重排反应，获得了最高 78% ee 的对映选择性[65]。随后，Toste、Bergman 和 Raymond 等使用含有手性侧链的双儿茶酚配体与镓离子配位，非对映选择性地构筑了具有光学活性的四面体组装体，并实现了手性组装体催化的中性分子的不对称转化，在不对称单萜环合反应中获得最高为 69% ee 的对映选择性[66]。

2016 年，Tiefenbacher 等将 Atwood 发展的手性八面体组装体（6 个间苯二酚环状衍生物和 8 个水分子自组装而成）用于手性有机胺催化的 α,β-不饱

---

① 1 bar=10^5 Pa。

和醛的不对称 1,4-还原反应（图 9-29）。分子笼的加入大大提高了反应的产率和对映选择性，获得最高为 96% 的产率和 78% ee 的对映选择性[67]。

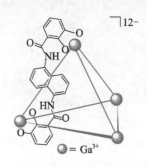

$\Delta\Delta\Delta\Delta$ 和 $\Lambda\Lambda\Lambda\Lambda$ 型外消旋混合物

图 9-28　手性四面体分子笼组装体用于不对称氮杂 Cope 重排反应

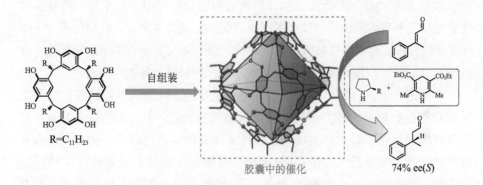

图 9-29　手性八面体组装体促进的手性有机胺催化还原反应

（三）手性纳米纤维／纳米管催化体系

近年来，超分子聚合物由于其独特的结构与应用价值引起了人们极大的关注。通过在侧链引入手性中心，两亲性 C_{3v} 分子经自组装可以构建手性超分子聚合物。2013 年，Raynal 等设计合成了外围单链三苯基膦功能化的两亲性 C_{3v} 分子，用于正己烷中铑催化衣康酸二甲酯的不对称氢化反应研究（图 9-30）。

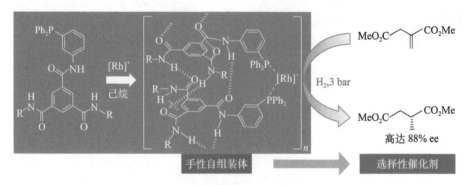

图 9-30　手性超分子聚合物催化的不对称氢化反应

使用含有双手性中心的 C_{3v} 配体时，即可获得高达 82% ee 的对映选择性。对照实验和谱学分析表明，手性 C_{3v} 分子通过非共价相互作用形成的手性超分子螺旋是产物分子中手性的主要来源。通过添加含单个手性中心的 C_{3v} 配体，可以使反应的对映选择性进一步提升至 88% ee[68]。随后，他们将间苯三甲酸与天然手性氨基酸相结合，制备了一类新的 C_{3v} 型两亲性手性间苯三甲酸酰胺衍生物，作为手性共聚单体应用于非手性三苯基膦功能化的 C_{3v} 配体参与的铑催化不对称氢化反应。在使用含有异亮氨酸的手性 C_{3v} 分子时，可以获得最高 85% ee 的对映选择性[69]。进一步研究表明，产物的对映选择性由中心手性、组装体螺旋手性及三苯基膦配位基与铑金属中心的配位方式共同决定。在超分子右手螺旋组装过程中，存在手性放大效应，手性共聚单体与非手性配体的用量比（摩尔比）为 1∶4 时，催化氢化反应才可获得最优的对映选择性。

　　手性超分子聚合物也可以用于有机催化反应。Huerta 等使用外围手性脯氨酸功能化的具有间苯三甲酸酰胺母核结构的 C_{3v} 分子，用于对硝基苯甲醛与环己酮的水相不对称羟醛反应，获得了优异的对映选择性（99% ee）和非对映选择性（96% de），并且实现了组装体催化剂的回收和循环使用[70]。进一步的 CD 光谱、cryo-TEM 和 DLS 研究表明，超分子聚合物的螺旋手性及脯氨酸的中心手性共同决定了羟醛反应产物的手性。同时，升温诱导手性超分子聚合物的构象转变，是获得高活性催化剂的必要条件。

　　凝胶是构筑纳米纤维的主要方法之一，但手性凝胶在不对称催化中的应用还只有少数成功的实例[71]。2009 年，Rodríguez-Llansola 等报道了一类脯氨酰胺衍生物凝胶因子，其水凝胶能够作为异相催化剂催化环己酮和对硝基苯甲醛的直接羟醛反应，以较高的非对映选择性和高达 90% ee 对映选择性获得了手性 β-羟基酮衍生物[72]。同时，凝胶与溶胶间存在物理热可逆相变过程为催化剂的回收和再利用提供了可能。此水凝胶催化剂可以循环使用3次，反应的非对映选择性和对映选择性都没有发生改变。

2016年，该课题组通过巧妙设计两类分别具有酸碱催化功能的凝胶因子，在溶液中自分辨（self-sorting）分别组装成具有酸碱催化功能的纤维，且这两类酸碱催化剂具有兼容性。以苯甲醛二甲缩醛和环己酮为起始原料，实现了一锅法催化的醛基脱保护反应和不对称aldol反应的串联反应，以较好的对映选择性（90% ee）得到 β-羟基酮衍生物（图9-31）[73]。

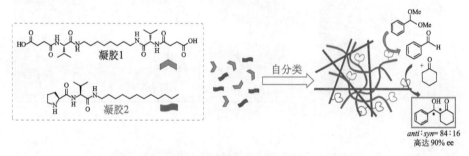

图9-31　手性水凝胶催化的一锅不对称串联反应

纳米管是另一种重要的纳米组装体。在纳米管表面引入手性催化基团，就可以应用于不对称催化反应。2011年，刘鸣华等使用自己发展的基于谷氨酸的凝胶因子，与Cu(II)配位后，制得了多层金属配合物纳米管，用于环戊二烯与氮杂查尔酮之间的不对称Diels-Alder反应，获得了较高的非对映选择性和中等的对映选择性[74]。对照实验表明，位于纳米管表面的铜离子可以将氮杂查尔酮底物固定在纳米管表面，进而提供具有一定空间位阻的手性微环境，这是手性诱导发生的主要因素。

2016年，他们用同样的谷氨酸衍生物与不同金属离子结合，成功制备了具有螺旋手性表面的金属配合物单层纳米管，用于多种不对称催化反应（图9-32）。在铋纳米管催化的水相不对称Mukaiyama羟醛反应中，最高得到97% ee的对映选择性；在铜纳米管催化的水相不对称Diels-Alder反应中，也取得了高达91% ee的对映选择性，远远高于多层纳米管的催化效果[75]。这也是第一例可与小分子催化剂的均相催化相媲美的高活性、高对映选择性的纳米管催化体系。

（四）手性胶束、囊泡和液滴催化体系

胶束是另一类由两亲性分子通过非共价相互作用形成的超分子组装体，

可以通过表面的功能化制备具有手性表面的组装体催化剂。2012 年，邓金根等报道了手性胶束催化的系列烷基酮的水相不对称转移氢化反应（图 9-33），获得了高催化活性和对映选择性[76]。他们认为烷基酮通过疏水作用与胶束的预组装是获得高对映选择性的关键。

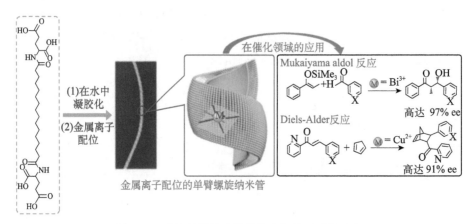

图 9-32　手性单层纳米管催化水相的不对称反应

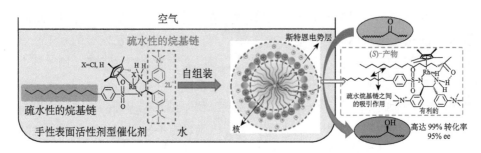

图 9-33　手性胶束催化烷基酮的水相不对称转移氢化反应

囊泡作为一类具有双层膜结构的球形组装体，比胶束的结构更加复杂。2013 年，Qin 等首次通过压缩 CO_2 调控两亲性脯氨酸衍生物在水相中的组装行为，实现了手性囊泡催化的环己酮与对硝基苯甲醛之间的不对称直接羟醛反应，得到高达 93% ee 的对映选择性（图 9-34）。压缩 CO_2 的引入，不仅有利于产物的分离纯化，而且方便了催化剂的回收和循环使用[77]。

微乳液是热力学不稳定的油、水和表面活性剂构成的混合物，不仅可以提高反应物的相容性，还可以作为纳（微）米反应器促进提升反应的速率和选择性。2012 年，刘焱等设计合成了一类新型的两亲性有机小分子催化剂，实现了水相中的 α-酮酸与醛的串联反应（图 9-35），获得了优异的产率（高达 94%）

和对映选择性（高达 99% ee）。进一步的荧光成像实验证明催化剂分子主要分布在油 / 水界面上，揭示了界面反应是获得优异催化性能的关键[78]。

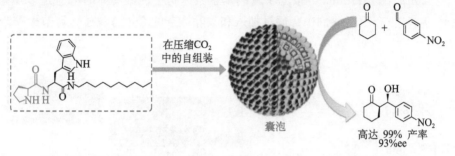

图 9-34　手性囊泡催化环己酮与对硝基苯甲醛的水相不对称直接羟醛反应

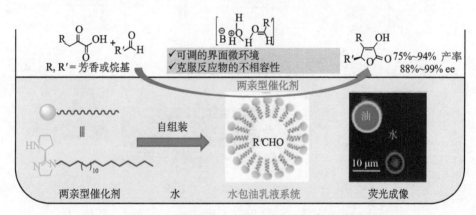

图 9-35　手性微乳液内的不对称催化串联反应

三、超分子手性光学开关

超分子手性光学开关是指在一定的外界刺激下，超分子聚集体的手性（手性与非手性之间、左手螺旋与右手螺旋之间）发生可逆变化，进而超分子聚集体表现出其光学性质的可逆改变。研究表明，多种超分子聚集体都能够作为超分子手性开关，如手性高分子聚集体、液晶、主客体复合物、LB 膜、超分子凝胶等。这些超分子手性开关在数据存储、对映选择性电极等方面具有潜在的应用前景。

（一）手性高分子聚集体开关

2002 年，Yashima 等报道了首例基于聚噻吩手性聚集体的可逆光学开关（图 9-36）。在不良溶剂中，通过加入和去除掺杂的 Cu(Ⅱ) 离子，调节聚噻吩

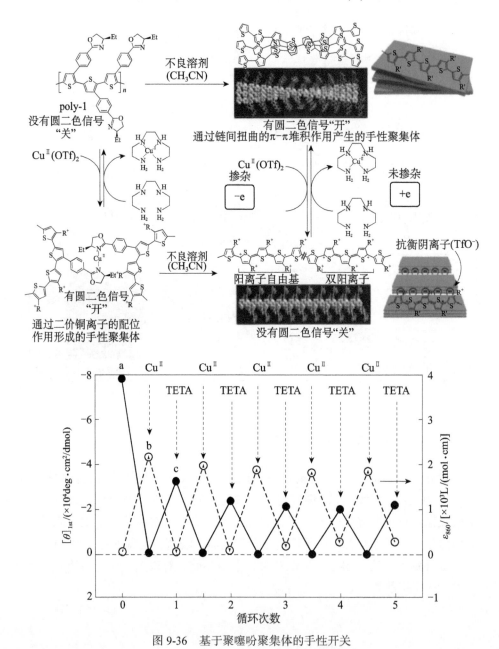

图 9-36　基于聚噻吩聚集体的手性开关

主链的电子转移，实现了聚噻吩手性聚集体结构的可逆改变，进而在诱导圆二色光谱（ICD）中表现出可逆的信号开-关现象。同时，这一可逆过程也能够通过溶液颜色的变化实现可视化检测[79]。

2006年，Kim等报道了一种含有偶氮苯侧基的非手性环氧树脂，在左旋和右旋椭圆偏振光（EPL）的照射下，其薄膜的CD光谱给出截然相反的手性信号[80]。不同手性光诱导的偶氮苯侧基长程螺旋排布方式的改变被认为是产生这一手性开关现象的主要原因。

2010年，Zou等利用非手性两亲性偶氮丁二炔化合物的LB膜，在左旋或右旋的圆偏振紫外光的照射下，制备出不同螺旋手性的聚合物膜（图9-37），在CD光谱中给出完全相反的Cotton效应[81]。更有趣的是，这两种不同手性的聚合物膜之间，能够通过选择不同手性圆偏振紫外光实现相互转化。同时，加热能够使膜的紫外吸收光谱和CD光谱中聚丁二炔部分的信号发生显著红移，冷却至室温后，又恢复到原始波长，且这种可逆转化能够多次重复。多重π-π相互作用及偶氮基团顺-反构象间的光致转化是这一膜开关的基本原理。

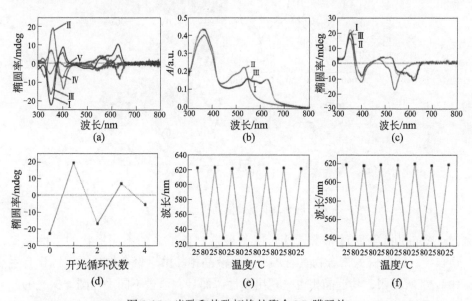

图9-37　光致和热致切换的聚合LB膜开关

（a）交替手性光照射下的手性光开关效应：（Ⅰ）右手CPL照20 min，（Ⅱ）左手CPL照3 min，（Ⅲ）右手CPL照4 min，（Ⅳ）左手CPL照6 min，（Ⅴ）右手CPL照8 min；(b)热处理PNADA膜的紫外光谱；（c）热处理PNADA膜的CD光谱；（d）355 nm处的CD信号强度随左右手CPL交替光照的变化；（e）LB膜在加热和冷却条件下紫外吸收峰随着温度的循环变化；（f）LB膜在加热和冷却条件下CD信号随着温度的循环变化

（二）手性液晶光学开关

具有弯曲角的香蕉型液晶分子在液相组装时具有一定的极性顺序，同时会产生超分子手性。通过合理的分子设计，调节极化（polarization）方向和倾斜（tilt）方向，能够实现极化层手性的调控。2004 年，Tschierske 等利用含有双寡聚硅氧烷端基的液晶分子，通过改变温度和电场，详细研究了不同中间相之间的相互转化过程（图 9-38）。他们发现外加电场可以使第二调制层的极性发生反转，从而在 ColAF 相（130°）产生手性[82]。

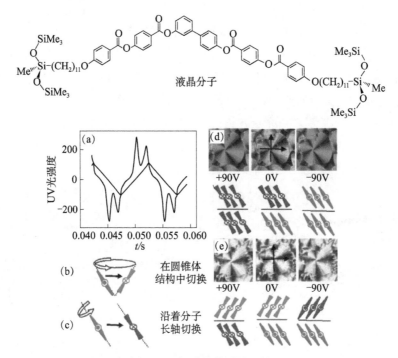

图 9-38　场致液晶手性开关

Angiolini 等通过原子转移自由基聚合制备了系列不同形状的手性偶氮聚合物，这些偶氮聚合物具有蝶形 $A_{1/2}$ 液晶相。由于聚合物分子侧链含有手性 L-乳酸基团，其近晶相也呈现出手性。而且，通过不同手性圆偏振光的照射，不仅使 CD 信号增强，而且可以实现近晶相手性的可逆反转，在 CD 光谱表征中得到成镜像对称的两张谱图[83]。

2008 年，Feringa 等首次将光驱动旋转的手性分子马达连接在聚己基异氰酸酯的末端，通过紫外-可见光照射控制分子马达的螺旋手性，进而改变聚合物分子的螺旋手性，实现其组装体溶致胆甾液晶相手性的可逆转换

（图 9-39），利用 CD 光谱可以对这一可逆转换进行表征[84]。

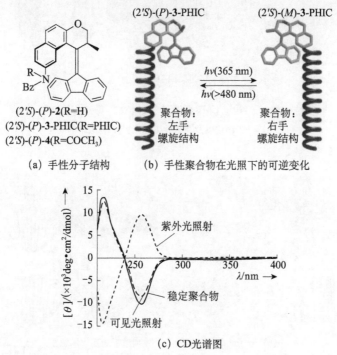

（a）手性分子结构　　（b）手性聚合物在光照下的可逆变化

（c）CD光谱图

图 9-39　光驱动分子马达的聚合物手性液晶开关

（三）手性有机凝胶光学开关

凝胶等软物质材料也可以通过合理的分子设计，引入光响应官能团，进而构筑手性光学开关系统。2016 年，基于螺吡喃分子的可逆开-关环化学，刘鸣华等制备了光和酸碱调控的多级手性光学开关系统[85]。他们用两亲性螺吡喃衍生物与含有吡啶季铵盐端基和脲基连接基团的谷氨酰胺凝胶因子在乙醇-水混合溶剂中形成双组分凝胶，组装体的手性传递到螺吡喃分子上。进而，通过可见、紫外光照射与酸、碱加入顺序的不同组合，实现了对组装体 CD 信号的多次可逆改变（图 9-40）。最后，基于上述手性光学开关系统设计了逻辑电路。

四、手性界面的生物效应

生命体是一个典型的多层次手性体系。作为生命体的基本构成单元，天然生物分子通常都是高度选择性的手性分子，这些手性分子通过共价键、氢

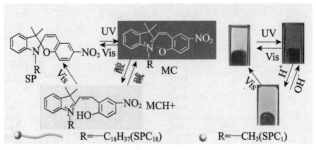

（a）分子结构以及在紫外可见光、pH刺激下的变化

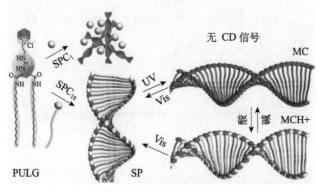

（b）分子组装结构以及在外界刺激下的变化示意图

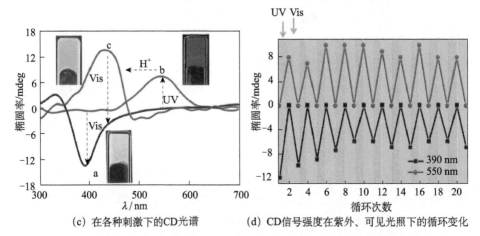

（c）在各种刺激下的CD光谱　　（d）CD信号强度在紫外、可见光照下的循环变化

图 9-40　基于螺吡喃双组分凝胶的多级手性光学开关系统

键及疏水相互作用等组装形成具有特殊立体构象和功能的生物大分子，这些生物大分子进一步装配形成细胞器、细胞，乃至组织和器官等更高级的生命体存在形式。相应地，生命体的宏观形态也表现出独特的非对称特征，并且许多生物及生理过程也与分子的手性密切相关。

　　将手性引入高分子生物功能材料的研究和设计中，与生命科学相结合，能够发展出全新的研究方向。其中研究最多的是手性界面对细胞及生物大分子功能的影响[86]。孙涛垒等以手性自组装单层和手性聚合物薄膜为体系，将界面手性引入细胞／基底相互作用的研究中[87-89]。研究发现，虽然一对手性物质表面的化学性质和物理性质（除分子对称性和旋光性外）完全相同，但细胞在其上的行为差异巨大（图9-41）。随后，德国的Kehr等将手性表面与微观纳米结构结合，应用于癌细胞的筛选[90]。他们发现，在特定的具有一定纳米结构的手性表面上，正常的内皮细胞完全不被黏附，而相应的癌细胞则大量黏附。这一发现为癌细胞筛选研究指出一条新路。

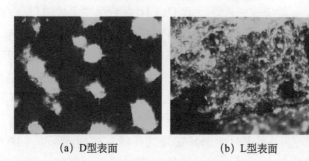

(a) D型表面　　　　　　　　(b) L型表面

图9-41　内皮细胞在D(L)型聚氨基酸薄膜表面的不同发育行为

　　孙涛垒等进一步将手性界面效应研究扩展至生物大分子层次，发现材料表面的手性强烈影响生物大分子（如DNA、蛋白质等）在表面的吸附动力学和构象[91,92]。如图9-42所示，在L-NIBC修饰的金表面，质粒（plasmid）DNA主要呈现松弛的环状结构，而相应的D-NIBC修饰的金表面则主要是由超螺旋结构构成的棒状结构。由于DNA的活性与其构象直接相关，因此，本效应的发现对基因操作及相关的生物化学器件开发具有重要意义。

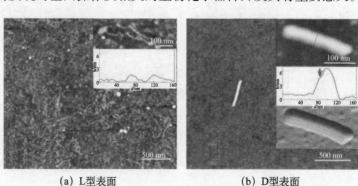

(a) L型表面　　　　　　　　(b) D型表面

图9-42　L-NIBC和D-NIBC修饰金表面上吸附的环状质粒DNA的不同优势构象

他们的后续研究表明，蛋白质在 L 型和 D 型聚氨基酸薄膜表面的吸附动力学也存在明显不同，从一个侧面解释了为什么细胞在手性表面的行为会有所不同[93]。这一发现对蛋白质器件的研究尤为重要。随后，Luk 等将手性界面效应用于抗生物黏附研究[94,95]，Kressler 等将其应用于蛋白质黏附材料的优化设计，都取得了较好效果[96,97]。

Aβ 蛋白的异常构象形成及纤维化是多种神经退行性疾病（特别是阿尔茨海默病）的基本临床特征。为了研究分子界面（如细胞膜）在蛋白纤维化进程中的作用，孙涛垒等将细胞膜的手性引入这一研究[98]，发现 L 型石墨烯表面可显著抑制 Aβ 蛋白的错误折叠及随后的界面吸附和纤维化，而 D 型石墨烯表面则能够大幅促进这一过程。而且，这一手性界面效应仅仅存在于界面附近 1~2 nm 的范围内，这一尺度正好和磷脂分子（细胞膜的主要成分）的长度一致。这一发现表明细胞膜可能在阿尔茨海默病发展进程中起着关键作用，为研究阿尔茨海默病的形成机制及治疗手段提供了全新的思路。

在他们的进一步研究中，首次发现 L 型硅基表面能够诱导环形 Aβ 寡聚体的形成，这一构象由于头尾相接，不能继续长大，因而抑制了纤维的进一步形成[99]。而 D 型表面则只能诱导常规的棒状寡聚体的形成（图 9-43）。由于其能继续延伸生长，同时由于基底的富集效应，大幅度促进了蛋白异常纤维化的形成。随后，通过氨基酸残基替换实验、结合常数测定、吸附动力学研究、AFM 观测以及理论模拟等手段，获得了 Aβ 序列中决定其分子界面组装行为的两个静电作用位点和一个手性作用位点的结构信息。其中，静电作

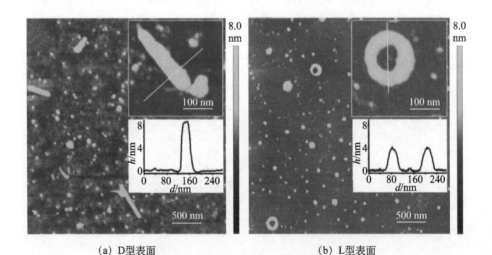

(a) D 型表面   (b) L 型表面

图 9-43 生理条件下 Aβ 蛋白在不同手性硅基表面上的组装

用位点主要负责 Aβ 在表面的吸附和富集，而手性作用位点则决定了组装体的形貌。Aβ 蛋白新作用位点的发现为新药的设计提供了靶点，对治疗阿尔茨海默病药物的研发具有极其重要的意义。

第四节　手性功能材料

一、手性纳米材料

分子手性是自然界中普遍存在的现象，也是化学和生物学领域研究的热点问题。在分子尺度上，研究分子的手性结构与其光学活性和生物活性之间的关系，是推动手性催化、手性拆分、手性识别和手性生物安全性研究的基础。纳米材料合成和纳米结构构建技术的进步使得研究人员将眼光投向了纳米尺度的手性。手性由分子尺度到纳米尺度的延伸，赋予了纳米材料独特而丰富的手性效应。基于纳米材料的多样性和可设计性，手性纳米材料表现出以下特点：其一，手性纳米结构有望使光学活性得到极大的增强，有望衍生出新的光学效应；其二，纳米材料具有很高的可设计性。因此，利用纳米粒子有望构建性质可调的手性纳米材料。

21 世纪以来，手性纳米材料得到了快速发展。基于圆二色光谱这一表征手段，手性纳米材料独特的光学活性得到了广泛研究。手性贵金属和半导体纳米材料是两类典型的手性纳米材料。贵金属纳米粒子具有独特的局域表面等离激元共振（surface plasmon resonance，SPR）现象，在紫外-可见波段有明显的吸收峰，这源于在光照下纳米粒子表面的导带电子的共振效应。2004 年，Shemer 等发现，在手性双链 DNA 骨架上原位还原的银纳米粒子具有圆二色信号 [100]。这一工作揭开了手性贵金属纳米结构构建及光学活性研究的热潮。2009 年，Alivisatos 等利用 DNA 片段修饰的金纳米球进行自组装，首次构建了“手性纳米金字塔”结构 [101]。随后，Kotov 等发现这种“金字塔”形手性纳米材料具有明显的手性光学信号 [102]。Govorov 等基于理论模拟对手性贵金属纳米结构的光学活性的产生机理进行了阐释：第一，手性分子可以诱导贵金属纳米结构产生等离激元圆二色效应，即在光的作用下，由手性分子的偶极产生的不对称电磁场传导到纳米粒子的表面，由于贵金属纳米结构具有 SPR 偶合效应，会受到手性偶极的诱导而产生手性电流，并最终转换为纳米粒子的手性电磁场 [103]；第二，当非手性的贵金属纳米粒子排列成手性构型，并且贵金属纳米粒子之间具有强烈的 SPR 偶合效应时，会在其 SPR 位置产生手性光学活性（图 9-44）[104]。

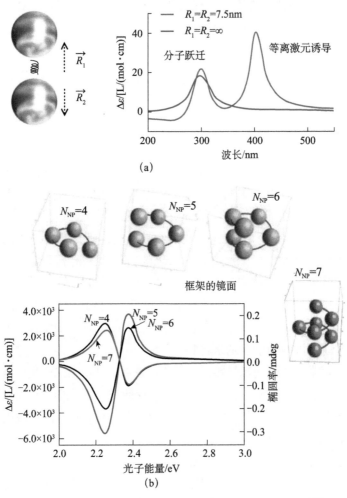

(a)

(b)

图 9-44　贵金属纳米结构的等离激元 CD 效应产生机制 [104]

N_{NP}: 纳米粒子数目

近年来，国内外研究人员围绕手性纳米材料构建、光学活性调控和增强、应用探索等方面开展了一系列的研究工作。Liz-Marzán 等将金纳米棒修饰到带有巯基的手性高分子表面，这一复合材料具有很强的光学活性[105]。唐智勇等利用氨基酸和 DNA 构建手性金纳米棒组装体，并对组装体圆二色信号的调控手段进行了深入的研究。他们发现，通过改变金纳米棒的长径比和组装构象，可以调控组装基元间 SPR 的偶合效应，从而实现金纳米棒一维组装结构的光学活性放大[106,107]。胥传来等利用聚合酶链反应以 DNA 为连接分子构建了具有强圆二色效应的金纳米棒一维组装体[108]。车顺爱等构建了贵金属纳米粒子-手性二氧化硅复合材料，表现出明显的结构手性[109]。在手性光学活性的可逆调控方面，唐智勇等率先将 DNA 分子的识别作用引入金纳米棒体系，构建的手性金纳米棒组装体具有温度可逆性的光学活性[110]。刘鸣华等利用超分子的凝胶化作用构建手性超分子-金纳米棒复合结构，通过热调控凝胶-溶胶相转换，实现等离激元圆二色信号的可逆调控[111]。另外，结合 DNA 折纸术能够可控地构建复杂手性纳米结构，丁宝全等通过对 DNA 折纸模板进行功能化设计，构建了不同构象的金纳米球三维组装体，实现了等离激元光学活性的精细调控[112,113]。Liedl 等利用 DNA 折纸术构建了左手螺旋和右手螺旋的金纳米粒子的组装结构，通过调控金纳米粒子的尺寸，实现了圆二色信号的有效增强[114]。王强斌等利用 DNA 折纸术构建了金纳米棒的螺旋结构。结构优化的金纳米棒螺旋链的各向异性因子大约可以达到 0.02，此光学活性与已报道的最强的宏观金纳米棒组装结构相当。在手性贵金属纳米材料的应用探索方面，唐智勇等利用手性金纳米锥组装体，将 DNA 的检测下限降低至 5 nmol/L[115]。胥传来、Kotov 等利用聚合酶链反应构建的手性金纳米棒组装体实现了 DNA 分子的阿摩尔级别的定量化检测[108]。胥传来等也发展和构建了一系列的手性纳米组装结构，实现了对于超低浓度的多肽[116]和细菌毒素[117]等生物分子的检测。唐智勇、车顺爱等构建了新型金纳米棒@手性介孔二氧化硅核壳结构，通过结合金纳米棒核的 SPR 增强效应和手性壳层的分子识别能力，成功实现了对不同手性构型半胱氨酸的识别与检测[118]。

与手性贵金属材料相比，手性半导体纳米材料的研究还处于发展的初级阶段，很多有前景的工作有待进一步完善。第一篇相关报道来自 Gun'ko 等在 2007 年发表的以手性青霉胺作为稳定剂的 CdS 量子点的光活性研究。当时他们监控了在水相反应过程中的阶段性产物的圆二色波谱图变化[119]。由于未发现在量子点的特征吸收峰处呈现的圆二色信号，并且手性分子与量子点的作用主要集中在量子点的表面，所以他们很自然地得出，信号的变化来源于手性分子与量子点表面的作用，由于作为核的半导体纳米晶是非手性的，所以不会显现出光学活性。随后，Elliott 等针对这一体系，用密度泛函理论（DFT）计算指出，青霉胺强烈扭曲了量子点表面的 Cd，并将一个镜像结构传递给了表面层，以及与之相连的电子态。他们同时指出，由于核是未扭曲的，因而是非手性的[120]。之后 Nakashima 等报道了 CdTe 纳米晶的光学活性和手性记忆效应[121]。他们的实验指出，无论是 CdS，还是 CdSe 或 CdTe，当表面配体都是 L 型或 D 型半胱氨酸甲酯时，尽管制备的量子点的尺寸不一样，紫外吸收峰也非常不同，它们的圆二色吸收光谱却几乎是一样的。对于这个有意思的现象他们并没有给出解释。当然，他们也未在 CdTe 量子点的特征吸收峰的波段观察到圆二色信号，于是赞同 Gun'ko 的观点，也就是半导体核是非手性的，因此没有手性信号。在理论解释方面，他们赞同了 Elliott 等的表面扭曲观点。

随后，Gun'ko 等又报道了由 L-或 D-青霉胺包裹的四爪结构的 CdS 纳米晶的光学活性，其圆二色波谱数据显示的最强圆二色峰接近 2 mdeg，非常弱[122]。他们对该材料进行了细胞毒性研究，发现该材料展现了非常好的生物兼容性。唐智勇等也对 L-或 D-半胱氨酸稳定下的 CdTe 量子点做了系统的研究，并发现 L-半胱氨酸稳定下的 CdTe 量子点的生长速度略高于 D-半胱氨酸稳定下的量子点。同时，由于水相 CdTe 量子点不稳定，其表面会被空气中的氧氧化，所以由于氧的引入，在该量子点的表面以 Cd 原子为中心形成了新的手性中心[123]。2011 年，唐智勇等首次报道了这种手性半导体纳米晶由于量子限域效应，以及表面手性配体的诱导作用而产生的在可见波段的特征吸收峰处的微弱的圆二色信号（激子圆二色信号）。该圆二色信号随着纳米晶的第一激子吸收峰的移动而移动[124]。该现象的出现推翻了之前的假设半导体核是非手性的，从而不会有圆二色信号的论断。同年，Markovich 等报道了类似的现象。尽管他们并没有对圆二色波谱进行深入的解析，然而他们在结论中提到，不同的跃迁给出的圆二色谱线的形状是由各种光学跃迁允许的跃迁产生的，圆二色谱图有望成为一个理解 CdS 量子点复杂电子结构的工具[125]。

2013 年，Balaz 等报道了使用配体交换的方式，首先在油相中用热注入法合成 CdSe 量子点，然后借用半胱氨酸的巯基，在强碱的条件下进行配体交换，从而可以在高单分散条件下研究 CdSe 量子点的圆二色波谱。虽然得到的圆二色波谱非常弱，然而波谱呈现了丰富的曲线[126]。该方法早在 2011 年已经由唐智勇等报道过，然而，当时未明确给出 CdSe 量子点的谱图。同年，Balaz 等在配体交换之前，先用两种不同的配体油酸和三辛基氧膦进行交换，而后再以同样的配体进行交换，发现两种方法产生的量子点的圆二色谱图差别较大。同时，他们也报道了不同直径下的 CdSe 量子点的圆二色谱图，并没有发现之前人们期待的随着直径的增大，圆二色值减小的现象。同时，他们首次报道了 L-或 D-半胱氨酸包裹的 CdSe 量子点的圆偏振发光（CPL）光谱。他们还利用时间依赖的密度泛函理论对构建的 $(CdSe)_{13}$ 团簇进行理论计算，并指出，当 L-或 D-半胱氨酸连接到构建的 $(CdSe)_{13}$ 团簇模型的表面后，会诱导纳米团簇在激子能带处给出可测试的相反的圆二色信号。诱导的手性信号是由 CdSe 分子的最高占有轨道与手性配体的最高占有轨道的杂化产生的[127]。

2017 年，唐智勇等在手性半导体纳米晶的研究方面取得新进展。他们借用分子手性理论中的以电偶极子偶合作用为主导的非简并偶合振子模型，对以半胱氨酸为配体的半导体量子棒进行了从紫外区到可见区的全谱解析[128]。当然，以第一性原理为基础的近似处理在理论上会给出更有说服力的解释，然而，带有手性小分子的半导体纳米晶庞大的原子数目增加了分析的难度。同时，由量子限域效应产生的量子化的激子能带结构导致该类手性纳米材料具有复杂的圆二色谱图，并且该谱图与纳米晶的原子构成、形状、单分散性等直接相关。因此，要想使第一性原理的近似处理得到的理论计算结果与实验结果相吻合是很困难的。

综上所述，手性纳米材料在可控制备、性能调控和应用研究等方面都取得了一定的发展。人们对于等离激元圆二色效应和激子圆二色效应的产生机理和调控方式有了较为深入的理解。因此，未来的发展除了加深手性纳米材料的基础研究，更要进一步推动其应用研究。第一，深化手性纳米材料光学活性的机理研究，拓宽光学活性的调控手段，如引入手性场的诱导作用。第二，手性纳米晶已经体现出潜在的不对称催化、手性识别等应用价值，然而相关研究还非常局限。发展基于手性纳米粒子的手性异质纳米结构（如贵金属-贵金属、贵金属-半导体、半导体-半导体），调控异质结构的成分组成和分布，有望打破手性纳米材料应用的壁垒。第三，手性纳米材料的可程序设计及其强烈的光学活性为手性超材料的发展带来了机遇，有望实现自下而上构建真正的三维手性超材料。第四，在医学诊断和癌症治疗方面，纳米粒子也显示出潜在的应用价值，因此，了解手性纳米材料的生物效应变得尤为重要。

二、手性液晶材料

液晶（LC）作为一种凝聚态软物质，其形态介于固态和液态之间，因此同时展现出液体的流动性、黏度、形变等机械性质和晶体的介电常数、磁化率、折射率等空间各向异性[129]。1888 年，奥地利植物学家 Reinitzer 从胆甾醇苯甲酸酯的熔融过程中观察到一种乳白色的浑浊状态，随后德国物理学家 Lehmann 用偏光显微镜观察发现这些乳白浑浊液体具有晶体特征的双折射现象，并将其命名为液晶[130]。经过百余年的发展，液晶材料的研究已遍及物理、化学、电子学、生物学等各个学科，并逐渐进入我们的日常生活，包括显示技术、检测传感器、建筑节能、防伪等领域[131-134]。

在众多液晶相态中，向列相（nematic）液晶通常由具有一定长径比的棒状分子所组成，分子长轴方向上接近平行，即指向矢方向大体一致[135]。当在向列相液晶中掺杂手性分子时，就形成手性向列相（chiral nematic，N*）液晶。由于手性向列相液晶最初是在胆甾醇衍生物中被观察发现，因此又被称为胆甾相（cholesteric，Ch）液晶[136]。此时，在手性基元的诱导下，液晶分子的指向矢 n 会围绕螺旋轴进行一定方位角的转动，并不断重复呈现螺旋结构，其中螺距 p 为液晶分子沿着螺旋轴进行 360° 旋转经过的距离［图 9-45（a）][137]。根据螺旋轴的排列方式，ChLC 会表现出不同的光学特性［图 9-45（b）]：①当螺旋轴垂直于基板时，ChLC 呈现平面织构，并拥有独特的选择性反射特性，即只有与 ChLC 螺旋结构旋向相同，并且中心波长 $\lambda_0=n\times p$ 和反射波宽 $\Delta\lambda=\Delta n\times p$ 的圆偏振光才会被反射，而其余波段的光将透过，其中 n 和 Δn 分别为液晶的平均折射率和双折射率[138]；②当螺旋轴无序混乱排列时，不同空间方向的螺旋结构呈现多畴的焦锥织构，并且由于折射率在畴边界上的不连续变化，表现出强烈的光散射。

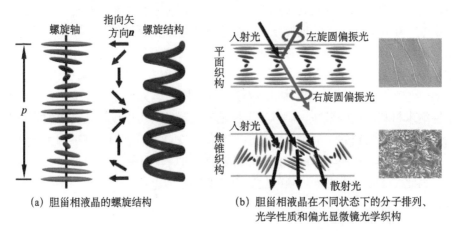

(a) 胆甾相液晶的螺旋结构　(b) 胆甾相液晶在不同状态下的分子排列、光学性质和偏光显微镜光学织构

图 9-45　胆甾相液晶的螺旋结构以及胆甾相液晶在不同状态下的分子排列、光学性质和偏光显微镜光学织构

　　20 世纪 90 年代，杨登科等发现短螺距 ChLC 的平面织构（P 态）和焦锥织构（FC 态）在零电场下都是稳定的，并通过添加少量的聚合物形成聚合物网络，制备出零场双稳态液晶显示器。在零电压下，ChLC 处于 P 态并反射与螺距 p 匹配的可见光，其中螺距 p 由手性化合物的浓度 c 和螺旋扭曲力 HTP 所决定：$p=1/(c\times HTP)$；当施加一定强度的低频交流电场时，ChLC 会转变为 FC 态，在关闭电场后，FC 态可稳定保持下来；若再施加一个足够高的高频电场，液晶分子可回到 P 态，电场关闭后 P 态可稳定保持下来[139-142]。这种零场双稳态液晶显示器的优点是：①反射式显示，无须背光源，在环境

光下的对比度比较高；②P态和FC态具有零场稳定性，节省能耗；③无须偏振片，结构简单，灰度好，可视角宽阔，成本低廉，前景十分宽广[143-150]。

然而，这种显示技术的反射波宽范围比较窄，通常为单色光，这为推广彩色显示应用领域带来一定阻碍，因此，扩宽ChLC反射波宽范围也是近年来的研究热点[151,152]。ChLC反射波宽$\Delta\lambda$由Δn和p所决定，但一般情况下液晶材料的Δn不超过0.3，$\Delta\lambda$的调节幅度非常有限[153]；反之，若可以调节ChLC内部的螺距梯度分布，则可以实现$\Delta\lambda$的大幅度调节。2010年，杨槐等通过在介电负性ChLC体系内掺杂手性离子液体（chiral ionic liquid，CIL），运用电场控制CIL运动和液晶分子排列，实现了不同稳态显示模式的切换[154,155]。初始状态下，ChLC排列为平行取向并反射红外光，在可见光范围内呈现光透过状态［图9-46（a）］；在直流电场下，CIL会向正极基板迁移，破坏ChLC的平行取向并形成焦锥织构，呈现光散射状态，这种状态在关闭电场后可以保持20天而没有明显变化［图9-46（b）］；在高频交流电场下，介电负性ChLC会变回平行取向，而CIL保持在迁移后的浓度梯度分布，即手性分子浓度的梯度分布，因此呈现宽波反射状态，这种状态在关闭电场后可以保持7天左右［图9-46(c)］；通过施加反向的直流电场和高频交流电场，或者关闭电场30天后，ChLC和CIL会恢复到原始光透过状态［图9-46(d)］。通过调节CIL和手性化合物浓度，可以实现在不同电场下的反射色彩循环切换，例如，橙红色（初始普通反射态）—灰色（散射态）—深绿色（宽波反射态）—橙红色（恢复普通反射态）［图9-46（e）］和青绿色（初始普通反射态）—灰色（散射态）—天蓝色（宽波反射态）—青绿色（恢复普通反射态）［图9-46（f）］。这种具备动态操控性能和宽波反射特性的多稳态液晶显示技术在户外彩色广告、彩色电子地图和彩色电子纸等领域有巨大应用潜力。

除了具备动态操控性能的多稳态显示器，杨槐等采用紫外光诱导扩散法，将具有相转变行为的ChLC可聚合体系制备成具有超宽反射波带的聚合物薄膜[156,157]。这种液晶性可聚合体系在Ch相转变为近晶A(SmA)相时，暂时性形成类近晶A相短程有序（SmA-like short-range ordering，SSO）结构，并且由于SSO结构倾向于旋转扭曲会形成非常大的螺距[158-161]。如图9-47（a）所示，由于复合体系中含有紫外吸收剂，在紫外光聚合过程中会形成紫外光强度梯度分布，诱导ChLC内部的不同液晶性单体产生了聚合速度差异与扩散，即双官能团单体（ND）聚合速度比较快，并倾向于向上表面（靠近光源）扩散，单官能团单体（nm和SM）聚合速度比较慢，并倾向于向下表面（远离光源）扩散。ND在光聚合过程中的优先消耗与浓度扩散会导致

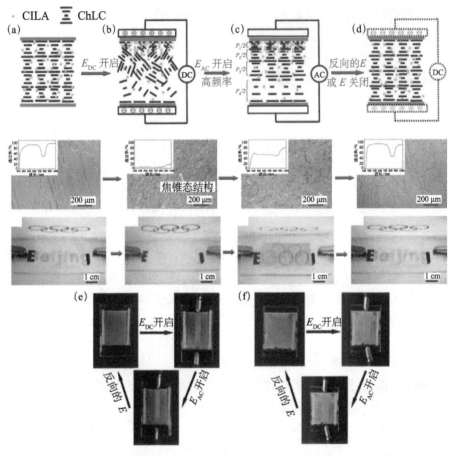

图 9-46 电场调控介电负性 ChLC 分子排布在不同状态下的机理图、偏光显微镜织构、透过光谱和实际样品照片

（a）初始光透过状态；（b）施加直流电场呈现光散射状态；（c）施加高频交流电场呈现宽波反射状态；（d）施加反向直流电场和高频交流电场，或者长时间关闭电场后恢复光透过状态；（e）、（f）电场寻址反射色彩变化过程

ChLC 体系从 Ch 相向 SmA 相转变，从均匀螺距分布的 Ch 相转变为 Ch 相到 SSO 结构的梯度分布，即形成螺距的梯度分布，实现宽波反射。如图 9-47（b）所示，若复合体系中不掺杂紫外吸收剂，制备得到的 film 0 仅有 170 nm 的反射波宽，这说明了紫外吸收剂在这个复合体系中的重要性；在含有紫外吸收剂的复合体系中调节聚合温度和不同单体的浓度，可以得到不同反射波宽的 ChLC 薄膜 film 1a（550～11500 nm）、film 1b（470～1100 nm）和 film 2（780～14000 nm），其中 film 1a 的扫描电子显微镜截面图清晰表明了 ChLC 的螺距梯度分布［图 9-47（c）］。这种具有宽波反射光学特性的 ChLC 材料在

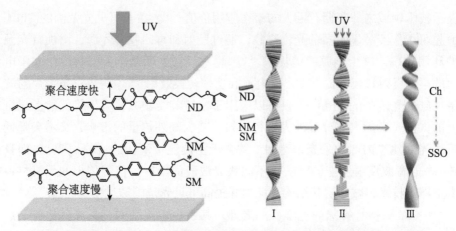

(a)紫外光梯度诱导下，不同液晶性单体的扩散机理图和Ch相到SSO结构梯度分布图

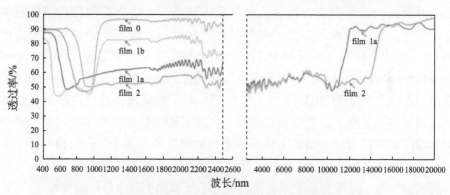

(b)具有不同宽波反射ChLC薄膜的透过光谱图

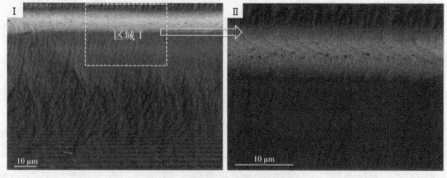

(c)film 1a的扫描电子显微镜截面图
[(Ⅰ)整体图和(Ⅱ)局部放大图]

图 9-47　ChLC 可聚合体系制成的具有超宽反射波带的聚合物薄膜性能和结构

显示技术领域之外还拥有巨大的潜在应用价值[162]。覆盖可见光范围的 ChLC 薄膜可用作液晶显示器的光增亮膜，通过反射和再回收背光源，增加背光源的利用效率，减少能源的消耗[163,164]。此外，它也可以作为染料敏化太阳电池的柔性反射背板，提高输出光电流和功率转换效率[165]。另外，宽波反射波带在红外光范围的 ChLC 薄膜可以应用于建筑节能领域，可以将辐射在建筑上的太阳光中的大部分红外光进行反射，减少红外热量的影响，又不会降低可见光对建筑内部的采光，达到节约夏天空调能量消耗的目的[166-169]；而且 ChLC 的宽波反射还能同时防护不同激光波段的辐射，代替传统的无机材料真空镀膜技术，减少层状结构光耗损并提高可见光范围透过率[170,171]。

ChLC 除拥有特殊的光学性能之外，其手性螺旋结构还具有其他科学意义。宛新华等探讨了热力学和动力学因素对螺旋构象形成和稳定的影响机制，并通过动力学控制方法，从同一单体制备了左手螺旋和右旋螺旋的手性高分子，为手性液晶高分子材料的研究和应用提供了实验基础和理论指导[172,173]。宛新华等还系统研究了手性甲壳型液晶高分子（mesogen-jacketed liquid crystal polymer，MJLCP）的热致液晶性和旋光性之间的关系，加深了对其液晶相形成机理的认识[174]。他们还发展了螺旋选择性自由基聚合新方法，通过引入氢键、静电等相互作用，突破了乙烯基聚合物螺旋构象主要由侧基位阻稳定的限制，制备了具有多重刺激响应性以及手性识别和不对称催化功能的手性 MJLCP[175]。此外，郑致刚等利用光响应 ChLC 制备得到可远程调控的一维、二维和月牙形光栅，推进了新型光子晶体器件的发展[176,177]。

总之，目前仍然需要发展新型手性化合物和新型手性液晶材料，将 ChLC 螺旋结构应用于反射式显示器、光纤通信、集成光路、生物传感、激光辐射等领域，实现其在科学研究和实际应用上的重大意义。

第五节　展　　望

化学正在向超越分子的方向发展，手性的研究也展现出同样的趋势。超分子手性是连接分子手性与手性聚集体材料的桥梁。分子层次的很多手性概念以及表征方法事实上可以用于分子聚集体，但是分子聚集体的手性又有新的特性，可以源于分子手性，也可以独立于分子手性，而对于聚集体手性，我们更关注聚集体的手性是如何产生的、与分子手性的关系、非共价相互作用在手性聚集体的形成中的作用等。同时，分子聚集体一个重要的现象就是非手性分子也可以产生超分子手性。对于这一现象的理解以及调控是一个重要的方向。

对超分子聚集体手性的研究可以加深分子手性的研究。手性分子的一个重要研究方向就是手性药物。要实现手性药物的功能，需要了解手性分子与蛋白质或者生命体组装体结构之间的相互作用，而这就是超分子手性的一个重要范畴。手性聚集体的生物效应研究与手性药物分子的作用研究既有区别又互相联系，很多作用在生物表面的手性结构、生物效应、细胞的选择性生长等将是一个重要的研究方向。

合成与催化是有机化学的核心，分子层次的不对称催化研究在发现高效的手性催化剂及反应方面是最重要的主题。对于小分子来说其 ee 值很容易从 HPLC 等方法中获得，而对于聚集体的催化来说，一方面需要开发高效的催化体系，另一方面需要良好的表征聚合物手性甚至对映体过剩的手段。目前，利用超分子催化很难获得小分子催化那么好的效率。但是考虑到酶催化是典型的超分子催化，还有很多未知的内容需要探索。

人们研究分子聚集体的手性还是为了开拓功能材料。当前，超分子手性的研究正在朝着功能化的方向发展。研究主要分为两个方面，一方面是通过超分子聚集，分子手性是否可以得到放大，而且很多情况下，这种放大是非线性的，这样就可以实现分子手性不能实现的功能。例如对于手性识别，在很多情况下，通过超分子的放大，使得识别性能大大提升。另一方面就是产生新的功能。很多光电功能可以通过手性的导入而实现。而手性光电功能材料是当前研究的一个热点，未来也是一个重要方向。

超分子聚集体是一个很广的概念，主要是以分子间相互作用为核心，但是从尺度上来看，纳米尺度的研究将是一个十分具有活性的领域。目前手性的研究已经在纳米尺度得到广泛关注，除了自组装的有机纳米材料外，具有手性或者手性结构的无机材料也在得到广泛关注，很多纳米材料的性能可以与手性紧密偶合，产生一系列新功能材料。

液晶是一个得到广泛应用的体系，其中手性分子的功能不可忽略。手性相的产生对于显示具有非常重要的作用。同时一些具有宏观手性周期的材料也会对分子手性的性能产生强力影响。例如，将手性发光分子合理地掺入手性相，将会大大提升手性分子的性能如圆偏振发光等。这些研究对于手性的三维显示以及存储将具有重要意义。

分子聚集体材料兼容了从分子到宏观的各个层次，是手性材料研究的核心，而发现手性材料区别于非手性材料的功能将是未来的研究重点。

参 考 文 献

[1] Tachiban T, Kambara H. Enantiomorphism in the helical aggregate of lithium 12-hydroxystearate. J Am Chem Soc, 1965, 87 (13): 3015-3017.

[2] Zhu X, Duan P, Zhang L, et al. Regulation of the chiral twist and supramolecular chirality in co-assemblies of amphiphilic L-glutamic acid with bipyridines. Chem Eur J, 2011, 17(12): 3429-3437.

[3] Rong Y, Chen P, Liu M. Self-assembly of water-soluble TPPS in organicsolvents: from nanofibers to mirror imaged chiral nanorods. Chem Co mmun, 2013, 49(89): 10498-10500.

[4] Li Y, Wang T, Liu M. Gelating-induced supramolecular chirality of achiral porphyrins: chiroptical switch between achiral molecules and chiral assemblies. Soft Matter, 2007, 3(10): 1312-1317.

[5] Lv K, Qin L, Wang X, et al. A chiroptical switch based on supramolecular chiralitytransfer through alkyl chain entanglement and dynamic covalent bonding. Phys Chem Chem Phys, 2013, 15(46): 20197-20202.

[6] Deng M, Zhang L, Jiang Y, et al. Role of achiral nucleobases in multicomponent chiral self-assembly: purine-triggered helix and chirality transfer. Angew Chem Int Ed, 2016, 55(48): 15062-15066.

[7] Ribó J M, Crusats J, Sagues F, Claret J, Rubires R. Chiral sign induction by vortices during the formation of mesophases in stirred solutions. science, 2001, 292(5524): 2063-2066.

[8] D'Urso A, RandazzoR, Lo Faro L, et al. Vortexes and nanoscale chirality. Angew Chem Int Ed, 2010, 49(1): 108-112.

[9] Micali N, Engelkamp H, van Rhee P G, et al. Selection of supramolecular chirality by application of rotational and magnetic forces. Nature Chem, 2012, 4(3): 201-207.

[10] Choi S W, Izumi T, Hoshino Y, et al. Circular-polarization-induced enantiomeric excess in liquid crystals of an achiral, bent-shaped mesogen. Angew Chem Int Ed, 2006, 45(9): 1382-1385.

[11] Yang G, Han L, Jiang H, et al. Enantioselective synthesis of helical polydiacetylenes in the visible light region. Chem Co mm, 2014, 50(18): 2338-2340.

[12] Kim J, Lee J, Kim W Y, et al. Induction and control of supramolecular chirality by light in self-assembled helical nanostructures. Nature Co mmun. , 2015, 6: 6959.

[13] Green M M, Andreola C, Muñoz B, et al. Macromolecular stereochemistry: a cooperative deuterium isotope effect leading to a large optical rotation. J Am Chem Soc, 1988, 110(12): 4063-4065.

[14] Green M M, Garetz B A, Munoz B, et al. Majority rules in the copolymerization of mirror image isomers. J Am Chem Soc, 1995, 117(14): 4181-4182.

[15] Palmans A R A, Vekemans J, Havinga E E, et al. Sergeants-and-soldiers principle in chiral columnar stacks of disc-shaped molecules with C_3 symmetry. Angew Chem Int Ed, 1997, 36(23): 2648-2651.

[16] Ishi-i T, Kuwahara R, Takata A. An enantiomeric nanoscale architecture obtained from a pseudoenantiomeric aggregate: covalent fixation of helical chirality formed in self-assembled discotic triazine triamides by chiral amplification. Chem Eur J, 2006, 12(3): 763-776.

[17] Jin Q, Zhang L, Liu M. Solvent-polarity-tuned morphology and inversion of supramolecular chirality in a self-assembled pyridylpyrazole-linked glutamide derivative: nanofibers, nanotwists, nanotubes, and microtubes. Chem Eur J, 2013, 19(28): 9234-9241.

[18] Duan P, Li Y, Li L, et al. Multiresponsive chiroptical switch of an azobenzene-containing lipid: solvent, temperature, and photoregulated supramolecular chirality. J Phys chem B, 2011, 115(13): 3322-3329.

[19] Cai Y, Guo Z, Chen J, et al. Enabling light work in helical self-assembly for dynamic amplification of chirality with photoreversibility. J Am Chem Soc, 2016, 138(7): 2219-2224.

[20] Onouchi H, Miyagawa T, Furuko A, et al. Enantioselective esterification of prochiral phosphonate pendants of a polyphenylacetylene assisted by macromolecular helicity: storage of a dynamic macromolecular helicity memory. J Am Chem Soc, 2005, 127(9): 2960-2965.

[21] Shimomura K, Ikai T, Kanoh S, et al. Switchable enantioseparation based on macromolecular memory of a helical polyacetylene in the solid state. Nat Chem, 2014, 6(5): 429-434.

[22] Shen Z, Wang T, Liu M. Macroscopic chirality of supramolecular gels formed from achiral tris(ethyl cinnamate) benzene-1,3,5-tricarboxamides. Angew Chem Int Ed, 2014, 53(49): 13424-13428.

[23] Young W R, Aviram A, Cox R J. Stilbene derivatives. New class of room temperature nematic liquids. J Am Chem Soc, 1972, 94(11): 3976-3981.

[24] Keith C, Reddy R A, Hauser A, et al. Silicon-containing polyphilic bent-core molecules: the importance of nanosegregation for the development of chirality and polar order in liquid crystalline phases formed by achiral molecules. J Am Chem Soc, 2006, 128(9): 3051-3066.

[25] Jeong K U, Yang D K, Graham M J, et al. Construction of chiral propeller architectures from achiral molecules. Adv Mater, 2006, 18(14): 3229-3232.

[26] Kirstein S, Berlepsch H, Böttcher C, et al. Chiral J-aggregates formed by achiral cyanine dyes. ChemPhysChem, 2000, 1(3): 146-150.

[27] Qiu Y, Chen P, Liu M. Evolution of various porphyrin nanostructures via an oil/aqueous

medium: controlled self-assembly, further organization, and supramolecular chirality. J Am Chem Soc, 2010, 132(28): 9644-9652.

[28] Zhang L, Tian Y, Liu M. Ionic liquid induced spontaneous sy mmetry breaking: emergence of predominant handedness during the self-assembly of tetrakis(4-sulfonatophenyl)porphyrin (TPPS) with achiral ionic liquid. Phys Chem Chem Phys, 2011, 13(38): 17205-17209.

[29] Viswanathan R, Zasadzinski J A, Schwartz D K. Spontaneous chiral sy mmetry breaking by achiral molecules in a Langmuir-Blodgett film. Nature,368(6740): 440-443.

[30] Werkman P J, Schouten A J. Morphological changes of monolayers of two polymerizable pyridine amphiphiles upon complexation with Cu(II) Ions at the air-water interface. Langmuir, 1998, 14(1): 157-164.

[31] Yuan J,Liu MH. Chiral molecular assemblies from a novel achiral amphiphilic 2-(heptadecyl) naphtha [2, 3] imidazole through interfacial coordination. J Am Chem Soc,2003, 125(17): 5051-5056.

[32] Huang X, Li C, Jiang S, et al. Self-Assembled spiral nanoarchitecture and supramolecular chirality in Langmuir-Blodgett films of an achiral amphiphilic barbituric acid. J Am Chem Soc, 2004, 126(5): 1322-1323.

[33] Shen Z, Jiang Y, Wang T, et al. Sy mmetry breaking in the supramolecular gels of an achiral gelator exclusively driven by π-π stacking. J Am Chem Soc, 2015, 137(51): 16109‒16115.

[34] Liu M, Zhang L, Wang T. Supramolecular chirality in self-assembled systems. Chem Rev, 2015, 115(15): 7304-7397.

[35] Hembury G A, Borovkov V V, Inoue Y. Chirality-sensing supramolecular systems. Chem Rev, 2008, 108(1): 1-73.

[36] Chen Z, Wang Q, Wu X, et al. Optical chirality sensing using macrocycles, synthetic and supramolecular oligomers/polymers, and nanoparticle based sensors. Chem Soc Rev, 2015, 44(13): 4249-4263.

[37] James T D, Harada T, Shinkai S J. Determination of the absolute-configuration of monosaccharides by a color-change in a chiral cholesteric liquid-crystal system. Chem Soc Chem Co mmun, 1993, 24(35): 857-860.

[38] Kawabata H, Shinkai S. Chiral recognition of α-amino acid derivatives by a steroidal crown ether at the air-water interface. Chem Lett, 1994, (2): 375-378.

[39] Michinobu T, Shinoda S, Nakanishi T, et al. Mechanical control of enantioselectivity of amino acid recognition by cholesterol-armed cyclen monolayer at the air-water interface. J Am Chem Soc, 2006, 128(45): 14478-14479.

[40] Zou W, Yan Y, Fang J, et al. Biomimetic superhelical conducting microfibers with homochirality for enantioselective sensing. J Am Chem Soc, 2014, 136(2): 578-581.

[41] Arimori S, Takeuchi M, Shinkai S. Sugar-controlled aggregate formation in boronic acid-appended porphyrin amphiphiles. J Am Chem Soc, 1996, 118(1): 245-246.

[42] Wu X, Chen X, Song B, et al. Helical chirality of perylenebisimide aggregates allows for enantiopurity determination and differentiation of α-hydroxy carboxylates by using circular dichroism. Chem Eur J, 2014, 20(37): 11793-11799.

[43] Zhang L, Jin Q, Liu M. Enantioselective recognition by chiral supramolecular gels. Chem Asian J, 2016, 11(19): 2642-2649.

[44] de Loos M, van Esch J, Kellogg R M, et al. Chiral recognition in bis-urea-based aggregates and organogels through cooperative interactions. Angew Chem Int Ed, 2001, 40(3): 613-616.

[45] Chen X, Huang Z, Chen S, et al. Enantioselective gel collapsing: a new means of visual chiral sensing. J Am Chem Soc, 2010, 132(21): 7297-7299.

[46] Tu T, Fang W, Bao X, et al. Visual chiral recognition through enantioselective metallogel collapsing: synthesis, characterization, and application of platinum-steroid low-molecular-mass gelators. Angew Chem Int Ed, 2011, 50(29): 6601-6605.

[47] Cao H, Zhu X, Liu MH. Self-assembly of racemic alanine derivatives: unexpected chiral twist and enhanced capacity for the discrimination of chiral species. Angew Chem Int Ed, 2013, 52(15): 4122-4126.

[48] Maeda K, Mochizuki H, Osato K, et al. Stimuli-responsive helical poly(phenylacetylene)s bearing cyclodextrin pendants that exhibit enantioselective gelation in response to chirality of a chiral amine and hierarchical super-structured helix formation. Macromolecules, 2011, 44(9): 3217-3226.

[49] Raynal M, Ballester P, Vidal-Ferran A, et al. Supramolecular catalysis. Part 1: non-covalent interactions as a tool for building and modifying homogeneous catalysts. ChemSoc Rev, 2014, 43(5): 1660-1733.

[50] Jiang J,Ouyang G,Zhang L, et al. Self-assembled chiral nanostructures as scaffolds for asymmetric reactions. chem Eur J, 2017, 23(40): 9439-9450.

[51] Boersma A J,Megens P P,Feringa B L, et al. DNA-based asy mmetric catalysis. Chem Soc Rev, 2010, 39(6): 2083-2092.

[52] Ward T R. Artificial metalloenzymes based on the biotin-avidin technology: enantioselective catalysis and beyond. Acc Chem Res, 2011, 44(1): 47-57.

[53] Hattori G,Hori T,Miyake Y, et al. Design and preparation of a chiral ligand based on a pseudorotaxane skeleton: application to rhodium-catalyzed enantioselective hydrogenation of enamides. J Am Chem Soc, 2007, 129(43): 12930-12931.

[54] Li Y,Feng Y,He Y, et al. Supramolecular chiral phosphorous ligands based on a [2] pseudorotaxane complex for asy mmetric hydrogenation. Tetrahedron Lett, 2008, 49(18):

2878-2881.

[55] Li Y,Ma B,He Y, et al. Chiral metallacrown ethers for asy mmetric hydrogenation: alkali-metal Ion mediated enhancement of enantioselectivity. Chem Asian J, 2010, 5(12): 2454-2458.

[56] Song F,Ouyang G,Li Y, et al. Metallacrown ether catalysts containing phosphine-phosphite polyether ligands for Rh-catalyzed asy mmetric hydrogenation-enhancements in activity and enantioselectivity. Eur J Org Chem, 2014, 30: 6713-6719.

[57] Ouyang G,He Y,Li Y, et al. Cation-triggered switchable asy mmetric catalysis with chiral Aza-CrownPhos. Angew Chem Int Ed, 2015, 54(14): 4334-4337.

[58] Blanco V,Leigh D A,Lewandowska U, et al. Exploring the activation modes of a rotaxane-based switchable organocatalyst. J Am Chem Soc, 2014, 136(44): 15775-15780.

[59] Blanco V,Leigh D A,Marcos V, et al. A switchable [2] rotaxane asy mmetric organocatalyst that utilizes an acyclic chiral secondary amine. J Am Chem Soc, 2014, 136(13): 4905-4908.

[60] Schlatter A,Kundu M K,Woggon W D. Enantioselective reduction of aromatic and aliphatic ketones catalyzed by ruthenium complexes attached to β-cyclodextrin. Angew Chem Int Ed, 2004, 43(48): 6731-6734.

[61] Hu S,Li J,Xiang J, et al. Asy mmetric supramolecular primary amine catalysis in aqueous buffer: connections of selective recognition and asy mmetric catalysis. J Am Chem Soc, 2010, 132(20): 7216-7228.

[62] Jouffroy M,Gramage-Doria R,Armspach D, et al. Confining phosphanes derived from cyclodextrins for efficient regioand enantioselective hydroformylation. Angew Chem Int Ed, 2014, 53(15): 3937-3940.

[63] Fujita M,Oguro D,Miyazawa M, et al. self-assembly of 10 molecules into nanometer-sized organic host frameworks. Nature, 1995, 378(6556): 469-471.

[64] Nishioka Y,Yamaguchi T,Kawano M, et al. Asy mmetric [2+2] olefin cross photoaddition in a self-assembled host with remote chiral auxiliaries. J Am Chem Soc, 2008, 130(26): 8160-8161.

[65] Brown C J, Bergman R G,Raymond K N. Enantioselective catalysis of the aza-cope rearrangement by a chiral supramolecular assembly. J Am Chem Soc, 2009, 131(48): 17530-17531.

[66] Zhao C,Sun Q,Hart-Cooper W M, et al. Chiral amide directed assembly of a diastereo-and enantiopure supramolecular host and its application to enantioselective catalysis of neutral substrates. J Am Chem Soc, 2013, 135(50): 18802-18805.

[67] Bräuer T M,Zhang Q, Tiefenbacher K. Iminium catalysis inside a self-assembled supramolecular capsule: modulation of enantiomeric excess. Angew Chem Int Ed, 2016,

55(27): 7698-7701.

[68] Raynal M,Portier F,van Leeuwen P W N M, et al. Tunable asy mmetric catalysis through ligand stacking in chiral rigid rods. J Am Chem Soc, 2013, 135(47): 17687-17690.

[69] Desmarchelier A,Caumes X,Raynal M, et al. Correlation between the selectivity and the structure of an asy mmetric catalyst built on a chirally amplified supramolecular helical scaffold. J Am Chem Soc, 2016, 138(14): 4908-4916.

[70] Huerta E,van Genabeek B,LamersB A G, et al. Triggering activity of catalytic rod-like supramolecular polymers. Chem Eur J, 2015, 21(9): 3682-3690.

[71] Duan P,Cao H,Zhang L, et al. Gelation induced supramolecular chirality: chirality transfer, amplification and application. Soft Matter, 2014, 10(38): 5428-5448.

[72] Rodríguez-Llansola F,Miravet J F,Escuder B. A supramolecular hydrogel as a reusable heterogeneous catalyst for the direct aldol reaction. Chem Co mmun, 2009, 47: 7303-7305.

[73] Singh N, Zhang K, Angulo-Pachón C A, et al. Tandem reactions in self-sorted catalytic molecular hydrogels. Chem Sci, 2016, 7(8): 5568-5572.

[74] Jin Q,Zhang L,Cao H, et al. Self-assembly of copper(II) ion-mediated nanotube and its supramolecular chiral catalytic behavior. Langmuir, 2011, 27(22): 13847-13853.

[75] Jiang J,Meng Y,Zhang L, et al. Self- assembled single-walled metal-helical nanotube (M-HN): creation of efficient supramolecular catalysts for asy mmetric reaction. J Am Chem Soc, 2016, 138(48): 15629-15635.

[76] Li J,Tang Y,Wang Q, et al. Chiral surfactant-type catalyst for asy mmetric reduction of aliphatic ketones in water. J Am Chem Soc, 2012, 134(45): 18522-18525.

[77] Qin L,Zhang L,Jin Q, et al. Supramolecular assemblies of amphiphilic L-proline regulated by compressed CO_2 as a recyclable organocatalyst for the asy mmetric aldol reaction. Angew Chem Int Ed, 2013, 52(30): 7761-7765.

[78] Zhang B,Jiang Z,Zhou X, et al. The synthesis of chiral isotetronic acids with amphiphilic imidazole/pyrrolidine catalysts assembled in oil-in-water emulsion droplets. Angew Chem Int Ed, 2012, 51(52): 13159-13162.

[79] Goto H,Yashima E. Electron-induced switching of the supramolecular chirality of optically active polythiophene aggregates. J Am Chem Soc, 2002, 124(27): 7943-7949.

[80] Ki mm J,YooS J,KimD Y. A Supramolecular chiroptical switch using an amorphous azobenzene polymer. Adv Funct Mater, 2006, 16(16): 2089-2094.

[81] Zou G,Jiang H,Zhang Q, et al. Chiroptical switch based on azobenzene-substituted polydiacetylene LB films under thermal and photic stimuli. J Mater Chem, 2010, 20(2): 285-291.

[82] Keith C,ReddyR A,Baumeister U, et al. Banana-shaped liquid crystals with two

oligosiloxane end-groups: field-induced switching of supramolecular chirality. J Am Chem Soc, 2004, 126(44): 14312-14313.

[83] Barberá J,Giorgini L,Paris F, et al. Supramolecular chirality and reversible chiroptical switching in new chiral liquid-crystal azopolymers. Chem Eur J, 2008, 14(35): 11209-11221.

[84] Pijper D,Jongeja nm G M,Meetsma A, et al. Light-controlled supramolecular helicity of a liquid crystalline phase using a helical polymer functionalized with a single chiroptical molecular switch. J Am Chem Soc, 2008, 130(13): 4541-4552.

[85] Liu C,Yang D,Jin Q, et al. A chiroptical logic circuit based on self-assembled soft materials containing amphiphilic spiropyran. Adv Mater, 2016, 28(8): 1644-1649.

[86] Chang B,Zhang M,Qing G, et al. Dynamic biointerfaces: from recognition to function. Small, 2015, 11(9-10): 1097-1112.

[87] Sun T,Han D,Rhemann K, et al. Stereospecific interaction between i mmune cells and chiral surfaces. J Am Chem Soc, 2007, 129(6): 1496-1497.

[88] Wang X,Gan H,Sun T,et al. Stereochemistry triggered differential cell behaviours on chiral polymer surfaces. Soft Matter, 2010, 6(16): 3851-3855.

[89] Wang X,Gan H,Zhang M,et al. Modulating cell behaviors on chiral polymer brush films with different hydrophobic side groups. Langmuir, 2012, 28(5): 2791-2798.

[90] El-Gindi J, Benson K,De Cola L,et al. Cell adhesion behavior on enantiomerically functionalized zeolite L monolayers. Angew Chem Int Ed, 2012, 51(15): 3716-3720.

[91] Tang K, Gan H,Li Y,et al. Stereoselective interaction between DNA and chiral surfaces. J Am Chem Soc, 2008, 130(34): 11284-11285.

[92] Gan H,Tang K,Sun T,et al. Selective adsorption of DNA on chiral surfaces: supercoiled or relaxed conformation. Angew Chem Int Ed, 2009, 48(29): 5282-5286.

[93] Wang X,Gan H,Sun T. Chiral design for polymeric biointerface: the influence of surface chirality on protein adsorption. Adv Funt Mater, 2011, 21: 3276-3281.

[94] Bandyopadhyay D,Prashar D,LukY Y. Stereochemical effects of chiral monolayers on enhancing the resistance to ma mmalian cell adhesion. Chem Co mmun, 2011, 47(21): 6165-6167.

[95] Bandyopadhyay D,Prashar D,LukY Y. Anti-fouling chemistry of chiral monolayers: enhancing biofilm resistance on racemic surface. Langmuir, 2011, 27(10): 6124-6131.

[96] Li Z, Köwitsch A, Zhou G, et al. Enantiopure chiral poly(glycerol methacrylate) self-assembled monolayers knock down protein adsorption and cell adhesion. Adv Healthc Mater, 2013, 2(10): 1377-1387.

[97] Liu G,Zhang D,Feng C. Control of three-dimensional cell adhesion by the chirality of nanofibers in hydrogels. Angew Chem Int Ed, 2014, 53(30): 7789-7793.

[98] Qing G,Zhao S,Xiong Y,et al. Chiral effect at protein/graphene interface: a bioinspired perspective to understand amyloid formation. J Am Chem Soc, 2014, 136(30): 10736-10742.

[99] Gao G,Zhang M,Lu P,et al. Chirality-assisted ring-like aggregation of aβ(1-40) at liquid-solid interfaces: a stereoselective two-step assembly process. Angew Chem Int Ed, 2015, 54(7): 2245-2250.

[100] Shemer G, Krichevski O, Markovich G, et al. Chirality of silver nanoparticles synthesized on DNA. J Am Chem Soc, 2006, 128(34): 11006-11007.

[101] Mastroianni A J, Claridge S A, Alivisatos A P. Pyramidal and chiral groupings of gold nanocrystals assembled using DNA scaffolds. J Am Chem Soc, 2009, 131(24): 8455-8459.

[102] Chen W, Bian A, Agarwal A, et al. Nanoparticle superstructures made by polymerase chain reaction: collective interactions of nanoparticles and a new principle for chiral materials. Nano Lett, 2009, 9(5): 2153-2159.

[103] Govorov A O, Fan Z, Hernandez P, et al. Theory of circular dichroism of nanomaterials comprising chiral molecules and nanocrystals: plasmon enhancement, dipole interactions, and dielectric effects. Nano Lett, 2010, 10(4): 1374-1382.

[104] Fan Z, Govorov A O. Plasmonic circular dichroism of chiral metal nanoparticle assemblies. Nano Letters, 2010, 10(7): 2580-2587.

[105] Guerrero-Martínez A, Auguié B, Alonso-Gómez J L, et al. Intense optical activity from three-dimensional chiral ordering of plasmonic nanoantennas. Angew Chem Int Ed, 2011, 50(24): 5499-5503.

[106] Zhu Z, Liu W, Li Z, et al. Manipulation of collective optical activity in one-dimensional plasmonic assembly. ACS Nano, 2012, 6(3): 2326-2332.

[107] Han B, Zhu Z, Li Z, et al. Conformation modulated optical activity enhancement in chiral cysteine and Au nanorod assemblies. J Am Chem Soc, 2014, 136(46): 16104-16107.

[108] Ma W, Kuang H, Xu L, et al. Attomolar DNA detection with chiral nanorod assemblies. Nat Co mmun, 2013, 4: 2689.

[109] Xie J, Duan Y, Che S. Chirality of metal nanoparticles in chiral mesoporous silica. Adv Funct Mater, 2012, 22(18): 3784-3792.

[110] Li Z, Zhu Z, Liu W, et al. Reversible plasmonic circular dichroism of Au nanorod and DNA assemblies. J Am Chem Soc, 2012, 134(7): 3322-3325.

[111] Jin X, Jiang J, Liu M. Reversible plasmonic circular dichroism via hybrid supramolecular gelation of achiral gold nanorods. ACS Nano, 2016, 10(12): 11179-11186.

[112] Shen X, Asenjo-Garcia A, Liu Q, et al. Three-dimensional plasmonic chiral tetramers assembled by DNA origami. Nano Lett, 2013, 13(5): 2128-2133.

[113] Shen X, Song C, Wang J, et al. Rolling up gold nanoparticle-dressed DNA origami into

three-dimensional plasmonic chiral nanostructures. J Am Chem Soc, 2012, 134(1): 146-149.

[114] Kuzyk A, Schreiber R, Fan Z, et al. DNA-based self-assembly of chiral plasmonic nanostructures with tailored optical response. Nature, 2012, 483(7389): 311-314.

[115] Liu W, Liu D, Zhu Z, et al. DNA induced intense plasmonic circular dichroism of highly purified gold nanobipyramids. Nanoscale, 2014, 6: 4498-4502.

[116] Wu X L, Xu L G, Liu L Q, et al. Unexpected chirality of nanoparticle dimers and ultrasensitive chiroplasmonic bioanalysis. J Am Chem Soc, 2013, 135(49): 18629-18636.

[117] Wang L, Zhu Y, Xu L, et al. Side-by-side and end-to-end gold nanorod assemblies for enviro nmental toxin sensing. Angew Chem Int Ed, 2010, 49(32): 5472-5475.

[118] Liu W, Zhu Z, Deng K, et al. Gold nanorod@ chiral mesoporous silica core-shell nanoparticles with unique optical properties. J Am Chem Soc, 2013, 135(26): 9659-9664.

[119] Moloney M P, Gun' ko Y K, Kelly J M. Chiral highly luminescent CdS quantum dots. Chem Co mmun, 2007, (38): 3900-3902.

[120] Elliott S D, Moloney M P, Gun' ko Y K. Chiral shells and achiral cores in CdS quantum dots. Nano Lett, 2008, 8(8): 2452-2457.

[121] Nakashima T, Kobayashi Y, Kawai T. Optical activity and chiral memory of thiol-capped CdTe nanocrystals. Am Chem Soc, 2009, 131(30): 10342-10343.

[122] Govan J E, Jan E, Querejeta A, et al. Chiral luminescent CdS nano-tetrapods. Chem Co-mmun,2010, 46(33): 6072-6074.

[123] Zhou Y, Yang M, Sun K, et al. Similar topological origin of chiral centers in organic and nanoscale inorganic structures: effect of stabilizer chirality on optical isomerism and growth of CdTe nanocrystals. J Am Chem Soc, 2010, 132(17): 6006-6013.

[124] Zhou Y, Zhu Z, Huang W, et al. Optical coupling between chiral biomolecules and semiconductor nanoparticles: size-dependent circular dichroism absorption. Angew Chem Int Ed, 2011, 50(48): 11456-11459.

[125] Moshe AB, Szwar cman D, Markovich G. Size dependence of chiroptical activity in colloidal quantum dots. ACS Nano, 2011, 5: 9034-9043.

[126] Tohgha U, Varga K, Balaz M. Achiral CdSe quantum dots exhibit optical activity in the visible region upon post-synthetic ligand exchange with D-or L-cysteine. Chem Commun, 2013, 49(18): 1844-1846.

[127] Tohgha U, Deol K K, Porter A G, et al. Ligand induced circular dichroism and circularly polarized luminescence in cdse quantum dots. ACS Nano, 2013, 7(12): 11094-11102.

[128] Gao X, Zhang X, Deng K, et al. Excitonic circular dichroism of chiral quantum rods. J Am Chem Soc, 2017, 139(25): 8734-8739.

[129] Elston S, Sambles R. The optics of thermotropic liquid crystals. Taylor & Francis, 1998.

[130] Reinitzer F. Beiträge zur kenntniss des cholestherins. Monatshefte für Chemie, 1888,9(1): 421-441.

[131] 谢毓章. 液晶物理学. 北京 : 科学出版社 , 1988.

[132] 周其凤 , 王新久 . 液晶高分子 . 北京 : 科学出版社 , 1994.

[133] 范志新 . 液晶器件工艺基础北京 : 北京邮电大学出版社 , 2000.

[134] 王新久 . 液晶光学和液晶显示 . 北京 : 科学出版社 , 2006.

[135] Dierking I. Textures of Liquid Crystals. Weinheim: Wiley, 2003.

[136] Sluckin T J, Du nmur D A, Stegemeyer H. Crystals that Flow: Classic Papers from the History of Liquid Crystals. London: Taylor & Francis, 2004.

[137] Bahr C, Kitzerow H S. Chirality in Liquid Crystals. Heidelberg: Springer, 2001.

[138] Wu S, Yang D. Reflective Liquid Crystal Displays. Chichester: Wiley, 2001.

[139] Yang D, Chien L C, Doane J W. Cholesteric liquid crystal/polymer gel dispersion bistable at zero field. Proceedings of the Conference Record of the 1991 International Display Research Conference. 1991.

[140] 杨登科 . 双稳态螺旋相液晶显示器 . 现代显示 , 1994, (1): 17-25.

[141] Ma R, Yang D J. Optimization of polymer-stabilized bistable black-white cholesteric reflective display. SocInf Disp, 1999, 7(1): 61-65.

[142] Yang D. Flexible bistable cholesteric reflective displays. J Disp Technol, 2006, 2(1): 32-37.

[143] Bao R, Liu C, Yang D. Smart bistable polymer stabilized cholesteric texture light shutter. Appl Phys Express, 2009, 2(11): 112401.

[144] Ji M, Lei S, Yang D. Bistable polymer stabilized cholesteric texture light shutter. Appl Phys Express, 2010, 3(2): 021702.

[145] Liang H H, Wu C, Wang P H, et al. Electro-thermal switchable bistable reverse mode polymer stabilized cholesteric texture light shutter. Opt Mater, 2011, 33(8): 1195-1202.

[146] Wang C T, Jau H C, Lin T H. Bistable cholesteric-blue phase liquid crystal using thermal hysteresis. Opt Mater, 2011, 34(1): 248-250.

[147] Kumar P, Kang S W, Lee S H. Advanced bistable cholesteric light shutter with dual frequency nematic liquid crystal. Opt Mater Express, 2012, 2(8): 1121-1134.

[148] Liang H H, Wang P H, Wu C C, et al. Polymer network morphology and electro-optical properties of electrothermal switchable bistable polymer-stabilized cholesteric texture light shutters with various chiral dopant concentrations. Mol Cryst Liq Cryst, 2012, 552: 111-122.

[149] Fuh A Y G, Wu Z H, Cheng K T, et al. Direct optical switching of bistable cholesteric textures in chiral azobenzene-doped liquid crystals. Opt Express, 2013, 21(19): 21840-

21846.

[150] Li C C, Tseng H Y, Pai T W, et al. Bistable cholesteric liquid crystal light shutter with multielectrode driving. Appl Opt, 2014, 53(22): E33-E37.

[151] Woltman S J, Jay G D, Crawford G P. Liquid Crystals: Frontiers in Biomedical Applications. London: World Scientific, 2007.

[152] Mitov M. Cholesteric liquid crystals with a broad light reflection band. Adv Mater, 2012, 24(47): 6260-6276.

[153] Mulder D J, Schenning A P H J, Bastiaansen C W M. Chiral-nematic liquid crystals as one dimensional photonic materials in optical sensors. J Mater Chem C, 2014, 2(33): 6695-6705.

[154] Hu W, Zhao H, Song L, et al. Electrically controllable selective reflection of chiral nematic liquid crystal/chiral ionic liquid composites. Adv Mater, 2010, 22(4): 468-472.

[155] Hu W, Zhang L, Cao H, et al. Electro-optical study of chiral nematic liquid crystal/chiral ionic liquid composites with electrically controllable selective reflection characteristics. Phys Chem Chem Phys, 2010, 12(11): 2632-2638.

[156] Zhang L, Wang M, Wang L, et al. Polymeric infrared reflective thin films with ultra-broad bandwidth. Liq Cryst, 2016, 43(6): 750-757.

[157] He W, Wang F, Song P, et al. Broadband reflective liquid crystal films induced by facile temperature-dependent coexistence of chiral nematic and TGB phase. Liq Cryst, 2017, 44(3): 582-592.

[158] Collings P J. Liquid Crystals: Nature's Delicate Phase of Matter. Princeton Princeton University Press, 2002.

[159] Kikuchi H, Kibe S, Kajiyama T. Sharp steepness of molecular reorientation for nematics containing liquid crystalline polymer. International Society for Optics and Photonics, Liquid Crystal Materials, Devices and Displays. Vol. 2408. 1995.

[160] Yang H, Yamane H, Kikuchi H, et al. Investigation of the electrothermo-optical effect of a smectic LCP-nematic LC-chiral dopant ternary composite system based on SA $\leftrightarrow$ N* phase transition. J Appl Polym Sci, 1999, 73(5): 623-631.

[161] Wang F, Cao H, Li K, et al. Control homogeneous alig nment of chiral nematic liquid crystal with smectic-like short-range order by thermal treatment. Colloid and Surface A Physicochem Eng Aspects, 2012, 410: 31-37.

[162] Coates D. Development and applications of cholesteric liquid crystals. Liq Cryst, 2015, 42(5-6): 653-665.

[163] Broer D J, Lub J, Mol G N. Wide-band reflective polarizers from cholesteric polymer networks with a pitch gradient. Nature, 1995, 378: 467-469.

[164] Kralik J C, Fan B, Vithana H, et al. Backlight output enhancement using cholesteric liquid crystal films. Mol Cryst Liq Cryst Sci Tech Mol Cryst Liq Cryst, 1997, 301: 249-254.

[165] Liu Y, Yu L, Jiang Y, et al. Self-organized cholesteric liquid crystal polymer films with tunable photonic band gap as transparent and flexible back-reflectors for dye-sensitized solar cells. Nano Energy, 2016, 26: 648-656.

[166] Khandelwal H, Loonen R C G M, Hensen J L M, et al. Application of broadband infrared reflector based on cholesteric liquid crystal polymer bilayer film to windows and its impact on reducing the energy. J Mater Chem A, 2014, 2(35): 14622-14627.

[167] Khandelwal H, Loonen R C G M, Hensen J L M, et al. Electrically switchable polymer stabilised broadband infrared reflectors and their potential as smart windows for energy saving in buildings. J Sci Rep, 2015, 5: 11773.

[168] Chen X, Wang L, Chen Y, et al. Broadband reflection of polymer-stabilized chiral nematic liquid crystals induced by a chiral azobenzene compound. Chem Co mmun, 2014, 50: 691-694.

[169] Gao Y, Yao W, Sun J, et al. Broadband reflection of polymer-stabilized chiral nematic liquid crystals induced by a chiral azobenzene compound. J Mater Chem A, 2015, 3(6): 10738-10746.

[170] Zhang W, Zhang C, Chen K, et al. A novel soft matter composite material for energy-saving smart windows: from preparation to device application. Liq Cryst, 2016, 43(20): 1307-1314.

[171] Zhang W, Zhang L, Liang X, et al. A novel soft matter composite material for energy-saving smart windows: from preparation to device application. Sci Rep, 2017, 7(10): 42955.

[172] Cui J, Zhang J, Wan X. Unconventional high-performance laser protection system based on dichroic dye-doped cholesteric liquid crystals. Chem Co mmun, 2012, 48: 4341-4343.

[173] Zhu Z, Cui J, Zhang J, et al. Unexpected stereomutation dependence on the chemical structure of helical vinyl glycopolymers. Polym Chem, 2012, 3(36): 668-678.

[174] Wang R, Li X, Bai J, et al. Hydrogen bonding of helical vinyl polymers containing alanine moieties: a stabilized interaction of helical conformation sensitive to solvents and pH. Macromolecules, 2014, 47(3): 1553-1562.

[175] Wang R, Zhang J, Wan X. Chiroptical and thermotropic properties of helical styrenic polymers: effect of achiral group. Chem Rec, 2015, 15(5): 475-494.

[176] Zheng Z, Li Y, Bisoyi H K, et al. Three-dimensional control of the helical axis of a chiral nematic liquid crystal by light. Nature, 2016, 531(7594): 352-356.

[177] Zheng Z, Zola R S, Bisoyi H K, et al. Controllable dynamic zigzag pattern formation in a soft helical superstructure. Adv Mater, 2017, 29(30): 1701903.

关键词索引

E

F